范例导航系列丛书

Office 2010 电脑办公基础与应用 (Windows 7+Office 2010 版)

文杰书院　编著

清华大学出版社
北　京

内容简介

本书是“范例导航系列丛书”的一个分册，以通俗易懂的语言、精挑细选的实用技巧、翔实生动的操作案例，全面介绍了 Office 2010 电脑办公基础与应用方面的知识，主要内容包括 Word 办公文档版面设计与编排、Excel 电子表格编辑、美化与数据统计分析、PowerPoint 精美幻灯片设计与制作等方面的基础知识、技巧及应用案例。

本书配套一张多媒体全景教学光盘，收录了本书全部知识点的视频教学课程，同时还赠送了多套相关视频教学课程，超低的学习门槛和超大光盘内容含量，可以帮助读者循序渐进地学习、掌握和提高。

本书面向学习 Office 的初、中级用户，适合于广大 Office 软件爱好者以及各行各业需要学习 Office 软件的人员使用，更加适合广大电脑爱好者及各行各业人员作为自学手册使用，还适合作为初、中级电脑培训班的培训教材或者学习辅导书。

图书在版编目(CIP)数据

Office 2010 电脑办公基础与应用(Windows 7+Office 2010 版)/文杰书院编著. --北京：清华大学出版社，2015(2022.10 重印)
(范例导航系列丛书)
ISBN 978-7-302-38329-1

Ⅰ. ①O… Ⅱ. ①文… Ⅲ. ①Windows 操作系统 ②办公自动化—应用软件 Ⅳ. ①TP31

中国版本图书馆 CIP 数据核字(2014)第 243380 号

责任编辑：魏　莹
封面设计：杨玉兰
责任校对：马素伟
责任印制：宋　林

出版发行：清华大学出版社
网　　址：http://www.tup.com.cn, http://www.wqbook.com
地　　址：北京清华大学学研大厦 A 座　　**邮　　编**：100084
社 总 机：010-83470000　　**邮　　购**：010-62786544
投稿与读者服务：010-62776969, c-service@tup.tsinghua.edu.cn
质量反馈：010-62772015, zhiliang@tup.tsinghua.edu.cn
课件下载：http://www.tup.com.cn, 010-62791865

印 装 者：三河市龙大印装有限公司
经　　销：全国新华书店
开　　本：185mm×260mm　　**印　张**：28　　**字　数**：676 千字
(附 DVD 1 张)
版　　次：2015 年 1 月第 1 版　　**印　次**：2022 年 10 月第 8 次印刷
定　　价：58.00 元

产品编号：056125-01

致 读 者

“范例导航系列丛书”将成为您“快速掌握电脑技能，灵活运用职场工作”的全新学习工具和业务宝典，通过“**图书+多媒体视频教学光盘+网上学习指导**”等多种方式与渠道，为您奉上丰盛的学习与进阶的盛宴。

“范例导航系列丛书”涵盖了电脑基础与办公、图形图像处理、计算机辅助设计等多个领域，本系列丛书汲取目前市面上同类图书作品的成功经验，针对读者最常见的需求来进行精心设计，从而知识更丰富，讲解更清晰，覆盖面更广，是读者首选的电脑入门与应用类学习与参考用书。

衷心希望通过我们坚持不懈的努力能够满足读者的需求，不断提高我们的图书编写和技术服务水平，进而达到与读者共同学习，共同提高的目的。

一、轻松易懂的学习模式

我们秉承“**打造最优秀的图书、制作最优秀的电脑学习软件、提供最完善的学习与工作指导**”的原则，在本系列图书的编写过程中，聘请电脑操作与教学经验丰富的老师和来自工作一线的技术骨干倾力合作编写，为您系统化地学习和掌握相关知识与技术奠定扎实的基础。

1. 快速入门、学以致用

本套图书特别注重读者学习习惯和实践工作应用，针对图书的内容与知识点，设计了更加贴近读者学习的教学模式，采用“**基础知识学习+范例应用与上机指导+课后练习**”的教学模式，帮助读者从**初步了解**到**掌握**再到**实践应用**，循序渐进地成为电脑应用高手与行业精英。

2. 版式清晰，条理分明

为便于读者学习和阅读本书，我们聘请专业的图书排版与设计师，根据读者的阅读习惯，精心设计了赏心悦目的版式，全书图案精美、布局美观，读者可以轻松完成整个学习过程，进而在轻松愉快的阅读氛围中，快速学习、逐步提高。

3. 结合实践，注重职业化应用

本套图书在内容安排方面，尽量摒弃枯燥无味的基础理论，精选了更适合实际生活与工作的知识点，每个知识点均采用“**基础知识+范例应用**”的模式编写，其中“基础知识”操作部分偏重在知识的学习与灵活运用，“范例应用”主要讲解该知识点在实际工作和生活中的综合应用。除此之外，每一章的最后都安排了“课后练习”，帮助读者综合应用本章的知识制作实例并进行自我练习。

二、轻松实用的编写体例

本套图书在编写过程中，注重内容起点低，操作上手快，讲解言简意赅，读者不需要复杂的思考，即可快速掌握所学的知识与内容。同时针对知识点及各个知识板块的衔接，科学地划分章节，知识点分布由浅入深，符合读者循序渐进与逐步提高的学习习惯，从而使学习达到事半功倍的效果。

- **本章要点**：在每章的章首页，我们以言简意赅的语言，清晰地表述了本章即将介绍的知识点，读者可以有目的地学习与掌握相关知识。
- **操作步骤**：对于需要实践操作的内容，全部采用分步骤、分要点的讲解方式，图文并茂，使读者不但可以动手操作，还可以在大量实践案例的练习中，不断地积累经验、提高操作技能。
- **知识精讲**：对于软件功能和实际操作应用比较复杂的知识，或者难以理解的内容，进行更为详尽的讲解，帮助您拓展、提高与掌握更多的技巧。
- **范例应用与上机操作**：读者通过阅读和学习此部分内容，可以边动手操作，边阅读书中所介绍的实例，一步一步地快速掌握和巩固所学知识。
- **课后练习**：通过此栏目内容，不但可以温习所学知识，还可以通过练习，达到巩固基础、提高操作能力的目的。

三、精心制作的教学光盘

本套丛书配套多媒体视频教学光盘，旨在帮助读者完成“从入门到提高，从实践操作到职业化应用”的一站式学习与辅导过程。配套光盘共分为“基础入门”、“知识拓展”、

“上网交流”和“配套素材”4 个模块，每个模块都注重知识点的分配与规划，使光盘功能更加完善。

- **基础入门：** 在“基础入门”模块中，为读者提供了本书全部重要知识点的多媒体视频教学全程录像，从而帮助读者在阅读图书的同时，还可以通过观看视频操作快速掌握所学知识。
- **知识拓展：** 在“知识拓展”模块中，为读者免费赠送了与本书相关的 4 套多媒体视频教学录像，读者在学习本书视频教学内容的同时，还可以学到更多的相关知识，读者相当于买了一本书，获得了 5 本书的知识与信息量！
- **上网交流：** 在“上网交流”模块中，读者可以通过网上访问的形式，与清华大学出版社和本丛书作者远程沟通与交流，有助于读者在学习中有疑问的时候，可以快速解决问题。
- **配套素材：** 在“配套素材”模块中，读者可以打开与本书学习内容相关的素材与资料文件夹，在这里读者可以结合图书中的知识点，通过配套素材全景还原知识点的讲解与设计过程。

四、图书产品与读者对象

“范例导航系列丛书”涵盖电脑应用的各个领域，为各类初、中级读者提供了全面的学习与交流平台，适合电脑的初、中级读者，以及对电脑有一定基础、需要进一步学习电脑办公技能的电脑爱好者与工作人员，也可作为大中专院校、各类电脑培训班的教材。本次出版共计 10 本，具体书目如下。

- Office 2010 电脑办公基础与应用（Windows 7+Office 2010 版）
- Dreamweaver CS6 网页设计与制作
- AutoCAD 2014 中文版基础与应用
- Excel 2010 电子表格入门与应用
- Flash CS6 中文版动画设计与制作
- CorelDRAW X6 中文版平面设计与制作
- Excel 2010 公式・函数・图表与数据分析
- Illustrator CS6 中文版平面设计与制作

- UG NX 8.5 中文版入门与应用
- After Effects CS6 基础入门与应用

五、全程学习与工作指导

为了帮助您顺利学习、高效就业，如果您在学习与工作中遇到疑难问题，欢迎您与我们及时地进行交流与沟通，我们将全程免费答疑。希望我们的工作能够让您更加满意，希望我们的指导能够为您带来更大的收获，希望我们可以成为志同道合的朋友！

您可以通过以下方式与我们取得联系：

QQ 号码：12119840

读者服务 QQ 交流群号：128780298

电子邮箱：itmingjian@163.com

文杰书院网站：www.itbook.net.cn

最后，感谢您对本系列图书的支持，我们将再接再厉，努力为读者奉献更加优秀的图书。衷心地祝愿您能早日成为电脑高手！

编　者

前　言

Microsoft 公司的 Office 电脑办公套装软件在日常工作中已经得到了普遍应用，深受广大用户青睐。Office 办公软件以其功能强大、操作方便和安全稳定等特点，普遍应用在日常办公、财务、人事、会议演示等各种应用领域。为帮助读者快速掌握与应用 Office 2010 办公套装软件，方便用户在日常的学习和工作中学以致用，我们编写了本书。

本书为读者快速地学习 Word、Excel 和 PowerPoint 提供了一个全新的学习和实践案例操作平台，无论从基础知识安排还是实践应用能力的训练，都充分地考虑了用户的需求，快速地达到理论知识与应用能力的同步提高。

本书在编写过程中根据电脑初学者的学习习惯，采用由浅入深的方式讲解，通过大量的实例讲解，介绍了 Office 2010 办公基础与应用的方法和技巧，读者还可以通过随书赠送的多媒体视频教学学习，同时还可以从应用光盘的赠送视频中学习其他相关视频课程。

本书结构清晰，案例翔实、内容丰富，对于读者快速提高、全面认知 Office 办公软件有着实践指导意义。全书共分为 17 章，主要包括 3 个方面的知识。

1. Word 2010 文档编辑

本书第 1～6 章，分别介绍了 Word 2010 的基础知识、文档编辑与排版的方法与案例，同时还讲解了图文混排、表格设计和文档审阅方面的范例与应用。

2. Excel 2010 电子表格

本书第 7～13 章，全面介绍了 Excel 2010 工作簿与工作表的基本操作、在 Excel 2010 中输入与编辑数据、编排与美化工作表的操作方法、图表的使用方法与技巧、公式与函数的使用方法、数据分析与处理等方面的知识、案例与技巧。

3. PowerPoint 幻灯片制作

本书第 14～17 章，讲解了 PowerPoint 2010 基础操作、设计与制作精美幻灯片、设计动画与互动效果幻灯片和演示文稿的放映与打包的案例、方法与技巧。

本书由文杰书院组织编写，参与本书编写工作的有李军、袁帅、王超、徐伟、李强、许媛媛、贾亮、安国英、冯臣、高桂华、贾丽艳、李统才、李伟、蔺丹、沈书慧、蔺影、宋艳辉、张艳玲、安国华、高金环、贾万学、蔺寿江、贾亚军、沈嵘、刘义等。

我们真切希望读者在阅读本书之后，可以开阔视野，增长实践操作技能，并从中学习和总结操作的经验和规律，达到灵活运用的水平。鉴于编者水平有限，书中纰漏和考虑不周之处在所难免，热忱欢迎读者予以批评、指正，以便我们日后能为您编写更好的图书。

如果您在使用本书时遇到问题，可以访问网站 http://www.itbook.net.cn 或发邮件至 itmingjian@163.com 与我们交流和沟通。

编　者

目 录

第 1 章

Word 办公轻松上手

本章主要介绍了 Office 2010 软件使用方面的知识与技巧，同时还讲解了文档的视图方式和编辑公文的操作方法与技巧。通过本章的学习，读者可以掌握 Office 2010 基础操作方面的知识，为深入学习 Office 2010 电脑办公奠定基础。

范例导航

1. 快速认识 Word 2010
2. 文档视图方式
3. 准备写作公文
4. 编写通知文档
5. 编辑通知文档

1.1 快速认识 Word 2010

Word 2010 是 Microsoft 公司开发的 Office 2010 办公组件之一，主要用于文字处理工作。本节将重点介绍 Word 2010 方面的知识与操作方法。

1.1.1 启动 Word 2010

启动 Word 2010 的方法非常简单，下面详细介绍两种常见的启动 Word 2010 的方法。

1. 通过开始菜单启动

在 Windows 7 桌面下方，单击【开始】按钮，在弹出的开始菜单中选择【所有程序】→Microsoft Office→Microsoft Word 2010 菜单项即可启动并进入 Word 2010 的工作界面，如图 1-1 所示。

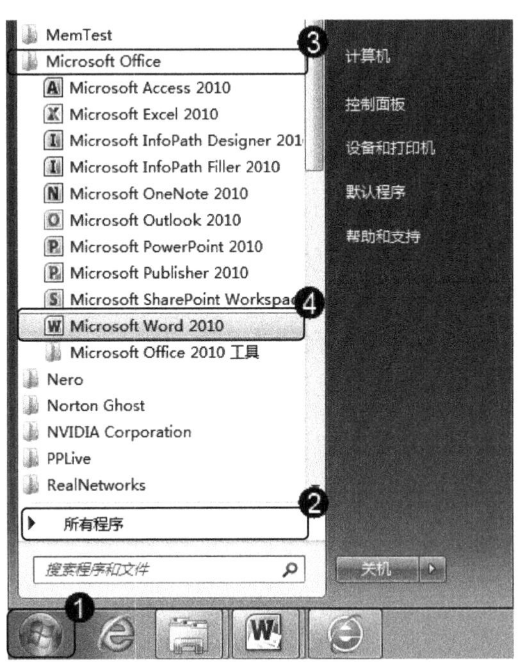

图 1-1

2. 双击桌面快捷方式启动

安装微软 Office 2010 的软件后，安装程序一般会在桌面上自动创建 Word 2010 快捷方式图标。双击 Microsoft Word 2010 快捷方式图标，即可启动并进入 Word 2010 的工作界面，如图 1-2 所示。

图 1-2

知识精讲

在一般情况下，Windows 7 桌面上都会有 Word 2010 软件的快捷方式图标，如果桌面上无快捷方式图标，也可以自行创建。自行创建的方法为：选择【所有程序】→Microsoft Office 菜单项，右击准备创建桌面快捷方式的菜单项，在弹出的快捷菜单中选择【发送到】→【桌面快捷方式】菜单项即可。

1.1.2　认识 Word 2010 的操作界面

启动 Word 2010 后即可进入其工作界面，Word 2010 工作界面是由标题栏、快速访问工具栏、功能区、工作区、滚动条、状态栏、视图按钮和缩放滑块组成，如图 1-3 所示。

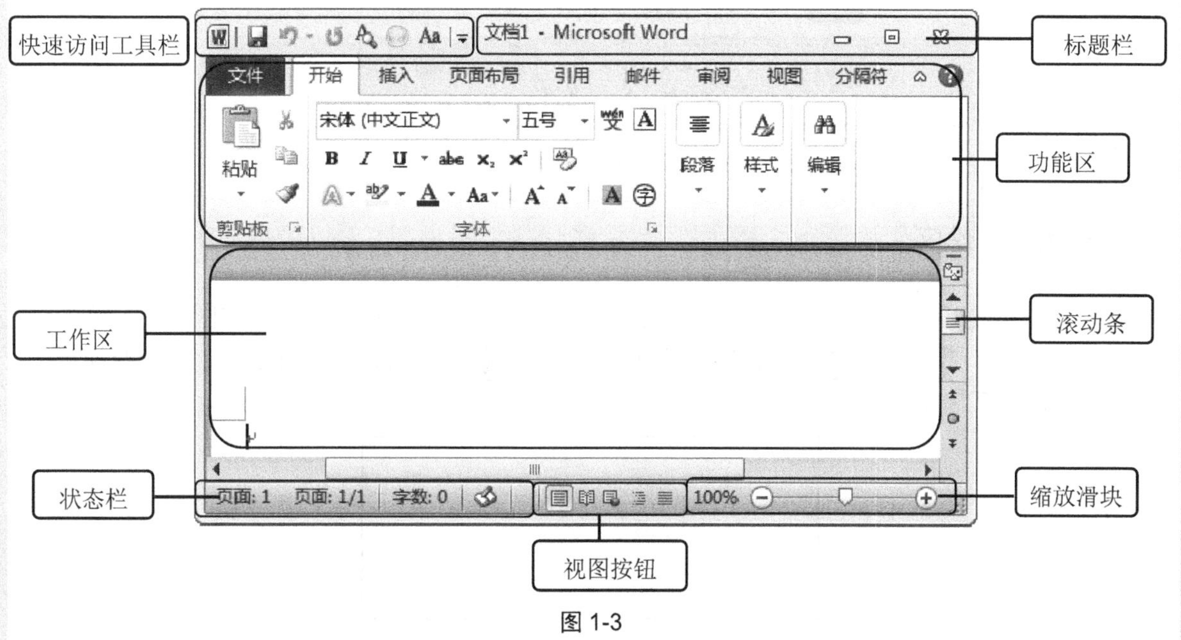

图 1-3

1. 标题栏

标题栏位于窗口顶部右侧，用于显示窗口名称，在窗口的右侧显示有 3 个按钮，分别是【最小化】按钮、【最大化】按钮和【关闭】按钮，单击想用的按钮可以对窗口的大小进行调节，如图 1-4 所示。

图 1-4

2. 快速访问工具栏

快速访问工具栏位于窗口顶部左侧，用于显示程序图标和常用命令，例如，【保存】按钮和【撤消】按钮等，也可以添加个人常用命令，如图 1-5 所示。

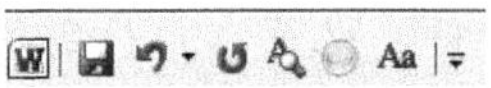

图 1-5

3. 功能区

功能区位于标题栏和快速访问工具栏下方，工作时需要用到的命令位于此处。选择不同的选项卡，即可进行相应的操作，例如，【开始】选项卡中可以使用设置文字、段落、样式和编辑功能等，如图 1-6 所示。

图 1-6

4. 工作区

工作区是用于编辑和排版文档的工作区域，位于窗口的中心处，在工作区中可以输入文字、字母、数字和符号等，而且可以对输入的内容进行编辑，如设置字体、字号及加粗等，如图 1-7 所示。

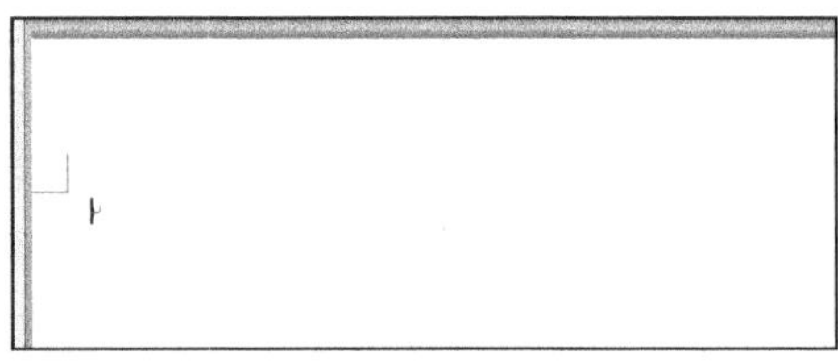

图 1-7

5. 滚动条

滚动条包括垂直滚动条和水平滚动条，分别位于工作区的右侧和下方，用于调节工作区的现实区域，如图 1-8 所示。

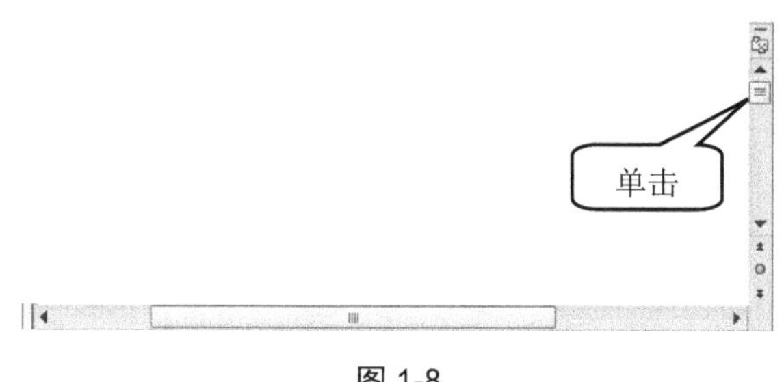

图 1-8

6. 状态栏

状态栏位于窗口左下方，用于显示当前文档正在执行的操作信息，例如，文档中当前光标所在页码、校对错误，以及文档字数等，如图 1-9 所示。

图 1-9

7. 视图按钮

视图按钮位于窗口下方中间处，用于更改正在编辑文档的显示模式，以符合当前文档的要求。例如，页面视图、阅读版式视图、Web 版式视图、大纲视图和草稿等，如图 1-10 所示。

图 1-10

8. 缩放滑块

缩放滑块位于窗口右下方，用于更改正在编辑文档的显示比例设置。拖动滑块即可进行设置文档显示比例大小，如图 1-11 所示。

图 1-11

1.1.3 退出 Word 2010

如果准备不再使用 Word 2010 编辑文档，可以选择退出程序，以节省系统资源。退出 Word 2010 常用的方法有三种，下面分别予以详细介绍。

1. 单击关闭按钮退出

在 Word 2010 窗口中，单击标题栏中的【关闭】按钮 ✕ ，即可快速地退出 Word 2010，如图 1-12 所示。

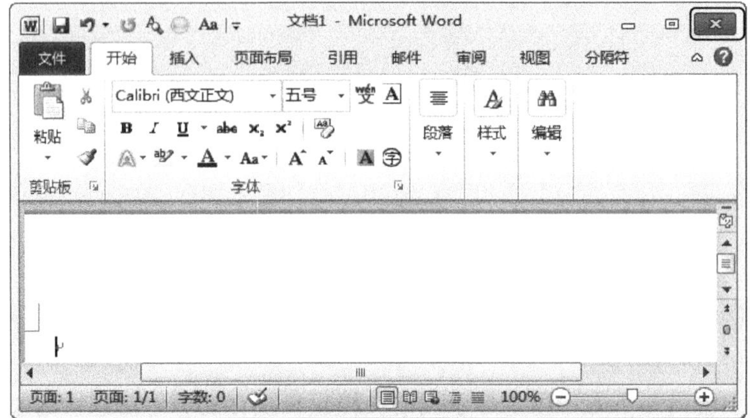

图 1-12

2. 通过文件选项卡退出

在 Word 2010 窗口中，在功能区中选择【文件】选项卡→【退出】选项，即可退出 Word 2010，如图 1-13 所示。

图 1-13

3. 单击程序图标退出

在 Word 2010 窗口中，单击快速访问工具栏中的程序图标，在弹出的菜单中，选择【关闭】菜单项，即可退出 Word 2010，如图 1-14 所示。

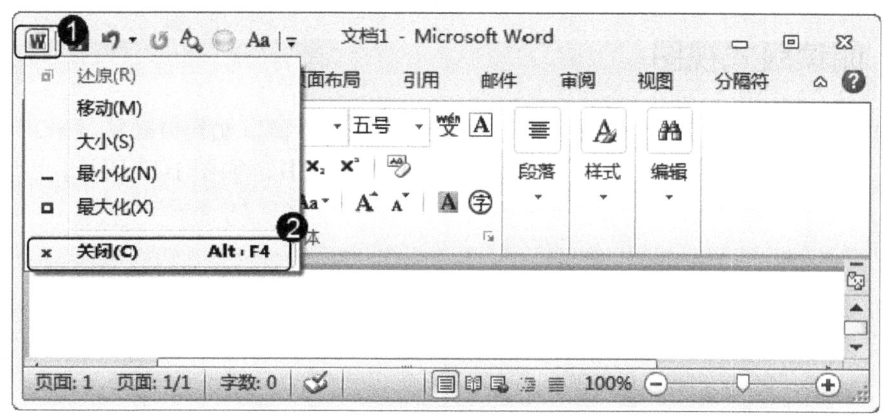

图 1-14

1.2 文档视图方式

为了方便阅读文档，Word 2010 提供了多种文档视图方式，包括页面视图、阅读版式视图、Web 视图、大纲视图和草稿视图。本节将分别予以详细介绍。

1.2.1 页面视图

页面视图可以显示 Word 2010 文档的打印效果，包括页眉、页脚、图形对象、分栏配置、页面边距等元素，是最接近打印效果的页面视图，如图 1-15 所示。

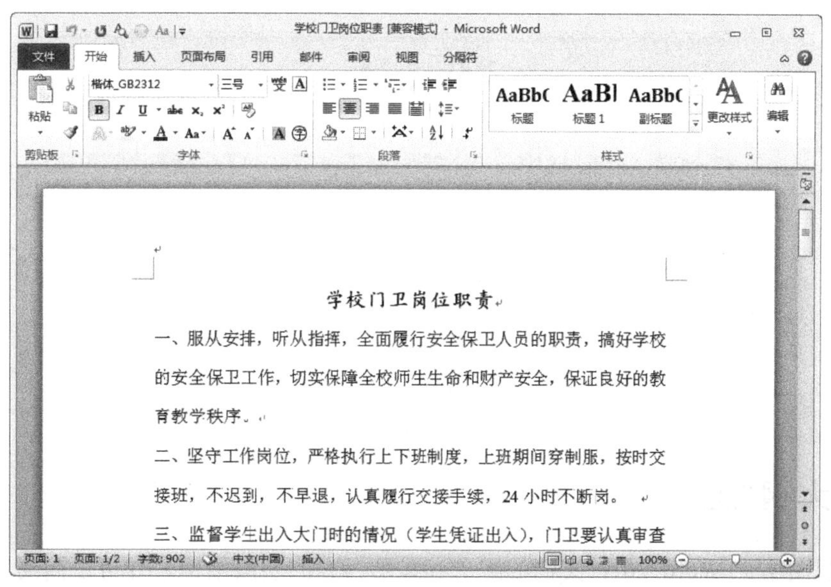

图 1-15

1.2.2 阅读版式视图

阅读版式视图以图书的分栏样式显示文档，功能区等窗口元素被隐藏起来。在阅读版式视图中，用户还可以单击【工具】按钮选择各种阅读工具，如图 1-16 所示。

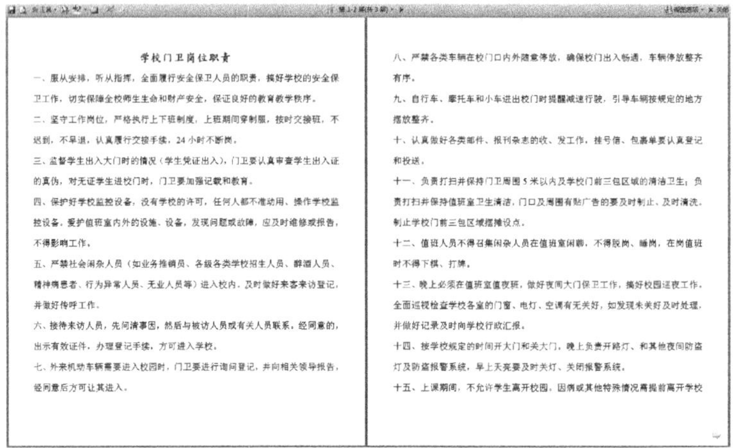

图 1-16

1.2.3 Web 版式视图

Web 版式视图以网页的方式显示文档，Web 版式视图适用于发送电子邮件和建立网页，如图 1-17 所示。

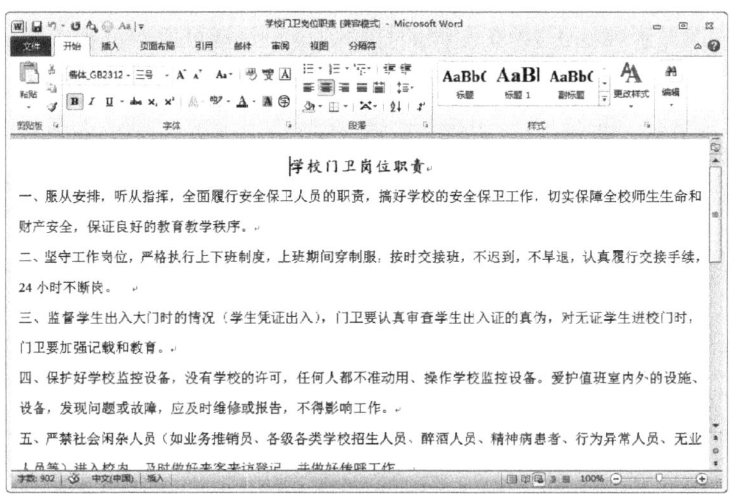

图 1-17

1.2.4 大纲视图

大纲视图用于 Word 2010 文档的配置和显示标题的层级结构，并可以简约地折叠和展开各种层级的文档。大纲视图普遍用于 Word 2010 长文档的高速浏览和配置中，如图 1-18 所示。

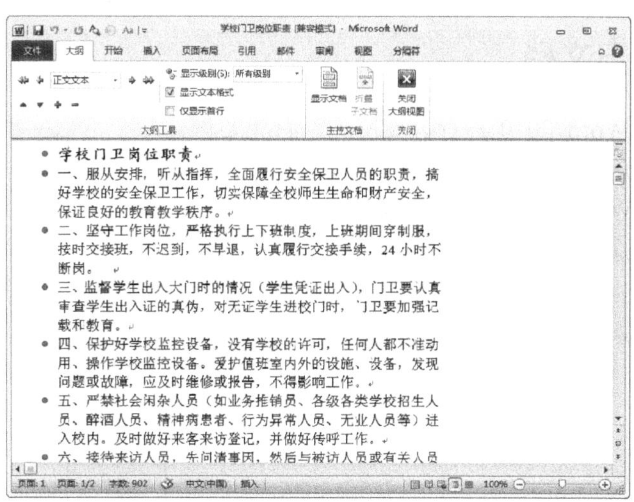

图 1-18

1.2.5　草稿视图

草稿视图撤消了页面边距、分栏、页眉页脚和图片等元素，仅显示标题和主体，是最节省计算机系统硬件资源的视图方式，如图 1-19 所示。

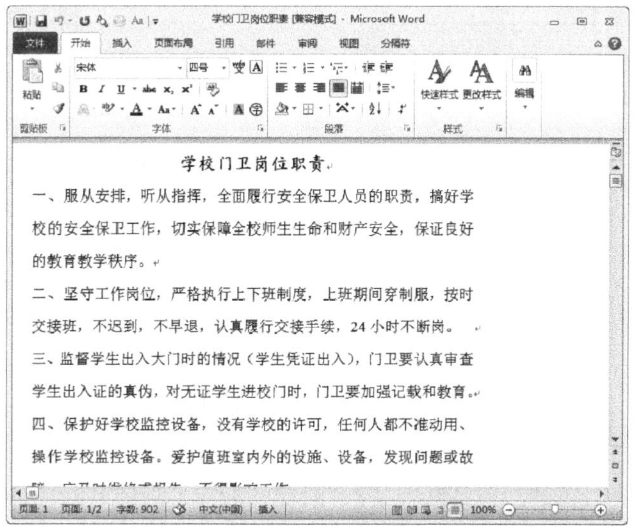

图 1-19

1.3　准备写作公文

在认识了 Word 文档之后，即可使用 Word 文档进行公文写作。下面以创建“通知”为例，详细介绍公文写作的相关知识。

1.3.1 新建空白文档

如果准备使用 Word 2010 进行公文写作，首先要创建一个空白文档。下面详细介绍新建空白文档的具体操作方法。

step 1 ① 打开 Word 2010，选择【文件】选项卡，② 选择【新建】菜单项，如图 1-20 所示。

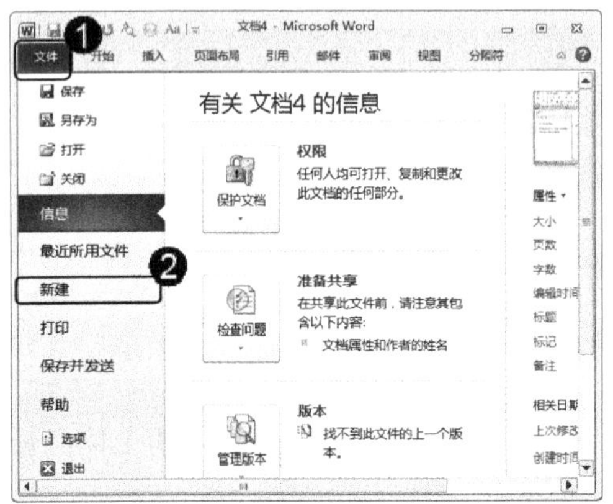

图 1-20

step 2 ① 在【可用模板】区域中，选择【空白文档】选项，② 单击右侧的【创建】按钮，如图 1-21 所示。

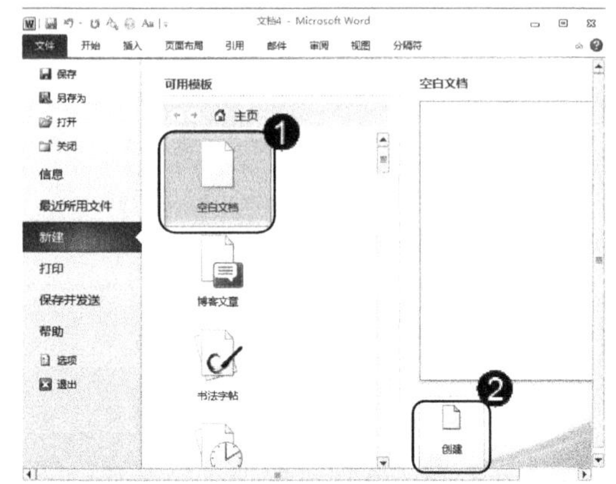

图 1-21

完成建立空白文档的操作，如图 1-22 所示。

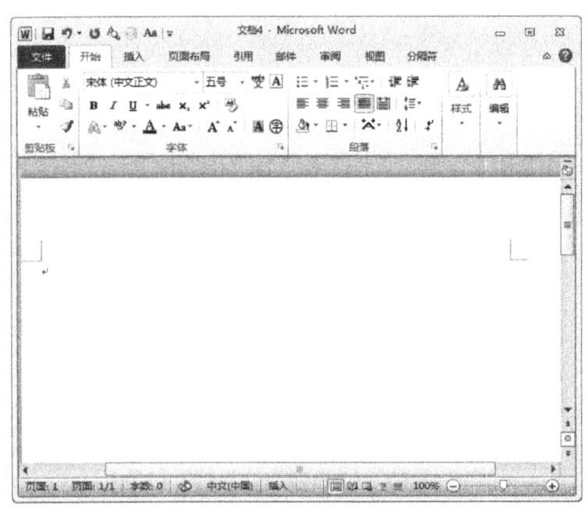

图 1-22

智慧锦囊

在打开 Word 2010 之后，选择【文件】选项卡，连续两次按下键盘上 Alt+N 快捷键，同样可以新建 Word 文档。

考考您

请您根据上述操作方法，在 Word 2010 中，新建一个空白文档，测试一下您的学习成果。

1.3.2 保存通知文档

创建好空白文档以后，即可在新建的文本文档中进行公文写作。在写作完成后，需要对文档进行保存，下面详细介绍保存通知文档的具体操作方法。

素材文件 无
效果文件 第1章\效果文件\会议通知.doc

step 1 ① 在创建好【会议通知】文本后，选择【文件】选项卡，② 选择【保存】菜单项，如图 1-23 所示。

图 1-23

step 2 ① 弹出【另存为】对话框，选择文件保存位置，② 在【文件名】文本框中，输入准备使用的文件名称，③ 单击【保存】按钮，即可完成保存通知文档的操作，如图 1-24 所示。

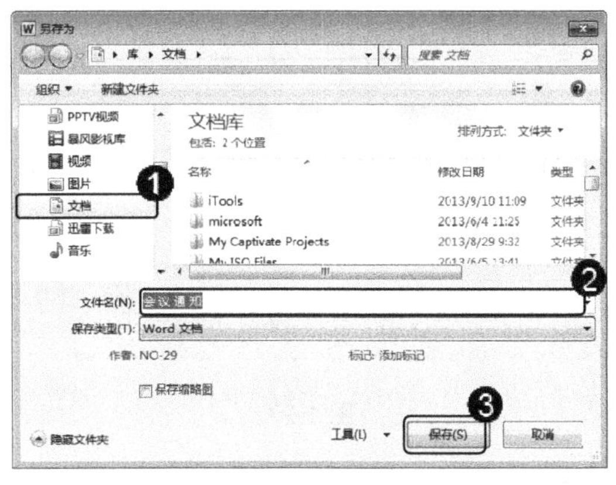

图 1-24

1.3.3 打开已经保存的通知文档

在文档保存后，可以在文档保存的位置将文本重新打开，以方便阅读，下面详细介绍打开已经保存的通知文档的具体操作方法。

素材文件 无

效果文件 第1章\效果文件\会议通知.doc

step 1 打开 Word 2010，选择【文件】选项卡，如图 1-25 所示。

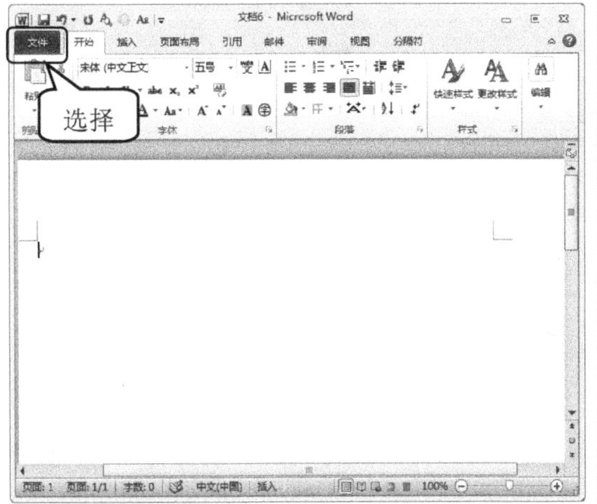

图 1-25

step 2 在【文件】区域中，选择【打开】选项，如图 1-26 所示。

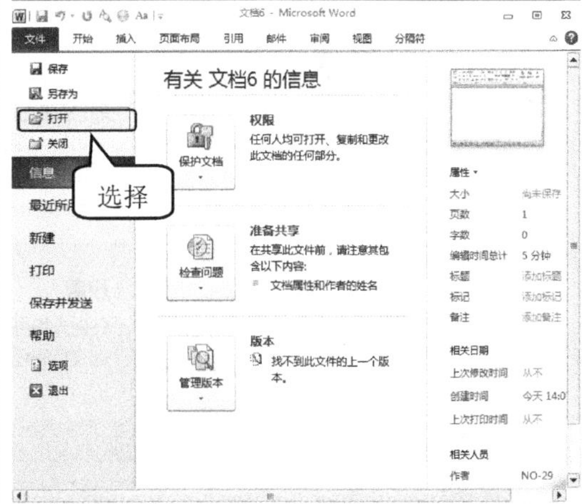

图 1-26

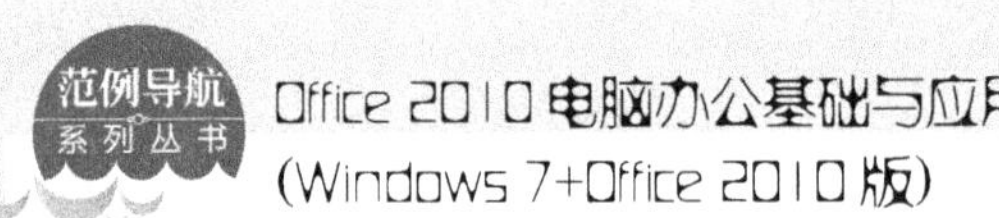

step 3 ① 弹出【打开】对话框，选择准备打开的文档文件，② 单击【打开】按钮，如图 1-27 所示。

图 1-27

即可打开已经保存的通知文档，如图 1-28 所示。

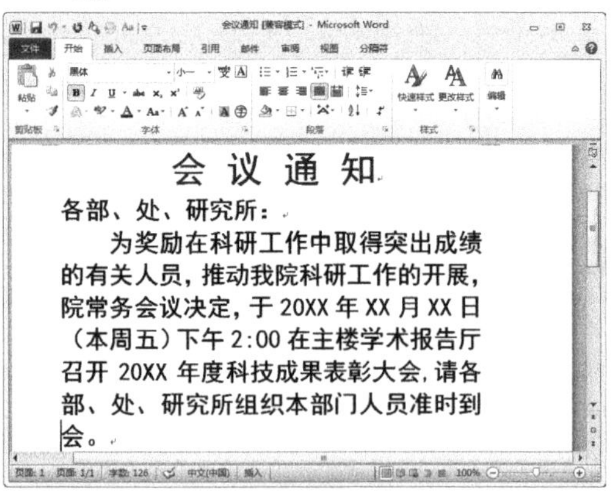

图 1-28

1.3.4 关闭文档

如果不再需要阅读当前文档，可以选择将其关闭，以节省系统资源。在准备关闭的文档界面中，选择【文件】选项卡→【关闭】选项，可以看到当前文档已经关闭，这样即可完成关闭文档的操作，如图 1-29 所示。

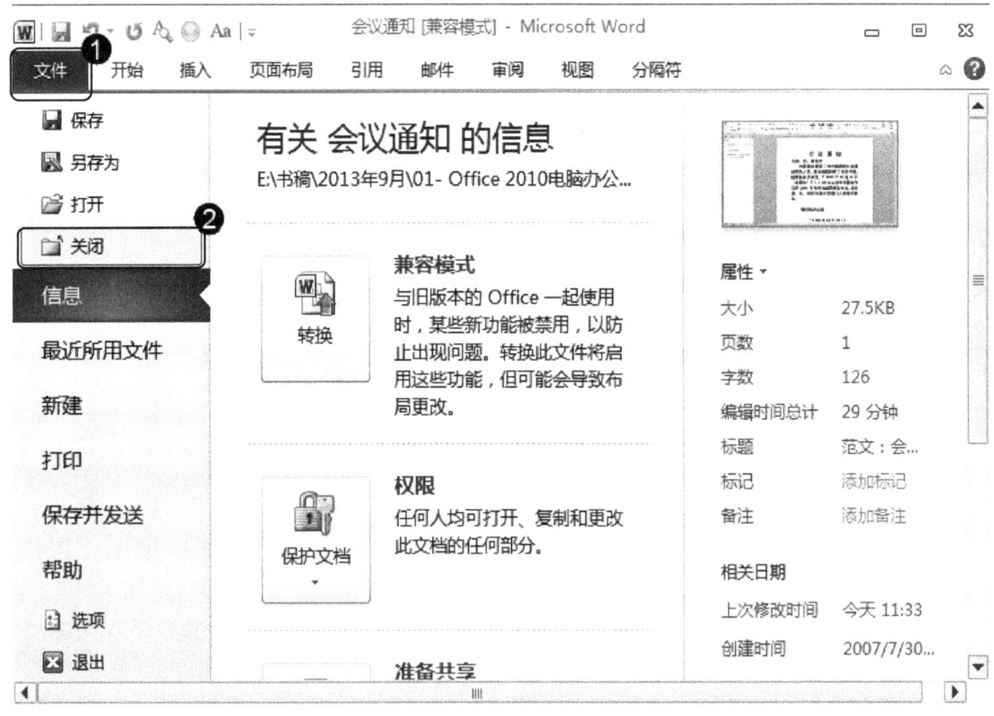

图 1-29

1.4 编写通知文档

通知是向特定对象告知或转达的有关事项或文件，让对象知道或执行的公文。本节将详细介绍使用 Word 2010 编写通知文档的具体操作方法。

1.4.1 输入标题与正文

通知文档的主体主要是由标题与正文构成的，下面详细介绍如何在 Word 2010 中输入通知文档的标题与正文。

素材文件 无

效果文件 第1章\效果文件\停水通知.doc

step 1 ① 新建一个空白文档，选择【开始】选项卡，在【字体】组中，将字号调整为【一号】，② 在工作区中输入“停水通知”作为标题，③ 单击【段落】组中，【居中】按钮，如图 1-30 所示。

图 1-30

step 2 ① 按下键盘上 Enter 键，单击【段落】组中【文本左对齐】按钮，② 将字号调整为【小三】，③ 在工作区中输入正文文本，即可完成输入标题与正文的操作，如图 1-31 所示。

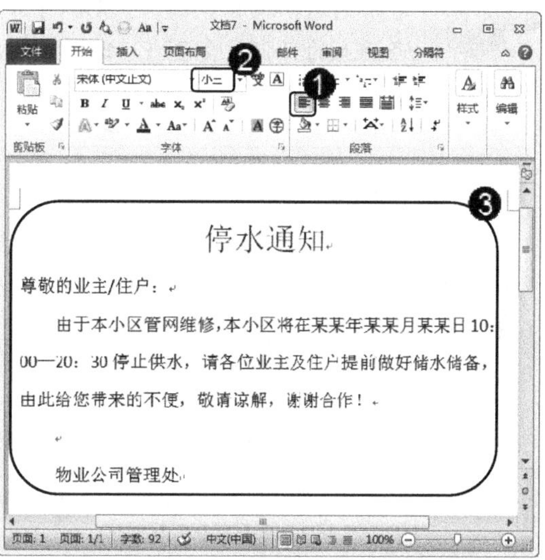

图 1-31

1.4.2 插入通知日期和时间

标题与正文输入完成后，可以使用 Word 2010 快速地将当前时间插入文档中，下面详细介绍插入通知日期的具体操作方法(插入时间的方法与插入日期的方法相同)。

素材文件 无
效果文件 第 1 章\效果文件\停水通知.doc

step 1 ① 在工作区中，将鼠标光标停留在准备插入日期和时间的位置，② 选择【插入】选项卡，③ 单击【文本】组中【日期和时间】按钮，如图 1-32 所示。

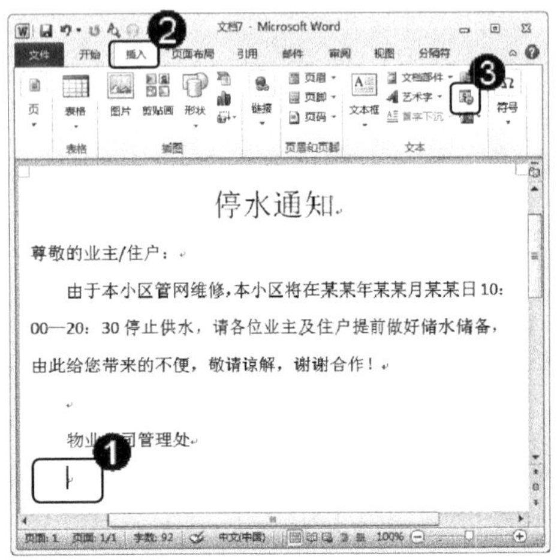

图 1-32

step 2 ① 弹出【日期和时间】对话框，在【语言】下拉列表框中，选择【中文(中国)】列表项，② 在【可用格式】区域中，选择准备使用的日期格式，③ 单击【确定】按钮，如图 1-33 所示。

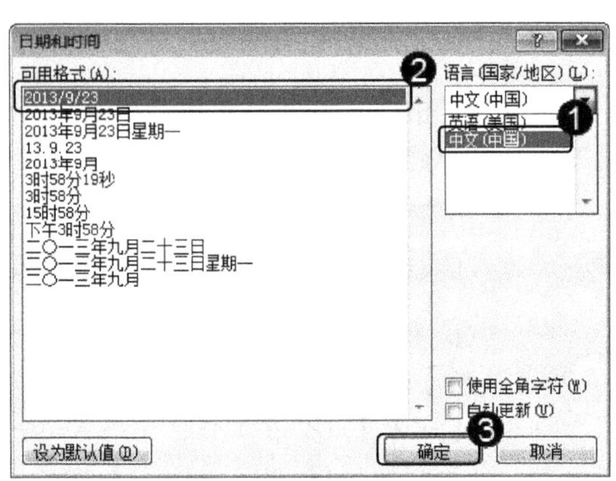

图 1-33

step 3 返回到通知文档界面，可以看到已经插入的日期，如图 1-34 所示。

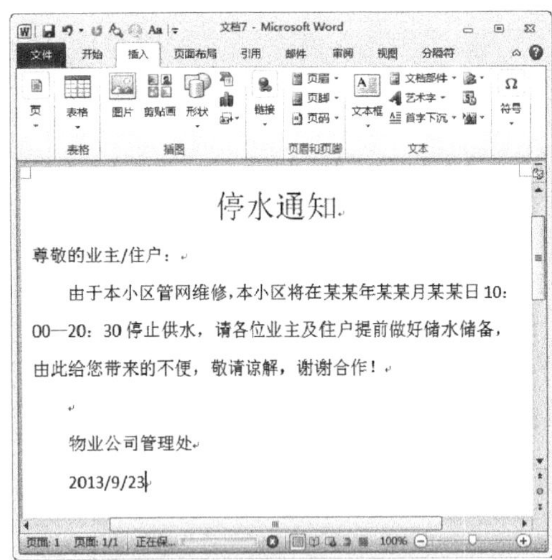

图 1-34

step 4 将插入的日期调整至合适的位置，这样即可完成插入日期的操作，如图 1-35 所示。

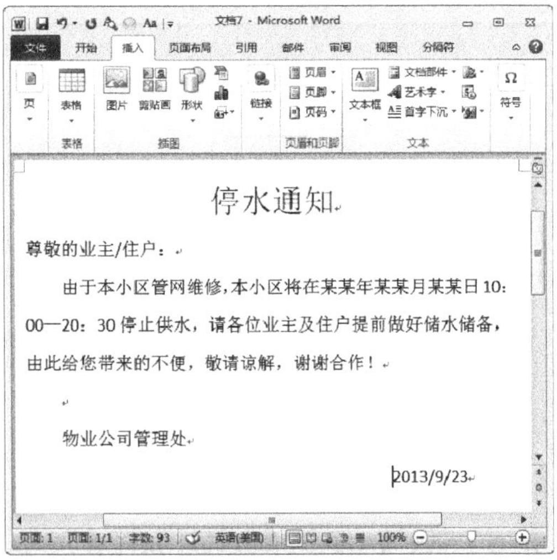

图 1-35

1.4.3 在通知中插入符号

符号是指具有某种代表意义的标识，最常用的符号包括逗号、句号、顿号、问号、叹号和引号等。下面详细介绍插入符号的操作方法。

素材文件 无

效果文件 第1章\效果文件\停水通知.doc

将鼠标光标停留在准备插入符号的文本位置，如图 1-36 所示。

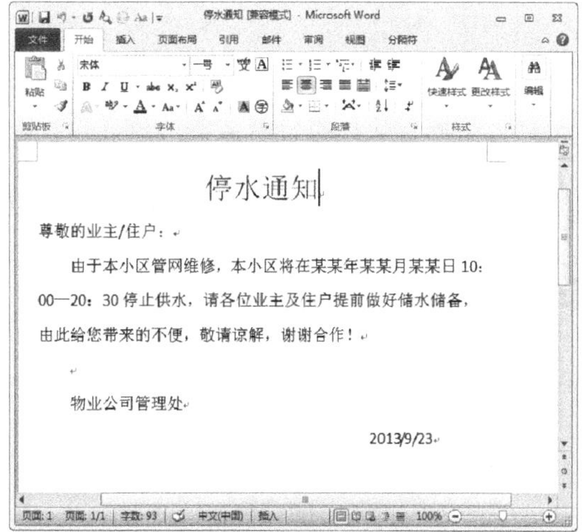

图 1-36

step 2 ① 选择【插入】选项卡，② 单击【符号】组中【符号】下拉按钮 ，③ 在弹出的下拉菜单中，选择【其他符号】菜单项，如图 1-37 所示。

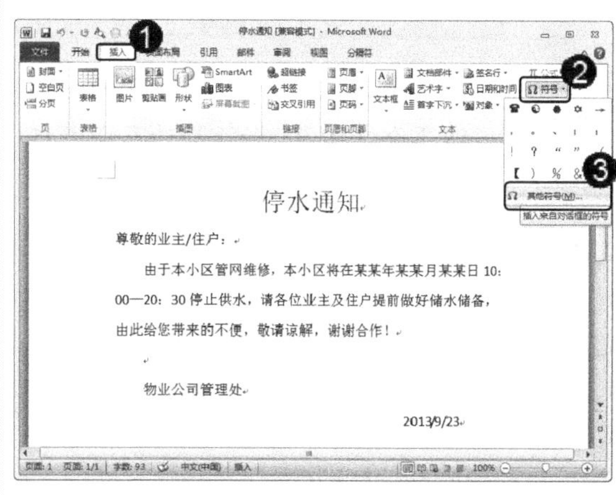

图 1-37

step 3 ① 弹出【符号】对话框，选择【符号】选项卡，② 选择准备插入的符号，③ 单击【插入】按钮，如图 1-38 所示。

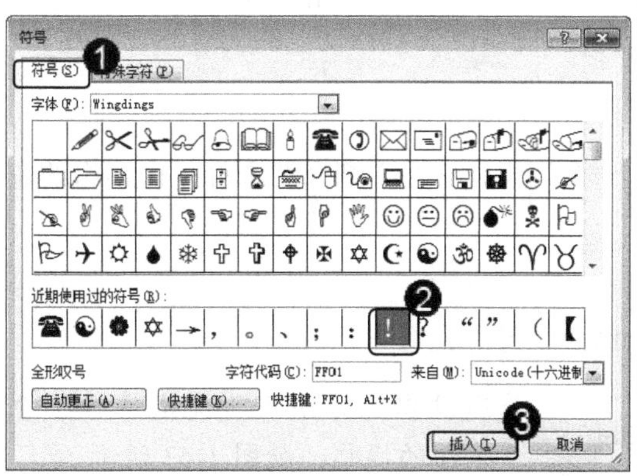

图 1-38

step 4 返回到文档界面，可以看到已经插入的符号，如图 1-39 所示。通过以上操作，即可完成在通知中插入符号的操作。

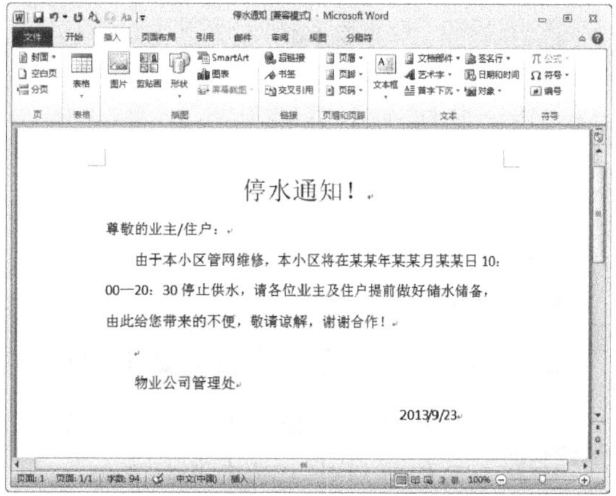

图 1-39

1.4.4 选择文本内容

选择文本内容，是在使用Word编辑文档文件时经常会用到的一种操作，选择文本有多种方式，例如选择任意文本，选择一个词组，选择一行文本，选择整段文本等，下面分别予以详细介绍。

1. 选择任意文本

在文档中，可以根据个人需要选择文档中的任意文本，可以是一个文字或者多个文字，下面详细介绍具体操作方法。

素材文件 无

效果文件 第1章\效果文件\停水通知.doc

step 1 在打开的通知文本中，在需要选择的文本开始处，按住鼠标左键进行拖动，如图1-40所示。

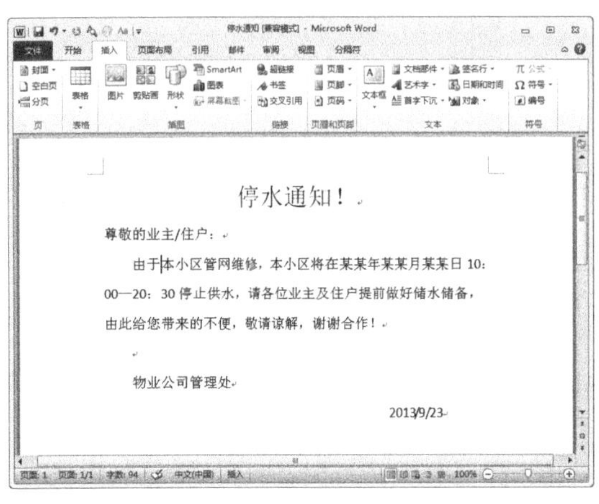

图1-40

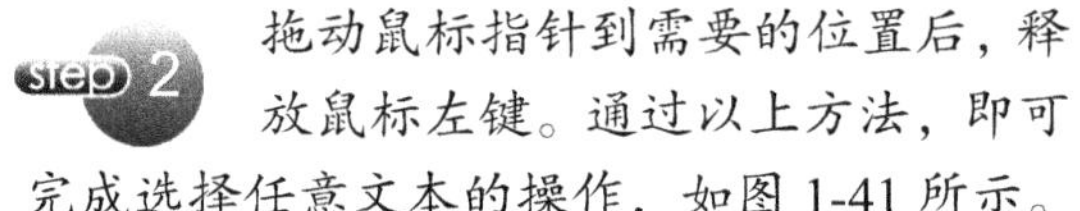

step 2 拖动鼠标指针到需要的位置后，释放鼠标左键。通过以上方法，即可完成选择任意文本的操作，如图1-41所示。

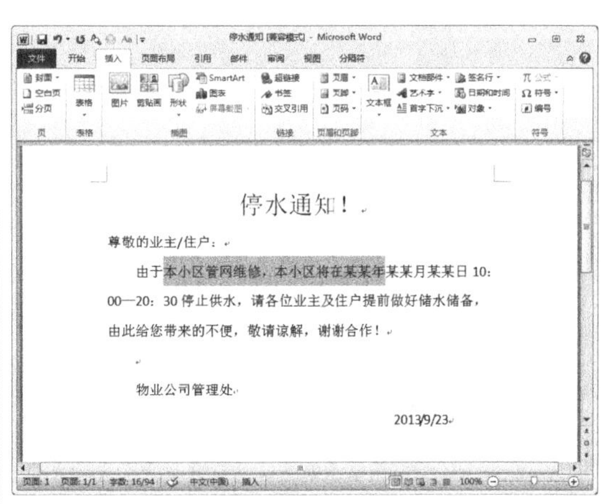

图1-41

2. 选择一个词组

在Word文档中，可以通过双击的方式选择一个词组，下面详细介绍选择一个词组的具体操作方法。

素材文件 无

效果文件 第1章\效果文件\停水通知.doc

step 1 在打开的通知文本中，在准备选择的词组处，双击鼠标左键，如图1-42所示。

step 2 通过以上方法即可完成选择一个词组的操作，如图1-43所示。

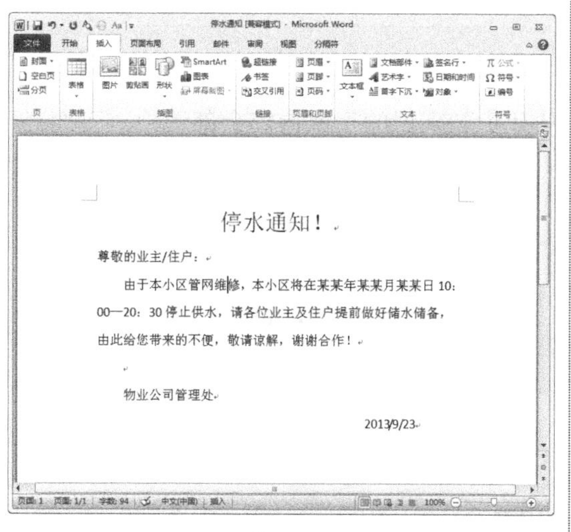

图 1-42

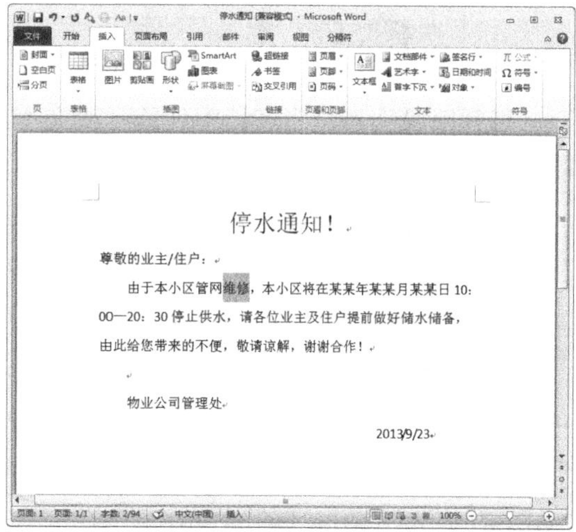

图 1-43

3. 选择一行文本

在 Word 文档中，用户可以对整行的文本进行选择，下面详细介绍选择一行文本的具体操作方法。

素材文件 无

效果文件 第1章\效果文件\停水通知.doc

step 1 打开文本文件，将鼠标光标放在准备选择的某一行文本行首空白处，当鼠标指针变成右箭头形状时，单击鼠标左键，如图 1-44 所示。

step 2 通过以上方法，即可完成选择一行文本的操作，如图 1-45 所示。

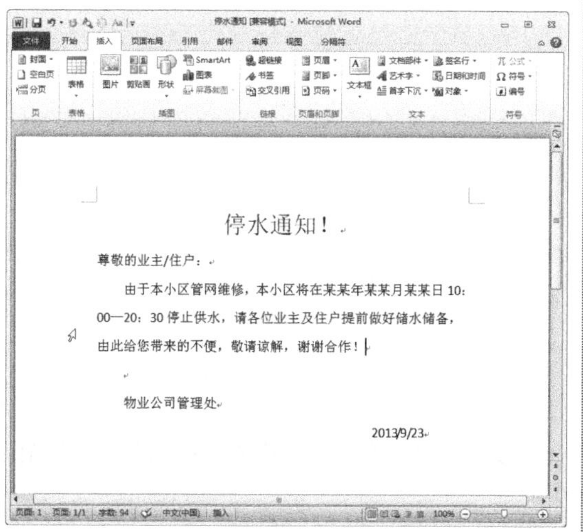

图 1-44

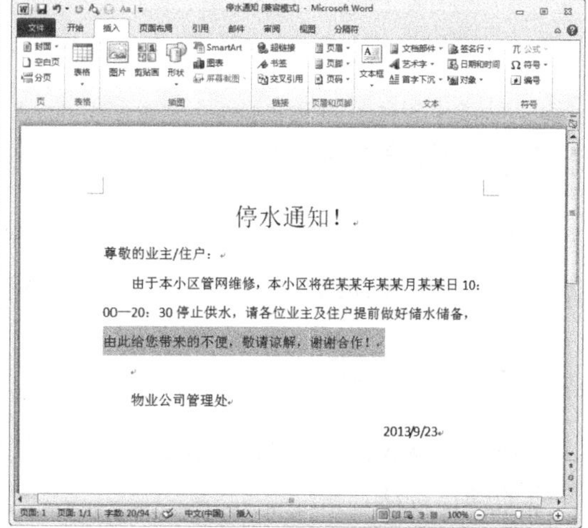

图 1-45

4. 选择整段文本

选择整段文本是将文档中任意一段文本，从开头到末尾的文本内容全部选中，下面详细介绍选择整段文本的具体操作方法。

素材文件 无
效果文件 第1章\效果文件\停水通知.doc

step 1 打开文本文件，将鼠标指针放在准备选择的一段文本左侧，当鼠标指针变成右箭头形状时，双击鼠标左键，如图 1-46 所示。

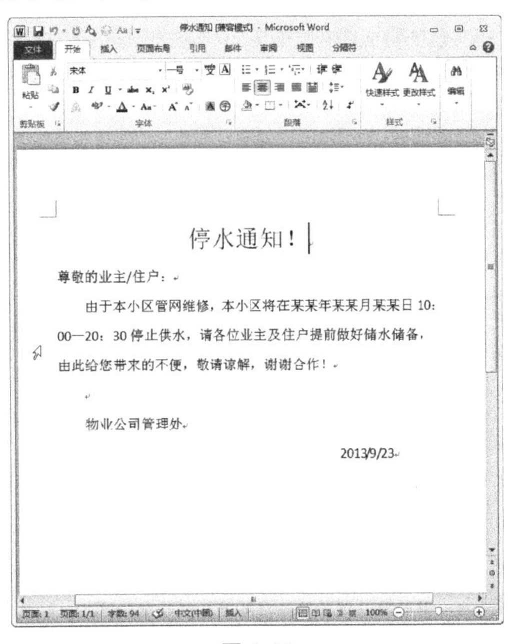

图 1-46

step 2 通过以上方法，即可完成选择整段文本的操作，如图 1-47 所示。

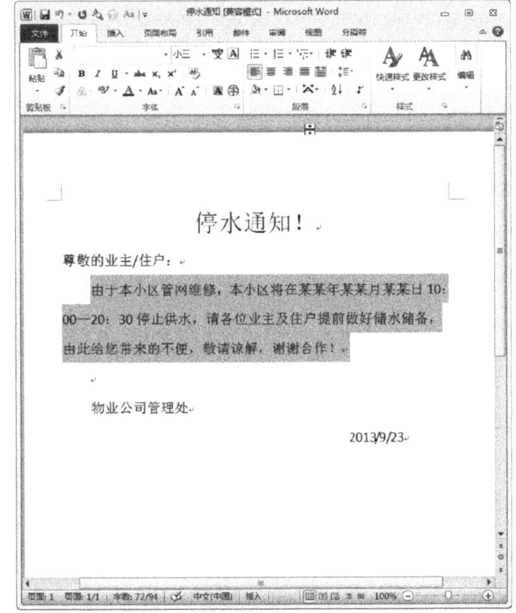

图 1-47

1.4.5 删除与修改文本

在使用 Word 编辑文档时，经常会出现输入错误的情况，用户可以将错误的文本进行删除或修改，下面详细介绍删除与修改文本的操作方法。

1. 删除文本

在使用 Word 2010 编辑文档时，可以将多余的文本进行删除，下面详细介绍删除多余文本的操作方法。

素材文件 无
效果文件 第1章\效果文件\停水通知.doc

在文档中，将需要删除的文本选中，按下键盘上Delete键，如图1-48所示。

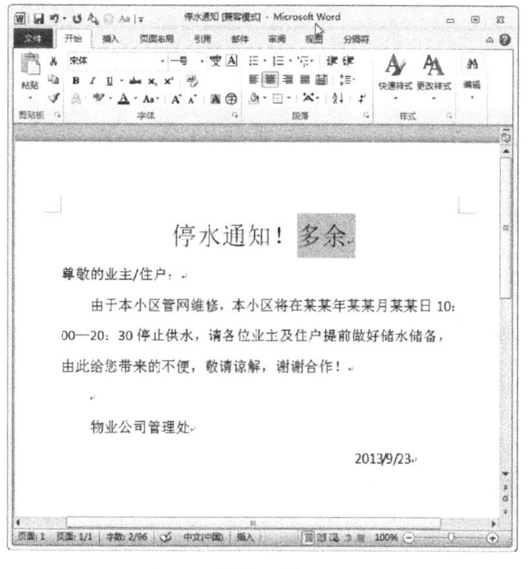

图 1-48

通过以上方法，即可完成删除文本的操作，如图1-49所示。

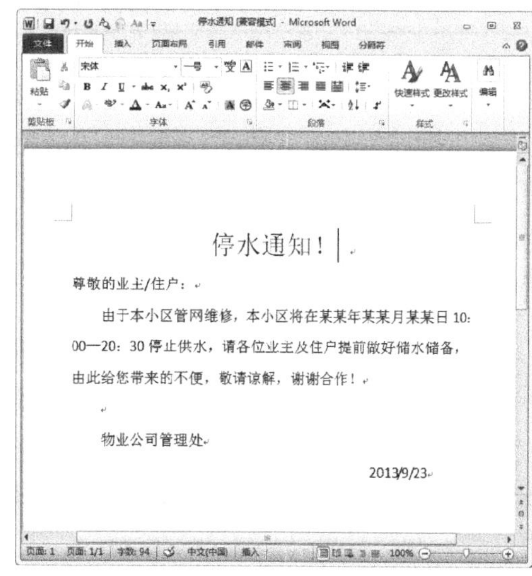

图 1-49

2. 修改文本

修改文本是将错误的文本替换成正确的文本，并且不保留原来错误的文本，下面详细介绍修改文本的具体操作方法。

素材文件 无

效果文件 第1章\效果文件\停水通知.doc

在文档中，将需要修改的文本选中，使用键盘输入准备使用的文本，如图1-50所示。

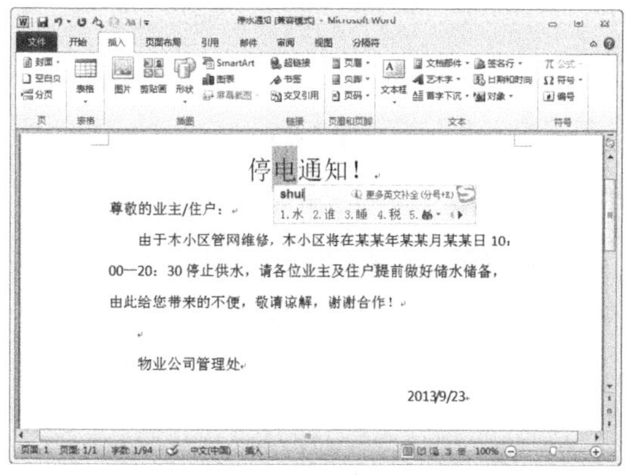

图 1-50

通过以上方法，即可完成修改文本的操作，如图1-51所示。

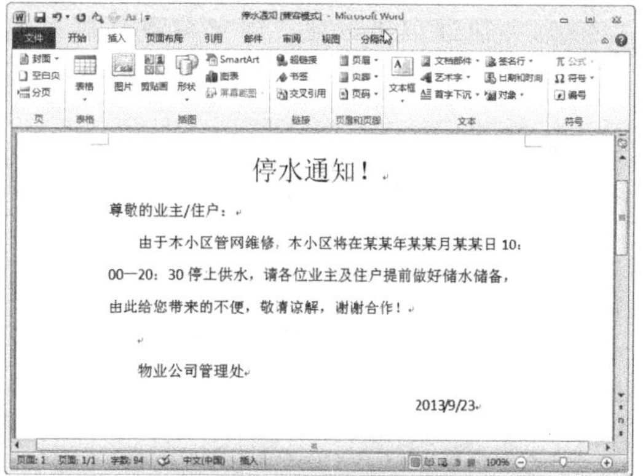

图 1-51

1.5 编辑通知文档

使用 Word 2010 软件可以编辑文本文档，文本的基本编辑操作包括复制与粘贴文本、剪切与粘贴文本，以及撤消与恢复操作等。本节将详细介绍文本编辑的基本操作方法。

1.5.1 复制与粘贴文本

复制与粘贴是将文本从一处复制一份完全一样的，在另一处进行粘贴，而原来的文本依然保留，下面详细介绍复制与粘贴的具体操作方法。

素材文件 无
效果文件 第1章\效果文件\停水通知.doc

step 1 ① 在 Word 文档中，将准备复制的文本选中，② 选择【开始】选项卡，③ 单击【剪切板】组中【复制】按钮，如图 1-52 所示。

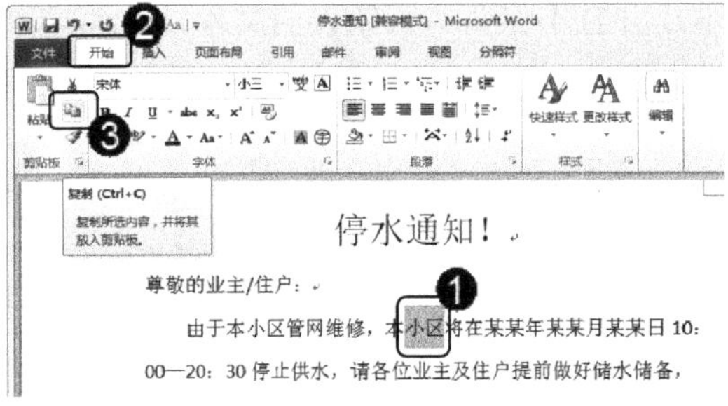

图 1-52

step 3 通过以上方法，即可完成复制与粘贴文本的操作，如图 1-54 所示。

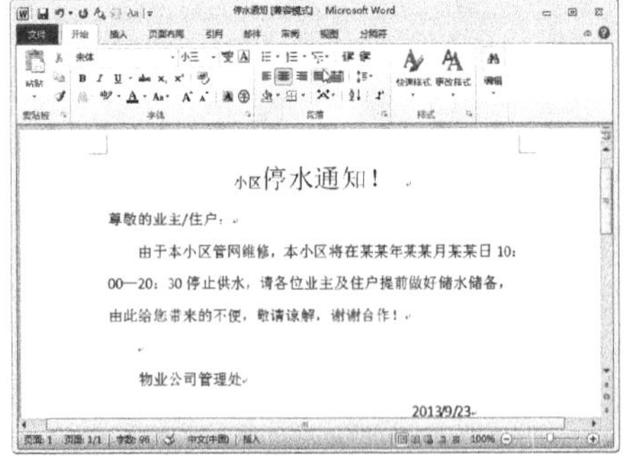

图 1-54

step 2 ① 在文档中，将鼠标光标定位在准备粘贴文本的位置，② 单击【剪切板】组中的【粘贴】按钮，如图 1-53 所示。

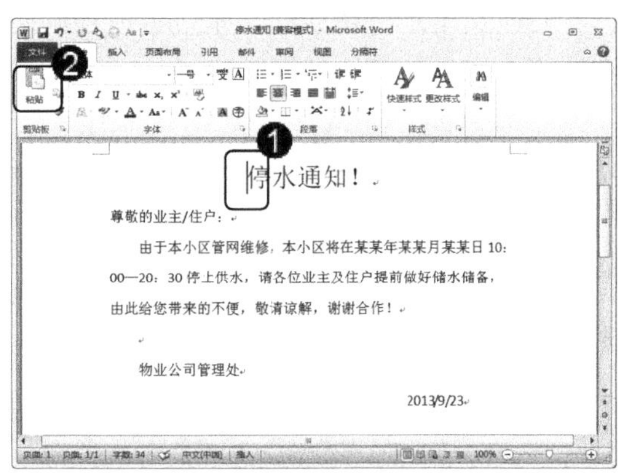

图 1-53

智慧锦囊

通过按快捷键 Ctrl+C，同样可以复制文本，按快捷键 Ctrl+V，同样可以粘贴文本。

1.5.2 剪切与粘贴文本

剪切文本域复制文本基本相同，同样是将文本从一处复制到另一处，但不同的是，原文本将不被保留，下面详细介绍剪切与粘贴文本的具体操作方法。

素材文件：无

效果文件：第1章\效果文件\停水通知.doc

step 1 ① 在 Word 文档中，将准备剪切的文本选中，② 选择【开始】选项卡，③ 单击【剪切板】组中【剪切】按钮，如图 1-55 所示。

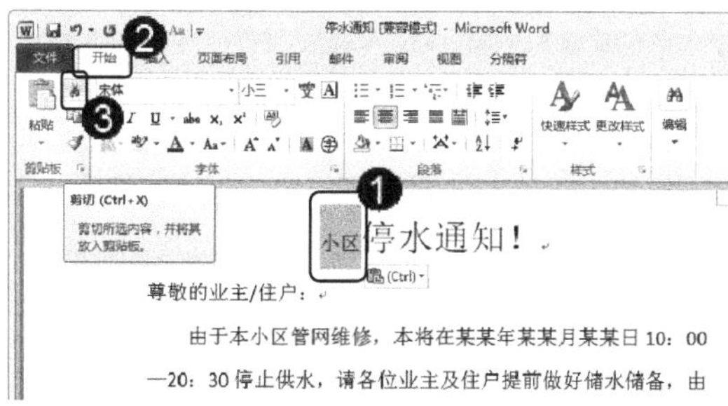

图 1-55

step 3 通过以上方法，即可完成剪切与粘贴文本的操作，如图 1-57 所示。

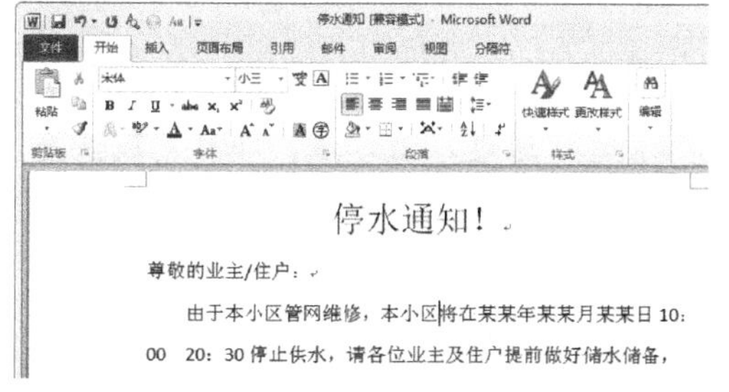

图 1-57

step 2 ① 在文档中，将鼠标光标定位在准备粘贴文本的位置，② 单击【剪切板】组中的【粘贴】按钮，如图 1-56 所示。

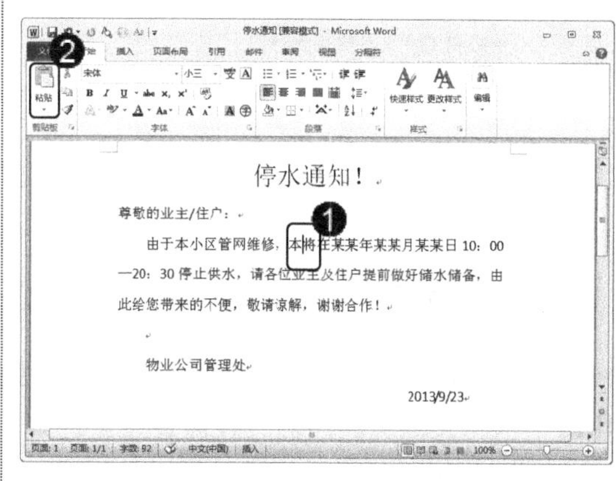

图 1-56

智慧锦囊

通过按快捷键 Ctrl+X，同样可以将文本剪切完成。

1.5.3 撤消与恢复操作

在使用 Word 编辑文档时，如果出现错误的操作，可以使用撤消与恢复功能进行调整，下面详细介绍撤消与恢复操作的具体方法。

1. 撤消操作

撤消操作是将文本文档当前的状态取消，恢复到上一步状态的一种操作，是非常常用的一种操作。下面以撤消误删除标题为例，详细介绍撤消操作的具体方法。

素材文件：无

效果文件：

第1章\效果文件\停水通知.doc

在 Word 文档中，如果不小心将标题删除，单击【快速访问工具栏】中的【撤消】按钮，如图 1-58 所示。

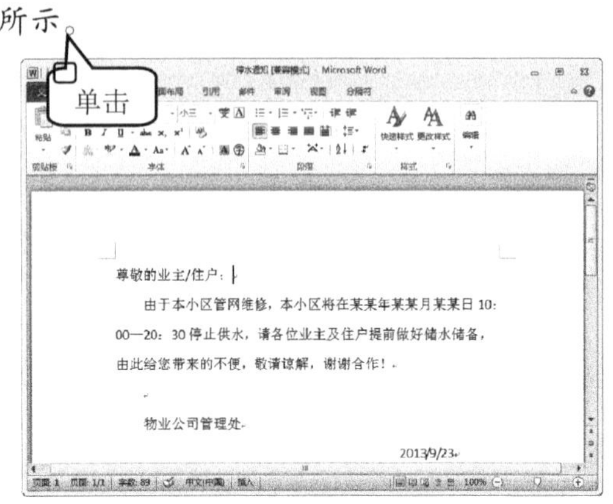

图 1-58

可以看到已经将标题还原回来。通过以上方法，即可完成撤消操作，如图 1-59 所示。

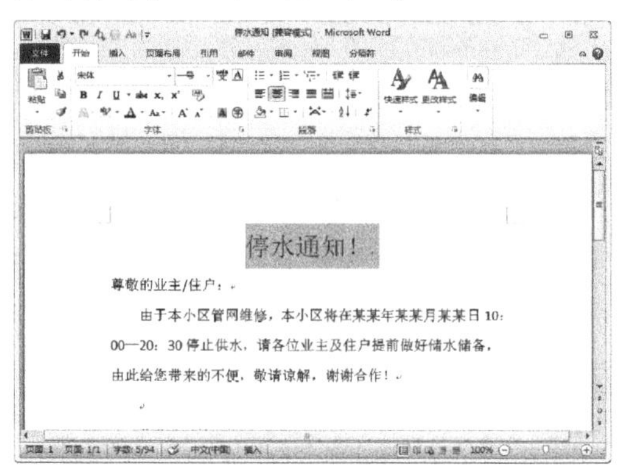

图 1-59

2. 恢复操作

恢复操作大致上与撤消操作一样，是用来返回到上一步状态的操作，不同的是恢复操作是用来恢复撤消操作的一种操作，下面详细介绍恢复操作的具体方法。

素材文件：无

效果文件：第1章\效果文件\停水通知.doc

在 Word 文档中，如果不小心多使用了一次撤消操作，可以单击【快速访问工具栏】中的【恢复】按钮，如图 1-60 所示。

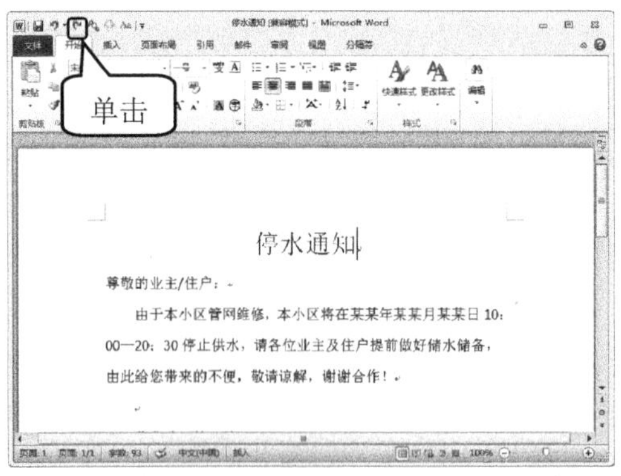

图 1-60

通过以上方法，即可完成恢复操作，如图 1-61 所示。

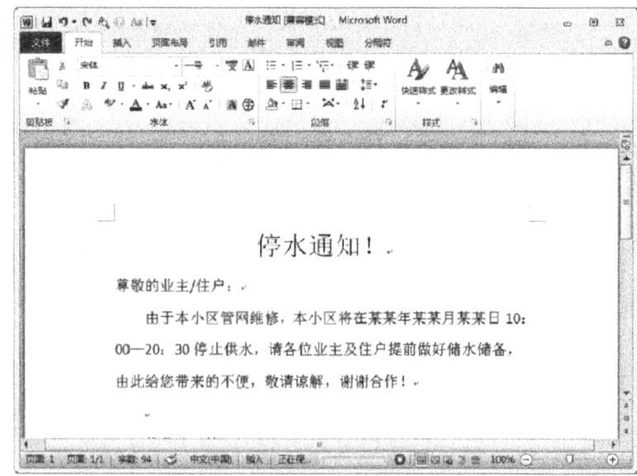

图 1-61

1.6 范例应用与上机操作

通过本章的学习，读者可以掌握 Word 2010 软件的基础知识和基本操作。下面通过一些练习，以达到巩固学习、拓展提高的目的。

1.6.1 根据模板创建“传真”

传真是日常工作中最为常见的公文形式，是一种用以传送文件复印本的电信技术，下面详细介绍根据模板创建“传真”的具体操作方法。

素材文件：无

效果文件：第1章\效果文件\传真.doc

step 1 ① 打开 Word 2010，选择【文件】选项卡，② 选择【新建】选项，③ 在【主页】区域中，选择【我的模板】选项，如图 1-62 所示。

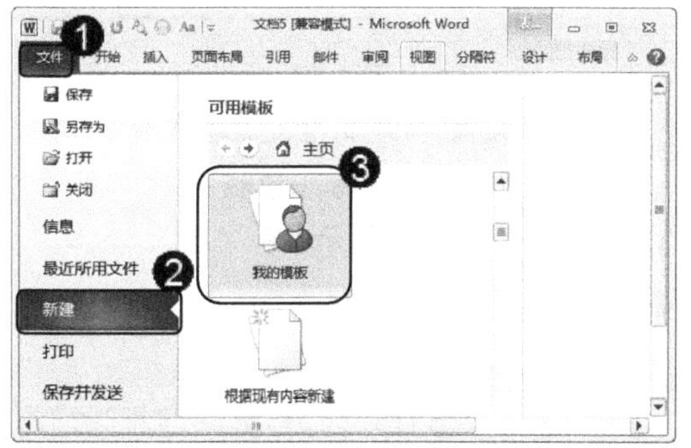

图 1-62

step 2 ① 弹出【新建】对话框，选择【个人模板】选项卡，② 选择【Fax cover sheet】选项，③ 单击【确定】按钮，如图 1-63 所示。

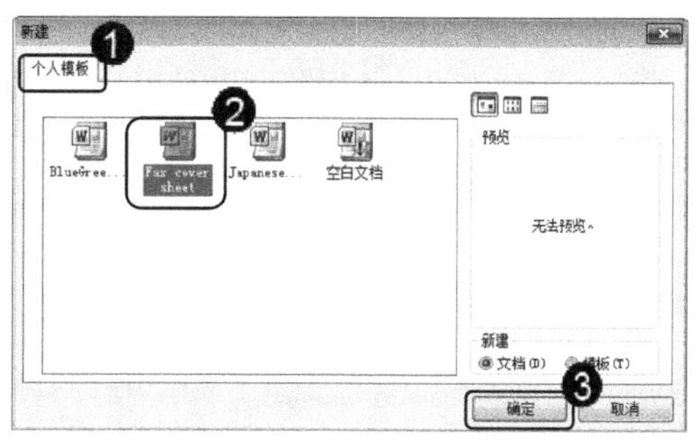

图 1-63

step 3 可以看到已经建立的“传真”文档，如图 1-64 所示。

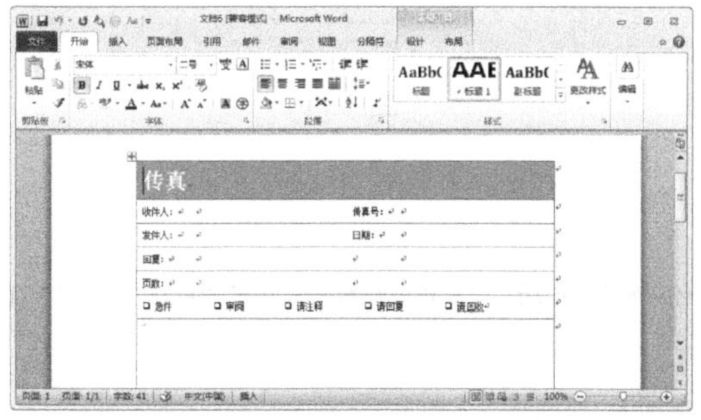

图 1-64

step 4 在文档各个文本框处，输入相应的文本信息，即可完成根据模板创建“传真”的操作，如图 1-65 所示。

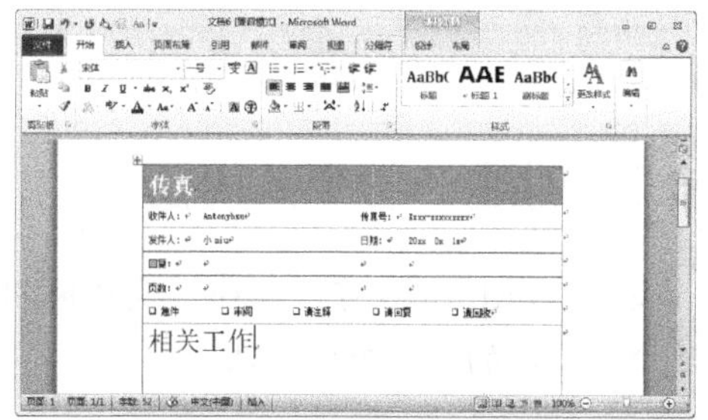

图 1-65

1.6.2 给老朋友写一封信

使用 Word 2010 软件，不仅可以编辑公文，还可以编写电子信件，下面详细介绍使用 Word 2010 编写电子信件的具体操作方法。

素材文件 无

效果文件 第 1 章\效果文件\信件.doc

① 打开 Word 2010，选择【文件】选项卡，② 选择【新建】选项，③ 在【主页】区域中，选择【我的模板】选项，如图 1-66 所示。

图 1-66

① 弹出【新建】对话框，选择【个人模板】选项卡，② 选择【BlueGreenStationery】选项，③ 单击【确定】按钮，如图 1-67 所示。

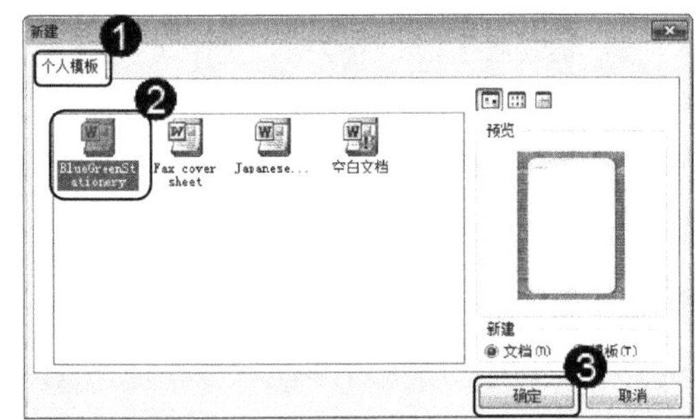

图 1-67

可以看到已经建立的“信件”文档，如图 1-68 所示。

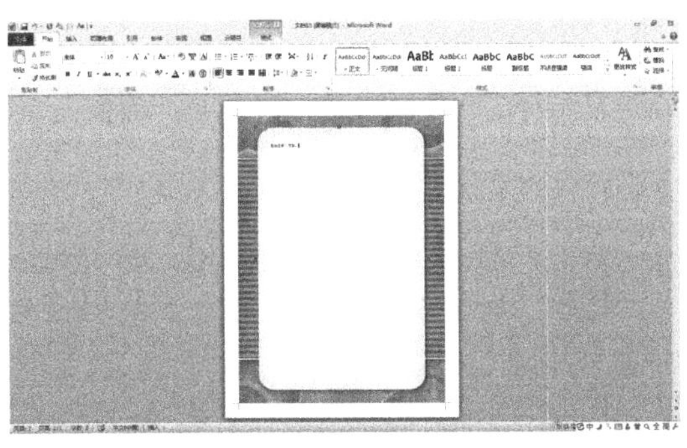

图 1-68

在文档文本框处，输入信件内容，即可完成根据模板创建“信件”的操作，如图 1-69 所示。

图 1-69

1.6.3 创建一份个人简历

使用 Word 2010 可以轻松、快捷地创建一份个人简历，下面详细介绍使用 Word 2010 创建个人简历的具体操作方法。

素材文件 无

效果文件 第 1 章\效果文件\个人简历.docx

step 1 ① 打开 Word 2010，选择【文件】选项卡，② 选择【新建】选项，③ 在【主页】区域中，选择【样本模板】选项，如图 1-70 所示。

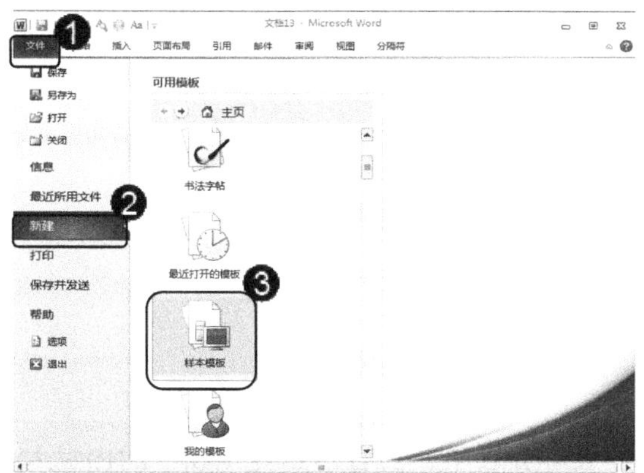

图 1-70

step 2 ① 进入【样本模板】界面，选择【黑领结简历】选项，② 选中【文档】单选按钮，③ 单击【创建】按钮，如图 1-71 所示。

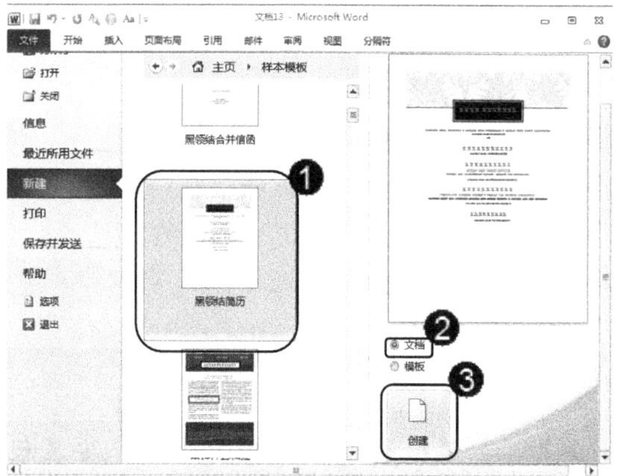

图 1-71

可以看到已经建立的“个人简历”文档，如图 1-72 所示。

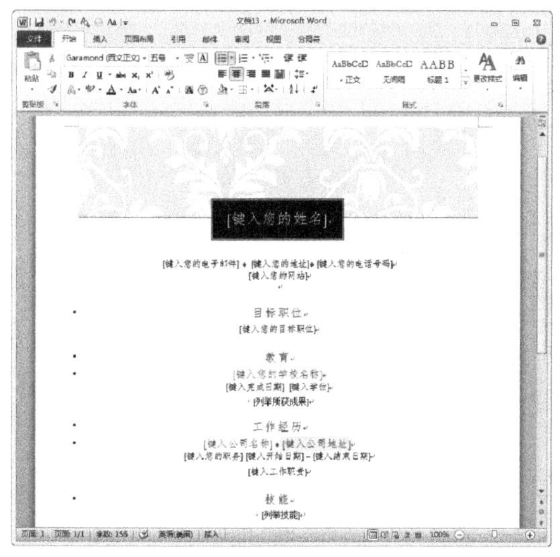

图 1-72

step 4 在文档文本框处，输入个人简历内容，即可完成创建个人简历的操作，如图 1-73 所示。

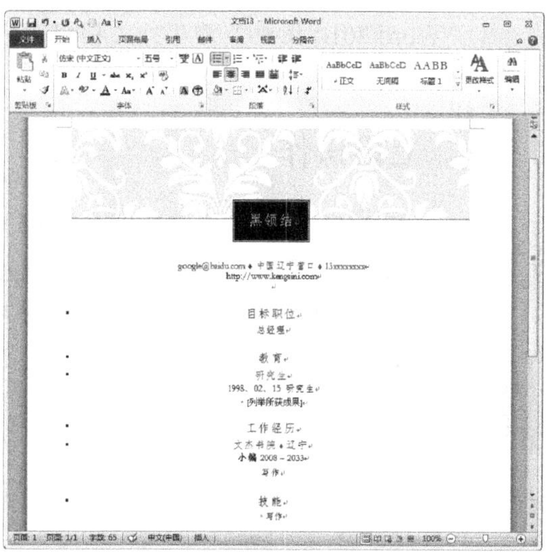

图 1-73

1.7 课后练习

通过本章的学习，读者基本可以掌握 Word 2010 的基础知识及操作。下面通过练习几道习题，达到巩固与提高的目的。

1.7.1 思考与练习

一、填空题

1. Word 2010 是 Microsoft 公司开发的 Office 2010 办公组件之一，主要用于____处理工作。

2. Word 2010 工作界面是由______、快速访问工具栏、______、工作区、滚动条、状态栏、视图按钮和缩放滑块组成。

3. 使用 Word 2010 可以编辑________，文本的基本编辑操作包括复制与粘贴文本、__________以及撤消与恢复操作等。

二、判断题

1. 安装微软 Office 2010 以后，安装程序一般都会在桌面上自动创建 Word 2010 快捷方式图标。 (　　)

2. Word 2010 只能进行公文写作。 (　　)

三、思考题

1. Word 2010 提供了哪几种文档视图方式？
2. 如何关闭当前阅读的文档？

1.7.2 上机操作

1. 启动 Word 2010 软件，通过本章学习的相关知识，练习制作一个请假条。效果文件可参考“配套素材\第 1 章\效果文件\请假条.docx。

2. 启动 Word 2010 软件，通过本章学习的相关知识，练习建立一份基本简历。效果文件可参考“配套素材\第 1 章\效果文件\基本简历.docx。

第2章

办公文档版面设计与编排

本章主要介绍定义文档的文本格式方面的知识与技巧，同时还讲解了编排文档段落格式、特殊版式设计和设置边框与底纹方面的知识。通过本章的学习，读者可以掌握办公文档版面设计与编排方面的知识，为深入学习 Office 2010 奠定基础。

范例导航

1. 定义文档的文本格式
2. 编排文档段落格式
3. 特殊版式设计
4. 设置边框和底纹

产品目录
CONTENTS

- 教学板系列……01
- 文教板系列……06
- 支架板系列……11
- 课桌椅系列……15
- 床铺系列……20
- 学校用品系列……25

2.1 定义文档的文本格式

在使用 Word 2010 的过程中，用户可以设置标题字体、字号和字体颜色，同时可以设置标题字体字形、字符间距、正文加粗与倾斜效果、下划线和上标或下标等，以便制作出的文档更加美观。本节将重点介绍定义文档的文本格式方面的知识与操作。

2.1.1 设置标题字体、字号和字体颜色

下面以素材“01-会议日程.doc”为例，详细介绍设置文档标题字体、字号和字体颜色的操作方法。

step 1 ① 选中准备设置标题字体的文本，② 选择【开始】选项卡，③ 在【字体】下拉列表框中，选择准备应用的字体，如图 2-1 所示。

图 2-1

step 3 ① 选中准备设置标题字号的文本，② 选择【开始】选项卡，③ 在【字号】下拉列表框中，选择准备应用的字号大小，如图 2-3 所示。

step 2 通过上述操作即可完成设置标题字体的操作，如图 2-2 所示。

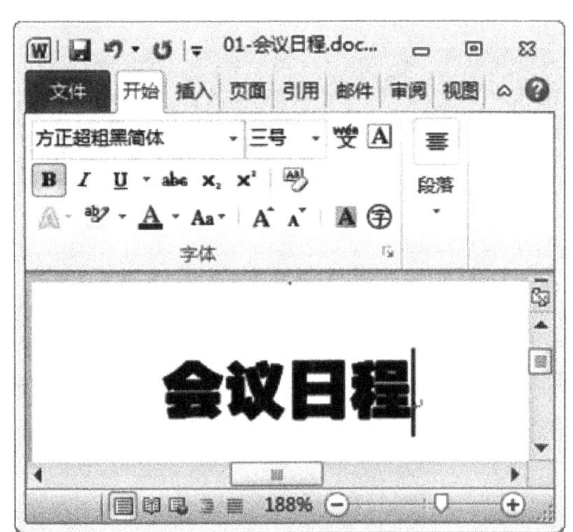

图 2-2

智慧锦囊

在 Word 2010 中，在键盘上按下组合键 Ctrl+Shift+F，用户可以在弹出的【字体】对话框中，设置文本的字体。

step 4 通过上述操作即可完成设置标题字号的操作，如图 2-4 所示。

图 2-3

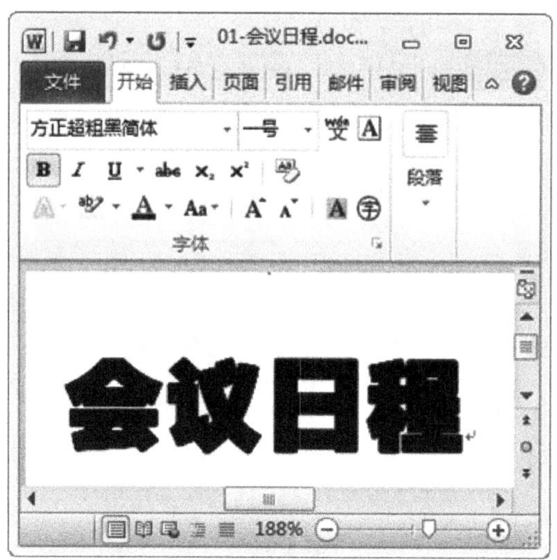

图 2-4

step 5 ① 选中准备设置标题字体颜色的文本，② 选择【开始】选项卡，③ 单击【字体颜色】下拉按钮，如图 2-5 所示。

图 2-5

step 7 通过上述操作即可完成设置标题字体颜色的操作，如图 2-7 所示。

step 6 在弹出的下拉列表框中，选择准备应用的颜色并单击，如图 2-6 所示。

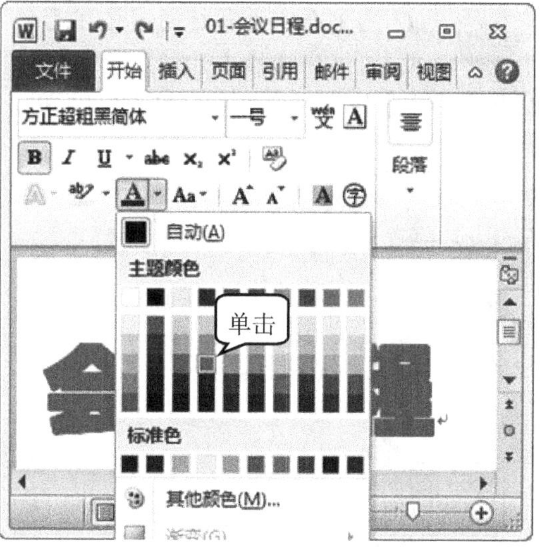

图 2-6

智慧锦囊

在 Word 2010 中，选择【开始】选项卡，在【字体】组中，单击【增大字体】按钮 或【缩小字体】按钮 ，同样可以调整字体大小。

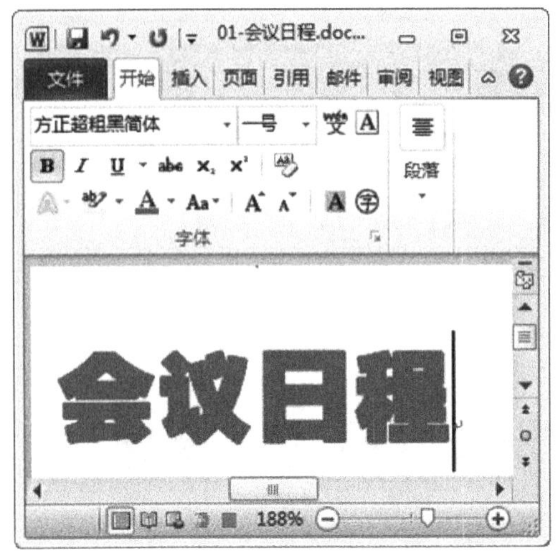

图 2-7

智慧锦囊

在 Word 2010 中，单击【字体颜色】下拉按钮，在弹出的下拉列表框中，单击【自动】按钮，可以将文本的字体颜色设置成系统默认的颜色。

考考您

请您根据上述方法创建一个 Word 文档，测试一下您对设置标题字体、字号和字体颜色等知识的学习效果。

2.1.2 设置标题字体字形

使用 Word 2010，用户可以设置标题字体字形，达到美化文本的作用，下面以“01-会议日程.doc”为例，详细介绍设置标题字体字形的操作。

step 1 ① 选中准备设置标题字体字形的文本，② 选择【开始】选项卡，③ 在【字体】组中，单击【加粗】按钮B，如图 2-8 所示。

图 2-8

step 2 通过上述操作即可完成设置标题字体字形的操作，如图 2-9 所示。

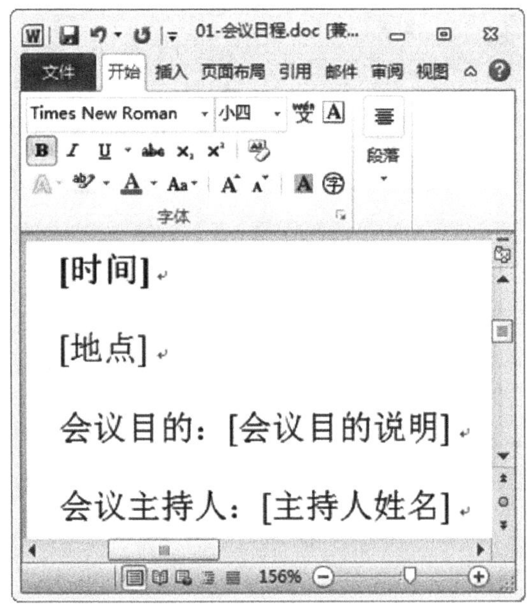

图 2-9

2.1.3 设置标题字符间距

使用 Word 2010，用户可以设置标题字符间距，下面以“01-会议日程.doc”为例，详细

介绍设置标题字符间距的操作。

step 1 ① 选中准备设置标题字符间距的文本，② 选择【开始】选项卡，③ 在【字体】组中，单击【字体启动器】按钮，如图 2-10 所示。

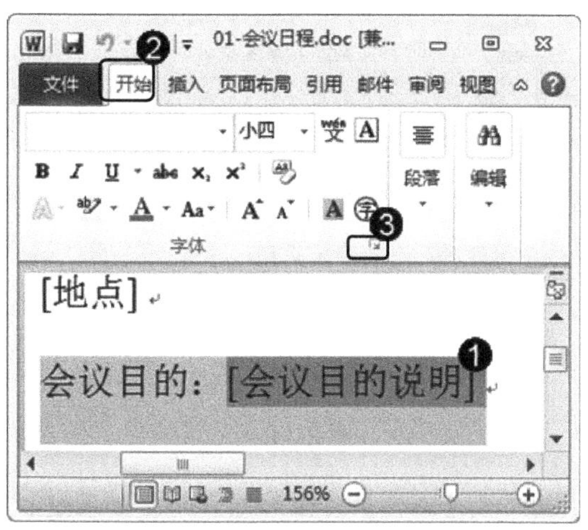

图 2-10

step 2 ① 弹出【字体】对话框，选择【高级】选项卡，② 在【字符间距】区域中，在【缩放】文本框中，输入字符间距的百分比数值，③ 单击【确定】按钮，如图 2-11 所示。

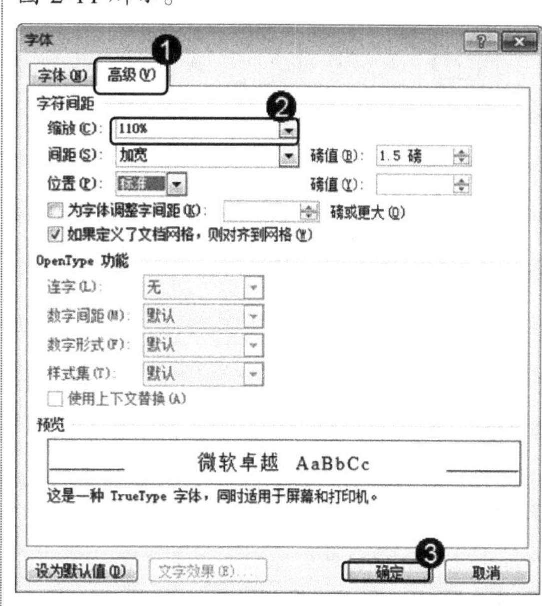

图 2-11

step 3 通过上述操作即可完成设置标题字符间距的操作，如图 2-12 所示。

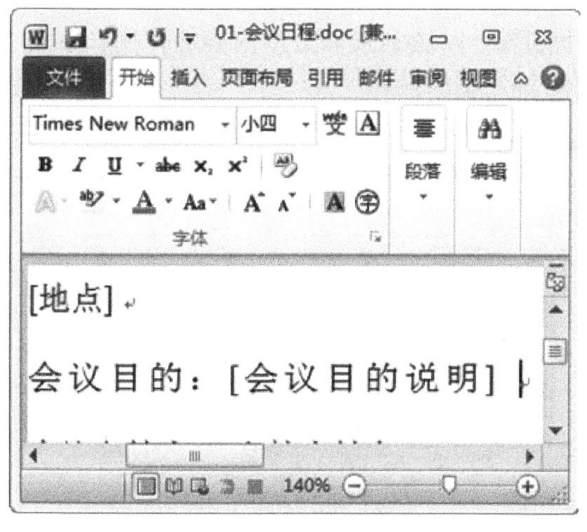

图 2-12

智慧锦囊

弹出【字体】对话框，选择【高级】选项卡，在【字符间距】区域中，设置字符间距的数值后，单击【设为默认值】按钮，可以将这些数据设置为默认值，方便以后快速使用。

考考您

请您根据上述方法创建一个 Word 文档，测试一下您对设置文档标题字符间距的学习效果。

2.1.4 设置正文倾斜效果

使用 Word 2010，用户可以设置正文倾斜效果，下面以“01-会议日程.doc”为例，详细介绍设置正文倾斜效果的操作。

step 1 ① 选中准备设置正文倾斜效果的文本，② 选择【开始】选项卡，③ 在【字体】组中，单击【倾斜】按钮，如图 2-13 所示。

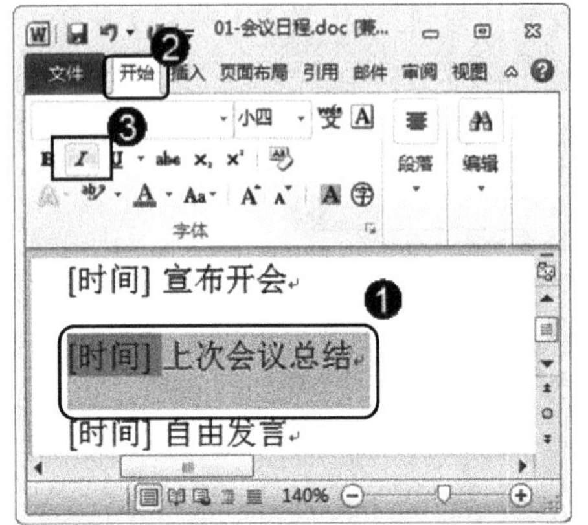

图 2-13

step 2 通过上述操作即可完成设置正文倾斜效果的操作，如图 2-14 所示。

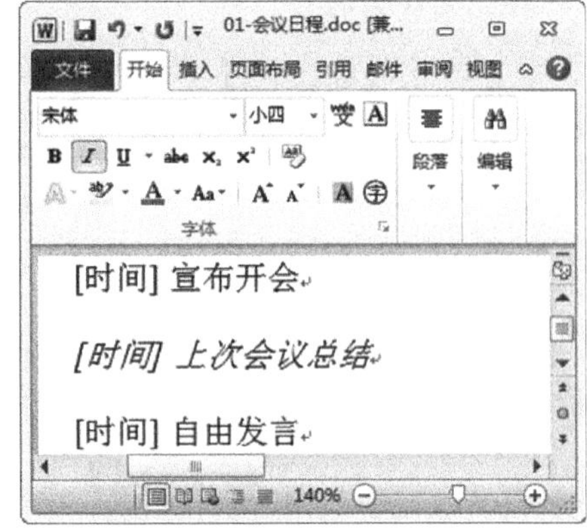

图 2-14

知识精讲

在 Word 2010 中，单击【加粗】按钮 B 或【倾斜】按钮 I 后，用户如果继续在文档中输入文本，输入后的文本字形将是设置【加粗】效果或【倾斜】效果后的字形。同时，再次单击【加粗】按钮或【倾斜】按钮后，字形将恢复到常规状态。

2.1.5 为正文文本添加下划线

使用 Word 2010，用户可以为正文文本添加下划线，以达到强调文本内容的作用，下面以“01-会议日程.doc”为例，详细介绍设置正文倾斜效果的操作。

step 1 ① 选中准备添加下划线效果的文本，② 选择【开始】选项卡，③ 在【字体】组中，单击【下划线】按钮 U ，如图 2-15 所示。

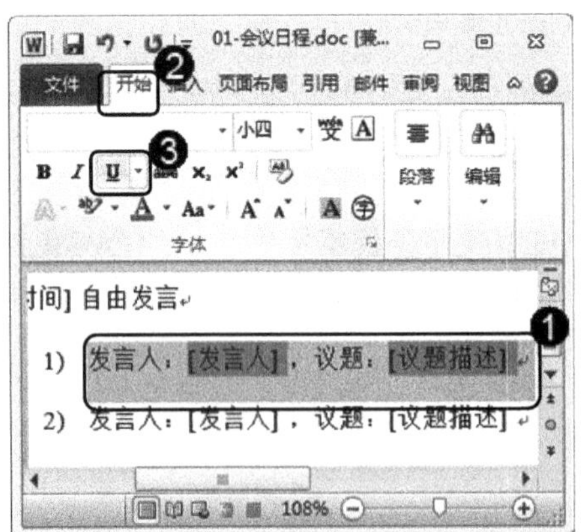

图 2-15

step 2 通过上述操作即可完成为正文文本添加下划线的操作，如图 2-16 所示。

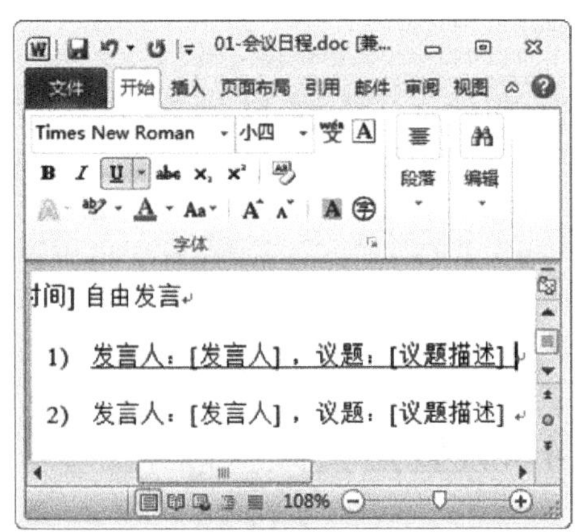

图 2-16

2.1.6 设置上标或下标

在 Word 2010 中，使用上标或下标功能，用户可在文本字符上方或下方添加小字符，以起到注释的作用，下面以“01-会议日程.doc”为例，详细介绍设置上标或下标的操作。

step 1 ① 选中准备设置上标的文本，② 选择【开始】选项卡，③ 在【字体】组中，单击【上标】按钮，如图 2-17 所示。

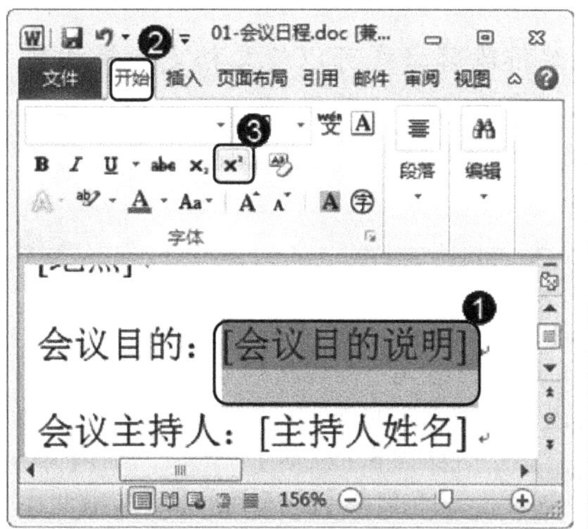

图 2-17

step 2 通过上述操作即可完成设置上标的操作，如图 2-18 所示。

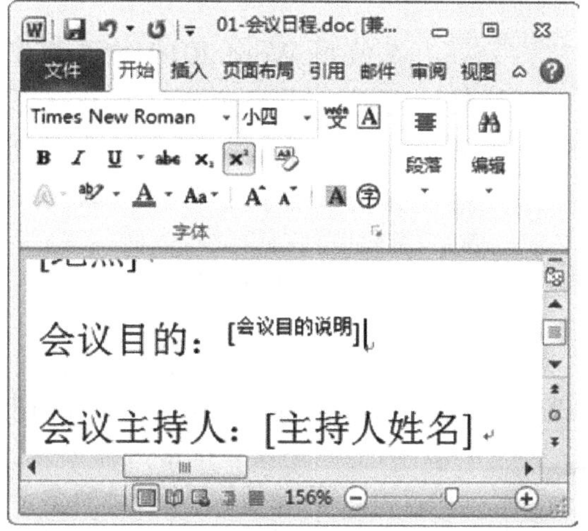

图 2-18

step 3 ① 选中准备设置下标的文本，② 选择【开始】选项卡，③ 在【字体】组中，单击【下标】按钮，如图 2-19 所示。

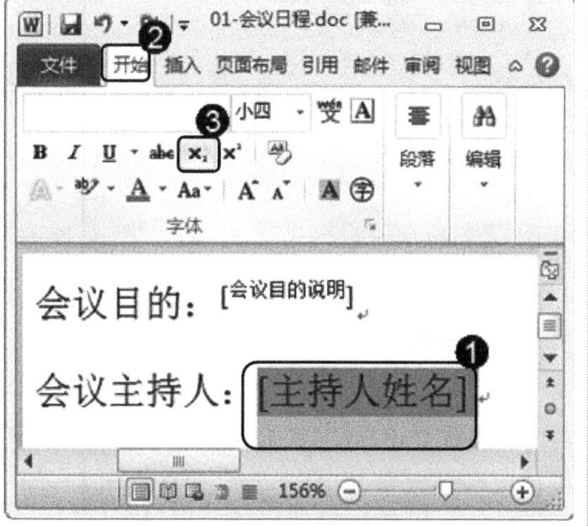

图 2-19

step 4 通过上述操作即可完成设置下标的操作，如图 2-20 所示。

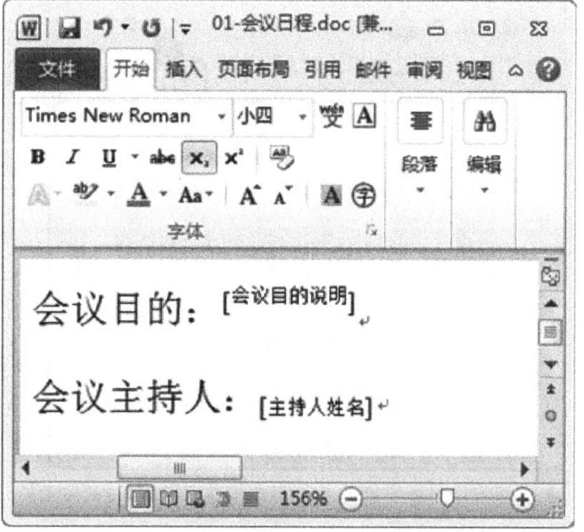

图 2-20

知识精讲

在 Word 2010 中，将设置成上标或下标的文本选中并右击，在弹出的快捷菜单中，选择【样式】菜单项，在弹出的快捷菜单中，选择【清除格式】菜单项，这样即可取消文本上标或下标的状态，恢复常规状态；也可再次单击【上标】按钮或【下标】按钮后，文本也将恢复到常规状态。

2.2 编排文档段落格式

在使用 Word 2010 的过程中，编排段落格式可以使文档更加简洁规整，同时，用户可以运用设置段落对齐方式、段落间距、行距和段落缩进方式等方法进行段落格式编排的操作。本节将重点介绍编排文档段落格式方面的知识与操作。

2.2.1 设置段落对齐方式

在 Word 2010 中，用户可以自定义设置段落的对齐方式，下面以将“‘02-文章’素材中段落设置为右对齐方式”为例，详细介绍设置段落对齐方式的操作。

step 1 ① 选中准备设置段落对齐方式的文本，② 选择【开始】选项卡，③ 在【段落】组中，单击【段落启动器】按钮，如图 2-21 所示。

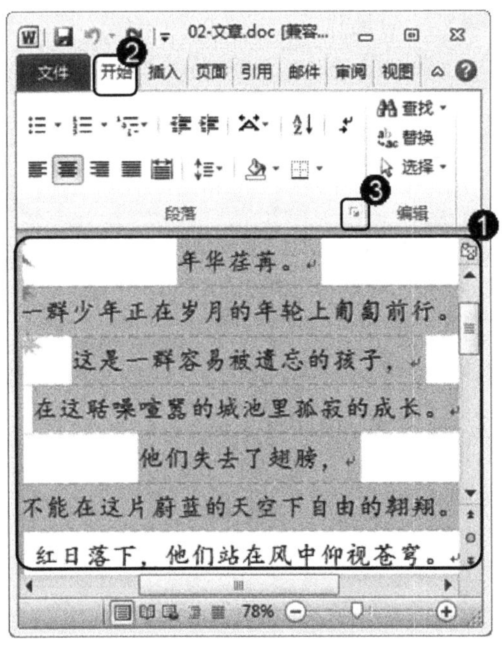

图 2-21

step 2 ① 弹出【段落】对话框，选择【缩进和间距】选项卡，② 在【常规】区域中，在【对齐方式】下拉列表框中，选择【右对齐】选项，③ 单击【确定】按钮，如图 2-22 所示。

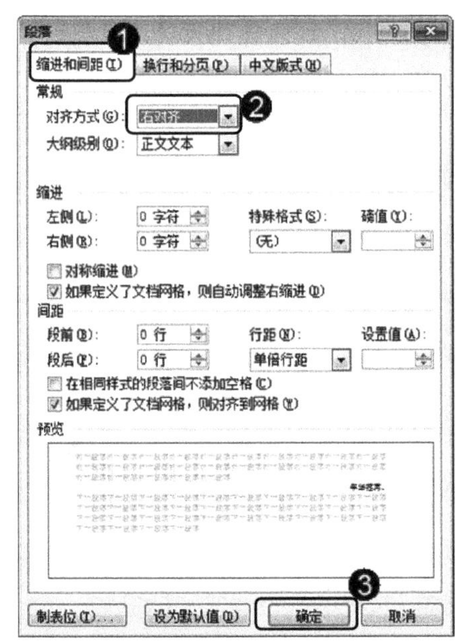

图 2-22

step 3 通过上述操作即可完成设置段落对齐方式的操作，如图 2-23 所示。

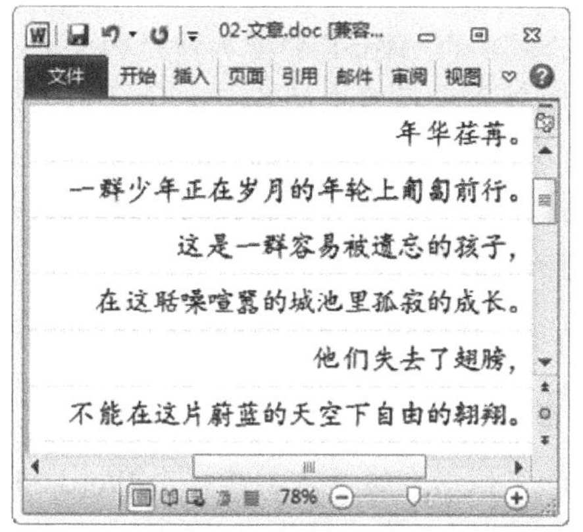

图 2-23

智慧锦囊

在 Word 2010 中，选择【开始】选项卡，在【段落】组中，单击【文本左对齐】按钮、【居中】按钮或【文本右对齐】按钮等，用户可以设置不同的段落对齐方式。

考考您

请您根据上述方法创建一个 Word 2010 文档，测试一下您对设置段落对齐方式的学习效果。

2.2.2 设置段落间距

段落间距是指文档中段落与段落之间的距离，下面以“02-文章”素材为例，详细介绍设置段落间距的操作。

step 1 ① 选中准备设置段落间距的文本，② 选择【开始】选项卡，③ 在【段落】组中，单击【段落启动器】按钮，如图 2-24 所示。

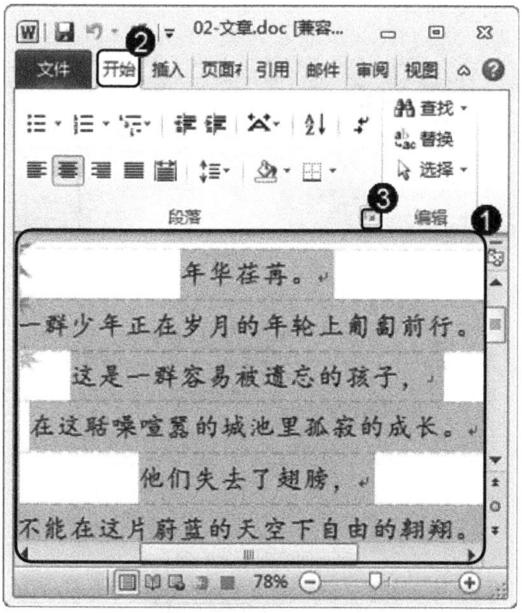

图 2-24

step 2 ① 弹出【段落】对话框，选择【缩进和间距】选项卡，② 在【间距】区域中，在【段前】和【段后】微调框中，设置段落间距的数值，③ 单击【确定】按钮，如图 2-25 所示。

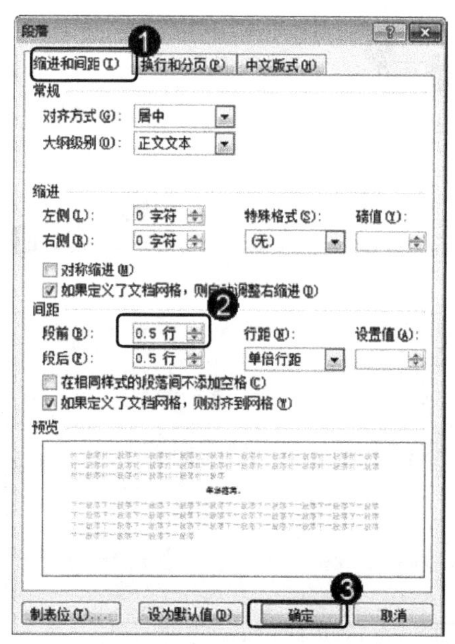

图 2-25

step 3 通过上述操作即可完成设置段落间距的操作，如图 2-26 所示。

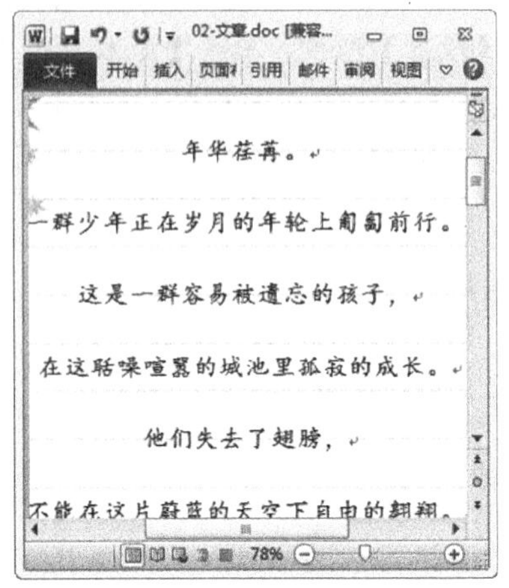

图 2-26

智慧锦囊

如果某个段落行包含大文本字符、图形或公式，则 Word 会增加该行的间距。若要均匀分布段落中的各行，请使用固定间距，并指定足够大的间距以适应所在行中的最大字符或图形。如果出现内容显示不完整的情况，则增加间距量。

考考您

请您根据上述方法创建一个 Word 2010 文档，测试一下您对设置段落间距知识的学习效果。

2.2.3 设置行距

行距是指文档中行与行之间的距离，下面以“02-文章”素材为例，详细介绍设置行距的操作。

step 1 ① 选中准备设置段落行距的文本，② 选择【开始】选项卡，③ 在【段落】组中，单击【段落启动器】按钮，如图 2-27 所示。

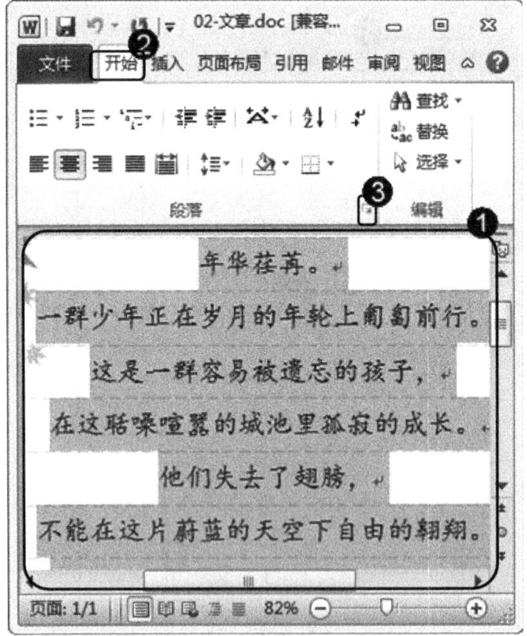

图 2-27

step 2 ① 弹出【段落】对话框，选择【缩进和间距】选项卡，② 在【间距】区域中，在【行距】下拉列表框中，选择【1.5 倍行距】选项，③ 单击【确定】按钮，如图 2-28 所示。

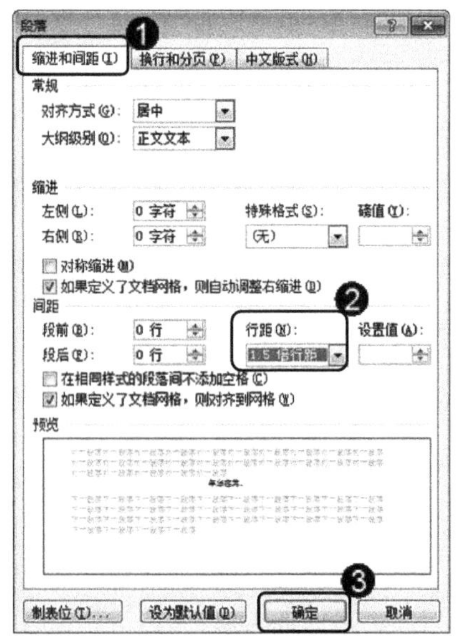

图 2-28

step 3 通过上述操作即可完成设置段落行距的操作，如图 2-29 所示。

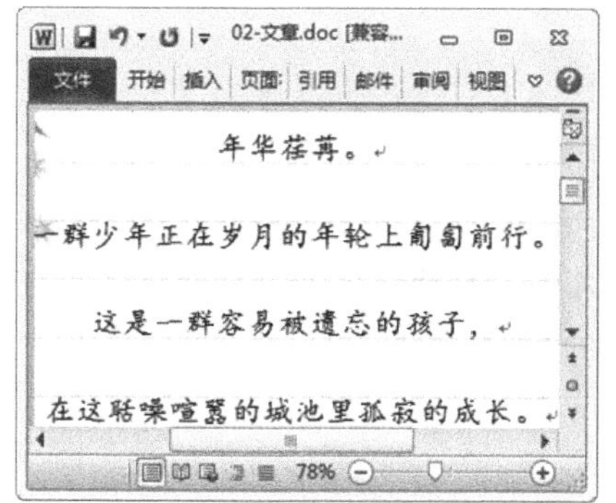

图 2-29

智慧锦囊

打开【段落】对话框，在【行距】下拉列表框中，选择【单倍行距】选项可以将行距设置为该行最大字体的高度加上一小段额外间距。额外间距的大小取决于所用的字体。

2.2.4 设置段落缩进方式

在 Word 2010 中，用户还可以设置段落的缩进方式，方便用户更好地展示文本内容，下面介绍设置段落缩进方式的操作。

step 1 ① 选中准备设置段落缩进方式的文本，② 选择【开始】选项卡，③ 在【段落】组中，单击【段落启动器】按钮，如图 2-30 所示。

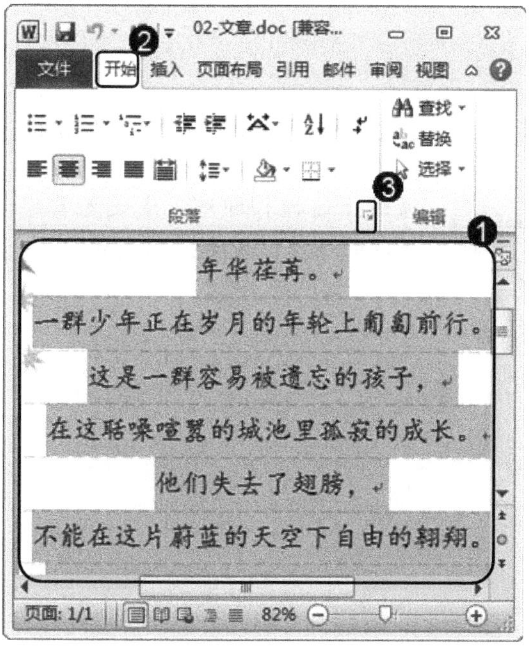

图 2-30

step 2 ① 弹出【段落】对话框，选择【缩进和间距】选项卡，② 在【缩进】区域中，在【左侧】和【右侧】微调框中，设置段落缩进的数值，③ 单击【确定】按钮，如图 2-31 所示。

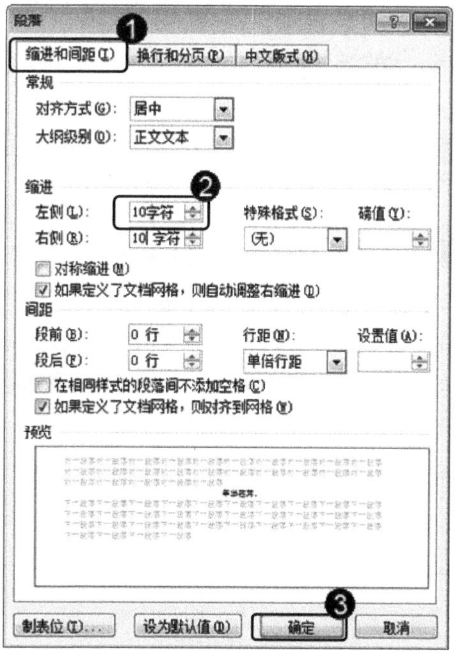

图 2-31

step 3 通过上述操作即可完成设置段落缩进方式的操作，如图 2-32 所示。

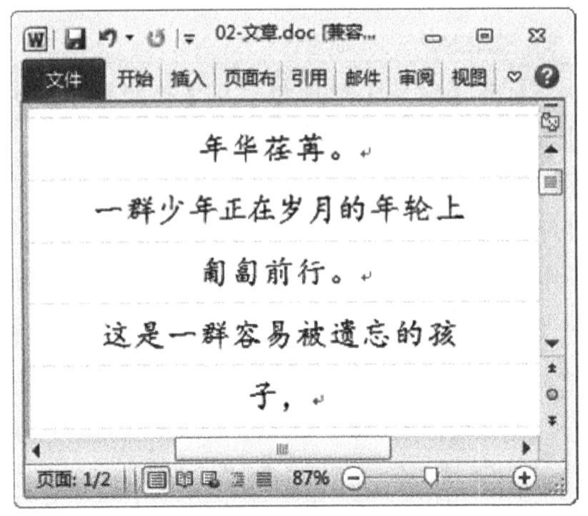

图 2-32

请您根据上述方法创建一个 Word 2010 文档，测试一下您对设置段落缩进方式知识的学习效果。

2.3 特殊版式设计

在 Word 2010 中还提供了许多的特殊版式，如首字下沉、双行合一、使用拼音指南、为段落添加项目符号或编号，以及添加多级列表等版式。本节将重点介绍特殊版式设计方面的知识内容与操作技巧。

2.3.1 首字下沉

首字下沉是将段落的第一行第一个字的字体变大，并且向下占据一定的距离，段落的其他部分保持原样，下面以“03-青春散场.doc”素材为例，详细介绍首字下沉的操作方法。

step 1 ① 选中准备设置首字下沉的段落文本，② 选择【插入】选项卡，③ 在【文本】组中，单击【首字下沉】下拉按钮，④ 在弹出的下拉菜单中，选择准备应用的样式，如“下沉”，如图 2-33 所示。

step 2 通过上述操作即可完成设置首字下沉的操作，如图 2-34 所示。

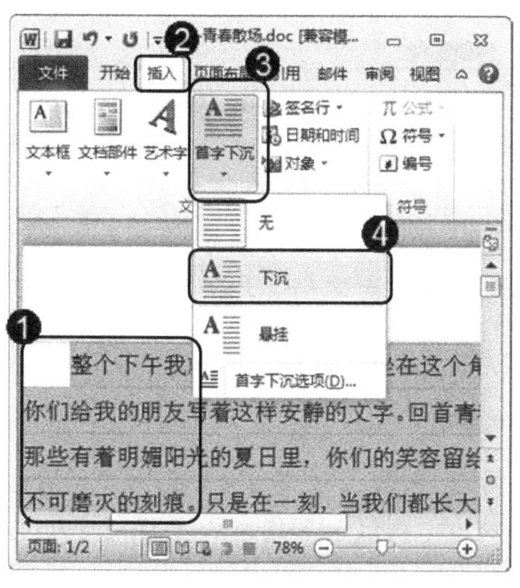

图 2-33

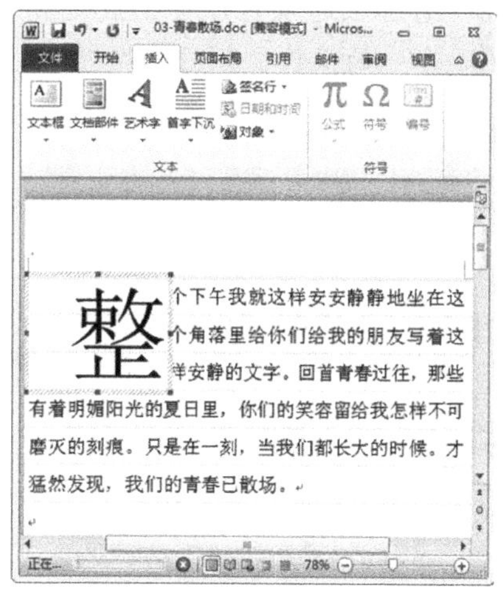

图 2-34

知识精讲

在 Word 2010 中，首字下沉可分为下沉和悬挂两种。同时，用户选中准备设置首字下沉的段落文本后，选择【插入】选项卡，在【文本】组中，单击【首字下沉】下拉按钮，在弹出的下拉菜单中，选择【首字下沉选项】菜单项，用户可以设置首字下沉的样式和参数。

2.3.2 双行合一

在 Word 2010 中，用户可以根据编辑需要设置一些特殊的排版效果，如“双行合一”，下面以“03-青春散场.doc”素材为例，详细介绍双行合一的操作。

step 1 ① 选中准备设置双行合一的段落文本，② 选择【开始】选项卡，③ 在【段落】组中，单击【中文版式】下拉按钮，④ 在弹出的下拉菜单中，选择准备应用的样式，如“双行合一”，如图 2-35 所示。

step 2 弹出【双行合一】对话框，单击【确定】按钮，如图 2-36 所示。

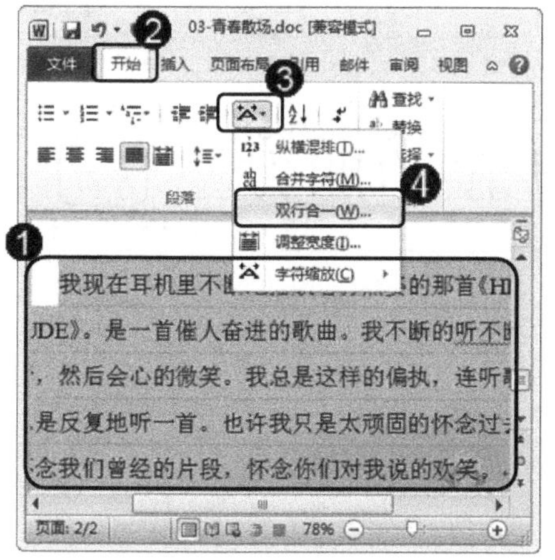

图 2-35

图 2-36

step 3 通过上述操作即可完成设置双行合一的操作，如图 2-37 所示。

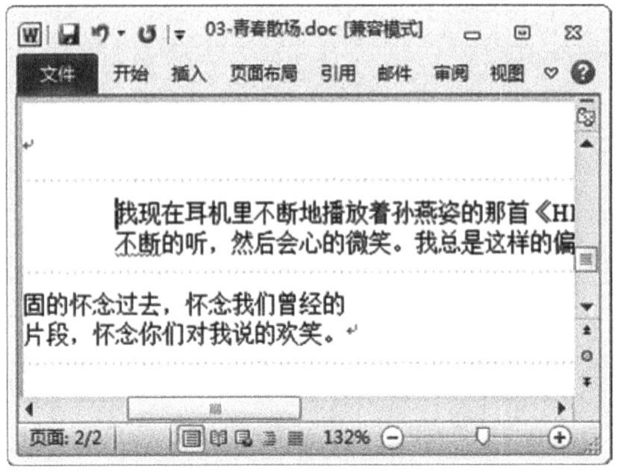

图 2-37

智慧锦囊

双行合一是 Microsoft Office Word 软件的一项编辑功能，在编辑 Word 文档的过程中，有时需要在一行中显示两行文字，然后在相同的行中继续显示单行文字，实现单行、双行文字的混排效果。

考考您

请您根据上述方法创建一个 Word 2010 文档，测试一下您对设置双行合一的学习效果。

2.3.3 使用拼音指南

拼音指南是 Word 2010 提供的一个智能命令，使用该功能用户可以将选中文字的拼音字符明确显示，下面以“03-青春散场.doc”素材为例，详细介绍使用拼音指南的操作。

step 1 ① 选中准备使用拼音指南的段落文本，② 选择【开始】选项卡，③ 在【字体】组中，单击【拼音指南】按钮 ，如图 2-38 所示。

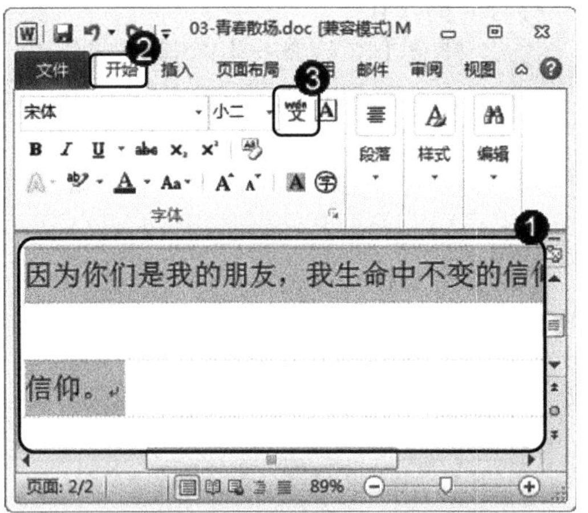

图 2-38

step 2 弹出【拼音指南】对话框，单击【确定】按钮，如图 2-39 所示。

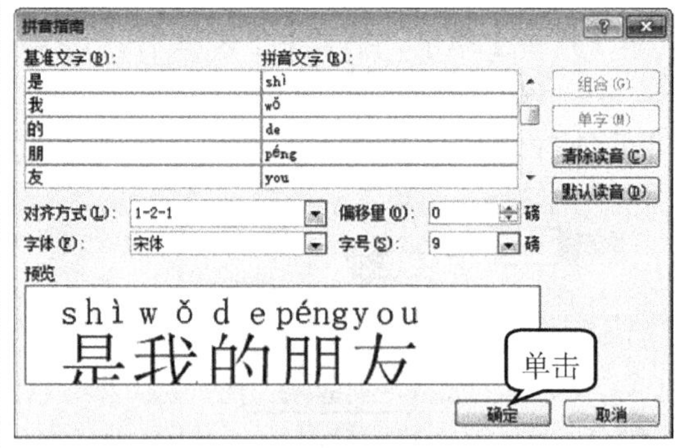

图 2-39

通过上述操作即可完成使用拼音指南的操作，如图 2-40 所示。

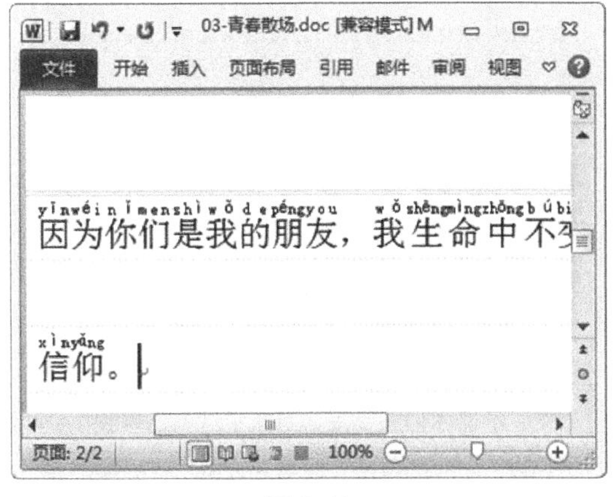

图 2-40

智慧锦囊

在【拼音指南】对话框中，还可以根据需求，对拼音的字体、偏移量和字号等进行设置，方便用户美化文本内容。同时，单击【清除读音】按钮，可以清除文字的拼音效果。

考考您

请您根据上述方法创建一个 Word 2010 文档，测试一下您对使用拼音指南知识的学习效果。

2.3.4 为段落添加项目符号或编号

在 Word 2010 中，项目符号和编号用于对文档中带有并列性的内容进行排列，使用项目符号或编号可以使文档看起来更加美观，下面以“03-青春散场.doc”素材为例，详细介绍为段落添加项目符号或编号的操作。

step 1 ① 选中准备添加编号的文本，② 选择【开始】选项卡，③ 在【段落】组中，单击【编号】下拉按钮，④ 在弹出的编号库中，选择准备应用的编号样式，如图 2-41 所示。

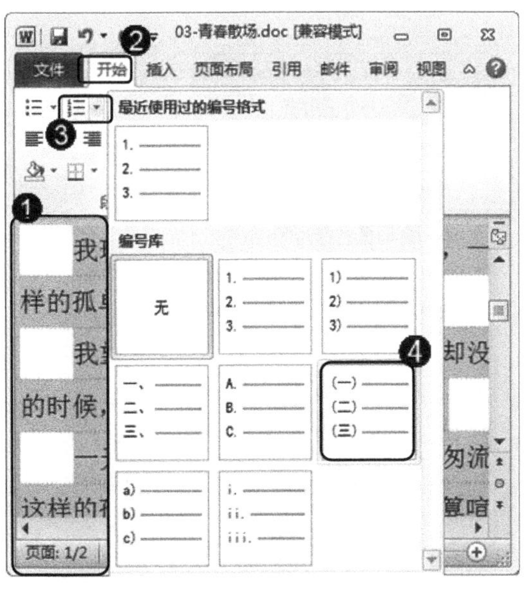

图 2-41

通过上述操作即可完成添加编号的操作，如图 2-42 所示。

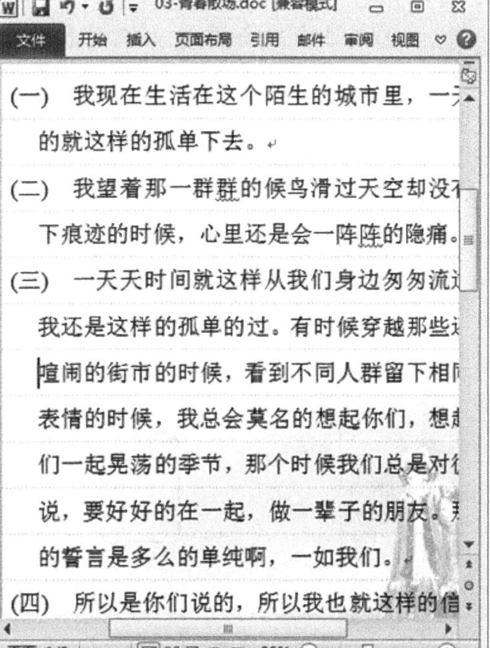

图 2-42

step 3 ① 选中准备添加项目符号的文本，② 选择【开始】选项卡，③ 在【段落】组中，单击【项目符号】下拉按钮，④ 在弹出的项目符号库中，选择准备应用的符号样式，如图 2-43 所示。

图 2-43

通过上述操作即可完成添加项目符号的操作，如图 2-44 所示。

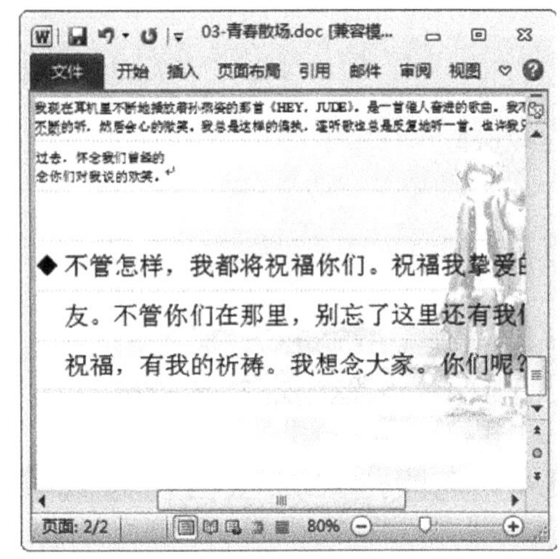

图 2-44

2.3.5 添加多级列表

在 Word 2010 中添加多级列表，文本将逐级展示，下面以“03-青春散场.doc”素材为例，详细介绍添加多级列表的操作。

step 1 ① 选中准备添加多级列表的文本，② 选择【开始】选项卡，③ 在【段落】组中，单击【多级列表】下拉按钮，④ 在弹出的编号库中，选择准备应用的多级列表样式，如图 2-45 所示。

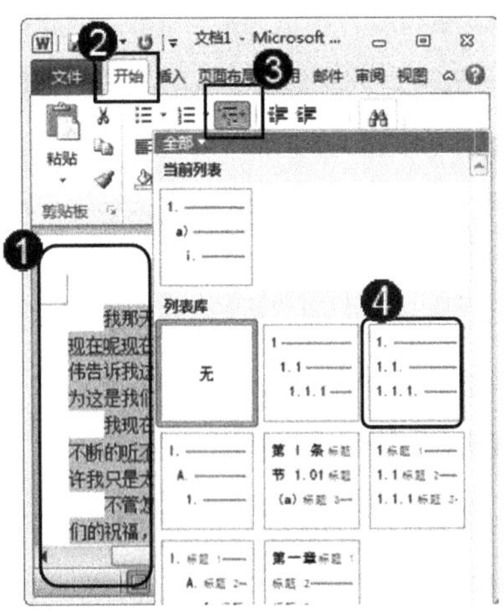

图 2-45

通过上述操作即可完成添加多级列表的操作，如图 2-46 所示。

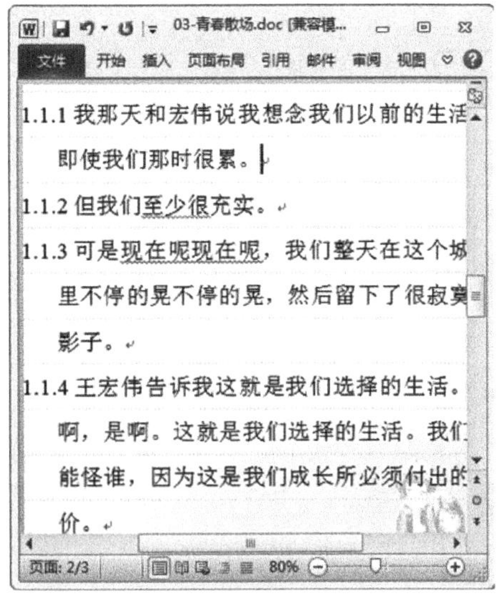

图 2-46

2.4 设置边框和底纹

在使用 Word 2010 的过程中，用户还可以给文档添加一些外观效果，如设置页面边框、设置页面底纹、设置水印效果和设置页面颜色等操作，让文档可以更加美观地展示。本节将重点介绍设置边框和底纹方面的知识内容与操作技巧。

2.4.1 设置页面边框

在 Word 2010 中，页面边框是为文档的外围或内部添加边框线效果，下面以“04-QIQI.doc”素材为例，详细介绍设置页面边框的操作。

step 1 ① 选择【页面布局】选项卡，② 在【页面背景】组中，单击【页面边框】按钮，如图 2-47 所示。

图 2-47

step 2 ① 弹出【边框和底纹】对话框，选择【页面边框】选项卡，② 在【设置】区域中，选择【边框】选项，③ 在【样式】区域中，选择准备应用的样式，④ 单击【确定】按钮，如图 2-48 所示。

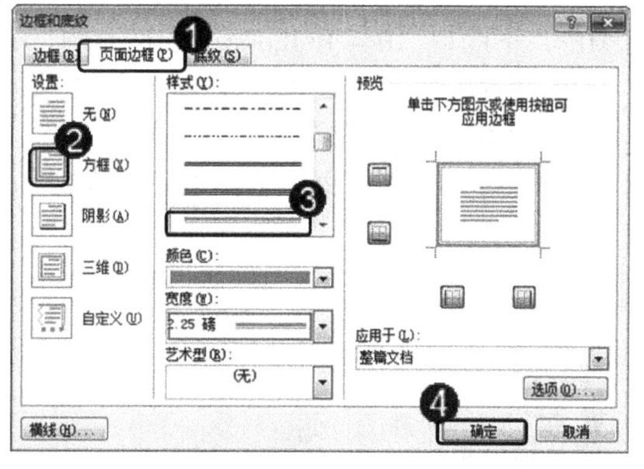

图 2-48

第九章 办公文档版面设计与编排

step 3 通过上述操作即可完成设置页面边框的操作，如图 2-49 所示。

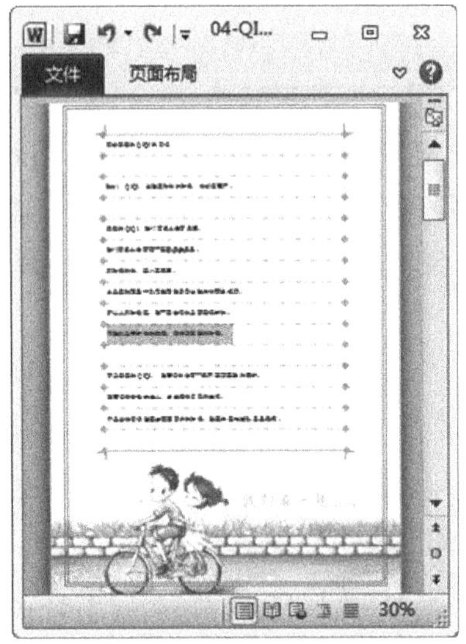

图 2-49

智慧锦囊

在【边框和底纹】对话框中，通过【预览】选项组中的【上边框】按钮、【下边框】按钮、【左边框】按钮和【右边框】按钮，用户可以自行决定添加任意位置的边框线。通过【应用于】下拉列表框，用户也可以决定为整篇文档、本节、本节首页或本节除首页外所有页添加边框。

考考您

请您根据上述方法创建一个 Word 2010 文档，测试一下您对使用页面边框知识的学习效果。

2.4.2 设置页面底纹

在 Word 2010 中，页面底纹是指选中文本的字符或段落背景可以自定义设置页面底纹的颜色，下面以“04-QIQI.doc”素材为例，详细介绍设置页面底纹的操作。

step 1 ① 选中准备设置页面底纹的文本，② 选择【页面布局】选项卡，③ 在【页面背景】组中，单击【页面边框】按钮，如图 2-50 所示。

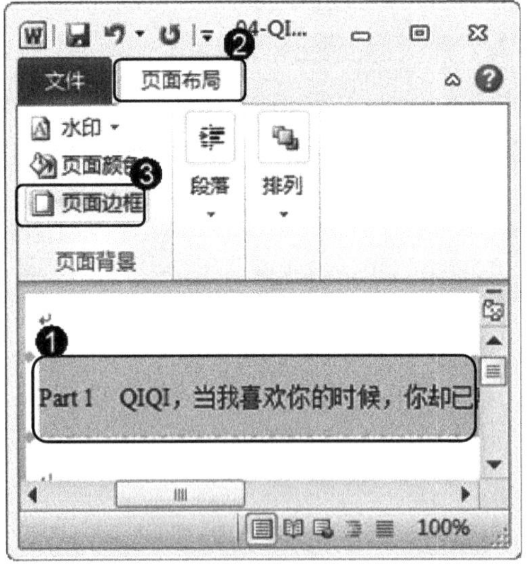

图 2-50

step 2 ① 弹出【边框和底纹】对话框，选择【底纹】选项卡，② 单击【填充】下拉按钮，③ 在弹出的下拉菜单中，选中准备应用的底纹颜色，如图 2-51 所示。

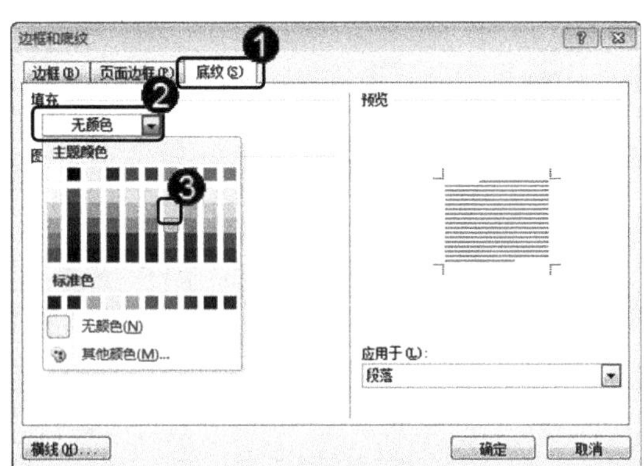

图 2-51

step 3 ① 在【预览】区域下方，在【应用于】下拉列表框中，选择【段落】选项，② 单击【确定】按钮，如图 2-52 所示。

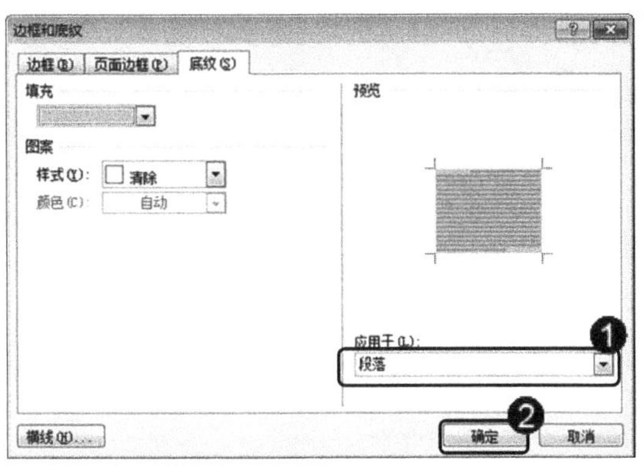

图 2-52

通过上述操作即可完成设置页面底纹的操作，如图 2-53 所示。

图 2-53

2.4.3　设置水印效果

水印效果是指在页面的背景上添加一种颜色略浅的文字或图片的效果，下面以“04-QIQI.doc”素材为例，详细介绍设置水印效果的操作。

step 1 ① 选择【页面布局】选项卡，② 在【页面背景】组中，单击【水印】下拉按钮，如图 2-54 所示。

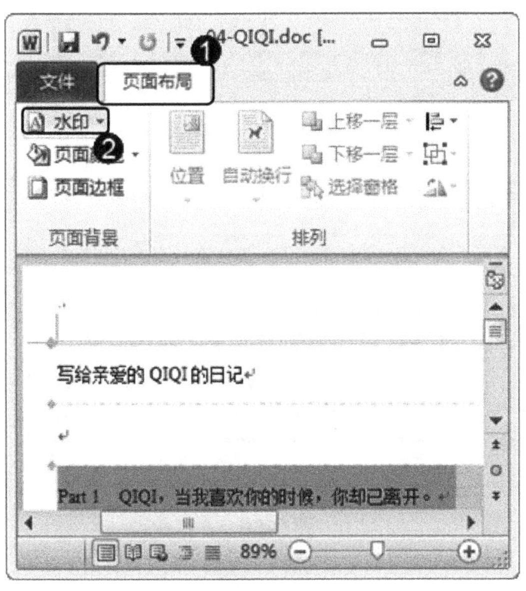

图 2-54

在弹出的下拉菜单中，选择【自定义水印】菜单项，如图 2-55 所示。

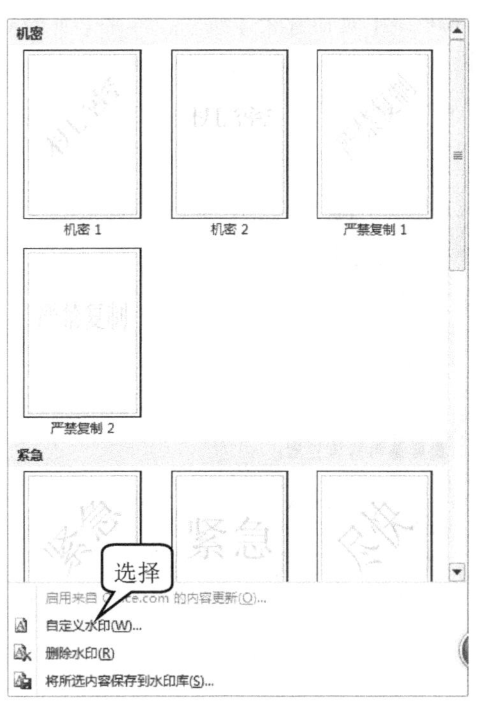

图 2-55

step 3 ① 弹出【水印】对话框，选中【文字水印】单选按钮，② 在【文字】文本框中输入水印文字，③ 在【颜色】下拉列表框中，选择水印文字的颜色，④ 单击【确定】按钮，如图 2-56 所示。

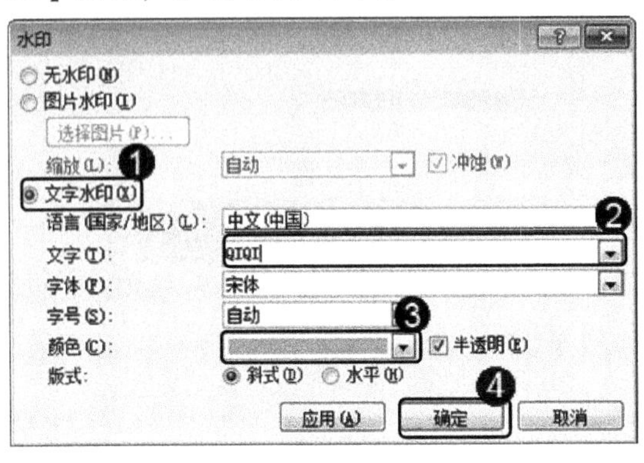

图 2-56

step 4 通过上述操作即可完成设置水印效果的操作，如图 2-57 所示。

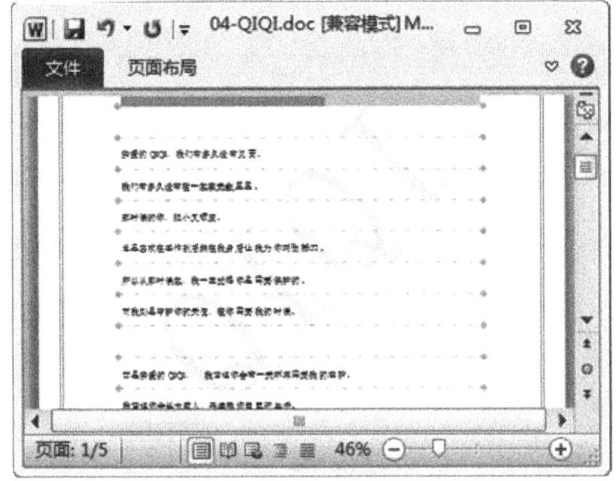

图 2-57

2.4.4 设置页面颜色

在 Word 2010 中，用户可以设置页面的背景颜色，使文档更加美观，下面以“04-QIQI.doc”素材为例，详细介绍设置页面颜色的操作。

step 1 ① 选择【页面布局】选项卡，② 在【页面背景】组中，单击【页面颜色】下拉按钮，③ 在弹出的下拉菜单中，选择准备使用的颜色，如“蓝色”色块，如图 2-58 所示。

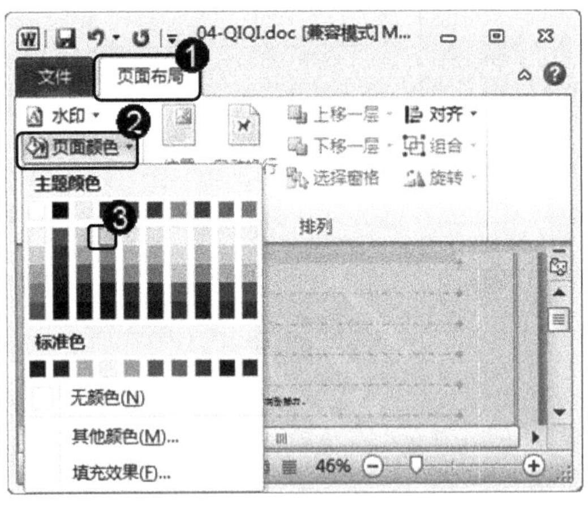

图 2-58

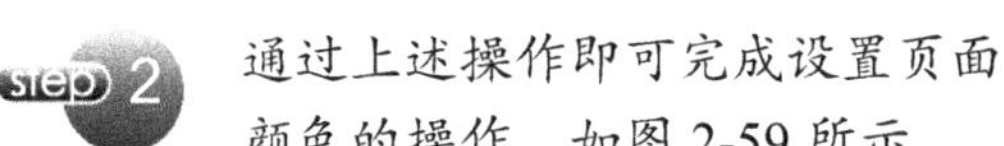

step 2 通过上述操作即可完成设置页面颜色的操作，如图 2-59 所示。

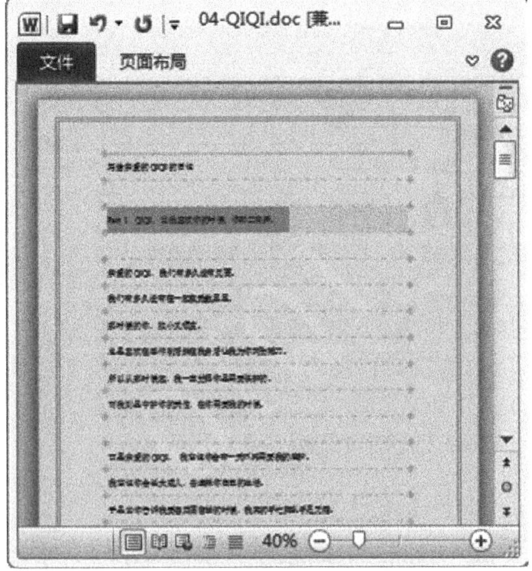

图 2-59

2.5 范例应用与上机操作

通过本章的学习，读者基本可以掌握编排 Word 文档格式的基本知识和操作技巧。下面通过几个范例应用与上机操作练习一下，以达到巩固学习、拓展提高的目的。

2.5.1 设计一份个人工作总结报告

一份好的个人工作总结报告可以将用户一段时间内的工作情况进行汇总、分析，起到对过去工作总结性陈述的目的，又可以对未来的发展起到规划的作用，个人工作总结报告应遵循实事求是的原则，对个人的工作情况应客观的进行总结。

素材文件 第2章\素材文件\05-个人工作总结模板.doc

效果文件 第2章\效果文件\05-个人工作总结模板-效果.doc

step 1 ① 打开素材文件，选中文档中的主标题，② 选择【开始】选项卡，③ 在【字体】组中，设置主标题的字体、字号和颜色，如图 2-60 所示。

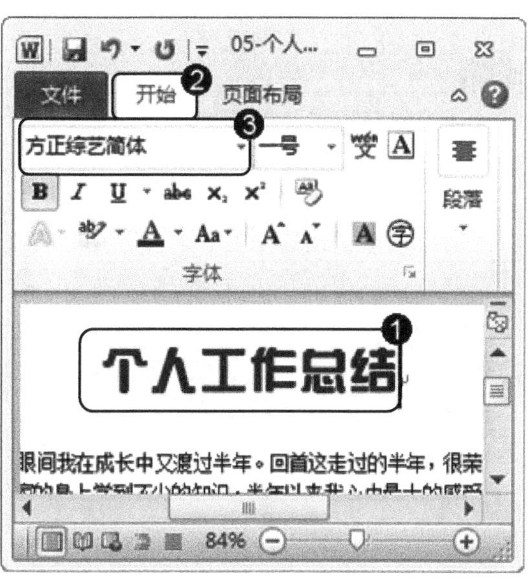

图 2-60

step 2 ① 选中准备设置首字下沉的段落文本，选择【插入】选项卡，② 在【文本】组中，单击【首字下沉】下拉按钮，设置段落文本首字下沉的效果，如图 2-61 所示。

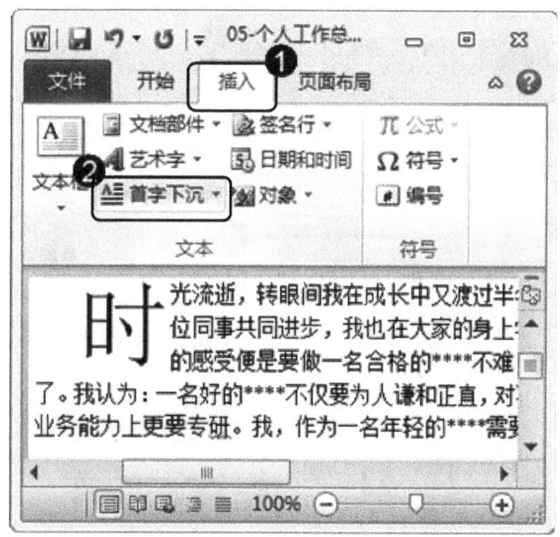

图 2-61

step 3 ① 选中准备设置下划线的文本，② 选择【开始】选项卡，③ 在【字体】组中，单击【下划线】按钮，添加文本下划线，如图 2-62 所示。

step 4 ① 选中准备设置页面底纹的段落文本，② 选择【页面布局】选项卡，③ 在【页面背景】组中，单击【页面边框】按钮，设置段落文本的页面底纹的效果，如图 2-63 所示。

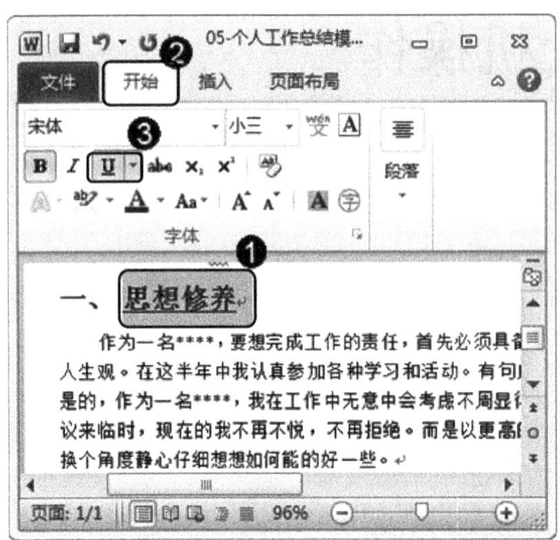

图 2-62

step 5 ① 选中准备设置分栏排版的段落文本，② 选择【页面布局】选项卡，③ 在【页面设置】组中，单击【分栏】下拉按钮，④ 在弹出的下拉列表中，选择【两栏】菜单项，如图 2-64 所示。

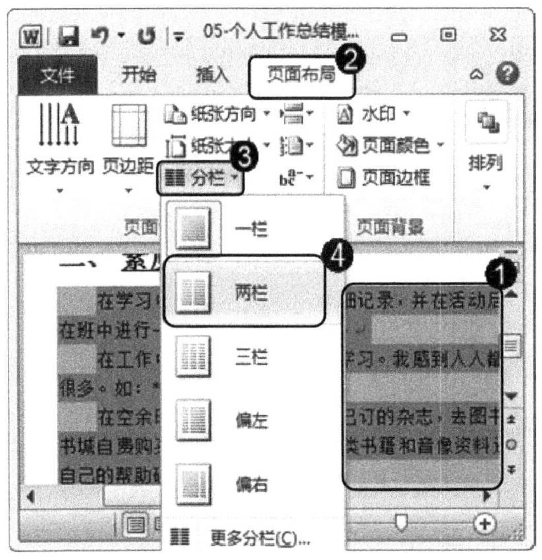

图 2-64

step 7 选中准备设置段落行距的文本后，在【段落】对话框中，设置段落文本行距为 1.5 倍行距，如图 2-66 所示。

图 2-63

step 6 通过上述操作即可完成设置分栏排版的操作，如图 2-65 所示。

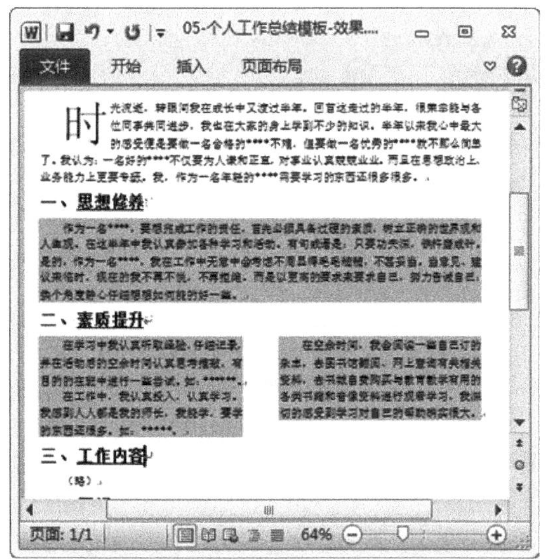

图 2-65

step 8 设置段落文本的行距效果，如图 2-67 所示。

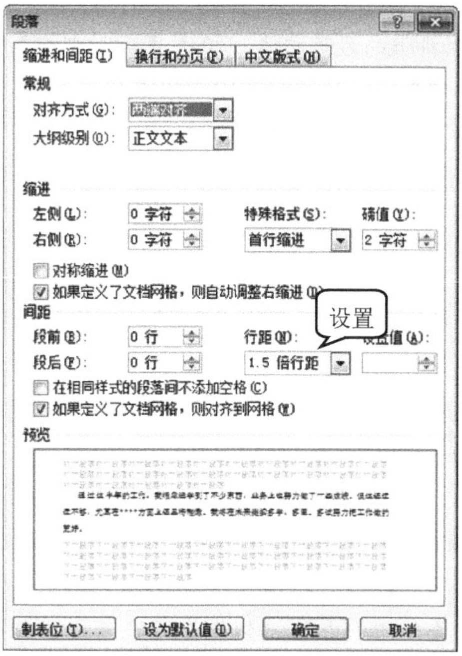

图 2-66

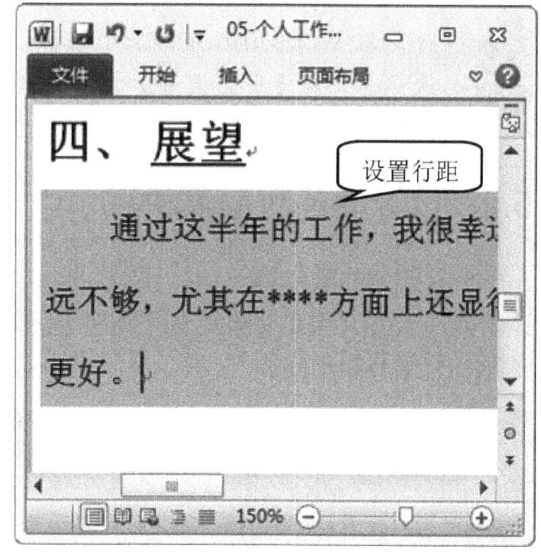

图 2-67

step 9 ① 选中准备添加拼音指南的文本后，选择【开始】选项卡，② 在【字体】组中，单击【拼音指南】按钮，③ 设置文本拼音指南效果，如图 2-68 所示。

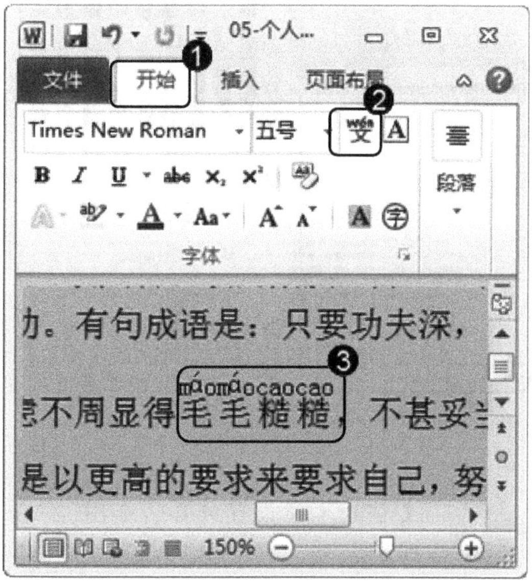

图 2-68

step 10 通过上述操作即可完成设计一份个人工作总结报告的操作，如图 2-69 所示。

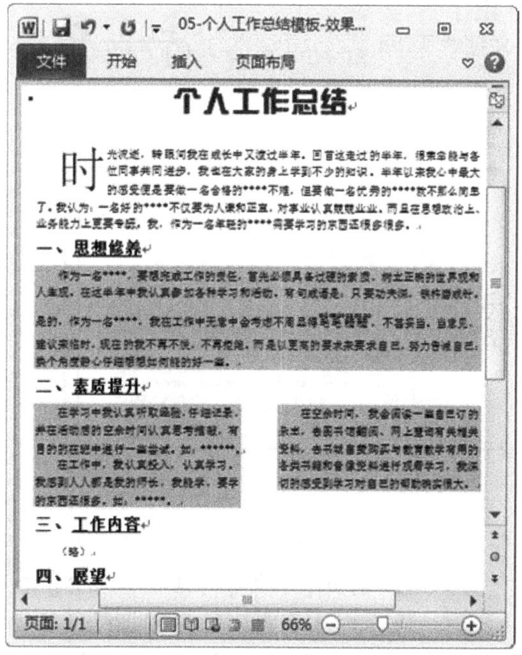

图 2-69

知识精讲

在 Word 2010 中，选中准备设置分栏排版的段落文本，单击【页面布局】选项卡，在【页面设置】组中，单击【分栏】下拉按钮，在弹出的下拉列表中，选择【更多分栏】菜单项，用户可以设置分栏的效果和参数。

2.5.2 设计婚礼致辞演讲稿

一份好的婚礼致辞演讲稿，不仅可以为新人送上美好的祝福，同时将婚礼致辞演讲稿设计的美观大方，也是对婚礼细节的注重和品质保证，所以设计婚礼致辞演讲稿也是非常重要的一个环节和步骤。

素材文件 第 2 章\素材文件\06-婚礼致辞演讲稿.doc
效果文件 第 2 章\效果文件\06-婚礼致辞演讲稿-效果.doc

step 1 ① 打开素材文件，选择【页面布局】选项卡，② 在【页面背景】组中，单击【页面边框】按钮，③ 设置文档页面边框的样式、颜色和宽度，如图 2-70 所示。

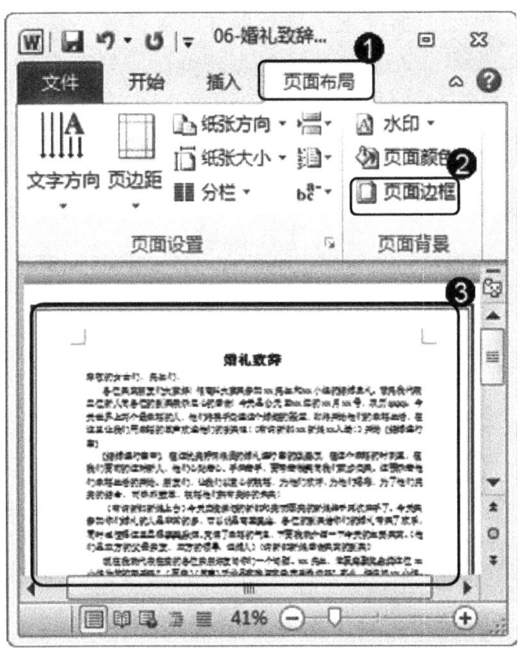

图 2-70

step 2 ① 选择【页面布局】选项卡，② 在【页面背景】组中，单击【页面颜色】下拉按钮，③ 在弹出的下拉菜单中，选择准备使用的颜色，④ 设置文档页面颜色效果，如图 2-71 所示。

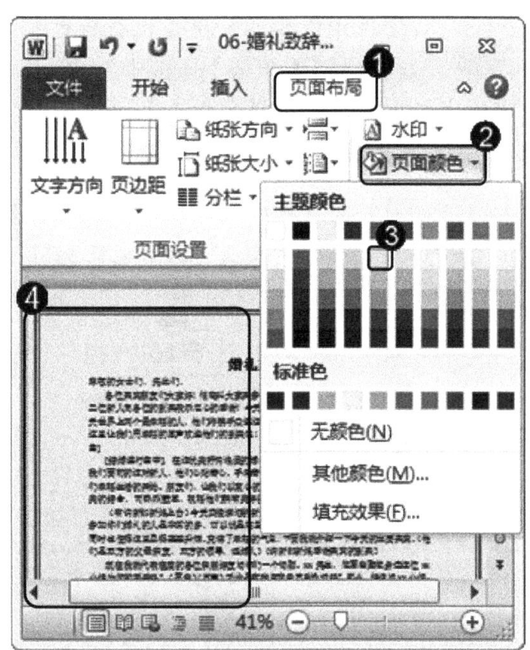

图 2-71

step 3 ① 打开【水印】对话框，选中【文字水印】单选按钮，② 在【文字】文本框中输入水印文字，③ 在【颜色】下拉列表框中，选择水印文字的颜色，④ 单击【确定】按钮，如图 2-72 所示。

step 4 文档的水印设置效果，如图 2-73 所示。

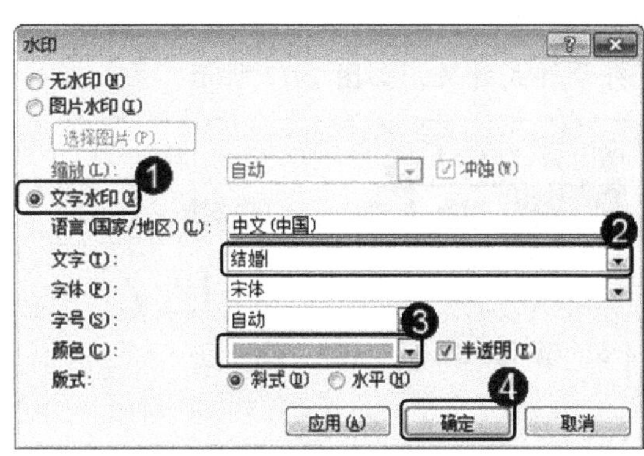

图 2-72

智慧锦囊

在【水印】对话框中，选中【图片水印】单选按钮可以为页面添加图片水印的效果。通过单击【选择图片】按钮，选择准备添加水印效果的图片即可完成图片水印的效果。

step 5 ① 选中准备设置字体颜色的段落文本后，选择【开始】选项卡，② 在【字体】组中，设置字体颜色，③ 文档字体颜色效果，如图 2-74 所示。

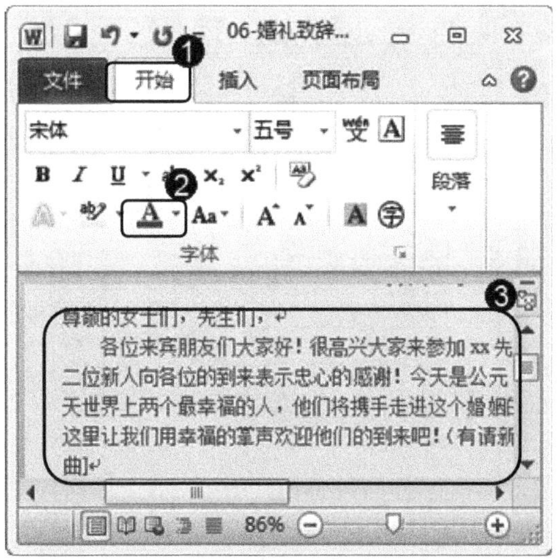

图 2-74

step 7 ① 选中准备设置段落对齐方式效果的文本，选择【开始】选项卡，② 在【段落】组中，单击【居中】按钮，③ 文

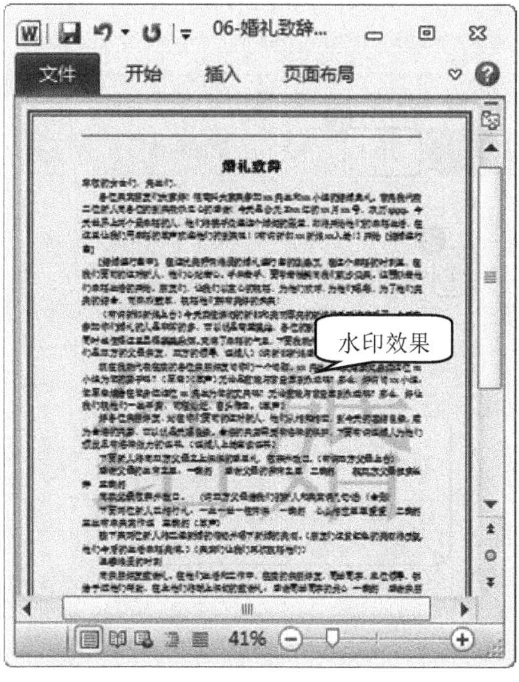

图 2-73

step 6 ① 选中准备设置字体字形的段落文本后，选择【开始】选项卡，② 在【字体】组中，设置字体加粗，③ 文档字体加粗效果，如图 2-75 所示。

图 2-75

step 8 ① 选中准备添加项目符号效果的文本，选择【开始】选项卡，② 在【段落】组中，单击【项目符号】下拉按钮

本居中对齐效果，如图 2-76 所示。

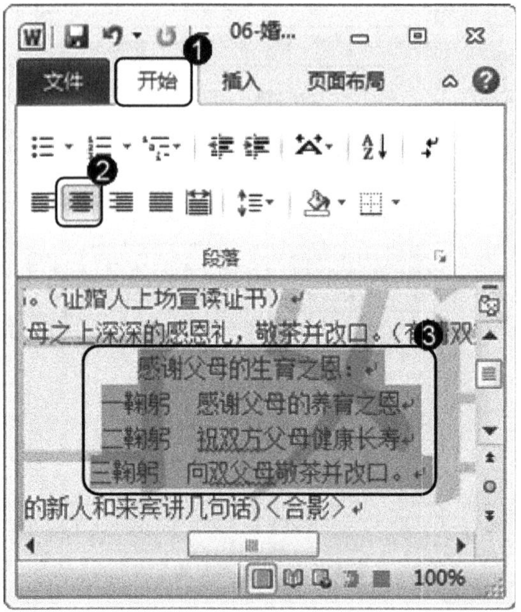

图 2-76

step 9 ① 选中准备设置正文倾斜效果的文本后，选择【开始】选项卡，② 在【字体】组中，单击【倾斜】按钮 *I*，③ 设置文本倾斜效果，如图 2-78 所示。

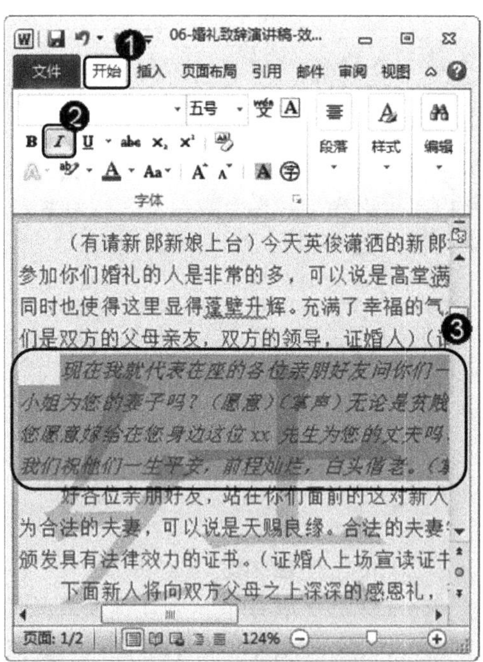

图 2-78

☰▾，设置项目符号样式，③ 选中文本的项目符号样式效果，如图 2-77 所示。

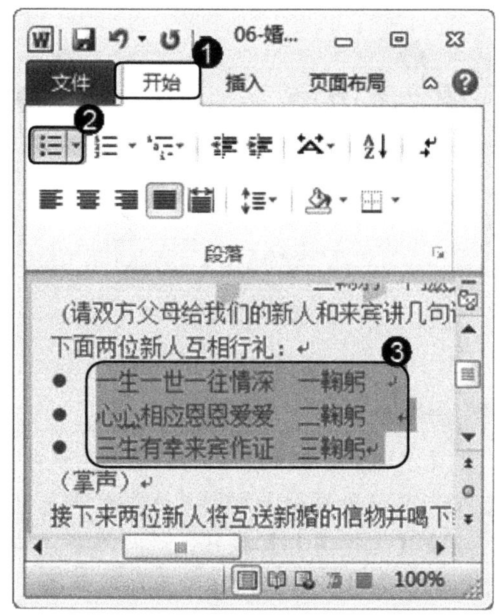

图 2-77

step 10 通过上述操作即可完成设计一份婚礼致辞演讲稿，如图 2-79 所示。

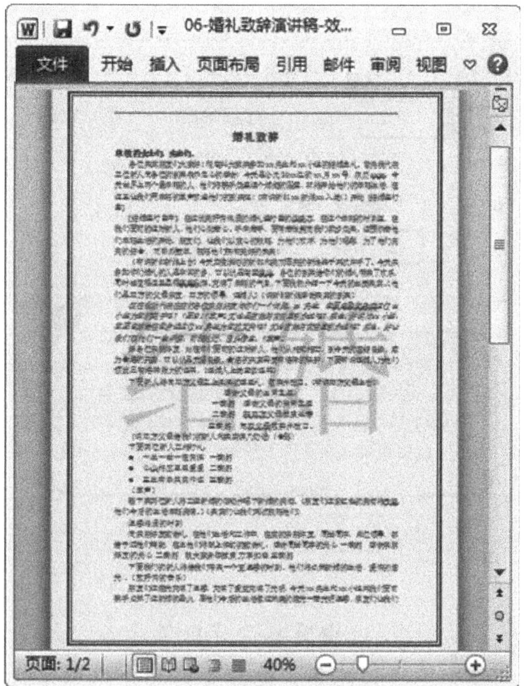

图 2-79

2.6 课后练习

2.6.1 思考与练习

一、填空题

1. 在使用 Word 2010 的过程中，用户可以设置标题字体、字号和字体颜色，同时可以设置________、字符间距、________效果、下划线和上标或________等。

2. 在使用 Word 2010 的过程中，编排段落格式可以使文档更加简洁规整，同时，用户可以运用设置________、设置段落间距、________和设置段落缩进方式等方法进行段落格式编排的操作。

3. 在使用 Word 2010 的过程中，程序还提供了许多的特殊版式，如________、双行合一、使用拼音指南、________和添加多级列表等版式。

二、判断题

1. 段落间距是指文档中段落与段落之间的距离。 ( )

2. 拼音指南是 Word 2010 提供的一个智能命令，使用该功能用户可以将选中文字的拼音字符明确显示。 ( )

3. 页面底纹是指选中文本的字符或段落背景可以自定义设置页面底纹的颜色。 ( )

4. 页面颜色是指在页面的背景上添加一种颜色略浅的文字或图片的效果。 ( )

三、思考题

1. 如何设置正文倾斜效果？

2. 如何设置首字下沉效果？

2.6.2 上机操作

1. 打开“配套素材\第 2 章\素材文件\07-入党申请书.doc”素材文件，练习设计一份入党申请书。效果文件可参考“配套素材\第 2 章\效果文件\07-入党申请书-效果.doc”。

2. 打开“配套素材\第 2 章\素材文件\08-大学生自我鉴定报告.doc”素材文件，练习设计一份大学生自我鉴定报告。

第3章

图文并茂的文章排版

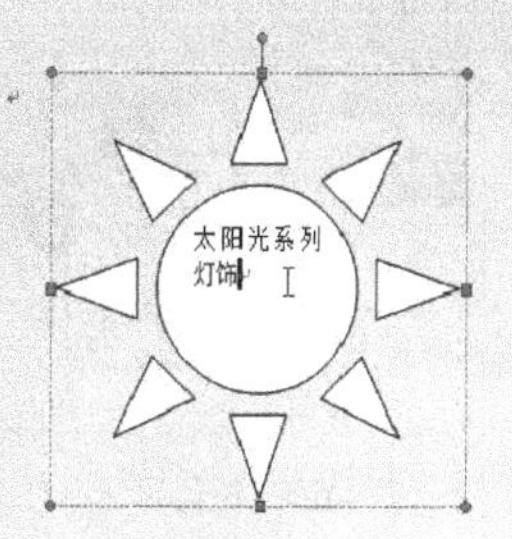

本章主要介绍插入与设置产品图片、使用艺术字设计产品名称、使用文本框列举产品性能方面的知识与技巧，同时还讲解了设计产品说明书封面的方法。通过本章的学习，读者可以掌握图文并茂的文章排版基础操作方面的知识，为深入学习电脑办公基础与应用知识奠定基础。

1. 插入与设置产品图片
2. 使用艺术字设计产品名称
3. 使用文本框列举产品性能
4. 设计产品说明书封面

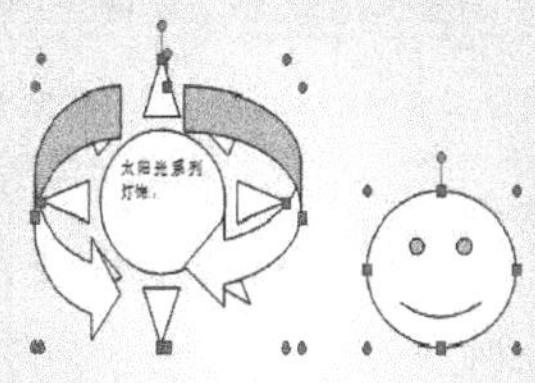

3.1 插入与设置产品图片

使用 Word 2010 可以设计出图文并茂的文档，例如进行插入与设置产品图片。本章将以一份产品说明书为例，详细介绍相关知识与操作技巧。

3.1.1 插入剪贴画

在使用 Word 2010 软件进行设计文字排版时，用户可以使用其自带的剪贴画功能，插入图片信息，为文档增加可观性，下面将详细介绍插入剪贴画的操作方法。

素材文件 第 3 章\素材文件\产品说明书模板.doc

效果文件 无

step 1 ① 打开素材文件产品说明书模板.doc，选择【插入】选项卡，② 在【插图】组中单击【剪贴画】按钮，如图 3-1 所示。

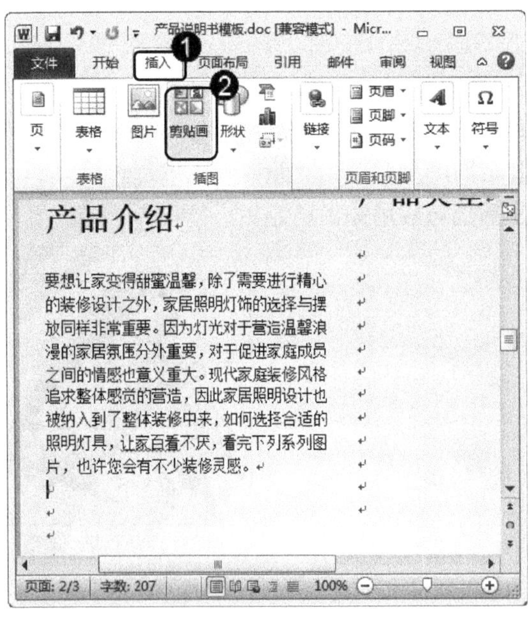

图 3-1

step 2 ① 在窗口右侧弹出【剪贴画】窗格，在【搜索文字】文本框中输入准备搜索的内容，如“灯”，② 单击【搜索】按钮，如图 3-2 所示。

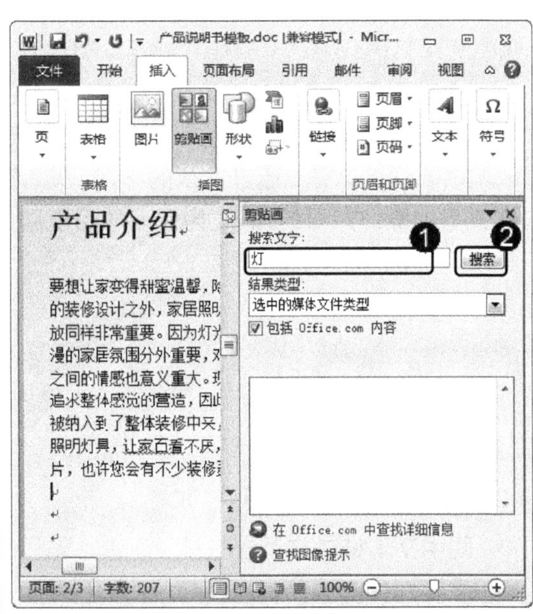

图 3-2

在窗格下方显示所搜索的剪贴画，双击准备使用的剪贴画，如图 3-3 所示。

选中的剪贴画已被插入到文档中，如图 3-4 所示。

图 3-3

图 3-4

3.1.2　插入本地电脑中的产品图片

在使用 Word 2010 软件进行插入产品图片时，用户还可以将本地电脑硬盘中的图片插入到文档中。下面具体介绍插入本地电脑中图片的操作方法。

素材文件　第 3 章\素材文件\产品说明书模板.doc

效果文件　无

step 1　① 打开素材文件产品说明书模板.doc，选择【插入】选项卡，② 在【插图】组中单击【图片】按钮，如图 3-5 所示。

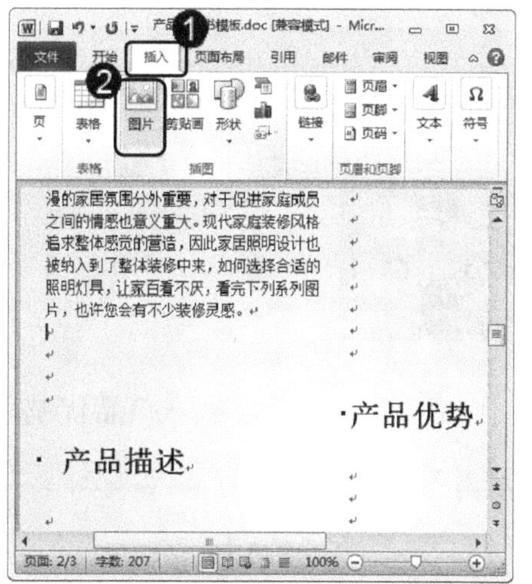

图 3-5

step 2　① 弹出【插入图片】对话框，选择准备打开图片的路径，② 选择准备插入的图片，③ 单击【插入】按钮，如图 3-6 所示。

图 3-6

第 3 章　图文并茂的文章排版

step 3 本地电脑中的图片已被插入到 Word 文档中，如图 3-7 所示。

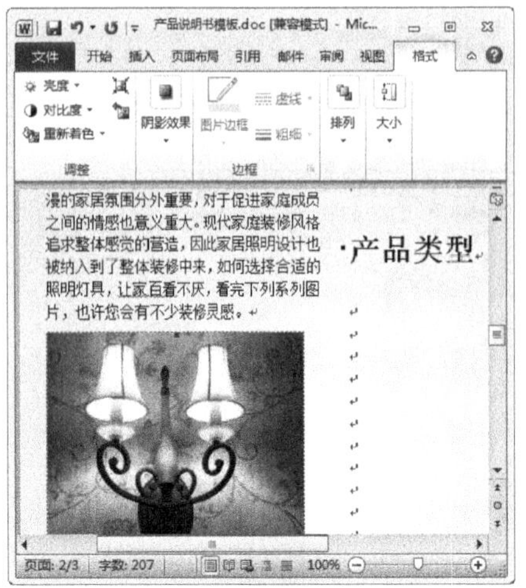

图 3-7

在 Word 文档中插入的图片是彩色图片，而且是保留原有格式的图片，图片在 Word 文档中插入的位置与文档的输入光标有关，光标在文档的什么位置，插入的图片就在文档什么位置显示。

请您根据上述方法创建一个具有图片的文档，测试一下您的学习效果。

3.1.3 改变图片大小

在使用 Word 2010 软件插入产品图片后，用户如果对其大小不满意，还可以进一步地进行改变图片大小的操作，下面将详细介绍其操作方法。

step 1 ① 双击准备进行改变大小的图片，② 在【大小】组中的高度和宽度文本框中设置图片的大小数值，如图 3-8 所示。

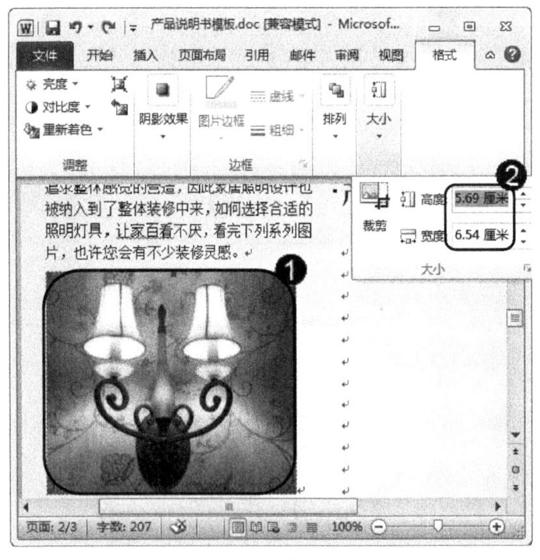

图 3-8

step 2 设置完毕后，可以看到图片的大小已被改变，如图 3-9 所示。

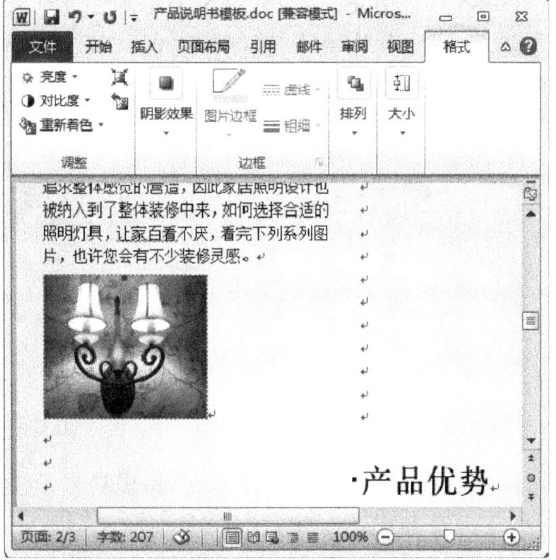

图 3-9

3.1.4 设置图片样式

插入产品图片后，用户不仅可以改变其大小，还可以设置图片样式，进一步地使插入的图片更加贴合用户想要的效果，下面将详细介绍其操作方法。

step 1 ① 双击准备设置样式的图片，选择【格式】选项卡，② 在【阴影效果】组中单击【阴影效果】下拉按钮，如图 3-10 所示。

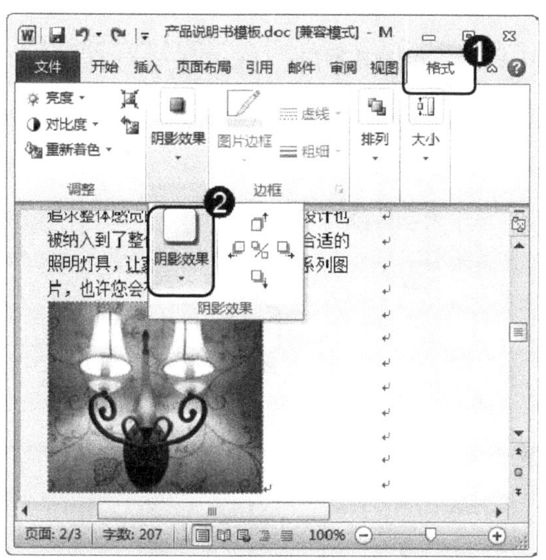

图 3-10

step 3 返回到文档中，可以看到插入的图片已经添加了阴影效果，如图 3-12 所示。

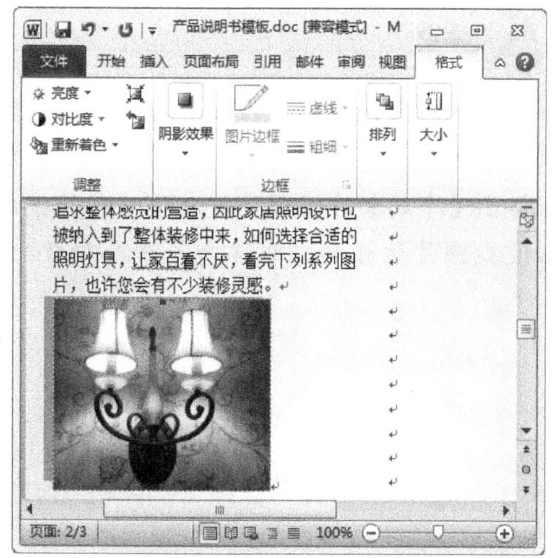

图 3-12

step 2 弹出【阴影效果样式】下拉列表框，在其中选择准备应用的样式，如选择“阴影样式 1”，如图 3-11 所示。

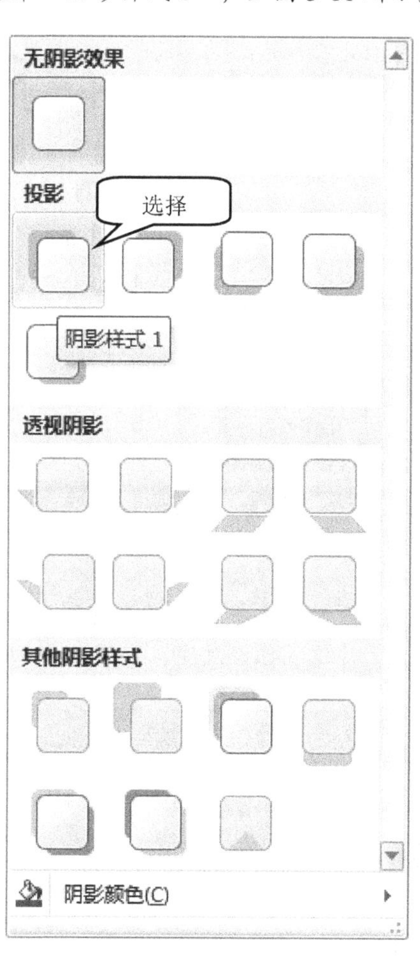

图 3-11

智慧锦囊

在弹出【阴影效果样式】下拉列表框后，用户可以在其中选择【阴影颜色】选项，然后会弹出【颜色】列表框，用户可以在其中详细设置和选择准备应用的阴影颜色。

3.1.5 调整图片位置

在使用 Word 2010 软件插入产品图片后，用户如果对其位置不满意，还可以适当地调整图片的位置，下面将详细介绍其操作方法。

step 1 ① 双击准备调整位置的图片，选择【格式】选项卡，② 在【排列】组中单击【位置】按钮，如图 3-13 所示。

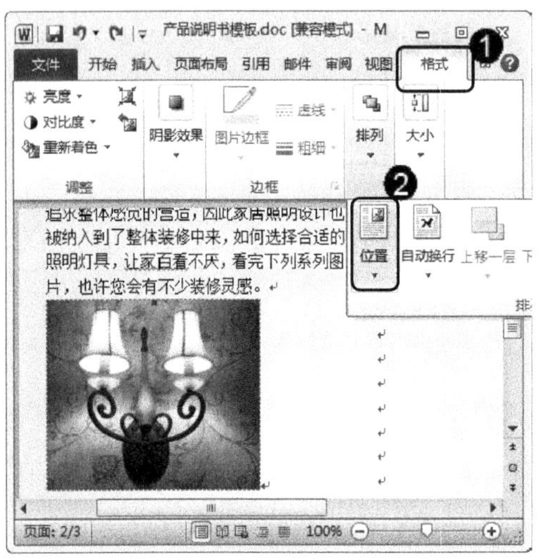

图 3-13

step 2 弹出【位置】下拉列表框，用户可以在其中选择准备应用的位置选项，如选择“中间居中”选项，如图 3-14 所示。

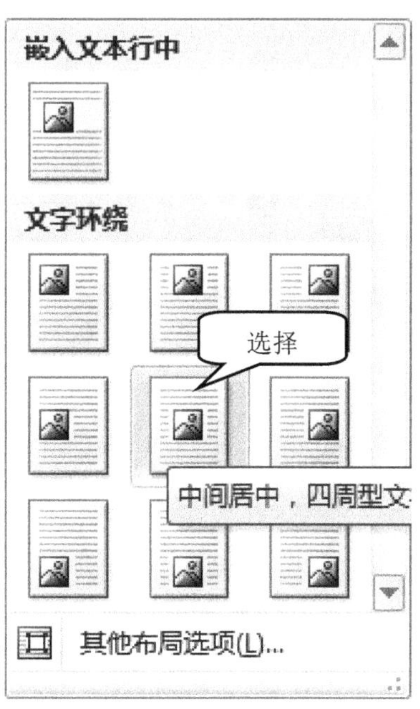

图 3-14

step 3 返回到文档中，可以看到插入的图片位置已经改变，如图 3-15 所示。

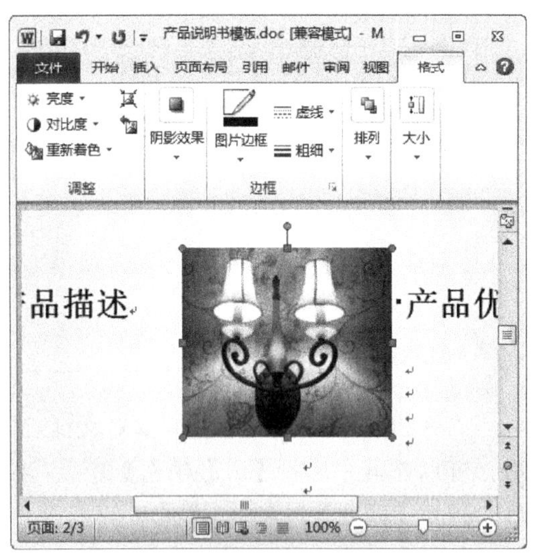

图 3-15

智慧锦囊

在弹出【位置】下拉列表框后，用户可以在其中选择【其他布局选项】选项，然后会弹出【布局】对话框，用户可以在其中详细设置图片位置和文字环绕等布局参数。

3.2 使用艺术字设计产品名称

艺术字是经过专业的字体设计师艺术加工的汉字变形字体，具有美观有趣、易认易识、醒目张扬等特性。本节将详细介绍使用艺术字设计产品名称的相关知识及操作方法。

3.2.1 插入艺术字

艺术字是 Word 的一个特殊功能，可以将文本文字外观效果进行更改，插入艺术字可以起到装饰文档的效果，使文档更加丰富美观。下面将详细介绍插入艺术字的操作方法。

step 1 ① 打开素材文件产品说明书模板.docx，选择【插入】选项卡，② 在【文本】组中单击【艺术字】按钮，如图 3-16 所示。

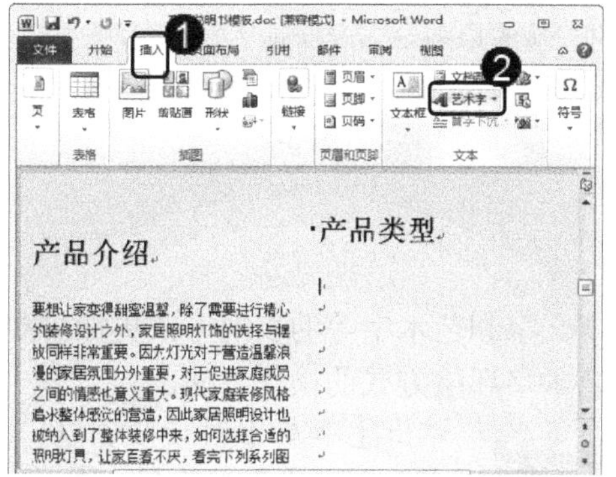

图 3-16

step 3 弹出【编辑艺术字文字】对话框，在【文本】区域中输入准备插入的艺术字文字，如输入“吊灯”，如图 3-18 所示。

图 3-18

step 2 弹出【艺术字样式】下拉列表框，用户可以在其中选择准备插入艺术字的样式，如选择“艺术字样式 23”，如图 3-17 所示。

图 3-17

step 4 所输入的艺术字已被插入，如图 3-19 所示。

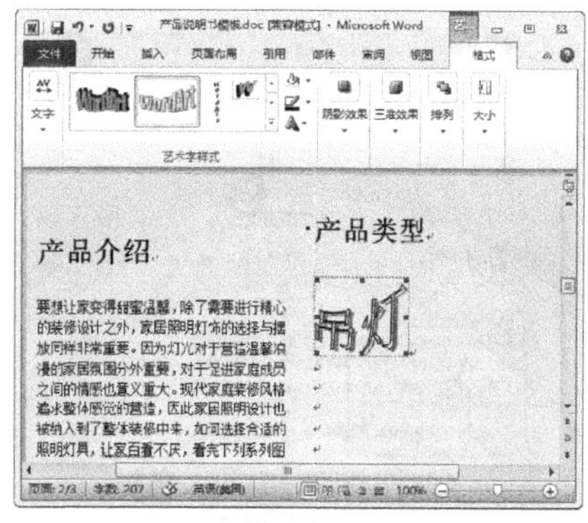

图 3-19

第四章 图文并茂的文章排版

3.2.2 设置艺术字大小

在 Word 文档中插入艺术字后，如果用户对艺术字的大小并不满意可以对其进行修改，下面介绍设置艺术字大小的操作方法。

step 1 ① 选择需要设置大小的艺术字内容，② 选择【开始】选项卡，③ 在【字体】组中选择准备使用的字号，如图 3-20 所示。

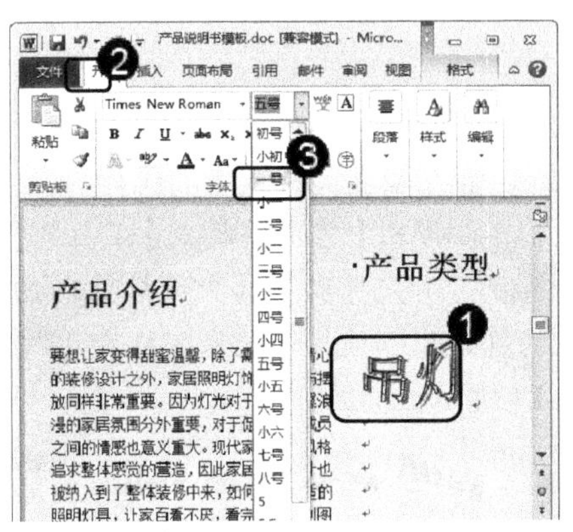

图 3-20

step 2 选中的艺术字大小已被修改，如图 3-21 所示。

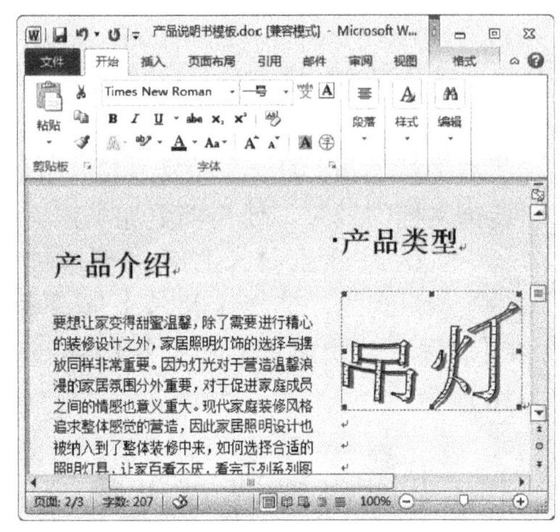

图 3-21

3.2.3 设置艺术字环绕方式

用户可以通过设置艺术字的环绕方式，使文本文字和艺术字等的表现方式更加美观，从而更加适合文本的需要，下面将详细介绍设置艺术字环绕方式的操作方法。

step 1 ① 选择需要设置环绕方式的艺术字，② 选择【格式】选项卡，③ 在弹出的【排列】组中单击【自动换行】下拉按钮，④ 在弹出的下拉菜单中，选择【其他布局选项】选项，如图 3-22 所示。

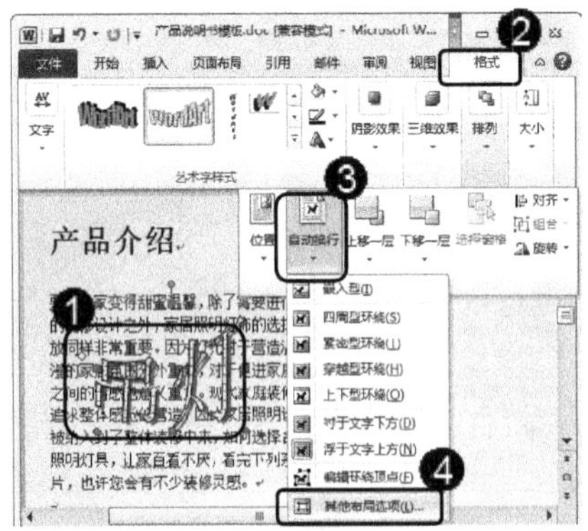

图 3-22

step 2 弹出【布局】对话框，① 选择【文字环绕】选项卡，② 在【环绕方式】区域中，选择准备使用的环绕方式，如“嵌入型”，③ 单击【确定】按钮，如图 3-23 所示。

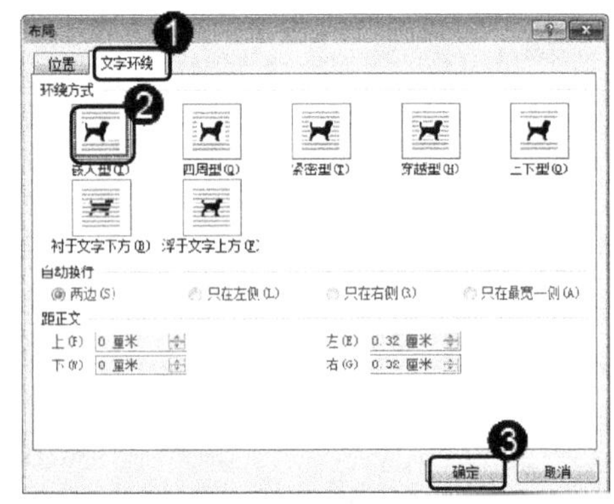

图 3-23

选中的艺术字以“嵌入型”的环绕方式出现，如图 3-24 所示。

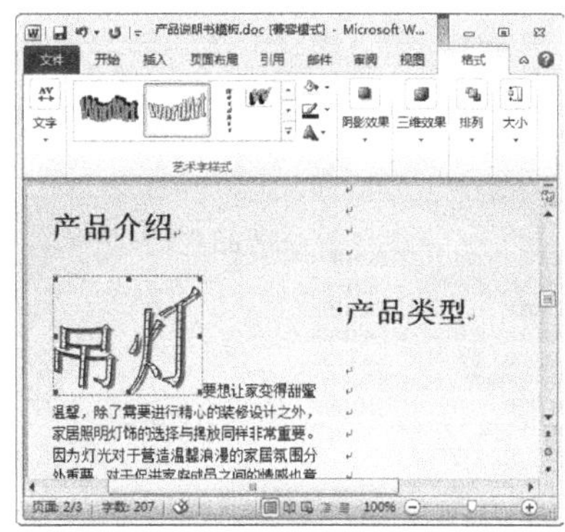

图 3-24

智慧锦囊

在弹出的【布局】对话框中，用户可以设置的文字环绕方式有嵌入型、四周型、紧密型、穿越型、上下型、衬于文字下方和浮于文字上方等方式，用户可以根据个人需要进行选择。

考考您

请您根据上述方法创建一个浮于文字上方环绕方式的艺术字，测试一下您学习设置艺术字环绕方式的效果。

3.3 使用文本框列举产品性能

通过使用文本框，用户可以将 Word 文本很方便地放置到 Word 2010 文档页面的指定位置，而不必受到段落格式、页面设置等因素的影响。本节将详细介绍使用文本框列举产品性能的相关知识及操作方法。

3.3.1 插入文本框

Word 2010 内置有多种样式的文本框供用户选择，例如简单文本框、边线型提要栏、边线型引述、传统型提要栏等，下面将详细介绍插入文本框的操作方法。

① 打开素材文件产品说明书模板.doc，选择【插入】选项卡，② 在【文本】组中单击【文本框】下拉按钮，如图 3-25 所示。

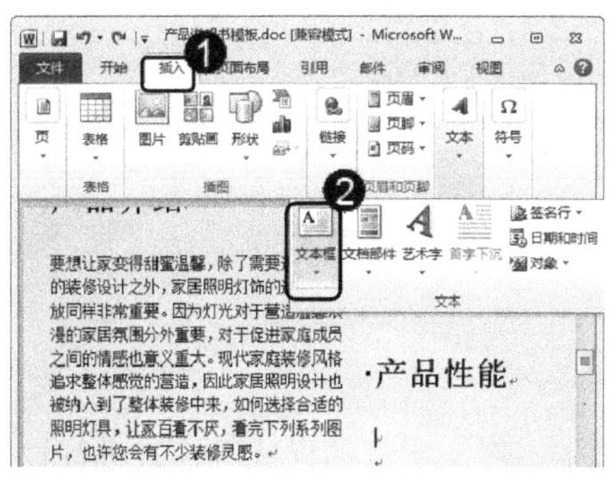

图 3-25

step 2 弹出【内置】样式下拉列表框，选择准备插入的文本框样式，如图 3-26 所示。

图 3-26

在文档中弹出文本框，提示有关文本框的一些信息，如图 3-27 所示。

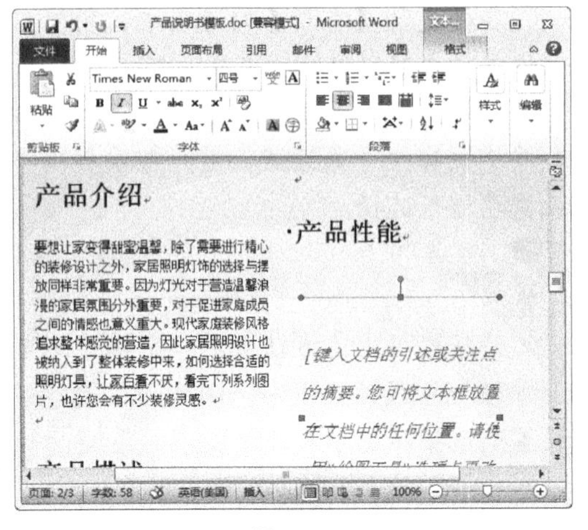

图 3-27

在文本框中输入文字内容，即可完成插入文本框，如图 3-28 所示。

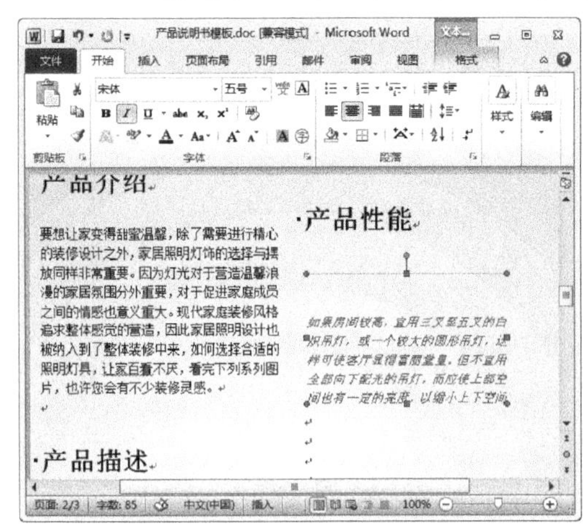

图 3-28

3.3.2 设置文本框大小

插入文本框后，用户可以根据个人需要对文本框的大小进行更改，下面介绍设置文本框大小的操作方法。

① 选中需要调整大小的文本框，② 选择【格式】选项卡，③ 单击【大小】下拉按钮，④ 调整【高度】和【宽度】微调框到需要的数值，如图 3-29 所示。

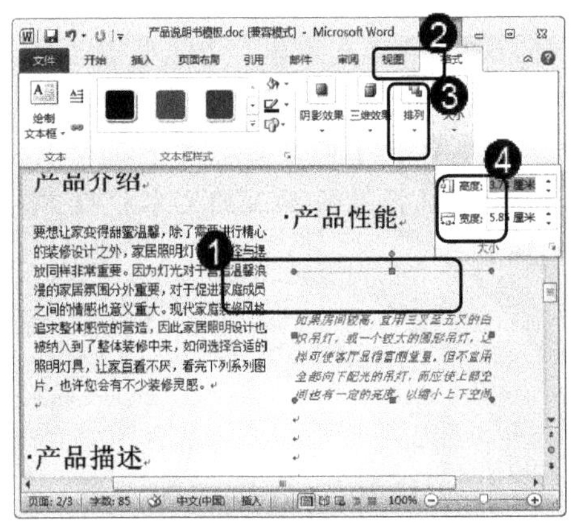

图 3-29

文本框的大小调整完成，如图 3-30 所示。

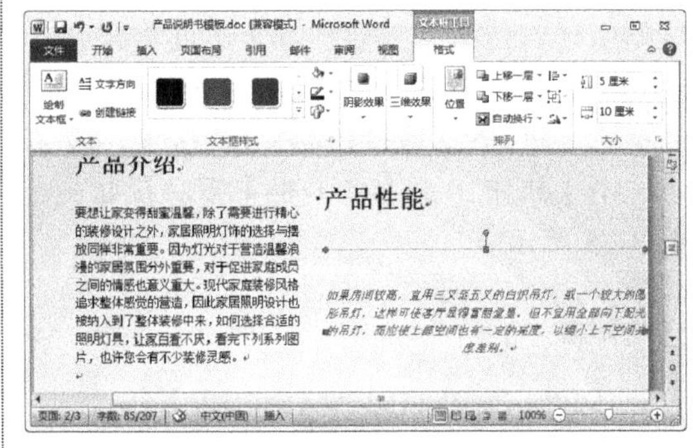

图 3-30

3.3.3 设置文本框样式

在 Word 2010 中，用户可以通过【格式】选项卡，对文本框的样式等格式进行设置，下面介绍设置文本框样式的操作方法。

step 1 ① 选中准备设置样式的文本框，② 选择【格式】选项卡，③ 在【文本框样式】组中单击【其他】，如图 3-31 所示。

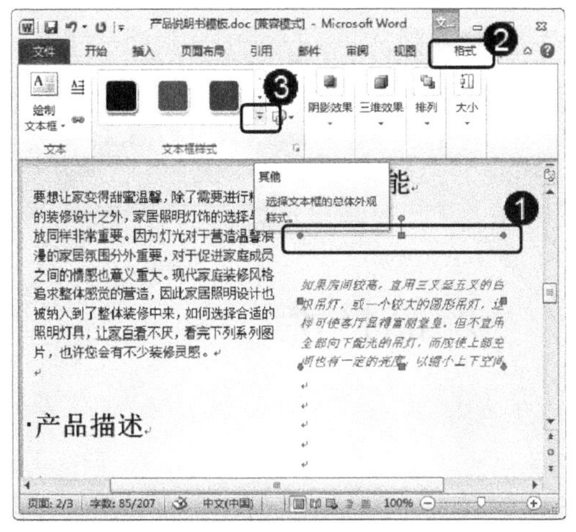

图 3-31

step 3 选中的文本框样式以“复合型轮廓-深”方式出现，如图 3-33 所示。

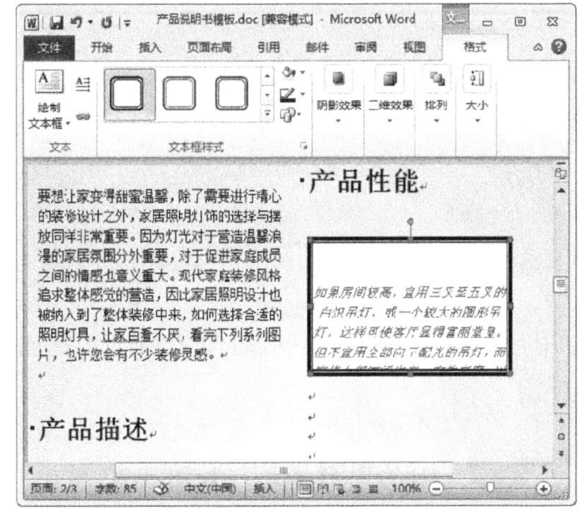

图 3-33

step 2 弹出【文本框样式】下拉列表框，用户可以在其中选择准备应用的文本框样式，如选择“复合型轮廓-深”，如图 3-32 所示。

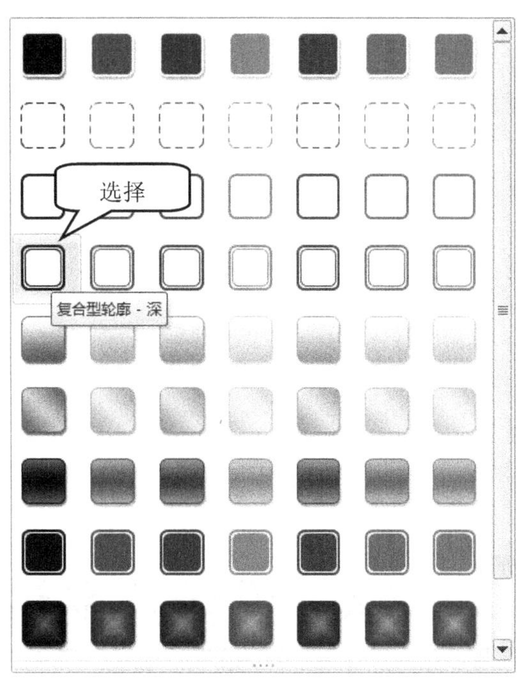

图 3-32

智慧锦囊

在设置文本框样式操作时，用户还可以在【文本框样式】选项组中，通过设置形状填充、形状轮廓和更改形状等，来设置文本框样式。

3.3.4 调整文本框位置

创建并设置完文本框样式后，用户还可以适当地调整文本框位置，以适应文档版面，下面将详细介绍调整文本框位置的操作方法。

step 1 将鼠标指针移动至文本框边缘，待鼠标指针变为✥形状时，拖动文本框至合适的位置，如图 3-34 所示。

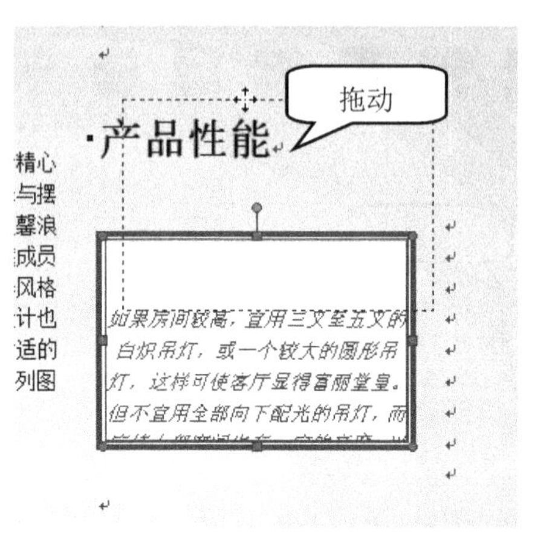

图 3-34

step 2 调整后的文本框位置，效果如图 3-35 所示。

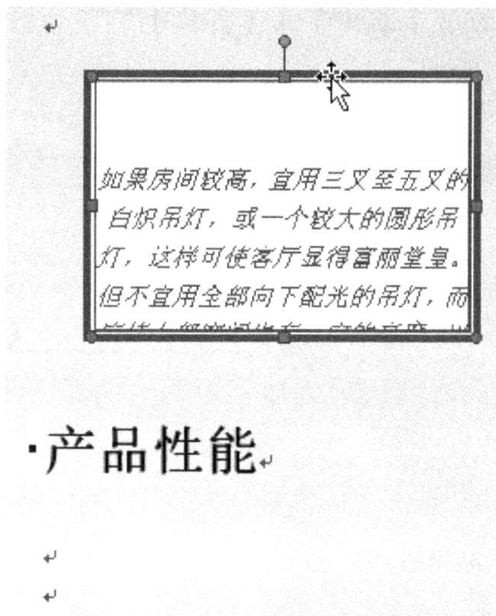

图 3-35

3.4 设计产品说明书封面

在 Word 2010 中，用户可以在文档中绘制一些特殊的图形对象，用来设计漂亮的文档封面。本节将详细介绍设计产品说明书封面的相关知识及操作方法。

3.4.1 绘制产品图形

图形是文本的一种表现形式，为了内容需要用户可以插入图形，从而使文档内容更加丰富美观，下面介绍绘制产品图形的操作方法。

step 1 ① 选择【插入】选项卡，② 在【插图】组中单击【形状】下拉按钮，如图 3-36 所示。

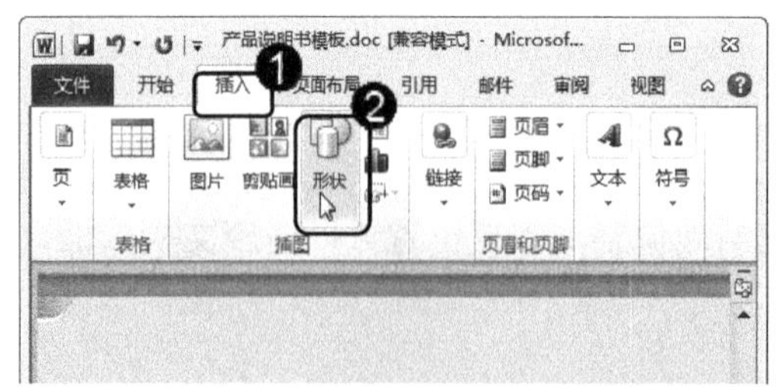

图 3-36

step 2 在弹出的下拉菜单中选择准备插入的图形样式，如图 3-37 所示。

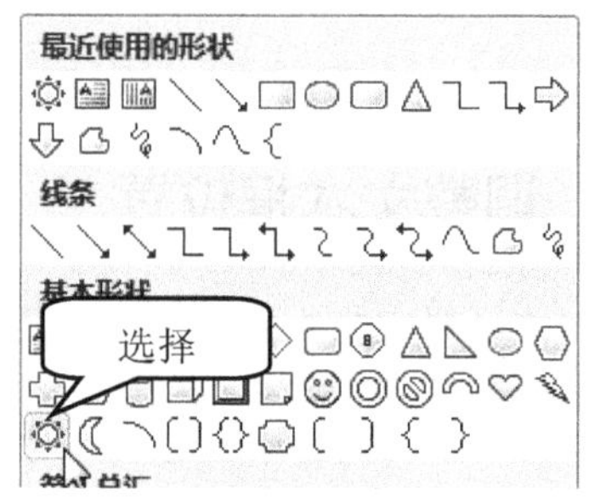

图 3-37

step 3 在 Word 文档中的鼠标指针将变成“十”字样式，在准备添加图形的位置上单击拖动鼠标左键进行绘制，如图 3-38 所示。

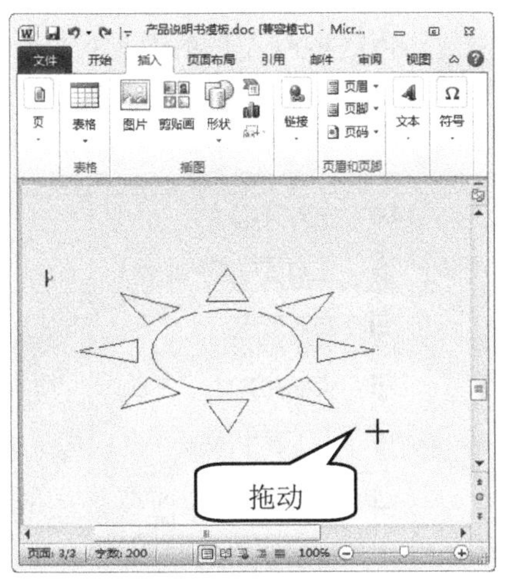

图 3-38

step 4 松开鼠标左键，图形会在文本中插入，如图 3-39 所示。

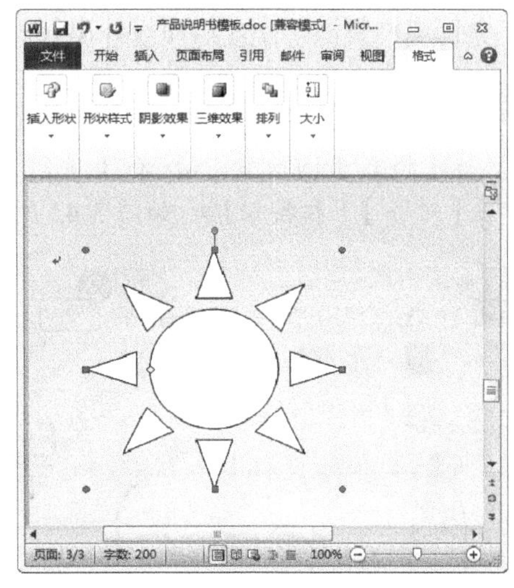

图 3-39

3.4.2 在图形中添加文字

绘制完产品图形后，用户还可以在所绘制的图形中添加一些文字，用来说明所绘制的图形，进而诠释文档的含义，下面具体介绍在图形中添加文字的操作方法。

step 1 ① 选中所绘制的图形，单击鼠标右键，② 在弹出来的快捷菜单中选择【添加文字】菜单项，如图 3-40 所示。

图 3-40

step 2 选择合适的输入法，在其中输入文字内容，如图 3-41 所示。

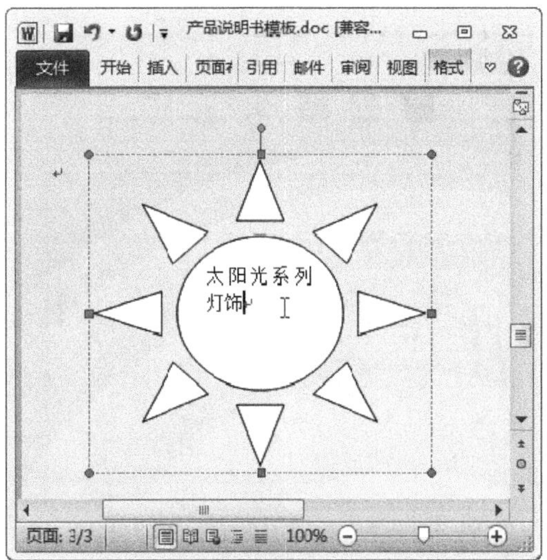

图 3-41

3.4.3 对齐多个图形

如果所绘制的图形较多，在文档中又显得杂乱无章，用户可以将多个图形进行对齐显示，这样会使文档整洁干净，从而设计出好看的封面图案，下面介绍对齐多个图形的操作方法。

step 1 ① 单击选中一个图形，按住键盘上的 Shift 键，依次将所有图形选中，② 选择【格式】选项卡，③ 在【排列】组中单击【对齐】下拉按钮，如图 3-42 所示。

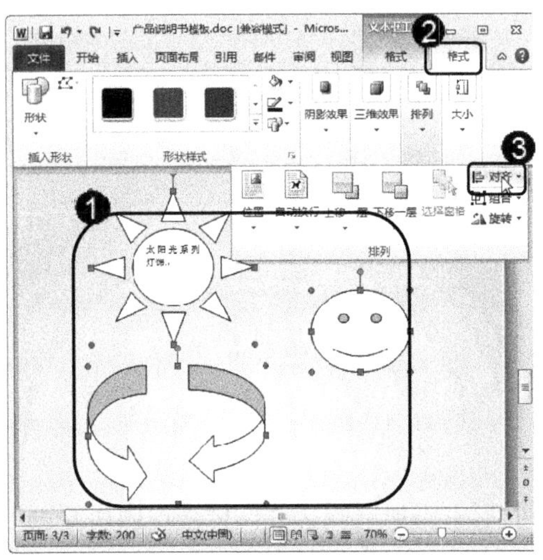

图 3-42

所选中的图形已按照“底端对齐”方式对齐，如图 3-44 所示。

图 3-44

step 2 在弹出的下拉菜单中，选择准备对齐的方式，如选择“底端对齐”，如图 3-43 所示。

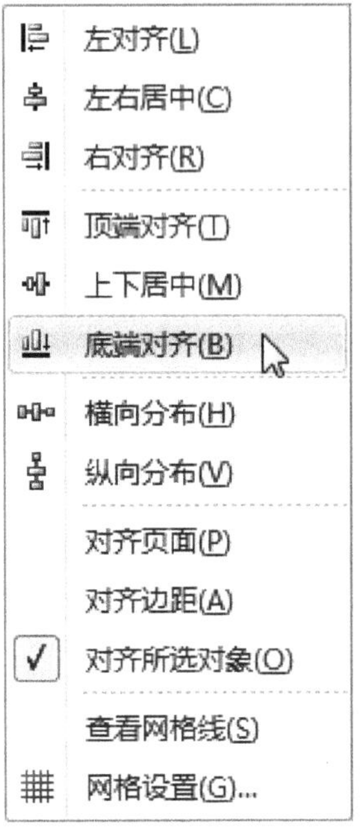

图 3-43

智慧锦囊

在【对齐】下拉菜单中，包括左对齐、左右居中、右对齐、顶端对齐、上下居中、底端对齐、横向分布和纵向分布等对齐方式，用户可以根据个人需要进行选择。

考考您

请您根据上述方法在 Word 2010 文档中绘制图形，并在图形文件上添加文字，绘制多个图形并将其排列，测试一下您学习设计产品说明书封面的效果。

3.5 范例应用与上机操作

通过本章的学习，读者基本可以掌握图文并茂的文字排版的基本知识以及一些常见的操作方法。下面通过练习操作2个实践案例，以达到巩固学习、拓展提高的目的。

3.5.1 创建组织机构图

在Word 2010中，通过使用SmartArt图形可以创建出组织机构图。SmartArt图形是信息和观点的视觉表示形式，从而快速、轻松、有效地传达信息，下面将详细介绍创建组织机构图的相关操作方法。

素材文件：无

效果文件：第3章\效果文件\组织机构图.docx

step 1 ① 创建一张空白文档，选择【插入】选项卡，② 单击【SmartArt】按钮，如图3-45所示。

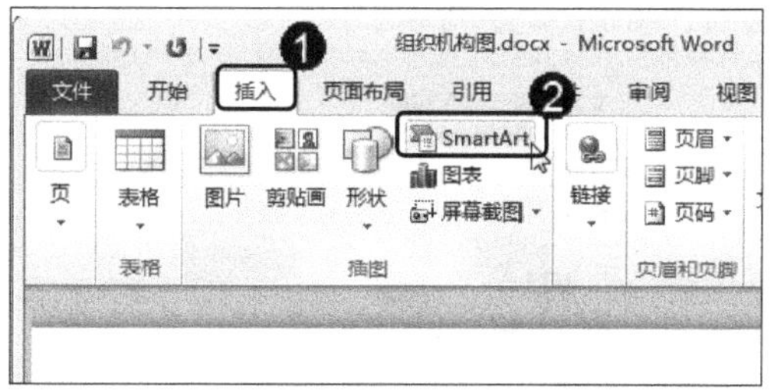

图3-45

step 2 ① 弹出【选择SmartArt图形】对话框，选择对话框左侧的【层次结构】选项，② 选择【组织结构图】选项，③ 单击【确定】按钮，如图3-46所示。

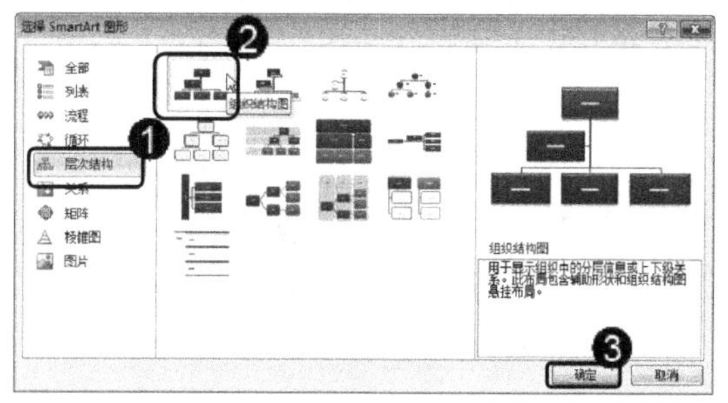

图3-46

step 3 返回到编辑区可以看到创建的组织结构图，如图3-47所示。

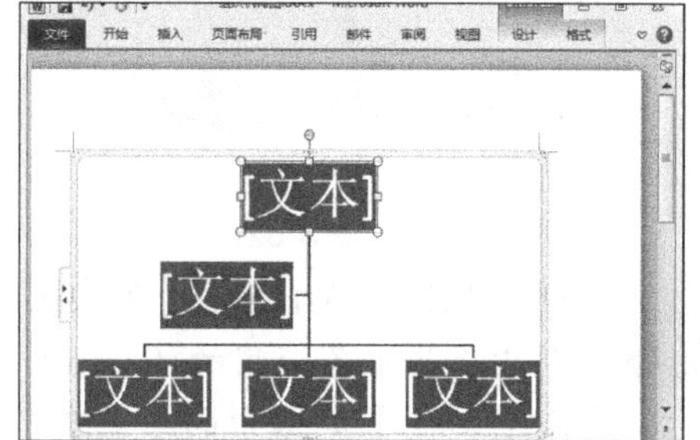

图3-47

step 4 ① 选择【设计】选项卡，② 单击【添加形状】下拉按钮，③ 选择【添加助理】菜单项，如图3-48所示。

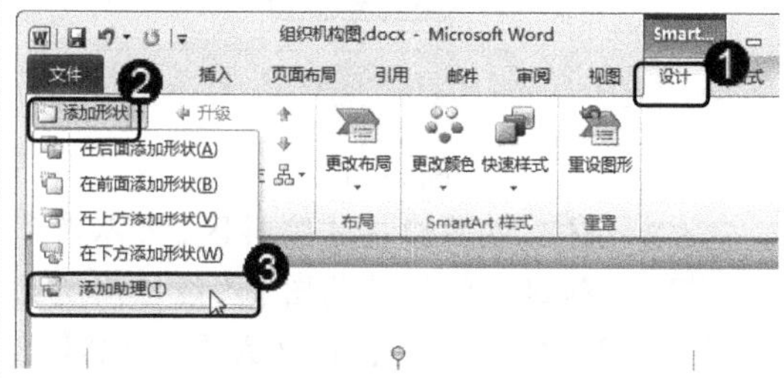

图3-48

step 5 ① 返回幻灯片编辑区中，可以看到添加了一个助理形状，② 在【创建图形】组中单击【文本窗格】按钮，如图 3-49 所示。

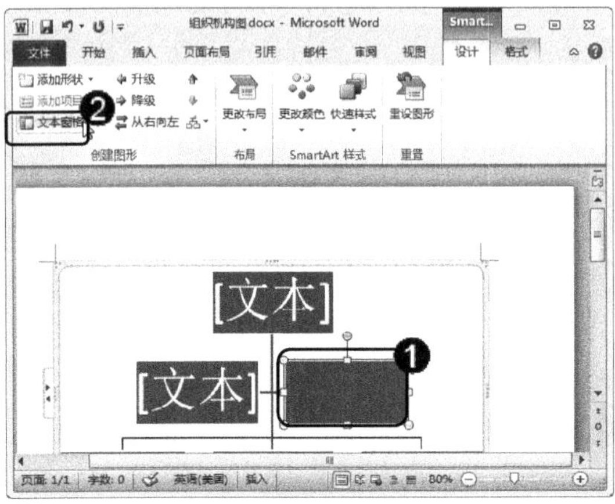

图 3-49

step 6 ① 弹出【在此处键入文字】窗格，输入各部门名称，② 完成输入后，单击【关闭】按钮，如图 3-50 所示。

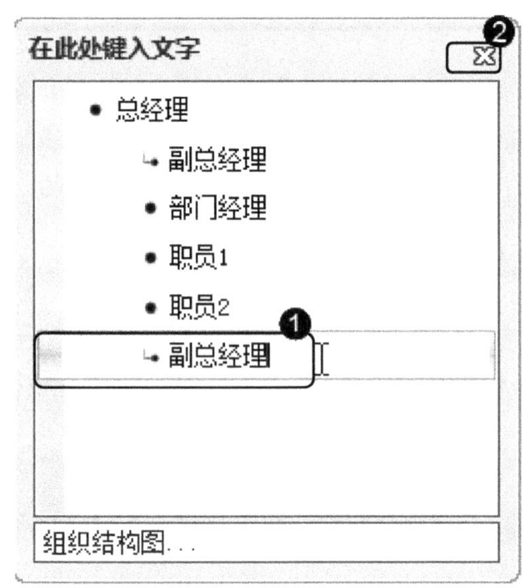

图 3-50

step 7 ① 返回幻灯片编辑区，可以看到在创建的组织结构图中都已添加文本内容，② 单击【SmartArt 样式】组中的【快速样式】按钮，如图 3-51 所示。

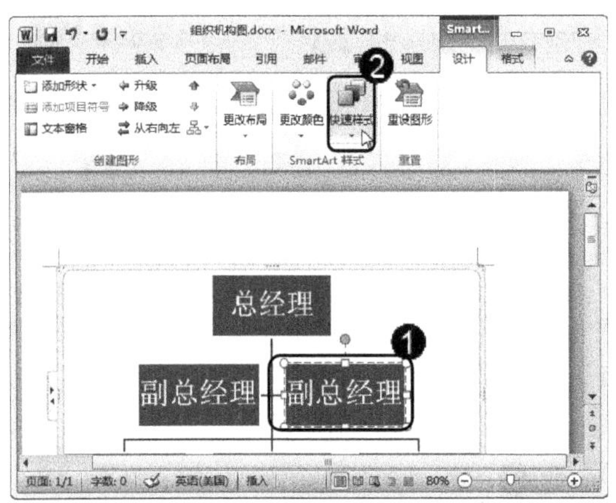

图 3-51

step 8 弹出【SmartArt 样式】列表框，在其中选择准备应用的 SmartArt 样式，如选择【三维】区域中的【卡通】样式选项，如图 3-52 所示。

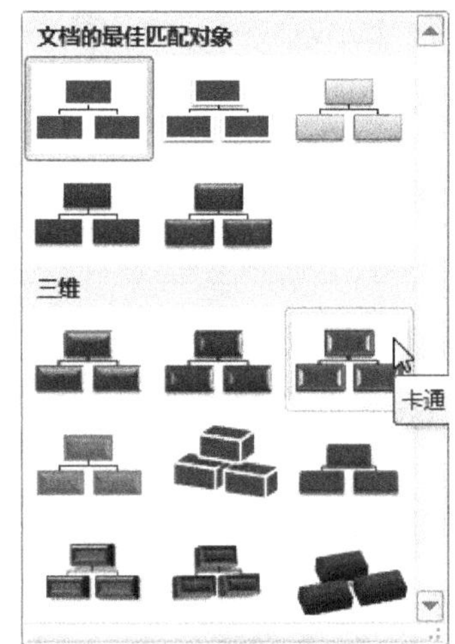

图 3-52

step 9 ① 返回幻灯片编辑区，可以看到创建的组织结构图，已经应用所选的样式，② 单击【SmartArt 样式】组中的【更改颜色】按钮，如图 3-53 所示。

step 10 弹出【SmartArt 颜色】列表框，在其中选择准备应用的 SmartArt 颜色，如选择【彩色】区域中的【彩色范围-强调文字颜色 3 至 4】选项，如图 3-54 所示。

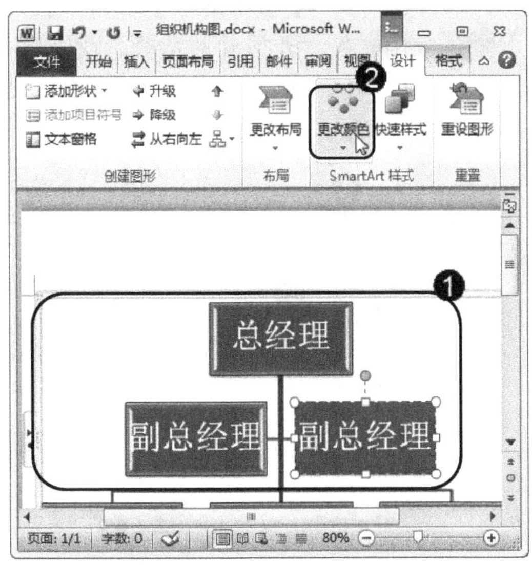

图 3-53

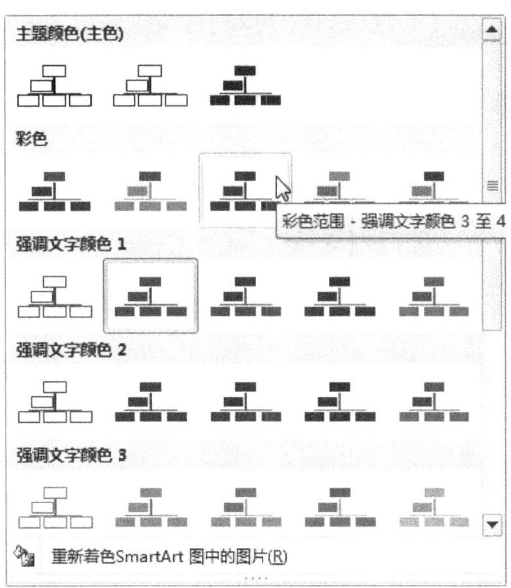

图 3-54

step 11 通过以上步骤即可完成编辑组织结构图的操作，如图 3-55 所示。

图 3-55

3.5.2 设计一张宠物爱心卡

为了让用户更加熟练地掌握图文并茂的文字排版的基本知识以及一些常见的操作方法，下面将运用本章学习的知识，练习设计一张宠物爱心卡。

素材文件 无

效果文件 第 3 章\效果文件\宠物爱心卡.docx

step 1 ① 选择【插入】选项卡，② 在【插图】组中单击【图片】按钮，如图 3-56 所示。

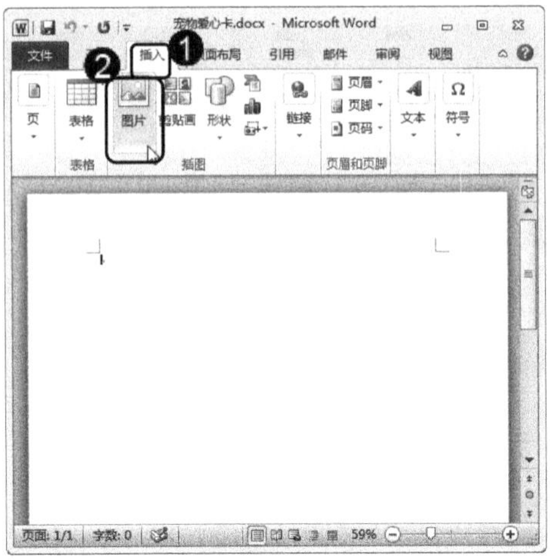

图 3-56

step 3 ① 选择【格式】选项卡，② 在【大小】组中的高度和宽度文本框中设置图片的大小数值，如图 3-58 所示。

图 3-58

step 5 ① 单击【艺术字】按钮，② 在弹出的下拉列表框中选择准备应用的艺术字样式，如选择“渐变填充-灰色，轮廓-灰色”，如图 3-60 所示。

step 2 ① 弹出【插入图片】对话框，选择准备打开图片的路径，② 选择准备插入的图片，③ 单击【插入】按钮，这样即可插入图片，如图 3-57 所示。

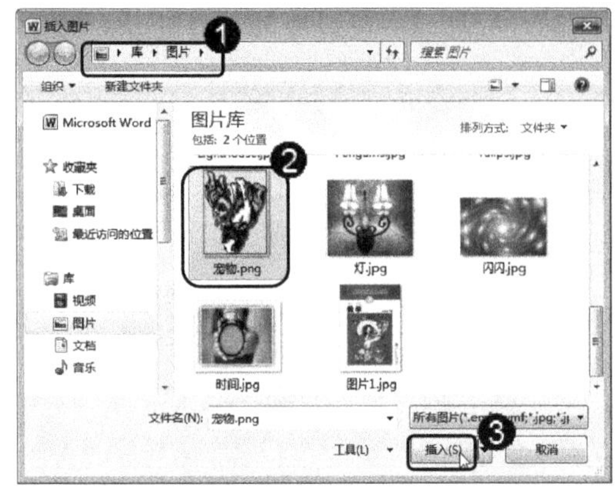

图 3-57

step 4 ① 完成设置图片的大小后，选择该图片，② 选择【格式】选项卡，③ 单击【快速样式】按钮，④ 在弹出的下拉列表框中选择准备应用的样式，如选择“棱台矩形”，如图 3-59 所示。

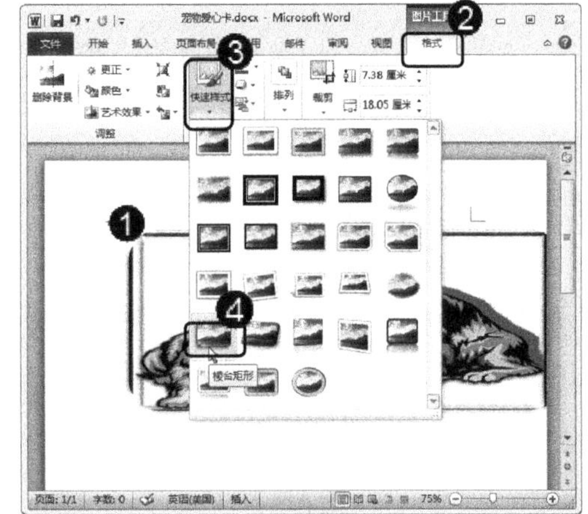

图 3-59

step 6 在插入的艺术字文本框中输入需要的文字内容，如输入“请用爱心爱惜您身边的宠物”字样，如图 3-61 所示。

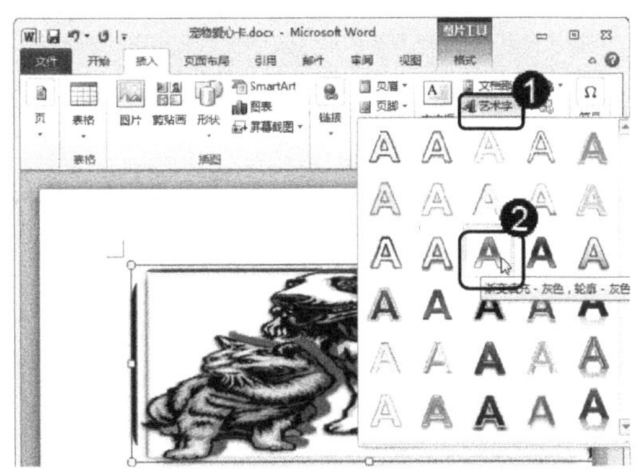

图 3-60

图 3-61

step 7 ① 选择【插入】选项卡，② 在【文本】组中单击【文本框】下拉按钮，③ 选择准备应用的文本框样式，如选择“奥斯汀重要引言”，如图 3-62 所示。

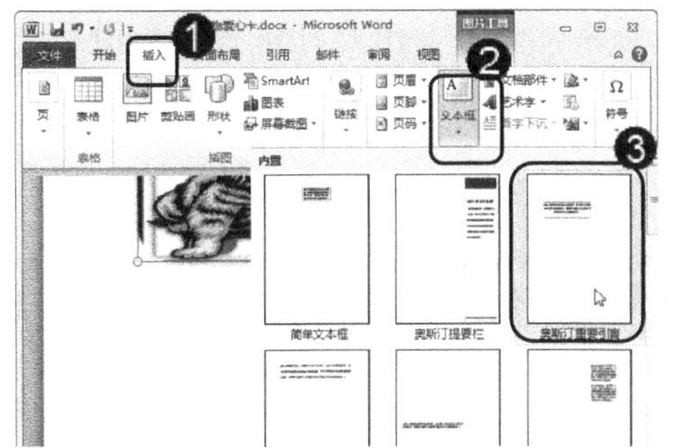

图 3-62

step 8 在插入的文本框中输入需要的文字内容，如图 3-63 所示。

图 3-63

step 9 继续应用上一步的操作方法，再插入一个文本框，输入“您的个人信息”，如图 3-64 所示。

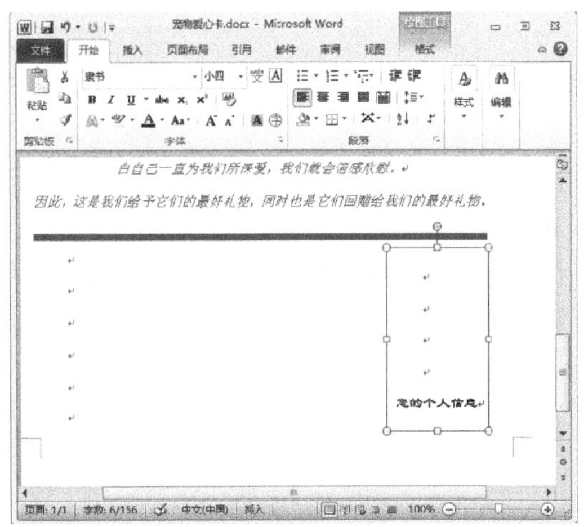

图 3-64

step 10 至此一张宠物爱心卡制作完成，其效果如图 3-65 所示。

图 3-65

3.6 课后练习

3.6.1 思考与练习

一、填空题

1. 在使用 Word 2010 软件进行设计文字排版时，用户可以用其自带的________功能，插入___________，为文档增加可观性。

2. ________是 Word 的一个特殊功能，可以将文本文字外观效果进行更改，插入艺术字可以起到装饰文档的效果，使文档更加美观。

3. 如果所绘制的图形较多，在文档中又显得杂乱无章，用户可以将多个图形进行_____，这样会使文档整洁干净，从而设计出好看的封面图案。

二、判断题

1. 图形是文本的一种表现形式，为了内容需要用户不可以插入图形，从而使文档内容更加丰富美观。 (　　)

2. 在使用 Word 2010 进行插入产品图片时，用户还可以将本地电脑硬盘中的图片插入到文档。 (　　)

三、思考题

1. 如何插入剪贴画？
2. 如何插入艺术字？

3.6.2 上机操作

1. 启动 Word 2010 软件，通过本章学习的相关知识，练习设计一张商品礼券。效果文件可参考“配套素材\第 3 章\效果文件\商品礼券.docx。

2. 启动 Word 2010 软件，通过本章学习的相关知识，练习设计一张端午节海报。效果文件可参考“配套素材\第 3 章\效果文件\端午节海报.docx。

第 4 章

精美表格制作与设计

本章主要介绍创建表格、在表格中输入和编辑文本、设置表格布局、合并与拆分单元格方面的知识与技巧，同时还讲解了如何使用辅助工具。通过本章的学习，读者可以掌握精美表格制作与设计基础操作方面的知识，为深入学习电脑办公基础与应用知识奠定基础。

范 例 导 航

1. 创建表格
2. 在表格中输入和编辑文本
3. 设置表格布局
4. 合并与拆分单元格
5. 使用辅助工具

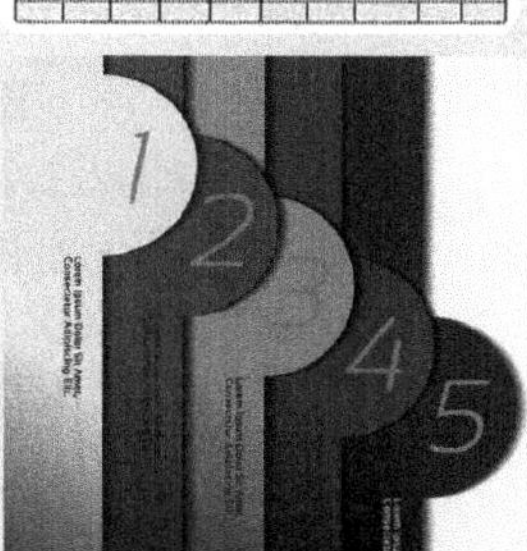

4.1 创建表格

在 Word 2010 中，创建表格是日常办公中应用十分广泛的一种操作方法，并且为了使表格更加美观可以对表格样式进行设置。本节将详细介绍创建表格的相关知识及操作方法。

4.1.1 插入表格

通过选择【表格】组中的【插入表格】选项可以创建表格的任意行数和列数，下面将详细介绍插入表格的相关操作方法。

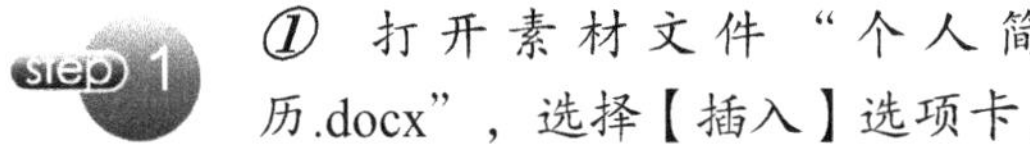

step 1 ① 打开素材文件“个人简历.docx”，选择【插入】选项卡，② 在【表格】组中单击【表格】下拉按钮，③ 在弹出的下拉菜单中选择【插入表格】选项，如图 4-1 所示。

图 4-1

step 3 通过以上操作步骤即可完成创建表格的操作，如图 4-3 所示。

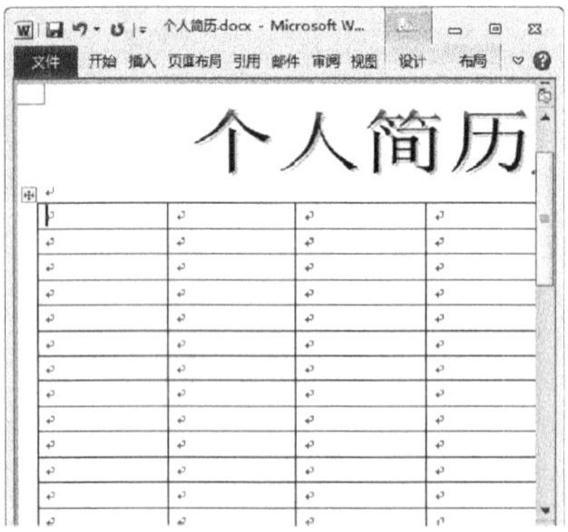

图 4-3

step 2 ① 弹出【插入表格】对话框，在【表格尺寸】区域中调节【列数】和【行数】的微调框，设置需要插入表格的列数和行数，② 单击【确定】按钮，如图 4-2 所示。

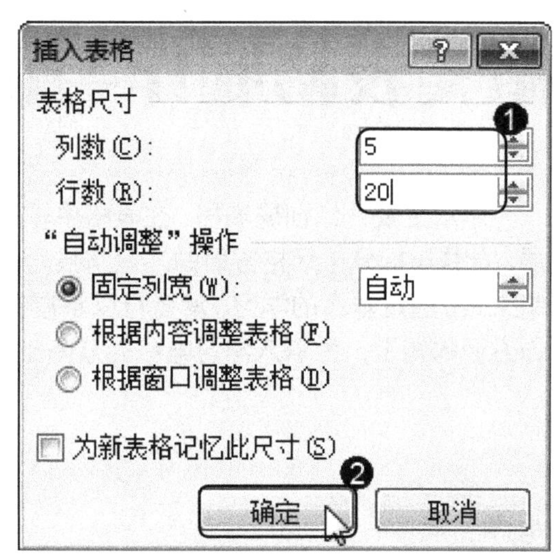

图 4-2

智慧锦囊

在 Word 2010 中，用户除了可以用【表格】组中的【插入表格】选项创建表格外，还可以通过【表格】组中提供的【虚拟表格】快速创建 10 列 8 行以内任意数列的表格，和通过光标自定义的方式来手动绘制表格。

4.1.2 设计表格样式

创建表格后，用户可以根据需要将 Word 2010 中提供的多种预设样式直接套用到表格中，使制作的表格精美漂亮。下面将详细介绍设计表格样式的操作方法。

step 1 ① 创建表格后，选择该表格，② 选择【设计】选项卡，③ 在【表格样式】组中单击【其他】下拉按钮，如图 4-4 所示。

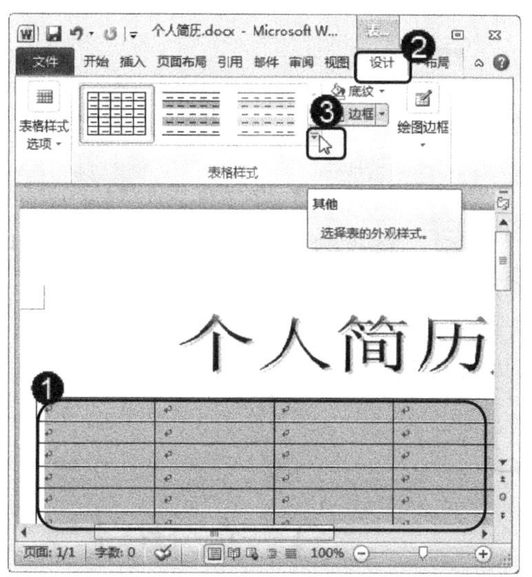

图 4-4

step 3 通过以上操作步骤即可完成设计表格样式的操作，效果如图 4-6 所示。

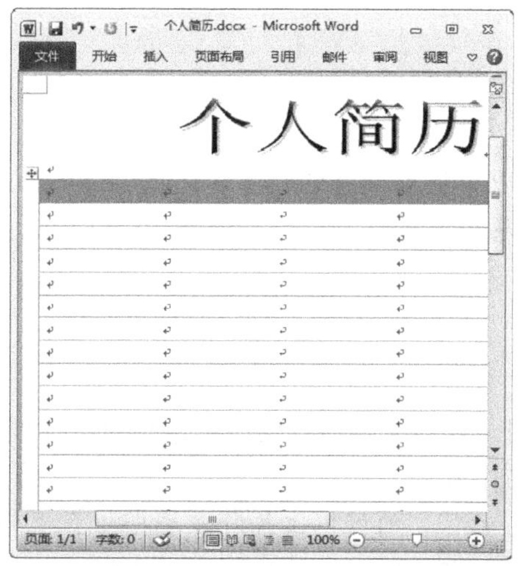

图 4-6

step 2 系统会弹出一个表格样式列表框，选择准备使用的表格样式，如选择“浅色列表-强调文件颜色 3”，如图 4-5 所示。

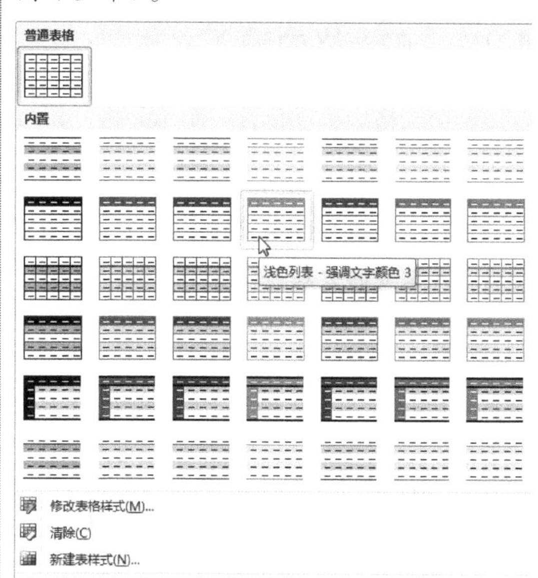

图 4-5

智慧锦囊

在【表格样式】的下拉列表框中，用户可以通过单击【新建表样式】选项，自定义设置个人需要的表格样式。也可以单击【表格样式】中的下拉按钮，查看 Word 2010 内置的表格样式。

考考您

请您根据上述方法创建一个表格，并设计一个自己喜欢的样式，测试一下您学习创建表格的效果。

4.2 在表格中输入和编辑文本

创建并设计完表格样式后，用户可以对表格进行字符输入和文本编辑，同时用户可以对表格中的文本进行复制、粘贴和设置文本的对齐方式等操作。本节将详细介绍在表格中输入和编辑文本的知识和操作方法。

4.2.1 在表格中输入文本

一个表格中可以包含多个单元格，用户可以将文本内容输入到指定的单元格中，下面介绍在表格中输入文本的方法。

step 1 在 Word 2010 中创建表格后，单击选择需要输入文本的单元格，使用键盘输入需要的文本，如图 4-7 所示。

图 4-7

step 2 通过以上操作步骤即可完成在表格中的文本输入的操作，如图 4-8 所示。

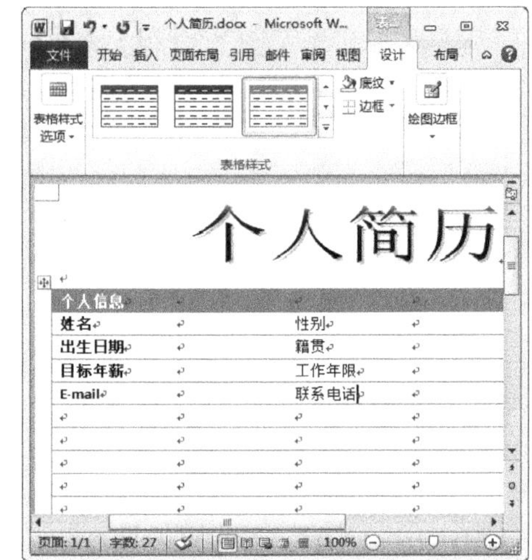

图 4-8

知识精讲

在 Word 表格中，单元格的大小可以根据输入内容的多少，改变每个单元格的列宽大小，这样输入的内容将在表格中完整显示。

4.2.2 选中表格中的文本

用户可以随时对表格中的文本进行修改和编辑，在对文本进行修改和编辑时，需要将表格中的文本选中，下面介绍选中表格中文本的操作方法。

step 1 将鼠标光标放置在需要选中文本的起始点或终止点，单击鼠标左键进行拖动选择，如图 4-9 所示。

step 2 通过以上操作步骤即可在表格中将文本选中，如图 4-10 所示。

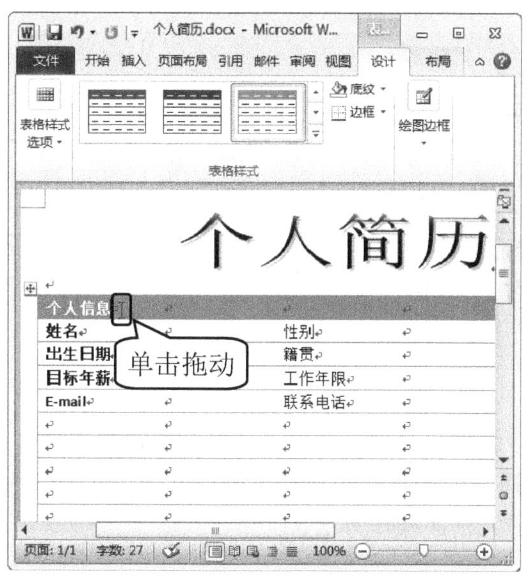

图 4-9

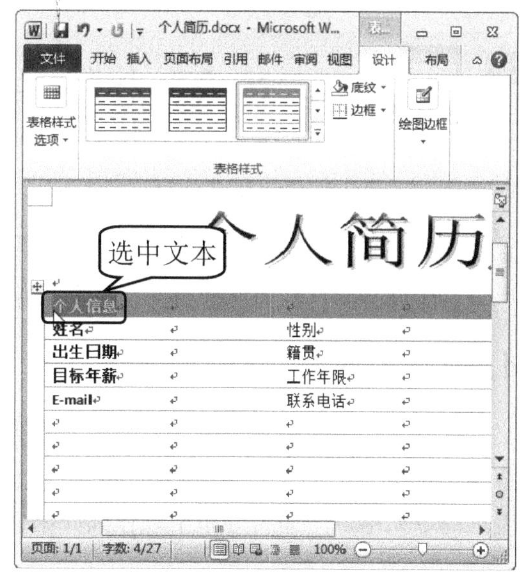

图 4-10

4.2.3 表格文本的对齐方式

在制作表格时，用户可以通过功能区的操作命令对表格进行编辑和设置，例如对文本进行对齐方式的设置，使表格结构更加合理、外观更加美观。下面介绍如何设置表格文本的对齐方式的操作方法。

step 1 ① 选中需要对齐的文本，② 选择【布局】选项卡，③ 单击【对齐方式】下拉按钮，④ 选择准备使用的对齐方式，如选择“水平居中”对齐方式，如图 4-11 所示。

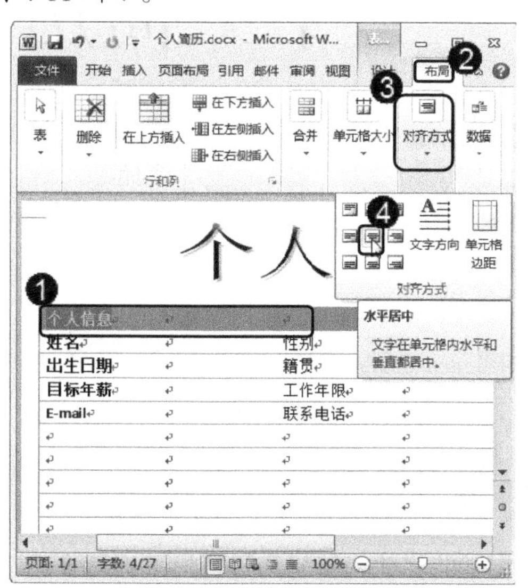

图 4-11

step 2 通过以上操作步骤即可完成在表格中对选中文本进行对齐方式的设置，如图 4-12 所示。

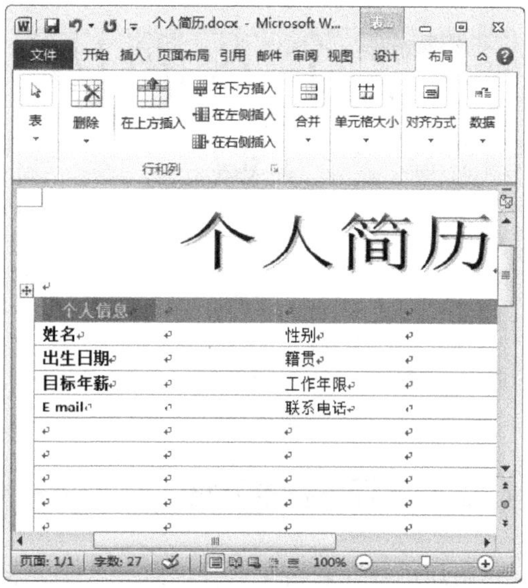

图 4-12

4.3 设置表格布局

创建并设计完表格样式后，用户可以对表格进行字符输入和文本编辑，同时用户可以对表格中的文本进行复制、粘贴和设置文本的对齐方式等操作。本节将详细介绍设置表格布局的知识和操作方法。

4.3.1 选择单元格

选择单元格中的文本内容，可以对文本进行编辑和设置。选择单元格的方法共 5 种，分别是选择一个单元格、选择一行单元格、选择一列单元格、选择多个单元格和选中整个表格的单元格，下面将分布予以详细介绍选择单元格的操作方法。

1. 选择一个单元格

用户可以在表格中选择任意一个单元格进行文本的修改、编辑和设置，下面介绍选择一个单元格的方法。

step 1 将鼠标光标放置在单元格左侧，当光标变成【选择】标志后，单击鼠标左键，如图 4-13 所示。

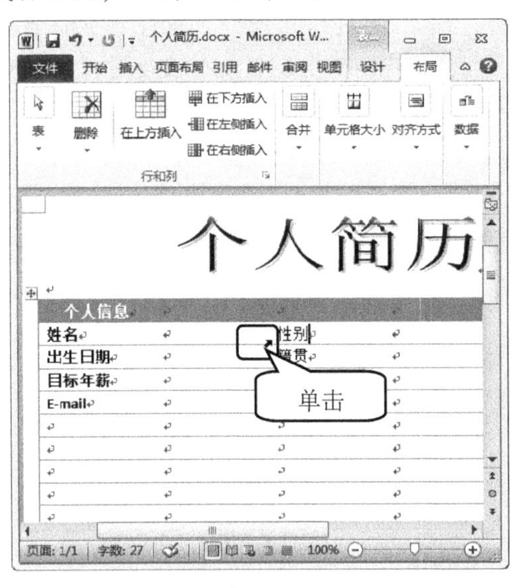

图 4-13

通过以上操作步骤即可完成表格中的文本输入，如图 4-14 所示。

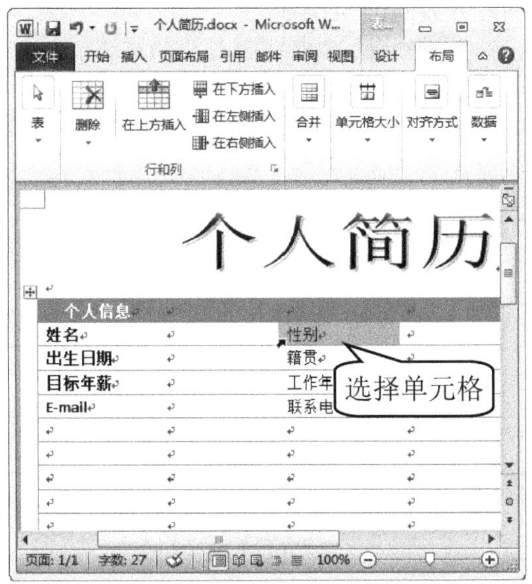

图 4-14

2. 选择一行单元格

用户可以在表格中选择任意一行单元格进行文本的修改、编辑和设置，下面将介绍选择一行单元格的方法。

step 1 将鼠标光标放置在一行单元格的左侧，当光标变成【选择】标志后，单击鼠标左键，如图4-15所示。

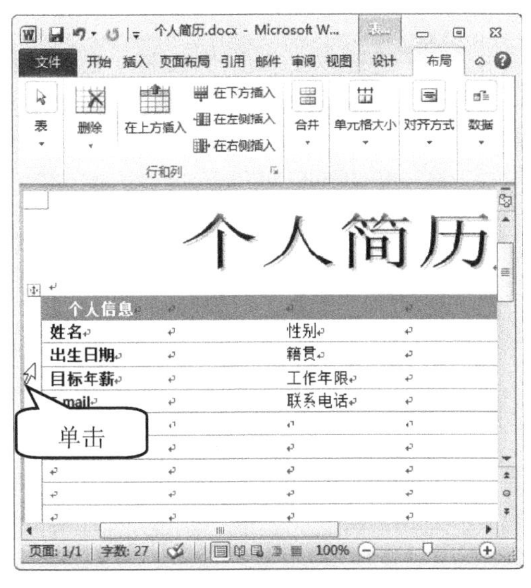

图 4-15

step 2 通过以上操作步骤即可完成选择一行单元格的操作，如图4-16所示。

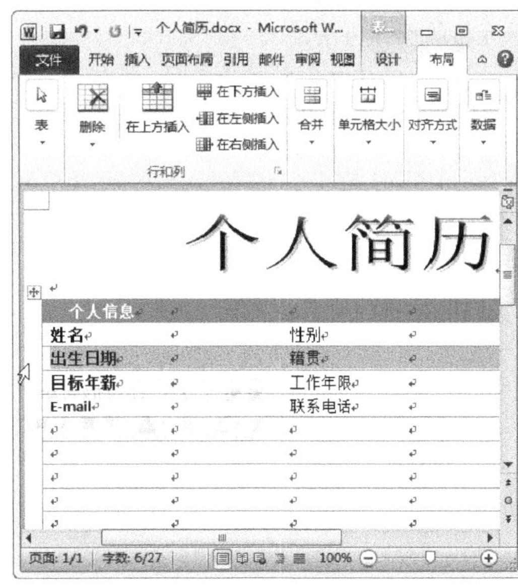

图 4-16

3. 选择一列单元格

用户可以在表格中选择任意一列单元格进行文本的修改、编辑和设置，下面介绍选择一列单元格的方法。

step 1 将鼠标光标放置在一列单元格的最上方，当光标变成【选择】标志⬇后，单击鼠标左键，如图4-17所示。

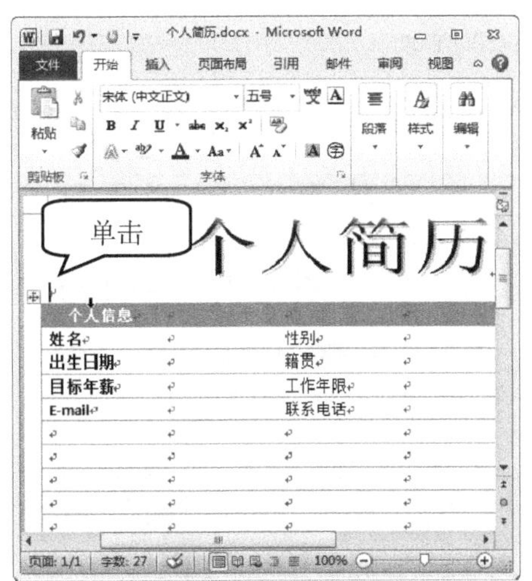

图 4-17

step 2 通过以上操作步骤即可完成选择一列单元格的操作，如图4-18所示。

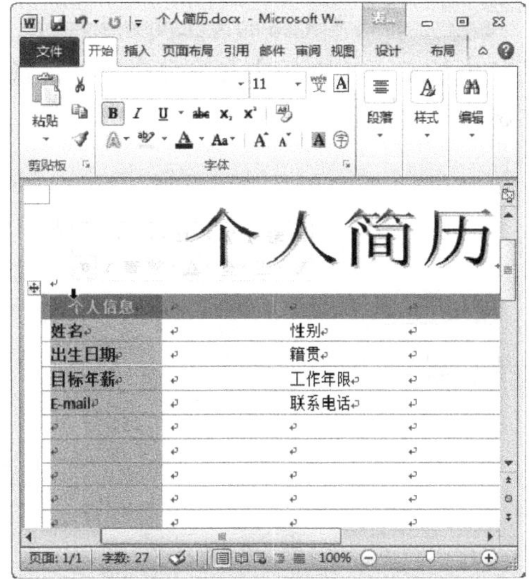

图 4-18

4. 选择多个单元格

用户可以在表格中选择多个单元格进行文本的修改、编辑和设置，下面介绍选择多个单元格的操作方法。

step 1 选择一个起始单元格，然后按住键盘上的 Shift 键，在准备终止的单元格内单击，如图 4-19 所示。

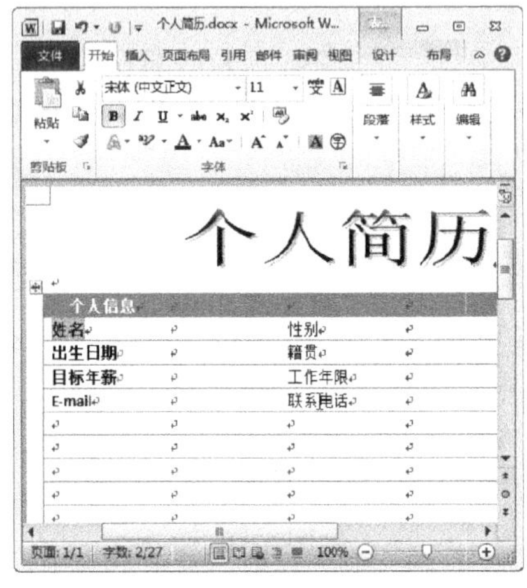

图 4-19

step 2 通过以上操作步骤即可完成选择多个连续单元格的操作，如图 4-20 所示。

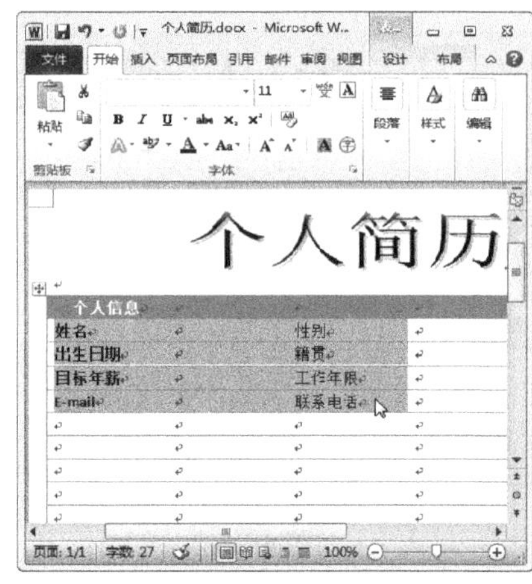

图 4-20

5. 选择整个表格的单元格

用户可以在表格中选择整个表格进行文本的修改、编辑和设置，下面介绍选择整个表格的单元格的操作方法。

step 1 将鼠标指针放置在准备选择整个表格单元格的左上角图标⊞上，当鼠标光标变成【选择】标志后，单击鼠标左键，如图 4-21 所示。

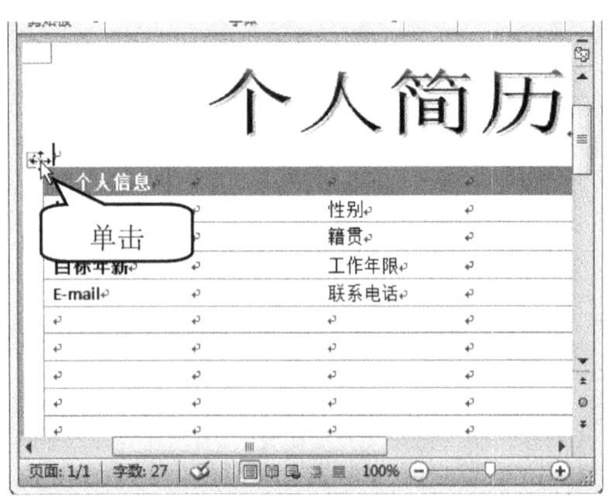

图 4-21

step 2 通过以上操作步骤即可完成选择整个表格的单元格的操作，如图 4-22 所示。

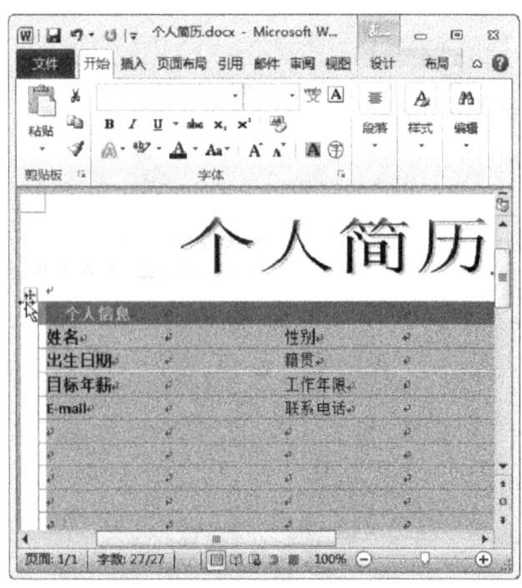

图 4-22

4.3.2 插入行、列与单元格

如果用户在编辑表格过程中，需要在指定的位置上增加内容时，可以在表格中插入行、列和单元格，下面介绍插入行、列与单元格的操作方法。

1. 插入单元格

在 Word 表格中，用户可以在指定位置上添加单个或多个单元格。下面介绍插入单元格的操作方法。

step 1 ① 将光标移动至需要插入单元格的位置上，② 选择【布局】选项卡，③ 在【行和列】组中单击【表格插入单元格启动器】按钮，如图 4-23 所示。

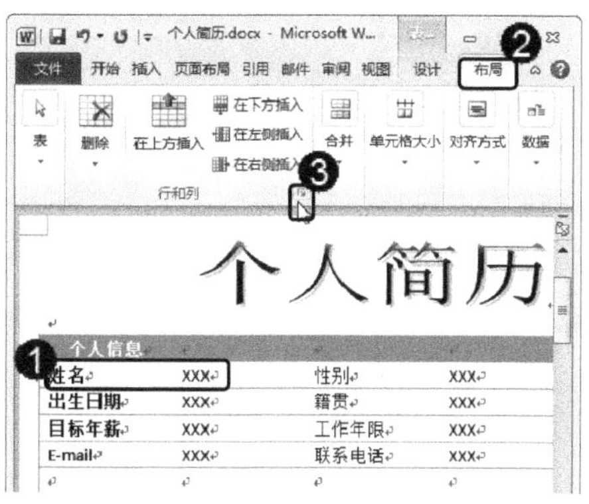

图 4-23

step 2 弹出【插入单元格】对话框，① 选择准备插入单元格位置的单选框，如选中【活动单元格右移】单选按钮，② 单击【确定】按钮，如图 4-24 所示。

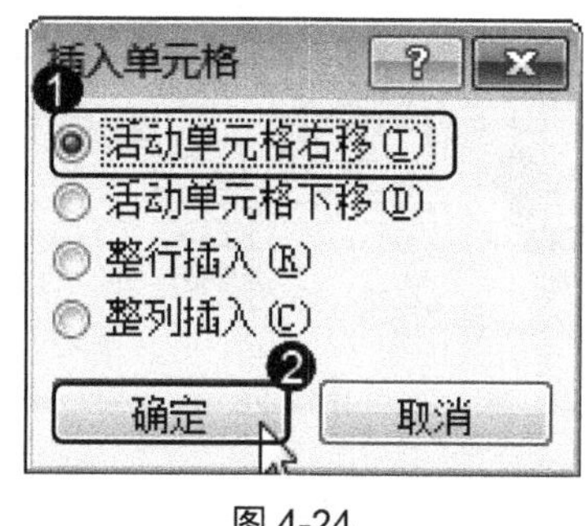

图 4-24

step 3 通过以上操作步骤即可完成在表格中插入一个单元格，如图 4-25 所示。

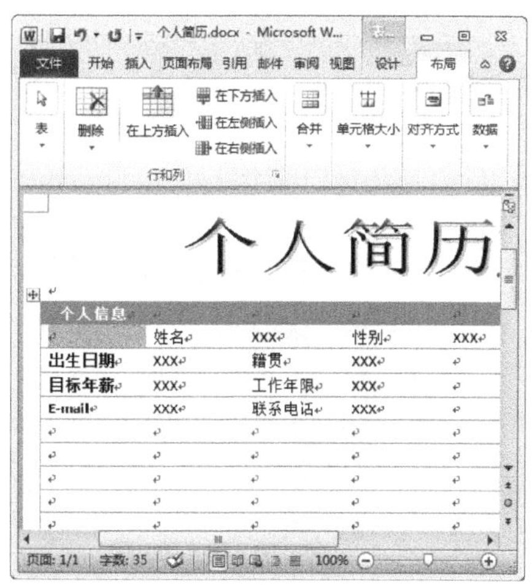

图 4-25

智慧锦囊

在 Word 中制作表格时，如果遇到需要输入竖排字符的单元格时，只要将光标移动到单元格中，然后选择【布局】选项卡，单击【对齐方式】组，在弹出的下拉菜单中选择【改变文字方向】选项即可更改文字的方向，将横排文字变成竖排文字。

考考您

请您根据上述方法插入一个单元格，测试一下您学习插入单元格的效果。

2. 插入整行单元格

在 Word 2010 表格中，用户可以在指定位置上插入整行单元格。下面介绍插入整行单元格的操作方法。

step 1 ① 将光标移动至需要插入整行单元格的位置，② 打开【插入单元格】对话框，选中【整行插入】单选按钮，③ 单击【确定】按钮，如图 4-26 所示。

图 4-26

step 2 通过以上操作步骤即可完成在表格中插入一整行单元格，效果如图 4-27 所示。

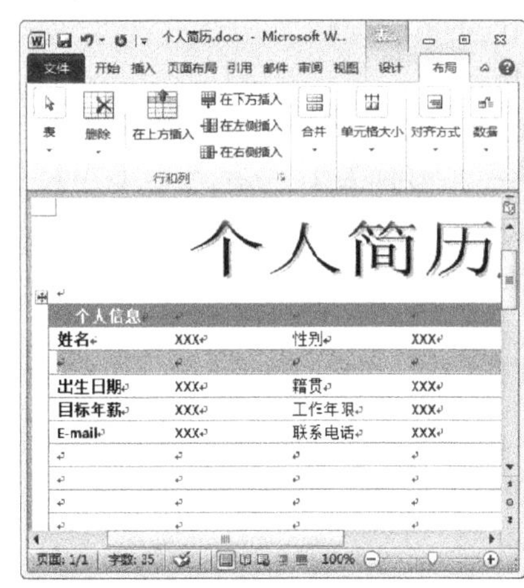

图 4-27

3. 插入整列单元格

在 Word 2010 表格中，用户可以在指定位置上插入整列单元格。下面介绍插入整列单元格的操作方法。

step 1 ① 将光标移动至需要插入整列单元格的位置，② 打开【插入单元格】对话框，选中【整列插入】单选按钮，③ 单击【确定】按钮，如图 4-28 所示。

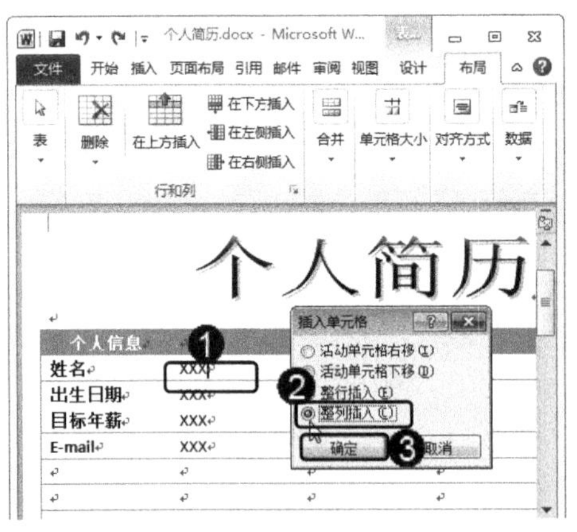

图 4-28

step 2 通过以上操作步骤即可完成在表格中插入一整列单元格，效果如图 4-29 所示。

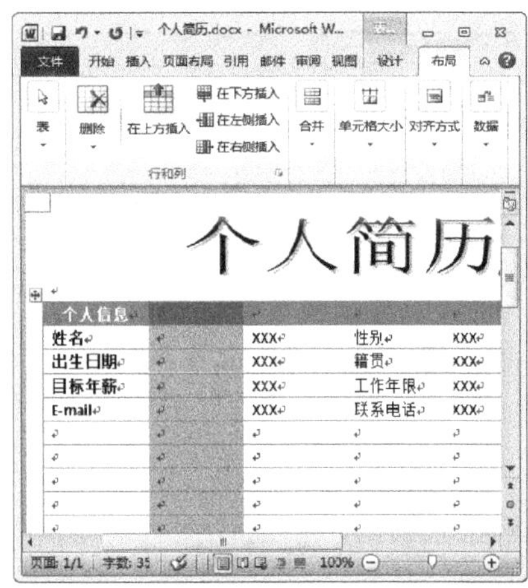

图 4-29

4.3.3 删除行、列与单元格

在 Word 2010 表格中，用户可以将不需要的行、列和单元格进行删除。下面将分别予以详细介绍删除行、列与单元格的操作方法。

1. 删除单元格

在 Word 2010 表格中，用户可以在指定位置上删除某个单元格。下面介绍一下删除单元格的操作方法。

step 1 ① 选择需要删除的单元格，② 选择【布局】选项卡，③ 单击【删除】按钮，④ 选择【删除单元格】选项，如图 4-30 所示。

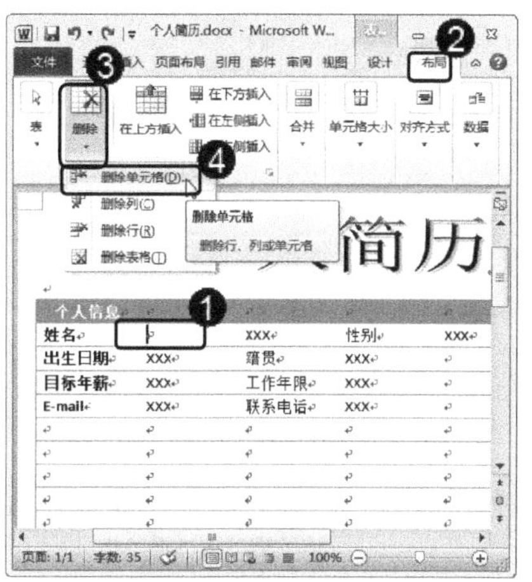

图 4-30

step 3 通过以上操作步骤即可删除一个单元格，如图 4-32 所示。

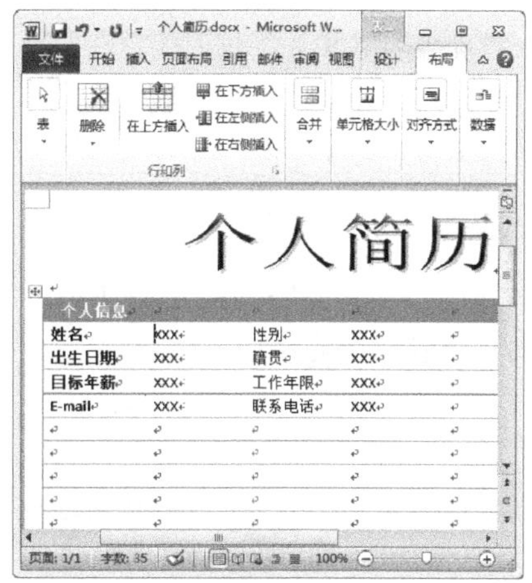

图 4-32

step 2 弹出【删除单元格】对话框，① 选中【右侧单元格左移】单选按钮，② 单击【确定】按钮，如图 4-31 所示。

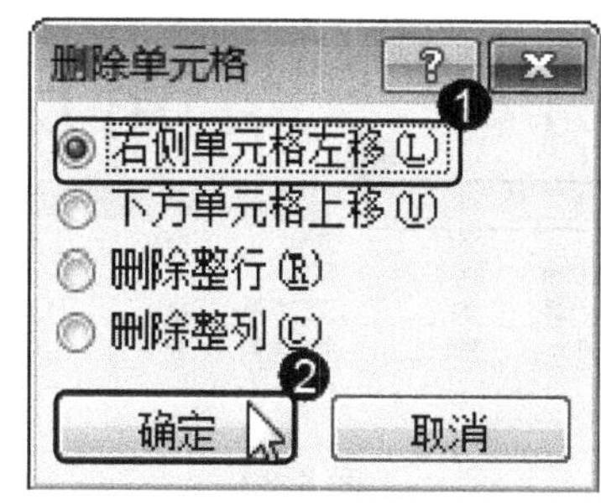

图 4-31

智慧锦囊

在【布局】选项卡的【行和列】组中，通过【在上方插入】按钮、【在下方插入】按钮 在下方插入、【在左侧插入】按钮 在左侧插入 和【在右侧插入】按钮 在右侧插入，同样可以在需要的位置插入行和列。

考考您

请您根据上述方法删除一个单元格，测试一下您学习删除单元格的效果。

2. 删除整行单元格

在 Word 2010 表格中，用户可以在指定位置上删除整行单元格。下面将详细介绍删除整行单元格的操作方法。

step 1 ① 将光标移动至需要删除整行单元格的起始位置后，② 选择【布局】选项卡，③ 单击【删除】按钮，④ 选择【删除行】选项，如图 4-33 所示。

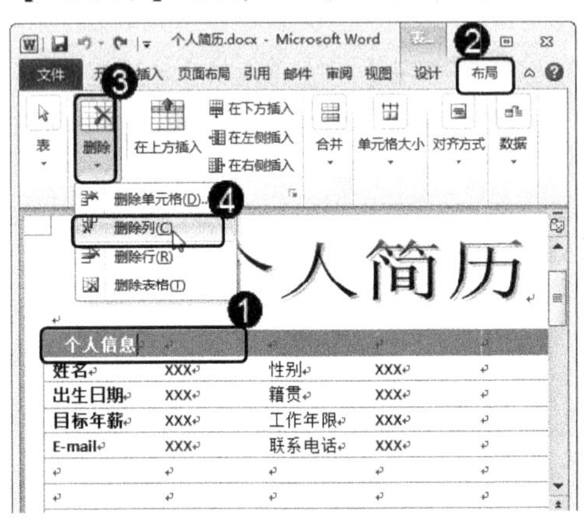

图 4-33

step 2 通过以上操作步骤即可完成删除一整行单元格的操作，如图 4-34 所示。

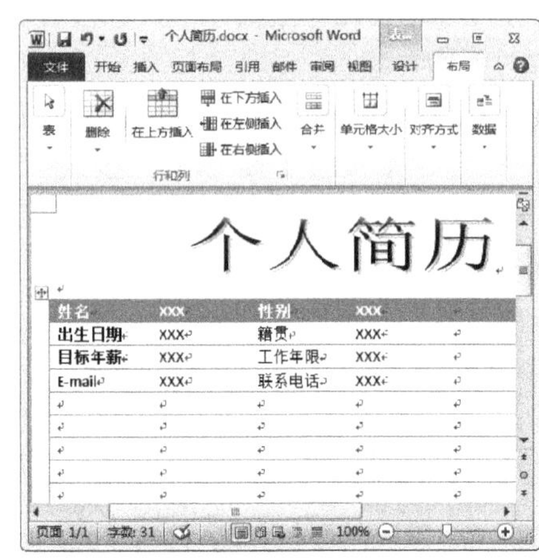

图 4-34

3. 删除整列单元格

在 Word 表格中，用户可以在指定位置上删除整列单元格。下面介绍删除整列单元格的操作方法。

step 1 ① 将光标移动至需要删除整列单元格的起始位置后，② 选择【布局】选项卡，③ 单击【删除】按钮，④ 选择【删除列】选项，如图 4-35 所示。

图 4-35

step 2 通过以上操作步骤即可完成删除一整列单元格的操作，如图 4-36 所示。

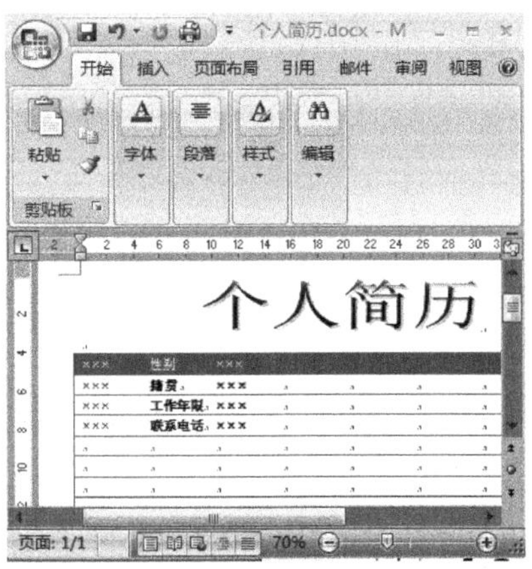

图 4-36

4.4 合并与拆分单元格

合并单元格是指将多个连续的单元格组合成一个单元格，拆分单元格是指将一个单元格分解成多个连续的单元格，合并与拆分单元格的操作多用于 Word 或 Excel 中的表格。本节将详细介绍合并与拆分单元格的相关知识及操作方法。

4.4.1 合并单元格

在表格中，用户可以根据个人需要将多个连续的单元格合并成一个单元格，下面介绍合并单元格的操作方法。

step 1 ① 选择需要合并的连续单元格，② 选择【布局】选项卡，③ 在【合并】组中单击【合并单元格】按钮，如图 4-37 所示。

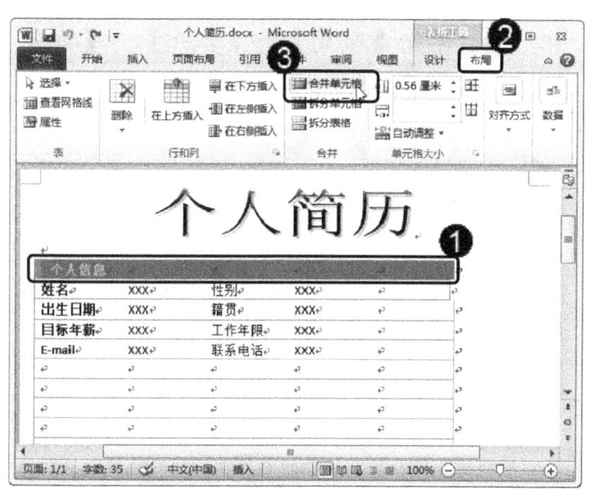

图 4-37

 通过以上操作步骤即可完成合并选中的单元格的操作，如图 4-38 所示。

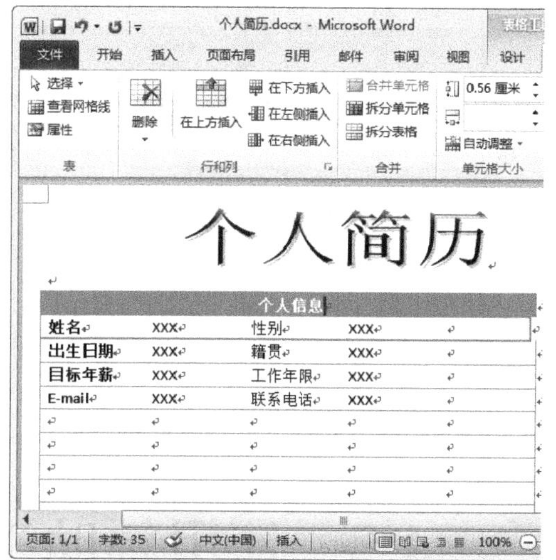

图 4-38

4.4.2 拆分单元格

拆分单元格是将 Word 文档表格中的一个单元格，分解成两个或多个单元格，下面介绍拆分表格的操作方法。

step 1 ① 选择需要拆分的单元格，② 选择【布局】选项卡，③ 在【合并】组中单击【拆分单元格】按钮，如图 4-39 所示。

 弹出【拆分单元格】对话框，①在列数和行数的文本框中，输入要拆分的数值，② 单击【确定】按钮，如图 4-40 所示。

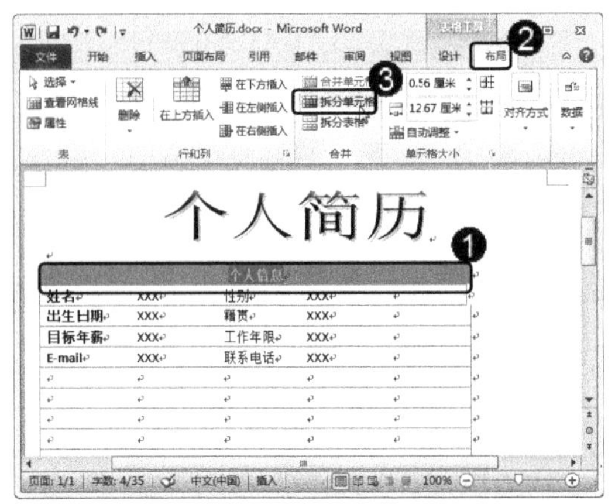

图 4-39

通过以上操作步骤即可完成拆分选中的单元格的操作，如图 4-41 所示。

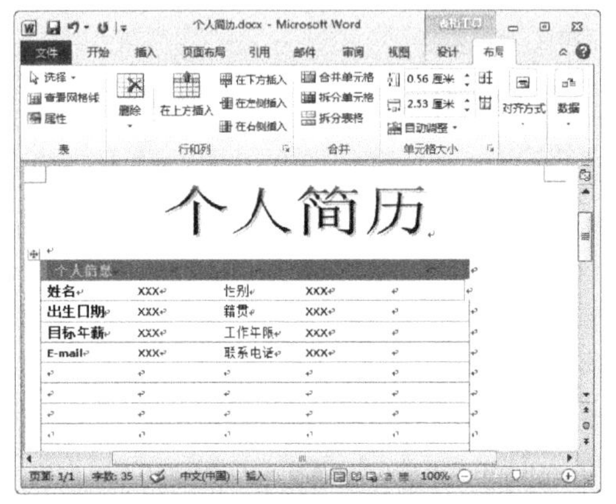

图 4-41

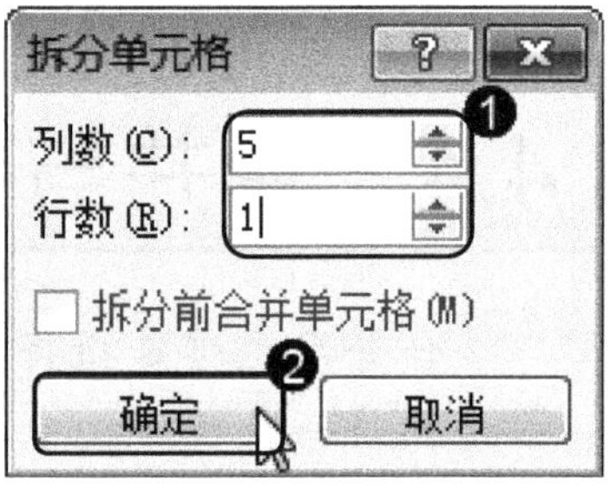

图 4-40

智慧锦囊

在 Word 2010 中，如果存在几个不同的表格，为了将各表格中的数据组合到一起，用户可以将这些表格合并为一个表格。也可以将一个大的表格拆分成几个小表格。合并表格的方法是：单击两个表格中间的空行，然后按下键盘上的 Delete 键即可。拆分表格的方法是：将光标移动到要拆分的单元格中，然后单击【布局】→【合并】→【拆分表格】按钮即可。

考考您

请您根据上述方法合并与拆分一个单元格，测试一下您的学习效果。

4.5 使用辅助工具

在使用 Word 2010 编辑文档时，用户可以巧妙地应用其辅助工具来提高编辑文档的质量和效率。本节将详细介绍使用标尺、网格线和全屏显示等工具的相关知识及操作方法。

4.5.1 使用标尺

标尺是 Word 编辑软件中的一个重要工具。利用标尺，可以调整边距、改变段落的缩进值、改变表格的行高及列宽和进行对齐方式的设置。下面将详细介绍使用标尺的方法。

step 1　首先需要将标尺打开，① 选择【视图】选项卡，② 在【显示】组中勾选【标尺】复选框，如图 4-42 所示。

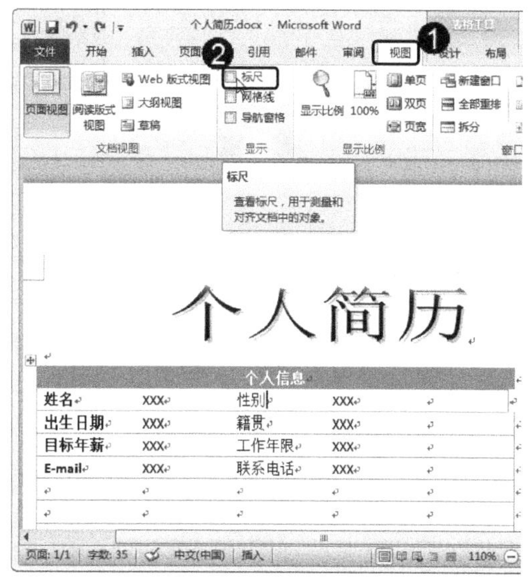

图 4-42

step 3　拖动水平标尺上的三个游标，可以快速地设置段落(选定的、或是光标所在段落)的左缩进、右缩进和首行缩进，如图 4-44 所示。

图 4-44

step 5　双击水平标尺上任意一个游标，都将快速地弹出【段落】对话框，如图 4-46 所示。

step 2　标尺显示后，单击水平标尺左边的小方块，可以方便地设置制表位的对齐方式，其中包括左对齐式、居中式、右对齐式、小数点对齐式、竖线对齐式的方式和首行缩进、悬挂缩进等循环设置，如图 4-43 所示。

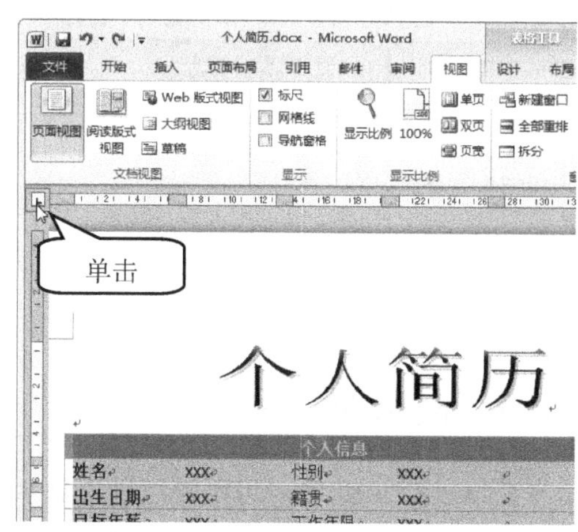

图 4-43

step 4　拖动水平和垂直标尺的边界，就可以方便地设置页边距；如果同时按下 Alt 键，可以显示出具体的页面长度，如图 4-45 所示。

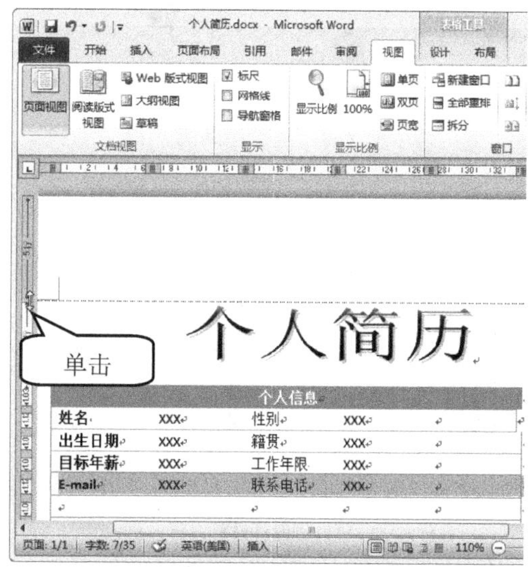

图 4-45

step 6　双击标尺的数字区域，可迅速地弹出【页面设置】对话框，如图 4-47 所示。

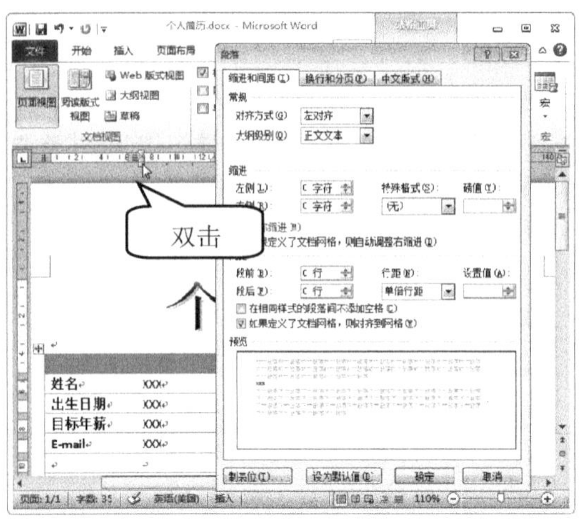

图 4-46

图 4-47

4.5.2 使用网格线

在 Word 2010 中，可以随意设置显示或隐藏网格线，只要在视图功能区中进行相应地设置就可以了。Word 2010 默认是不显示网格线的，而有时网格线是非常有用的，下面将详细介绍使用网格线的操作方法。

① 选择【视图】选项卡，② 在【显示】组中勾选【网格线】复选框，如图 4-48 所示。

图 4-48

step 2 可以看到在文档中，出现了对象对齐要用到的网格线。如果需要隐藏网格线，在【显示】组中取消勾选【网格线】复选框即可，如图 4-49 所示。

图 4-49

4.5.3 全屏显示

在 Word 2010 中，默认工具栏中没有切换全屏显示这个工具，如果要切换全屏视图，需要自定义快速访问工具栏，下面将详细介绍其操作方法。

step 1 ① 使用鼠标右击某个选项卡，② 在弹出来的快捷菜单中选择【自定义快速访问工具栏】菜单项，如图 4-50 所示。

图 4-50

step 2 弹出【Word 选项】对话框，① 在【从下列位置选择命令(C)】中选择【所有命令】选项，② 在下拉列表框里选择【切换全屏视图】选项，③ 单击【添加】按钮，④ 单击【确定】按钮，如图 4-51 所示。

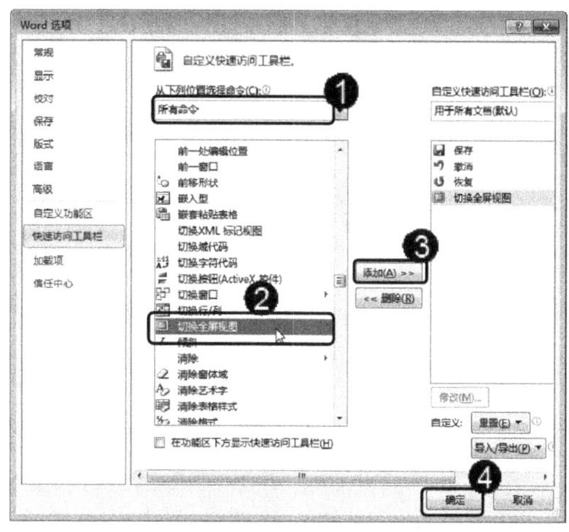

图 4-51

step 3 返回到 Word 文档中，单击快速访问工具栏中的【切换全屏视图】按钮，如图 4-52 所示。

图 4-52

step 4 可以看到文档会以全屏方式显示，如图 4-53 所示。

图 4-53

4.5.4 在表格中插入照片

在 Word 文档中创建表格后，用户可以在其中插入照片等图片信息，其方法与上一章讲的插入本地电脑中的图片类似，下面详细介绍在表格中插入照片的操作。

① 使用鼠标单击确定插入照片的单元格，② 选择【插入】选项卡，③ 在【插图】组中单击【图片】按钮，如图 4-54 所示。

图 4-54

弹出【插入图片】对话框，① 选择准备插入照片的路径，② 选择准备插入的照片，③ 单击【插入】按钮，如图 4-55 所示。

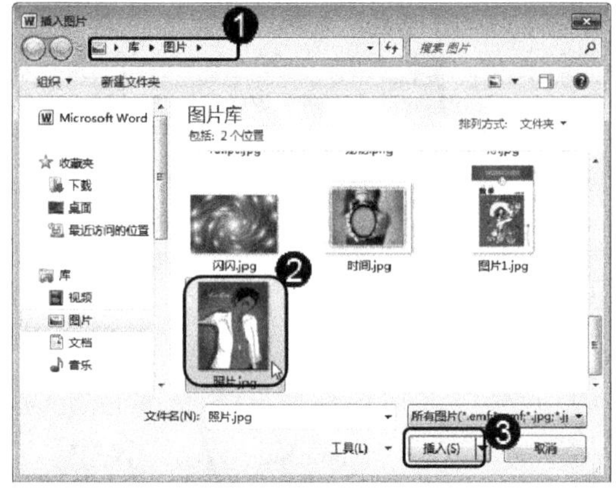

图 4-55

选择的照片已被插入到 Word 文档中，刚插入的照片大小会与单元格大小不匹配，用户可以移动鼠标指针至照片的边缘，待鼠标指针变为↘时，拖动鼠标即可调整其大小，如图 4-56 所示。

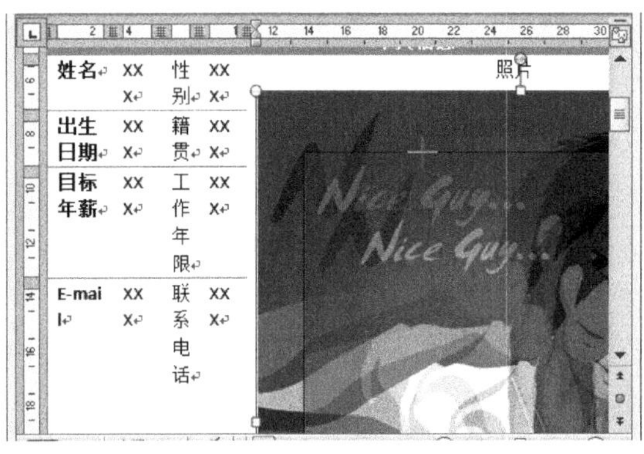

图 4-56

调整后的照片在单元格中的显示效果如图 4-57 所示。

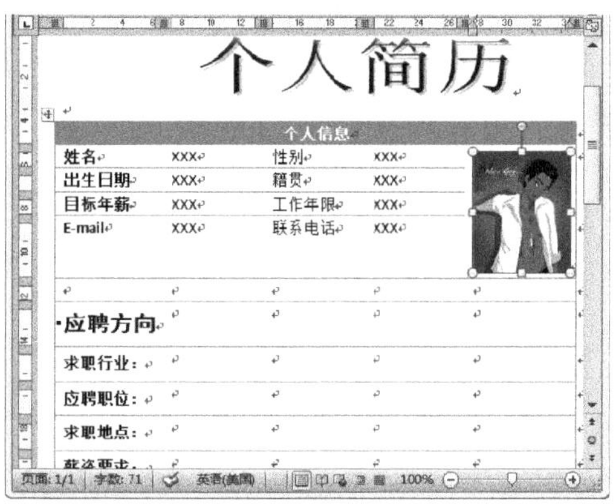

图 4-57

4.6 范例应用与上机操作

通过本章的学习，读者基本可以掌握精美表格制作与设计的基本知识以及一些常见的操作方法。下面通过练习操作 2 个实践案例，以达到巩固学习、拓展提高的目的。

4.6.1 制作一张产品登记表

为了让用户更加熟练地掌握精美表格制作与设计的基本知识以及一些常见的操作方法，下面将运用本章学习的知识，练习制作一张产品登记表。

素材文件 第4章\素材文件\登记表.docx
效果文件 第4章\效果文件\产品登记表.docx

step 1 ① 在打开素材文件“登记表.docx”，选择【插入】选项卡，② 在【表格】组中单击【表格】下拉按钮，③ 在弹出的下拉菜单中选择【插入表格】选项，如图 4-58 所示。

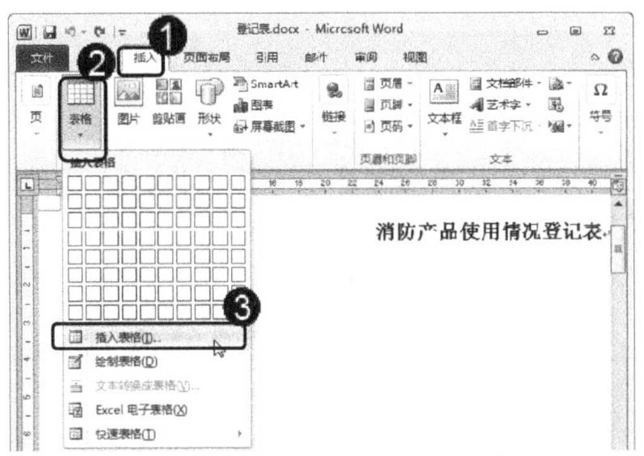

图 4-58

step 2 ① 弹出【插入表格】对话框，在【表格尺寸】区域中调节【列数】和【行数】的微调框，设置为 7 列 10 行，② 单击【确定】按钮，如图 4-59 所示。

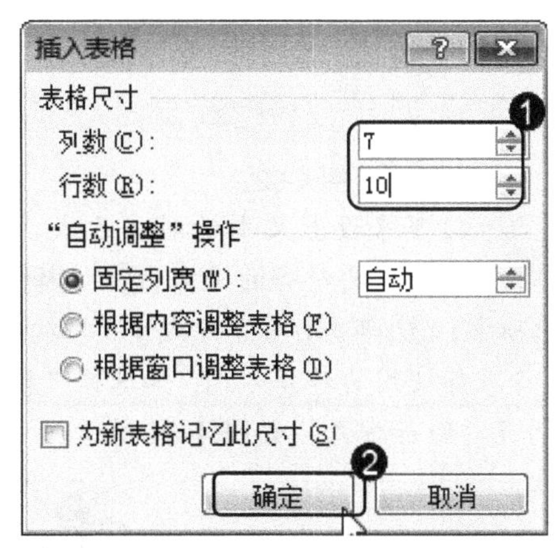

图 4-59

step 3 ① 创建表格后，选择该表格，② 选择【设计】选项卡，③ 在【表格样式】组中单击【其他】下拉按钮，如图 4-60 所示。

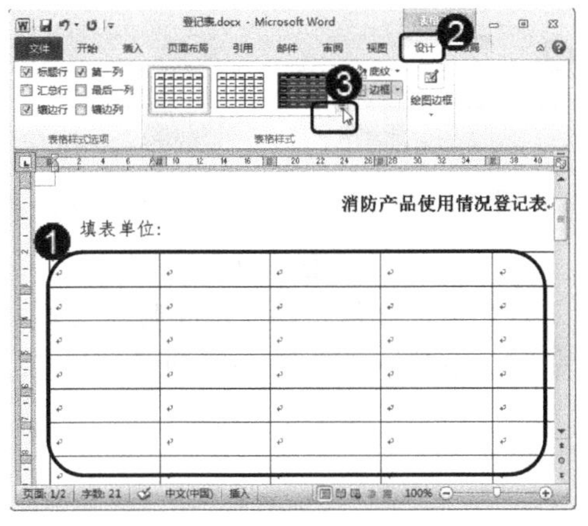

图 4-60

step 4 系统会弹出一个表格样式列表框，选择准备使用的表格样式，如选择“流行型”，如图 4-61 所示。

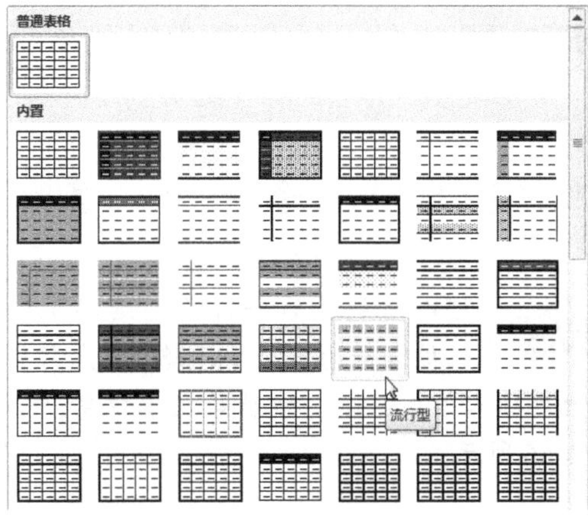

图 4-61

step 5 完成设计表格样式后，单击选择需要输入文本的单元格，使用键盘输入需要的文本，如图 4-62 所示。

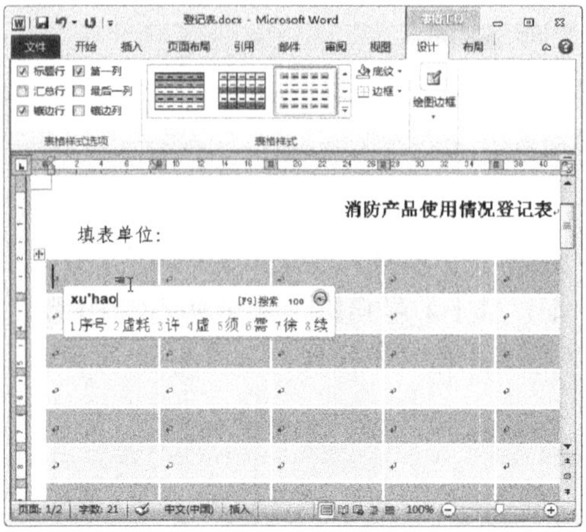

图 4-62

step 7 接下来设置文本的对齐方式，① 选中需要对齐的文本，② 选择【布局】选项卡，③ 单击【对齐方式】下拉按钮，④ 选择准备使用的对齐方式，如选择“靠上两端对齐”对齐方式，如图 4-64 所示。

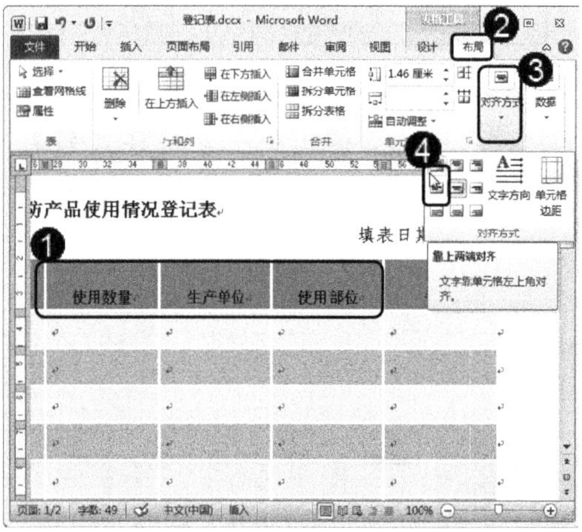

图 4-64

step 9 可以看到最后一行的连续单元格已被合并为一个单元格，用户需要在此处输入单位名称、地址等文本信息，如图 4-66 所示。

step 6 在单元格中输入完成文本内容的效果，如图 4-63 所示。

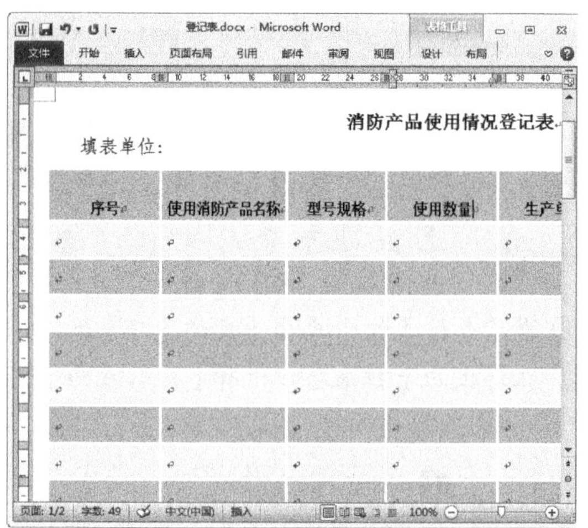

图 4-63

step 8 接下来需要合并单元格，① 选择最后一行的连续单元格，② 选择【布局】选项卡，③ 在【合并】组中单击【合并单元格】按钮，如图 4-65 所示。

图 4-65

step 10 至此一张产品登记表制作完成，最终效果如图 4-67 所示。

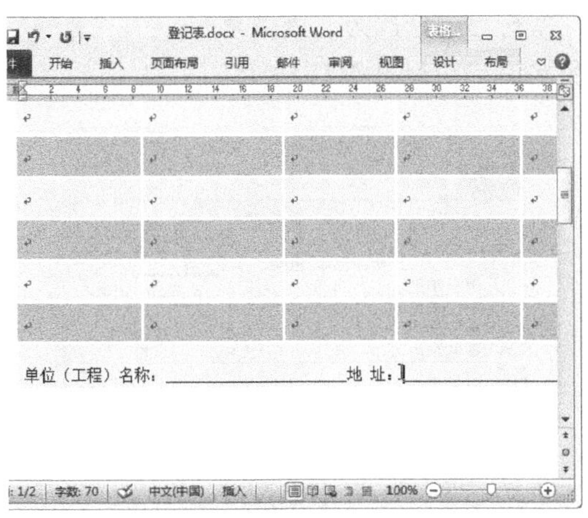

图 4-66

图 4-67

4.6.2　设计一份数据图表

在使用 Word 创建一个表格后，为了更好地分析表格中的数据，用户可以根据表格数据来创建一份数据图表，下面将详细介绍其操作方法。

素材文件 第 4 章\素材文件\产品销售记录表.docx

效果文件 第 4 章\效果文件\数据图表.docx

step 1　打开素材文件"产品销售记录表.docx，① 选择【插入】选项卡，② 单击【插图】组中的【图表】按钮，如图 4-68 所示。

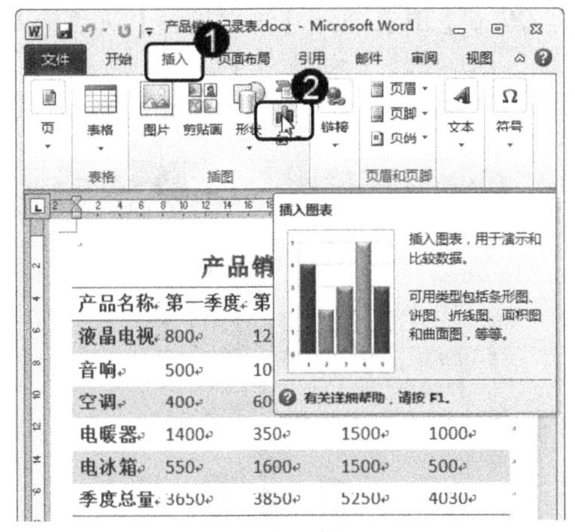

图 4-68

step 3　系统会弹出一个 Excel 文档，初始化图表数据，如图 4-70 所示。

step 2　弹出【插入图表】对话框，① 选择【柱形图】类型，② 在【柱形图】区域下方选择【三维堆积柱形图】，③ 单击【确定】按钮，如图 4-69 所示。

图 4-69

step 4　将"类别 1"、"类别 2"、"类别 3"和"类别 4"分别修改为"第一季度"、"第二季度"、"第三季度"和"第四季度"。将"系列 1"、"系列 2"和

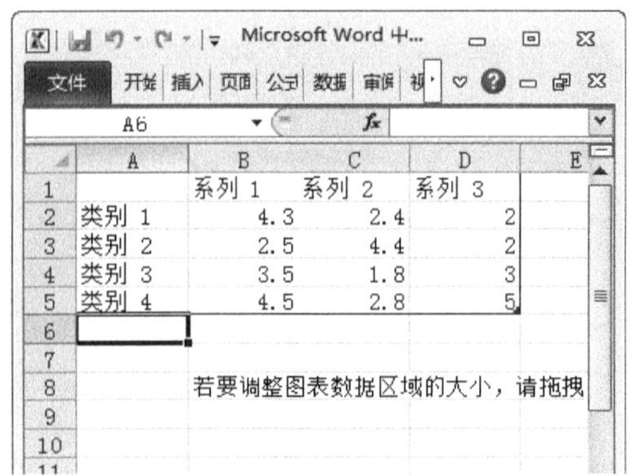

	A	B	C	D
1		系列 1	系列 2	系列 3
2	类别 1	4.3	2.4	2
3	类别 2	2.5	4.4	2
4	类别 3	3.5	1.8	3
5	类别 4	4.5	2.8	5

若要调整图表数据区域的大小，请拖拽

图 4-70

step 5 将鼠标指针指向 Excel 中数据外的蓝色边框上，当鼠标指针显示双斜向箭头时，向右拖动鼠标，如图 4-72 所示。

	A	B	C	D
1		液晶电视	音响	空调
2	第一季度	4.3	2.4	2
3	第二季度	2.5	4.4	2
4	第三季度	3.5	1.8	3
5	第四季度	4.5	2.8	5

若要调整图表数据区域的大小，请拖拽区域的右下角。

图 4-72

step 7 在 E1 和 F1 单元格中输入“电暖器”和“电冰箱”，然后按照文档表格中的数据，在 Excel 表格中相应的位置输入数据，完成后的效果如图 4-74 所示。

	A	B	C	D	E	F
1		液晶电视	音响	空调	电暖器	电冰箱
2	第一季度	800	500	400	1400	550
3	第二季度	1200	100	600	350	1600
4	第三季度	1300	300	650	1500	1500
5	第四季度	1500	500	530	1000	500

若要调整图表数据区域的大小，请拖拽区域的右下角。

图 4-74

“系列 3”修改为“液晶电视”、“音响”和空调“，如图 4-71 所示。

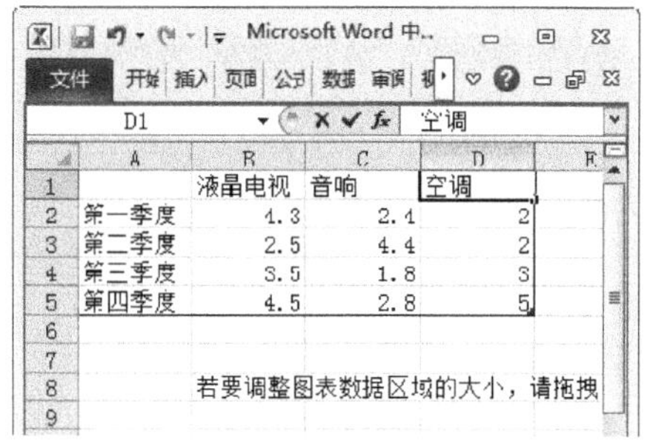

	A	B	C	D
1		液晶电视	音响	空调
2	第一季度	4.3	2.4	2
3	第二季度	2.5	4.4	2
4	第三季度	3.5	1.8	3
5	第四季度	4.5	2.8	5

若要调整图表数据区域的大小，请拖拽

图 4-71

step 6 可以看到在表格中的 E1 和 F1 单元格中分别添加了列 1 和列 2 文字内容，如图 4-73 所示。

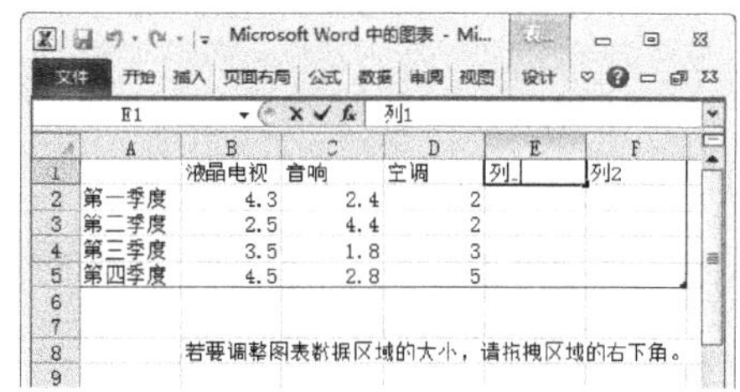

	A	B	C	D	E	F
1		液晶电视	音响	空调	列1	列2
2	第一季度	4.3	2.4	2		
3	第二季度	2.5	4.4	2		
4	第三季度	3.5	1.8	3		
5	第四季度	4.5	2.8	5		

若要调整图表数据区域的大小，请拖拽区域的右下角。

图 4-73

step 8 输入好 Excel 表格中的数据后，返回到 Word 文档，可以看到自动同步更新后的图表，① 选择【设计】选项卡，② 在【图表布局】组中选择【快速布局】选项，③ 选择【布局 1】选项，如图 4-75 所示。

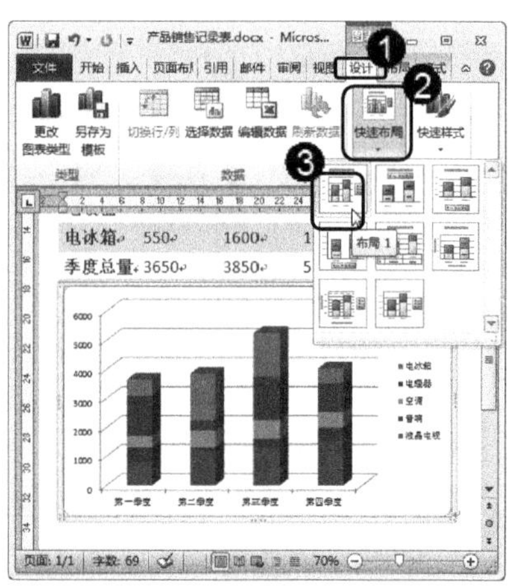

图 4-75

step 9 可以看到在图表上方添加一个“图表标题”文本框，如图 4-76 所示。

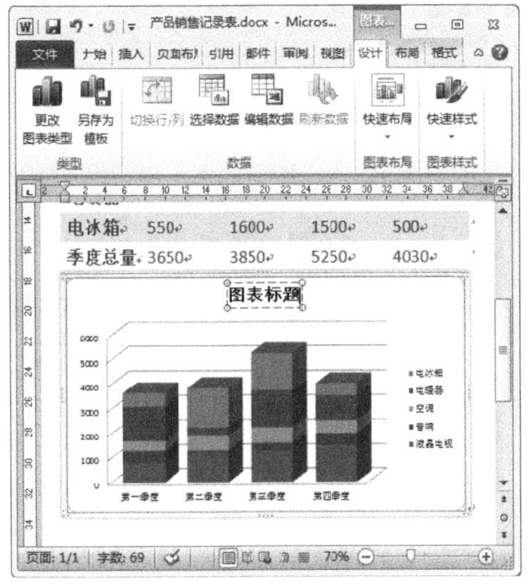

图 4-76

step 11 ① 选择【布局】选项卡，② 在【标签】组中单击【坐标轴标题】选项，③ 在弹出的下拉菜单中选择【主要纵坐标轴标题】选项，④ 选择【竖排标题】选项，如图 4-78 所示。

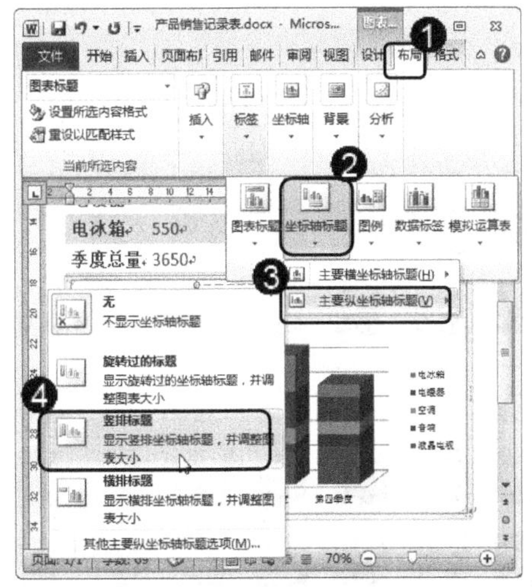

图 4-78

step 13 ① 将左侧的纵坐标轴标题设置为“产品销售量”，② 选择【布局】选项卡，③ 在【标签】组中单击【图例】选项，④ 选择【在底部显示图例】选项，如图 4-80 所示。

step 10 将此标题设置为“产品销售记录图表”，如图 4-77 所示。

图 4-77

step 12 可以看到在图表左侧插入“纵坐标轴标题”，如图 4-79 所示。

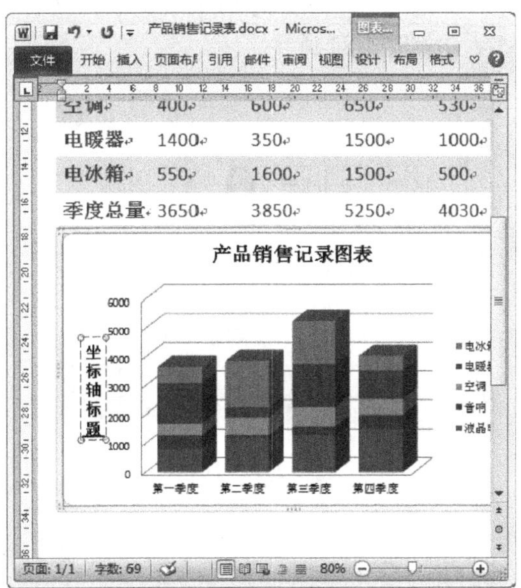

图 4-79

step 14 图例将在图表底部显示，① 选择【布局】选项卡，② 在【标签】组中单击【数据标签】选项，③ 在弹出的下拉菜单中选择【显示】选项，如图 4-81 所示。

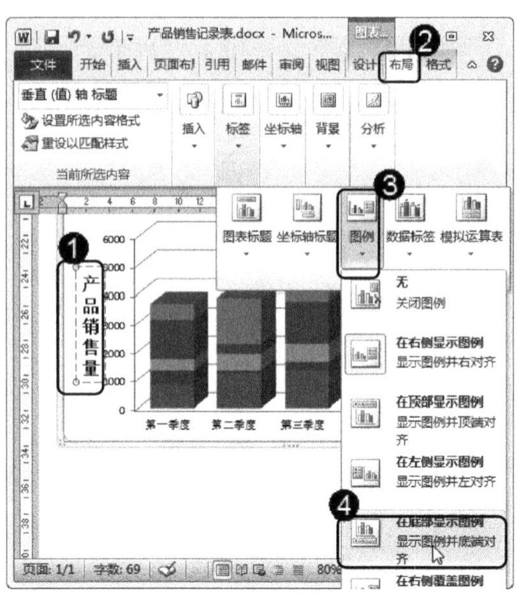

图 4-80

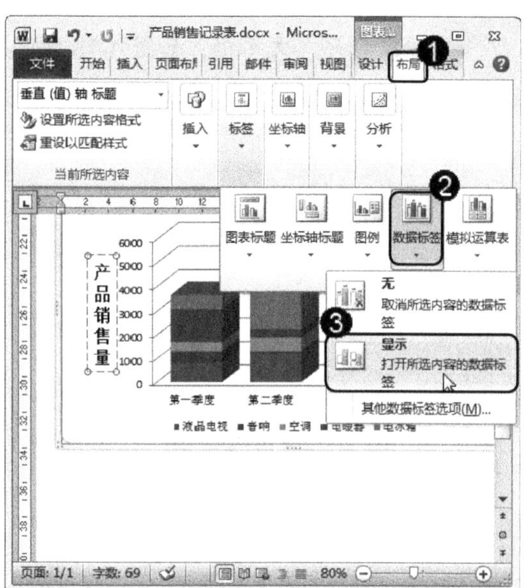

图 4-81

step15 可以看到在图表的数据系列上显示其数值，① 选择【格式】选项卡，② 在【形状样式】组中单击【其他】按钮，如图 4-82 所示。

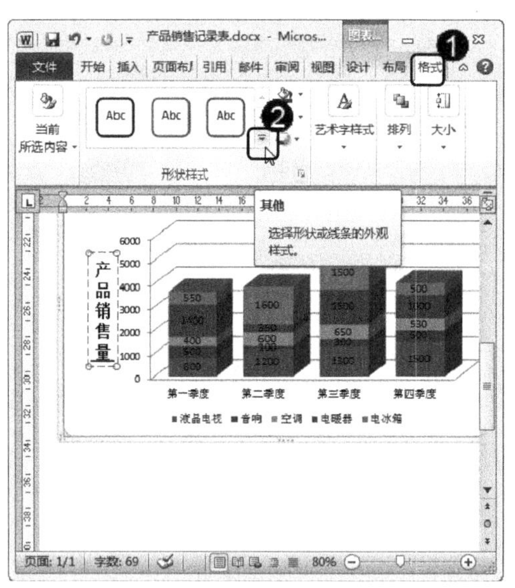

图 4-82

step16 可以弹出【形状样式】下拉列表框，在其中选择准备应用的形状样式，如选择“细微效果-橄榄色，强调颜色 3”，如图 4-83 所示。

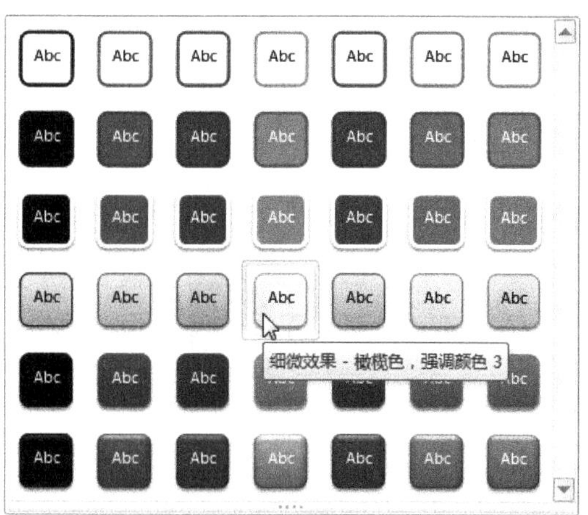

图 4-83

step17 返回到图表中，可以看到图表的背景颜色已被设置，效果如图 4-84 所示。

step18 ① 选择【格式】选项卡，② 在【艺术字样式】组中单击【其他】按钮，如图 4-85 所示。

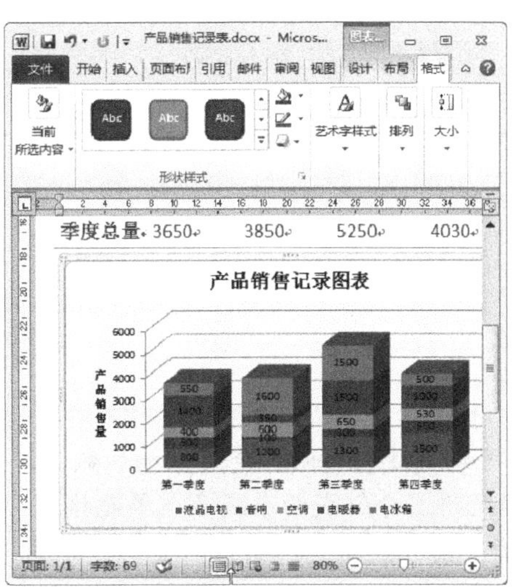

图 4-84

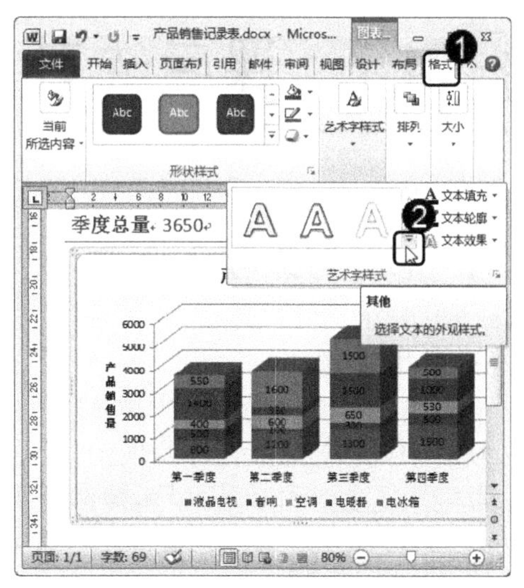

图 4-85

step19 可以弹出【艺术字样式】下拉列表框，在其中选择准备应用的样式，如选择“填充-茶色，文本 2，轮廓-背景 2”，如图 4-86 所示。

图 4-86

至此一份数据图表就制作完成了，其最终效果如图 4-87 所示。

产品销售记录表

产品名称	第一季度	第二季度	第三季度	第四季度
液晶电视	800	1200	1300	1500
音响	500	100	300	500
空调	400	600	650	530
电暖器	1400	350	1500	1000
电冰箱	550	1600	1500	500
季度总量	3650	3850	5250	4030

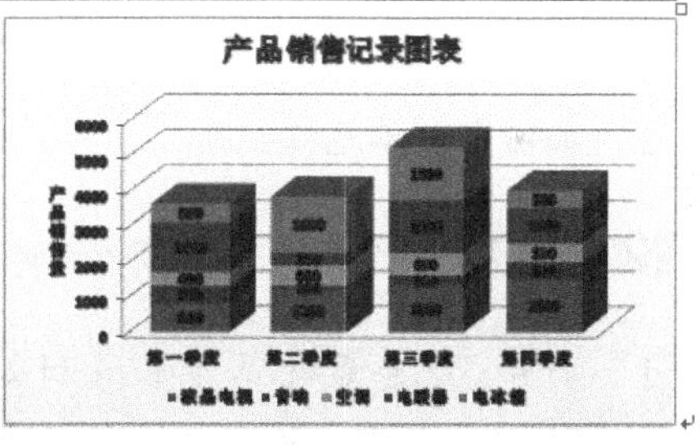

图 4-87

4.7 课后练习

4.7.1 思考与练习

一、填空题

1. 通过选择________组中的____________选项可以创建表格的任意行数和列数。

2. __________是将 Word 文档表格中的一个单元格，分解成两个或多个单元格。

3. 利用______，可以调整边距、改变段落的缩进值、改变表格的行高及列宽和进行对齐方式的设置。

二、判断题

1. 选择单元格中的文本内容，可以对文本进行编辑和设置。选择单元格的方法共 5 种，分别是选择一个单元格、选择一行单元格、选择一列单元格、选择多个单元格和选中整个表格的单元格。 （ ）

2. 在表格中，用户不可以根据个人需要将多个连续的单元格合并成一个单元格。 （ ）

3. 在 Word 2010 中，默认工具栏中没有切换全屏显示这个工具，如果要切换全屏视图，需要自定义快速访问工具栏。 （ ）

三、思考题

1. 如何插入表格？

2. 如何合并单元格？

4.7.2 上机操作

1. 打开“配套素材\第 4 章\素材文件\考勤素材.docx”素材文件，练习设计一份考勤记录。效果文件可参考“配套素材\第 4 章\效果文件\考勤记录.docx”。

2. 打开“配套素材\第 4 章\素材文件\顾客资料素材.docx”素材文件，练习设计一份顾客资料。效果文件可参考“配套素材\第 4 章\效果文件\顾客资料.docx”。

第5章

页面设计与应用

本章主要介绍毕业论文编排方面的知识与技巧，同时还讲解了如何制作页眉和页脚、如何插入论文的目录以及如何打印文档。通过本章的学习，读者可以掌握页面设计与应用方面的技巧，为深入学习Office 2010电脑办公基础与应用奠定基础。

范例导航

1. 毕业论文的编排
2. 制作页眉和页脚
3. 插入论文的目录
4. 打印文档

5.1 毕业论文的编排

毕业论文，即需要在学业完成前写作并提交的论文，是教学或科研活动的重要组成部分之一。使用 Word 2010 软件，可以轻松实现对毕业论文的编排。本节将详细介绍文档编排方面的基础知识。

5.1.1 设计论文首页

论文首页通常由毕业院校、论文题目、作者以及指导教师组成，下面详细介绍设计论文首页的具体操作方法。

素材文件 无
效果文件 第5章\效果文件\论文首页.doc

step 1 新建一个空白 Word 文档，在文本框中输入毕业院校名称，设置相应的字体以及字号，如图 5-1 所示。

step 2 院校名称输入完成后，按下键盘上 Enter 键，在文本框中输入其他内容，例如论文题目、作者、指导教师以及写作时间等，这样即可完成设计论文首页的操作，如图 5-2 所示。

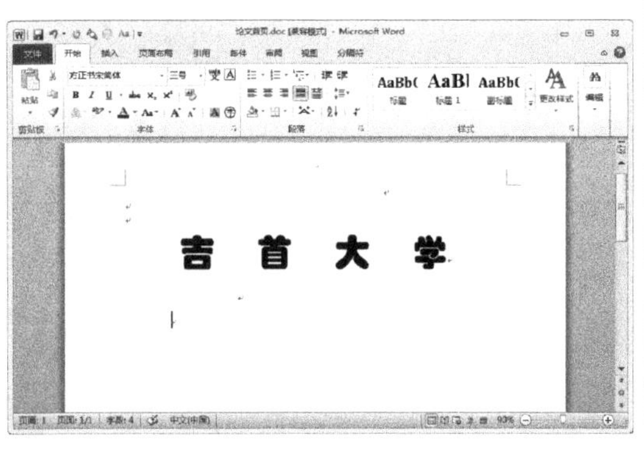

图 5-1

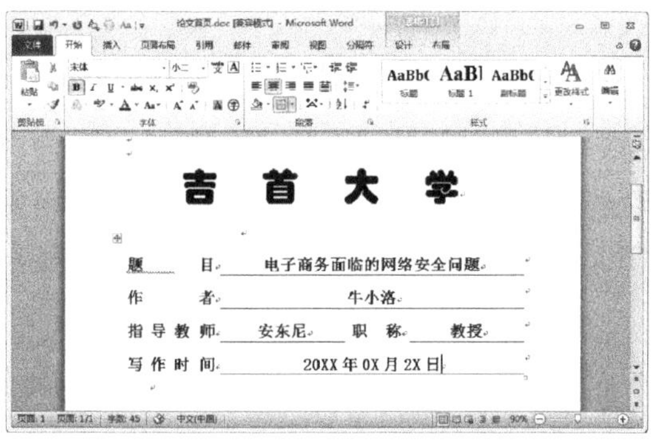

图 5-2

5.1.2 设置段落格式、文字样式和编号

论文首页设计完成之后，接着要编写论文。在论文的编写过程中，会遇到需要设置段落格式、文字样式和编号等问题，下面详细介绍段落中的一些相应设置。

1. 段落格式

段落格式是控制段落外观的格式设置，例如缩进、对齐、行距和分页。下面详细介绍段落格式的相关操作方法。

素材文件 无

效果文件 第5章\效果文件\论文.docx

① 打开"论文"文档，并选中准备设置段落格式的一段文本，② 单击【段落】组中【启动器】按钮，如图 5-3 所示。

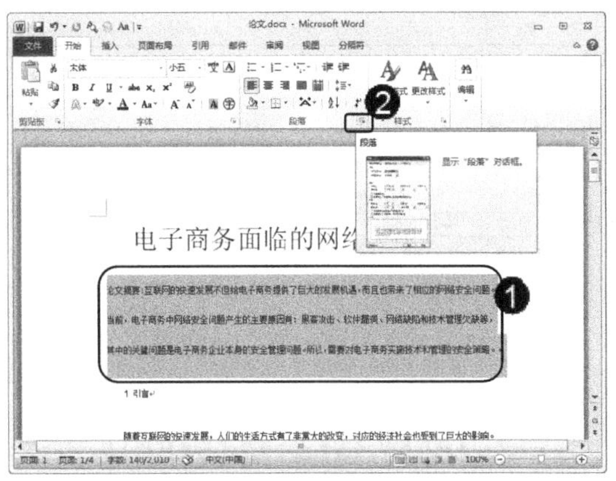

图 5-3

返回到论文文档界面，可以看到选中的段落已经设置完成，如图 5-5 所示。

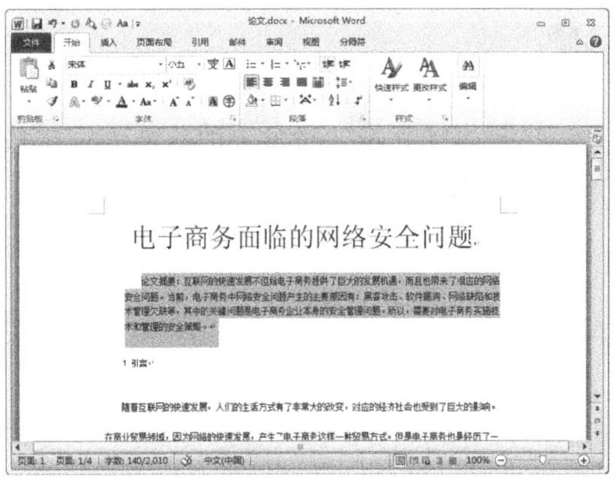

图 5-5

① 弹出【段落】对话框，选择【缩进和间距】选项卡，② 在【常规】区域中，分别设置"对齐方式"和"大纲级别"，③ 在【缩进】区域中，设置相应的缩进值，④ 在【间距】区域中，设置准备应用的【行距】值，并按下键盘上的 Enter 键，如图 5-4 所示。

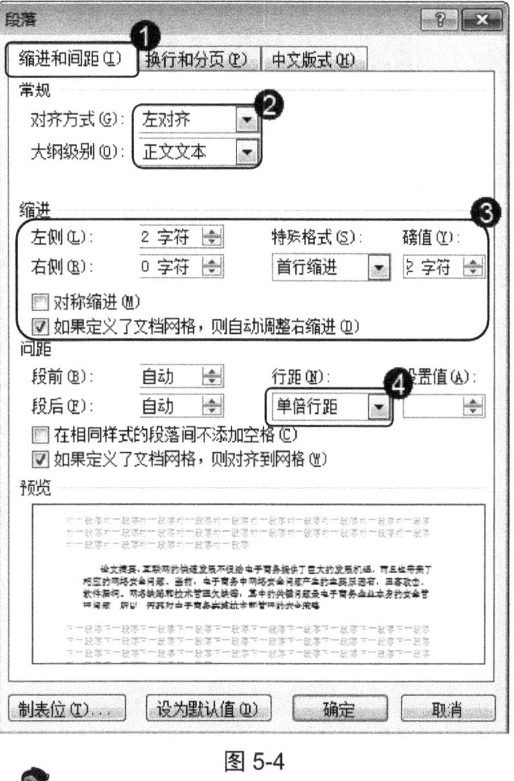

图 5-4

考考您

根据上述方法，将余下的段落进行相应的段落格式设置。

2. 文字样式

文字样式设置包括字体、字号，以及特殊效果等。下面详细介绍设置文字样式的具体操作方法。

素材文件 无

效果文件 第5章\效果文件\论文.docx

step 1 ① 打开“论文”文档，并选中准备设置文字样式的一段文本，② 单击【字体】组中【启动器】按钮，如图5-6所示。

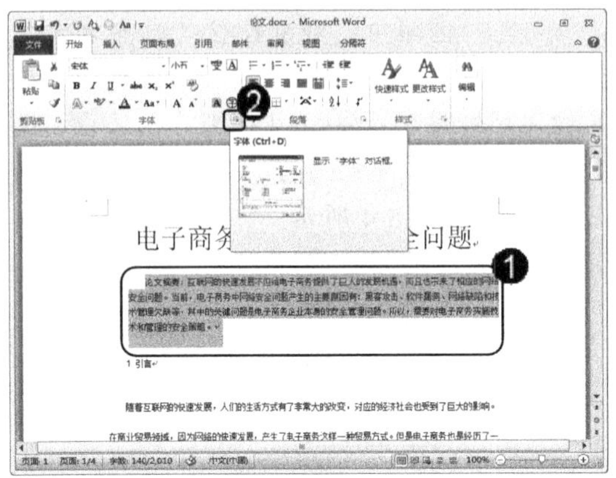

图 5-6

step 3 返回到论文文档界面，可以看到选中的段落已经设置完成，如图5-8所示。

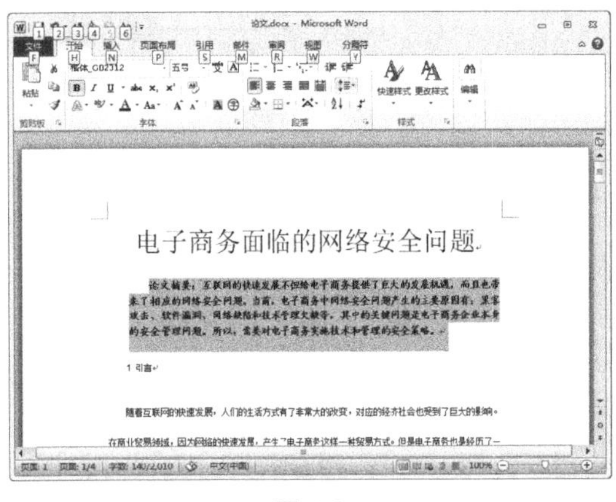

图 5-8

step 2 ① 弹出【字体】对话框，选择【字体】选项卡，② 分别设置准备使用的“中文字体”、“西文字体”、“字形”和“字号”，③ 单击【确定】按钮，如图5-7所示。

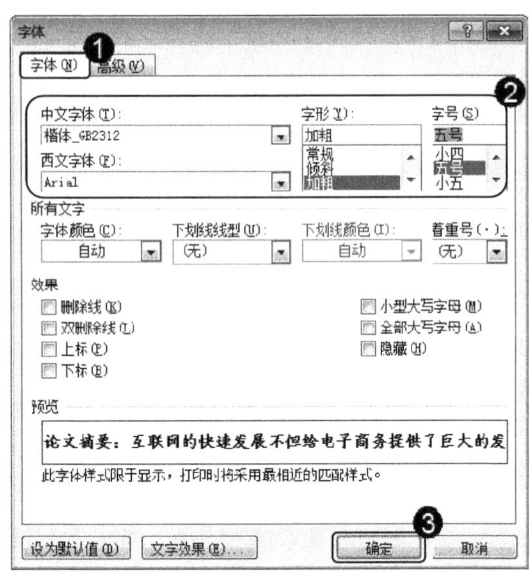

图 5-7

考考您

根据上述方法，将余下的段落进行相应的文字样式设置。

3. 编号

在Word文档中，恰当地使用编号可以增强段落之间的逻辑关系，从而提高Word文档的阅读性。下面详细介绍设置编号的操作方法。

素材文件 无

效果文件 第5章\效果文件\论文.docx

step 1 ① 打开“论文”文档，并选中准备设置编号的几段文本，② 单击【段落】组中【编号】下拉按钮，③ 在弹出的下拉菜单中，选择准备应用的编号样式，如图 5-9 所示。

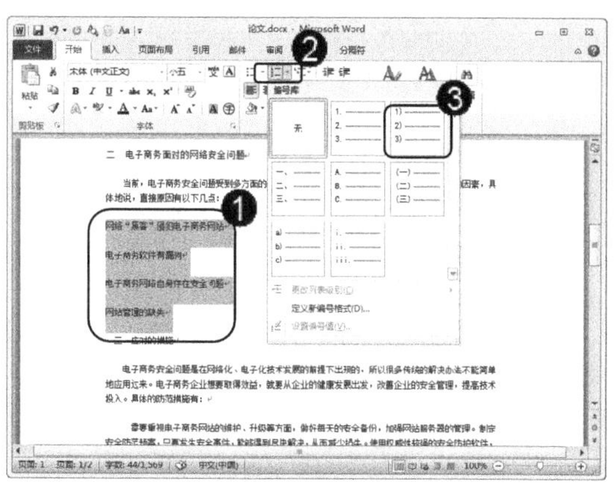

图 5-9

step 2 返回到论文文档界面，可以看到选中的段落已经设置完成，如图 5-10 所示。

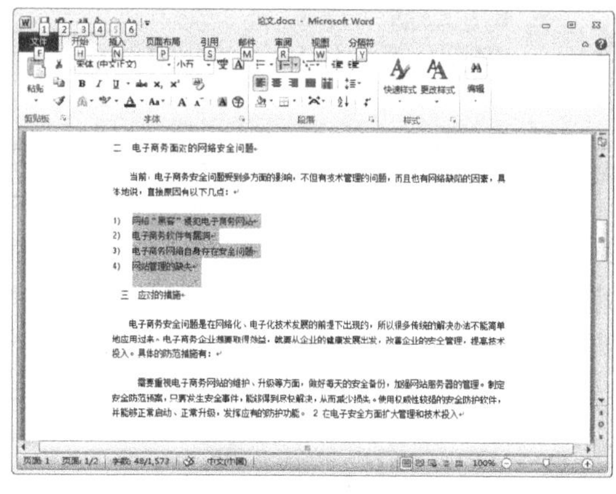

图 5-10

5.1.3 设置分栏排版

分栏排版是将文档中的文本分成两栏或多栏，它是文档编辑中的一个基本方法。下面详细介绍设置分栏排版的操作方法。

素材文件 无

效果文件 第 5 章\效果文件\论文.docx

step 1 ① 打开“论文”文档，选择【页面布局】选项卡，② 单击【页面设置】组中【分栏】下拉按钮，③ 在弹出的下拉菜单中，选择准备应用的分栏样式，如图 5-11 所示。

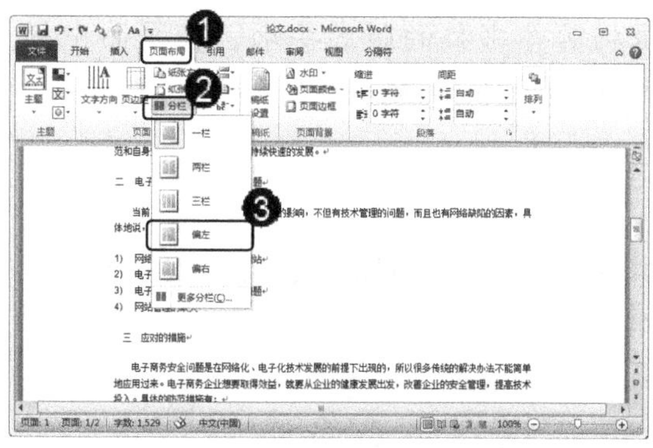

图 5-11

step 2 返回到论文文档界面，可以看到分栏排版已经设置完成，如图 5-12 所示。通过以上步骤，即可完成设置分栏排版的操作。

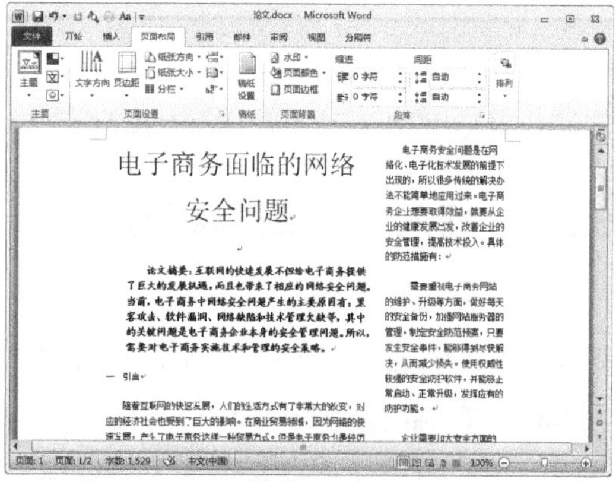

图 5-12

5.1.4 插入分页符

分页符是分页的一种符号，用来隔开上一页结束以及下一页开始的位置。下面详细介绍插入分页符的具体操作方法。

素材文件 无
效果文件 第5章\效果文件\论文.docx

step 1 ① 打开“论文”文档，将光标定位在准备插入分页符的文本位置，② 选择【分隔符】选项卡，③ 单击【新建组】组中的【分隔符】下拉按钮，④ 在弹出的下拉菜单中，选择【分页符】菜单项，如图 5-13 所示。

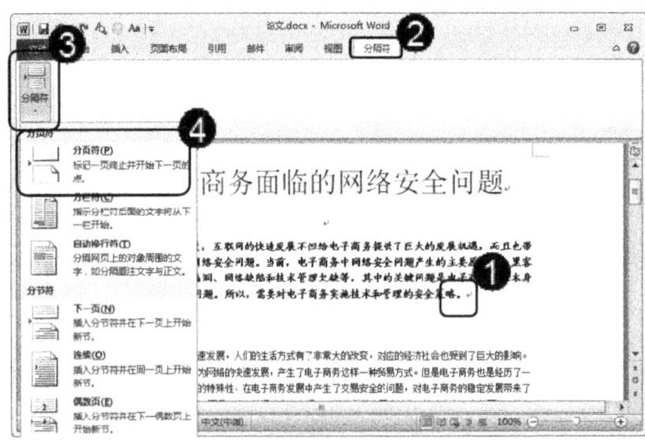

图 5-13

step 2 通过以上步骤，即可完成插入分页符的操作，如图 5-14 所示。

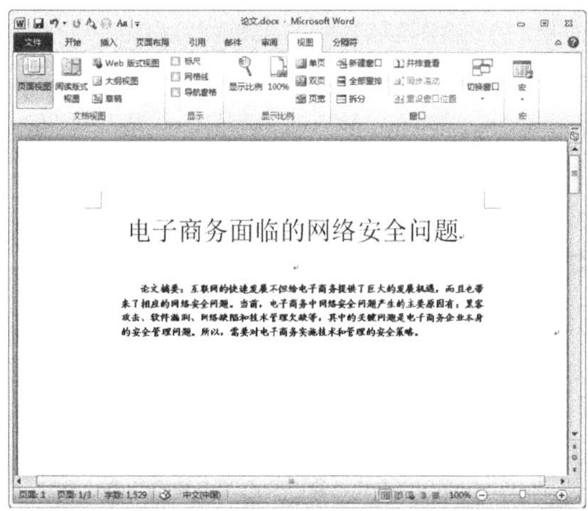

图 5-14

5.2 制作页眉和页脚

在 Word 文档中，用户可以根据具体书稿的版式要求，在页面中插入页眉和页脚。本节将详细介绍制作页眉和页脚方面的知识。

5.2.1 插入静态页眉和页脚

页眉和页脚通常显示文档的附加信息，常用来插入时间、日期、页码、单位名称和标识等。下面详细介绍插入静态页眉和页脚的具体操作方法。

素材文件 无
效果文件 第5章\效果文件\论文.docx

step 1 ① 打开“论文”文档，选择【插入】选项卡，② 单击【页眉和页脚】组中【页眉】下拉按钮 ▾，③ 在弹出的下拉菜单中选择准备应用的页眉菜单项，如图 5-15 所示。

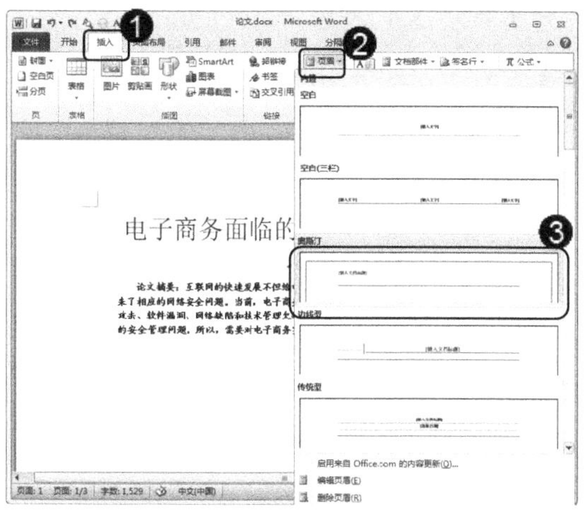

图 5-15

step 2 ① 返回到文档界面，页眉处显示为可编辑状态，在【标题】文本框中输入准备设置的页眉文本，② 单击【关闭页眉和页脚】按钮，如图 5-16 所示。

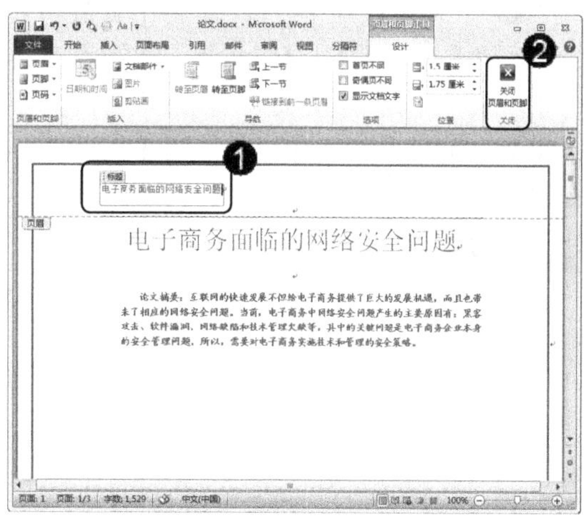

图 5-16

step 3 ① 页眉编辑完成后，选择【插入】选项卡，② 单击【页眉和页脚】组中【页脚】下拉按钮 ▾，③ 在弹出的下拉菜单中选择准备应用的页脚菜单项，如图 5-17 所示。

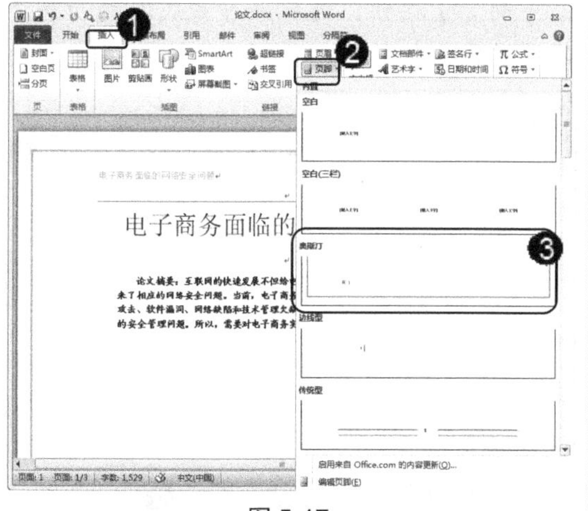

图 5-17

step 4 ① 返回到文档界面，页脚处显示为可编辑状态，在【页脚】文本框中输入准备设置的页脚文本，② 单击【关闭页眉和页脚】按钮，如图 5-18 所示。通过以上方法即可完成插入静态页眉和页脚的操作。

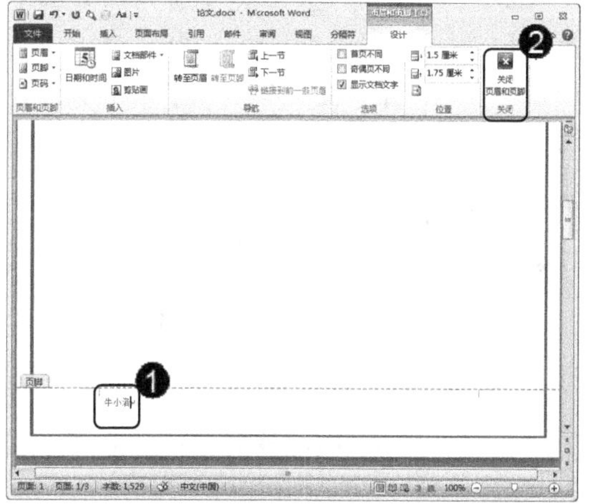

图 5-18

5.2.2 添加动态页码

页码是每一页面上标明次序的编码或其他数字，用于统计书籍的面数，便于读者检索。下面以设置“页面顶端”页码为例，详细介绍添加动态页码的具体操作方法。

素材文件 无
效果文件 第5章\效果文件\论文.docx

step 1 ① 打开“论文”文档，选择【插入】选项卡，② 单击【页眉和页脚】组中【页码】下拉按钮，③ 在弹出的下拉菜单中选择【页面顶端】菜单项，④ 在弹出的子菜单中，选择准备应用子菜单项，如图 5-19 所示。

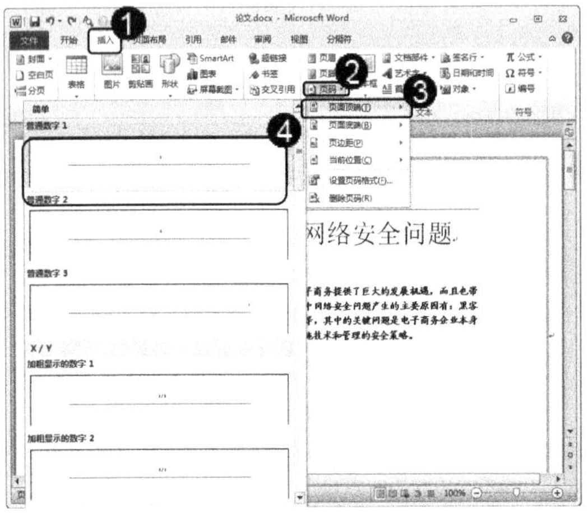

图 5-19

step 3 ① 返回到文档界面，选择【插入】选项卡，② 单击【页眉和页脚】组中【页码】下拉按钮，③ 在弹出的下拉菜单中选择【设置页码格式】菜单项，如图 5-21 所示。

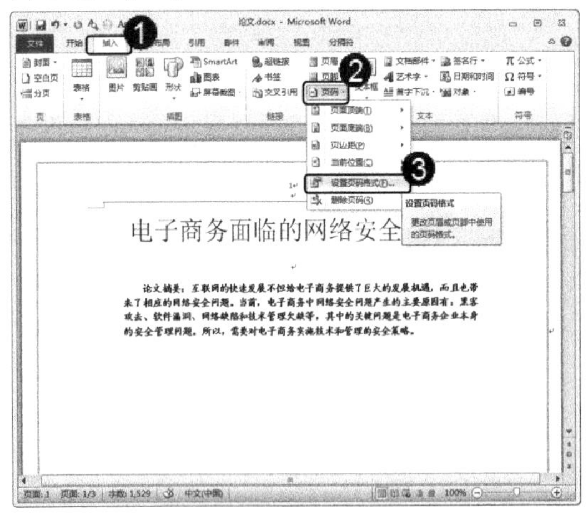

图 5-21

step 2 返回到文档界面，页眉处显示为可编辑状态，单击【关闭页眉和页脚】按钮，如图 5-20 所示。

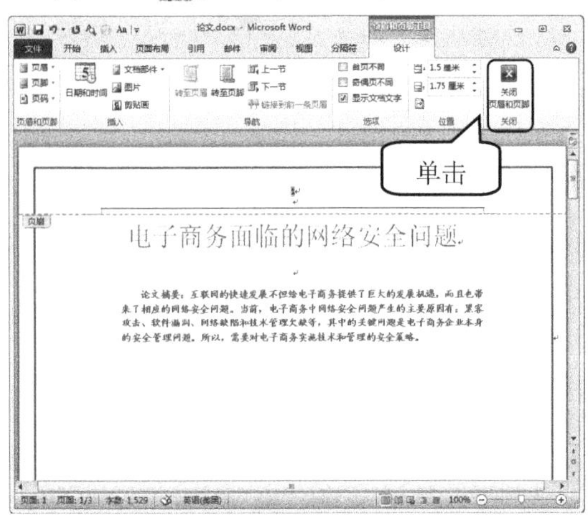

图 5-20

step 4 ① 弹出【页码格式】对话框，设置【编号格式】，② 在【页码编号】区域中，选择【起始页码】单选按钮，并将【起始页码】数值设置为“1”，③ 单击【确定】按钮，这样即可完成添加动态页码的操作，如图 5-22 所示。

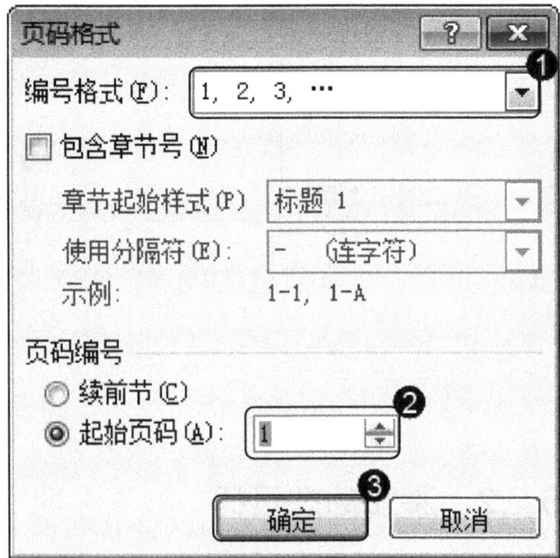

图 5-22

5.3 插入论文的目录

目录是一个文档中面向标题的列表，列表中显示了每个标题或其他目录项所处于的页码。读者在翻阅目录时，可以快速地查找到想要查看内容的位置。本节将详细介绍目录方面的相关知识。

5.3.1 设置标题的大纲级别

大纲级别是用于为文档中的段落指定等级结构的段落格式。下面以设置标题大纲级别“1 级”为例，详细介绍设置标题大纲级别的操作方法。

素材文件 无
效果文件 第 5 章\效果文件\论文.docx

step 1 ① 打开“论文”文档，将“标题”选中，② 单击【段落】组中【启动器】按钮，如图 5-23 所示。

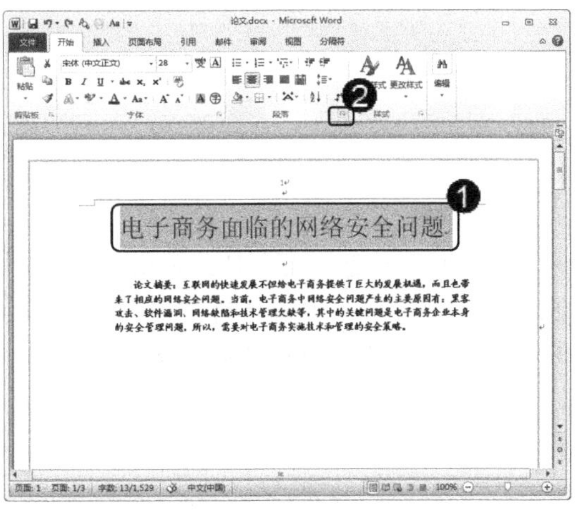

图 5-23

智慧锦囊

大纲级别一共分为 1 级至 9 级，指定了大纲级别后，可在大纲视图或文档结构图中处理文档。

考考您

请您根据上述方法，将文内其他二、三级标题分别设置相应的级别。

step 2 ① 弹出【段落】对话框，选择【缩进和间距】选项卡，② 将【大纲级别】调整为“1 级”，③ 单击【确定】按钮，这样即可完成设置标题大纲级别为“1 级”的操作，如图 5-24 所示。

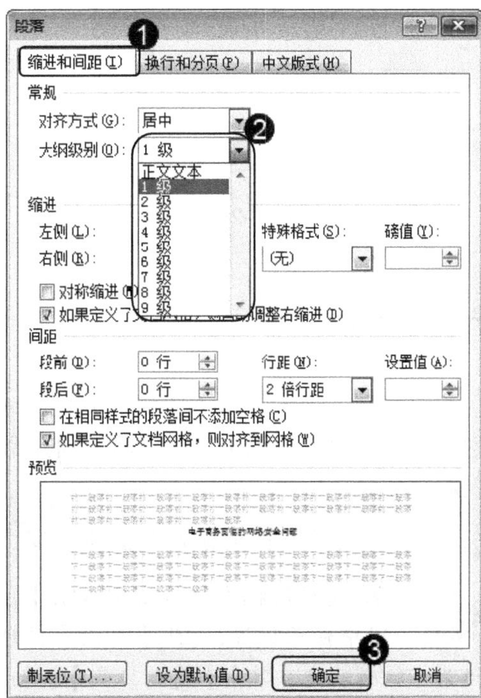
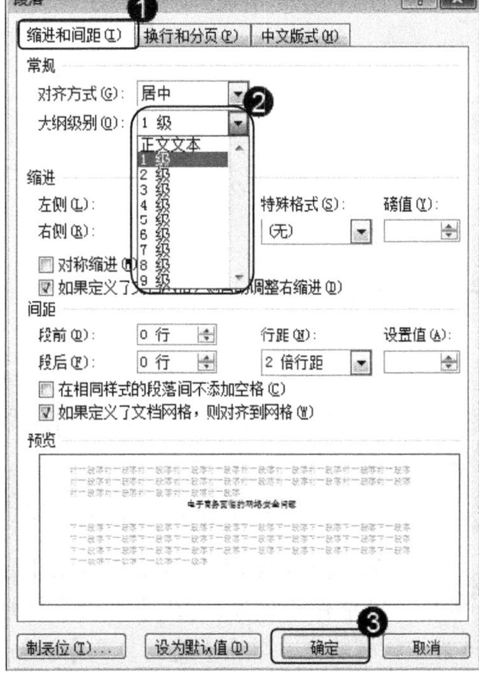

图 5-24

5.3.2 自动生成目录

Word 2010 软件提供了自动生成目录的功能，使目录的制作变得非常简便，下面详细介绍自动生成目录的具体操作方法。

素材文件：无

效果文件：第 5 章\效果文件\论文.docx

step 1 ① 在“论文”文档中，将光标固定在准备生成目录的文本位置，选择【引用】选项卡，② 单击【目录】组中【目录】下拉按钮 ▾，③ 在弹出的下拉菜单中，选择准备生成的目录菜单项，如图 5-25 所示。

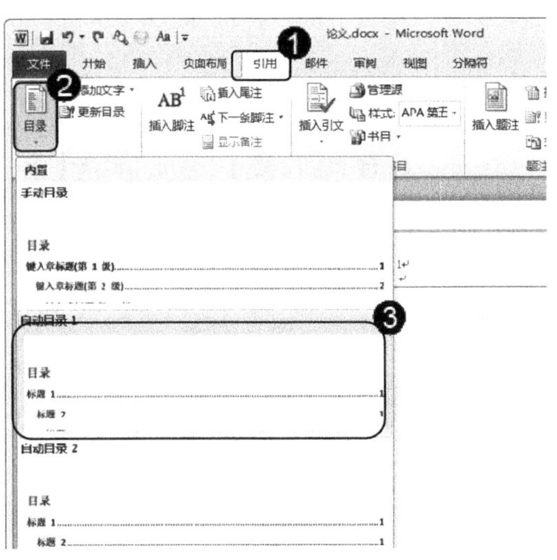

图 5-25

step 2 返回到文档界面，可以看到自动生成的目录，如图 5-26 所示。

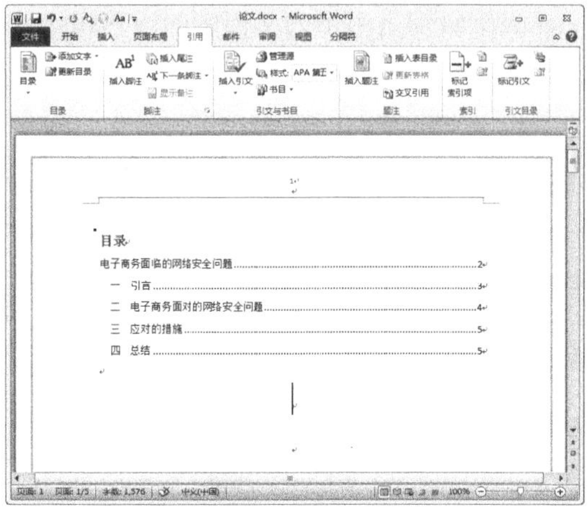

图 5-26

智慧锦囊

Word 2010 自动生成目录不仅快捷，而且还很方便，按住键盘上的 Ctrl 键，单击目录中某一章节，会自动跳转至该页面。

5.3.3 更新目录

如果文档的内容发生了变化，如页码或者标题发生了变化，可以使用更新目录的功能快速地将新的目录展现出来，下面详细介绍更新目录的操作方法。

素材文件：无

效果文件：第 5 章\效果文件\论文.docx

step 1 ① 使用鼠标左键单击【目录】区域中任意位置，② 【目录】区域转换为可编辑状态，单击【更新目录】按钮，如图 5-27 所示。

step 2 ① 弹出【更新目录】对话框，选中【更新整个目录】单选按钮，② 单击【确定】按钮，如图 5-28 所示。

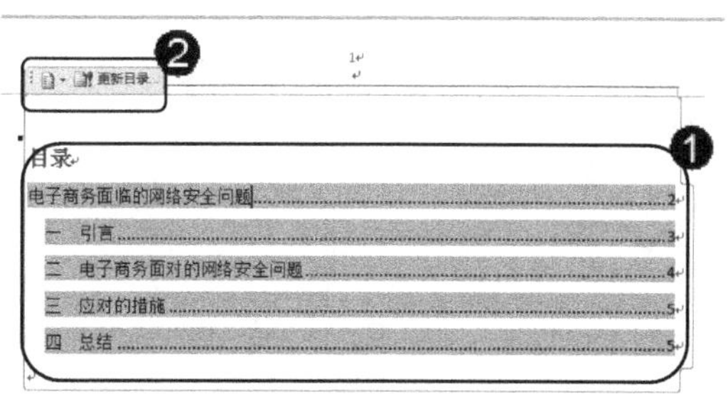

图 5-27

返回到文档界面，可以看到已经更新的目录信息，如图 5-29 所示。

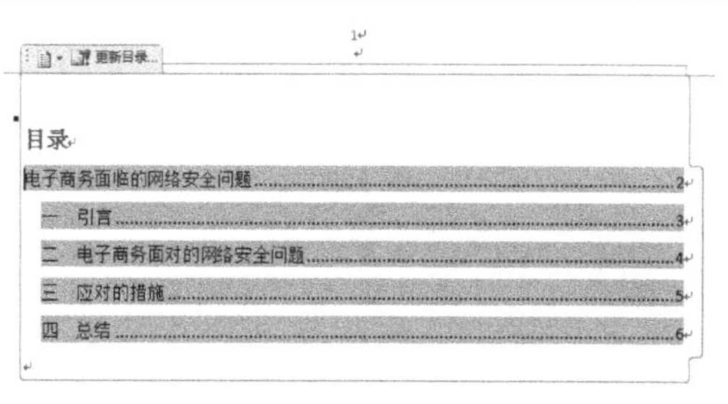

图 5-29

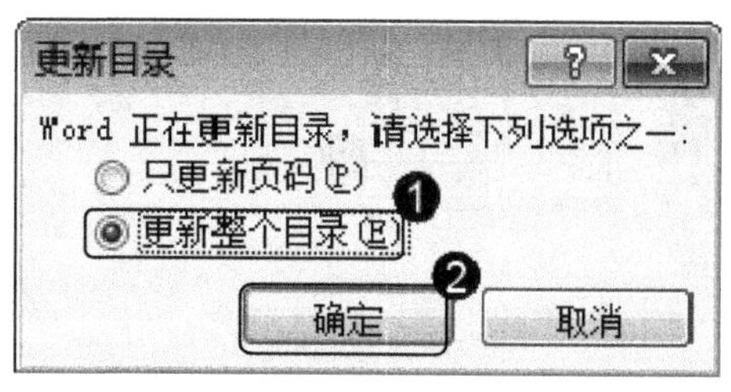

图 5-28

目录是以文档的内容为依据，如果文档的内容发生了变化，如页码或者标题发生了变化，则要更新目录，使它与文档的内容保持一致。

最好不要直接修改目录，因为这样容易引起目录与文档的内容不一致。

5.4 打印文档

在 Word 2010 中，完成文档的编辑操作以后，用户可以将文档打印和输出，以便工作使用或纸张保存。本节将介绍打印文档，如设置纸张大小、打印预览和打印文档等方面的知识与操作技巧。

5.4.1 设置纸张大小、方向和页边距

在准备打印文档之前，用户需要先设置纸张的大小、方向和页边距以便打印输出。下面详细介绍设置纸张大小、方向和页边距的操作方法。

素材文件 无

效果文件 第 5 章\效果文件\论文.docx

step 1 ① 打开“论文”文档，选择【页面布局】选项卡，② 单击【页面设置】组中【纸张大小】下拉按钮，③ 在弹出的下拉菜单中选择【A4】菜单项，如图 5-30 所示。

step 2 ① 单击【页面设置】组中【纸张方向】下拉按钮，② 在弹出的下拉菜单中选择【纵向】菜单项，如图 5-31 所示。

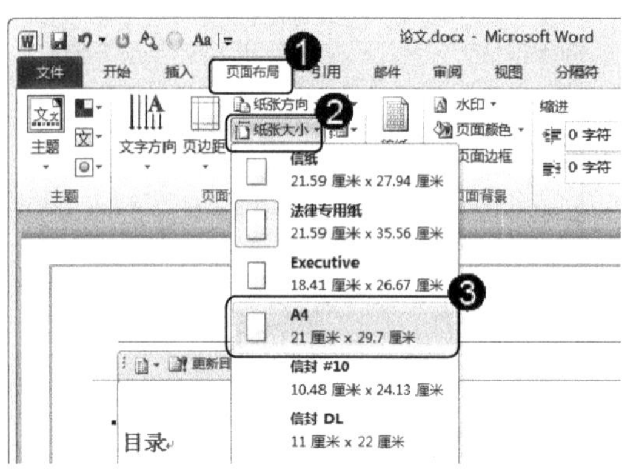

图 5-30

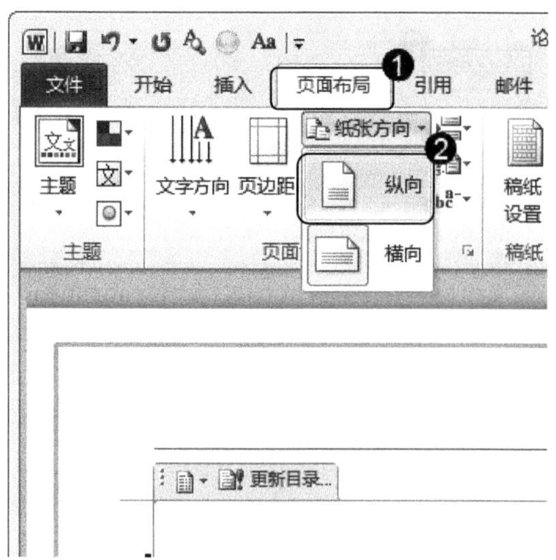

图 5-31

step 3 ① 单击【页面设置】组中【页边距】下拉按钮 ，② 在弹出的下拉菜单中选择【普通】菜单项，如图 5-32 所示。

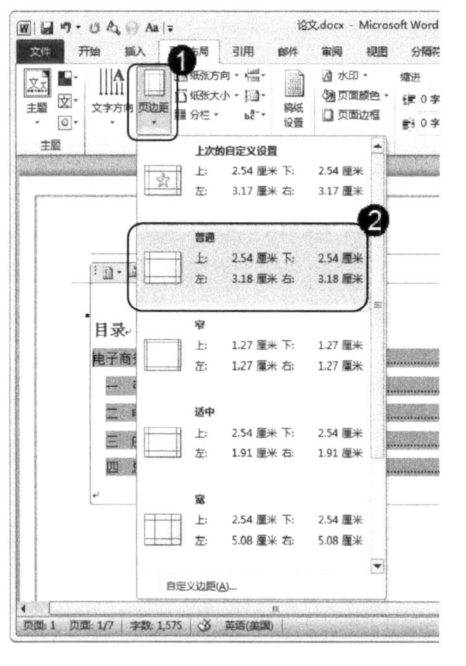

图 5-32

step 4 返回到文档界面，可以看到文档已经设置完成，如图 5-33 所示。

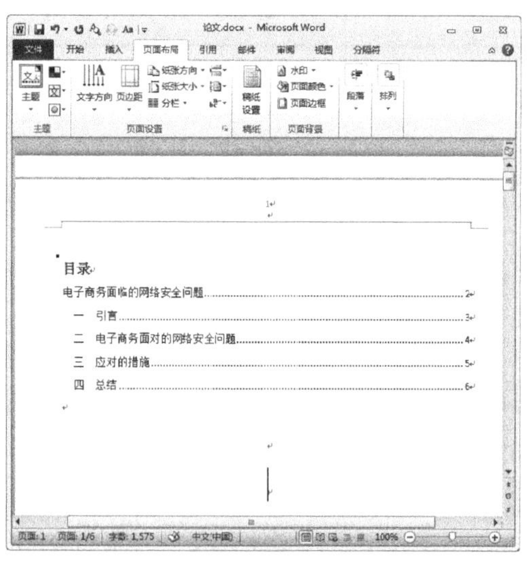

图 5-33

5.4.2 预览打印效果

预览打印效果是指在文档编辑完成后，准备打印文档之前，用户可以通过显示器，查

看文档打印输出在纸张上的效果。下面详细介绍预览打印效果的操作方法。

素材文件 无
效果文件 第5章\效果文件\论文.docx

step 1 ① 打开准备打印的文档，选择【文件】选项卡，② 选择【打印】菜单项，如图5-34所示。

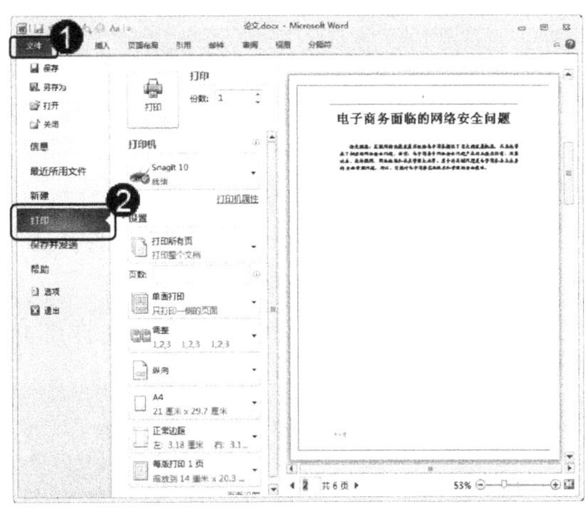

图 5-34

step 2 进入【打印】界面后，可以看到在窗口右侧显示着打印效果，如图5-35所示。

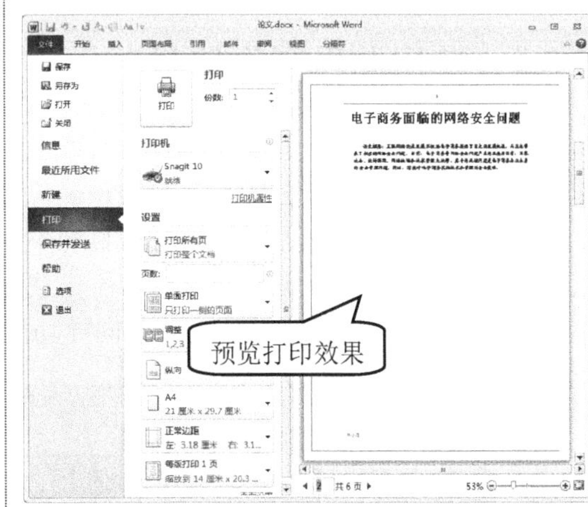

图 5-35

5.4.3 快速打印文档

如果在工作中需要急于看到文档打印到纸张上的效果，并且用户不需要对打印的页数、位置等打印参数进行设置，可以通过快速打印操作，直接打印文档。下面详细介绍快速打印文档的相关操作方法。

素材文件 无
效果文件 第5章\效果文件\论文.docx

step 1 ① 打开准备打印的文档文件，单击【自定义快速访问工具栏】下拉按钮，② 在弹出的下拉菜单中，选择【快速打印】菜单项，如图5-36所示。

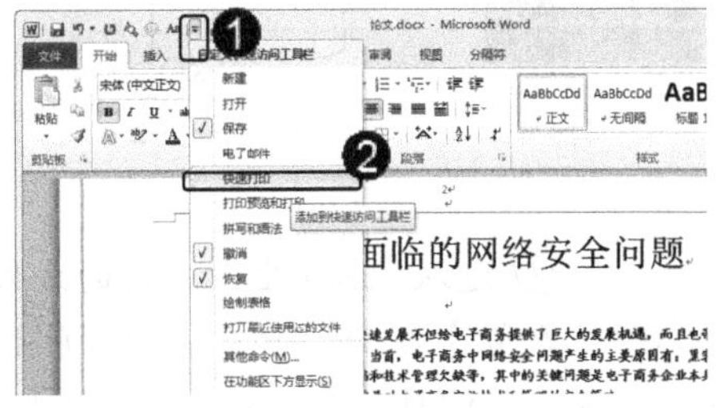

图 5-36

step 2 在快速访问工具栏中显示新添加的【快速打印】按钮，单击此按钮，即可完成快速打印文档的操作，如图5-37所示。

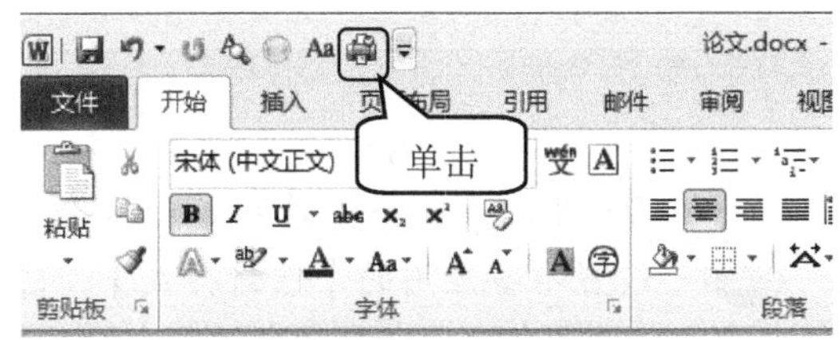

图 5-37

5.5 范例应用与上机操作

通过本章的学习，读者可以掌握文档页面设计与应用的基础知识和基本操作。下面通过一些练习，以达到巩固学习、拓展提高的目的。

5.5.1 使用向导制作信封

虽然现在许多办公室都会配置一台或多台打印机，但大部分打印机都不能直接将邮政编码、收件者、寄件者打印至信封的正确位置。

信封上的内容虽然不多，但是项目却不少，有收件人及其邮政编码、地址和发件人及其邮政编码等，如果手动制作信封，不但费时费力，而且尺寸很难符合邮政规范。

Word 2010 软件提供了信封制作向导功能，协助用户快速制作和打印信封。下面详细介绍使用向导制作信封的具体操作方法。

素材文件 无

效果文件 第5章\效果文件\信封.docx

step 1 ① 打开 Word 2010，选择【邮件】选项卡，② 单击【创建】组中【中文信封】按钮，如图 5-38 所示。

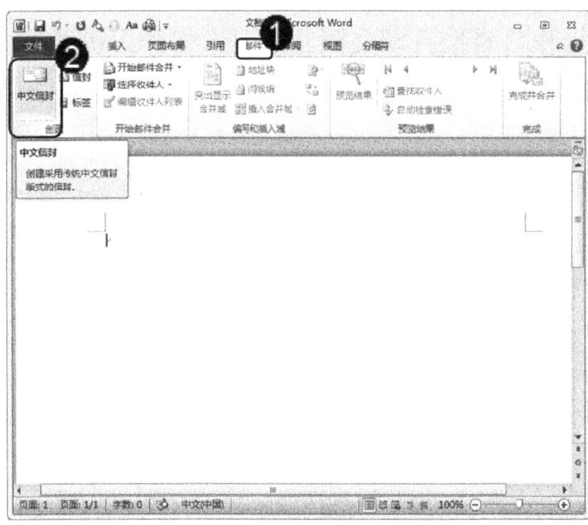

图 5-38

step 2 ① 弹出【信封制作向导】对话框，单击【下一步】按钮，如图 5-39 所示。

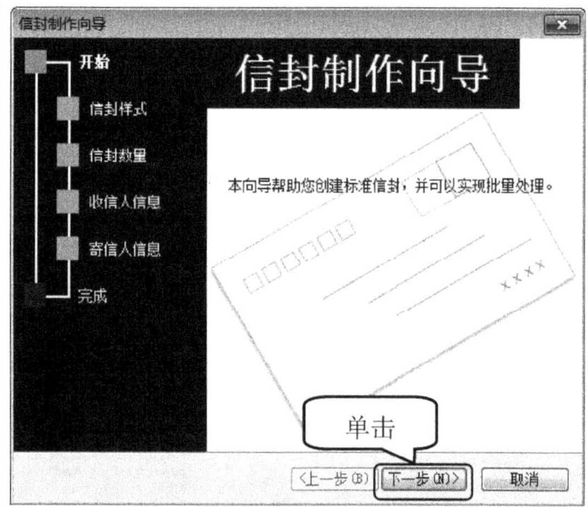

图 5-39

step 3 ① 进入【选择信封样式】界面，设置准备应用的【信封样式】，② 勾选【信封样式】下方所有的复选框，③ 单击【下一步】按钮，如图 5-40 所示。

step 4 ① 进入【选择生成信封的方式和数量】界面，选中【键入收信人信息，生成单个信封】单选按钮，② 单击【下一步】按钮，如图 5-41 所示。

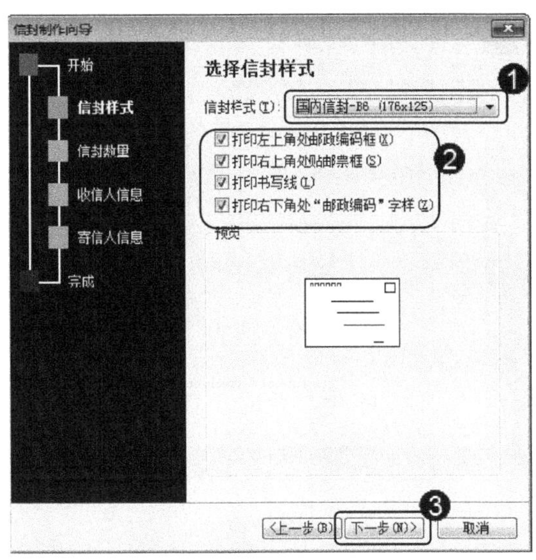

图 5-40

step 5 ① 进入【输入收信人信息】界面，分别在【姓名】、【称谓】、【单位】、【地址】和【邮编】文本框中输入相应的信息，② 单击【下一步】按钮，如图 5-42 所示。

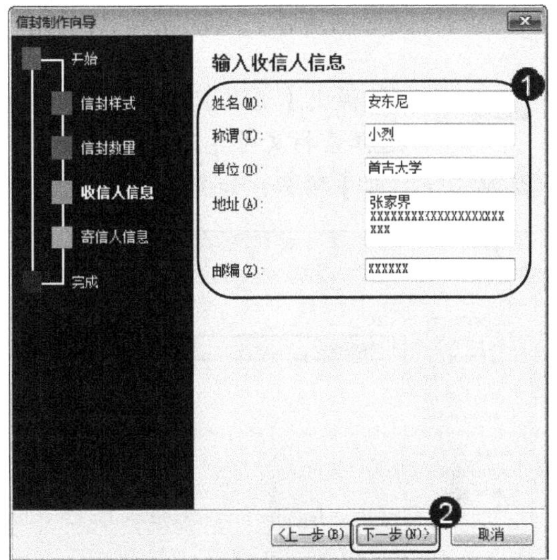

图 5-42

step 7 进入【信封制作向导】界面，提示“以上是向导创建信封所需要的全部信息！单击‘完成’按钮返回，并可在 Word 中进一步查看或编辑文档”信息，单击【完成】按钮，如图 5-44 所示。

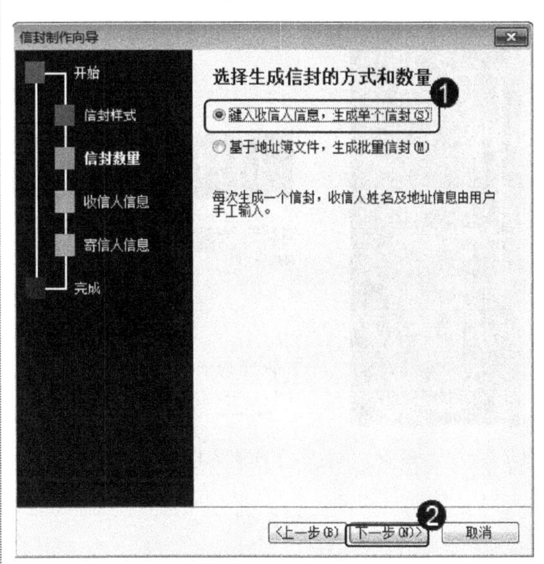

图 5-41

step 6 ① 进入【输入寄信人信息】界面，分别在【姓名】、【单位】、【地址】和【邮编】文本框中输入相应的信息，② 单击【下一步】按钮，如图 5-43 所示。

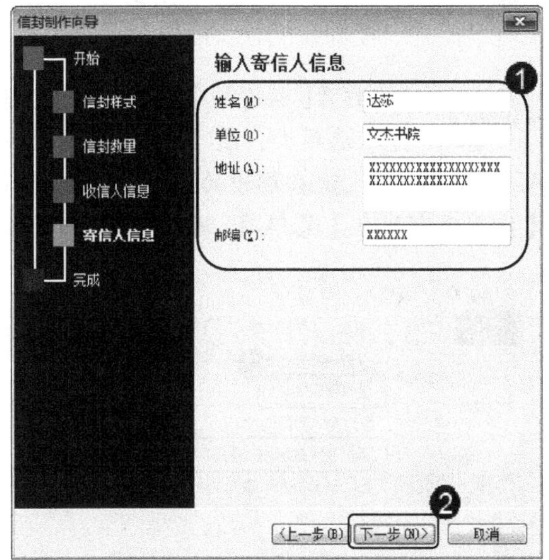

图 5-43

step 8 返回到 Word 文档界面，可以看到已经创建好的信封样式，这样即可完成使用向导制作信封的操作，如图 5-45 所示。

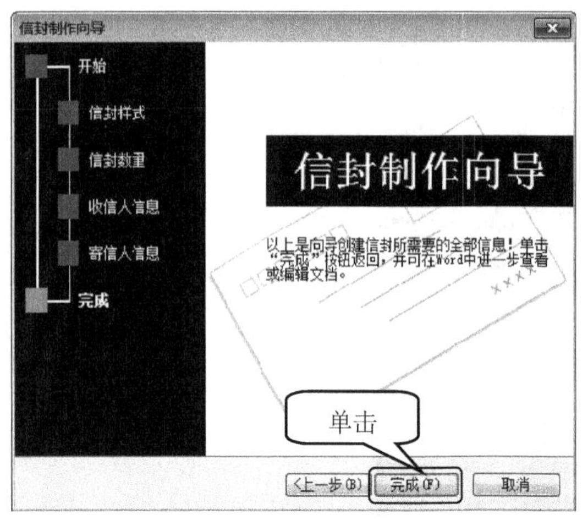

图 5-44

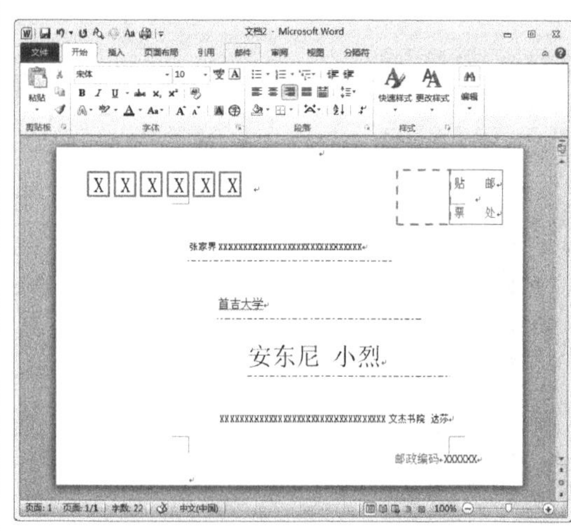

图 5-45

5.5.2 运用邮件合并生成批量邀请函

如果想要向所有用户发放邀请函，而在所有的函件中，除了编号、受邀者的姓名和称谓略有差异之外，其余内容完全相同，可以应用邮件合并创建相应的文档。下面详细介绍运用邮件合并生成批量邀请函的具体操作方法。

素材文件 第5章\素材文件\邀请函.xlsx

效果文件 第5章\效果文件\邀请函.docx

step 1 ① 打开【邀请函】文档，选择【邮件】选项卡，② 单击【选择收件人】下拉按钮，③ 在弹出的下拉菜单中选择【使用现有列表】菜单项，如图 5-46 所示。

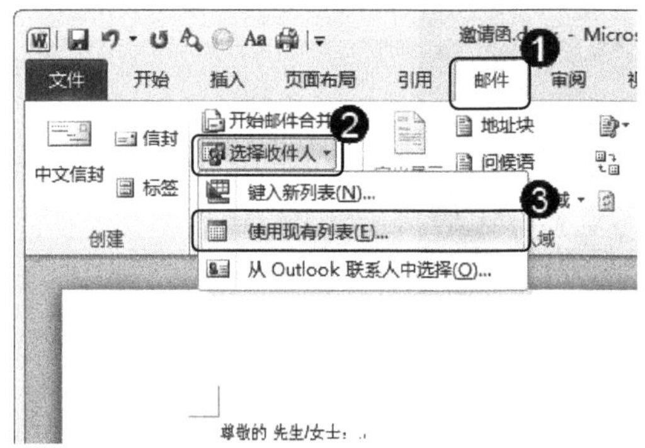

图 5-46

step 2 ① 弹出【选取数据源】对话框，选择素材文件【邀请函.xlsx】，② 单击【打开】按钮，如图 5-47 所示。

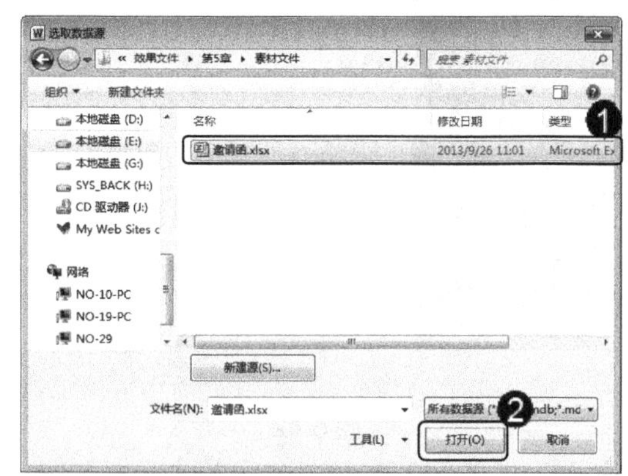

图 5-47

step 3 ① 弹出【选择表格】对话框，选择 Sheet1$选项，② 单击【确定】按钮，如图 5-48 所示。

step 4 ① 返回到文档界面，将鼠标指针放置在准备插入域的文本位置，② 单击【插入合并域】下拉按钮，③ 在弹出的下

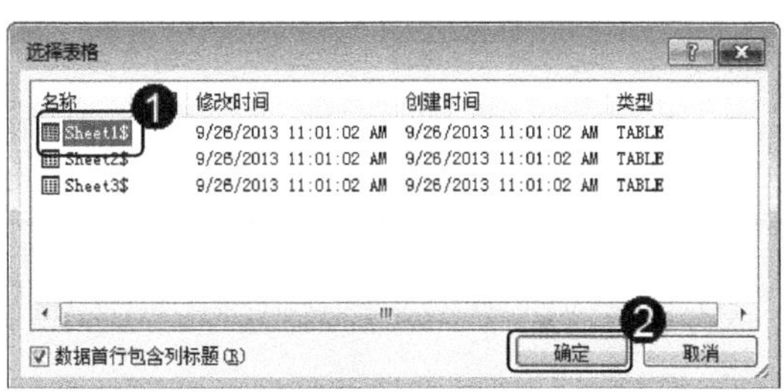

图 5-48

step 5 返回到文档界面，可以看到在光标停留位置已经出现插入的域“《姓》”信息，单击【预览结果】按钮，如图 5-50 所示。

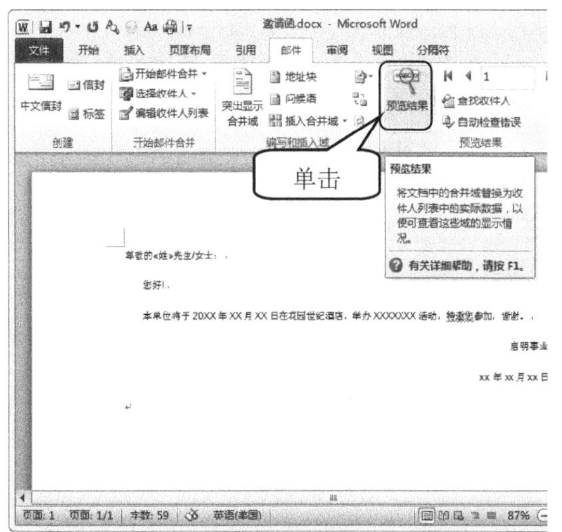

图 5-50

step 7 ① 当确认预览结果没有问题时，可以单击【完成并合并】下拉按钮，选择邀请函发送方式，② 选择【打印文档】菜单项，如图 5-52 所示。

图 5-52

拉菜单中，选择准备插入域的菜单项，例如“姓”，如图 5-49 所示。

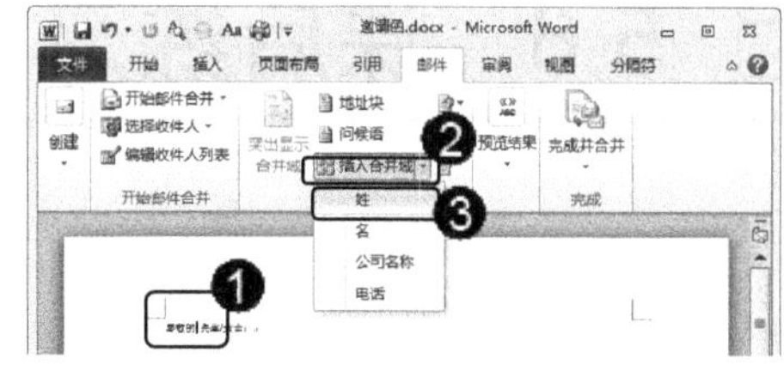

图 5-49

step 6 可以看到已经将“邀请函.xlsx”中的“姓”插入到指定位置，单击【下一记录】按钮 ▶ 可以查看插入域的下一个记录，如图 5-51 所示。

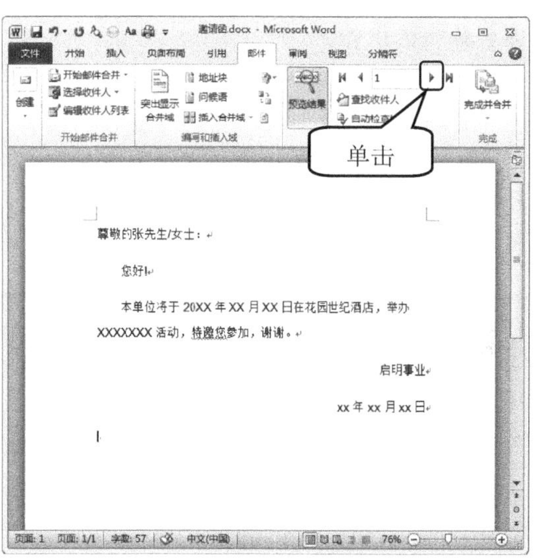

图 5-51

step 8 ① 弹出【合并到打印机】对话框，在【打印记录】区域中，选中【全部】单选按钮，② 单击【确定】按钮，这样即可完成运用邮件合并生成批量邀请函的操作，如图 5-53 所示。

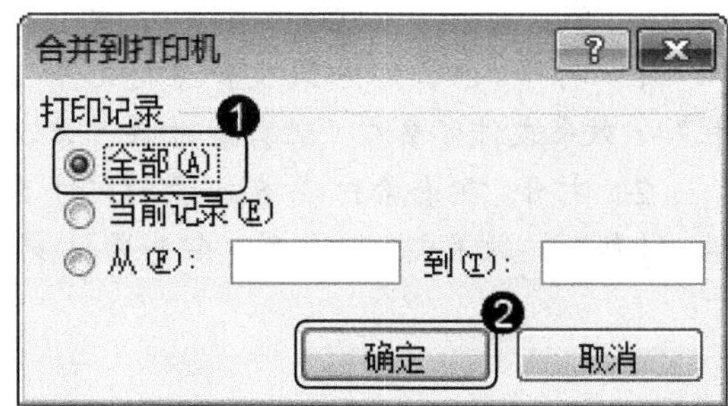

图 5-53

5.6 课后练习

5.6.1 思考与练习

一、填空题

1. 论文首页通常由毕业院校、________、________以及指导教师组成。

2. ________和________通常显示文档的附加信息，常用来插入时间、日期、页码、单位名称和标识等。

3. _______是一个文档中面向标题的列表，列表中显示了每个标题或其他目录项所处于的页码。

4. 在 Word 2010 中完成文档的编辑操作以后，用户可以将文档________和________，以便工作使用或纸张保存。

二、判断题

1. 在 Word 文档中，用户可以根据具体书稿版式要求，在页面中插入页眉和页脚，这样可以令文档的布局更加美观。 ( )

2. 大纲级别是用于为文档中的段落指定等级结构的段落格式。 ( )

3. 用户不需要设置纸张的大小、方向和页边距，Word 2010 程序同样可以打印输出。 ( )

三、思考题

1. 什么是分页符？它的作用是什么？

2. 什么是大纲级别？

5.6.2 上机操作

1. 打开“配套素材\第 5 章\素材文件\三十六计.doc”素材文件，练习将文档设置为“三栏”。效果文件可参考“配套素材\第 5 章\效果文件\三十六计.doc”。

2. 打开“配套素材\第 5 章\素材文件\念奴娇.docx”素材文件，练习设置标题大纲级别为“1 级”。效果文件可参考“配套素材\第 5 章\效果文件\念奴娇.docx”。

第 6 章

审阅与处理文档的方法

本章主要介绍检查文档错误和审阅文档方面的知识与技巧，同时还讲解了脚注与尾注和辅助功能的应用方面的知识。通过本章的学习，读者可以掌握审阅与处理文档的方法方面的知识，为深入学习 Office 2010 奠定基础。

1. 检查文档错误
2. 审阅文档
3. 脚注与尾注
4. 辅助功能的应用

6.1 检查文档错误

使用 Word 2010 编辑文档时，用户可以实时对文档进行检查文档错误的操作，包括自动更正设置、批量查找与替换和检查拼写和语法等。本节将重点介绍检查文档错误方面的知识与操作方法。

6.1.1 自动更正设置

在 Word 2010 中，程序提供自动更正的功能，帮助用户检查文档的错误，用户可以根据需要设置自动更正功能，下面以“01-个人总结报告”素材为例，详细介绍自动更正设置的操作。

step 1 ① 打开素材文件，选择【文件】选项卡，② 选择【选项】选项，如图 6-1 所示。

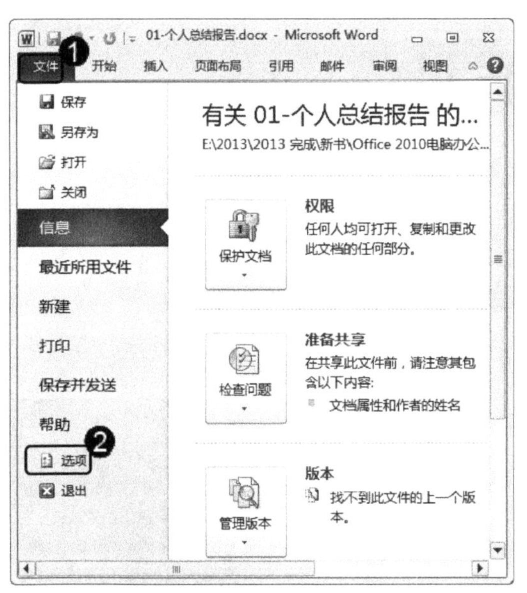

图 6-1

step 2 ① 弹出【Word 选项】对话框，单击【校对】选项，② 单击【自动更正选项】按钮，如图 6-2 所示。

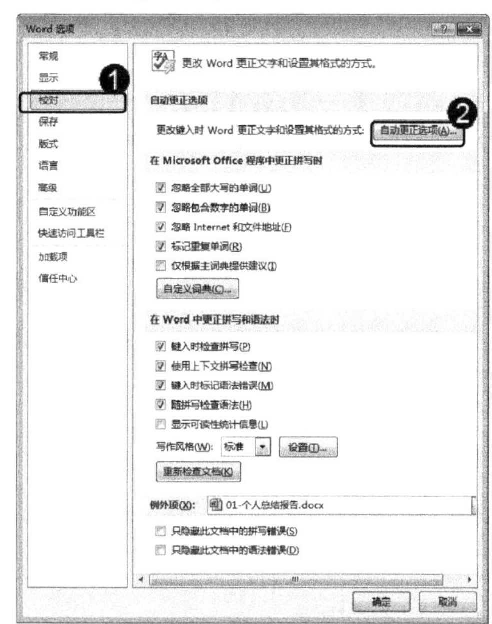

图 6-2

step 3 ① 弹出【自动更正】对话框，选择【自动更正】选项卡，② 在其中勾选需要更正的各项复选框，如勾选【更正意外使用大写锁定键产生的大小写错误】复选框等，如图 6-3 所示。

step 4 ① 在【自动更正】对话框中，选择【数学符号自动更正】选项卡，② 在其中勾选需要更正的各项复选框，如勾选【键入时自动替换】复选框，③ 单击【确定】按钮。通过上述方法即可完成自动更正设置的操作，如图 6-4 所示。

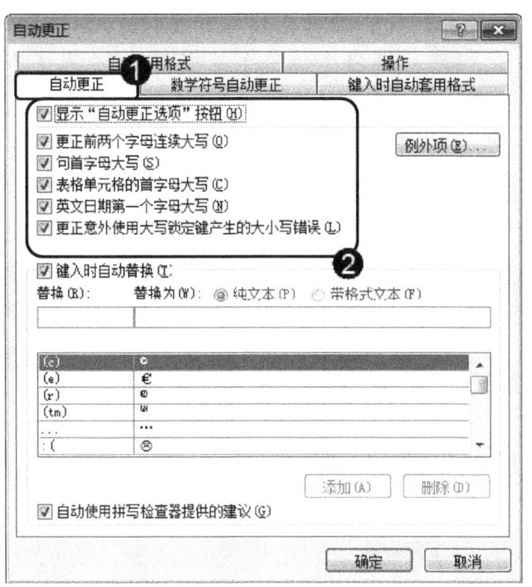

图 6-3

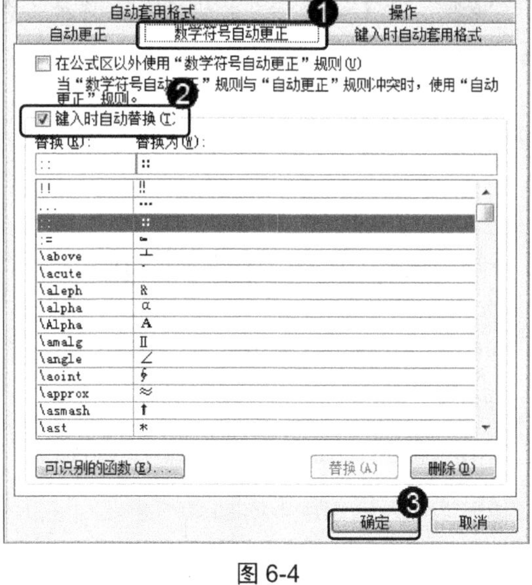

图 6-4

6.1.2　批量查找与替换的方法

在 Word 2010 中，如果创建的文档中出现多处相同的错误，用户可以批量查找与替换这些错误，下面以“01-个人总结报告”素材为例，详细介绍批量查找与替换的操作方法。

step 1 ① 打开素材文件后，选择【开始】选项卡，② 在【编辑】组中，单击【查找】下拉按钮，③ 在弹出的下拉菜单中，选择【高级查找】菜单项，如图 6-5 所示。

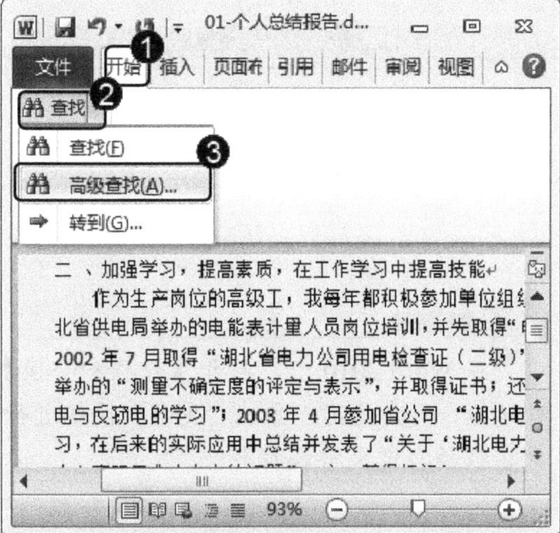

图 6-5

step 2 ① 弹出【查找和替换】对话框，选择【查找】选项卡，② 单击【阅读突出显示】下拉按钮，③ 在弹出的下拉菜单中，选择【全部突出显示】菜单项，如图 6-6 所示。

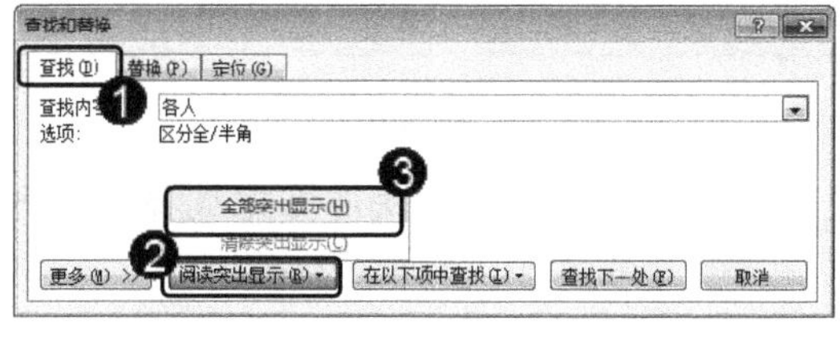

图 6-6

智慧锦囊

设置全部突出显示效果后，在【查找和替换】对话框中，选择【查找】对话框，单击【阅读突出显示】下拉按钮，在弹出的下拉菜单中，选择【清除突出显示】菜单项，这样可以清除突出显示的文本。

step 3 通过上述方法即可完成批量查找文本的操作，查找的文本将被黄色标记显示，如图 6-7 所示。

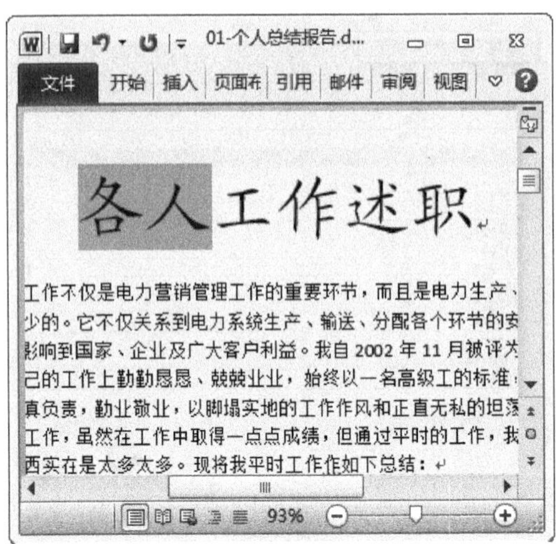

图 6-7

step 4 ① 弹出【查找和替换】对话框，选择【替换】选项卡，② 在【查找内容】文本框中，输入查找内容如“各人”，③ 在【替换为】文本框中，输入替换内容如“个人”，④ 单击【全部替换】按钮，如图 6-8 所示。

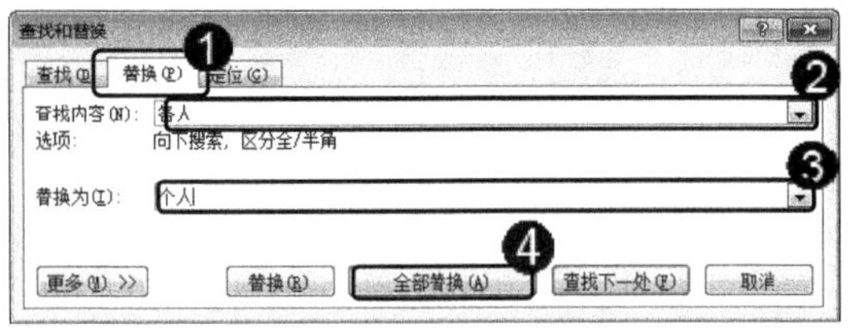

图 6-8

智慧锦囊

在 Word 2010 中，在键盘上按下快捷键 Ctrl+H，同样可以打开【查找和替换】对话框。

step 5 弹出 Microsoft Word 对话框，提示“Word 已达到文档的结尾处，共替换 3 处。是否继续从开始处搜索？”信息，单击【是】按钮，如图 6-9 所示。

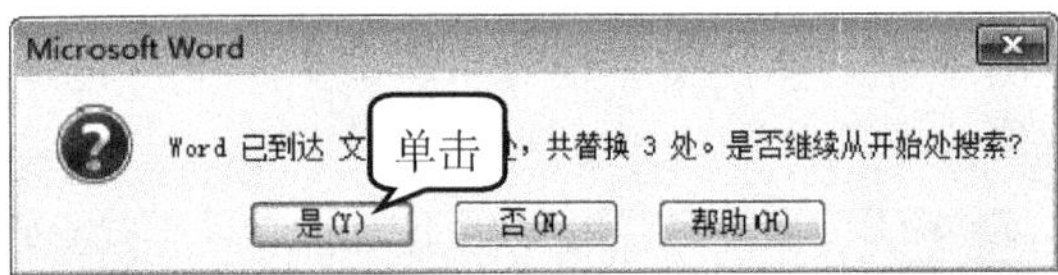

图 6-9

step 6 弹出 Microsoft Word 对话框，提示“Word 已完成对文档的搜索并已完成 3 处替换”信息，单击【确定】按钮，如图 6-10 所示。

图 6-10

step 7 通过上述方法即可完成替换文本的操作，如图 6-11 所示。

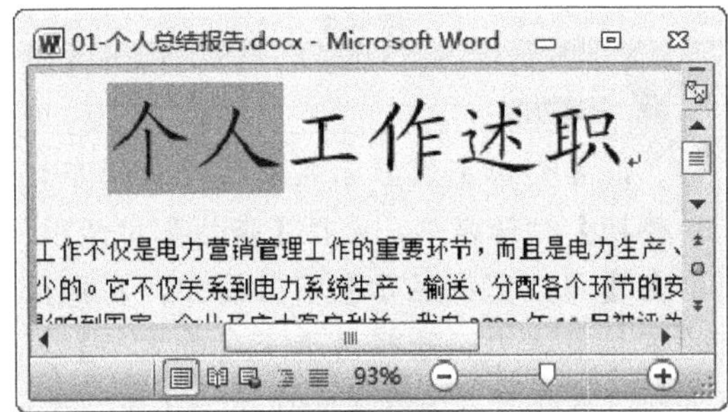

图 6-11

智慧锦囊

在 Word 2010 中，打开【查找和替换】对话框，用户还可以单击“更多”按钮进行更高级的自定义替换操作。

6.1.3 检查拼写和语法

在 Word 2010 中，用户可以使用【拼写和语法】功能，检查文本的拼写和语法错误，下面以“01-个人总结报告”素材为例，详细介绍检查拼写和语法的操作。

step 1 ① 打开素材文件，选择【审阅】选项卡，② 在【校对】组中，单击【拼写和语法】按钮，如图 6-12 所示。

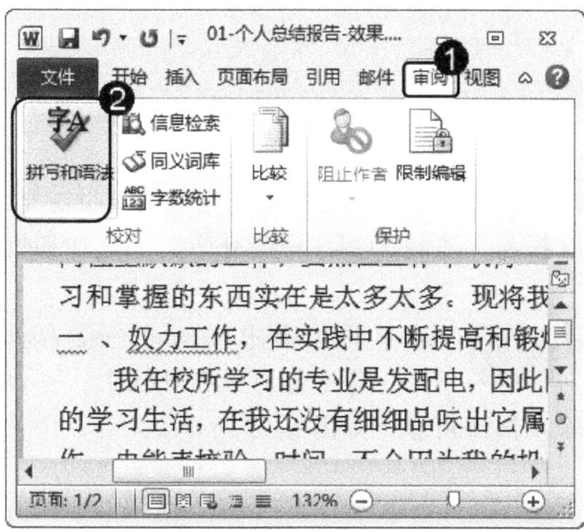

图 6-12

step 2 ① 弹出【拼写和语法】对话框，在【输入错误或特殊用法】文本框中，显示检测出的疑似文本问题，② 如果【输入错误或特殊用法】文本框中的文本无问题，单击【忽略一次】按钮，跳过此次检查，如图 6-13 所示。

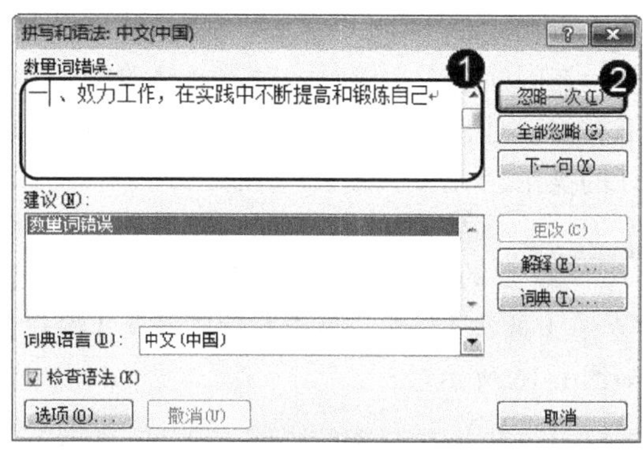

图 6-13

step 3 ① 在【拼写和语法】对话框中，如果【输入错误或特殊用法】文本框中，检测出的文本确实有问题，在文本框中直接修改错误，② 单击【更改】按钮，如图 6-14 所示。

图 6-14

step 4 通过上述方法即可完成检查拼写和语法的操作，如图 6-15 所示。

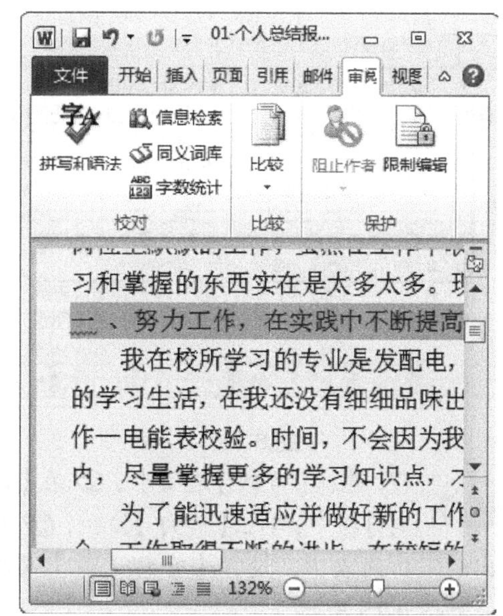

图 6-15

6.2 审阅文档

使用 Word 2010 的过程中，文档编辑完成后，用户对创建的文档进行审阅，审阅文档的操作包括添加批注和修订、编辑批注、查看及显示批注和修订的状态和接受或拒绝批注和修订等。本节将重点介绍审阅文档方面的知识与操作方法。

6.2.1 添加批注和修订

在阅读别人文档时，对需要修改的内容或是需要向作者提出的意见，可以使用批注功能和修订对文档进行标记，下面以“01-个人总结报告”素材为例，详细介绍添加批注和修订的操作。

step 1 ① 拖动鼠标选中需要添加批注的文本，② 选择【审阅】选项卡，③ 在【批注】组中，单击【新建批注】按钮，如图 6-16 所示。

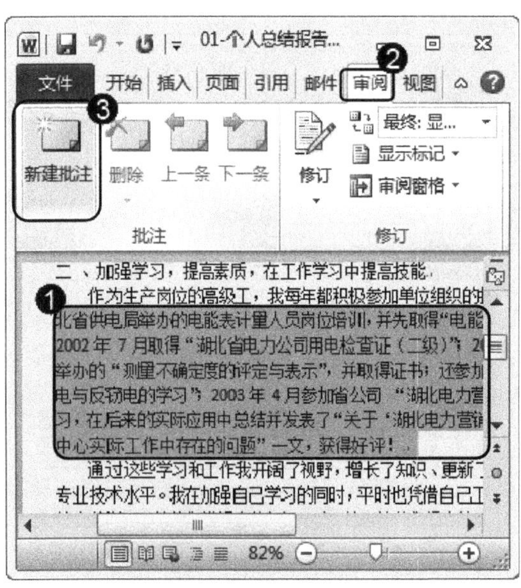

图 6-16

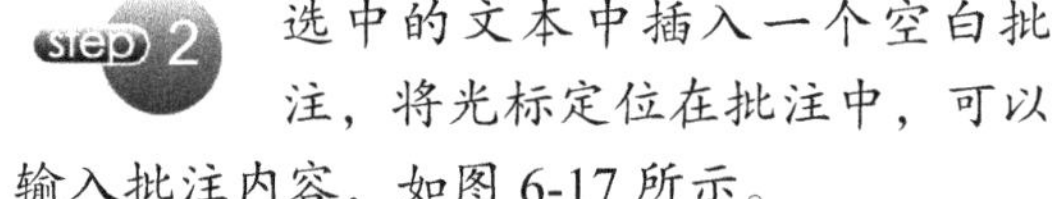

step 2 选中的文本中插入一个空白批注，将光标定位在批注中，可以输入批注内容，如图 6-17 所示。

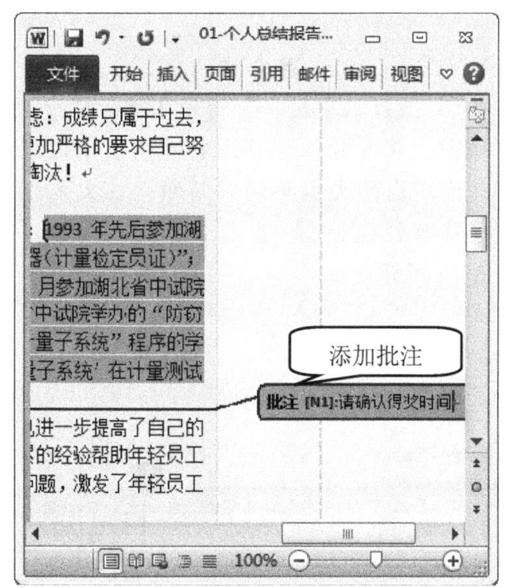

图 6-17

step 3 ① 选择【审阅】选项卡，② 在【修订】组中，单击【修订】按钮，③ 在弹出的下拉列表中，选择【修订选项】菜单项，如图 6-18 所示。

step 4 弹出【修订选项】对话框，① 在【标记】区域中，在【插入内容】下拉列表框中，选择【仅颜色】选项，② 将插入内容和删除内容的颜色分别设置为指定的颜色，③ 单击【确定】按钮，如图 6-19 所示。

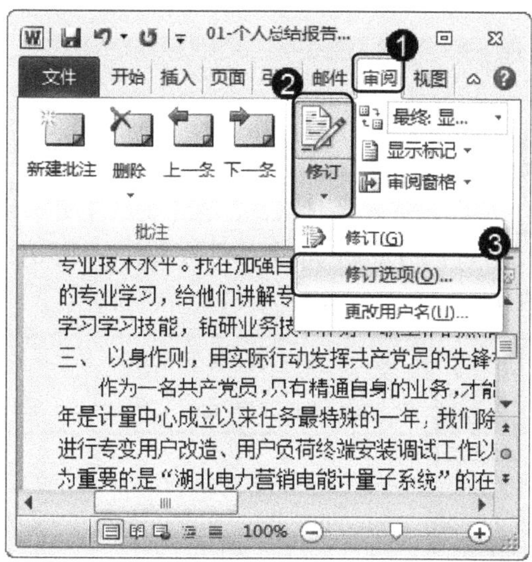

图 6-18

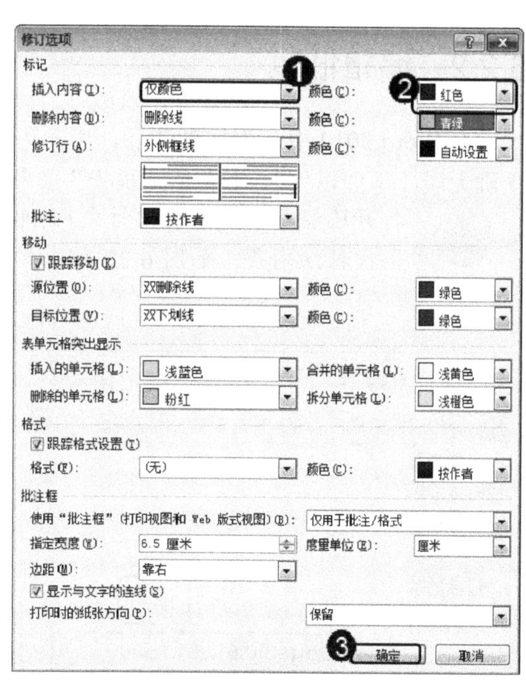

图 6-19

step 5 ① 选择【审阅】选项卡，② 在【修订】组中，单击【修订】按钮，③ 在弹出的下拉列表中，选择【修订】菜单项，如图 6-20 所示。

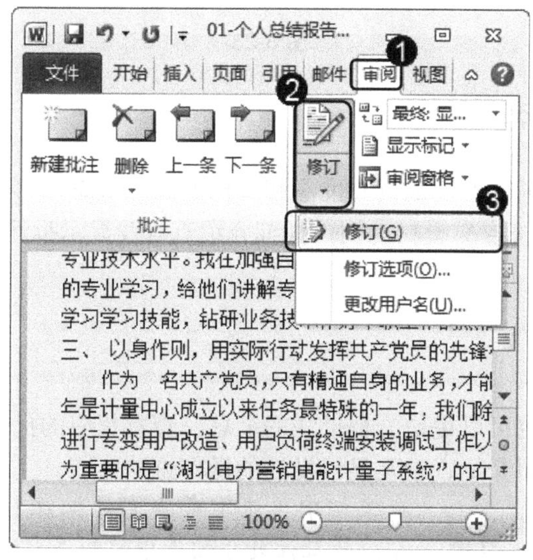

图 6-20

step 6 当对文档进行修改操作时，在文档中就会留下修订的标记，如图 6-21 所示。

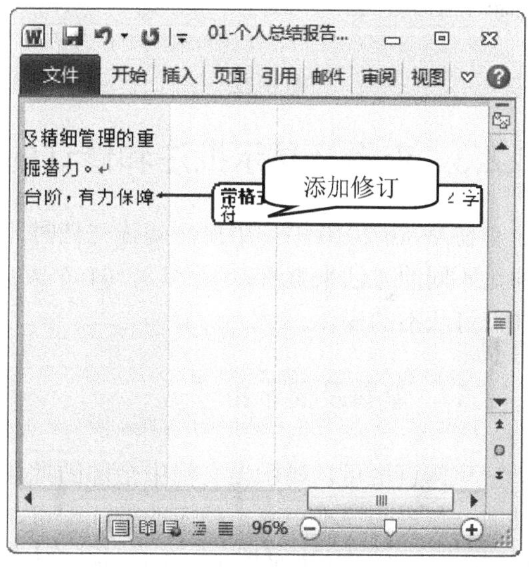

图 6-21

知识精讲

在 Word 2010 中，对文档进行修订后，需要查看文档最初未修订的原始状态时，可单击【审阅】选项卡中【修订】组的【最终状态】按钮，在弹出的下拉列表中选择【原始状态】命令即可。

6.2.2 编辑批注

在 Word 2010 中，添加批注后，用户可以对添加的批注进行再次编辑，确保批注内容正确无误，下面以“01-个人总结报告”素材为例，详细介绍编辑批注的操作。

step 1 打开已经添加批注的素材文档，单击该批注词条，如图 6-22 所示。

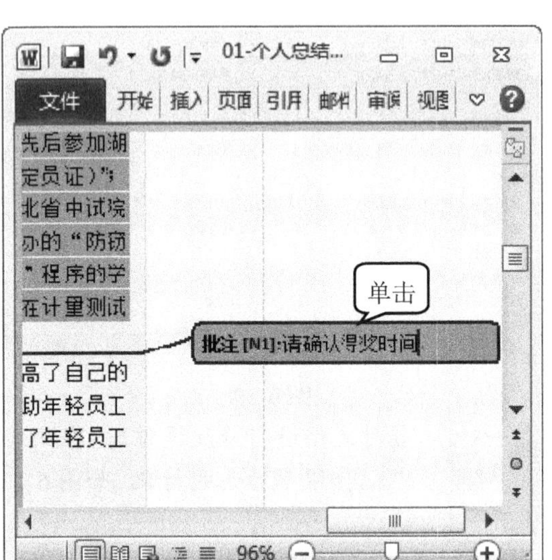

图 6-22

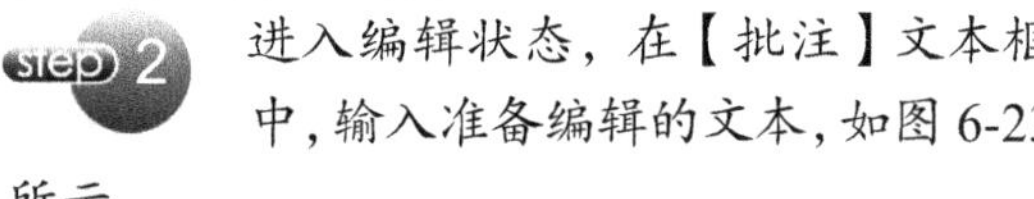

step 2 进入编辑状态，在【批注】文本框中，输入准备编辑的文本，如图 6-23 所示。

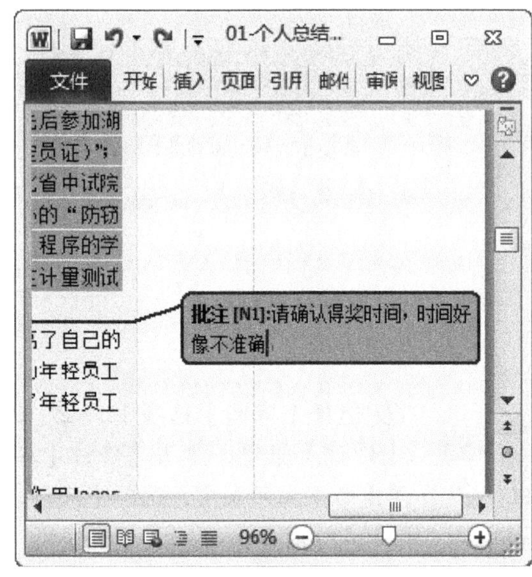

图 6-23

6.2.3 查看及显示批注和修订的状态

在 Word 2010 中，用户在阅读文档时，为了能方便地查看批注和文档的显示状态，可通过不同的方法来查看。下面以“01-个人总结报告”素材为例，详细介绍查看及显示批注和修订状态的操作。

1. 查看及显示批注

审阅窗格可以显示出文档中全部的批注，也可以说是文档批注的汇总，查看相应的批注时，在审阅窗格中单击相应的批注即可，下面介绍查看及显示批注的操作方法。

step 1 ① 选择【审阅】选项卡，② 在【修订】组中，单击【审阅窗格】按钮，③ 在弹出的下拉列表中，选择【垂直审阅窗格】菜单项，如图 6-24 所示。

step 2 在文档中单击准备查看的批注，相应的批注处于被选中的状态，如图 6-25 所示。通过上述方法即可完成查看及显示批注的操作。

图 6-24

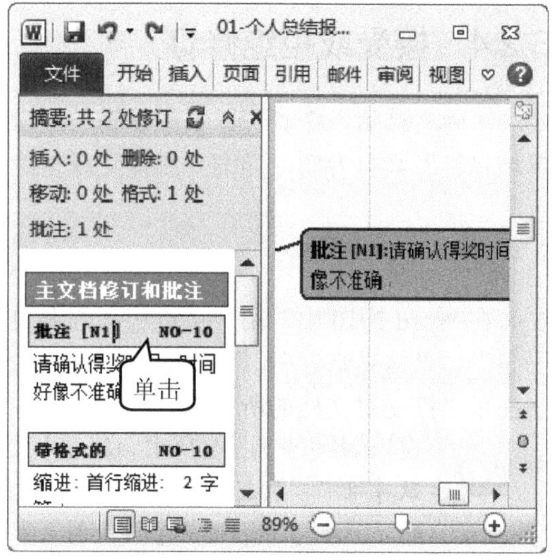

图 6-25

2. 隐藏修订状态

执行了修订操作后，文档中会显示批注、墨迹、插入、删除、设置格式、标记区域突出显示，以及突出显示更改等标记，用户可以根据编辑需要设置文档进行显示，下面介绍隐藏修订状态的操作。

step 1 ① 打开已经添加修订信息的素材文档，选择【审阅】选项卡，② 在【修订】组中，单击【显示标记】按钮，③ 在弹出的下拉列表中，取消勾选【设置格式】复选框，如图 6-26 所示。

step 2 在文档中，添加的带有格式修订的信息已经被隐藏，如图 6-27 所示。通过上述方法即可完成隐藏修订状态的操作。

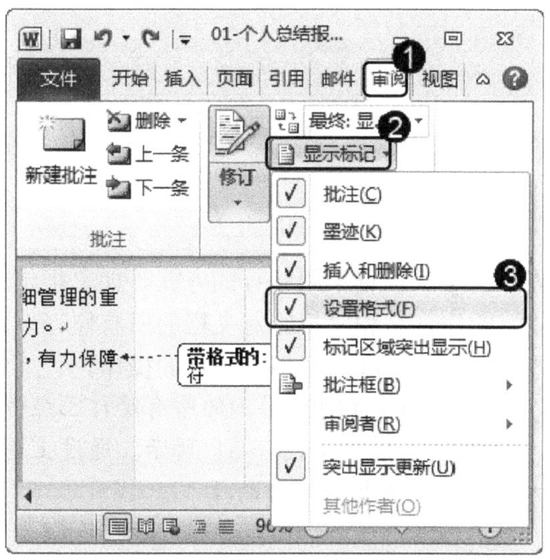

图 6-26

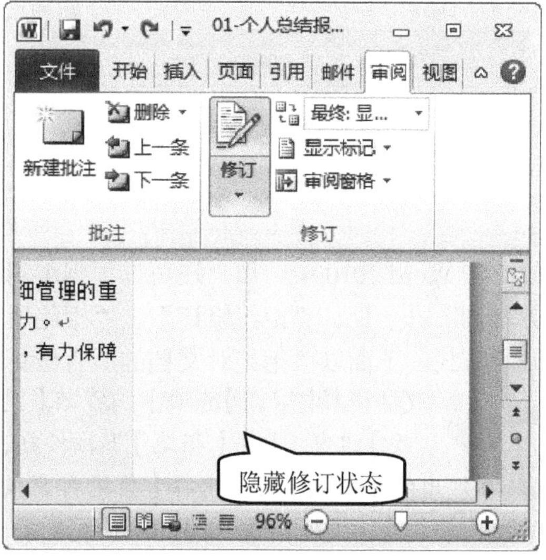

图 6-27

6.2.4 接受或拒绝修订

审阅文档后，作者可以根据编辑的要求接受或拒绝他人添加的修订。下面以“01-个人总结报告”素材为例，详细介绍接受或拒绝修订的操作。

1. 接受修订

在 Word 2010 中，用户可以根据需要自定义设置接受修订的方式，如“接受并转到下一条”、“接受修订”、“接受所有显示的修订”和“接受对文档的所有修订”几种方式，下面以“接受对文档的所有修订”方式为例，详细介绍接受修订的操作。

step 1 ① 选择【审阅】选项卡，② 在【更改】组中，单击【接受】下拉按钮，③ 在弹出的下拉列表中，选择【接受对文档的所有修订】菜单项，如图 6-28 所示。

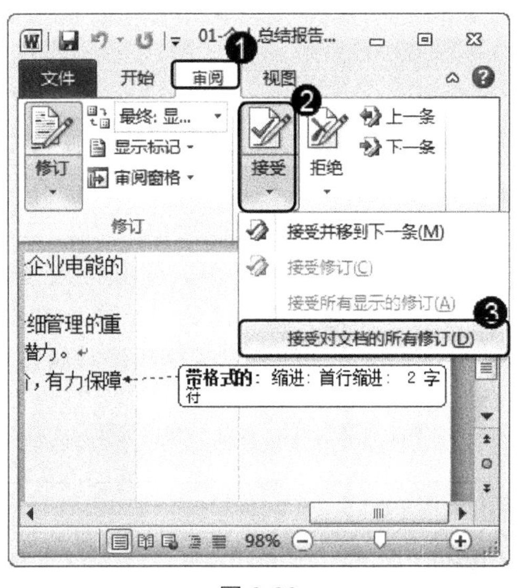

图 6-28

step 2 在文档中添加的所有修订已经被接受，如图 6-29 所示。通过上述方法即可完成接受修订的操作。

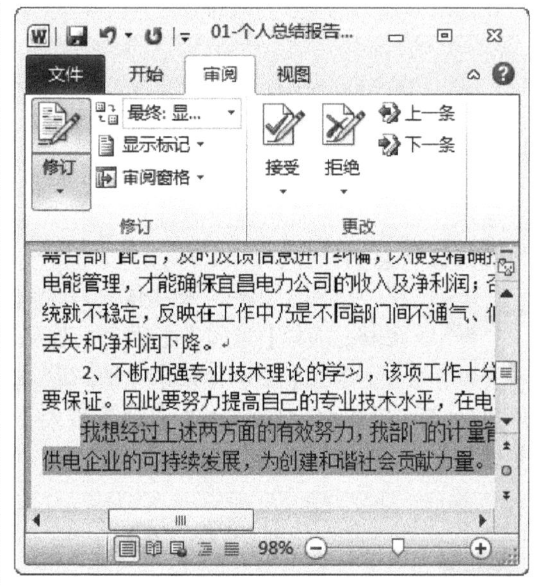

图 6-29

2. 拒绝修订

在 Word 2010 中，用户还可以根据编辑的需要自定义设置拒绝修订的方式，如“拒绝并转到下一条”、“拒绝修订”、“拒绝所有显示的修订”和“拒绝对文档的所有修订”几种方式。下面以“拒绝对文档的所有修订”方式为例，详细介绍拒绝修订的操作。

step 1 ① 选择【审阅】选项卡，② 在【更改】组中，单击【拒绝】下拉按钮，③ 在弹出的下拉列表中，选择【拒绝对文档的所有修订】菜单项，如图 6-30 所示。

step 2 在文档中，添加的所有修订已经被拒绝，如图 6-31 所示。通过上述方法即可完成拒绝修订的操作。

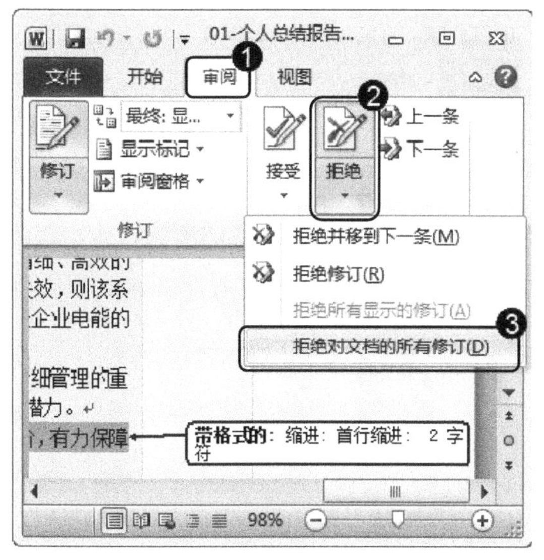

图 6-30

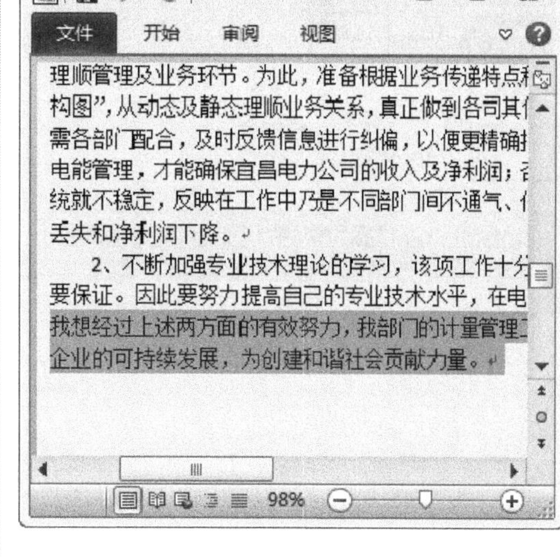

图 6-31

知识精讲

在 Word 2010 中，选择【审阅】选项卡，在【修订】组中，单击【修订】按钮，在弹出的下拉列表中，选择【更改用户名】菜单项，在弹出的【Word 选项】对话框中的【常规】选项卡下，在【对 Microsoft Office 进行个性化设置】区域中的【用户名】文本框中，修改用户名的名称，这样再次添加批注或修订的过程中，将显示用户更改后的用户名。

6.3 脚注与尾注

使用 Word 2010 的过程中，引用功能可以使文档更加工整、规范。其中，脚注与尾注是引用功能重要的组成部分。本节将重点介绍脚注与尾注方面的知识与操作方法。

6.3.1 添加脚注

脚注是指对文档中需要标注的文本内容添加的标注符号，在页面底端进行注解，下面以“01-个人总结报告”素材为例，详细介绍添加脚注的操作。

step 1 ① 选择需要标注的位置，选择【引用】选项卡，② 在【脚注】组中，单击【插入脚注】按钮，如图 6-32 所示。

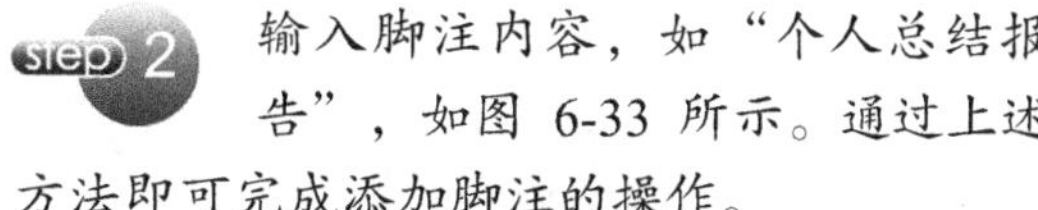

step 2 输入脚注内容，如“个人总结报告”，如图 6-33 所示。通过上述方法即可完成添加脚注的操作。

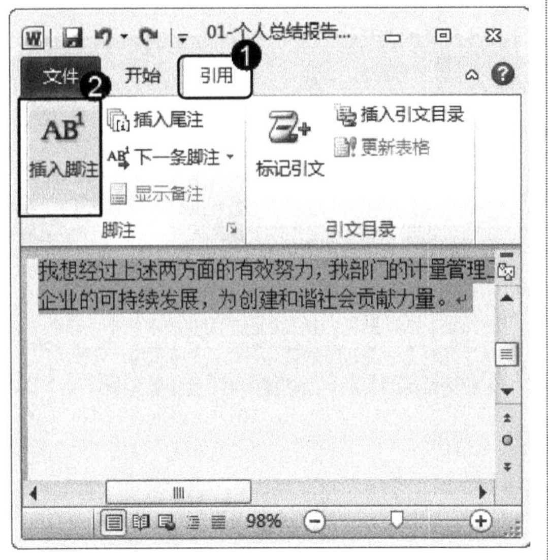

图 6-32

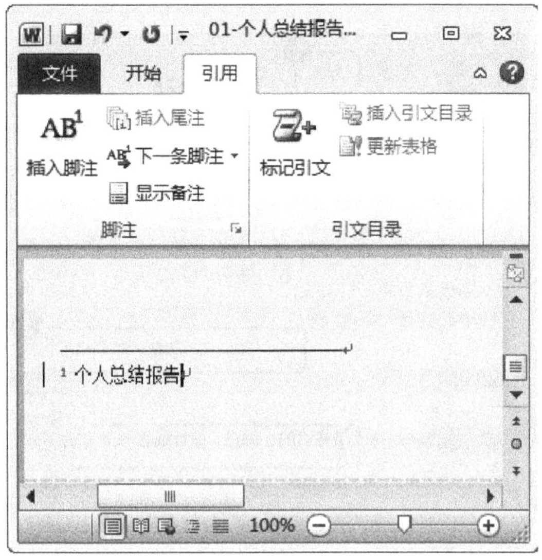

图 6-33

6.3.2 添加尾注

尾注与脚注功能基本相同，同样是对文本的一种补充说明，不过脚注位于页面的底部，而尾注标注在文档的末尾，脚注是指对文档中需要标注的文本内容添加的标注符号，在页面底端进行注解。下面以“01-个人总结报告”素材为例，详细介绍添加尾注的操作。

step 1 ① 选择需要标注的位置，选择【引用】选项卡，② 在【脚注】组中，单击【插入尾注】按钮，如图 6-34 所示。

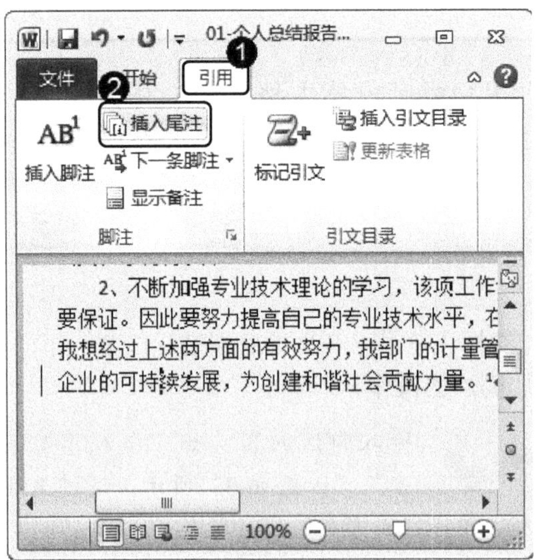

图 6-34

step 2 输入尾注内容，如“2013 年 9 月 26 日星期四”，如图 6-35 所示。通过上述方法即可完成添加尾注的操作。

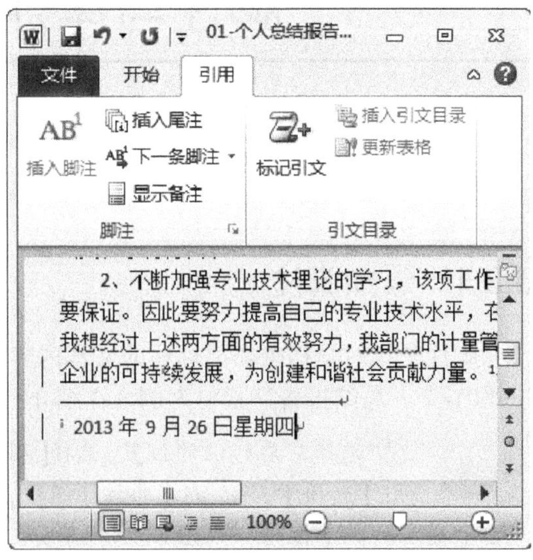

图 6-35

6.4 辅助功能的应用

使用 Word 2010 的过程中，辅助功能的应用可以方便用户设置与编辑文档。其中包括使用各种视图查看文档、快速定位文档和统计字数等操作。本节将重点介绍辅助功能的应用方面的知识与操作方法。

6.4.1 使用各种视图查看论文

在 Word 2010 中提供了多种视图供用户选择使用，如页面视图、阅读版式视图、Web 版式视图、大纲视图和草稿等。下面以“02-论文”素材为例，详细介绍使用各种视图查看论文的操作。

1. 页面视图

页面视图是 Word 2010 默认的视图，用于显示文档所有内容在整个页面的分布状况和整个文档在每一页的位置，并对其进行编辑操作。

在 Word 2010 中，打开素材文档后，选择【视图】选项卡，在【文档视图】组中，单击【页面视图】按钮，通过上述方法即可完成使用页面视图查看论文的操作，如图 6-36 所示。

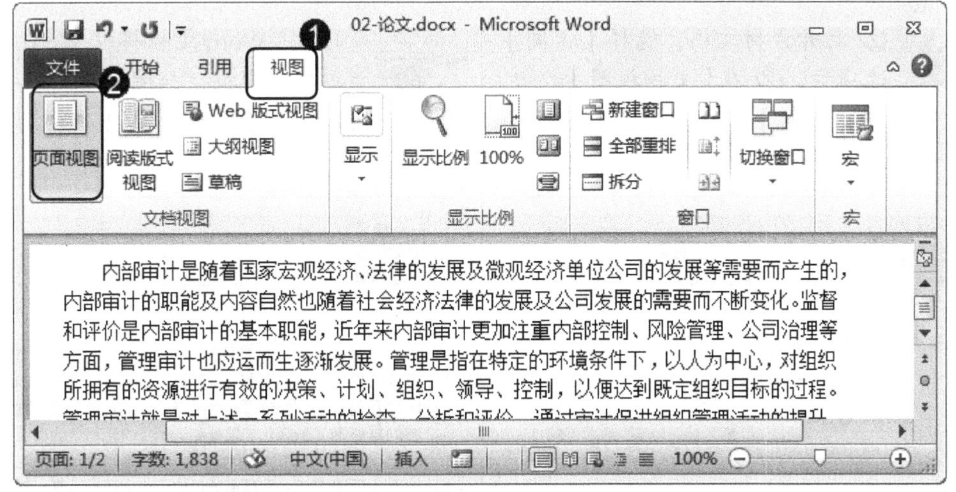

图 6-36

2. 阅读版式视图

在 Word 2010 中，阅读版式视图一般应用于阅读和编辑长篇文档，文档将以最大空间显示两个页面的文档。

step 1 ① 打开文档，选择【视图】选项卡，② 在【文档视图】组中，单击【阅读版式视图】按钮，如图 6-37 所示。

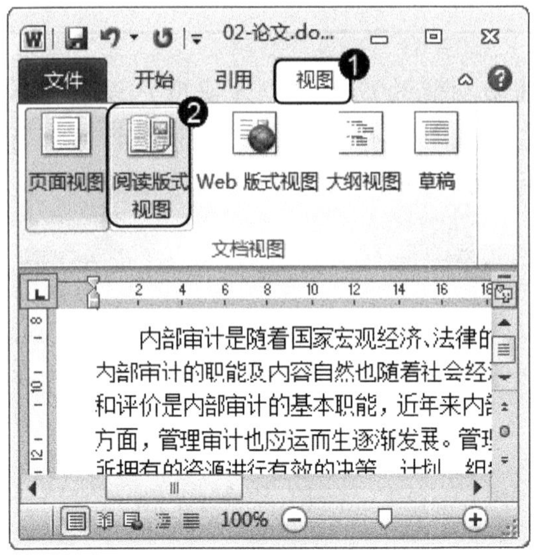

图 6-37

step 2 此时，Word 文档将以全屏阅读版式视图显示两个页面的文档，如图 6-38 所示。通过上述方法即可完成使用阅读版式视图查看论文的操作。

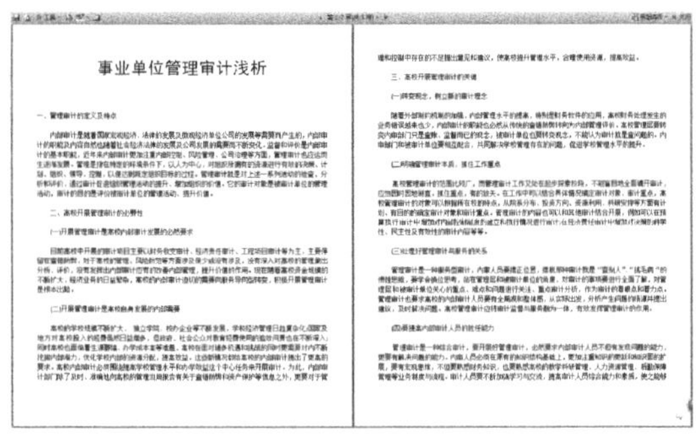

图 6-38

智慧锦囊

进入【阅读版式视图】后，在键盘上按下 Esc 键即可退出【阅读版式视图】状态。

3. Web 版式视图

Web 版式视图用于显示文档在 Web 浏览器中的外观，在 Web 版式视图中没有页码、章节等信息。

step 1 ① 打开素材文档，选择【视图】选项卡，② 在【文档视图】组中，单击【Web 版式视图】按钮，如图 6-39 所示。

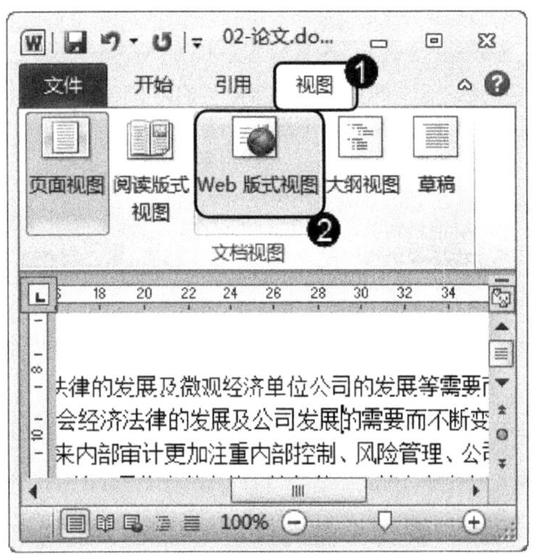

图 6-39

step 2 此时，Word 文档将以 Web 版式视图显示文档，如图 6-40 所示。通过上述方法即可完成使用 Web 版式视图查看论文的操作。

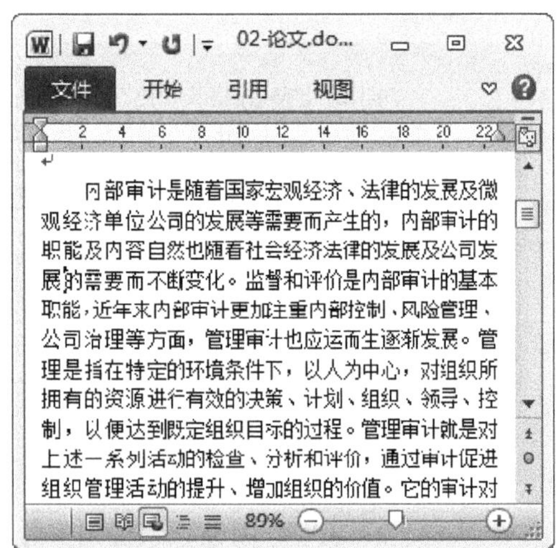

图 6-40

4. 大纲视图

大纲视图是用缩进文档标题的形式代表标题在文档结构中的级别，使用大纲视图处理主控文档，不用复制和粘贴就可以移动文档的整章内容。

step 1 ① 打开文档，选择【视图】选项卡，② 在【文档视图】组中，单击【大纲视图】按钮，如图 6-41 所示。

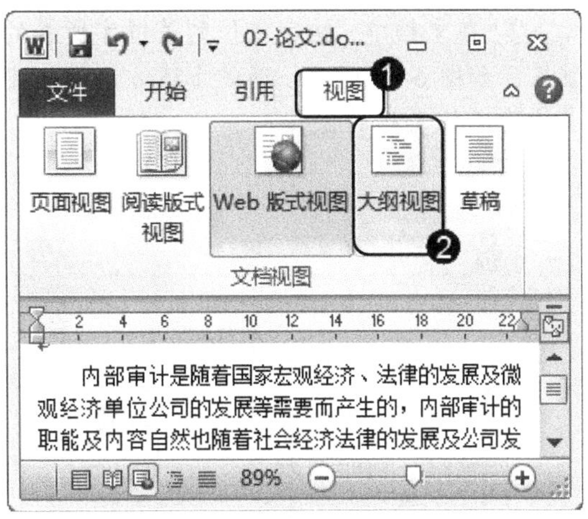

图 6-41

step 2 此时，Word 文档将以大纲视图显示文档，如图 6-42 所示。通过上述方法即可完成使用大纲视图查看论文的操作。

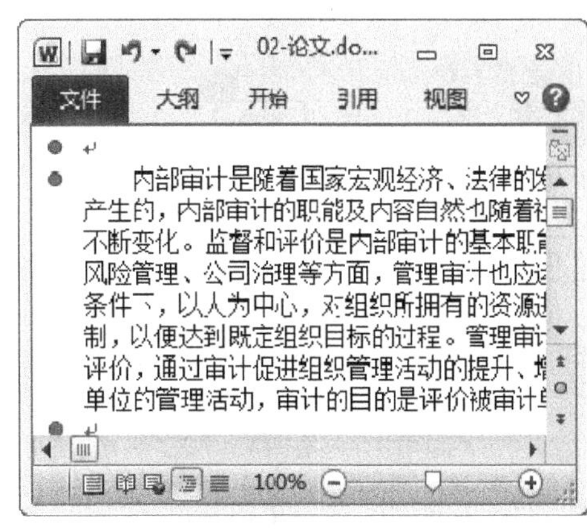

图 6-42

5. 草稿视图

草稿视图是 Word 2010 最新添加的一种视图方式，可以显示标题和正文，是最节省系统硬件资源的视图方式。

step 1 ① 打开文档，选择【视图】选项卡，② 在【文档视图】组中，单击【草稿视图】按钮，如图 6-43 所示。

图 6-43

step 2 此时，Word 文档将以草稿视图显示文档，如图 6-44 所示。通过上述方法即可完成使用草稿视图查看论文的操作。

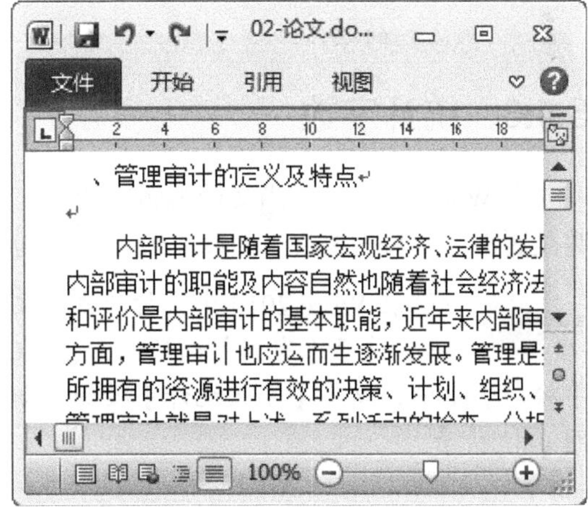

图 6-44

6.4.2 快速定位文档

在【导航】窗口中，用户通过搜索关键字的方式，快速定位到文档的指定位置。下面以“02-论文”素材为例，详细介绍快速定位文档的操作。

step 1 ① 打开素材文档，选择【视图】选项卡，② 在【显示】组中，勾选【导航窗格】复选框，如图 6-45 所示。

图 6-45

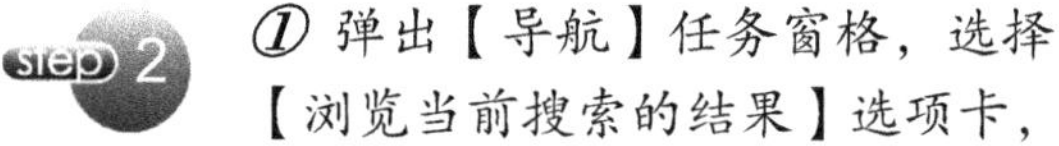

step 2 ① 弹出【导航】任务窗格，选择【浏览当前搜索的结果】选项卡，② 在【搜索】文本框，输入要搜索的文本内容，③ 在文档中，快速定位到关键字所在的位置，如图 6-46 所示。通过上述方法即可完成快速定位文档的操作。

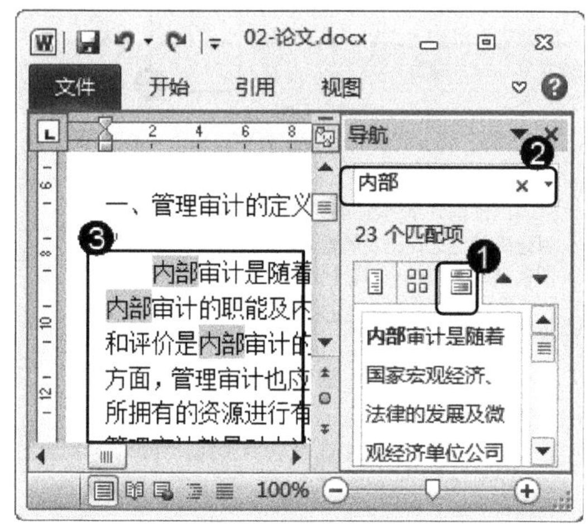

图 6-46

知识精讲

在 Word 2010 中打开素材文档，选择【视图】选项卡，在【显示】组中，勾选【导航窗格】复选框，弹出【导航】任务窗格，选择【浏览文档中的标题】选项卡，然后选中准备浏览的标题。通过上述方法可以完成通过标题样式定位文档的操作。

6.4.3 统计字数

在 Word 2010 中，当文档编辑完成后，用户可以对文档中字数进行统计，以便查看字数是否满足编辑需要。下面以“02-论文”素材为例，详细介绍统计字数的操作方法。

step 1 ① 在 Word 2010 中，打开素材文档，选择【审阅】选项卡，② 在【校对】组中，单击【字数统计】按钮，如图 6-47 所示。

step 2 弹出【字数统计】对话框，显示页数、字数、字符数、段落数、行数、非中文单词和中文字符和朝鲜语单词等信息，如图 6-48 所示。通过上述方法即可完成统计字数的操作。

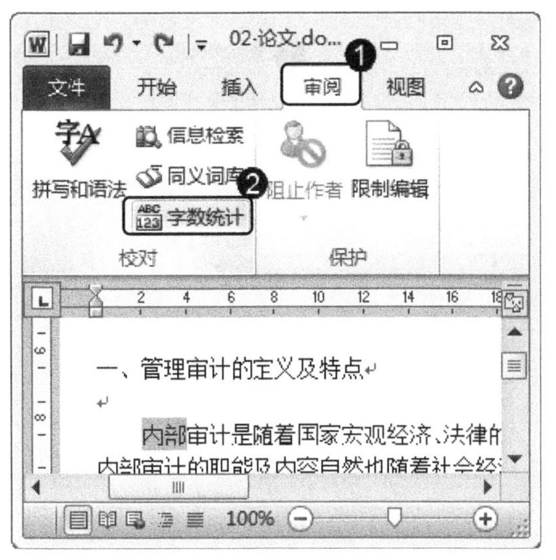

图 6-47

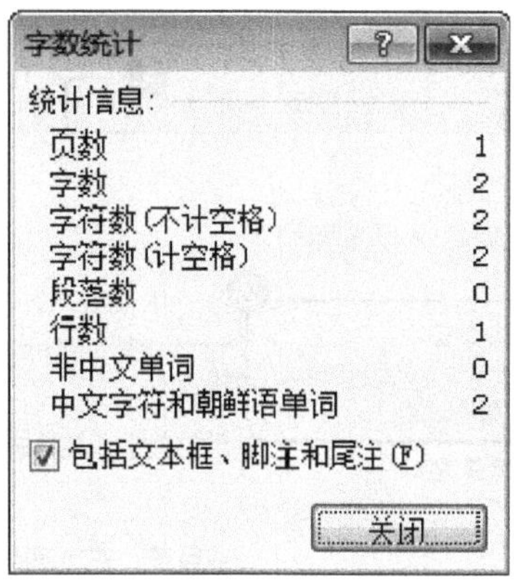

图 6-48

6.5 范例应用与上机操作

通过本章的学习，读者基本可以掌握审阅与处理文档方面的基本知识和操作技巧。下面通过几个范例应用与上机操作练习，以达到巩固学习、拓展提高的目的。

6.5.1 比较分析报告

用户在进行文档的修订时，很难区分修订前的内容和修订后的内容，但是在 Word 2010 中，Microsoft 公司增加了一个文档“比较”功能，这样用户可以更加直观地浏览文档修订前、后的不同，下面介绍比较分析报告的操作。

素材文件 第 6 章\素材文件\“03-分析报告 01、04 分析报告 02”素材.docx

效果文件 第 6 章\效果文件\02-比较结果.docx

step 1 ① 在 Word 2010 中，打开素材文档“03-分析报告 01”，选择【审阅】选项卡，② 在【比较】组中，单击【比较】下拉按钮，③ 在弹出的下拉列表中，选择【比较】菜单项，如图 6-49 所示。

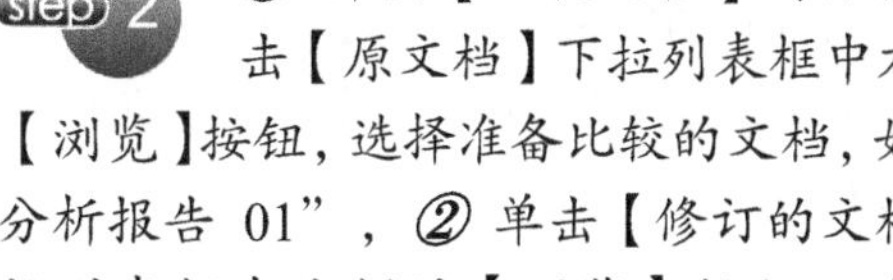

step 2 ① 弹出【比较文档】对话框，单击【原文档】下拉列表框中右侧的【浏览】按钮，选择准备比较的文档，如“03-分析报告 01”，② 单击【修订的文档】下拉列表框中右侧的【浏览】按钮，选择准备比较的文档，如“04-分析报告 02”，如图 6-50 所示。

图 6-49

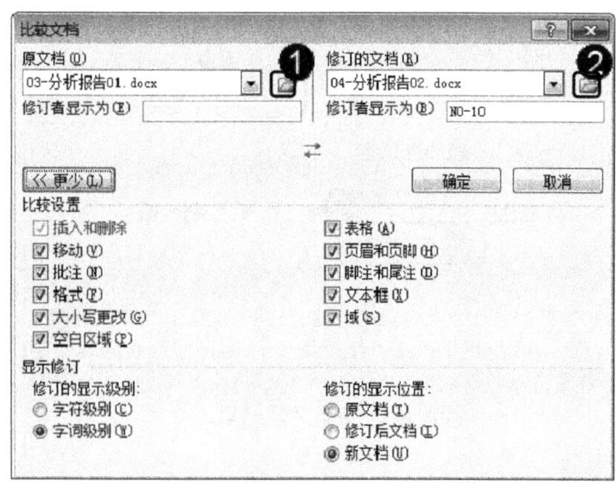

图 6-50

step 3 ① 在【比较文档】对话框中，在【比较设置】区域中，勾选需要比较的复选框，② 单击【确定】按钮，如图 6-51 所示。

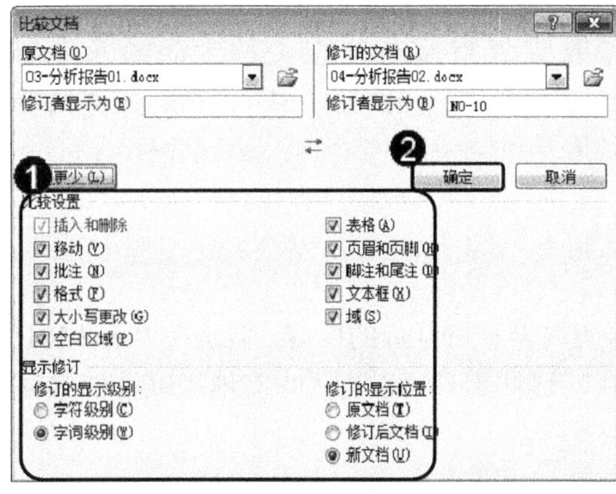

图 6-51

智慧锦囊

在 Word 2010 中，打开【比较文档】对话框，单击“更多”按钮，用户即可进行比较的设置。

step 4 弹出【比较结果】文档，在【比较的文档】区域中，显示两个文档之间的比较结果，如图 6-52 所示。

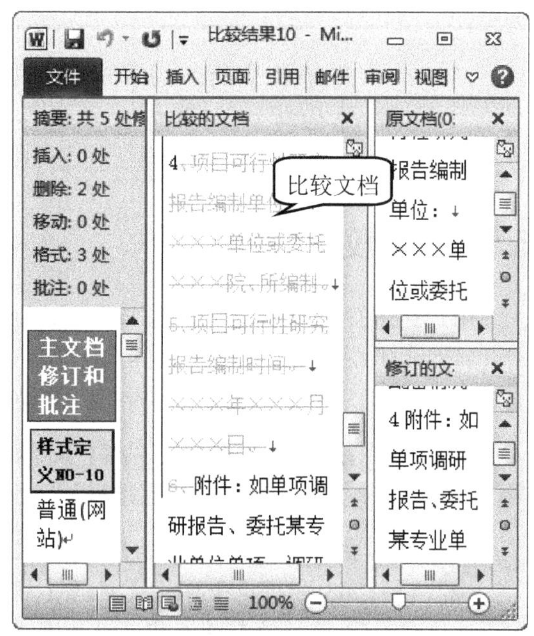

图 6-52

step 5 ① 在【比较的文档】区域中，选择准备插入批注的文本，② 选择【审阅】选项卡，③ 在【批注】组中，单击【新建批注】按钮，如图 6-53 所示。

step 6 在【摘要】区域中进入批注编辑状态，在【批注】文本框中，输入准备编辑的文本，如图 6-54 所示。通过上述方法即可完成编辑批注的操作。

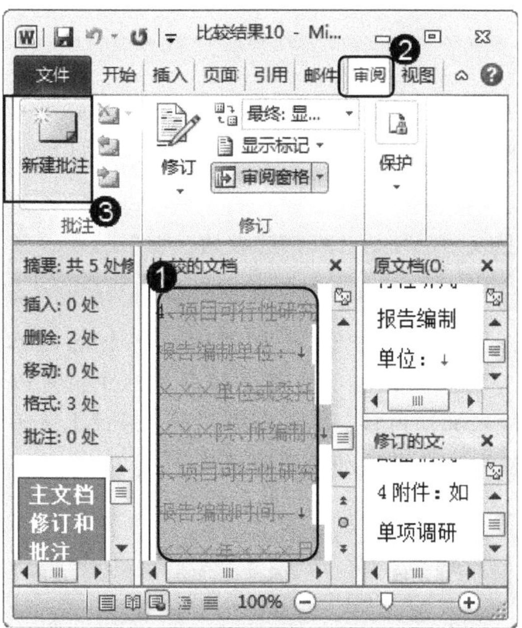

图 6-53

step 7 ① 选择【文件】选项卡，② 单击【保存】选项，将“比较结果”文档保存指定的磁盘位置，如图 6-55 所示。

图 6-55

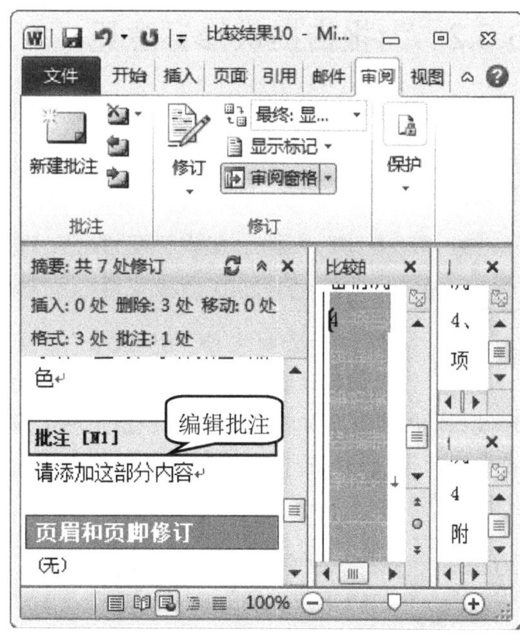

图 6-54

step 8 再次打开“比较结果”文档，用户可以查看比较后的文档及其批注结果，如图 6-56 所示。通过上述操作即可完成比较分析报告的操作。

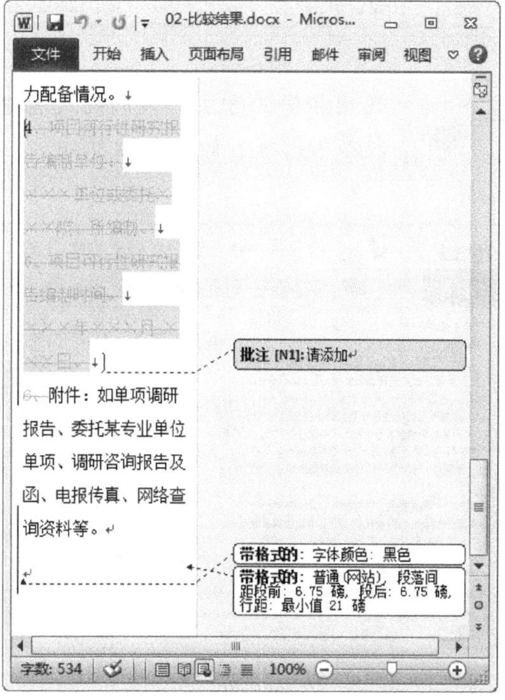

图 6-56

6.5.2 为报告提供修订意见

通过本章的学习，用户已经可以了解到修订文档的重要性，在日常生活中，用户要灵活地为报告提供修订意见，使编辑出的文档满足工作需求，下面介绍为报告提供修订意见的操作。

素材文件 第6章\素材文件\05-报告.docx
效果文件 第6章\效果文件\03-报告-效果.docx

step 1 ① 打开素材文档“05-报告”，然后审阅该报告文档，当需要注解的时候，选中准备添加批注的文本，② 选择【审阅】选项卡，③ 在【批注】组中，单击【新建批注】按钮，如图6-57所示。

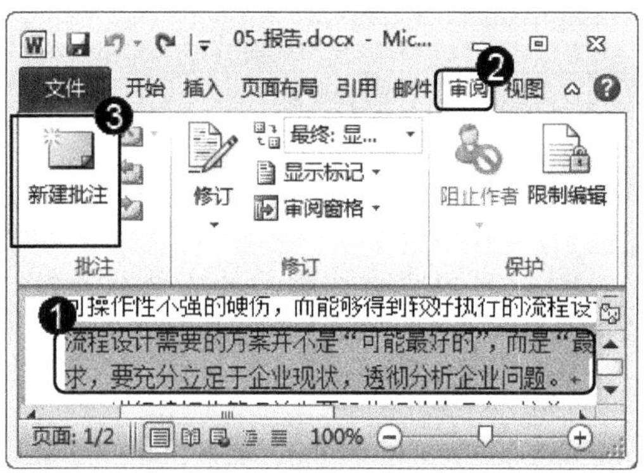

图 6-57

step 2 选中的文本中插入一个空白批注，将光标定位在批注中，可以输入批注内容，如图6-58所示。通过上述方法即可完成添加批注的操作。

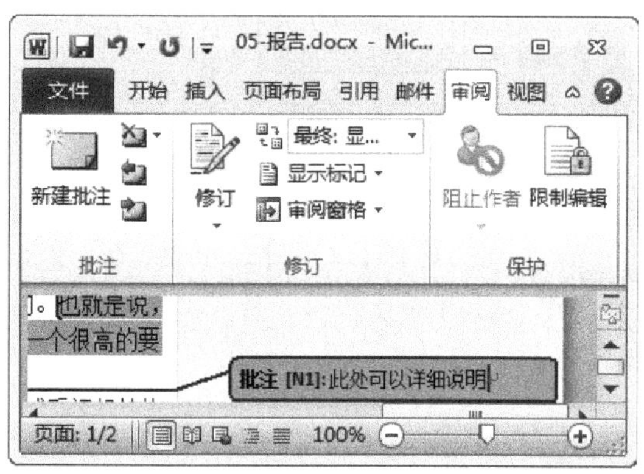

图 6-58

step 3 运用相同的方法对审阅的文档继续添加批注，如图6-59所示。

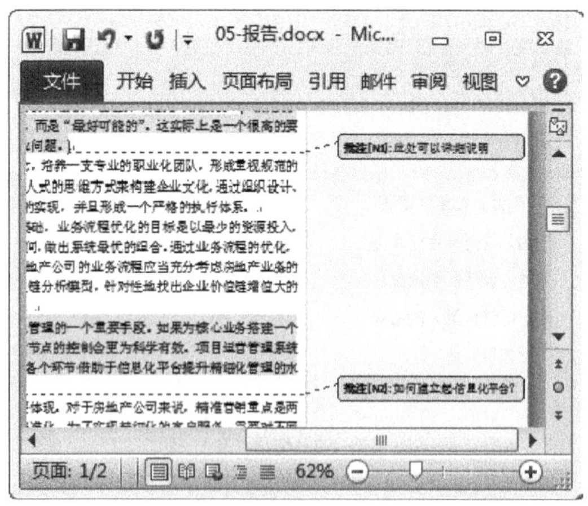

图 6-59

step 4 ① 选择【审阅】选项卡，② 在【修订】组中，单击【修订】按钮，③ 在弹出的下拉列表中，选择【修订】菜单项，如图6-60所示。

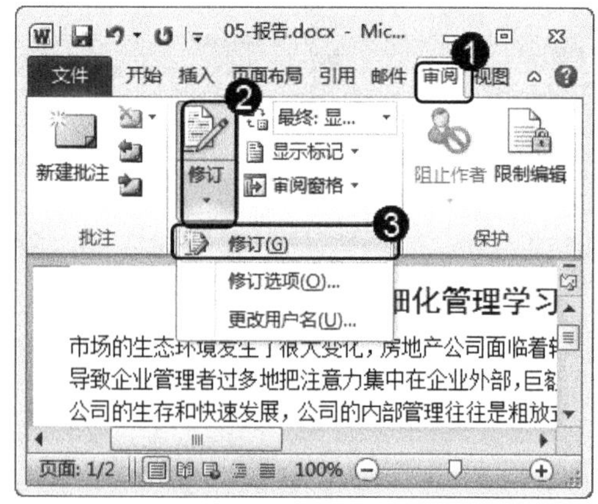

图 6-60

step 5 当对文档进行修改操作时，在文档中就会留下修订的标记，如图 6-61 所示。通过上述操作即可完成修订文本内容的操作。

图 6-61

step 6 运用相同的方法对审阅的文档继续添加其他修订，如图 6-62 所示。

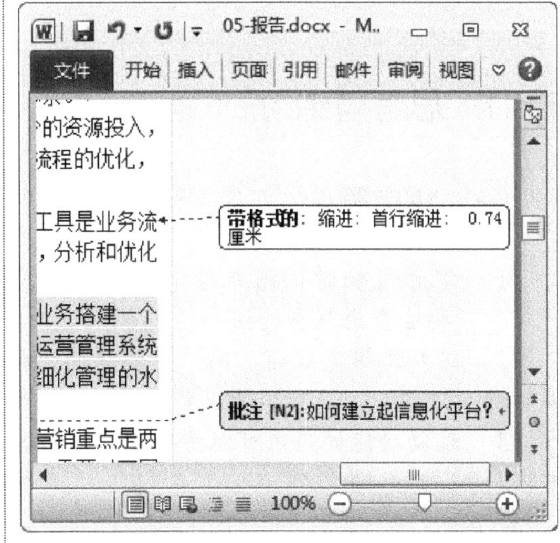

图 6-62

step 7 ① 选择【引用】选项卡，② 在【脚注】组中，单击【插入脚注】按钮，如图 6-63 所示。

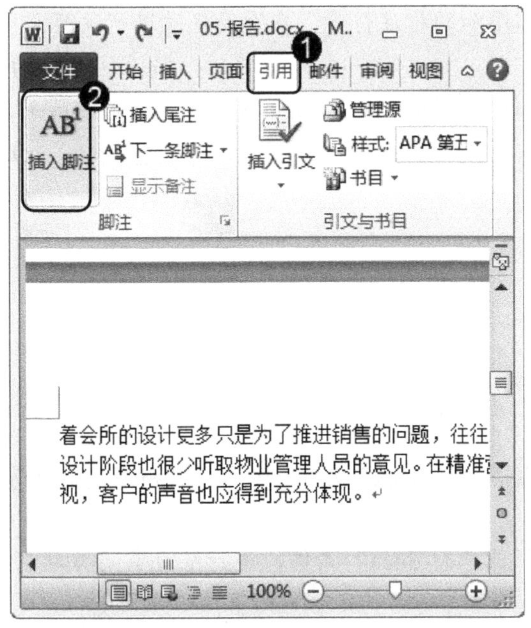

图 6-63

step 8 输入脚注内容，如“报告修订”，如图 6-64 所示。通过上述方法即可完成为报告提供修订意见的操作。

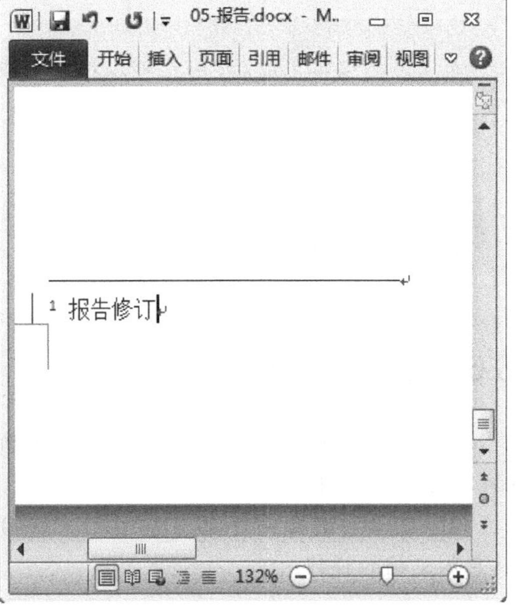

图 6-64

6.6 课后练习

6.6.1 思考与练习

一、填空题

1. 编辑文档时，用户可以实时对文档进行检查文档错误的操作，包括________、________和检查拼写和语法等。

2. 文档编辑完成后，用户对创建的文档进行审阅，审阅文档的操作包括添________、编辑批注、________和接受或拒绝批注和修订等。

3. 辅助功能的应用可以方便用户设置与编辑文档。其中包括使用________、快速定位文档和________等操作。

二、判断题

1. 在 Word 2010 中，程序不提供自动更正的功能，帮助用户检查文档的错误。 (　　)

2. 在阅读别人文档时，对需要修改的内容或是需要向作者提出的意见，可以使用批注功能和修订对文档进行标记。 (　　)

3. 脚注是指对文档中需要标注的文本内容添加的标注符号，在页面底端进行注解。 (　　)

4. 文档编辑完成后，用户可以对文档中字数进行统计，以查看字数是否满足编辑需要。 (　　)

三、思考题

1. 如何编辑批注？

2. 如何统计字数？

6.6.2 上机操作

1. 打开“配套素材\第 6 章\素材文件\06-感悟心得.docx”文件，运用各种视图查看《感悟心得》文档的操作。

2. 打开“配套素材\第 6 章\素材文件\07-毕业感想.docx”文件，进行练习审阅《毕业感想》文档的操作。

第7章

Excel 2010 电子表格快速入门

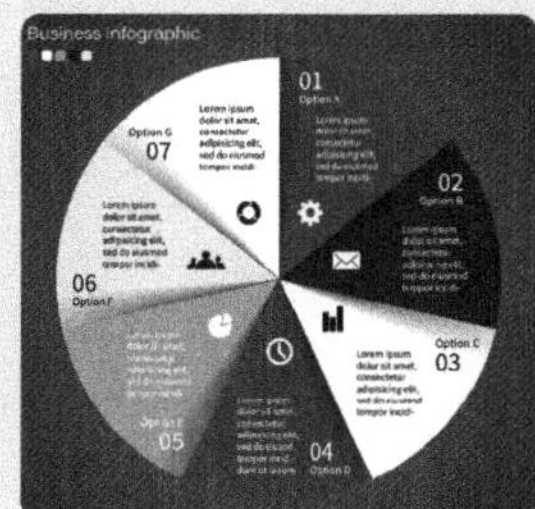

本章主要介绍 Excel 2010 电子表格方面的知识与技巧，同时还讲解了如何建立在职人员登记表和工作表的基本操作。通过本章的学习，读者可以掌握 Excel 2010 电子表格基础操作方面的知识，为深入学习 Office 2010 电脑办公基础与应用奠定基础。

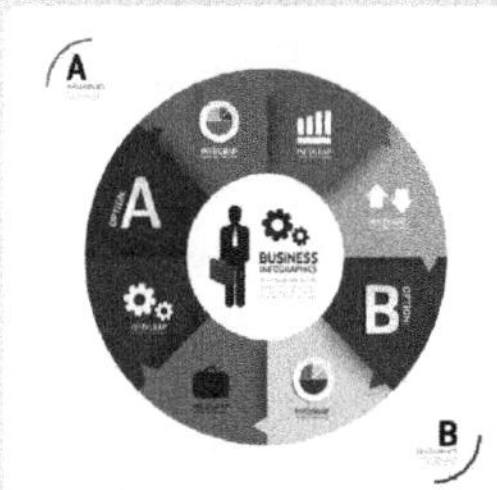

范 例 导 航

1. 快速认识 Excel 2010
2. 建立在职人员登记表
3. 工作表的基本操作

7.1 快速认识 Excel 2010

Excel 2010 是 Microsoft 公司推出的一款数据分析处理软件，是微软办公软件套装的一个重要组成部分。本节将重点介绍 Excel 2010 软件的相关知识。

7.1.1 启动 Excel 2010

启动 Excel 2010 的方法非常简单，下面详细介绍 Excel 2010 软件两种常见的启动方法。

1. 通过开始菜单启动

在 Windows 7 桌面下方，单击【开始】按钮，在弹出的开始菜单中依次选择【所有程序】→Microsoft Office→Microsoft Excel 2010 菜单命令即可启动并进入 Excel 2010 的工作界面，如图 7-1 所示。

图 7-1

2. 双击桌面快捷方式启动

安装 Office 2010 的软件后，安装程序一般都会在桌面上自动创建 Excel 2010 快捷方式图标。双击 Microsoft Excel 2010 快捷方式图标，即可启动并进入 Excel 2010 的工作界面，如图 7-2 所示。

图 7-2

在一般情况下，Windows 桌面上都会有 Office 2010 各应用软件的快捷方式图标，如果桌面上无快捷方式图标，用户也可以自行创建。自行创建方法为：选择【所有程序】→Microsoft Office 菜单项，右击 Microsoft Office Excel 2010 菜单项，在弹出的快捷菜单中依次选择【发送到】→【桌面快捷方式】菜单命令即可。

7.1.2 认识 Excel 2010 的操作界面

启动 Excel 2010 后即可进入其工作界面，Excel 2010 工作界面是由标题栏、快速访问工具栏、功能区、编辑区、滚动条、状态栏、工作表切换区和缩放滑块组成，如图 7-3 所示。

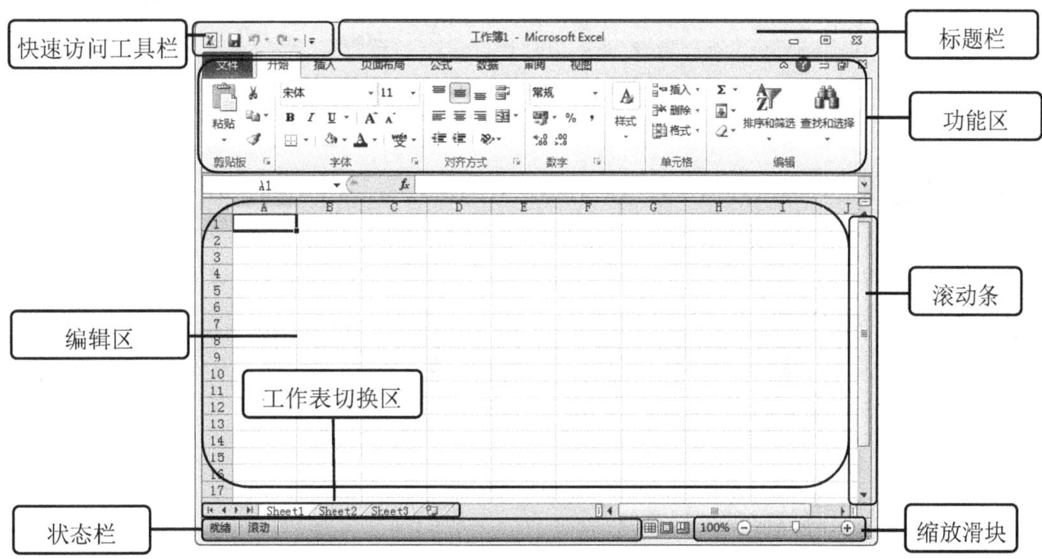

图 7-3

1. 标题栏

标题栏位于窗口的最上方，左侧显示程序图标和窗口名称，右侧显示 3 个按钮，分别是【最小化】按钮 - 、【最大化】按钮 ▭ /【还原】按钮 ▭ 和【关闭】按钮 ×，如图 7-4 所示。

工作簿1 - Microsoft Excel

图 7-4

2. 快速访问工具栏

快速访问工具栏位于窗口顶部左侧，用于显示程序图标和常用命令，例如，【保存】按钮 和【撤消】按钮 等，也可以添加个人常用命令，如图 7-5 所示。

图 7-5

3. 功能区

功能区位于标题栏和快速访问工具栏下方，工作时需要用到的命令位于此处。选择不同的选项卡，即可进行相应的操作，例如，【开始】选项卡中可以使用设置字体、对齐方式、数字和单元格功能等，如图 7-6 所示。

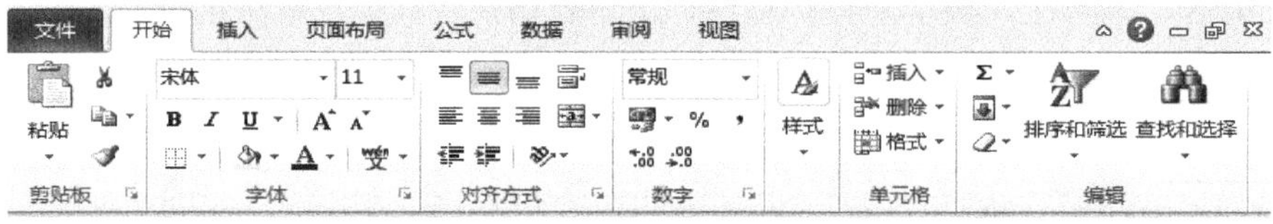

图 7-6

4. 编辑区

编辑区位于 Excel 2010 窗口的中间，默认成表格排列状，它是 Excel 2010 对数据进行分析对比的主要工作区域，如图 7-7 所示。

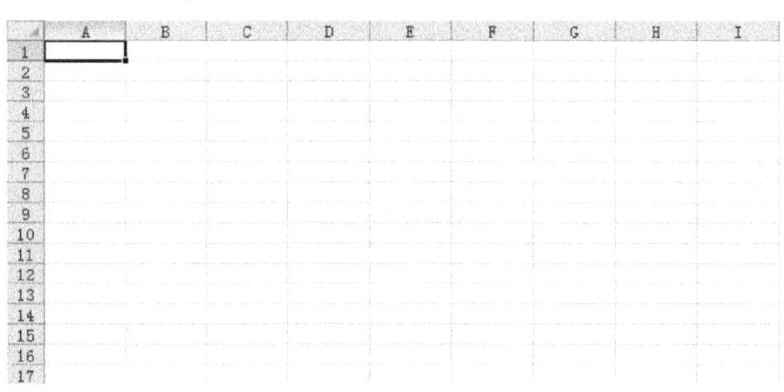

图 7-7

5. 滚动条

滚动条包括垂直滚动条和水平滚动条，分别位于工作区的右侧和下方，用于调节工作区的显示区域，如图 7-8 所示。

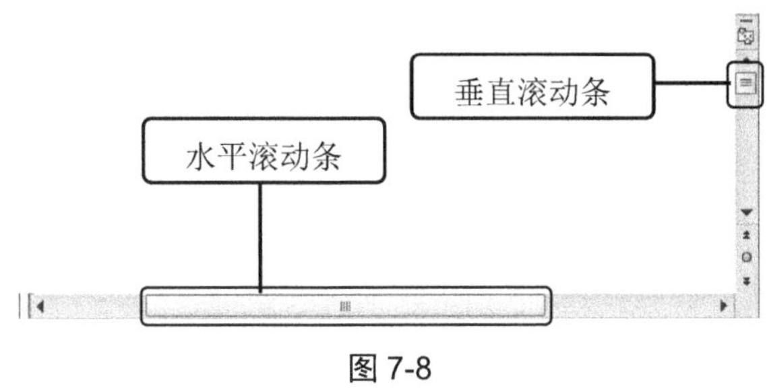

图 7-8

6. 状态栏

状态栏位于窗口左下方，用于显示当前单元格以及编辑区的状态，如图 7-9 所示。

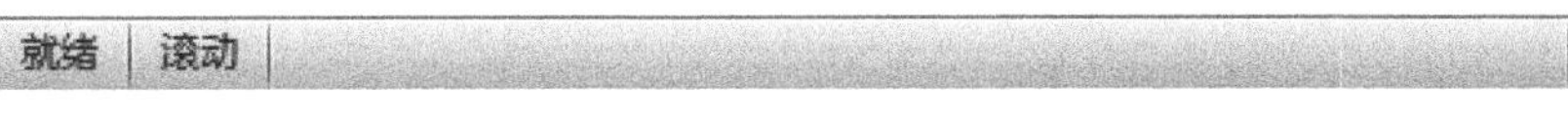

图 7-9

7. 工作表切换区

工作表切换区位于 Excel 2010 编辑区左下方，其中包括工作表切换按钮和工作表标签两部分，如图 7-10 所示。

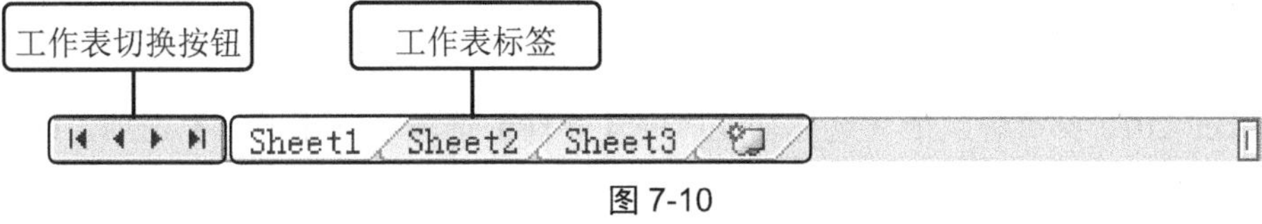

图 7-10

8. 缩放滑块

缩放滑块位于窗口右下方，用于调整编辑区的显示比例。拖动滑块即可进行设置编辑区显示比例大小，如图 7-11 所示。

图 7-11

7.1.3 退出 Excel 2010

如果准备不再使用 Excel 2010，可以选择退出程序，以节省系统资源。退出 Excel 2010 常用的方法有 3 种，下面分别予以介绍。

1. 单击关闭按钮退出

在 Excel 2010 窗口中，单击标题栏中的【关闭】按钮 ✕ ，即可快速地退出 Excel 2010，如图 7-12 所示。

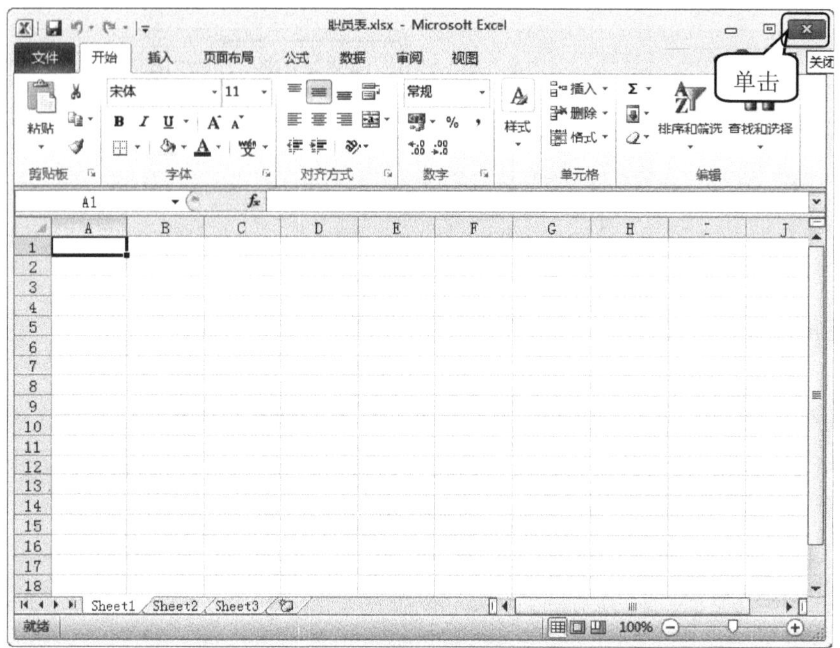

图 7-12

2. 通过文件选项卡退出

在 Excel 2010 窗口中，依次选择功能区中【文件】选项卡→【退出】选项，即可退出 Excel 2010，如图 7-13 所示。

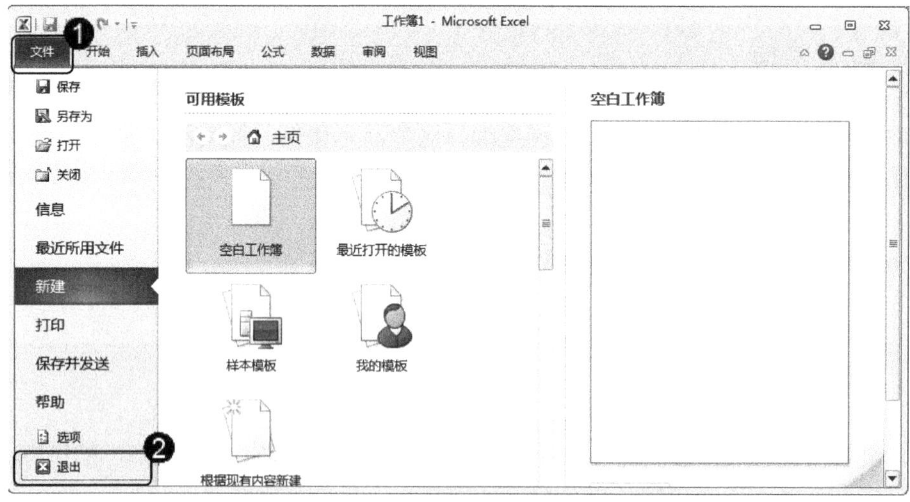

图 7-13

3. 单击程序图标退出

在 Excel 2010 窗口中，单击快速访问工具栏中的程序图标，在弹出的菜单中，选择【关闭】菜单项，即可退出 Excel 2010，如图 7-14 所示。

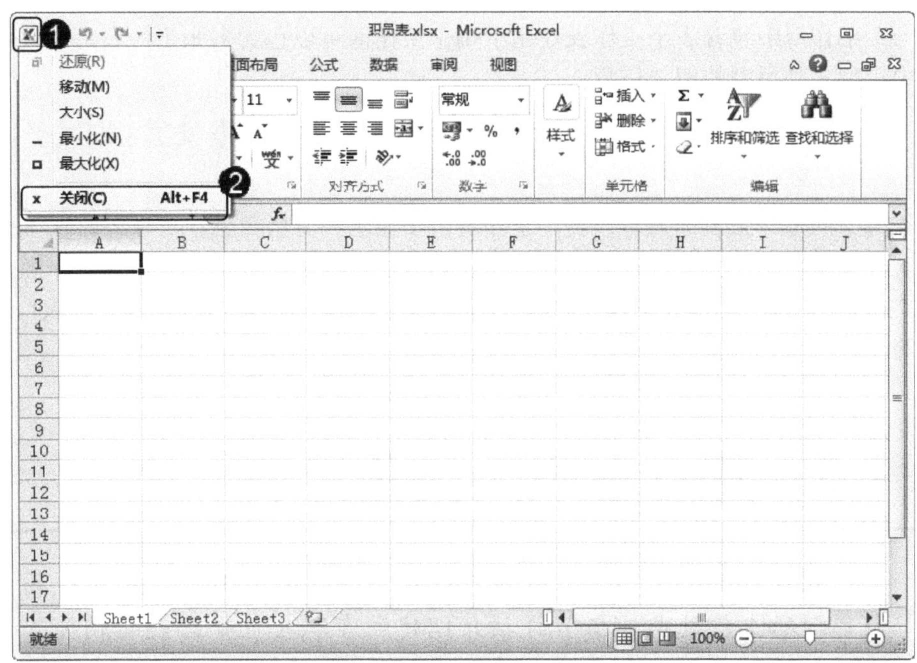

图 7-14

7.1.4 Excel 2010 文档格式概述

在 Excel 2010 中，文档格式包括 Excel 工作簿、Excel 工作簿(代码)、Excel 二进制工作簿、模板和模板(代码)几种，如表 7-1 所示。

表 7-1

格 式	扩 展 名	说 明
Excel 工作簿	.xlsx	Excel 2010 和 Excel 2007 默认的基于 XML 的文件格式
Excel 工作簿(代码)	.xlsm	Excel 2010 和 Excel 2007 基于 XML 和启用宏的文件格式
Excel 二进制工作簿	.xlsb	Excel 2010 和 Excel 2007 的二进制文件格式
模板	.xltx	Excel 2010 和 Excel 2007 的 Excel 模板默认的文件格式
模板(代码)	.XLTM	Excel 模板 Excel 2010 和 Excel 2007 启用宏的文件格式

7.1.5 工作簿和工作表之间的关系

在 Excel 中工作簿和工作表之间的关系为包含与被包含的关系，即工作簿包含工作表，通常一个工作簿默认包含 3 张工作表，用户可以根据需要进行增删，但最多不能超过 255 个，最少不能低于 1 个。

1. 工作簿

工作簿是在 Excel 中用来保存并处理工作数据的文件，它的扩展名是.xls。在 Microsoft Excel 中，工作簿是处理和存储数据的文件。一个工作簿最多可以包含 255 张工作表。默认情况下一个工作簿中包含 3 个工作表。由于每个工作簿可以包含多张工作表，因此可在一个文件中管理多种类型的相关信息。

2. 工作表

工作簿中的每一张表称为工作表，工作表用于显示和分析数据。可以同时在多张工作表上输入并编辑数据，并且可以对不同工作表的数据进行汇总计算。只包含一个图表的工作表是工作表的一种，称图表工作表。每个工作表与一个工作标签相对应，如 Sheet1、Sheet2、Sheet3 等。

7.2 建立在职人员登记表

在日常办公中，建立一份在职人员登记表，能够大大地提高人力资源部门的工作效率。本节详细介绍建立在职人员登记表的相关知识。

7.2.1 新建在职人员工作簿

在职人员工作簿大致包括编号、姓名、文化程度、职位、联系电话和户口所在地等相关信息，下面介绍新建在职人员工作簿的具体操作方法。

素材文件 无

效果文件 第 7 章\效果文件\职员表.xlsx

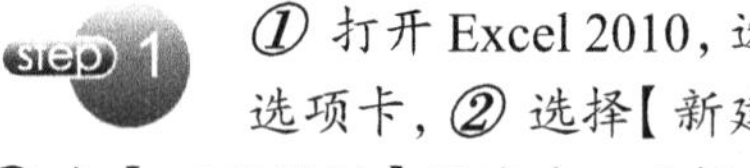

① 打开 Excel 2010，选择【文件】选项卡，② 选择【新建】菜单项，③ 在【可用模板】区域中，选择【空白工作簿】选项，④ 单击【创建】按钮，如图 7-15 所示。

可以看到已经新建完成空白工作簿，如图 7-16 所示。

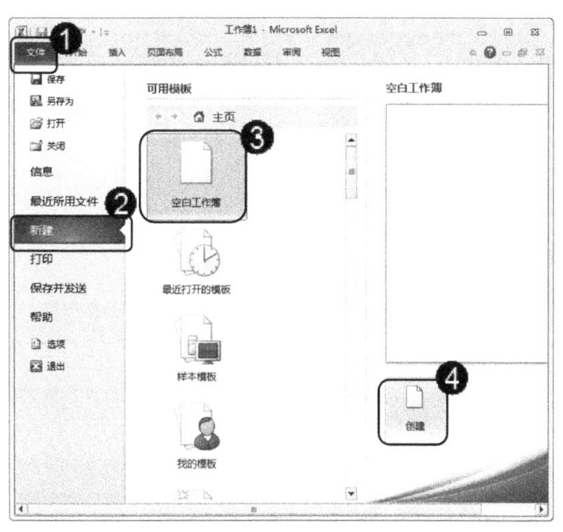

图 7-15

step 3 在编辑区单元格内，分别输入准备应用的内容，例如编号、姓名、文化程度、职位、联系电话和户口所在地等，如图 7-17 所示。

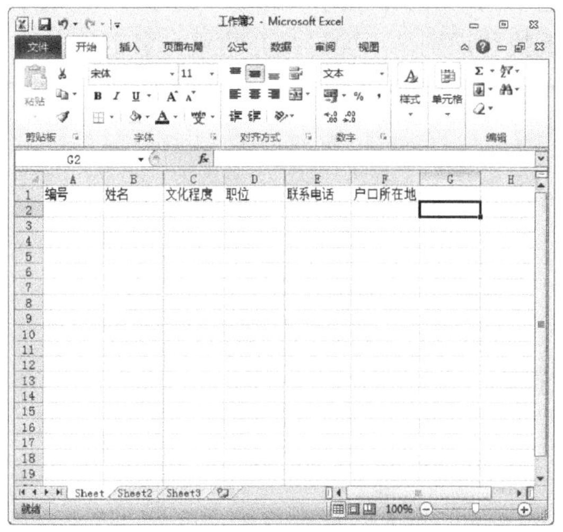

图 7-17

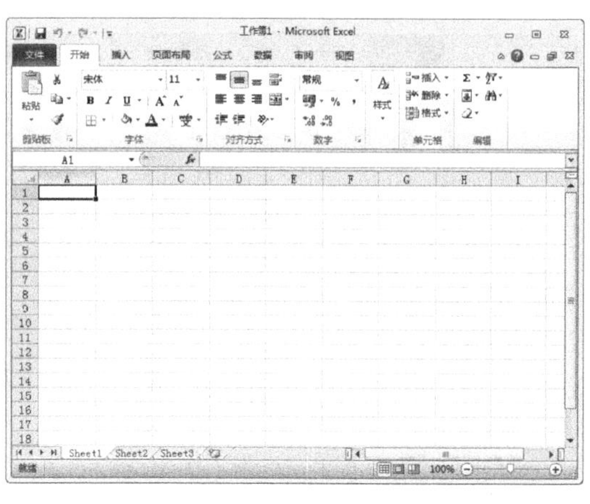

图 7-16

step 4 在编辑区内，对应编号、姓名、文化程度、职位、联系电话和户口所在地等进行在职员工信息录入，这样即可完成新建在职人员工作簿的操作，如图 7-18 所示。

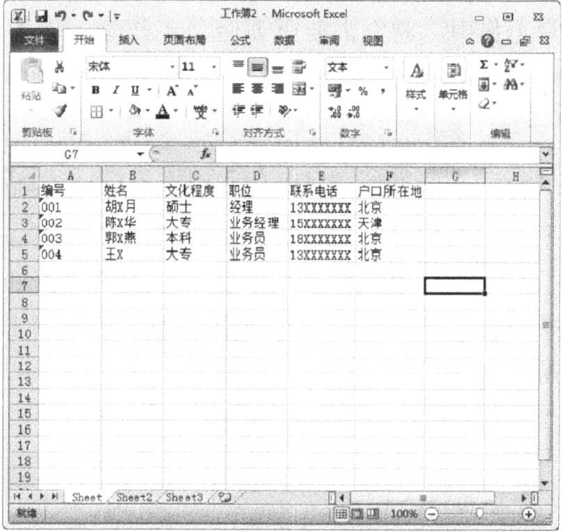

图 7-18

7.2.2 选择与命名工作表

如果准备在工作表中进行数据分析处理工作，首先要选择一张工作表，为了区分与识别工作表，可以将工作表重命名，下面详细介绍选择与命名工作表的操作方法。

1. 选择工作表

在 Excel 2010 中，默认创建有 3 张工作表，显示在编辑区的左下方。单击准备使用的工作表标签即可选择该标签，被选择的标签表现为活动工作表，如图 7-19 所示。

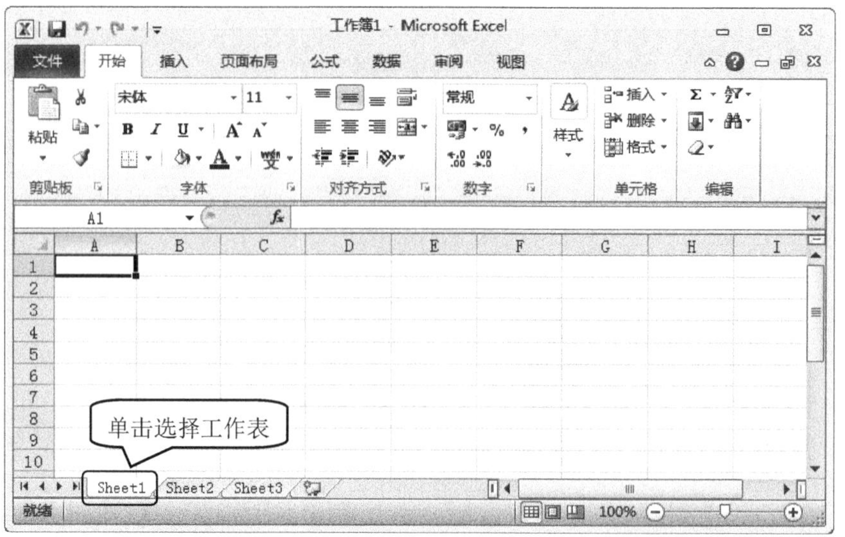

图 7-19

2. 命名工作表

在 Excel 2010 工作簿中，工作表默认名称通常为“Sheet+数字”，如“Sheet1”。在日常工作中，通常需要重新命名工作表，以便于查找和识别，下面详细介绍重命名工作表的操作方法。

素材文件 无

效果文件 第 7 章\效果文件\职员表.xlsx

step 1 ① 在准备重命名的工作表界面中，右击工作表标签，② 在弹出的快捷菜单中，选择【重命名】菜单项，如图 7-20 所示。

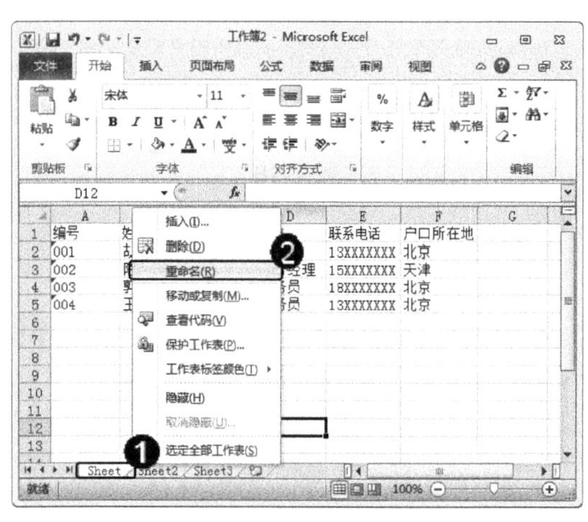

图 7-20

step 2 可以看到工作表标签名称显示为可编辑状态，如图 7-21 所示。

图 7-21

step 3 按下键盘上的 Delete 键，清除标签内文本，并输入准备使用的标签名称，如“在职人员”，并按下键盘上的 Enter 键，如图 7-22 所示。

图 7-22

step 4 可以看到，工作表标签名称已经改变，这样即可完成重命名工作表的操作，如图 7-23 所示。

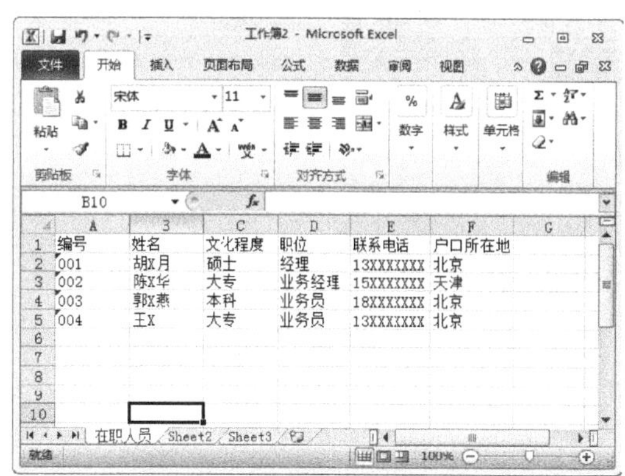

图 7-23

7.2.3 插入退休人员工作表

在使用 Excel 2010 软件分析处理数据时，如果用户需要更多的工作表，那么可以在工作簿中插入新的工作表。在一个工作簿中，工作表最多不能超过 255 个。下面以插入退休人员工作表为例，详细介绍插入工作表的操作方法。

素材文件 无

效果文件 第 7 章\效果文件\职员表.xlsx

step 1 在准备插入工作表的工作簿中，单击编辑区左下方的【插入工作表】按钮，如图 7-24 所示。

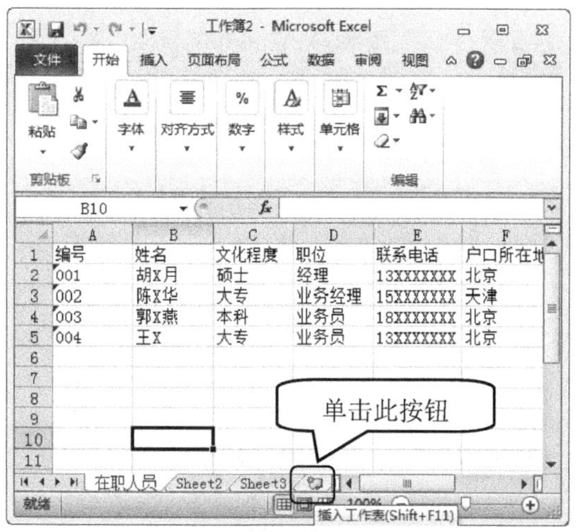

图 7-24

step 2 在工作表标签区域中，可以看到新插入的名为“Sheet4”的工作表标签，如图 7-25 所示。

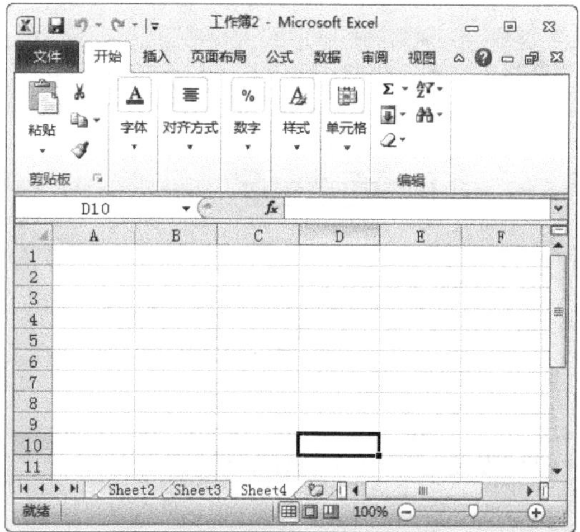

图 7-25

将新插入的“Sheet4”工作表标签，重命名为“退休人员”，如图 7-26 所示。

step 4 将退休人员的相关信息录入在工作表中，这样即可完成插入退休人员工作表的操作，如图 7-27 所示。

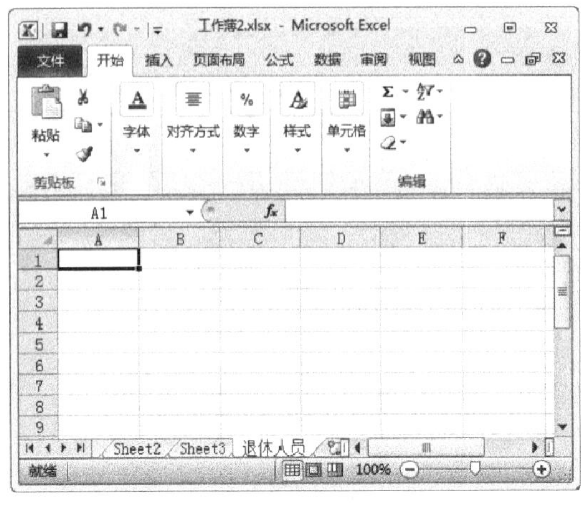

图 7-26

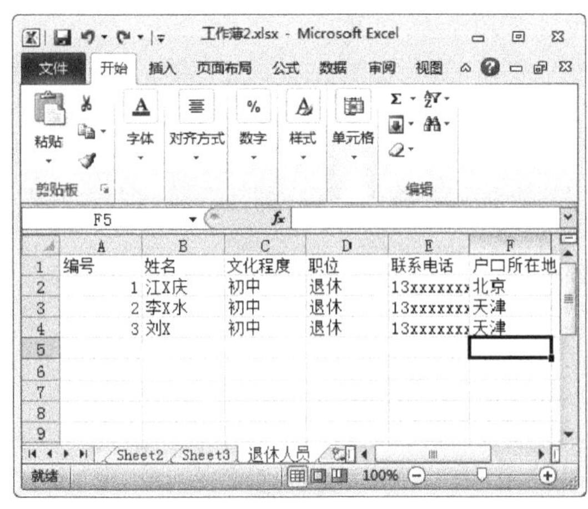

图 7-27

7.2.4 删除工作表

在 Excel 2010 工作簿中，如果有不再使用的工作表，可以选择将其删除以节省计算机资源，下面详细介绍删除工作表的操作方法。

素材文件 无

效果文件 第 7 章\效果文件\职员表.xlsx

step 1 ① 在工作表标签区域中，右击准备删除的工作表标签，② 在弹出的快捷菜单中，选择【删除】菜单项，如图 7-28 所示。

step 2 可以看到在工作簿中，不需要使用的工作表已经被删除，这样即可完成删除工作表的操作，如图 7-29 所示。

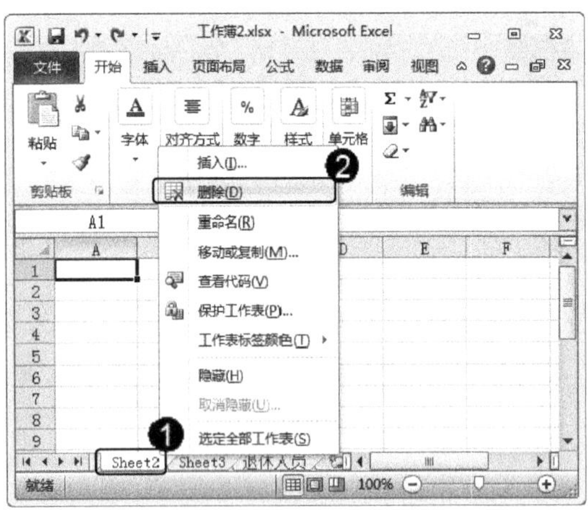

图 7-28

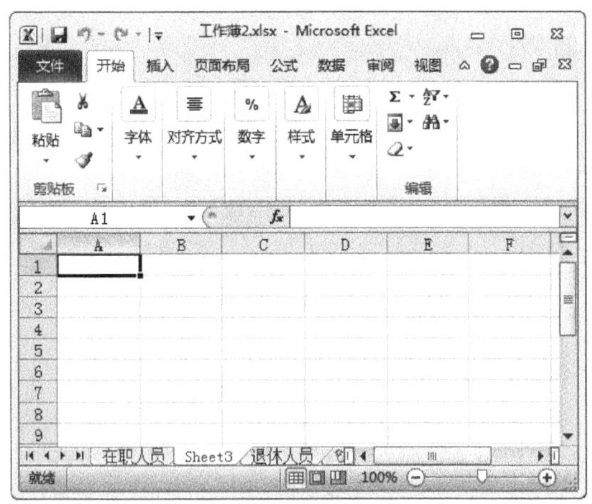

图 7-29

7.2.5　保存与打开工作簿

在工作簿编辑完成后可以将其保存在计算机中，以方便查看或再次使用。保存后的工作簿如果需要再次编辑或者查看，可以在计算机中将其打开，下面详细介绍保存与打开工作簿的操作方法。

1. 保存工作簿

在工作簿编辑完成后，需要将其保存，以防止数据丢失，在保存的时候要留意文件保存的位置，以方便日后查找，下面详细介绍保存工作簿的操作方法。

素材文件：无

效果文件：第 7 章\效果文件\职员表.xlsx

step 1　① 在工作簿编辑完成后，选择【文件】选项卡，② 选择【保存】选项，如图 7-30 所示。

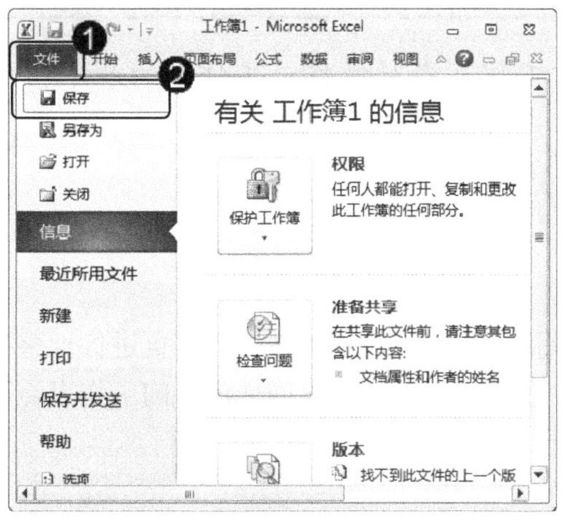

图 7-30

step 2　① 弹出【另存为】对话框，选择工作簿保存位置，② 在【文件名】文本框中输入准备使用的工作簿名称，③ 单击【保存】按钮，如图 7-31 所示。

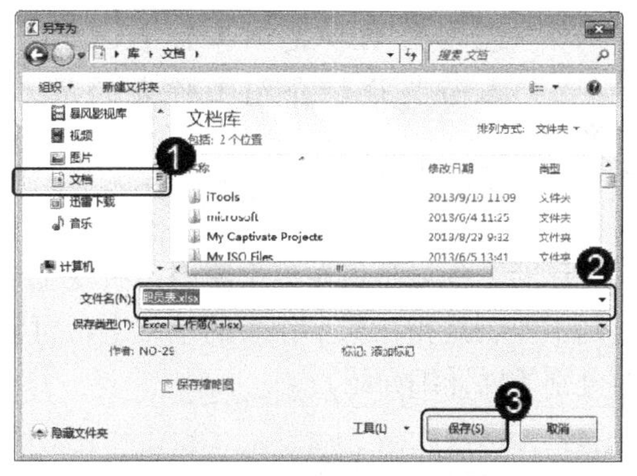

图 7-31

2. 打开工作簿

当工作簿保存完成后，需要再次编辑或者查看工作簿时，可以在工作簿保存的位置将其打开，下面以打开“职员表”为例，详细介绍打开工作簿的操作方法。

素材文件：无

效果文件：第 7 章\效果文件\职员表.xlsx

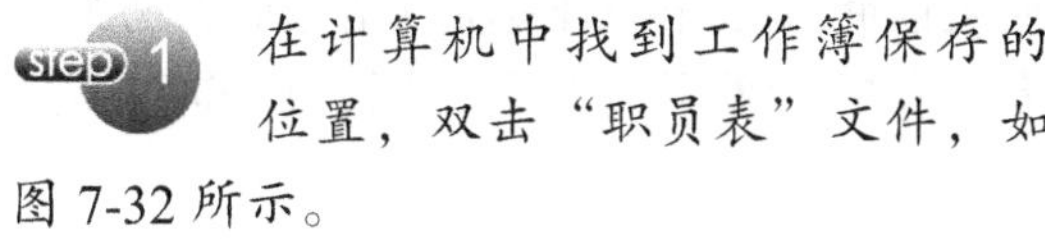

step 1　在计算机中找到工作簿保存的位置，双击“职员表”文件，如图 7-32 所示。

step 2　可以看到，Excel 2010 已经将“职员表”工作簿打开，如图 7-33 所示。

图 7-32

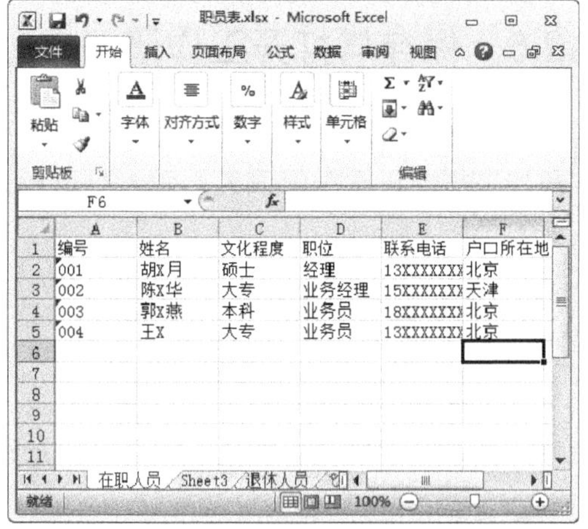

图 7-33

7.3 工作表的基本操作

在实际工作中，用户主要是对工作表进行操作，工作表的基本操作包括移动和复制工作表、设置工作表标签颜色、隐藏和显示工作表等。本节将详细介绍工作表的基本操作方法。

7.3.1 移动和复制工作表

移动工作表是指在工作簿中不改变工作表数量的情况下，将工作表的位置进行调整；复制工作表是指在原工作表的基础上，再创建一个与原工作表具有同样内容的工作表，下面分别予以详细介绍。

1. 移动工作表

在 Excel 2010 中，工作表都是按照一定顺序排列的，用户可以移动工作表至标签序列中的任何位置以方便查看，下面详细介绍移动工作表的操作方法。

素材文件 无

效果文件 第 7 章\效果文件\员工资料.xlsx

step 1 ① 在 Excel 2010 工作表界面，右击准备移动的工作表标签，② 在弹出的快捷菜单中，选择【移动或复制】菜单项，如图 7-34 所示。

step 2 ① 弹出【移动或复制工作表】对话框，在【下列选定工作表之前】列表框中，选择移动至选定工作表之前的工作表列表项，② 单击【确定】按钮，如图 7-35 所示。

图 7-34

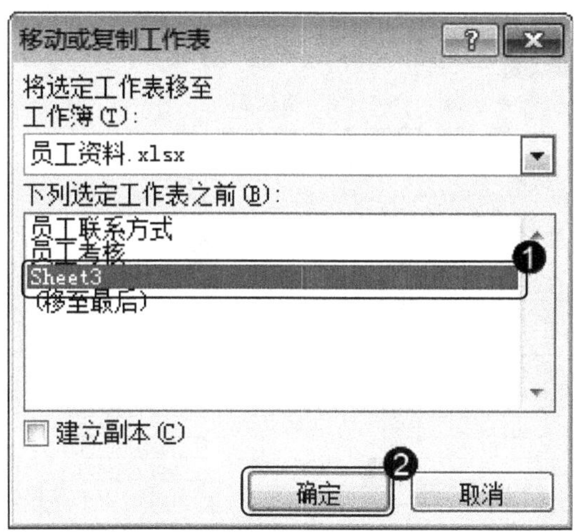

图 7-35

step 3 返回工作簿界面，可以看到工作表标签的排列顺序发生了改变，如图 7-36 所示。

图 7-36

智慧锦囊

把鼠标指针移动至准备移动的工作表标签上，沿水平方向拖动鼠标指针至工作表准备移动的目标位置，此时在目标位置会自动出现一个黑色的倒三角标志，表示可以插入工作表，释放鼠标左键即可完成移动工作表的操作。

2. 复制工作表

复制工作表是创建一个与指定工作表一样内容的工作表，可以将复制者看做是被复制者的副本工作表，下面详细介绍复制工作表的具体操作方法。

素材文件 无

效果文件 第 7 章\效果文件\员工资料.xlsx

step 1 ① 在 Excel 2010 工作表界面，右击准备复制的工作表标签，② 在弹出的快捷菜单中，选择【移动或复制】菜单项，如图 7-37 所示。

step 2 ① 弹出【移动或复制工作表】对话框，在【下列选定工作表之前】列表框中，选择准备复制的工作表标签，② 勾选【建立副本】复选框，③ 单击【确定】按钮，如图 7-38 所示。

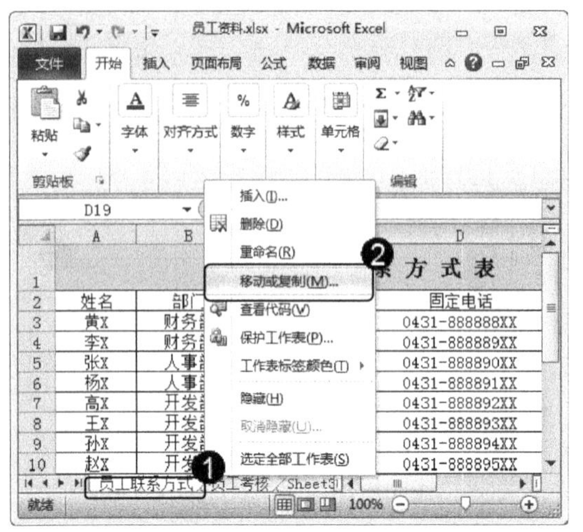

图 7-37

移动或复制工作表

将选定工作表移至

工作簿(T):

员工资料.xlsx

下列选定工作表之前(B):

员工考核

员工联系方式

Sheet3

(移至最后)

建立副本(C)

确定　取消

图 7-38

step 3 返回工作簿界面，可以看到【员工考核】标签已经被复制出一个名为【员工考核(2)】的标签，如图 7-39 所示。

图 7-39

智慧锦囊

把鼠标指针移动至准备复制的工作表标签上，按住键盘上的 Ctrl 键，沿水平方向拖动鼠标指针至工作表准备复制的目标位置，此时在目标位置会自动出现一个黑色的倒三角标志，表示可以复制工作表，释放鼠标左键即可完成复制工作表的操作。

7.3.2 设置工作表标签颜色

为工作表标签设置颜色，可以便于查找所需要的工作表，同时还可以将同类的工作表标签设置成同一个颜色，以区分类别，下面详细介绍设置工作表标签颜色的操作方法。

step 1 ① 在 Excel 2010 工作表界面，右击准备设置颜色的工作表标签，② 在弹出的快捷菜单中，选择【工作表标签颜色】菜单项，③ 在弹出的子菜单中，选择准备应用的颜色，如图 7-40 所示。

step 2 返回工作簿界面，可以看到工作表标签的颜色发生了改变，如图 7-41 所示。

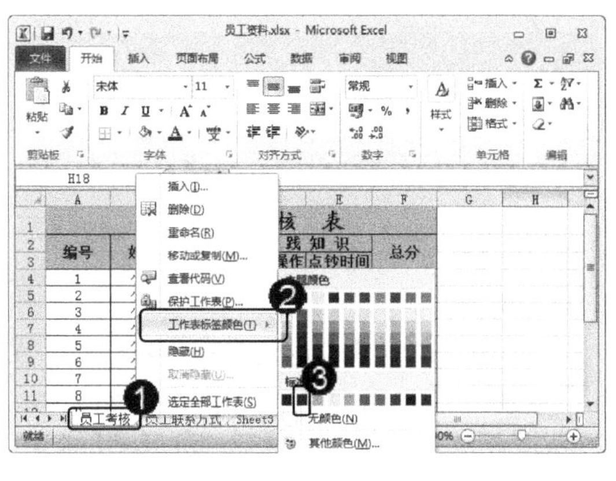

图 7-40

图 7-41

7.3.3 隐藏和显示工作表

在 Excel 2010 中，如果工作表过多，操作起来非常不方便，用户可以将不常用的工作表隐藏起来，等到需要使用时，再将其显示出来，下面分别予以详细介绍隐藏和显示工作表的具体操作方法。

1. 隐藏工作表

在一个工作簿内通常会有多张工作表，把不常用的工作表隐藏起来，可以方便查找常用的工作表以提高工作效率，下面详细介绍隐藏工作表的操作方法。

素材文件 无

效果文件 第 7 章\效果文件\员工资料.xlsx

① 使用右击准备隐藏的工作表标签，② 在弹出的快捷菜单中，选择【隐藏】菜单项，如图 7-42 所示。

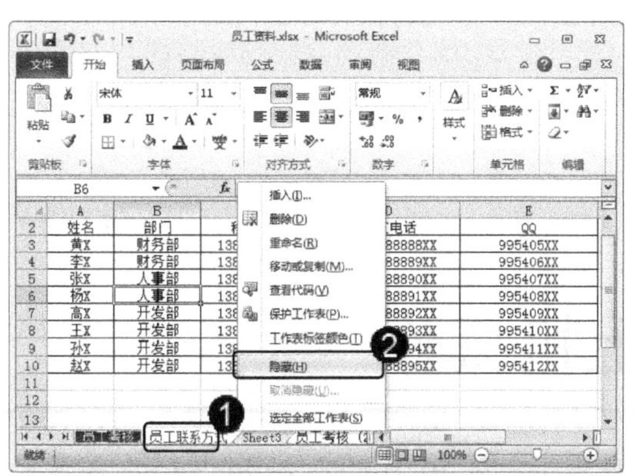

图 7-42

返回工作簿界面，可以看到选中的工作表标签已经消失，如图 7-43 所示。

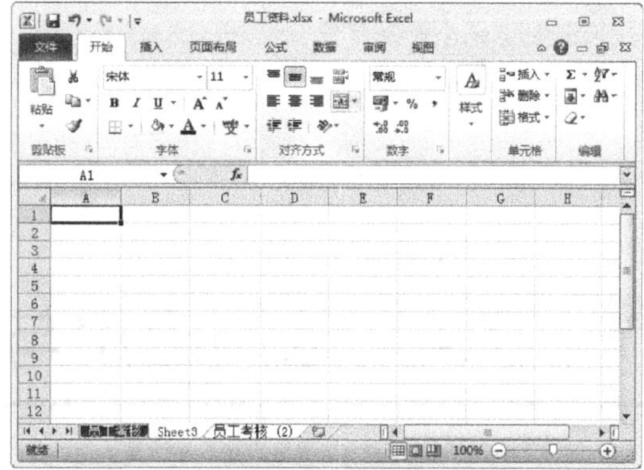

图 7-43

2. 显示工作表

如果想再次使用或者编辑已经隐藏的工作表，可以取消其隐藏让工作表显示出来，下面详细介绍显示工作表的操作方法。

素材文件 无
效果文件 第 7 章\效果文件\员工资料.xlsx

① 右击任意的工作表标签，② 在弹出的快捷菜单中，选择【取消隐藏】菜单项，如图 7-44 所示。

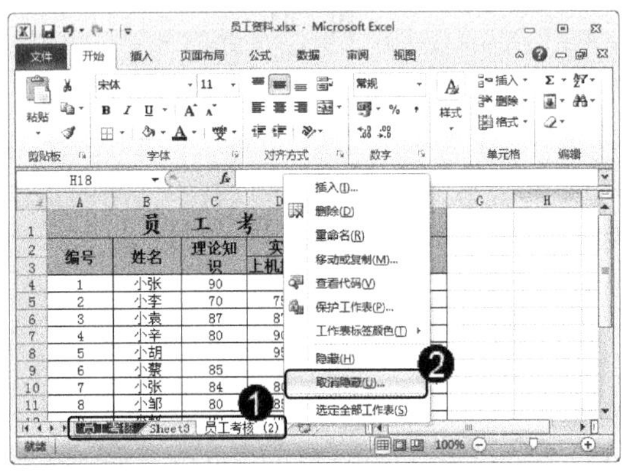

图 7-44

返回工作簿界面，可以看到被隐藏的工作表标签已经显示出来，如图 7-46 所示。

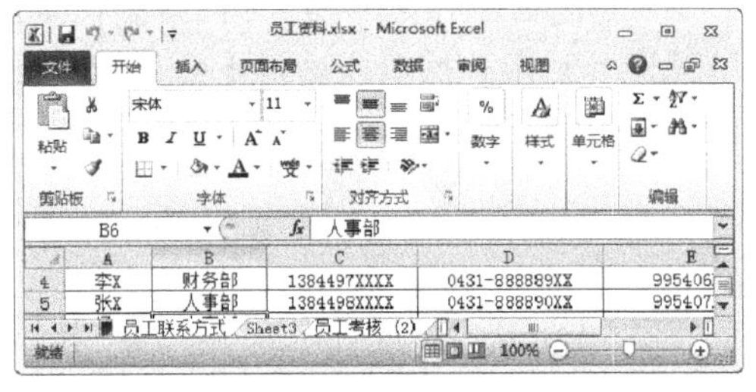

图 7-46

① 弹出【取消隐藏】对话框，在【取消隐藏工作表】列表框中，选择准备显示的工作表标签，② 单击【确定】按钮，如图 7-45 所示。

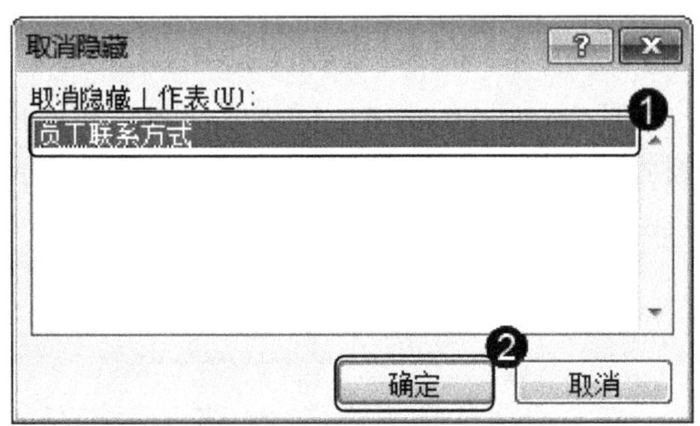

图 7-45

智慧锦囊

显示工作表的时候，在【取消隐藏工作表】列表框中，不能同时选择多个工作表标签，如果需要显示多个工作表标签，重复使用显示工作表的操作步骤即可。

7.4 范例应用与上机操作

通过本章的学习，读者可以掌握 Excel 2010 的基础知识和基本操作方法。下面通过两个练习，以达到巩固学习、拓展提高的目的。

7.4.1 应用模板建立销售报表

报表是管理销售人员的销售动向和销售目的性的有效管理方式之一，销售报表可作为拟定现在到将来推销计划的基础，也是领导依此发出指令的依据。下面详细介绍应用模板建立销售报表的操作方法。

素材文件 无

效果文件 第7章\效果文件\销售报表.xlsx

step 1 ① 启动 Excel 2010，选择【文件】选项卡，② 选择【新建】菜单项，③ 在【可用模板】区域中，单击【样本模板】按钮，如图 7-47 所示。

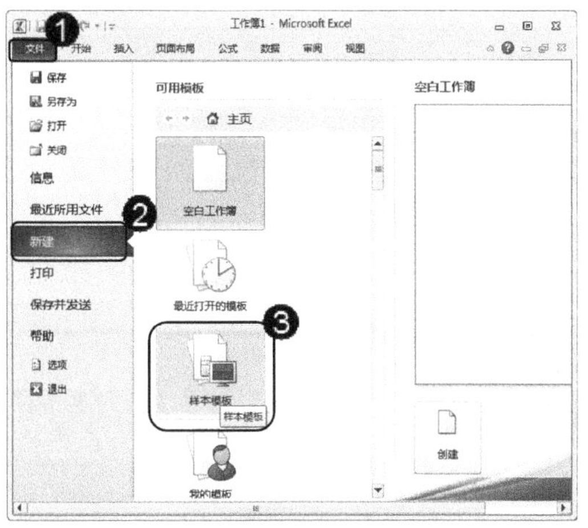

图 7-47

step 3 返回工作簿界面，可以看到创建完成的销售报表，如图 7-49 所示。

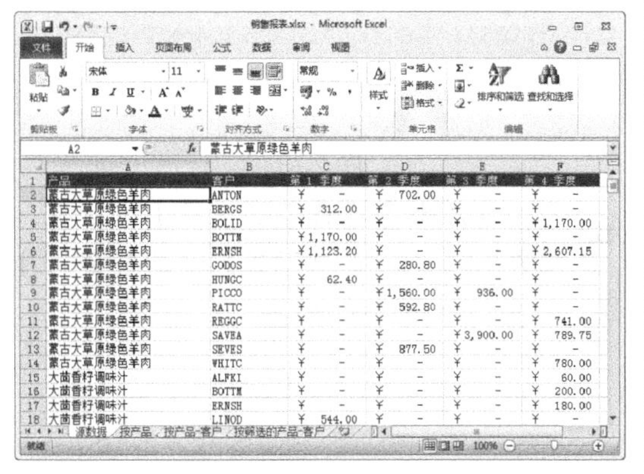

图 7-49

step 2 ① 进入【样本模板】界面，选择【销售报表】模板，② 单击【创建】按钮，如图 7-48 所示。

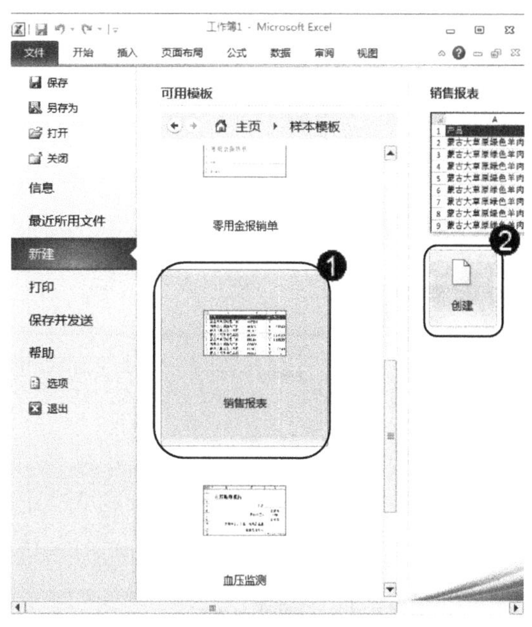

图 7-48

智慧锦囊

在创建销售报表时，需要注意，日常登记、账簿查询、往来款项管理，是销售报表的基本构成。

7.4.2 应用模板建立会议议程

会议议程就是为使会议顺利召开所做的内容和程序工作，是会议需要遵循的程序。下面详细介绍应用模板建立会议议程的操作方法。

素材文件 无

效果文件 第7章\效果文件\会议议程.xlsx

① 启动 Excel 2010，选择【文件】选项卡，② 选择【新建】菜单项，③ 在【可用模板】区域中，单击【会议议程】按钮，如图 7-50 所示。

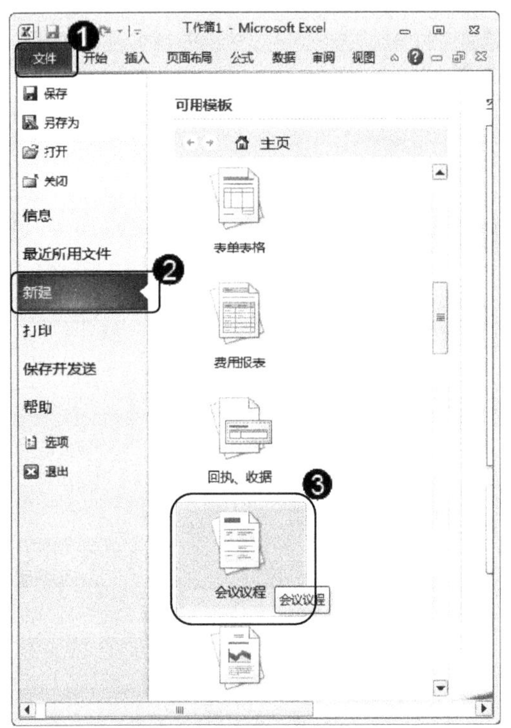

图 7-50

进入【正在搜索 Office.com】界面，显示正在搜索“会议议程”相关模板，如图 7-51 所示。

图 7-51

step 3

① 经过一段时间的等待，在【会议议程】区域中，显示所有查找到的有关会议议程的模板，选择准备使用的模板，例如“可调整的会议日程”，② 单击【下载】按钮，如图 7-52 所示。

弹出【正在下载模板】对话框，显示“正在下载：可调整会议日程”信息，如图 7-53 所示。

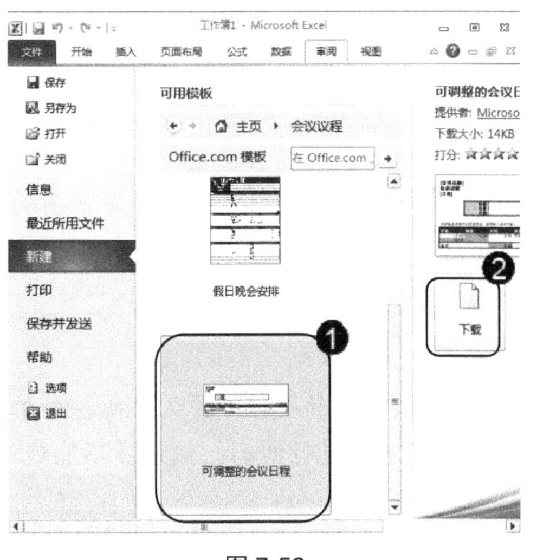

图 7-52

图 7-53

step 5 经过一段时间的等待，可以看到已经创建好的会议议程，如图 7-54 所示。

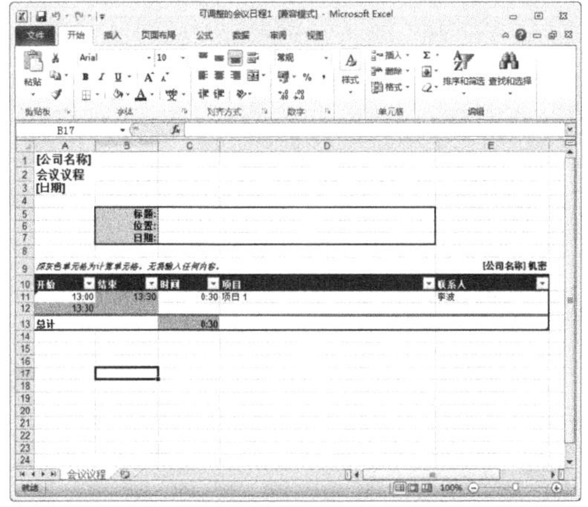

图 7-54

7.5 课后练习

7.5.1 思考与练习

一、填空题

1. ____________是 Microsoft 公司推出的一款数据分析处理软件，是微软办公软件套装的一个重要组成部分。

2. Excel 2010 工作界面是由标题栏、____________、功能区、______、滚动条、状态栏、工作表切换区和缩放滑块组成。

3. 工作表的基本操作包括移动和复制工作表、________________、隐藏和显示工作表等。

4. 在 Excel 2010 中，如果工作表过多，操作起来非常不方便，用户可以将不常用的工作表______起来，等到需要使用时，再将其______出来。

二、判断题

1. 在 Excel 中工作簿和工作表之间的关系为包含与被包含的关系，即工作簿包含工作表，通常一个工作簿默认包含 3 张工作表，用户可以根据需要进行增删，但最多不能超过 255 个，最少不能低于 1 个。( )

2. 在 Excel 2010 工作簿中，如果有不再使用的工作表，可以选择将其隐藏，以节省计算机资源。( )

3. 移动工作表是指在工作簿中不改变工作表数量的情况下，将工作表的位置进行调整；复制工作表是指在原工作表的基础上，再创建一个与原工作表具有不同内容的工作表。( )

4. 为工作表标签设置颜色，可以便于查找所需要的工作表，同时还可以将同类的工作表标签设置成同一个颜色。( )

三、思考题

1. 退出 Excel 2010 软件的方法有几种？分别是什么？
2. 什么是工作簿？
3. 什么是工作表？

7.5.2 上机操作

1. 启动 Excel 2010 软件，通过本章学习的相关知识，练习创建一份学生学习成绩工作簿。效果文件可参考“配套素材\第 7 章\效果文件\学生成绩.xlsx”。

2. 启动 Excel 2010 软件，通过本章学习的相关知识，练习设置“一年级”标签为蓝色。效果文件可参考“配套素材\第 7 章\效果文件\学生成绩.xlsx”。

第 8 章

输入与编辑电子表格数据

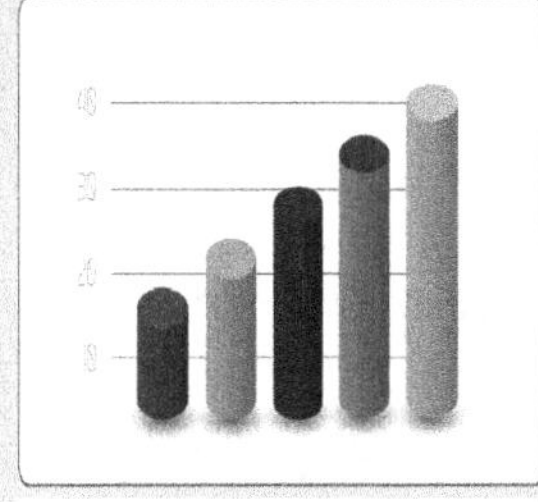

本章主要介绍认识数据类型、输入在职人员登记表数据方面的知识与技巧，同时还讲解了自动填充功能、编辑表格数据和设置数据有效性等的操作方法。通过本章的学习，读者可以掌握输入与编辑电子表格数据方面的知识，为深入学习 Office 2010 奠定基础。

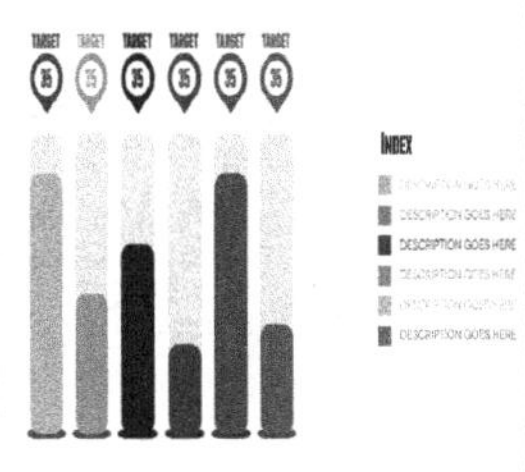

范例导航

1. 认识数据类型
2. 输入在职人员登记表数据
3. 自动填充功能
4. 编辑表格数据
5. 设置数据有效性

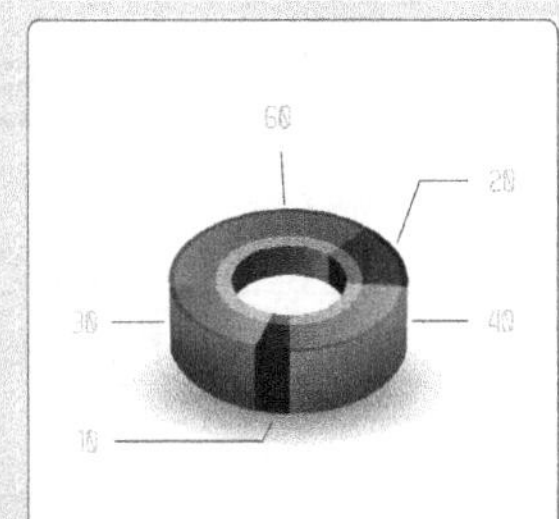

8.1 认识数据类型

在使用 Excel 2010 的过程中，用户首先需要了解数据的各种类型，如“数值”、“文本”和“日期和时间”等，以方便用户在日常工作中编辑数据。本节将重点介绍认识数据类型方面的相关知识。

8.1.1 数值

数值是指由阿拉伯数字 0、1、2、3、4、5、6、7、8、9 和+、—、()、！、%、$、E、e 等字符组成，Excel 将忽略在数值前输入的正号(+)。E 或 e 为科学计数法的标记，表示以 10 为幂次的数。输入到单元格的内容如果被识别为数值，则系统采用右对齐方式，否则不是数值，如图 8-1 所示。

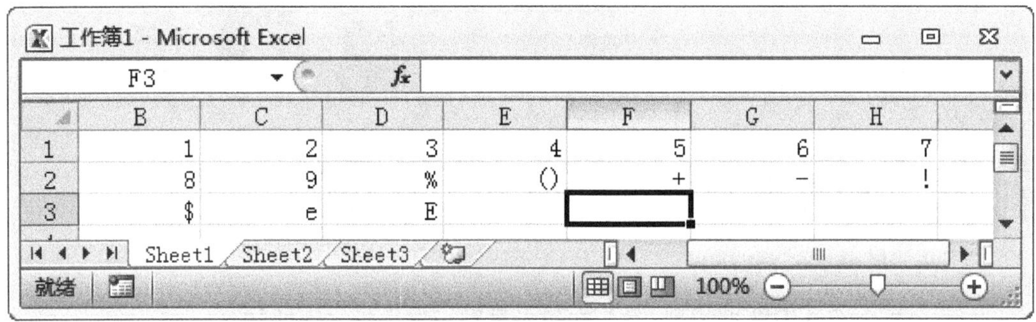

图 8-1

8.1.2 文本

文本可以是数字、字符或数字与字符的结合，在 Excel 2010 工作簿中，只要不是数值、日期、时间、公式相关的值，Excel 2010 工作簿默认是文本而不是数值，在单元格中，所有的文本均为左对齐，并且一个单元格最多可以输入 32 767 个字符，如图 8-2 所示。

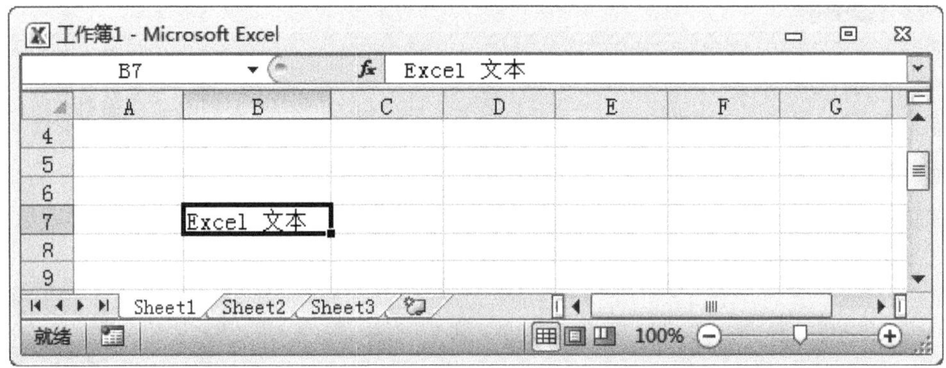

图 8-2

8.1.3 日期和时间

在 Excel 2010 中，日期和时间是一种特殊的数据类型。在工作簿中，日期和时间以数字的形式储存，根据单元格的格式决定日期的显示方式。

1. 输入日期

在 Excel 2010 中输入日期时，应按日期的正确形式输入，常用“/”或“-”分割年、月、日部分，如在单元格中输入“2013-01-04”、“2013/01/04”、“2013 年 01 月 04 日”和“二○一三年一月四日”等，如图 8-3 所示。

*2001/3/14
*2001年3月14日
二〇〇一年三月十四日
二〇〇一年三月
三月十四日
2001年3月14日
2001年3月

图 8-3

2. 输入时间

在 Excel 2010 中输入时间时，时、分、秒之间用“：”符号间隔，上午时间末尾加 AM，下午时间末尾加 PM，如“10：45：20 AM”和“23：01：03 PM”，如图 8-4 所示。

图 8-4

在 Excel 2010 中输入日期和时间的过程中应注意的是，“*”号开头的日期和时间，响应操作系统特定的区域时间和日期设置的更改，不带“*”号的日期和时间不受操作系统设置的影响。

8.2 输入在职人员登记表数据

在使用 Excel 2010 的过程中，用户掌握数据的各种类型后即可在工作簿、工作表中添加各种文本、数值、日期和时间等数据。本节将重点介绍输入在职人员登记表数据方面的知识与操作方法。

8.2.1 输入文本

在使用 Excel 2010 编辑表格的过程中，输入文本是最基本的操作，下面以“职员表”素材为例，详细介绍输入文本的操作。

1. 直接输入人员姓名

在 Excel 2010 中输入文本的方法多种多样，用户可以通过编辑栏输入文本，也可以在单元格中输入文本，下面以“在单元格中输入文本”方式为例，介绍在“职员表”素材中直接输入人员姓名的操作。

step 1 打开素材表格，单击准备输入人员姓名的单元格，如“B6”，如图 8-5 所示。

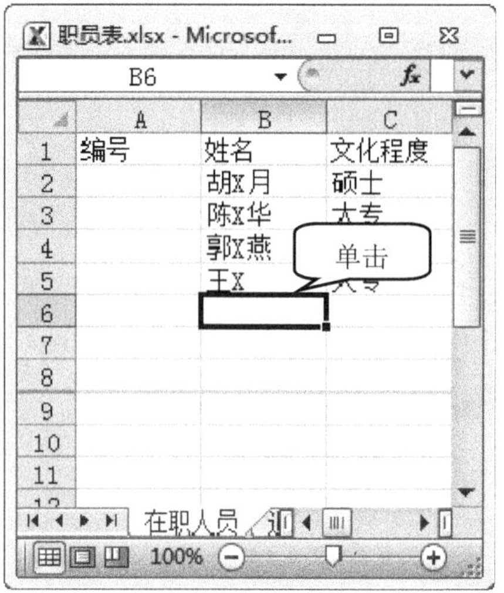

图 8-5

step 2 在选中的单元格中输入文本，如图 8-6 所示。通过上述方法即可完成直接输入人员姓名的操作。

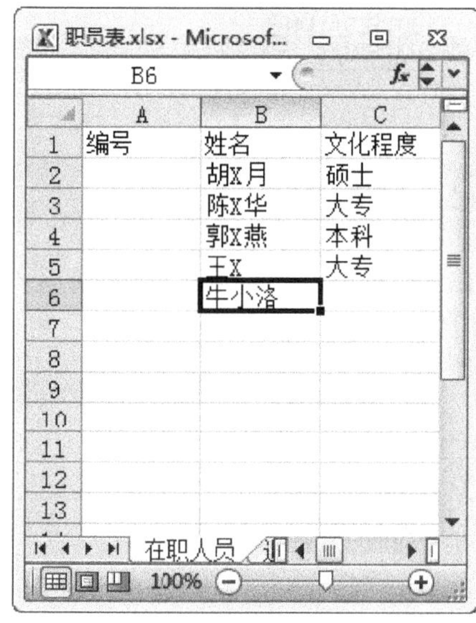

图 8-6

2. 在编辑栏中输入学历

在 Excel 2010 中，在编辑栏中输入文本也是常见的编辑表格方式，下面以“职员表”素材为例，介绍在编辑栏中输入学历的操作。

打开素材表格，单击准备输入学历的单元格，如“C6”，如图 8-7 所示。

step 2 ① 在【编辑栏】文本框中输入文本，② 在“C6”单元格中，显示输入结果，如图 8-8 所示。通过上述方法即可完成直接输入学历的操作。

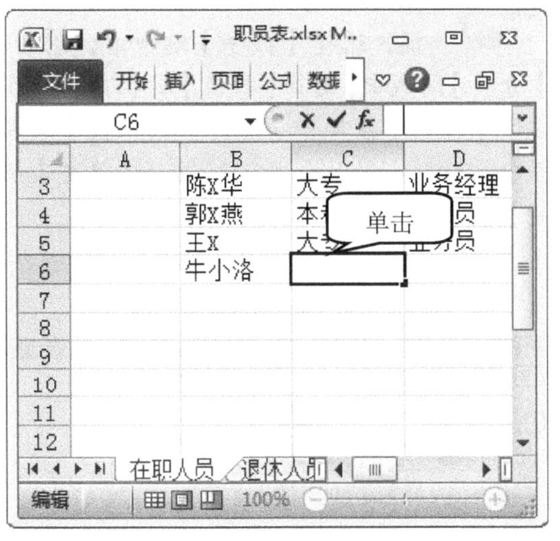

图 8-7

图 8-8

8.2.2 输入数值

在 Excel 2010 中用户常常需要填充数值型数据，如普通数值、小数型数值、自定义数值和输入各种符号，方便用户编辑表格，下面以“职员表”素材为例，介绍输入数值的操作方法。

1. 普通数值

双击准备输入普通数值的单元格，然后在该单元格中输入准备输入的数值，如“13”，然后在键盘上按下 Enter 键，这样即可完成输入普通数值的操作，如图 8-9 所示。

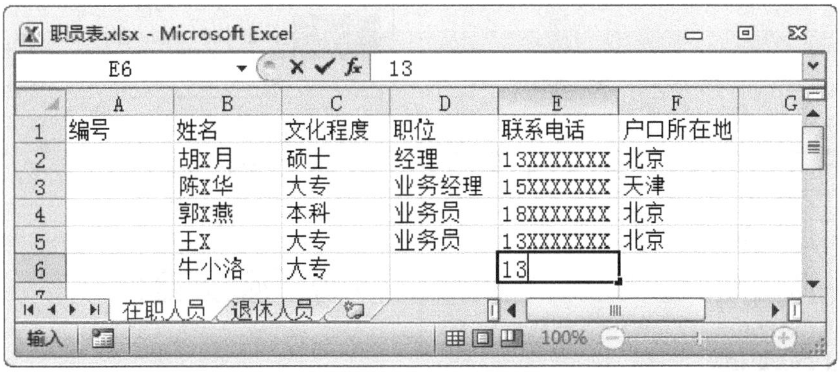

职员表.xlsx - Microsoft Excel

E6 13

	A	B	C	D	E	F
1	编号	姓名	文化程度	职位	联系电话	户口所在地
2		胡X月	硕士	经理	13XXXXXXX	北京
3		陈X华	大专	业务经理	15XXXXXXX	天津
4		郭X燕	本科	业务员	18XXXXXXX	北京
5		王X	大专	业务员	13XXXXXXX	北京
6		牛小洛	大专		13	

在职人员 退休人员 输入 100%

图 8-9

2. 小数型数值

在 Excel 2010 中，用户输入小数型数值的过程中可以调整小数的位数，使得到的数值更为精准。

step 1 ① 打开素材表格，右击准备输入小数数值的单元格，如“G6”，② 在弹出的快捷菜单中，选择【设置单元格格式】菜单项，如图 8-10 所示。

图 8-10

step 2 ① 弹出【设置单元格格式】对话框，选择【数字】选项卡，② 在【分类】区域中，选择【数值】菜单项，③ 在右侧【示例】区域中，在【小数位数】文本框中，输入小数位数如“3”，④ 单击【确定】按钮，如图 8-11 所示。

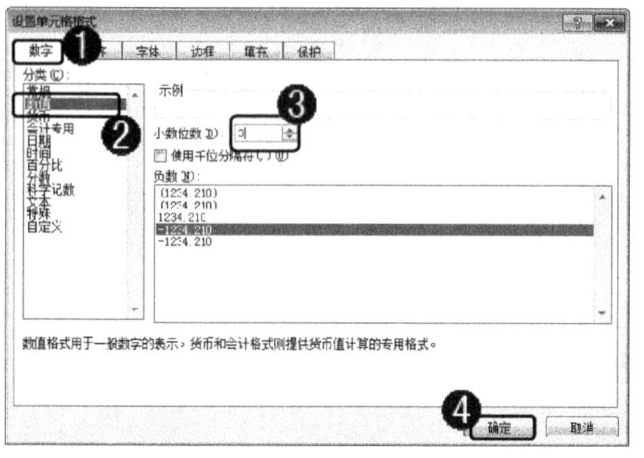

图 8-11

step 3 返回到工作簿中，在选中的单元格中输入数值，如“3058.6984”，然后在键盘上按下 Enter 键，确认输入的数值，如图 8-12 所示。

图 8-12

step 4 确认输入的数值后，用户可以看到单元格中的小数值只保留 3 位，末尾的小数值被四舍五入约掉了，如图 8-13 所示。通过上述方法即可完成输入小数型数值的操作。

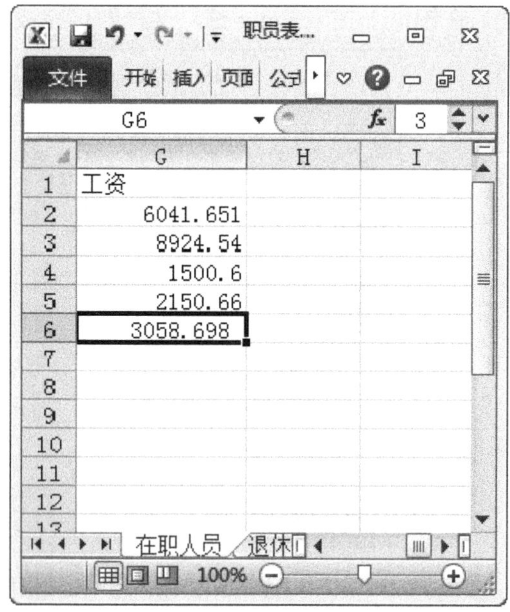

图 8-13

3. 自定义数值

在 Excel 2010 中，用户还可以运用自定义数值的操作，设置数值的不同格式，下面以“职员表”素材为例，介绍输入自定义数值的操作。

step 1 ① 打开素材表格，右击准备输入自定义数值的单元格，如“H2”，② 在弹出的快捷菜单中，选择【设置单元格格式】菜单项，如图 8-14 所示。

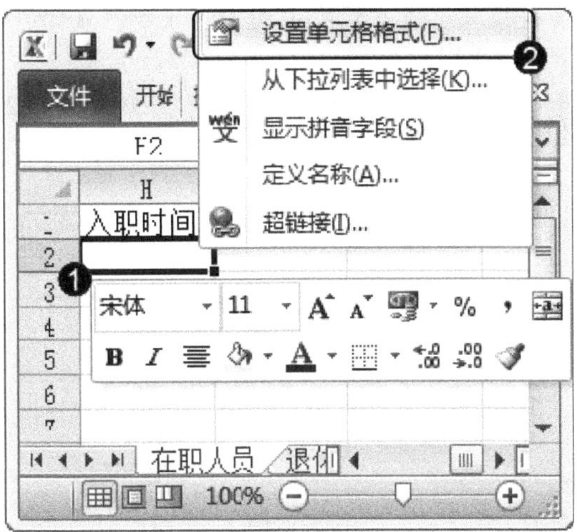

图 8-14

step 2 ① 弹出【设置单元格格式】对话框，选择【数字】选项卡，② 在【分类】区域中，选择【自定义】菜单项，③ 在右侧【类型】下拉列表框中，选择准备应用的自定义数值样式，④ 单击【确定】按钮，如图 8-15 所示。

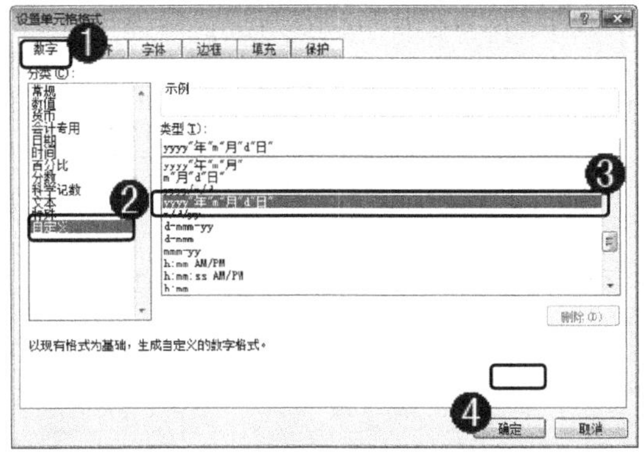

图 8-15

step 3 返回到工作簿中，在选中的单元格中输入数值，如“2013/09/27”，然后在键盘上按下 Enter 键，确认输入的数值，如图 8-16 所示。

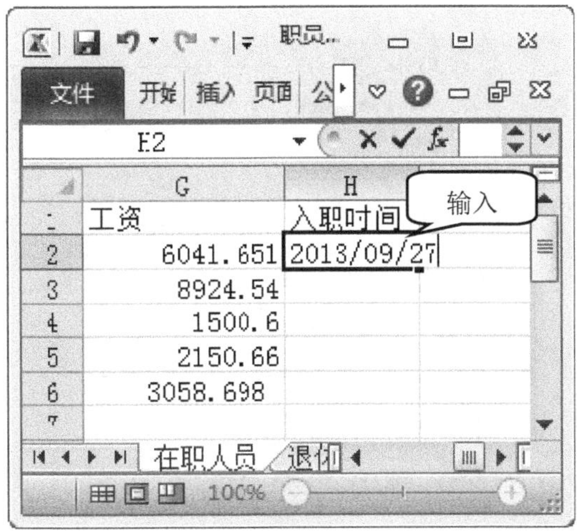

图 8-16

step 4 确认输入的数值后，用户可以看到单元格中的数值变成了自定义的样式，如图 8-17 所示。通过上述方法即可完成输入自定义数值的操作。

图 8-17

4. 输入符号

在 Excel 2010 中，用户还可以在工作簿中添加各种符号，以满足用户的编辑需求，下面以“职员表”素材中添加货币符号为例，介绍输入符号的操作。

step 1 ① 打开素材表格，右击准备输入货币符号的单元格，如“G2”，② 在弹出的快捷菜单中，选择【设置单元格格式】菜单项，如图 8-18 所示。

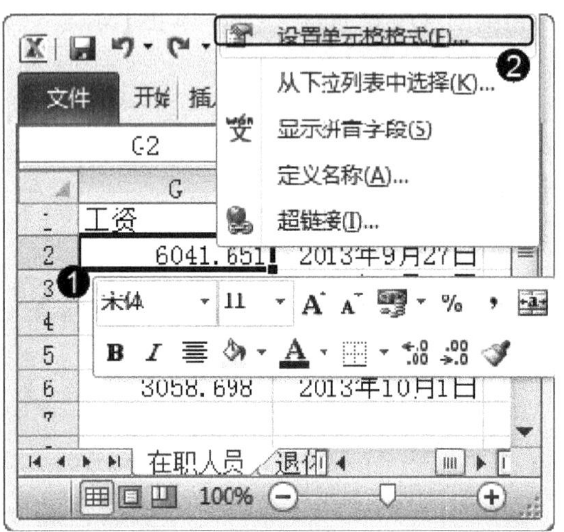

图 8-18

step 2 ① 弹出【设置单元格格式】对话框，选择【数字】选项卡，② 在【分类】区域中，选择【货币】菜单项，③ 在右侧【货币符号】下拉列表框中，选择准备应用的货币符号样式，④ 单击【确定】按钮，如图 8-19 所示。

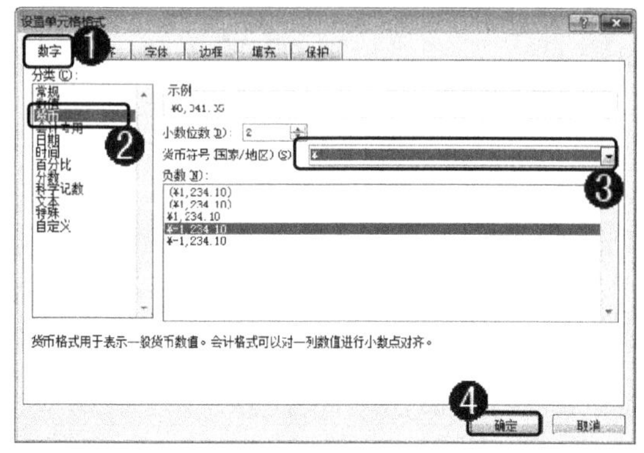

图 8-19

step 3 返回到工作簿中，在选中的单元格中已经输入货币符号，如“人民币符号¥”，如图 8-20 所示。

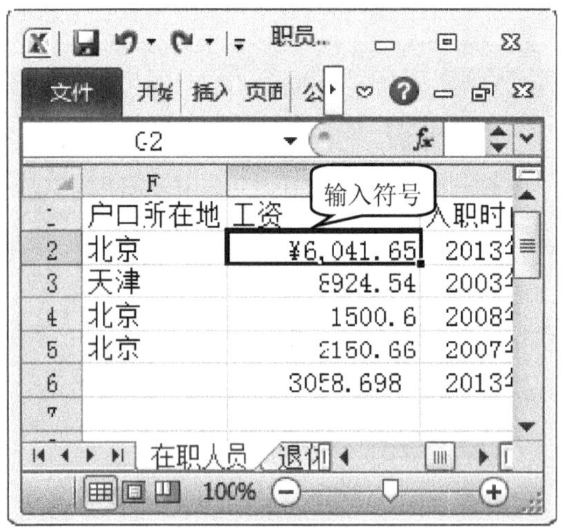

图 8-20

step 4 运用相同的方法在 G3:G6 单元格区域中，插入人民币货币符号，如图 8-21 所示。通过上述方法即可完成输入符号的操作。

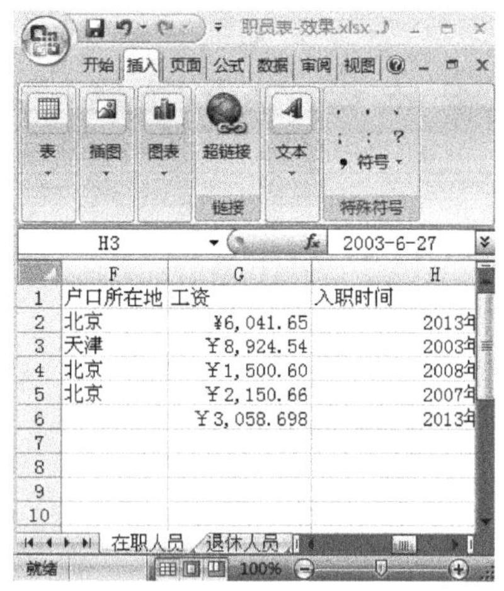

图 8-21

8.2.3　输入日期和时间

在 Excel 2010 中，用户可以通过单元格时间输入日期和时间，下面以“职员表”素材中输入日期和时间为例，介绍输入日期和时间的操作。

1. 输入日期

step 1　① 打开素材表格，右击准备输入日期的单元格，如“H3”，② 在弹出的快捷菜单中，选择【设置单元格格式】菜单项，如图 8-22 所示。

图 8-22

step 2　① 弹出【设置单元格格式】对话框，选择【数字】选项卡，② 在【分类】区域中，选择【日期】菜单项，③ 在右侧【类型】下拉列表框中，选择准备应用的日期样式，④ 单击【确定】按钮，如图 8-23 所示。

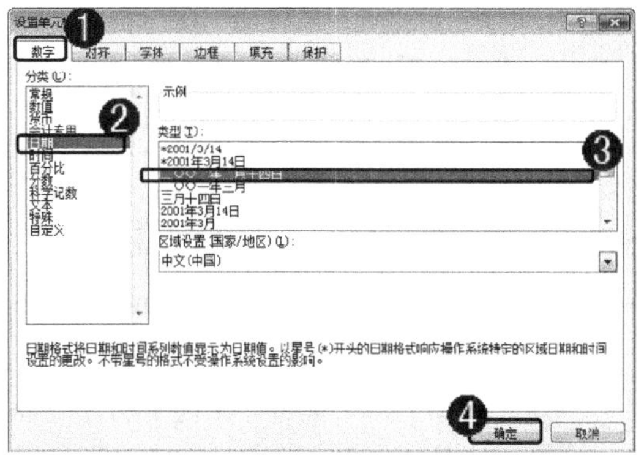

图 8-23

step 3　返回到工作簿中，在选中的单元格中输入数值，如“2003/06/27”，然后在键盘上按下 Enter 键，确认输入的数值，如图 8-24 所示。

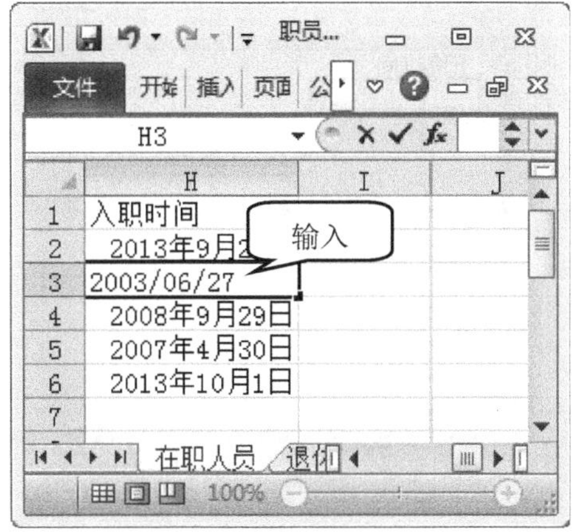

图 8-24

step 4　通过上述方法即可完成输入日期的操作，如图 8-25 所示。

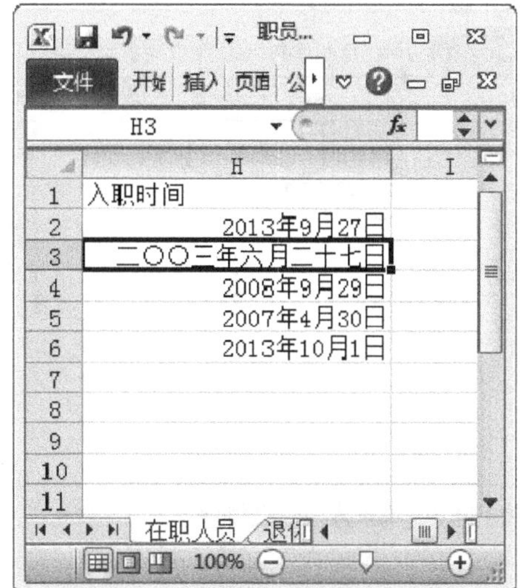

图 8-25

2. 输入时间

step 1 ① 打开素材表格，右击准备输入时间的单元格，如“I2”，② 在弹出的快捷菜单中，选择【设置单元格格式】菜单项，如图 8-26 所示。

图 8-26

step 2 ① 弹出【设置单元格格式】对话框，选择【数字】选项卡，② 在【分类】区域中，选择【时间】菜单项，③ 在右侧【类型】下拉列表框中，选择准备应用的时间样式，④ 单击【确定】按钮，如图 8-27 所示。

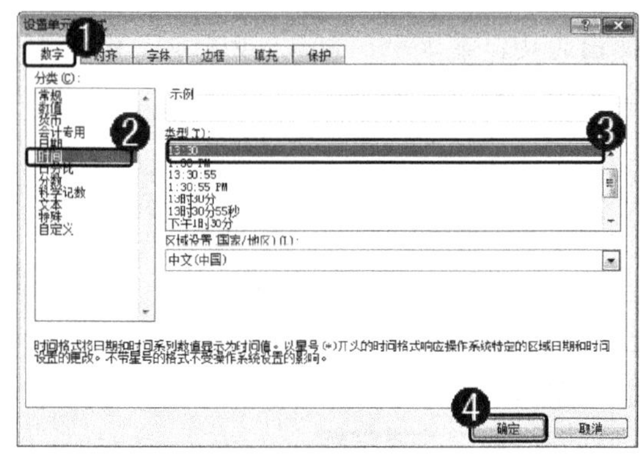

图 8-27

step 3 返回到工作簿中，在选中的单元格中输入数值，如“10:25:00”，然后在键盘上按下 Enter 键，确认输入的数值，如图 8-28 所示。

图 8-28

step 4 用户可以看到在设置时间样式的单元格中，输入的时间被指定的样式所替换，如图 8-29 所示。通过上述方法即可完成输入时间的操作。

图 8-29

8.3 自动填充功能

在使用 Excel 2010 的过程中，如果工作表中需要填充的内容为相同的或有规律的，用户可以使用自动填充功能，如使用填充柄填充和自定义序列填充等方法。本节将重点介绍自动填充功能方面的知识与操作。

8.3.1 使用填充柄填充

如果准备在一行或一列表格中输入相同的数据时，那么可以使用填充柄快速输入相同的数据以提高工作效率，下面以“职员表”素材为例，介绍使用填充柄填充的操作。

step 1 打开素材表格，在单元格中输入准备自动填充的内容，然后选中该单元格，将鼠标指针移向右下角直至鼠标指针自动变为“十”形状，如图 8-30 所示。

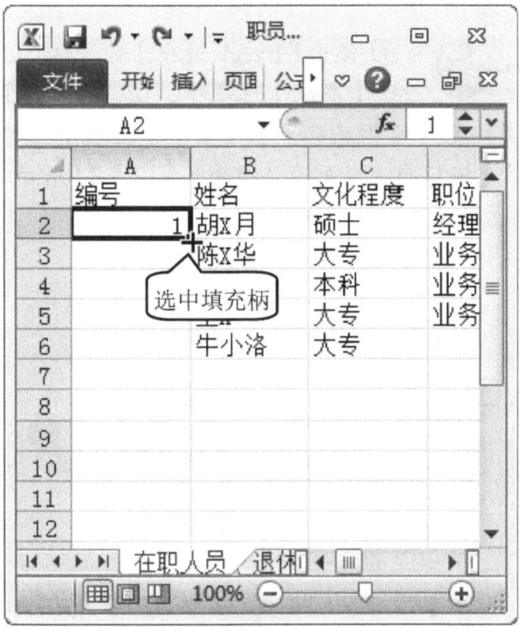

图 8-30

step 2 拖动鼠标指针至准备填充的单元格行或列，可以看到准备填充的内容浮动显示在准备填充区域的右下角，如图 8-31 所示。

图 8-31

step 3 释放鼠标，用户可以看到准备填充的内容已经被填充至所需的行或列中，如图 8-32 所示。通过上述方法即可完成使用填充柄填充数据的操作。

请您根据上述操作方法创建一个 Excel 文档，测试一下您对使用填充柄填充知识的学习效果。

图 8-32

智慧锦囊

在 Excel 2010 工作簿中，选择准备输入相同数据的单元格或单元格区域，然后使用鼠标右击并向下拖动填充柄，在弹出的快捷菜单中选择【复制单元格】选项，这样也可以完成使用填充柄快速输入相同数据的操作。同时在拖动填充柄填充数据的时候，在键盘上按住 Ctrl 键，可以以加 1 的方式快速填充数据。

8.3.2 自定义序列填充

如果 Excel 2010 软件默认的自动填充功能无法满足用户的需要，用户可以自定义序列填充，自定义设置的填充数据可以更加准确，更加快速地帮助用户完成数据录入工作。以“职员表”素材为例，介绍自定义序列填充的操作。

step 1 ① 打开素材表格，选择【文件】选项卡，② 选择【选项】选项，如图 8-33 所示。

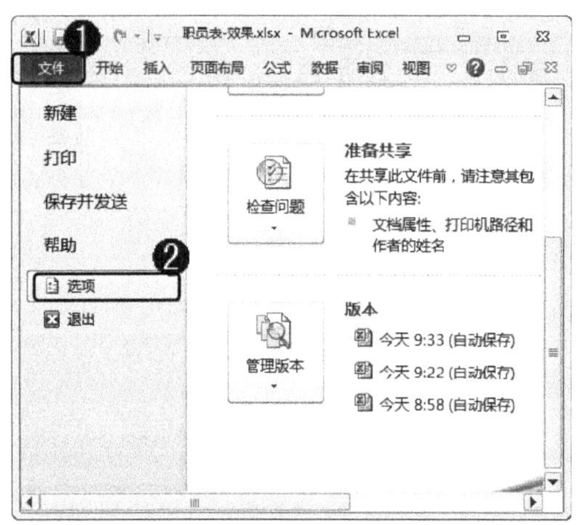

图 8-33

step 2 ① 弹出【Excel 选项】对话框，选择【高级】选项卡，② 拖动垂直滑块至对话框底部，在【常规】区域中，单击【编辑自定义列表】按钮，如图 8-34 所示。

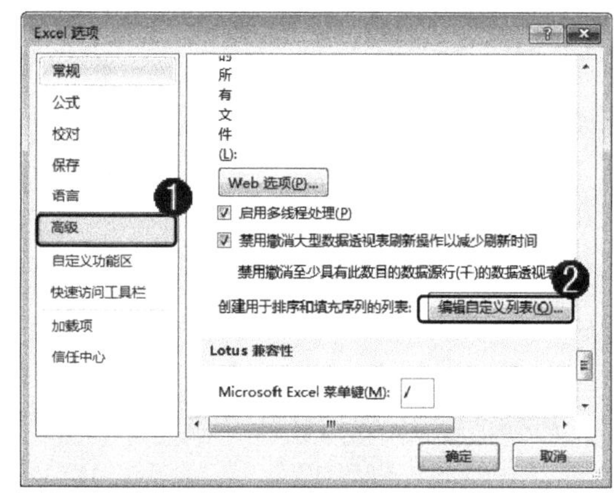

图 8-34

step 3 ① 弹出【自定义序列】对话框，在【输入序列】文本框中，输入准备设置的序列，如输入“商务部 01～商务部 05”，② 单击【添加】按钮，如图 8-35 所示。

step 4 用户可以看到刚刚输入的新序列被添加到【自定义序列】中，单击【确定】按钮，如图 8-36 所示。

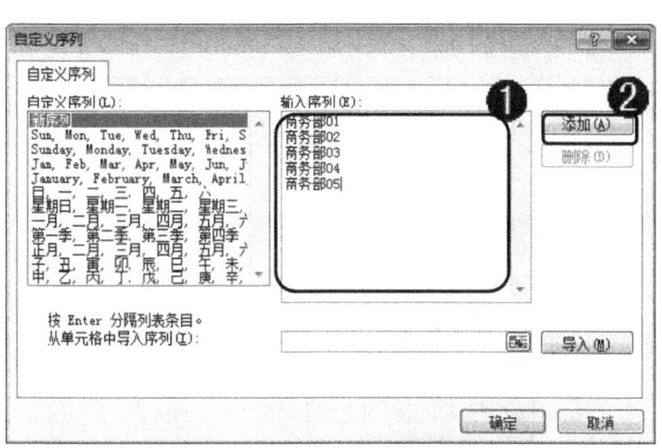

图 8-35

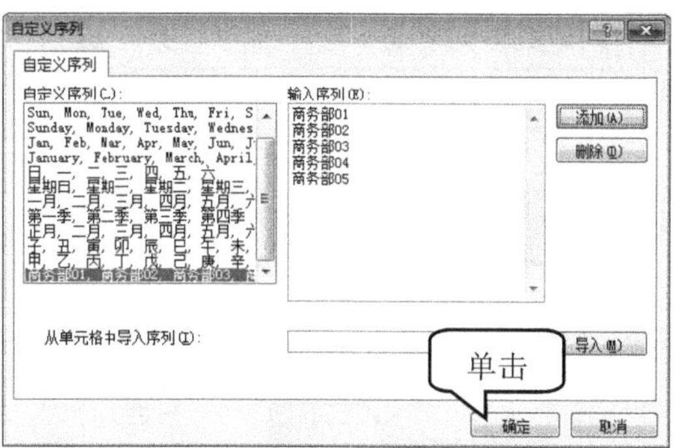

图 8-36

step 5 自动返回到【Excel 选项】对话框，单击【确定】按钮，如图 8-37 所示。

step 6 返回到工作表编辑界面中，在准备填充的单元格中，输入自定义设置好的填充内容，如“商务部 01”，如图 8-38 所示。

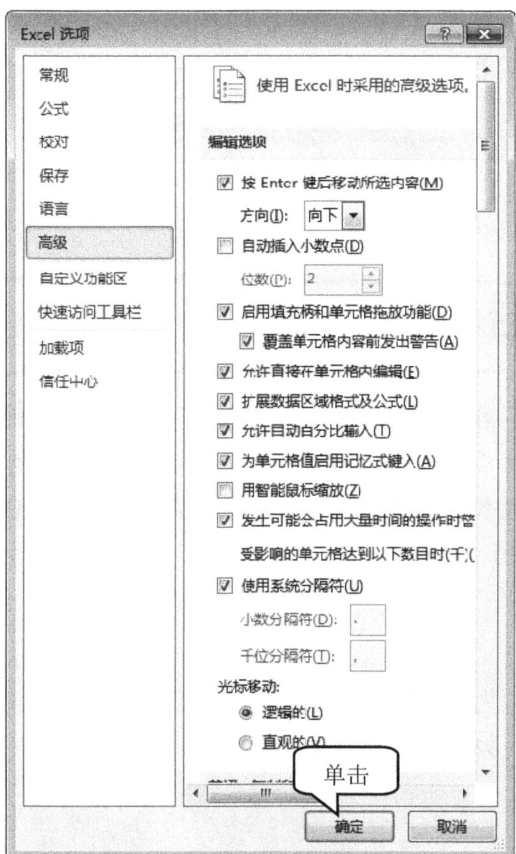

图 8-37

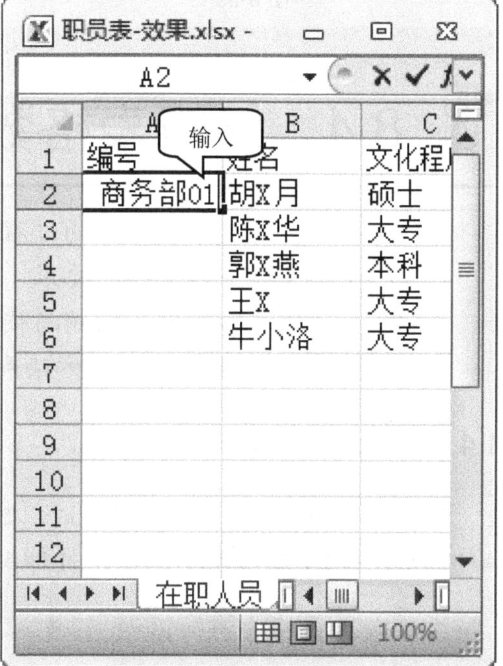

图 8-38

step 7 选中准备填充内容的单元格区域。并且将鼠标指针移动至填充柄上，拖动鼠标至准备填充的单元格位置，如图 8-39 所示。

step 8 释放鼠标，准备填充的内容已被填充至所需的行或列中，通过上述方法即可完成自定义序列填充的操作，如图 8-40 所示。

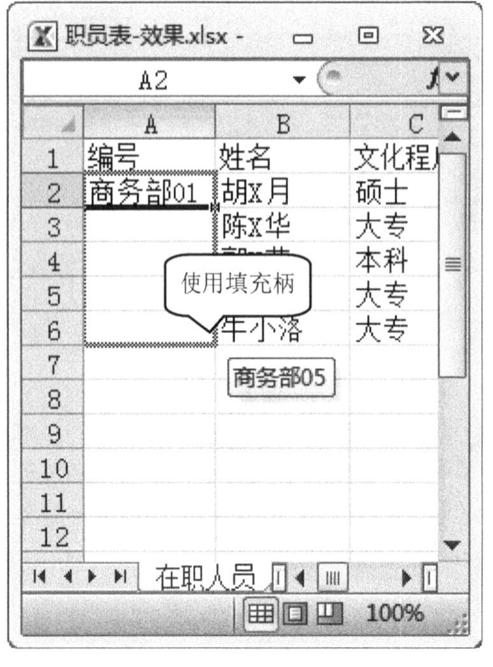

图 8-39

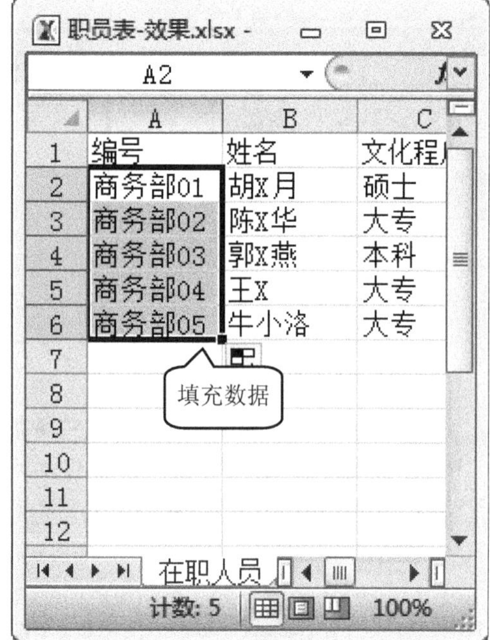

图 8-40

8.4 编辑表格数据

在使用 Excel 2010 的过程中，在工作表的单元格中输入数据后，用户可以根据具体工作的要求，编辑表格中的数据，如修改数据、删除数据、移动表格数据和撤销与恢复数据等操作。本节将介绍有关在 Excel 2010 中编辑表格数据的方法和技巧。

8.4.1 修改数据

在 Excel 2010 工作表中输入数据时，如果因为错误操作导致输入的数据出现错误，那么可以对单元格中的数据进行修改，下面以“职员表”素材为例，介绍修改数据的操作。

1. 在单元格中进行修改

针对不同的修改要求，对工作表的单元格可以单击选中进行修改，还可以双击进入单元格中添加或删除部分数据。

step 1 打开素材表格，单击准备进行修改数据的单元格，如“G2”，如图 8-41 所示。

step 2 输入修改的内容，按下键盘上的 Enter 键，这样即可完成单击单元格修改数据的操作，如图 8-42 所示。

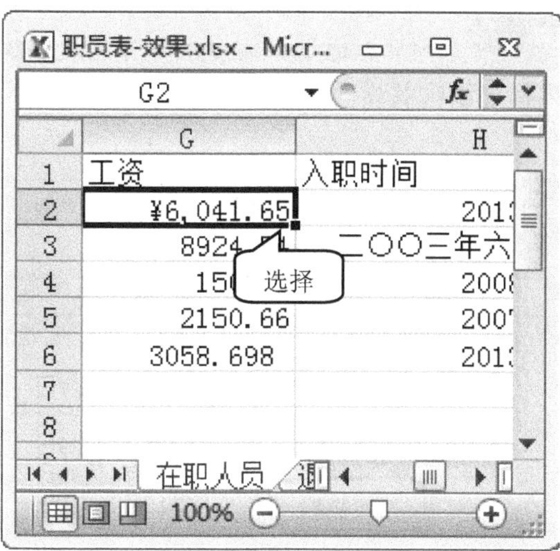

图 8-41

图 8-42

step 3 双击准备进行修改数据的单元格，如“G3”，双击的位置不同，输入的光标将出现在单元格中不同的位置，如双击单元格中的最右侧，如图 8-43 所示。

step 4 在单元格中输入准备修改或添加的内容，并按下键盘上的 Enter 键，这样即可完成双击单元格修改数据的操作，如图 8-44 所示。

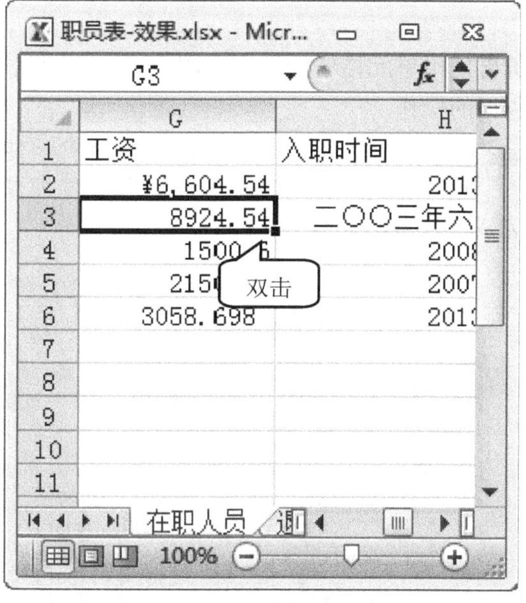

图 8-43

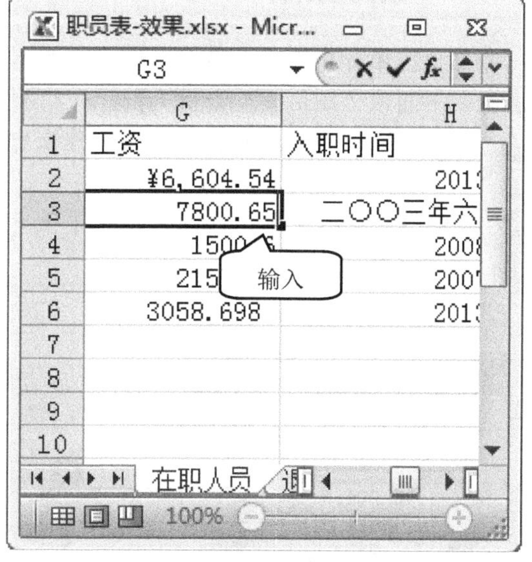

图 8-44

2. 在编辑栏中修改数据

用户不仅可以通过单击或双击选中单元格进行数据的修改，还可以在选中单元格后，直接在工作表的编辑栏中修改数据。

step 1 选中准备修改数据的单元格，如“G4”，在编辑栏中输入准备修改的内容，按下键盘上的 Enter 键，如图 8-45 所示。

step 2 单元格中数据已被修改，如图 8-46 所示。通过上述方法即可完成在编辑栏中修改数据的操作。

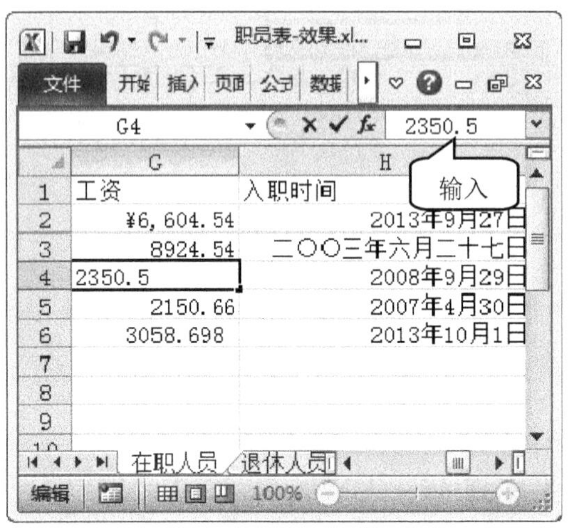

图 8-45

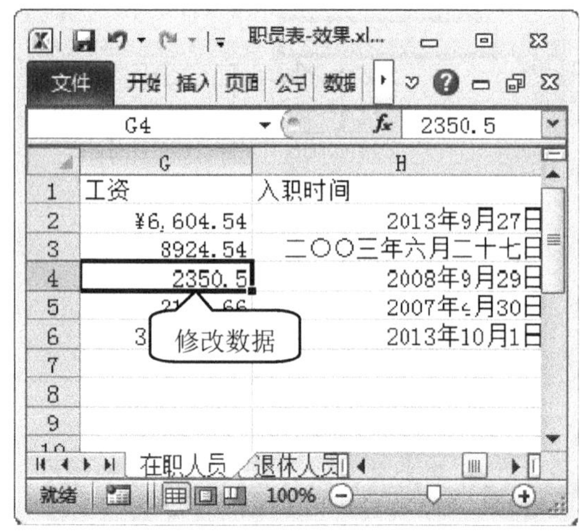

图 8-46

8.4.2 删除数据

如果在单元格中输入错误数据，或者不准备再使用单元格中的数据，用户可以将数据删除，下面以“职员表”素材为例，介绍删除数据的操作。

 ① 打开素材表格，右击工作表中准备删除数据内容的单元格，② 在弹出的快捷菜单，选择【删除】菜单项，如图 8-47 所示。

step 2 单元格中的数据已经被删除，如图 8-48 所示。通过上述方法即可完成删除数据的操作。

图 8-47

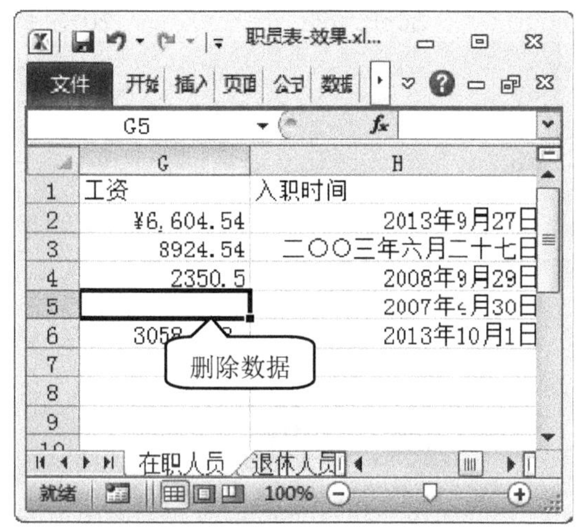

图 8-48

知识精讲

选中准备删除数据的单元格，在键盘上按下 Delete 键，即可直接将单元格内的数据删除。如果用户准备删除一行或一列的数据，可以选择行或列所在的数据标签，然后按下键盘上的 Delete 键即可进行删除。

8.4.3 移动表格数据

在编制工作表时，常常需要将表格中的内容移动，移动表格数据的方法有很多，下面以“使用功能区中的命令按钮移动数据”为例，介绍在“职员表”素材中移动表格数据的操作。

step 1 ① 打开素材文件，选择准备移动数据的单元格区域，如“G1：G6”，② 在功能区中选择【开始】选项卡，③ 在【剪贴板】组中，单击【剪切】按钮，如图 8-49 所示。

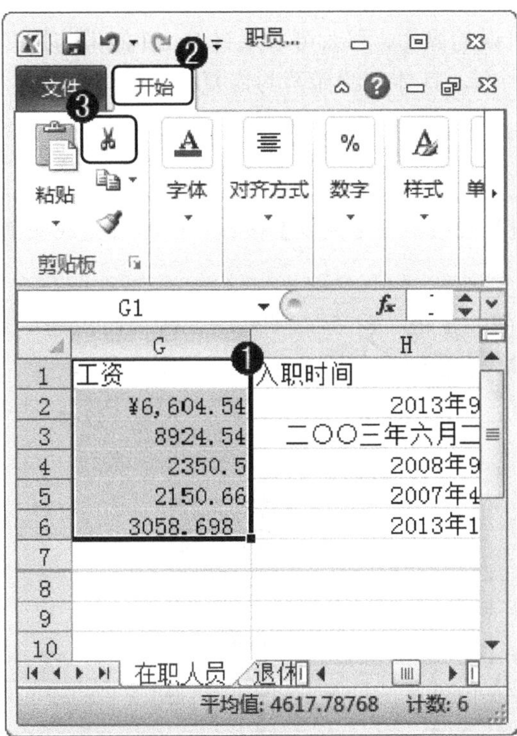

图 8-49

step 2 ① 在工作表中，选中准备移动表格数据的目标单元格，如“J1”，② 在【剪贴板】组中，单击【粘贴】按钮，如图 8-50 所示。

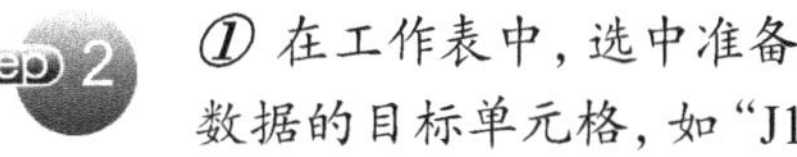

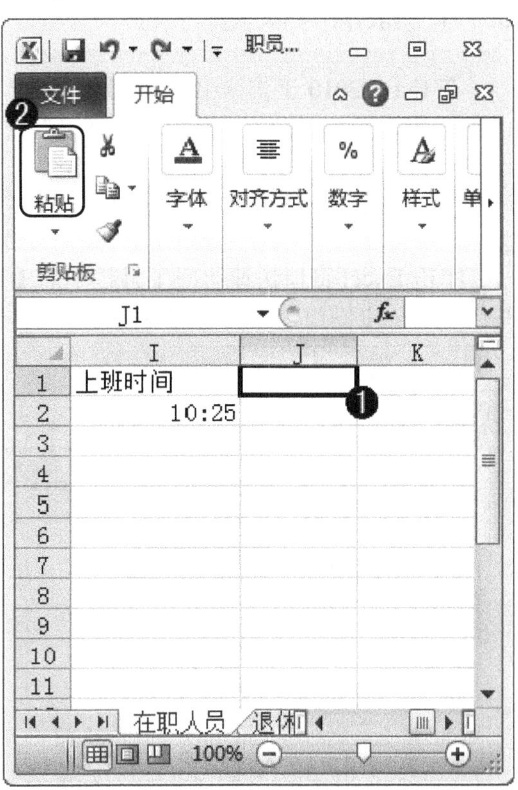

图 8-50

step 3 原位置的表格数据已经被移动至目标单元格的位置，如图 8-51 所示。通过上述方法即可完成使用功能区中的命令按钮移动表格数据的操作。

考考您

请您根据上述方法创建一个 Excel 文档，测试一下您对移动表格数据的学习效果。

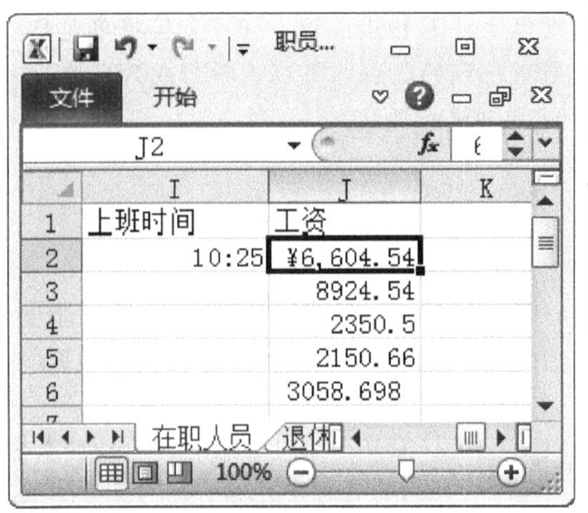

图 8-51

智慧锦囊

在 Excel 2010 中，选择准备移动数据的单元格，按下快捷键 Ctrl+X，然后单击准备移动表格数据的目标单元格，按下快捷键 Ctrl+V，这样也可以完成移动表格数据的操作。

8.4.4 撤消与恢复

在 Excel 2010 工作簿中，如果用户进行了错误的操作，那么可以通过 Excel 撤消与恢复功能撤消错误的操作，下面以“职员表”素材为例，具体介绍撤消与恢复的操作。

1. 撤消与恢复上一步操作

单击 Excel 窗口快速访问工具栏中的【撤消】按钮与【恢复】按钮，即可完成撤消与恢复上一步操作，如图 8-52 所示。

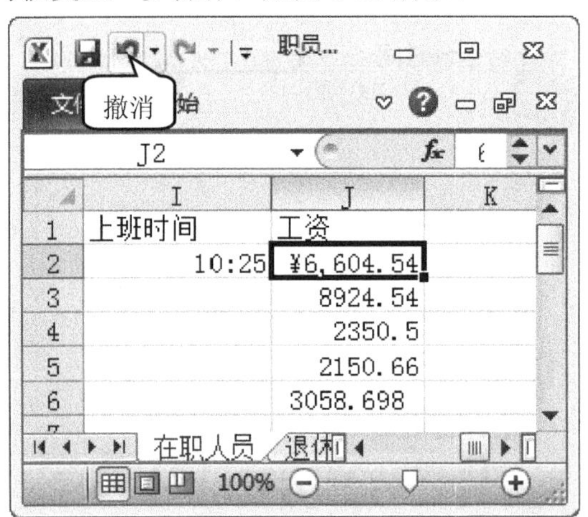

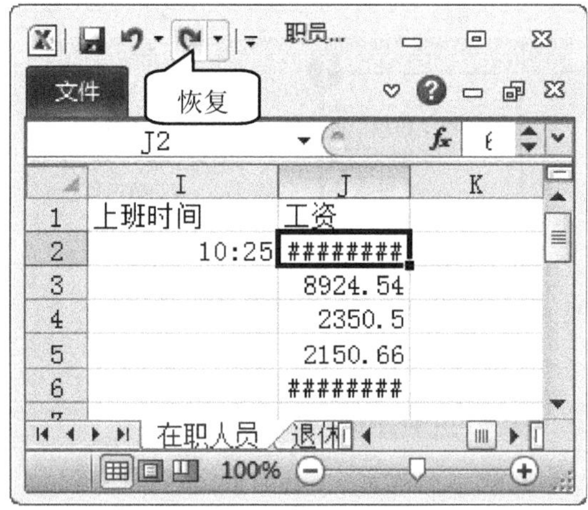

图 8-52

2. 撤消与恢复前几步操作

单击 Excel 2010 快速访问工具栏的【撤消】与【恢复】下拉箭头，在弹出的下拉菜单中单击选择撤消与恢复的目标步数，通过上述方法即可完成撤消与恢复前几步操作，如图 8-53 所示。

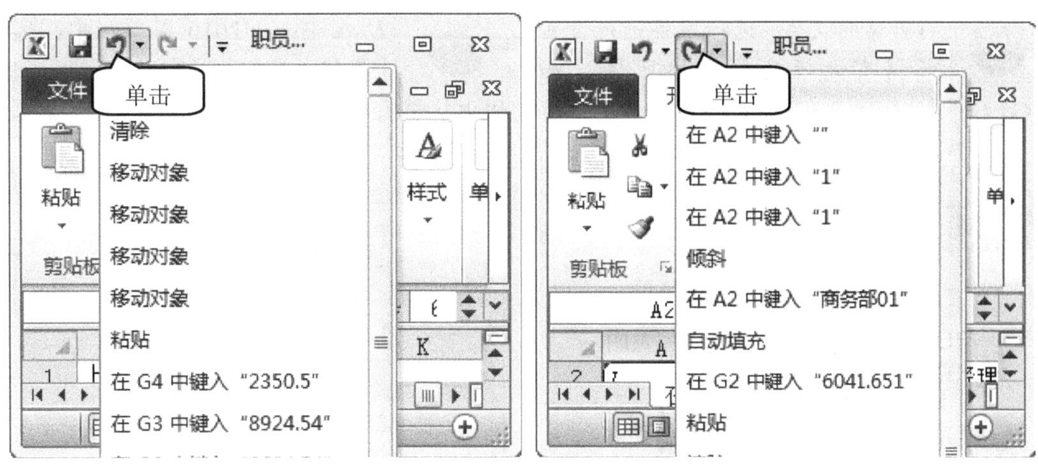

图 8-53

8.5 设置数据有效性

在使用 Excel 2010 的过程中，在工作表的单元格中输入数据后，用户可以设置数据有效性。本节将介绍认识数据有效性和数据有效性的具体操作方面的方法和技巧。

8.5.1 认识数据有效性

数据有效性是允许在单元格中输入有效数据或值的一种 Excel 功能，用户可以设置数据有效性以防止其他用户输入无效数据，当其他用户尝试在单元格中键入无效数据时，系统会发出警告。此外，用户也可以提示一些信息，例如用户可以在警告对话框中输入“对不起，您输入的不符合要求，请重新输入。”提示信息，如图 8-54 所示。

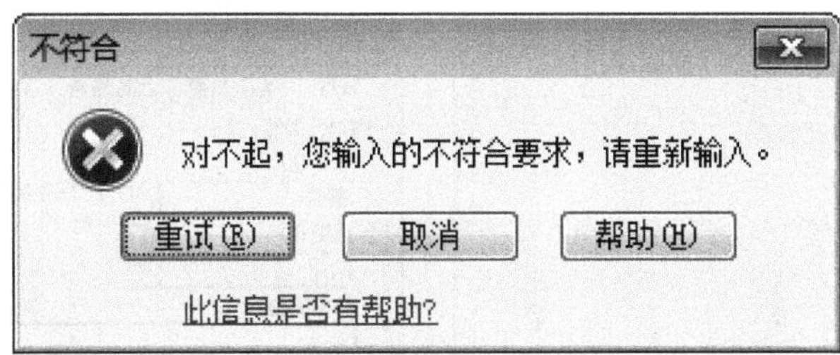

图 8-54

8.5.2 数据有效性的具体操作

认识 Excel 2010 数据有效性功能后，要学会数据有效性的具体设置方法，下面以“职员表”素材为例，介绍数据有效性的具体操作。

step 1 打开素材文件，选择准备进行设置数据有效性的单元格区域，如“G2:G6”，如图8-55所示。

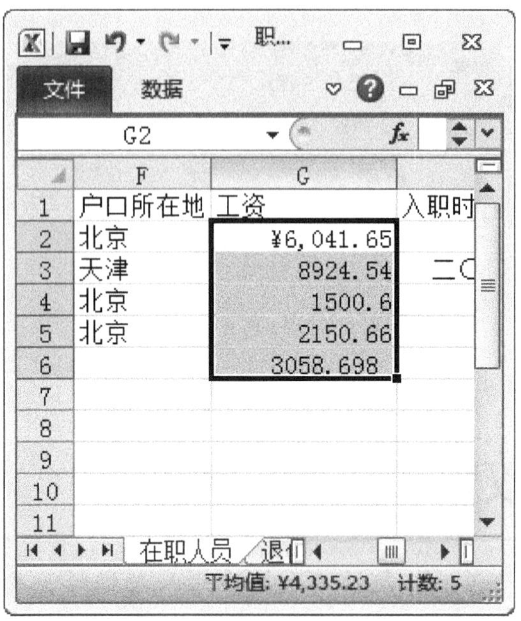

图 8-55

step 2 ① 在Excel 2010菜单栏中，选择【数据】选项卡，② 在【数据工具】组中，单击【数据有效性】按钮，如图8-56所示。

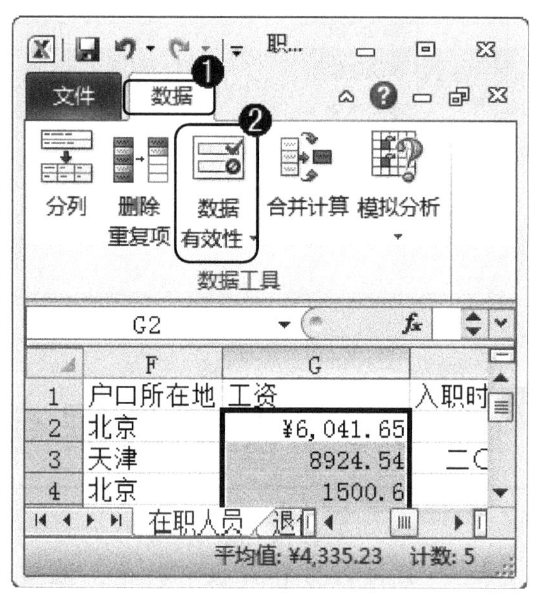

图 8-56

step 3 ① 弹出【数据有效性】对话框，在【有效性条件】区域中，单击【允许】下拉箭头，② 在弹出的下拉菜单中，选择准备允许用户输入的值，如“整数”，如图8-57所示。

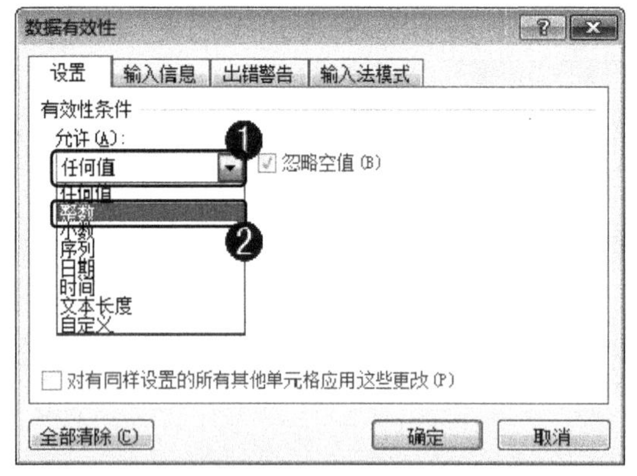

图 8-57

step 4 ① 显示【整数】设置，在【数据】下拉列表框中，选择【介于】菜单项，② 在【最小值】文本框中，输入准备允许用户输入的最小值，如“0”，③ 在【最大值】文本框中，输入准备允许用户输入的最大值，如“10 000”，如图8-58所示。

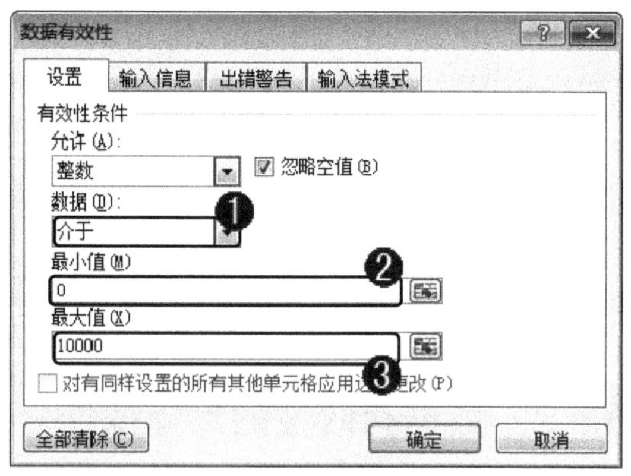

图 8-58

step 5 ① 设置下一项目，选择【输入信息】选项卡，② 在【选定单元格

step 6 ① 设置下一项目，选择【出错警告】选项卡，② 在【样式】下拉

时显示下列输入信息】区域中，单击【标题】文本框，输入准备输入的标题，如“允许的数值”，③ 在【输入信息】文本框中，输入准备输入的信息，如“10 000”，如图 8-59 所示。

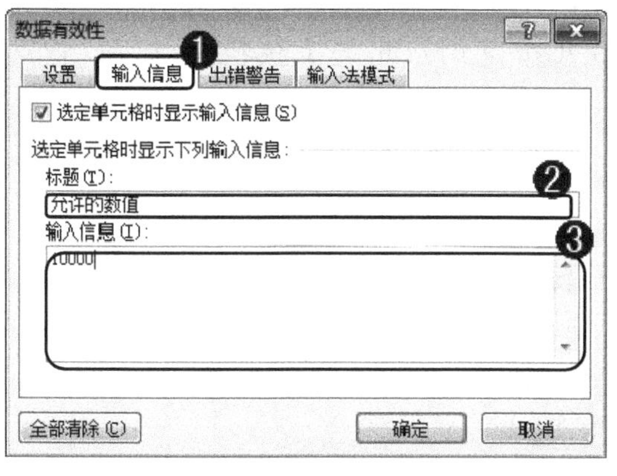

图 8-59

step 7 在 Excel 2010 工作表中，单击任意已设置数据有效性的单元格，会显示刚才设置输入信息的提示信息，如图 8-61 所示。

图 8-61

列表框中，选择【警告】菜单项，③ 在【标题】文本框中，输入准备输入的标题，如“信息不符”，④ 在【错误信息】文本框中，输入准备输入的提示信息，如“对不起，您输入的信息不符合要求！”，⑤ 单击【确定】按钮，如图 8-60 所示。

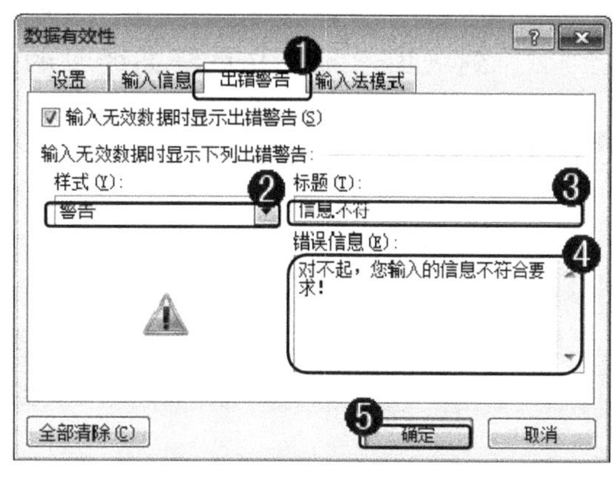

图 8-60

step 8 如果在已设置数据有效性的单元格中输入无效数据，如输入“11 000”，则 Excel 2010 会自动弹出警告提示信息，通过以上方法即可完成设置数据有效性的操作，如图 8-62 所示。

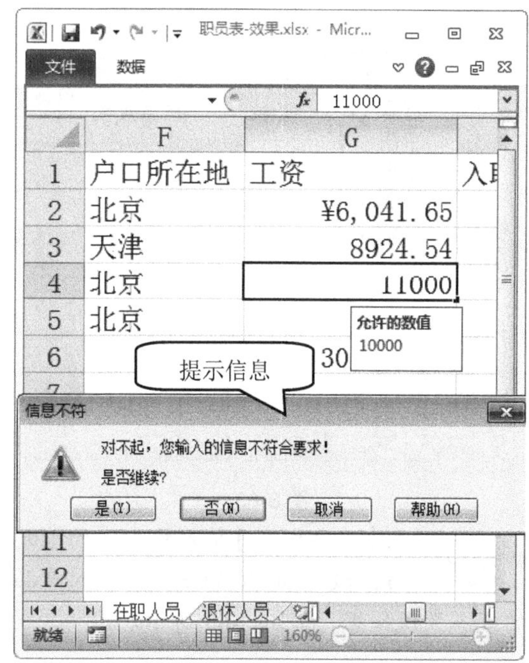

图 8-62

8.6 范例应用与上机操作

通过本章的学习，读者基本可以掌握输入与编辑电子表格数据方面的基本知识和操作技巧。下面通过几个范例应用与上机操作练习，以达到巩固学习、拓展提高的目的。

8.6.1 制作产品登记表

使用 Excel 2010，用户可以制作一份产品登记表，记录产品的数据，方便用户日常的管理和查询，下面介绍制作产品登记表的操作。

素材文件：第8章\素材文件\产品登记表.xlsx

效果文件：第8章\效果文件\产品登记表-效果.xlsx

step 1 打开素材文件，在【名称】单元格下方的单元格区域，如“A3:A6”，输入产品的名称文本数据，如图 8-63 所示。

图 8-63

step 2 在【规格】单元格下方的单元格区域，如“B3:B6”，输入产品的规格文本数据，如图 8-64 所示。

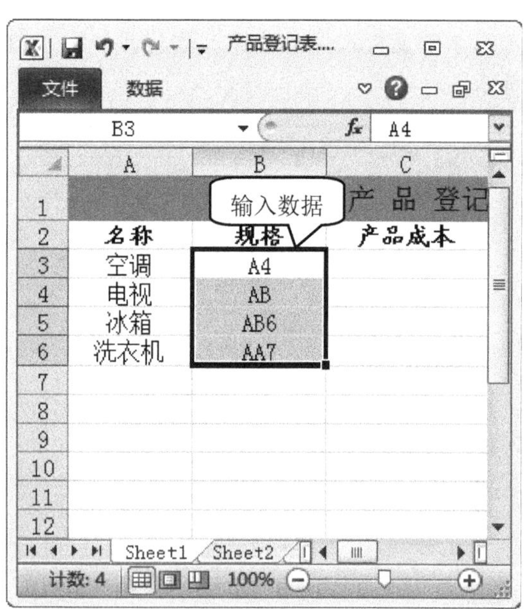

图 8-64

step 3 在【产品成本】单元格下方的单元格区域，如“C3:C6”，输入产品的成本数值数据，如图 8-65 所示。

step 4 在【价格】单元格下方的单元格区域，如“D3:D6”，输入产品的价格数值数据，如图 8-66 所示。

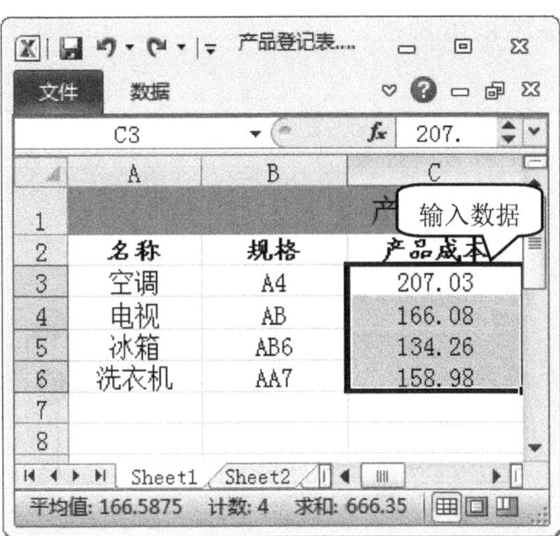

图 8-65

图 8-66

step 5 在【备注】单元格下方的单元格区域，如“E3:E6”，输入产品的日期和时间数据，如图 8-67 所示。

step 6 选择准备进行设置数据有效性的单元格区域，如“D3:D6”，如图 8-68 所示。

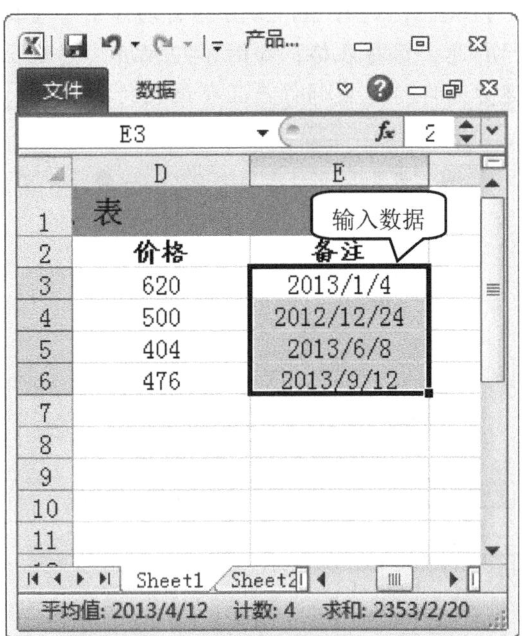

图 8-67

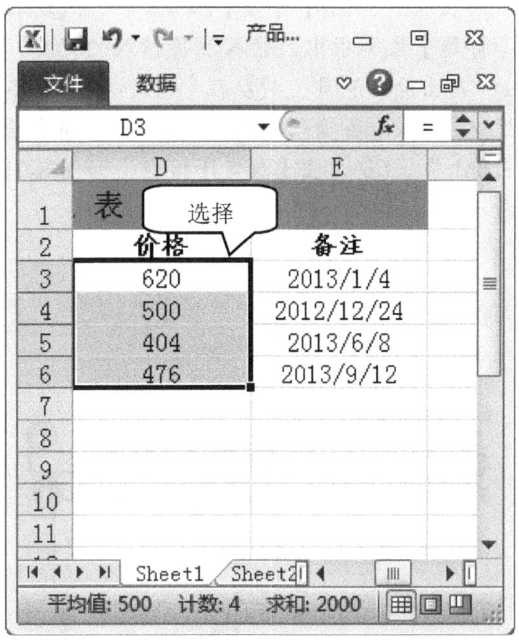

图 8-68

step 7 ① 打开【数据有效性】对话框，在【有效性条件】区域中，在【允许】下拉列表框中，选择准备允许用户输入的值，如“整数”，② 在【数据】下拉列表框中，选择【介于】菜单项，③ 在【最小值】文本框中，输入准备允许用户输入的最小值，

step 8 ① 设置下一项目，选择【输入信息】选项卡，② 在【选定单元格时显示下列输入信息】区域中，单击【标题】文本框，输入准备输入的标题，如“价格允许的数值”，③ 在【输入信息】文本框中，输入准备输入的信息，如“0～1000”，

如“0”，④ 在【最大值】文本框中，输入准备允许用户输入的最大值，如“1000”，如图 8-69 所示。

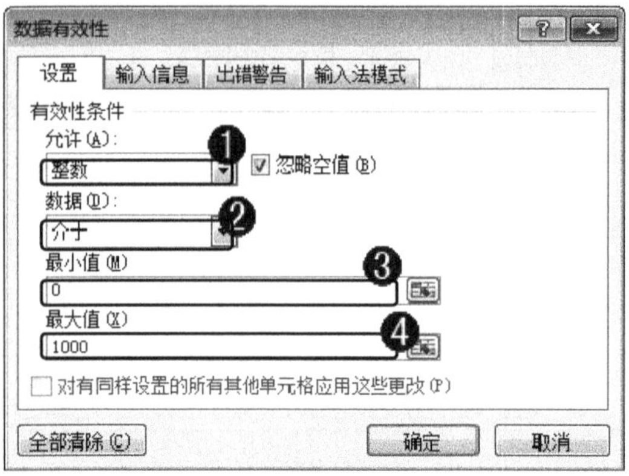

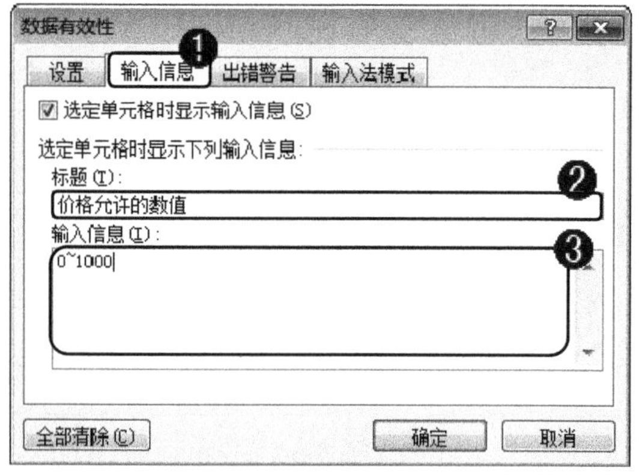

图 8-69

如图 8-70 所示。

图 8-70

step 8 设置下一项目，① 选择【出错警告】选项卡，② 单击【样式】下拉列表框中，选择【警告】下拉菜单项，③ 在【标题】文本框中，输入准备输入的标题，如“超出价格范围”，④ 在【错误信息】文本框中，输入准备输入的提示信息，如“请合理出价！”，⑤ 单击【确定】按钮，如图 8-71 所示。

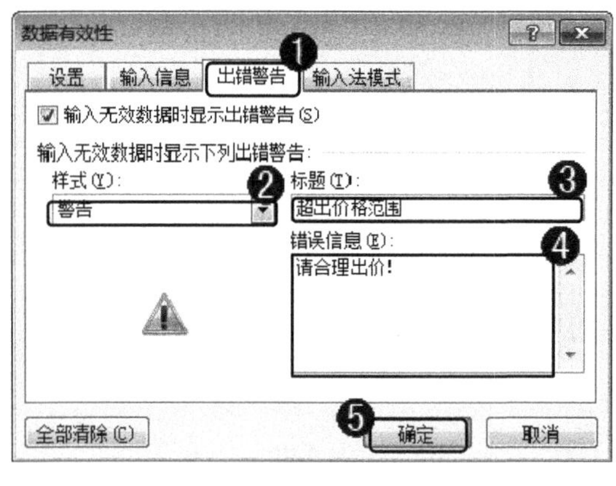

图 8-71

step 10 如果在已设置数据有效性的单元格中输入无效数据，如输入“1100”，则 Excel 2010 会自动弹出警告提示信息，保存表格，如图 8-72 所示。通过上述方法即可完成制作产品登记表的操作。

图 8-72

8.6.2 制作人员出入登记表

使用 Excel 2010 用户还可以制作一份人员出入登记表，记录工作人员上班的出入情况，方便用户统筹计算，下面介绍制作人员出入登记表的操作。

素材文件 第8章\素材文件\员工出入登记表.xlsx

效果文件 第8章\效果文件\员工出入登记表-效果.xlsx

step 1 打开素材文件，在指定的单元格区域中，输入员工出入的各种文本、数值、日期和时间等数据，如图 8-73 所示。

员工考勤登记表.x...　文件　数据　A1　输入数据

	A	B	C	D
1	员　工　出　入　登　记　表			
2	姓名	日期	开始时间	结束时间
3	张X	2008/3/2	9:30	10:00
4	李X	2008/3/5	10:20	11:30
5	王X	2008/3/5	9:28	10:46
6	赵X	2008/3/10	13:20	13:40
7	房X	2008/3/13	13:21	13:50
8	黄X	2008/3/24	15:05	15:30
9	杨X	2008/3/24	14:17	14:25
10	孙X	2008/3/31	13:30	16:00

Sheet1　Sheet2　编辑　100%

图 8-73

step 2 填充数据后，如果填充的数据有错误，单击准备修改数据的单元格，如“B4”，如图 8-74 所示。

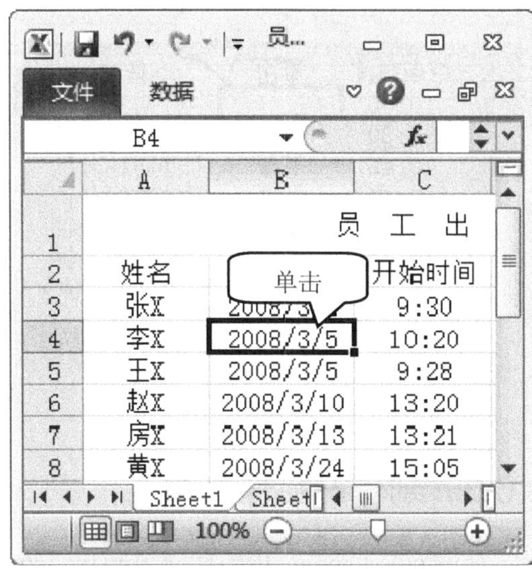

图 8-74

step 3 输入修改的内容，按下键盘上的 Enter 键，这样即可完成单击单元格修改数据的操作，如图 8-75 所示。

员...　文件　数据　B4　输入数据

	A	B	C
1			员　工　出
2	姓名		开始时间
3	张X	2008/3/…	9:30
4	李X	2008/6/6	10:20
5	王X	2008/3/5	9:28
6	赵X	2008/3/10	13:20
7	房X	2008/3/13	13:21
8	黄X	2008/3/24	15:05

Sheet1　100%

图 8-75

step 4 填充数据后，如果填充的数据不再需要，单击准备删除数据的单元格，如“E3”，如图 8-76 所示。

图 8-76

step 5 在键盘上按下 Delete 键，这样即可完成删除数据的操作，如图 8-77 所示。

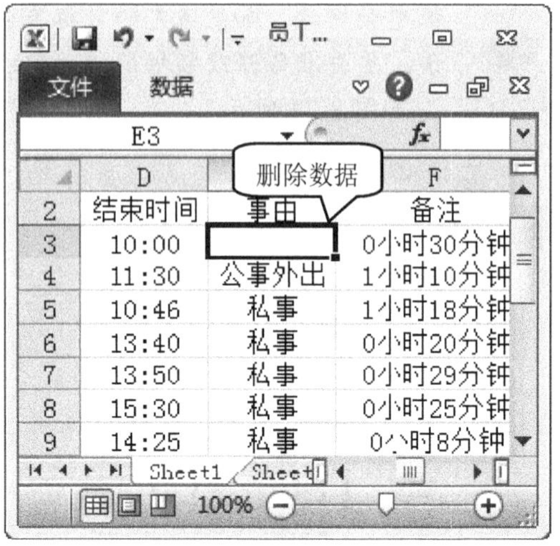

图 8-77

step 6 保存表格，通过上述方法即可完成制作人员出入登记表的操作，如图 8-78 所示。

图 8-78

8.6.3 制作产品保修单

使用 Excel 2010，用户还可以制作一份产品保修单，记录产品保修情况，下面介绍制作产品保修单的操作。

素材文件 第 8 章\素材文件\产品保修单.xlsx

效果文件 第 8 章\效果文件\产品保修单-效果.xlsx

step 1 打开素材文件，在指定的单元格区域中，输入产品的各种文本、数值、日期和时间等数据，如图 8-79 所示。

图 8-79

step 2 填充数据后，在【是否在保修期内】单元格下方，填写产品是否在保修期内的文本数据，如图 8-80 所示。

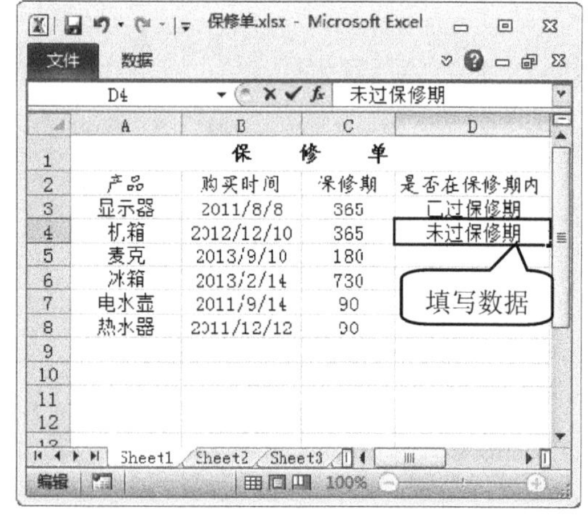

图 8-80

step 3 选中已添加数据的单元格，如“D4”，将鼠标指针移向右下角直至鼠标指针自动变为“十”形状，然后拖动鼠标指针至准备填充的单元格行，可以看到准备填充的内容浮动显示在准备填充区域的右下角，如图 8-81 所示。

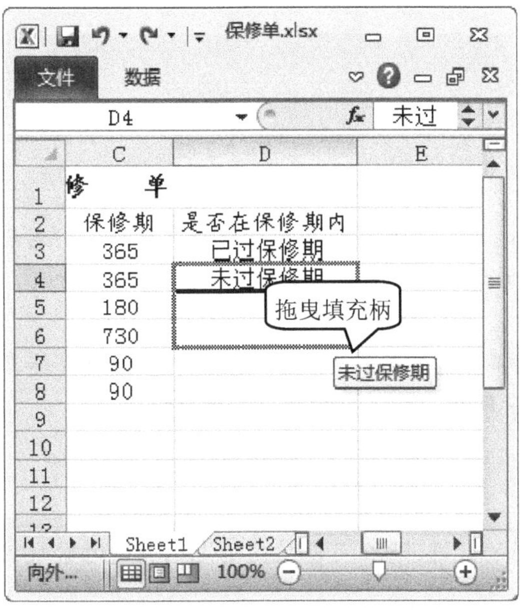

图 8-81

step 4 释放鼠标，用户可以看到准备填充的内容已经被填充至所需的单元格行中，如图 8-82 所示。

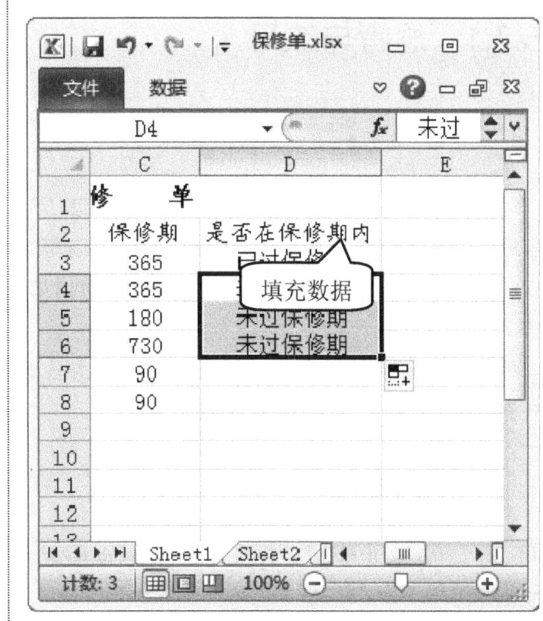

图 8-82

step 5 运用相同的方法继续输入其他文本数据并使用填充柄填充数据，如图 8-83 所示。

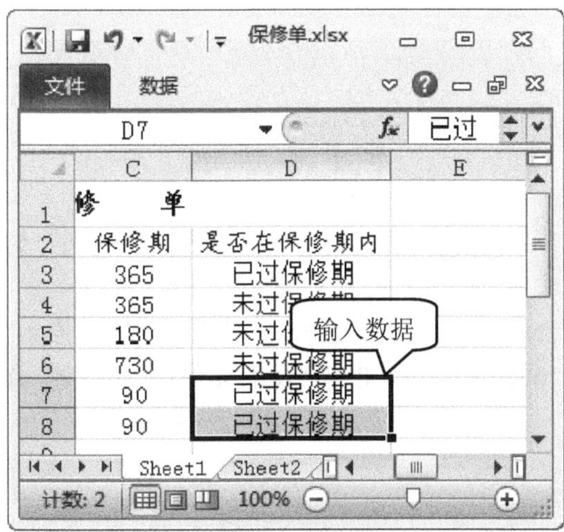

图 8-83

step 6 通过上述方法即可完成制作产品保修单的操作，如图 8-84 所示。

图 8-84

8.7 课后练习

8.7.1 思考与练习

一、填空题

1. 数值是指由阿拉伯数字0、1、2、3、4、5、6、7、8、9和+、-、( )、！、%、$、E、e等字符组成，Excel将忽略在数值前输入的______。E或e为科学计数法的标记，表示以______为幂次的数。输入至单元格的内容如果被识别为数值，则系统采用______方式，否则不是数值。

2. 使用Excel 2010的过程中，在工作表的单元格中输入数据后，用户可以根据具体工作的要求，编辑表格中的数据，如______、删除数据、______和______等操作。

二、判断题

1. 如果准备在一行或一列表格中输入不同的数据，那么可以使用填充柄快速地输入相同数据。 (　　)

2. 如果在单元格中输入错误数据，或者不准备再使用单元格中的数据，用户可以将数据删除。 (　　)

三、思考题

1. 输入文本有哪几种方法？
2. 如何删除数据？

8.7.2 上机操作

1. 打开“配套素材\第8章\素材文件\计划表.xlsx”素材文件，练习制作“计划表”的操作。效果文件可参考“配套素材\第8章\效果文件\计划表-效果.xlsx”。

2. 打开“配套素材\第8章\素材文件\产品检测.xlsx”素材文件，练习素材“产品检测”中设置数据有效性的操作。效果文件可参考“配套素材\第8章\效果文件\产品检测-效果.xlsx”。

第9章

编辑与美化工作表

本章主要介绍设置字体格式、设置单元格格式、操作单元格、操作行与列和在表格中插入图片方面的知识与技巧，同时还讲解了使用艺术字与文本框的方法。通过本章的学习，读者可以掌握编辑与美化工作表基础操作方面的知识，为深入学习电脑办公基础与应用知识奠定基础。

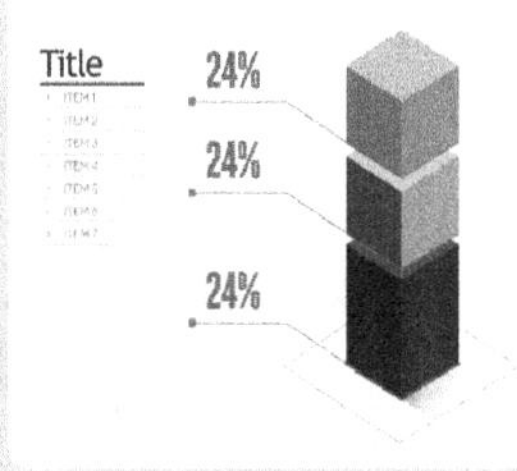

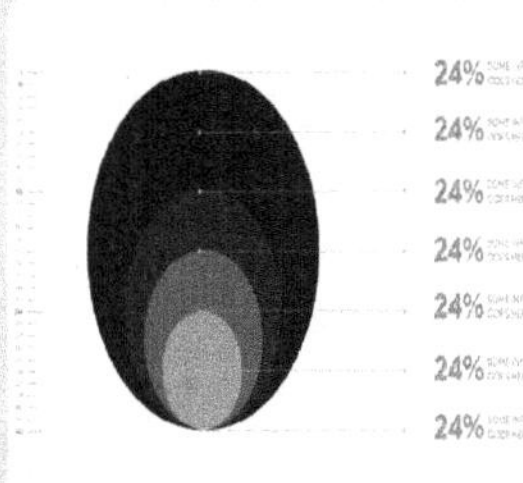

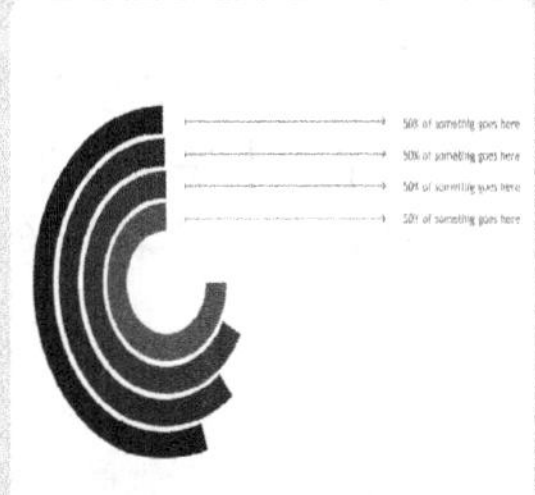

范例导航

1. 设置字体格式
2. 设置单元格格式
3. 操作单元格
4. 操作行与列
5. 在表格中插入图片
6. 使用艺术字与文本框

9.1 设置字体格式

在 Excel 2010 中，用户可以为表格中不同内容设置不同字体以示区分，还可以设置字形、字号、字体颜色以及其他一些字体效果。本节将详细介绍设置字体格式的相关知识及操作方法。

9.1.1 使用工具按钮设置

在 Excel 2010 中，用户可以通过功能区中的按钮快速地进行设置单元格字体格式，下面将详细介绍使用工具按钮设置的相关操作方法。

素材文件 第 9 章\素材文件\搬家清单.xlsx

效果文件 无

step 1 打开素材文件“搬家清单.xlsx”，① 选择准备设置字体格式的单元格，② 选择【开始】选项卡，③ 在【字体】组中单击【字体】下拉按钮，如图 9-1 所示。

图 9-1

step 2 在弹出的下拉列表中，选择准备设置的字体，如选择“华文琥珀”如图 9-2 所示。

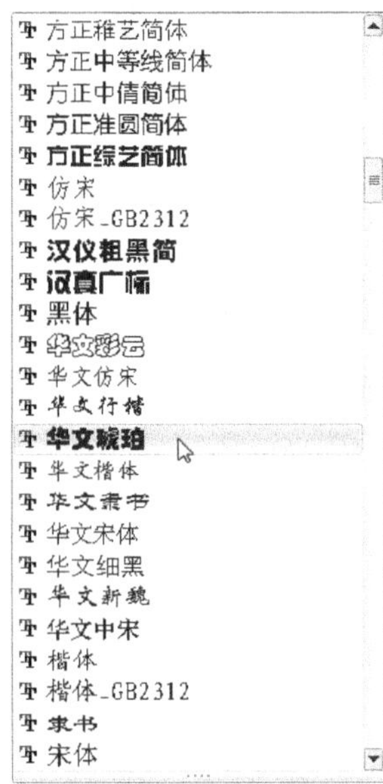

图 9-2

step 3 这样即可完成设置字体，① 选择【开始】选项卡，② 在【字体】组中单击【字号】下拉按钮，③ 在弹出的下拉列表中，选择准备应用的字号，如图 9-3 所示。

step 4 这样即可完成设置的字号，① 选择【开始】选项卡，② 在【字体】组中单击【字体颜色】下拉按钮 A ·，③ 在弹出的下拉列表中，选择准备使用的字体颜色，如图 9-4 所示。

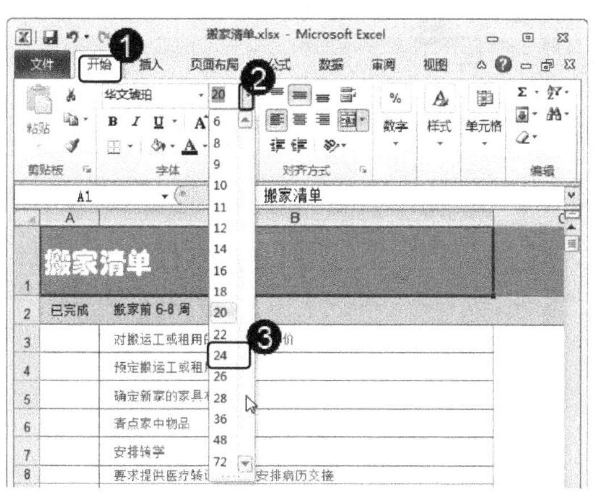

图 9-3

图 9-4

step 5 可以看到已设置为刚刚选择的字体颜色。通过以上步骤即可完成使用工具按钮设置字体格式的操作，如图 9-5 所示。

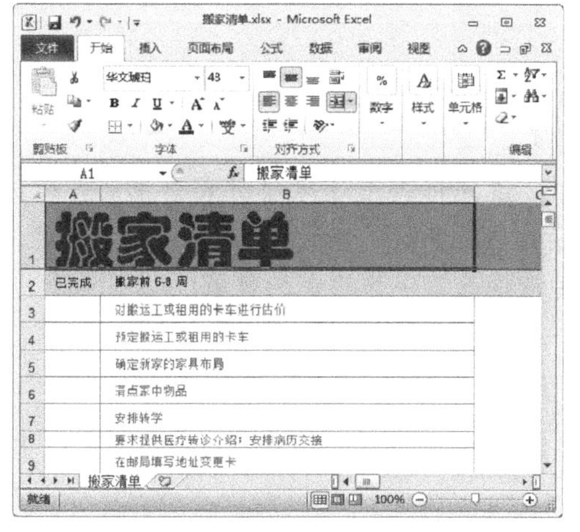

图 9-5

智慧锦囊

在 Word 2010 中，除了可以设置字体、字号和颜色外，还可以单击【开始】→【字体】选项组中的  按钮，设置文字的加粗、倾斜和下划线等效果。

考考您

请您根据上述方法对表格中的字体设置成个人喜欢的格式，测试一下您学习设置字体格式的效果。

9.1.2 使用对话框

在 Word 2010 中，除了可以在功能区中设置字体格式外，还可以通过【设置单元格格式】对话框中的【字体】选项卡来整体设置字体格式，下面将详细介绍其操作方法。

step 1 ① 选择要设置字体格式的单元格并右击，② 在弹出的快捷菜单中选择【设置单元格格式】菜单项，如图 9-6 所示。

step 2 弹出【设置单元格格式】对话框，① 选择【字体】选项卡，② 在【字体】列表框中选择一种字体，③ 在【字形】列表框中选择一种字形，④ 在【字号】列表框中选择字体大小，⑤ 在【颜色】下拉列表框中选择一种字体颜色，图 9-7 所示。

图 9-6

通过上述操作即可完成使用对话框设置字体格式的操作，效果如图 9-8 所示。

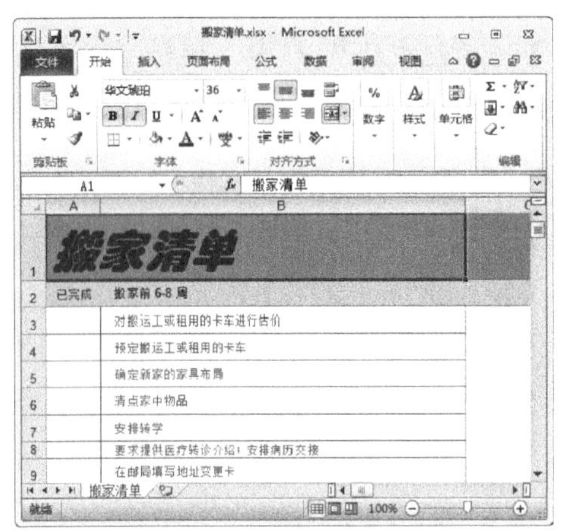

图 9-8

图 9-7

在 Word 2010 中，用户还可以通过单击【字体】选项组中右下角的【字体启动器】按钮来打开【字体】对话框，来设置字体的格式。

请您根据上述方法对表格中的字体设置成个人喜欢的格式，测试一下您学习使用对话框设置字体格式的效果。

9.1.3 设置文本对齐方式

为了使表格中的数据排列整齐，增强表格整体的美观性，可以为单元格设置对齐方式。在 Excel 2010 中，设置文本对齐方式与设置单元格字体格式类似，设置单元格对齐方式也有两种方法：一种方法是通过功能区设置对齐方式，另一种是通过启动器按钮设置对齐方式，下面分别予以详细介绍。

1. 通过功能区设置对齐方式

文本基本对齐包括左对齐、右对齐、居中对齐、顶端对齐、底端对齐和垂直居中 6 种情况，下面将详细介绍通过功能区设置文本对齐方式的操作方法。

step 1 ① 选择准备设置对齐方式的单元格，② 选择【开始】选项卡，③ 在【对齐方式】组中，单击【居中】按钮，如图 9-9 所示。

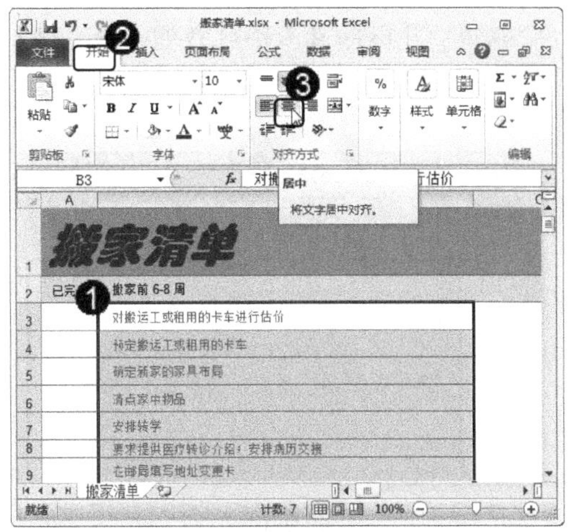

图 9-9

step 2 通过以上步骤即可完成在 Excel 2010 工作表中通过功能区设置对齐方式的操作，如图 9-10 所示。

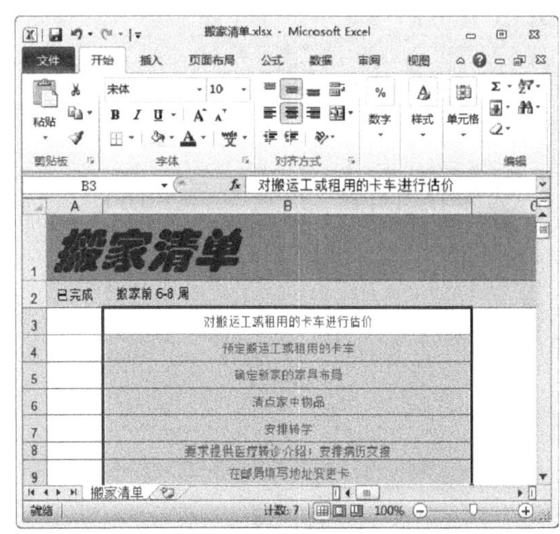

图 9-10

2. 通过启动器按钮设置对齐方式

通过启动器按钮设置文本对齐方式是指单击【单元格格式】启动器按钮，在弹出的对话框中选择准备设置的对齐方式，下面介绍通过启动器按钮设置对齐方式的方法。

step 1 ① 选择准备设置对齐方式的单元格，② 选择【开始】选项卡，③在【对齐方式】组中，单击选择【设置单元格格式】启动器按钮，如图 9-11 所示。

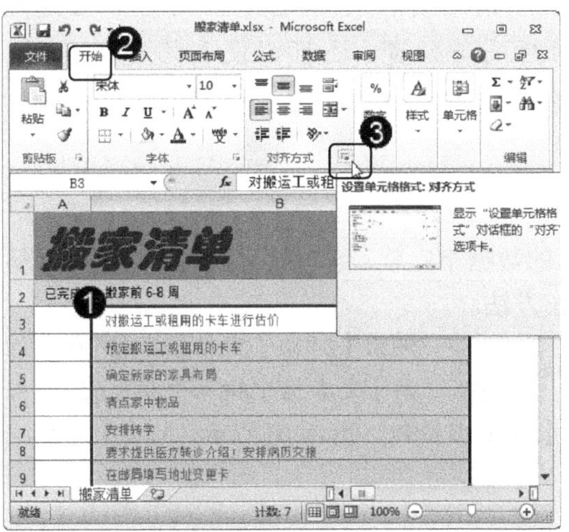

图 9-11

step 2 弹出【设置单元格格式】对话框，① 在【水平对齐】下拉列表框中选择【居中】列表项，② 单击【确定】按钮，如图 9-12 所示。

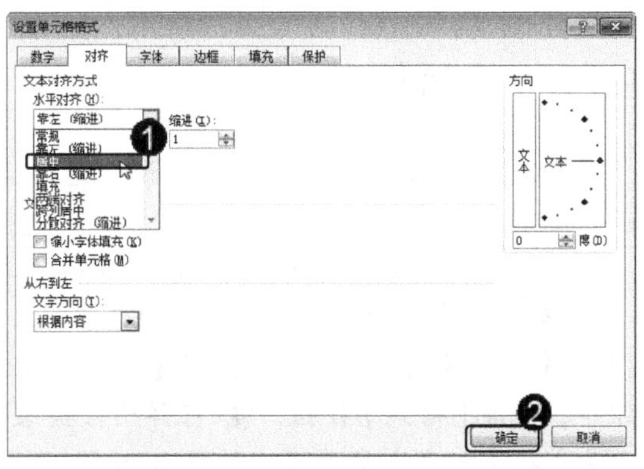

图 9-12

step 3 通过以上步骤即可完成在 Excel 2010 工作表中通过启动器按钮设置文本对齐方式的操作，如图 9-13 所示。

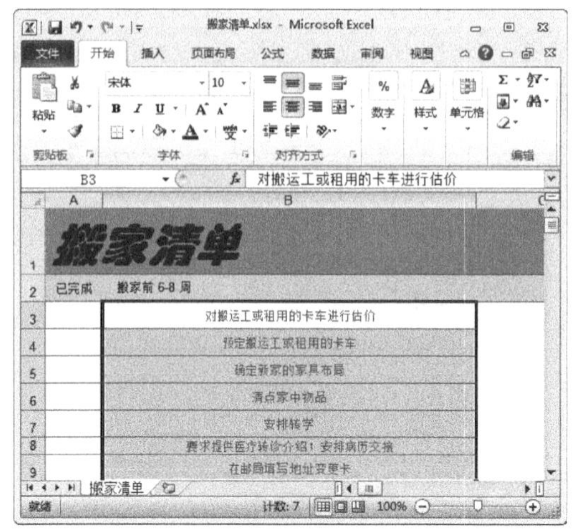

图 9-13

智慧锦囊

如果在【设置单元格格式】对话框的【对齐】选项卡中，在 0 度 文本框中输入一个数值，可以设置文本旋转的角度，设置后的效果，如图 9-14 所示。

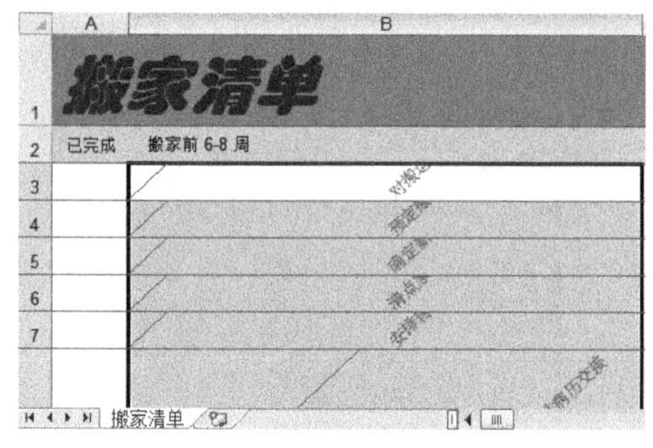

图 9-14

知识精讲

在工作表中一般都包含标题，而且往往要求标题居中显示，这时可以使用 Excel 2010 的合并居中功能。选择标题所在的单元格区域，然后依次单击【开始】→【对齐方式】→【合并后居中】按钮，即可将该标题以其下面的表格为准居中合并显示。

9.2 设置单元格格式

当单元格中的数据不能完全显示出来时，可以适当地调整单元格的行高和列宽。适当地调整单元格的行高与列宽，还可以使表格更加美观、大方。本节将详细介绍设置单元格格式的相关知识及操作方法。

9.2.1 设置行高

在使用 Excel 编辑数据时，有时会遇到显示的数据不完整，这时就可以通过设置单元格的行高来解决，下面将详细介绍设置行高的操作方法。

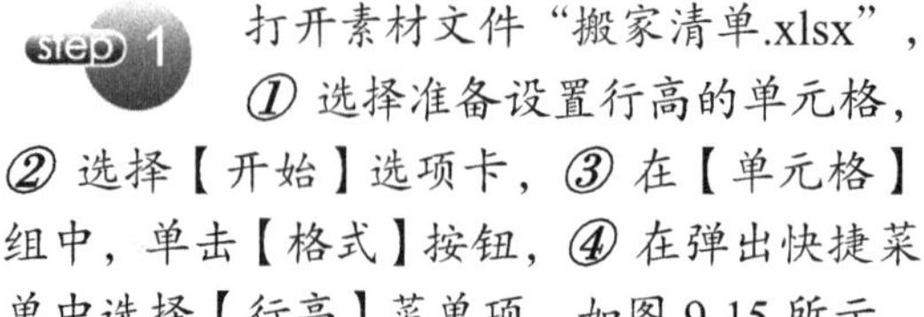

step 1 打开素材文件“搬家清单.xlsx”，① 选择准备设置行高的单元格，② 选择【开始】选项卡，③ 在【单元格】组中，单击【格式】按钮，④ 在弹出快捷菜单中选择【行高】菜单项，如图 9-15 所示。

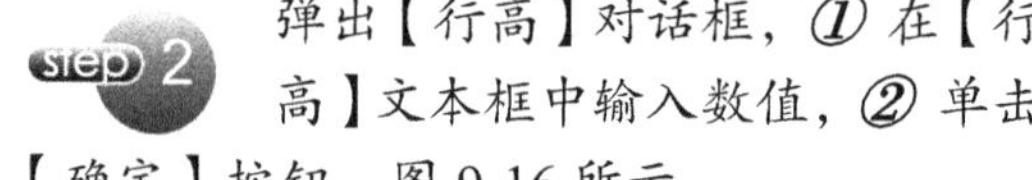

step 2 弹出【行高】对话框，① 在【行高】文本框中输入数值，② 单击【确定】按钮，图 9-16 所示。

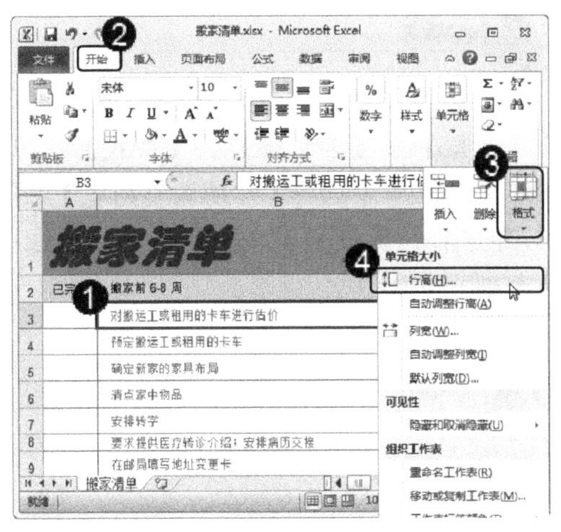

图 9-15

step 3 返回到工作表中，可以看到选择的单元格的行高已经有所改变，这样即可完成设置行高的操作，如图 9-17 所示。

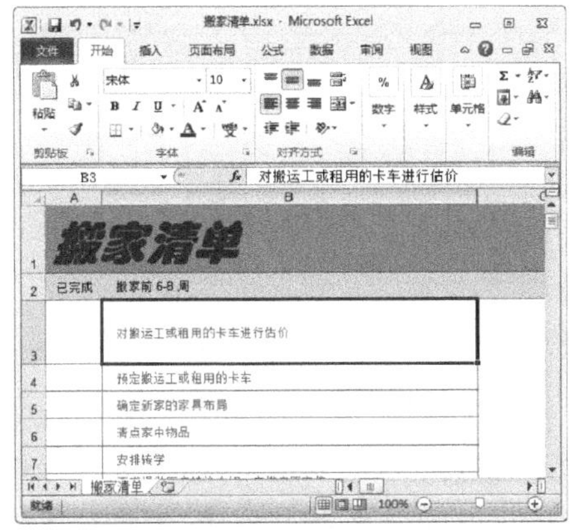

图 9-17

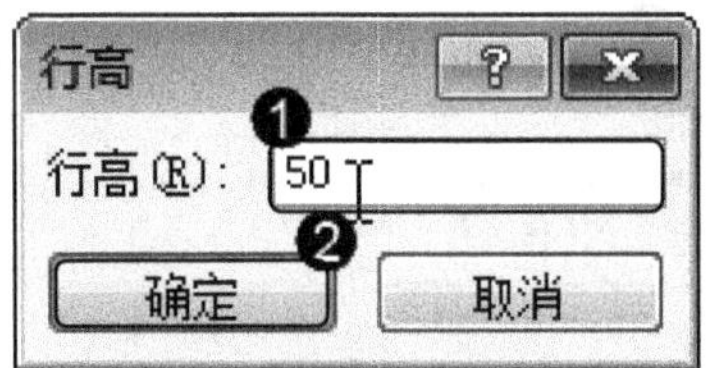

图 9-16

智慧锦囊

选择要调整行高的单元格，然后依次单击【开始】→【单元格】→【格式】按钮。在弹出的菜单中选择【自动调整行高】菜单项，即可将行高设置成与单元格内容相适合的大小，如图 9-18 所示。

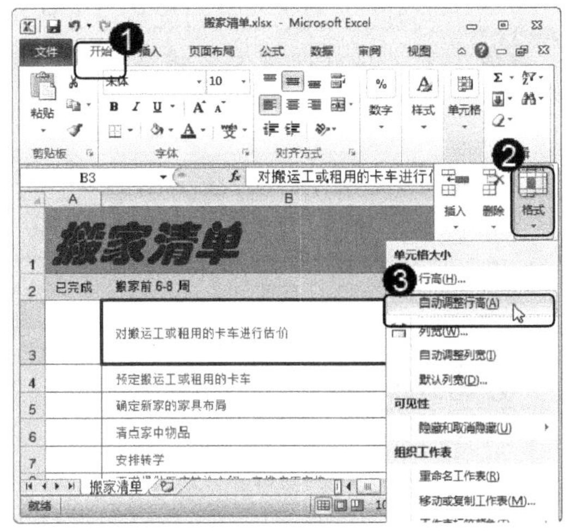

图 9-18

9.2.2 设置列宽

在 Excel 2010 工作表中，如果单元格的宽度不足以显示整个数据时，那么 Excel 系统采用科学计数法表示或填充成“########”，下面详细介绍设置列宽的操作方法。

step 1 打开素材文件“搬家清单.xlsx”，① 选择准备设置列宽的单元格，② 选择【开始】选项卡，③ 在【单元格】组中，单击【格式】按钮，④ 在弹出快捷菜单中选择【列宽】菜单项，如图 9-19 所示。

step 2 弹出【列宽】对话框，① 在【列宽】文本框中输入数值，② 单击【确定】按钮，图 9-20 所示。

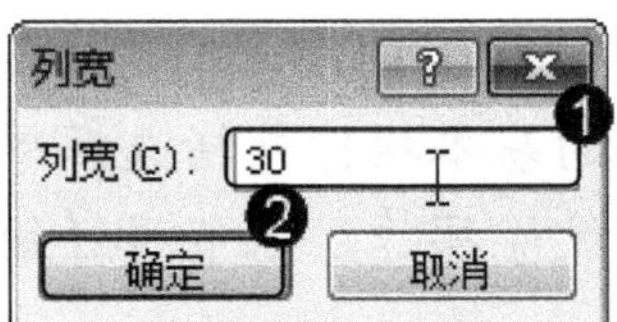

图 9-20

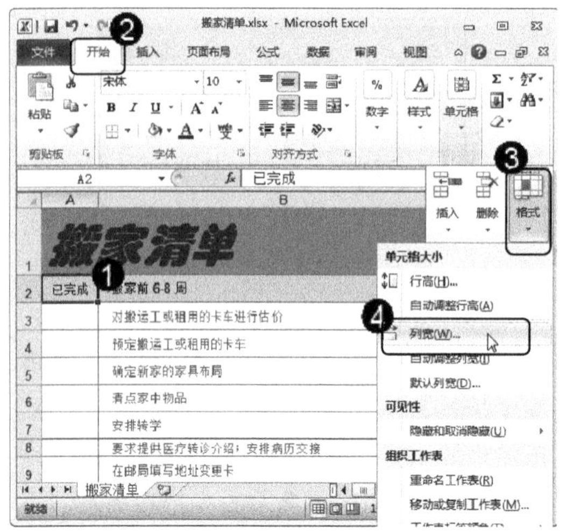

图 9-19

此时，工作表中的列宽已经有所改变，这样即可完成设置列宽的操作，如图 9-21 所示。

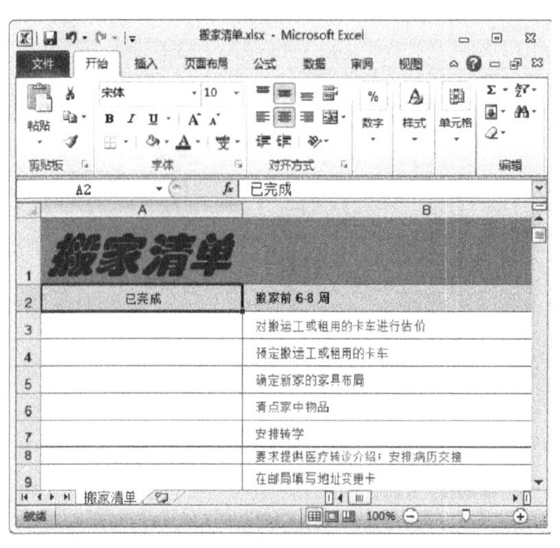

图 9-21

智慧锦囊

选择要调整列宽的单元格，然后依次单击【开始】→【单元格】→【格式】按钮。在弹出的菜单中选择【自动调整列宽】菜单项，即可将列宽设置成与单元格内容相适合的大小，如图 9-22 所示。

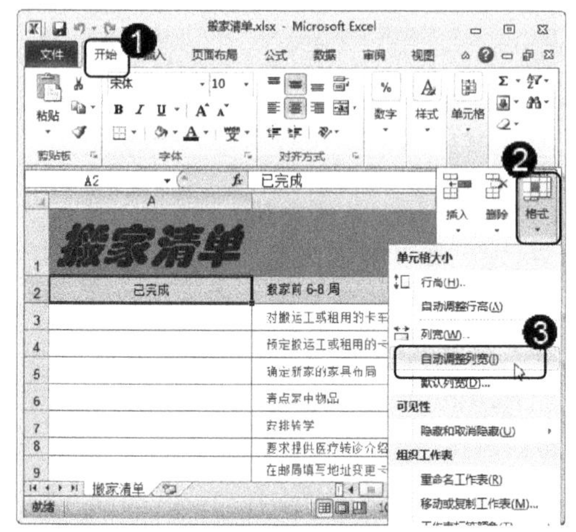

图 9-22

考考您

请您根据上述方法对表格中的行宽和列宽设置成个人喜欢的格式，充分掌握调整表格行高和列宽的操作方法，测试一下您学习设置单元格格式的效果。

9.3 操作单元格

在 Excel 2010 工作表中，选择完单元格后即可操作单元格，单元格的基本操作包括选择单元格、合并单元格、添加表格边框和添加表格底纹等操作。本节将详细介绍操作单元格的相关知识及操作方法。

9.3.1 选择一个、多个和全部单元格

在对单元格进行各种设置操作前，首先需要学习选择单元格，在工作表中可以选择一个、多个和全部单元格，下面将详细介绍其操作方法。

step 1 单击准备选择的单元格，即可完成选择一个单元格的操作，如图 9-23 所示。

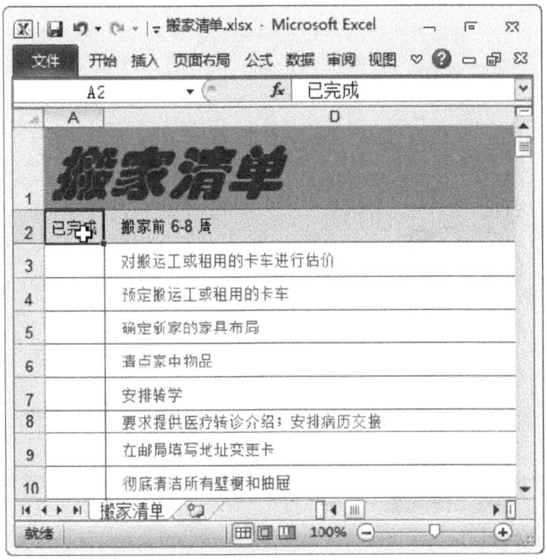

图 9-23

step 2 选择单元格后，按住 Shift 键同时选择目标单元格最后一个单元格，即可完成选择连续多个单元格的操作，图 9-24 所示。

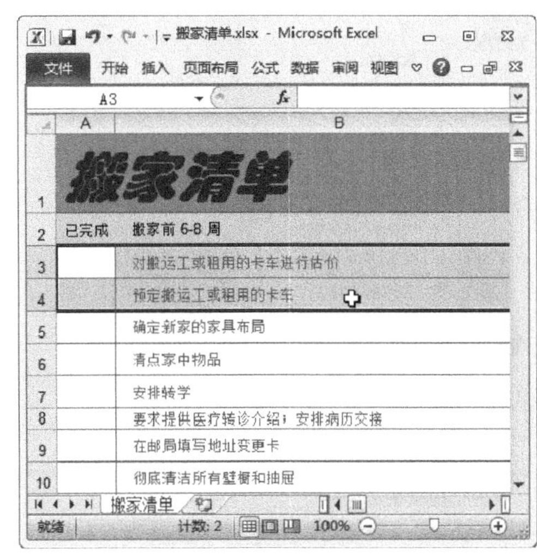

图 9-24

step 3 单击准备选择的第一个单元格，按下键盘上 Ctrl 键的同时单击其他准备选择的单元格，即可完成选择不连续多个单元格的操作，如图 9-25 所示。

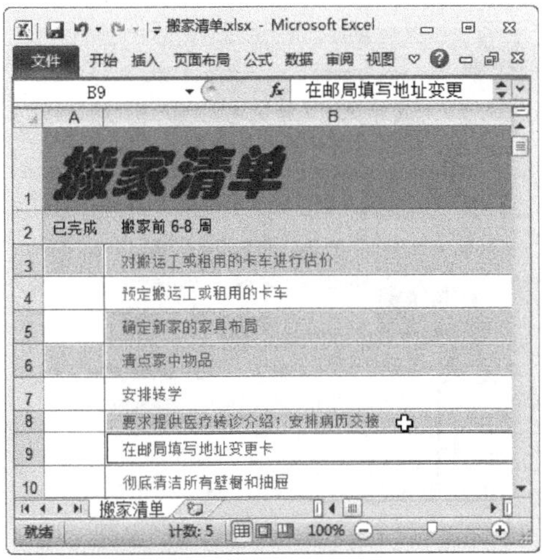

图 9-25

step 4 单击 Excel 2010 工作表左上角的【全选】按钮，即可完成选择所有单元格的操作，如图 9-26 所示。

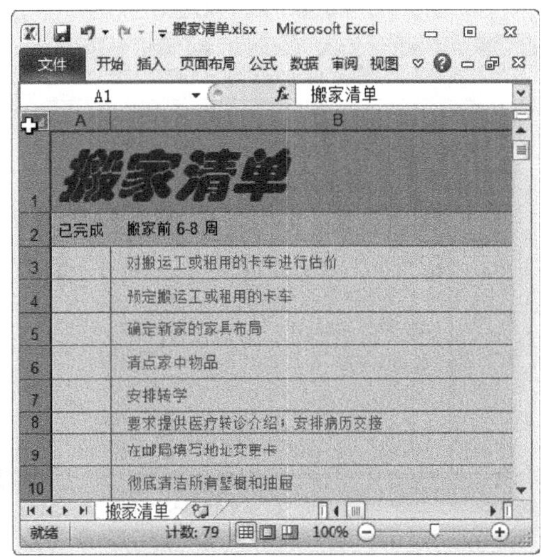

图 9-26

9.3.2 合并单元格

如果输入的数据超过了一个单元格的范围，这时可以将多个单元格合并为一个单元格使用，下面将详细介绍合并单元格的操作方法。

step 1 ① 选择需要合并的多个连续单元格，并单击鼠标右键，② 在弹出的快捷菜单中选择【设置单元格格式】菜单项，如图 9-27 所示。

图 9-27

step 2 弹出【设置单元格格式】对话框，① 选择【对齐】选项卡，② 在【文本控制】区域中勾选【合并单元格】复选框，③ 单击【确定】按钮，如图 9-28 所示。

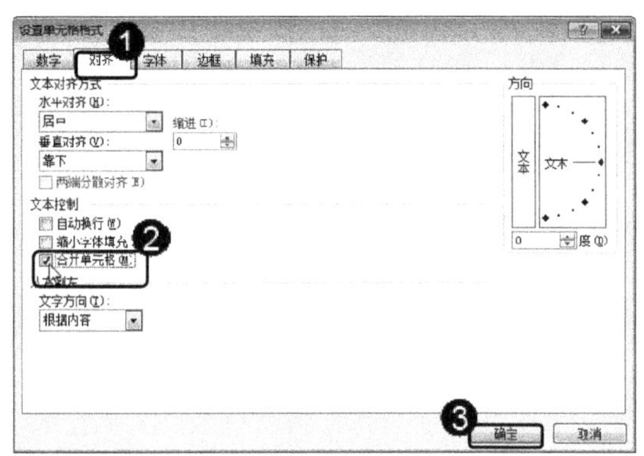

图 9-28

step 3 选择的多个连续单元格已被合并成一个单元格，这样即可合并单元格，如图 9-29 所示。

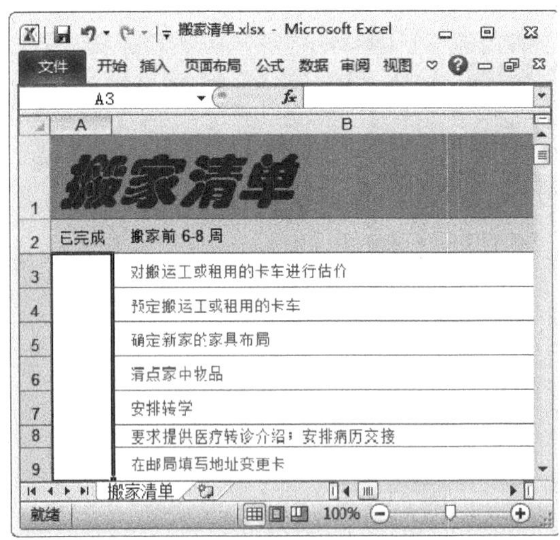

图 9-29

在 Excel 2010 中，选择准备合并的单元格区域，然后选择【开始】选项卡。在【对齐方式】组中，单击【合并后居中】下拉按钮。在弹出的快捷菜单中，选择【合并单元格】菜单项。可以快速地将选择的单元格合并，如图 9-30 所示。

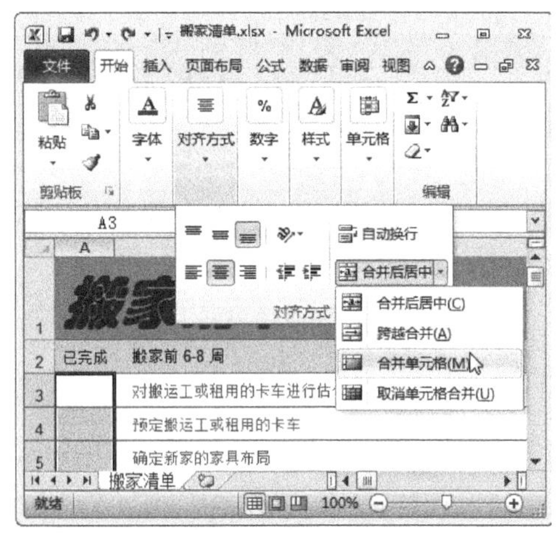

图 9-30

9.3.3 添加表格边框

为了使表格数据之间层次鲜明、易于阅读，可以为表格中不同的部分添加边框。下面将详细介绍添加表格边框的操作方法。

step 1 ① 选择准备设置表格边框的单元格，② 在【单元格】组中，单击【格式】按钮，如图 9-31 所示。

图 9-31

step 2 在弹出的【格式】下拉菜单中，单击【设置单元格格式】菜单项，如图 9-32 所示。

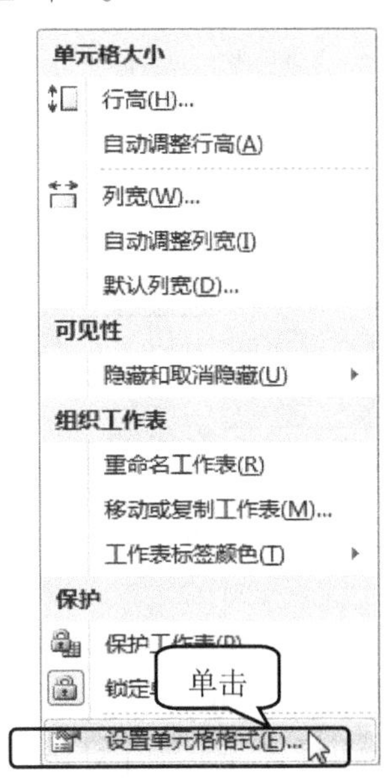

图 9-32

step 3 弹出【设置单元格格式】对话框，① 选择【边框】选项卡，② 在【预置】区域中，单击【外边框】按钮，③ 在【边框】区域中，单击准备选择的边框线，④ 单击【确定】按钮，如图 9-33 所示。

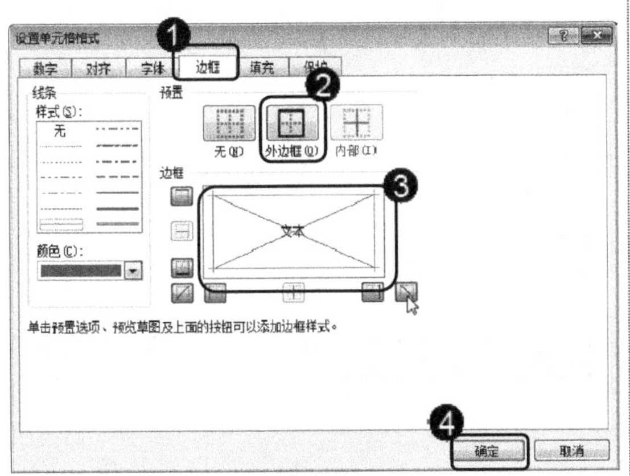

图 9-33

step 4 通过以上步骤即可完成在 Excel 2010 工作表中添加表格边框的操作，效果如图 9-34 所示。

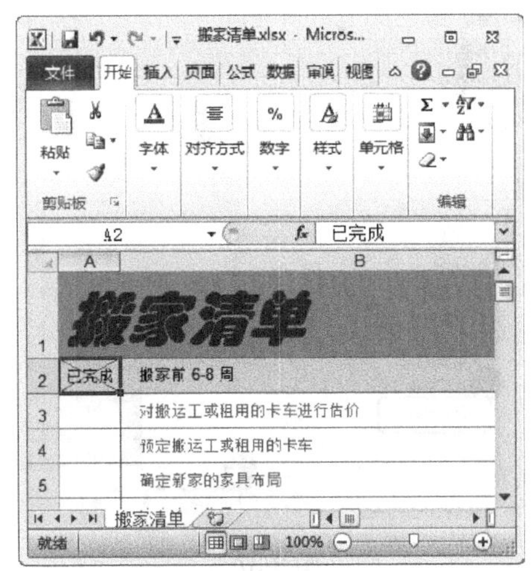

图 9-34

9.3.4 添加表格底纹

添加表格底纹是指在单元格中添加背景颜色和背景纹理，方便用户阅读。下面将详细介绍添加表格底纹的操作方法。

step 1 ① 选择准备设置底纹的单元格并右击，② 在弹出的快捷菜单中选择【设置单元格格式】，如图 9-35 所示。

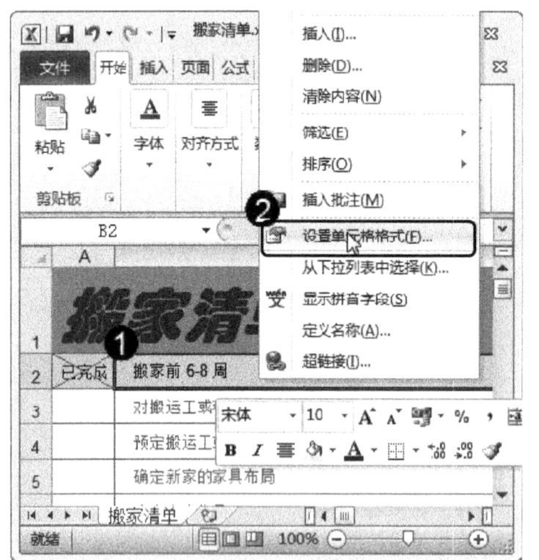

图 9-35

step 2 弹出【设置单元格格式】对话框，① 选择【填充】选项卡，② 单击对话框左下角的【填充效果】按钮，如图 9-36 所示。

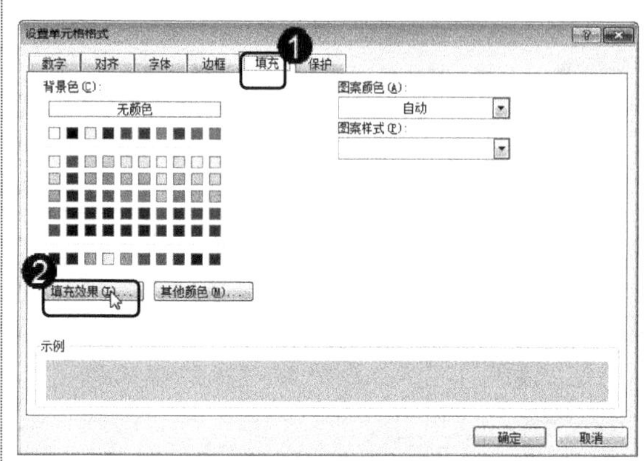

图 9-36

step 3 弹出【填充效果】对话框，① 在【颜色 2(2)】下拉列表框中选择设置底纹的颜色，② 在【底纹样式】区域中，选择设置的底纹样式，③ 单击【确定】按钮，如图 9-37 所示。

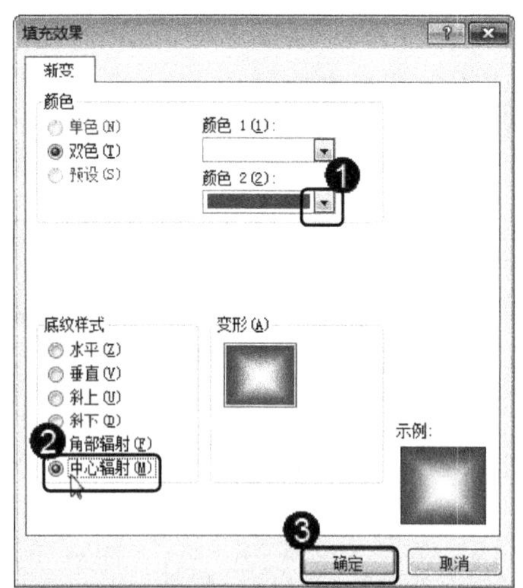

图 9-37

step 4 返回至【设置单元格格式】对话框，此时在对话框【示例】区域中会显示刚刚设置的底纹样式，单击【确定】按钮，如图 9-38 所示。

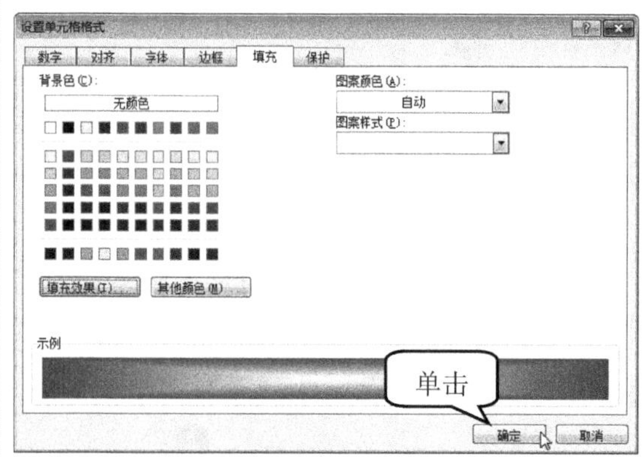

图 9-38

step 5 返回到工作表中，可以看到选择的单元格已添加表格底纹，这样即可完成添加表格底纹的操作，如图 9-39 所示。

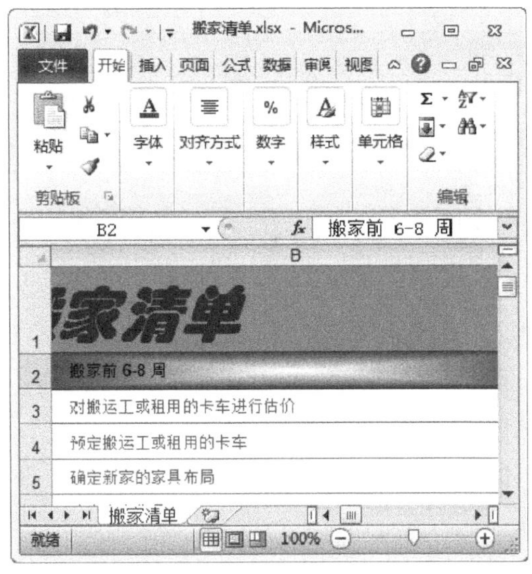

图 9-39

智慧锦囊

在【设置单元格格式】对话框中，选择【填充】选项卡后，在【颜色】区域下方单击【其他颜色】按钮，即可弹出【颜色】对话框，用户可以在此选择更多的颜色方案，如图 9-40 所示。

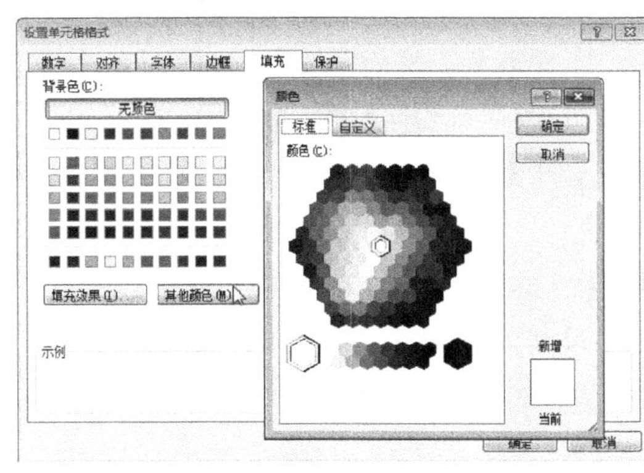

图 9-40

9.4 操作行与列

在 Excel 2010 工作表中，操作行与列包括插入与删除行、插入与删除列和拆分与冻结工作表等操作。本节将详细介绍操作行与列的相关知识及操作方法。

9.4.1 插入与删除行

如果在输入工作表的数据时发现在数据中间有某行数据未输入，这时，可以在需要的位置插入空白行。如果数据中有不需要的行，则应该将该行删除。下面将分别予以详细介绍插入与删除行的相关操作方法。

1. 插入行

在 Excel 2010 工作表中，插入行是指在已选定单元格的上方插入整行，下面将详细介绍插入行的操作方法。

step 1 ① 选择目标单元格(准备在其上方插入行的单元格)，② 选择【开始】选项卡，③ 在【单元格】组中，单击【插

选择的单元格上方已插入一行单元格，如图 9-42 所示。

入】下拉箭头▾，④ 在弹出的下拉菜单项中，选择【插入工作表行】菜单项，如图 9-41 所示。

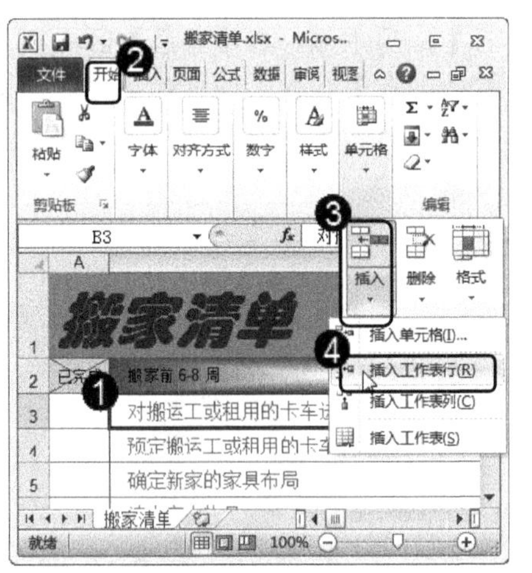

图 9-41

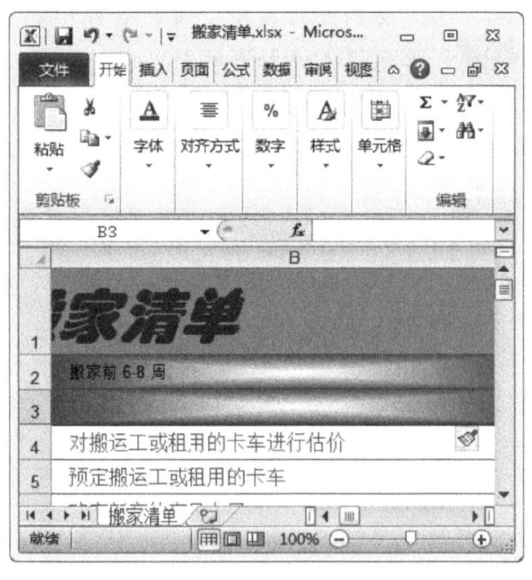

图 9-42

2. 删除行

在 Excel 2010 工作表中，删除行是指在已选定的单元格上方删除整行，下面将详细介绍删除行的操作方法。

step 1 ① 选择目标单元格(准备在其上方删除行的单元格)，② 选择【开始】选项卡，③ 在【单元格】组中，单击【删除】下拉箭头▾，④ 在弹出的下拉菜单项中，选择【删除工作表行】，如图 9-43 所示。

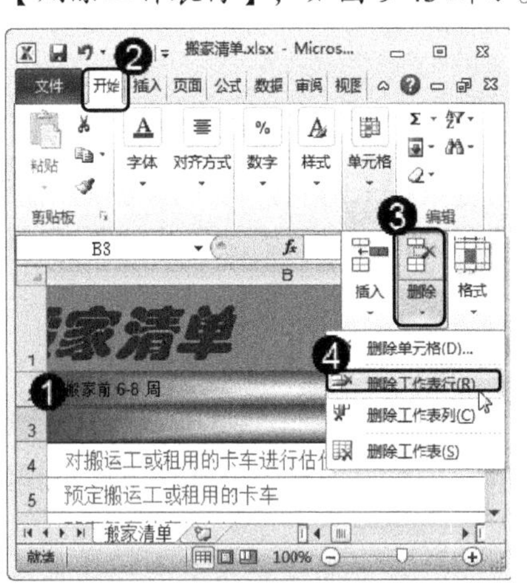

图 9-43

step 2 选择的单元格中已删除一行单元格，如图 9-44 所示。

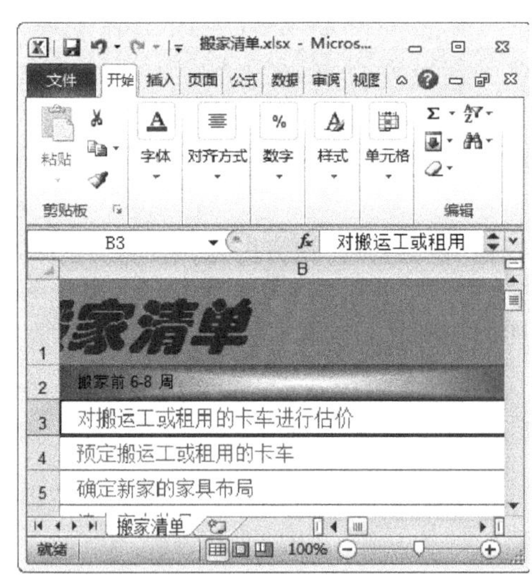

图 9-44

9.4.2 插入与删除列

如果在输入工作表的数据时发现在数据中间有某列数据未输入，这时，可以在需要的位置插入空白列。如果数据中有不需要的列则应该将该列删除。下面将分别予以详细介绍插入与删除列的相关操作方法。

1. 插入列

在 Excel 2010 工作表中，插入列是指在已选定单元格的左侧插入整列，下面将详细介绍插入列的操作方法。

step 1 ① 选择目标单元格(准备在其左侧插入列的单元格)，② 选择【开始】选项卡，③ 在【单元格】组中，单击【插入】下拉箭头▾，④ 在弹出的下拉菜单项中，选择【插入工作表列】菜单项，如图 9-45 所示。

图 9-45

step 2 此时在已选单元格的左侧出现插入的列，如图 9-46 所示。通过以上步骤即可完成插入列的操作。

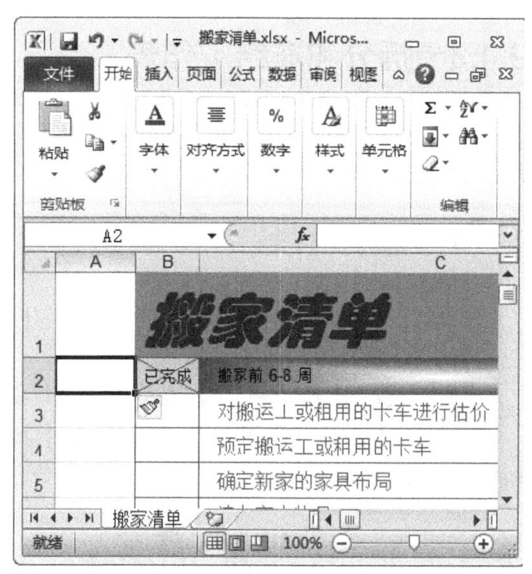

图 9-46

2. 删除列

在 Excel 2010 工作表中，删除列是指在已选定单元格上删除整列，下面将详细介绍删除列的操作方法。

step 1 ① 选择目标单元格(准备删除列的单元格)，② 选择【开始】选项卡，③ 在【单元格】组中，单击【删除】下拉箭头▾，④ 在弹出的下拉菜单项中，选择【删除工作表列】，如图 9-47 所示。

step 2 选择的单元格中已删除一列单元格，如图 9-48 所示。

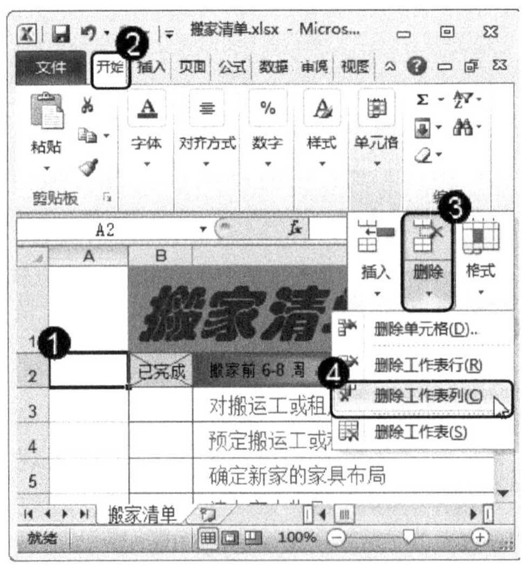

图 9-47

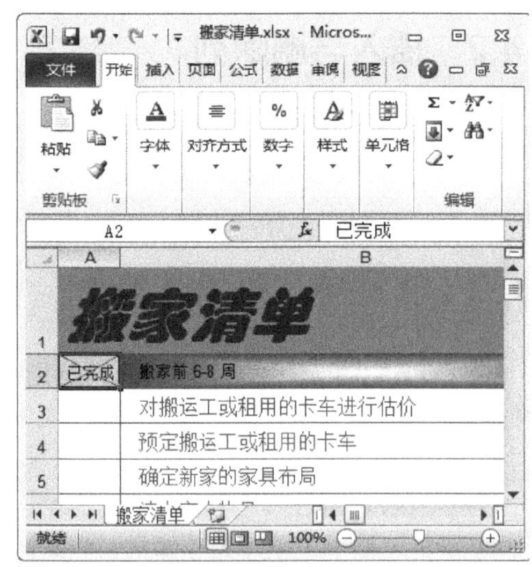

图 9-48

9.4.3　拆分和冻结工作表

在 Excel 2010 工作簿中有些工作表的内容很多，为了方便查阅工作表中的数据，可以拆分和冻结工作表，下面详细介绍拆分和冻结工作表的操作方法。

1.　拆分工作表

拆分工作表是指把一个工作表分成若干个区域，且每个区域中的内容一致，下面详细介绍拆分工作表的操作方法。

step 1 ① 选择【视图】选项卡，② 在【窗口】组中，单击【拆分】按钮，如图 9-49 所示。

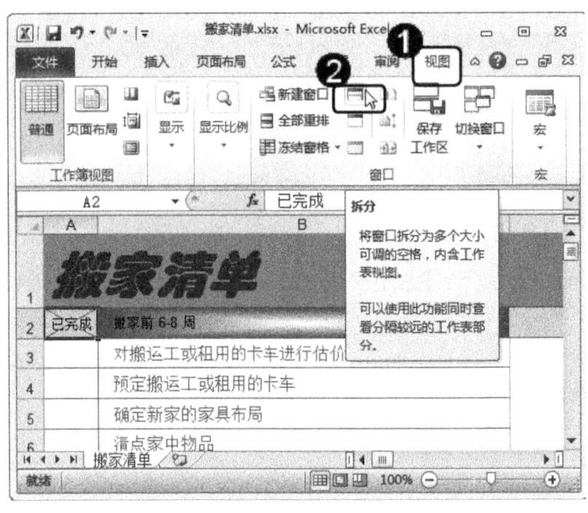

图 9-49

step 2 通过以上步骤即可完成拆分工作表的操作，效果如图 9-50 所示。

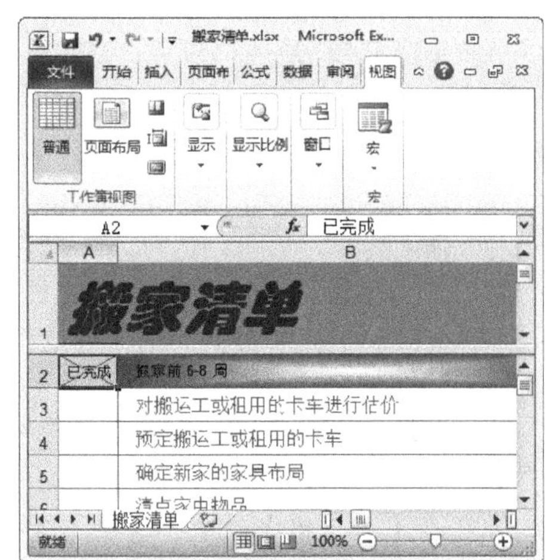

图 9-50

2. 冻结工作表

冻结工作表是指工作表中的首行或首列单元格不随滚动条的变化而变化，下面详细介绍冻结工作表的操作方法。

在准备冻结的工作表中，选择【视图】选项卡，然后在【窗口】组中，单击【冻结窗格】下拉按钮，最后选择【冻结首行】选项，即可完成冻结工作表的操作，如图 9-51 所示。

图 9-51

9.5 在表格中插入图片

在 Excel 2010 工作表中，为了表格的美观，可以在工作表中插入剪贴画、图片。本节将详细介绍在表格中插入图片的相关知识及操作方法。

9.5.1 插入图片

如果在电脑中保存有精美的图片，用户可以将这些图片插入到工作表中。下面将详细介绍插入图片的操作方法。

step 1 ① 选择准备插入图片的单元格，② 选择【插入】选项卡，③在【插图】组中，单击【图片】按钮，如图 9-52 所示。

step 2 弹出【插入图片】对话框，① 在导航窗格中，选择准备插入图片的目标位置，② 选择准备插入的图片，③ 单击【插入】按钮，如图 9-53 所示。

图 9-52

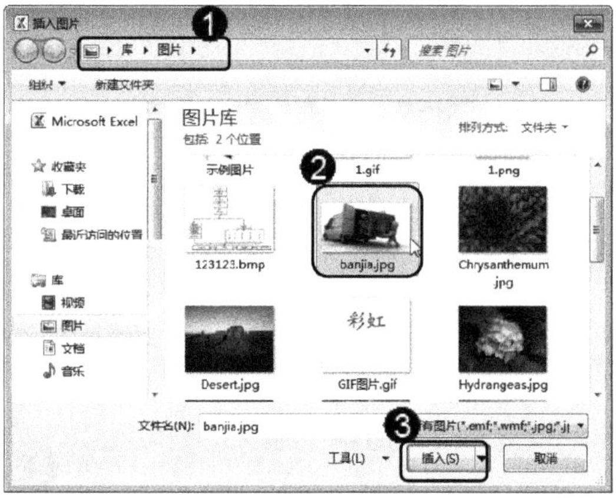

通过以上步骤即可完成插入图片的操作，如图 9-54 所示。

图 9-54

图 9-53

智慧锦囊

把鼠标指针移动至已插入图片边缘的控制点上，此时鼠标指针变为双向箭头，单击并向外或向内拖动鼠标指针，分别可以使图片变大和变小。

考考您

请您根据上述方法，在工作表中插入一个自己喜欢的图片，测试一下您学习插入图片的效果。

9.5.2 插入剪贴画

剪贴画是 Microsoft Office 自带的插图，读者还可以在 Microsoft Office 的官方网站下载剪贴画，下面详细介绍插入剪贴画的操作方法。

① 选择准备插入剪贴画的单元格，② 选择【插入】选项卡，③ 在【插图】组中，单击【剪贴画】按钮，如图 9-55 所示。

弹出【剪贴画】对话框，① 在【搜索文字】文本框中输入准备搜索的文字，如输入“家”，② 单击【搜索】按钮，如图 9-56 所示。

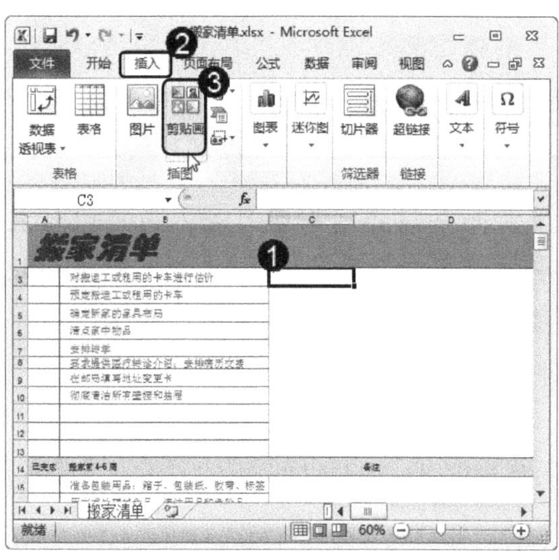

图 9-55

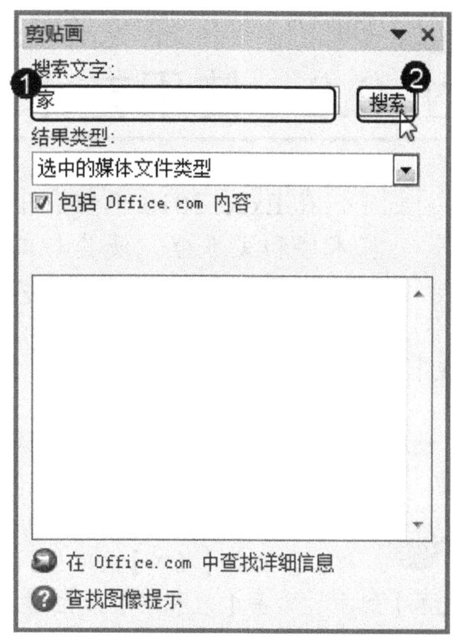

图 9-56

step 3 在对话框下方会显示搜索出来的剪贴画内容，① 选择准备插入的剪贴画，② 单击【关闭】按钮，如图 9-57 所示。

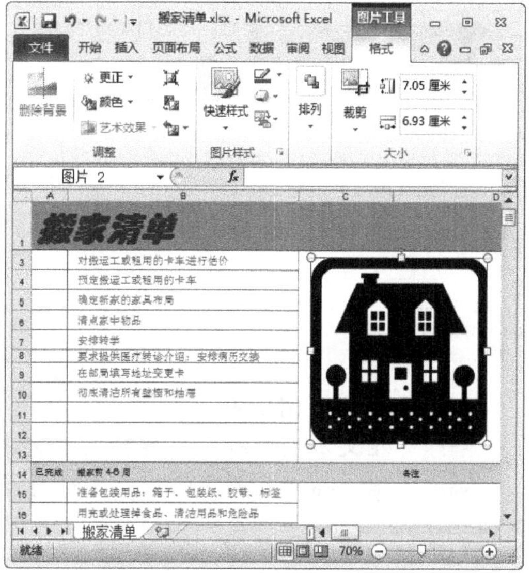

图 9-57

step 4 通过以上步骤即可完成插入剪贴画的操作，如图 9-58 所示。

图 9-58

9.6 使用艺术字与文本框

在 Excel 2010 工作表中，除了前面介绍的图形图片外，还可以插入艺术字和文本框，使其与工作表中的数据相互配合，达到美化表格的效果。本节将详细介绍使用艺术字与文本框的相关知识及操作方法。

9.6.1 插入艺术字

使用 Excel 2010 插入艺术字，使工作表的标题更醒目，而且也可以起到美化工作表的效果。下面将详细介绍插入艺术字的操作方法。

step 1 ① 选择准备插入艺术字的单元格，② 选择【插入】选项卡，③ 在【文本】组中，单击【艺术字】按钮，如图 9-59 所示。

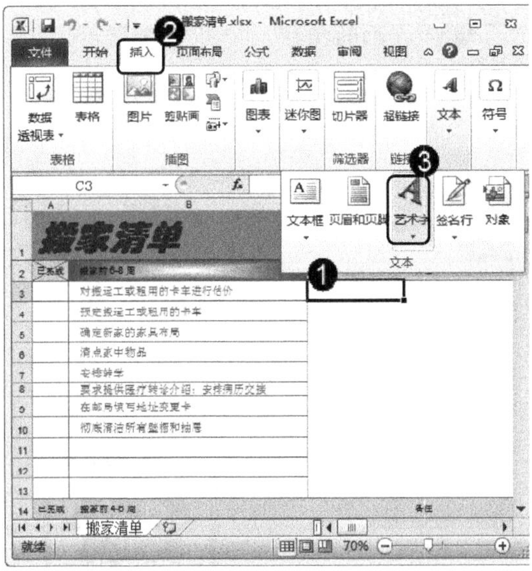

图 9-59

step 2 弹出【艺术字】库，在其中选择准备应用的艺术字样式，如选择“填充-白色，投影”，如图 9-60 所示。

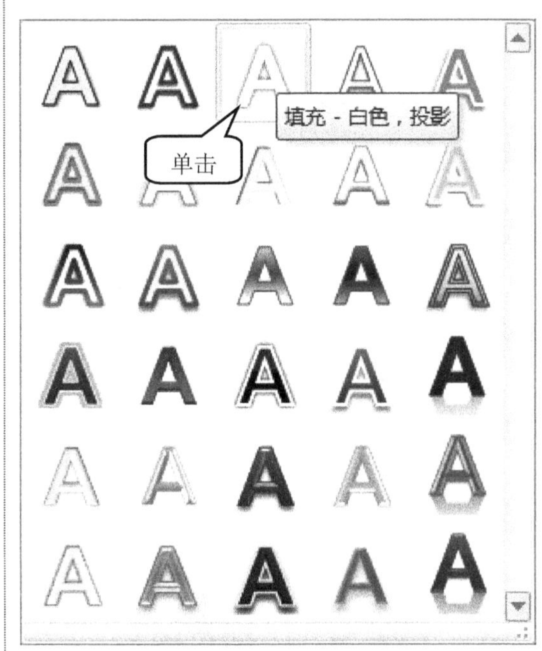

图 9-60

step 3 在文本框中输入准备插入的艺术字，如“本周计划”，如图 9-61 所示。

step 4 通过以上步骤即可完成插入艺术字的操作，如图 9-62 所示。

图 9-61

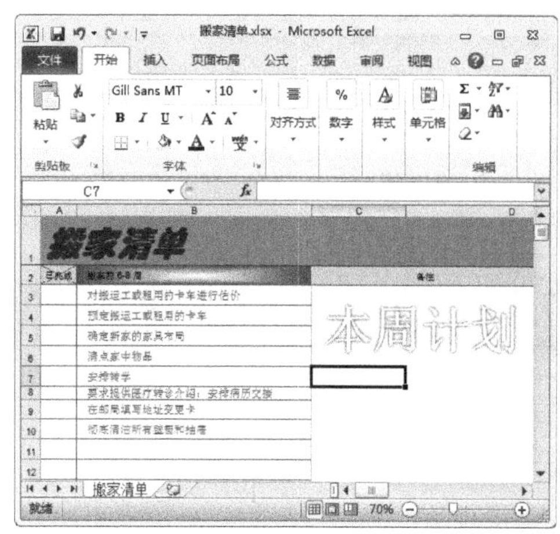

图 9-62

9.6.2 插入文本框

使用文本框，可以将文字输入并放置到工作表的任意位置上，适合制作版式灵活的工作表，下面将详细介绍插入文本框的操作方法。

step 1 ① 选择准备插入文本框的单元格，② 选择【插入】选项卡，③在【文本】组中，单击【文本框】下拉按钮，④ 在弹出的下拉列表中选择【横排文本框】菜单项，如图 9-63 所示。

图 9-63

step 3 在文本框中输入准备输入的文字，如“本周计划”，单击文本框外的任意位置即可完成插入文本框的操作，效果如图 9-65 所示。

step 2 此时鼠标指针变为“┃”形状，单击已选择的单元格，出现文本框，如图 9-64 所示。

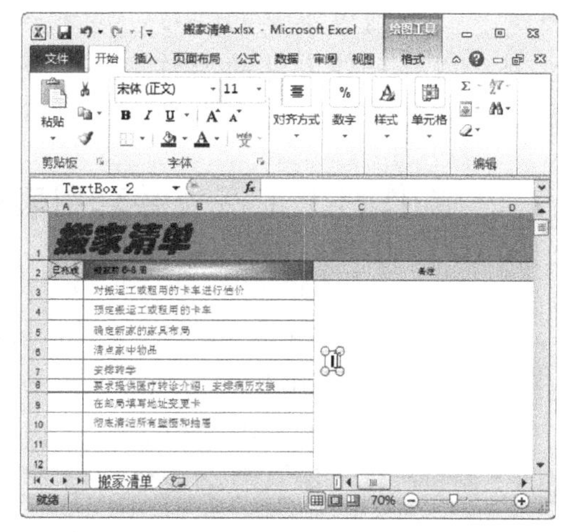

图 9-64

智慧锦囊

把鼠标指针移动至已插入的文本框上，待鼠标指针变为“✥”形状时，单击并拖动鼠标指针至准备移动的目标位置，然后松开鼠标左键，可以快速完成移动文本框的操作。如图 9-66 所示。

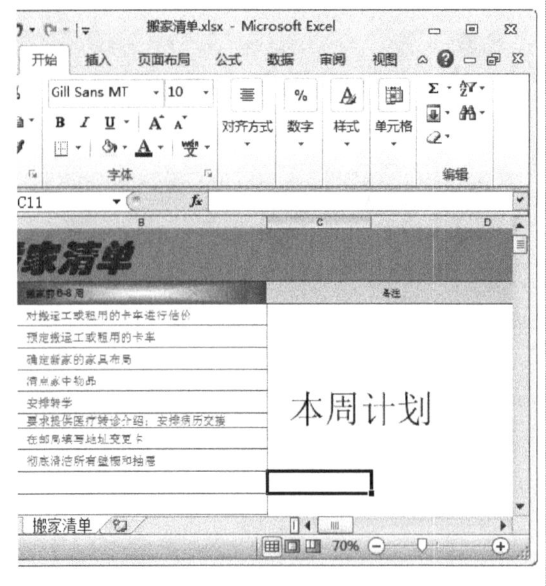

图 9-65

图 9-66

9.7 范例应用与上机操作

通过本章的学习，读者基本可以掌握编辑与美化工作表的基本知识以及一些常见的操作方法。下面通过练习操作 2 个实践案例，以达到巩固学习、拓展提高的目的。

9.7.1 制作员工工资表并套用表格样式

在一般的公司或企业中，每个月都需要计算员工的工资数。这时，可以使用 Excel 2010 建立表格、输入数据并进行计算，方便快捷、准确无误，下面将详细介绍制作员工工资表并套用表格样式的操作方法。

素材文件 第 9 章\素材文件\员工工资表素材.xlsx
效果文件 第 9 章\效果文件\员工工资表.xlsx

step 1 打开素材文件“员工工资表素材.xlsx”，① 选择 A1:G2 单元格区域，② 选择【开始】选项卡，③ 在【对齐方式】组中单击【合并后居中】按钮，如图 9-67 所示。

step 2 将“员工工资表”文字在 A1:G2 单元格区域中居中对齐，如图 9-68 所示。

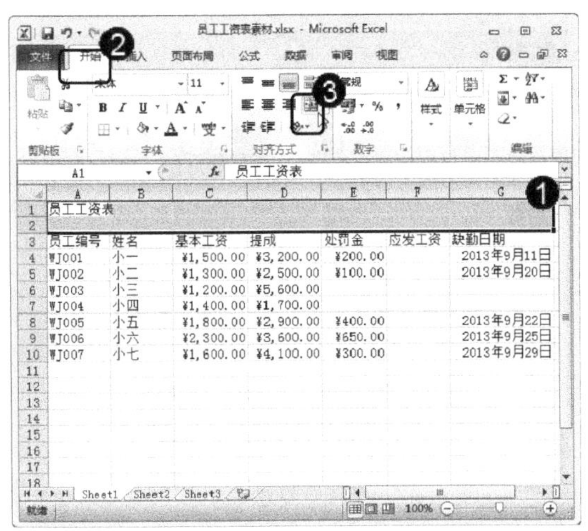

图 9-67

step 3 ① 在选择 A1:G2 单元格区域下，选择【开始】选项卡，② 在【字体】选项组中，将字体设置为“隶书”，如图 9-69 所示。

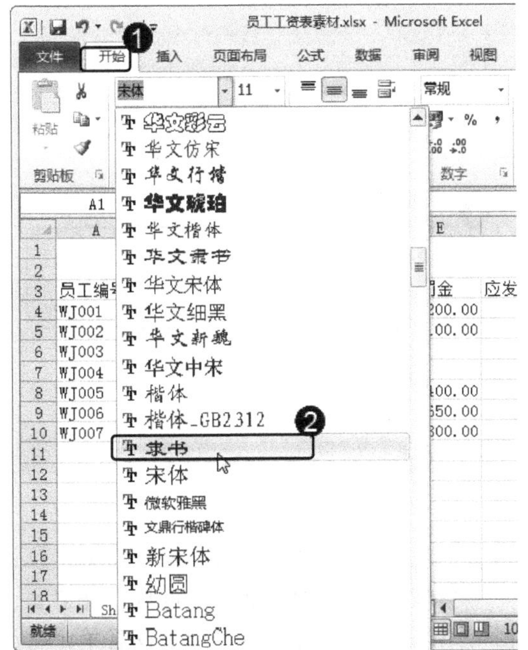

图 9-69

step 5 设置后的效果，如图 9-71 所示。

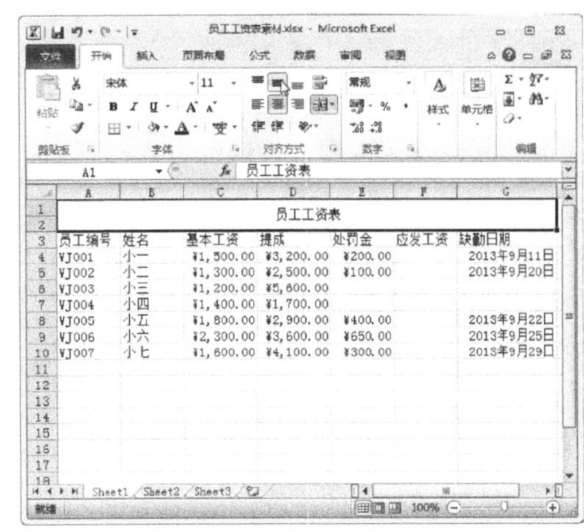

图 9-68

step 4 ① 在选择 A1:G2 单元格区域下，选择【开始】选项卡，② 在【字体】选项组中，将字号设置为“20”，如图 9-70 所示。

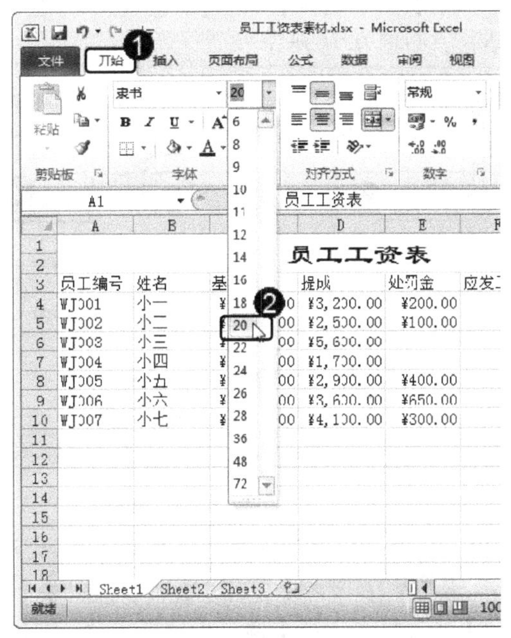

图 9-70

step 6 ① 选择 A3:G3 单元格区域，并右击选择区域，② 在弹出来的快捷菜单中选择【设置单元格格式】菜单项，如图 9-72 所示。

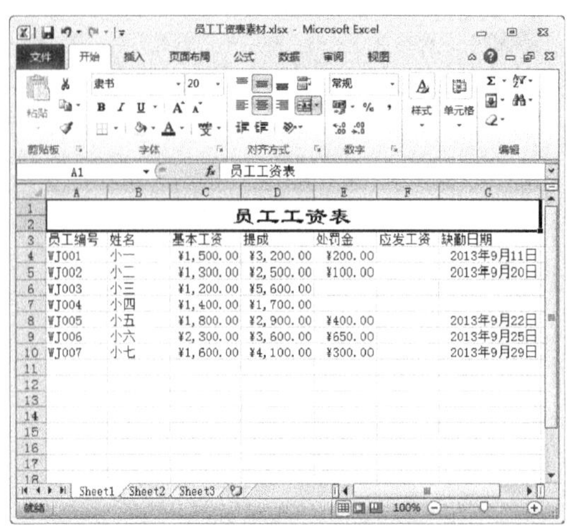

图 9-71

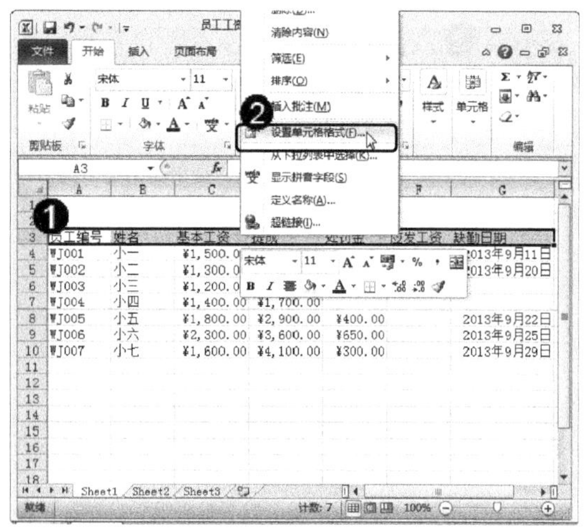

图 9-72

step 7 弹出【设置单元格格式】对话框，① 选择【字体】选项卡，② 在【字体】列表框中选择【黑体】选项，③ 在【字号】列表框中选择【12】选项，④ 在【颜色】下拉列表框中选择【红色】，⑤ 单击【确定】按钮，如图 9-73 所示。

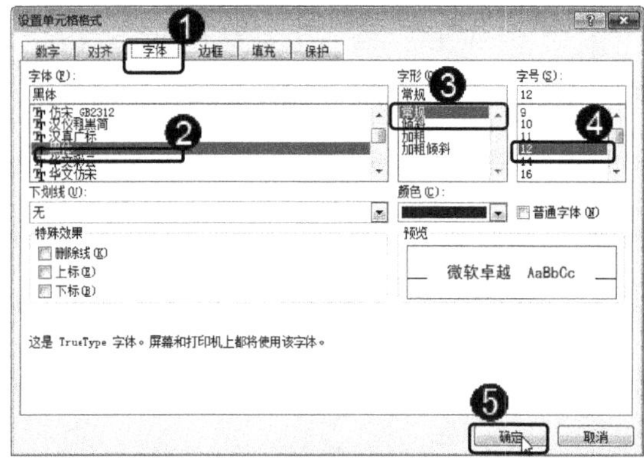

图 9-73

step 8 这样即可设置工资表表头字体格式。① 选择 A4:G10 单元格区域，并右击，② 在弹出的快捷菜单中选择【设置单元格格式】菜单项，如图 9-74 所示。

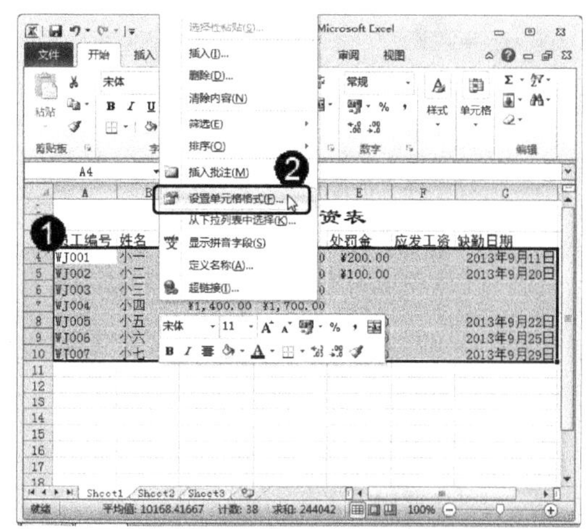

图 9-74

step 9 弹出【设置单元格格式】对话框，① 选择【字体】选项卡，② 在【字形】列表框中选择【倾斜】选项，③ 在【颜色】下拉列表框中选择【蓝色】选项，④ 单击【确定】按钮，如图 9-75 所示。

step 10 最后设置表格的边框和底纹，① 选择 A4:G10 单元格区域，并右击，② 在弹出的快捷菜单中选择【设置单元格格式】菜单项，如图 9-76 所示。

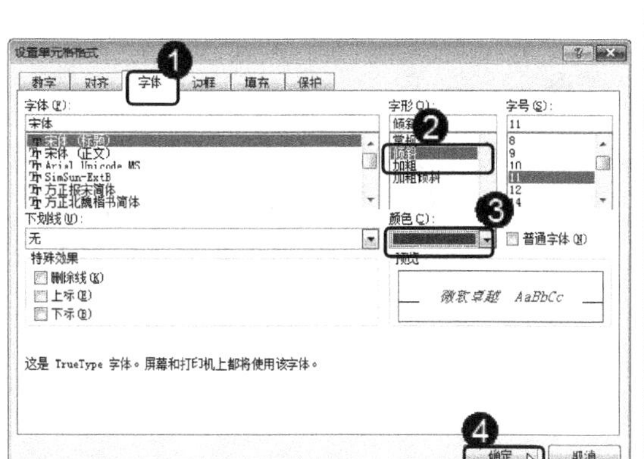

图 9-75

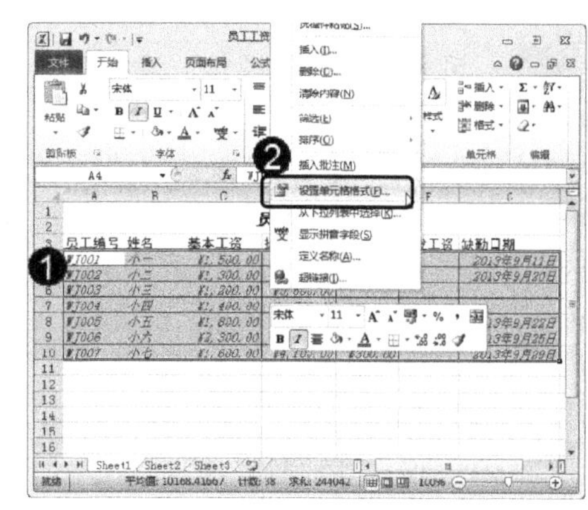

图 9-76

step 11 弹出【设置单元格格式】对话框，① 选择【边框】选项卡，② 在【预置】选项区中，单击【外边框】和【内部】按钮，如图 9-77 所示。

step 12 ① 选择【填充】选项卡，② 单击【填充效果】按钮，如图 9-78 所示。

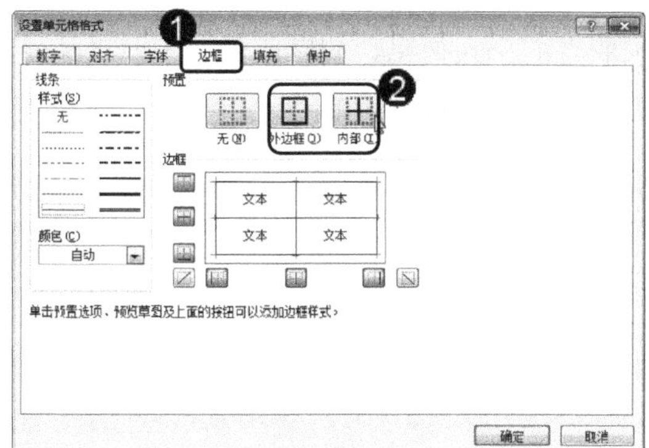

图 9-77

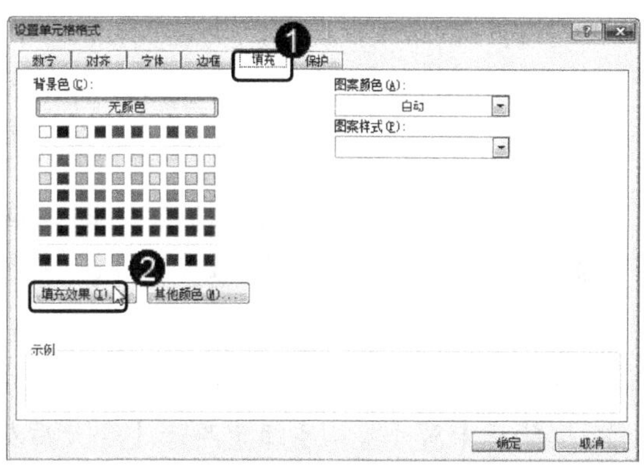

图 9-78

step 13 弹出【填充效果】，① 在【颜色 2】下拉列表框中选择【黄色】选项，② 在【变形】选项组中选择渐变模式，③ 单击【确定】按钮，如图 9-79 所示。

step 14 返回至【设置单元格格式】对话框，在【示例】区域下方会显示设置好的填充颜色效果，单击【确定】按钮，如图 9-80 所示。

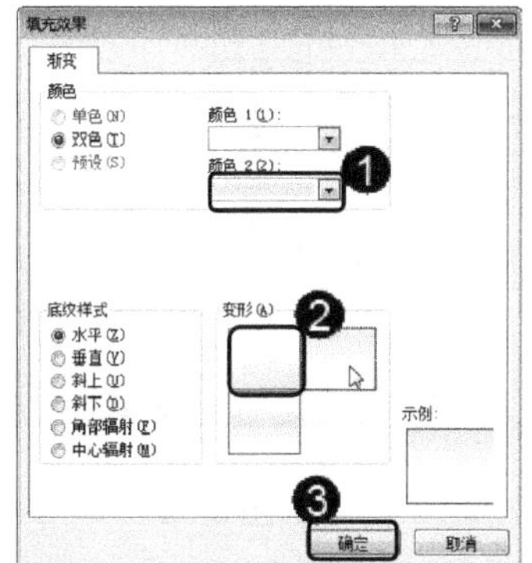

图 9-79

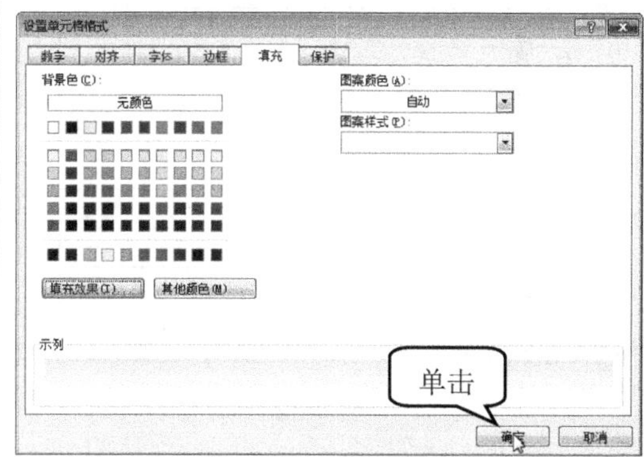

图 9-80

step 15 至此即可完成制作员工工资表并套用表格样式的操作，效果如图 9-81 所示。

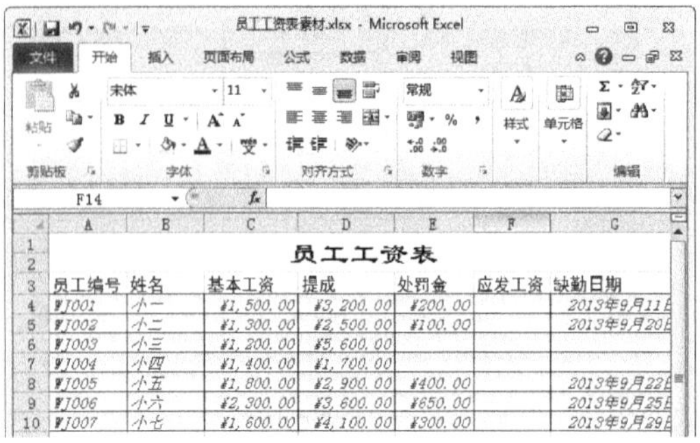

图 9-81

智慧锦囊

如果只想添加表格的外边框，则可以单击【预置】选项组中的【外边框】按钮，如果只想添加内框线，则单击【内部】按钮。单击【无】按钮可以清除添加的任何边框。

9.7.2 设计并制作一份个人简历

一份好的个人简历可以从众多求职者中脱颖而出，给招聘人员留下深刻的印象，它是求职者自我推销的广告。个人简历内容应包括求职者的个人信息、应聘职位、求职者的受教育程度、工作经历、知识技能，以及对自身情况的简短评价等信息。

素材文件 第9章\素材文件\个人简历素材.xlsx

效果文件 第9章\效果文件\个人简历.xlsx

step 1 ① 打开素材文件，选择 A1:G1 单元格区域，② 选择【开始】选项卡，③ 在【对齐方式】组中单击【合并后居中】按钮，如图 9-82 所示。

图 9-82

step 2 将“个人简历”字体设置为“隶书”、字号设置为“24”，设置后的效果如图 9-83 所示。

图 9-83

step 3 ① 选择合并后的“个人简历”单元格并右击，② 在弹出的快捷菜单中选择【设置单元格格式】菜单项，如图 9-84 所示。

图 9-84

step 4 弹出【设置单元格格式】对话框，① 选择【填充】选项卡，② 设置颜色为绿色，③ 单击【确定】按钮，如图 9-85 所示。

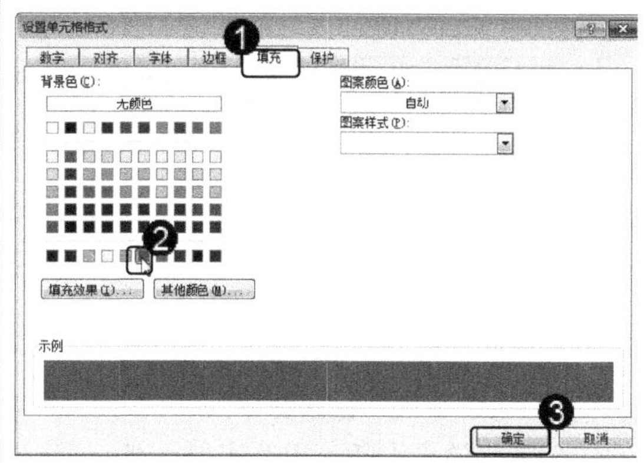

图 9-85

step 5 用同样的方法分别对“教育经历”、“培训经历”、“工作经历”等设置为同样的效果，设置后的效果如图 9-86 所示。

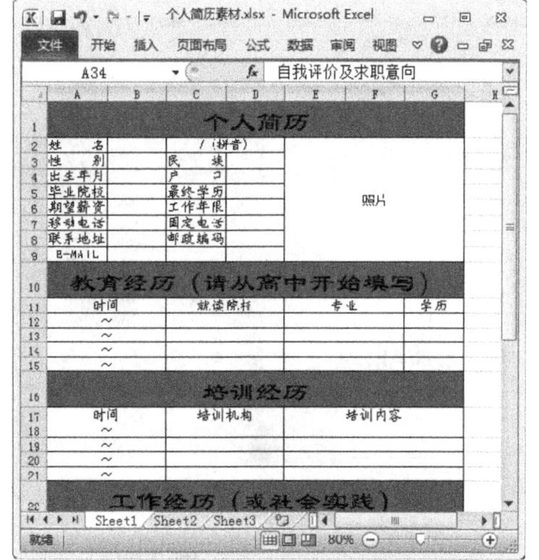

图 9-86

step 6 选择“个人简历”下的所有单元格，将其字体颜色设置为绿色，如图 9-87 所示。

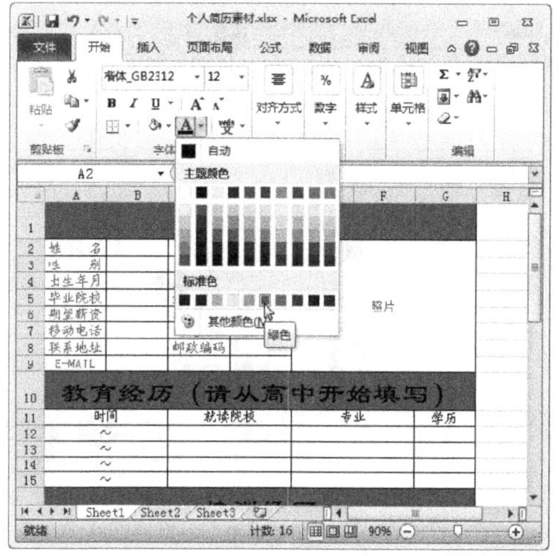

图 9-87

step 7 接着将其他项目下的文字设置为绿色，如图 9-88 所示。

step 8 ① 选择“照片”单元格，② 选择【插入】选项卡，③ 在【插图】组中单击【图片】按钮，如图 9-89 所示。

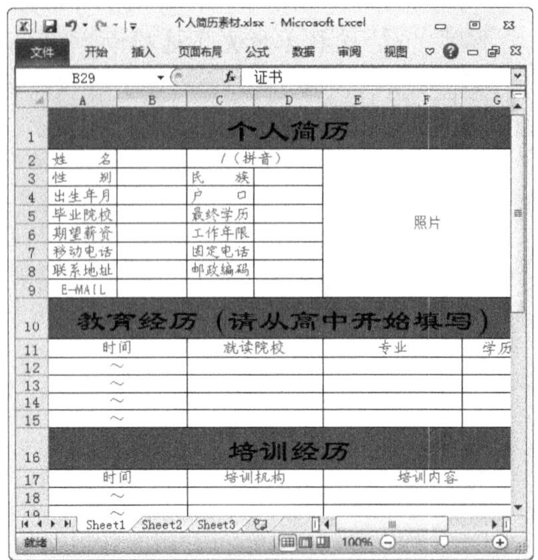

图 9-88

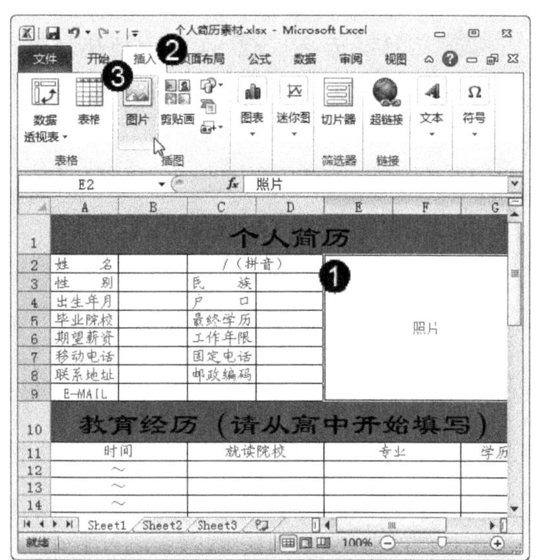

图 9-89

step 9 弹出【插入图片】对话框，① 选择准备插入图片的路径，② 选择准备插入的图片，③ 单击【插入】按钮，如图 9-90 所示。

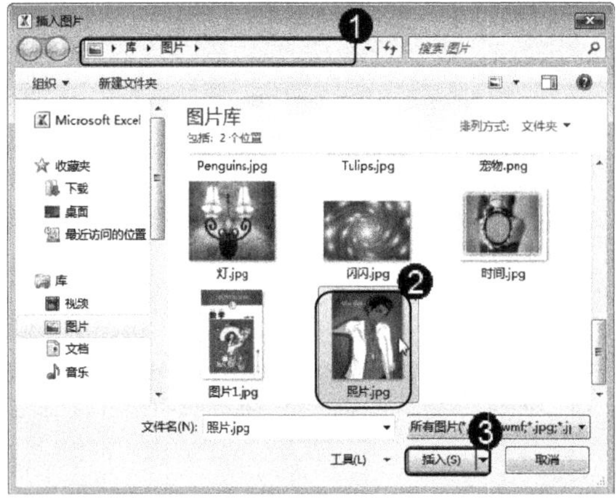

图 9-90

step 11 调整后的照片大小，效果如图 9-92 所示。

step 10 插入的图片需要进行调整，将鼠标指针移动到图片的边缘，待鼠标指针变为形状时，拖动鼠标调整到合适的大小，如图 9-91 所示。

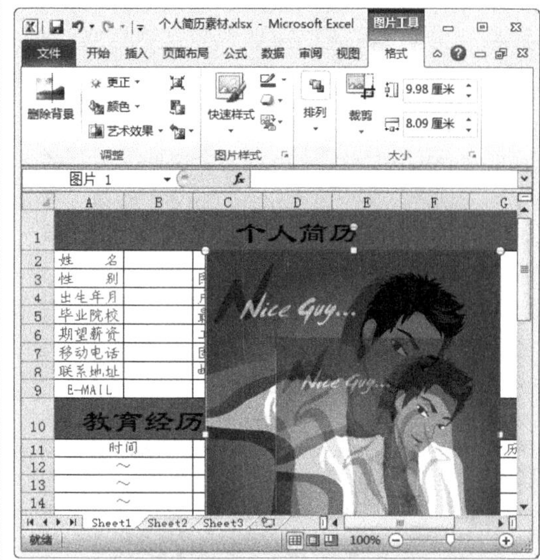

图 9-91

step 12 ① 选择【插入】选项卡，② 在【文本】组中单击【艺术字】按钮，如图 9-93 所示。

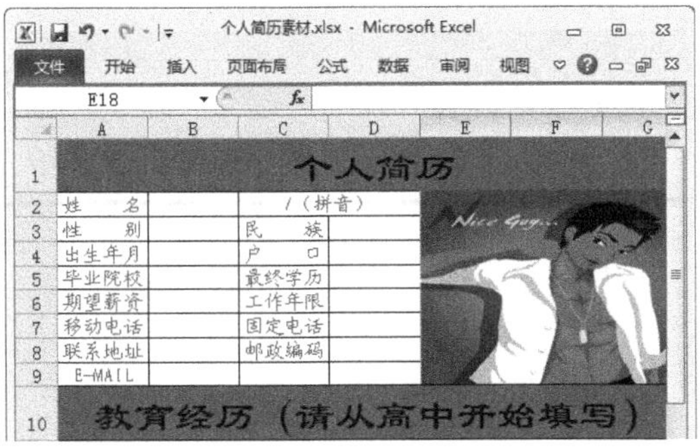

图 9-92

step 13 弹出【艺术字】库，在其中选择准备应用的艺术字样式，如选择“渐变填充-蓝色，强调文字颜色 1”，如图 9-94 所示。

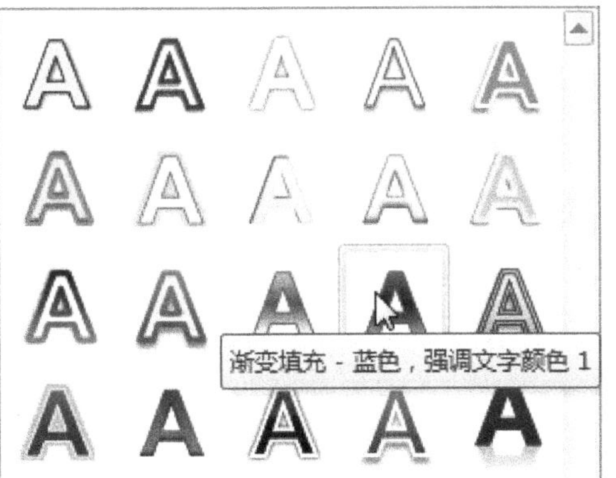

图 9-94

step 15 在文本框中输入“自我评价及其求职意向”文字，然后将鼠标指针移动至文本框边缘，待鼠标指针变为形状时，拖动鼠标移动文本框的位置，如图 9-96 所示。

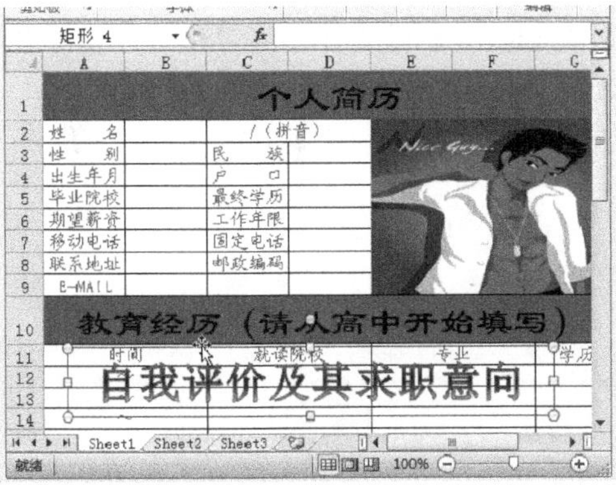

图 9-96

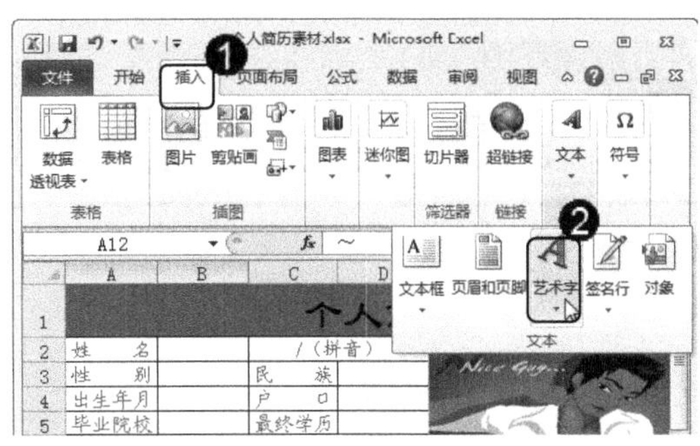

图 9-93

step 14 此时会插入一个“请在此放置您的文字”文本框，如图 9-95 所示。

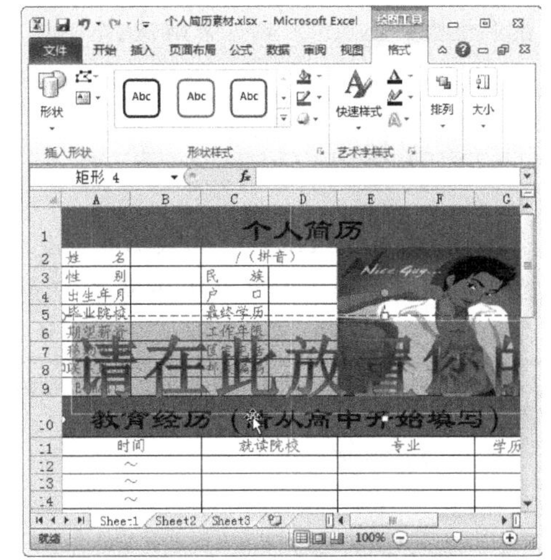

图 9-95

step 16 艺术字文本框的位置移动至合适的位置后，即可完成个人简历的制作，最终的效果，如图 9-97 所示。

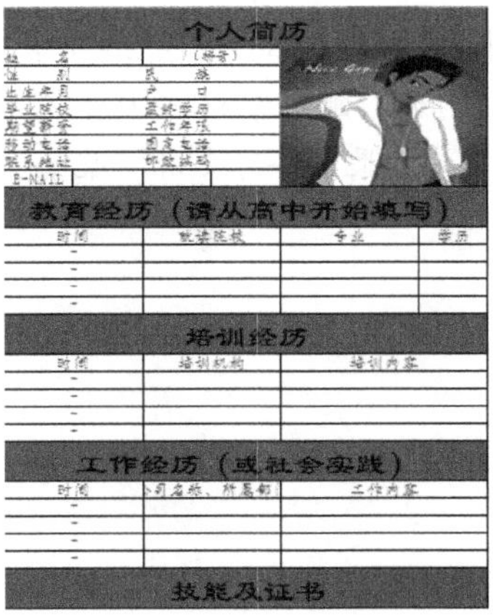

图 9-97

9.8 课后练习

9.8.1 思考与练习

一、填空题

1. 在使用 Excel 编辑数据时，有时会遇到显示的数据不完整的情况，这时就可以通过设置单元格的__________来解决。

2. 为了使表格数据之间层次鲜明，更易于阅读，可以为表格中不同的部分添加_____。

二、判断题

1. 如果在输入工作表的数据时，发现在数据中间有某列数据未输入，这时可以在需要的位置插入空白列。如果数据中有不需要的列，则应该将该列删除。 (　　)

2. 在 Excel 2010 工作表中，如果单元格的高度不足以显示整个数据时，那么 Excel 系统采用科学计数法表示或填充成“########”。 (　　)

三、思考题

1. 如何插入图片？

2. 如何插入艺术字？

9.8.2 上机操作

1. 打开“配套素材\第 9 章\素材文件\信纸.xlsx”素材文件，练习设计一份信纸信头。效果文件可参考“配套素材\第 9 章\效果文件\信纸信头.xlsx”。

2. 打开“配套素材\第 9 章\素材文件\电话列表.xlsx”素材文件，练习设计一份组织的电话列表。效果文件可参考“配套素材\第 9 章\效果文件\组织的电话列表.xlsx”。

第 10 章

计算表格中的数据

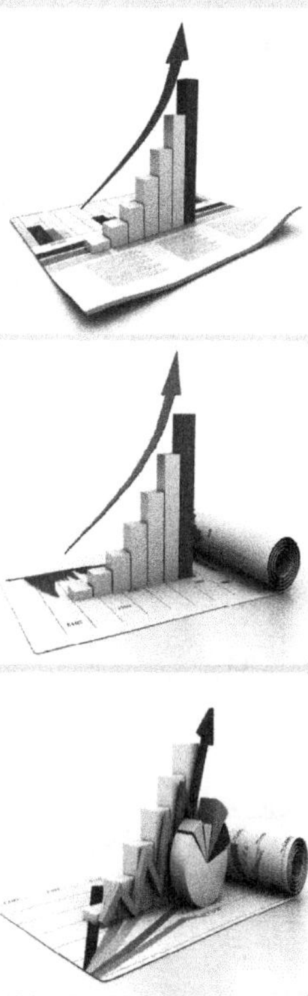

本章主要介绍引用单元格方面的知识与技巧，同时还讲解了如何应用公式计算数据和使用函数计算数据。通过本章的学习，读者可以掌握计算表格中的数据方面的知识和技巧，为深入学习 Office 2010 电脑办公基础与应用奠定基础。

范例导航

1. 引用单元格
2. 应用公式计算数据
3. 使用函数计算数据

10.1 引用单元格

单元格引用是函数中最常见的参数，指用单元格在表中的坐标位置的标识。Excel单元格的引用包括相对引用、绝对引用和混合引用三种。本节将分别予以详细介绍。

10.1.1 相对引用

公式中的相对引用，是基于包含公式和单元格引用的单元格的相对位置，如果公式所在单元格的位置改变，引用也随之改变。如果多行或多列地复制公式，引用会自动调整，下面详细介绍相对引用的操作方法。

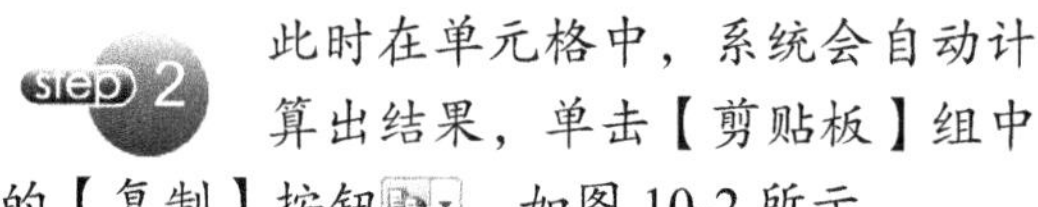
素材文件：无
效果文件：第10章\效果文件\销售统计.xlsx

step 1 ① 选择准备引用的单元格，如选择E2单元格，② 在窗口编辑栏的编辑框中，输入引用的单元格公式，③ 单击【输入】按钮✓，如图10-1所示。

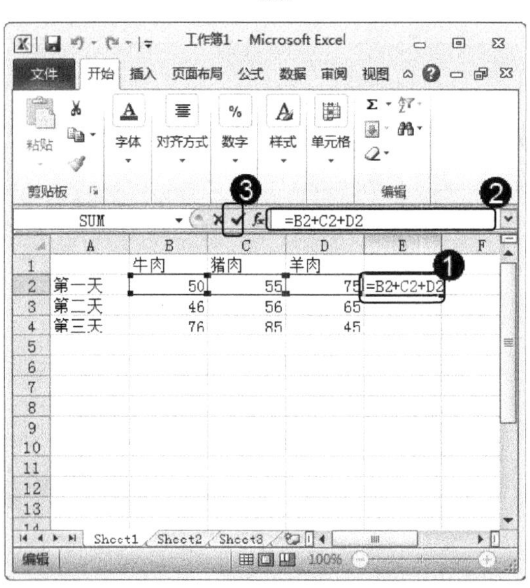

图 10-1

step 2 此时在单元格中，系统会自动计算出结果，单击【剪贴板】组中的【复制】按钮，如图10-2所示。

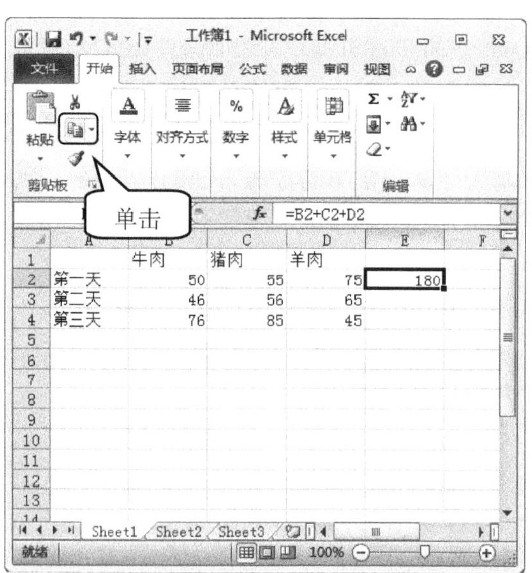

图 10-2

step 3 ① 选择准备粘贴引用公式的单元格，如选择E3单元格，② 在【剪切板】组中，单击【粘贴】按钮，如图10-3所示。

step 4 此时在已选中的单元格中，系统会自动计算出结果，并且在编辑框中显示公式，如图10-4所示。

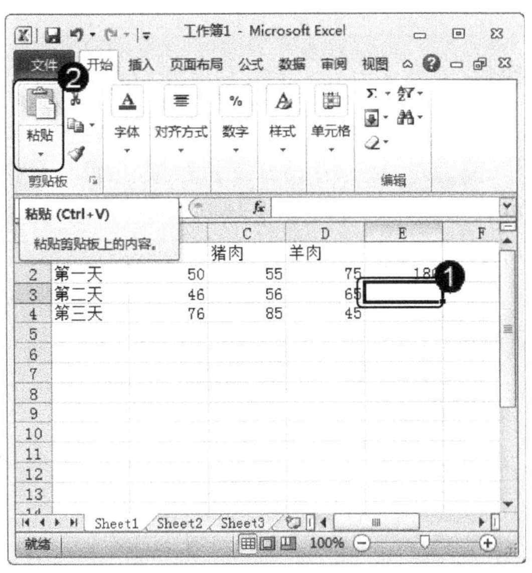

图 10-3

step 5 ① 单击准备粘贴相对引用公式的单元格，② 单击【剪切板】组中的【粘贴】按钮，如图 10-5 所示。

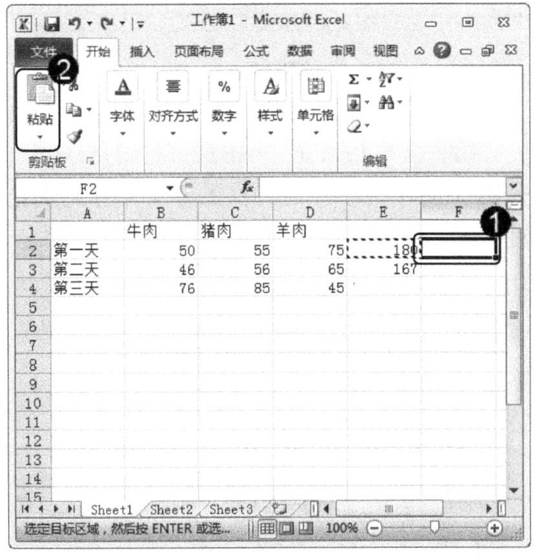

图 10-5

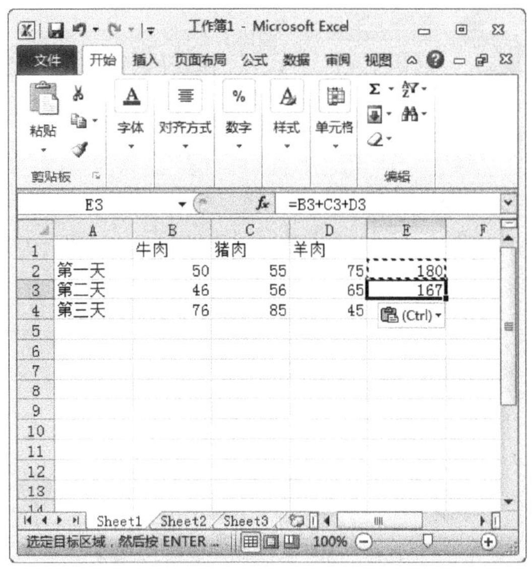

图 10-4

step 6 此时已经选中的单元格再次发生改变，如图 10-6 所示。通过以上操作即可完成相对引用。

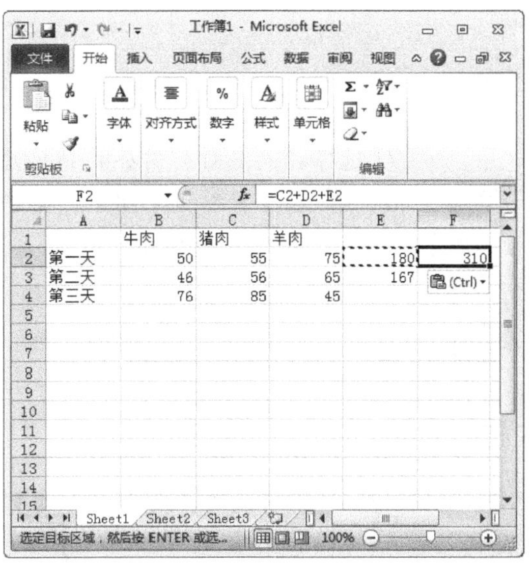

图 10-6

10.1.2 绝对引用

单元格中的绝对引用总是在指定位置引用单元格。如果公式所在单元格的位置改变，绝对引用的单元格始终保持不变，如果多行或多列地复制公式，绝对引用将不作调整。下面详细介绍绝对引用的操作方法。

素材文件 无
效果文件 第 10 章\效果文件\销售统计.xlsx

step 1 ① 选择准备绝对引用的单元格，如 E2 单元格，② 在窗口编辑栏中，输入绝对引用的公式，如“=$B$2+$C$2+$D$2”，③ 单击【输入】按钮✔，如图 10-7 所示。

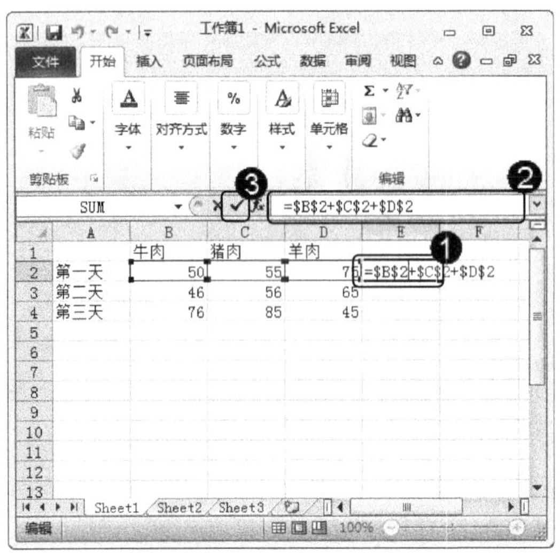

图 10-7

step 3 ① 选择粘贴绝对引用公式的单元格，② 在【剪贴板】组中，单击【粘贴】按钮，如图 10-9 所示。

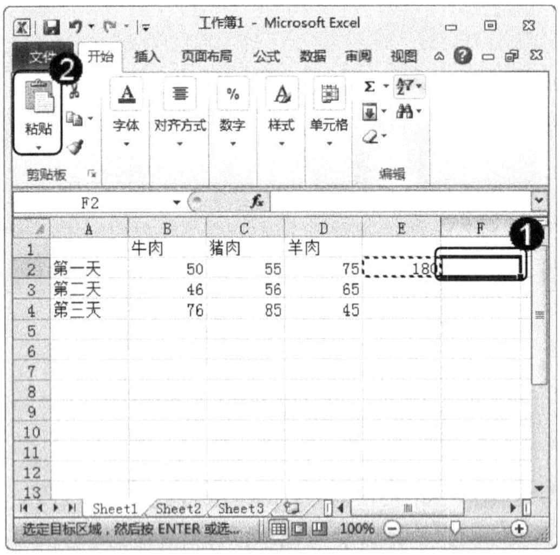

图 10-9

step 2 此时在已经选中的单元格中，系统会自动计算出结果，单击【剪贴板】组中的【复制】按钮，如图 10-8 所示。

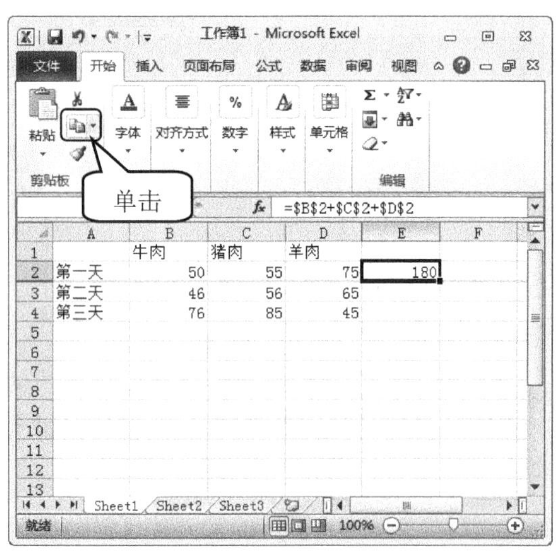

图 10-8

step 4 此时粘贴绝对引用公式的单元格中仍旧是“=$B$2+$C$2+$D$2”，如图 10-10 所示。通过以上方法即可完成绝对引用。

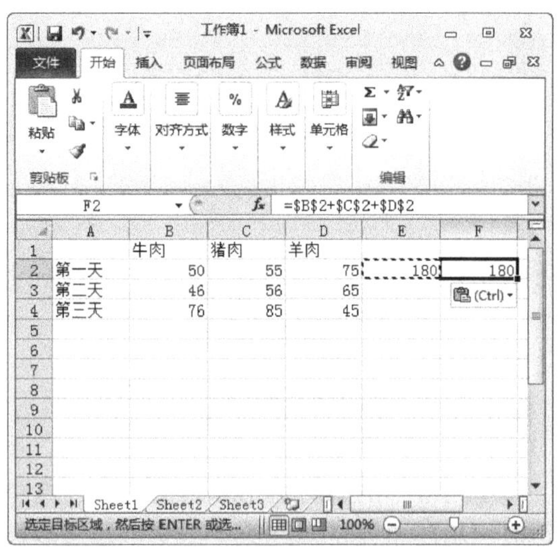

图 10-10

10.1.3 混合引用

混合引用具有绝对列和相对行，或是绝对行和相对列。如果公式所在单元格的位置改变，则相对引用改变，而绝对引用不变。如果多行或多列地复制公式，相对引用自动调整，而绝对引用不作调整。下面介绍混合引用的操作方法。

素材文件 无

效果文件 第10章\效果文件\销售统计.xlsx

step 1 ① 选择准备引用绝对行和相对列的单元格，如E2单元格，② 在窗口编辑栏中，输入绝对行和相对列的引用公式，如“=B$2+C$2+D$2”，③ 单击【输入】按钮✓，如图10-11所示。

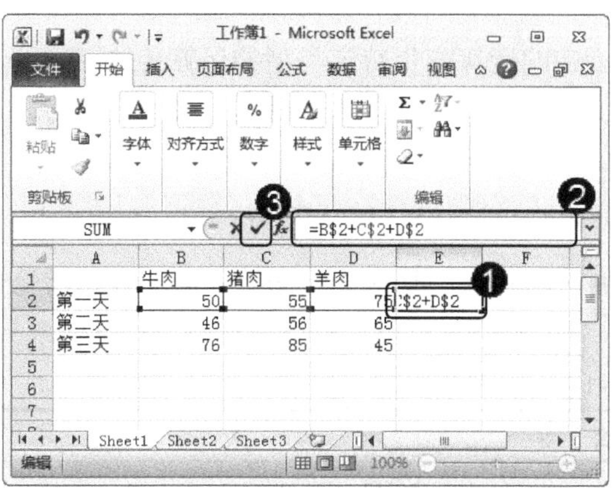

图 10-11

step 2 此时在已经选中的单元格中，系统会自动计算出结果，单击【剪贴板】组中的【复制】按钮，如图10-12所示。

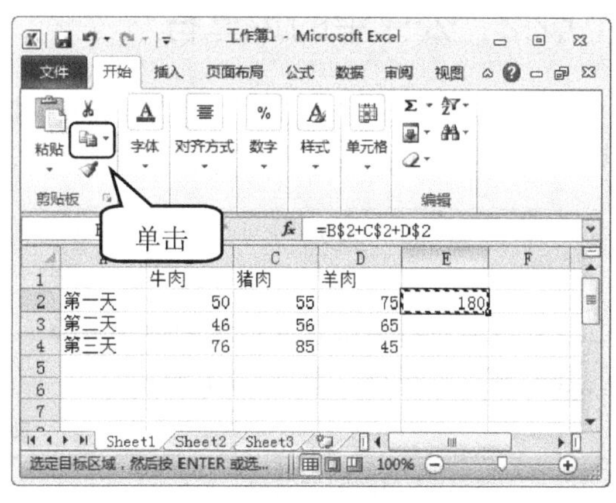

图 10-12

step 3 ① 选择粘贴引用公式的单元格，② 在【剪贴板】组中，单击【粘贴】按钮，如图10-13所示。

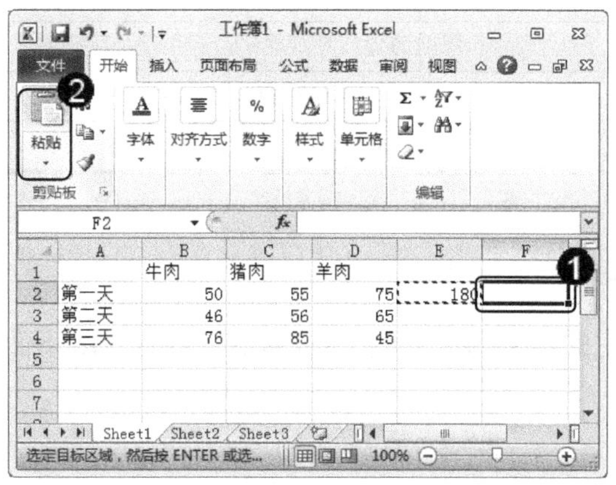

图 10-13

step 4 在已经粘贴的单元格中，行标题不变，而列标题发生变化，如图10-14所示。通过以上方法即可完成混合引用。

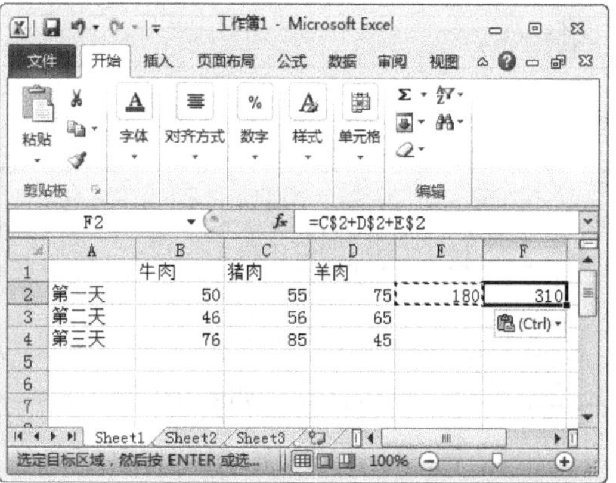

图 10-14

第10章 计算表格中的数据

10.2 应用公式计算数据

Excel 作为数据处理工具，有着强大的计算功能，利用公式可以完成庞大的计算。本节将详细介绍应用公式计算数据的相关知识。

10.2.1 公式的概念

公式是 Excel 工作表中进行数值计算的等式。公式输入是以“=”开始的。简单的公式有加、减、乘、除等计算。如公式“=1*2+3-4”。

10.2.2 公式中的运算符

在 Excel 2010 工作簿中，公式运算符(对公示中的运算产生特定类型的运算)包括算术运算符、比较运算符、文本运算符和引用运算符，下面分别予以详细介绍。

1. 算术运算符

算术运算符用来完成基本的数学运算，如加法、减法、乘法和除法等。下面介绍常见的几种算术运算符，如表 10-1 所示。

表 10-1

公式中使用的符号	含　义	示　例
+(加号)	加法	9+1
—(减号)	减法	9−2
*(星号)	乘法	3*8
/(正斜号)	除法	6/2
%(百分号)	百分比	72%
^(脱字号)	乘方	9^2
！(阶乘)	连续乘法	4！＝4*3*2*1
—(负号)	负号	−5(负 5)

2. 比较运算符

比较运算符用来对两个数值进行比较，产生的结果为逻辑值 True(真)或 False(假)，下面介绍常见的比较运算符，如表 10-2 所示。

表 10-2

公式中使用的符号	含　义	示　例
=(等号)	等于	A1=B1
>(大于号)	大于	A1>B1
<(小于号)	小于	A1<B1
>=(大于等于号)	大于或等于	A1>=B1
<=(小于等于号)	小于或等于	A1<=B1
<>(不等号)	不等于	A1<>B1

3. 文本运算符

文本运算符是将一个或多个文本连接为一个组合文本的一种运算符，文本运算符使用和号“&”，连接一个或多个文本字符串，下面介绍文本运算符，如表 10-3 所示。

表 10-3

公式中使用的符号	含　义	示　例
&(和号)	将两个文本连接起来产生一个连续的文本值	“运”&“算”得到运算

4. 引用运算符

在 Excel 2010 工作表中，使用引用运算符可以把单元格区域进行合并运算，下面介绍几种常用的引用运算符，如表 10-4 所示。

表 10-4

公式中使用的符号	含　义	示　例
:(冒号)	区域运算符，生成对两个引用之间所有单元格的引用	A1:A2
,(逗号)	联合运算符，用于将多个引用合并为一个引用	SUM(A1:A4,A4:A6)
(空格)	交集运算符，生成在两个引用中共有的单元格引用	SUM(A1:A7 B1:B7)

10.2.3 运算符优先级

运算符优先级是指一个公式中含有多个运算符的情况下 Excel 的运算顺序，下面介绍运算符优先级的顺序，如表 10-5 所示。

表 10-5

优 先 级	符　号	运 算 符
1	^	幂运算
2	*	乘号
2	/	除号
3	+	加号

续表

优 先 级	符　号	运 算 符
3	－	减号
4	&	连接符号
5	＝	等于符号
5	〈	小于符号
5	〉	大于符号

10.2.4　输入公式

在 Excel 中输入公式必须遵循特定的语法和次序，公式最前面必须是等号“＝”，后面是参与计算的元素和运算符，下面介绍输入公式的方法。

素材文件 无

效果文件 第 10 章\效果文件\销售统计.xlsx

step 1 ① 选择一个准备引用公式的单元格，如 E2 单元格，② 在窗口编辑栏的编辑框中输入公式“=B2+D2”，③ 单击【输入】按钮✓，如图 10-15 所示。

step 2 此时在选中的单元格中，系统会自动计算出结果，如图 10-16 所示。通过以上方法即可完成输入公式的操作。

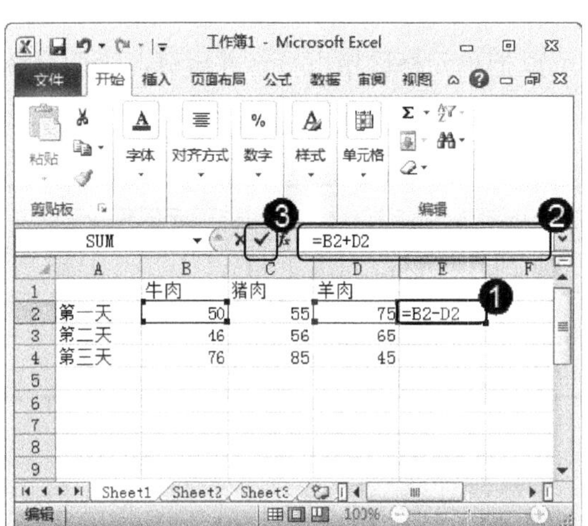

图 10-15

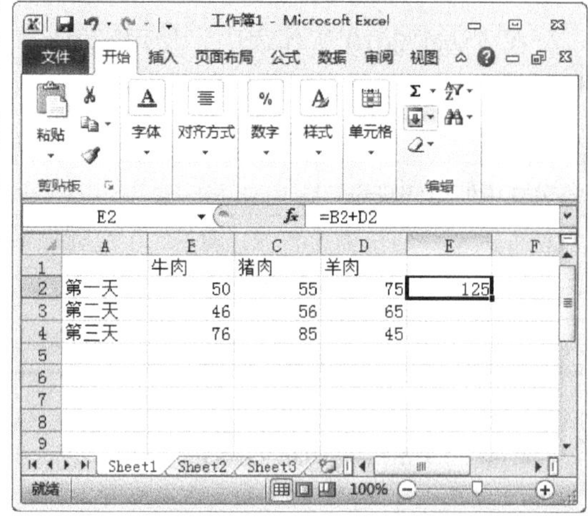

图 10-16

10.2.5　移动或复制公式

在 Excel 2010 工作表中，可以将指定的单元格及其所有属性移动或者复制到其他目标单元格，下面分别详细介绍移动和复制公式的操作方法。

1. 移动公式

移动公式是把公式从一个单元格移动至另一个单元格，原单元格公式将不被保留，下面介绍移动公式的操作方法。

素材文件 无

效果文件 第10章\效果文件\销售统计.xlsx

step 1 ① 选择准备移动公式的单元格，② 将鼠标指针移动至单元格的边框上，鼠标指针会变成"✥"形状，如图 10-17 所示。

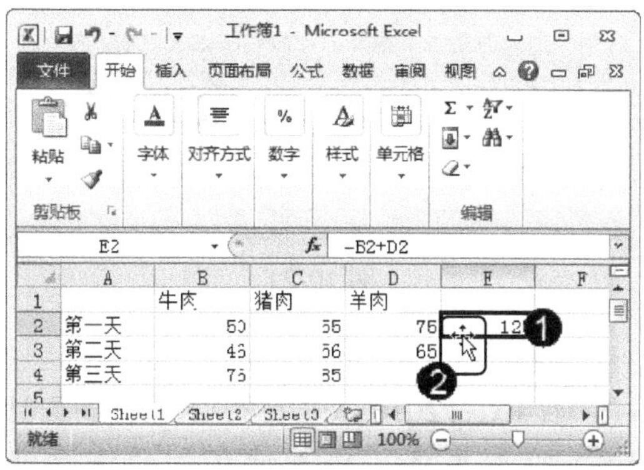

图 10-17

step 2 按住鼠标左键，将单元格公式拖曳至目标单元格，例如 E6 单元格，如图 10-18 所示。

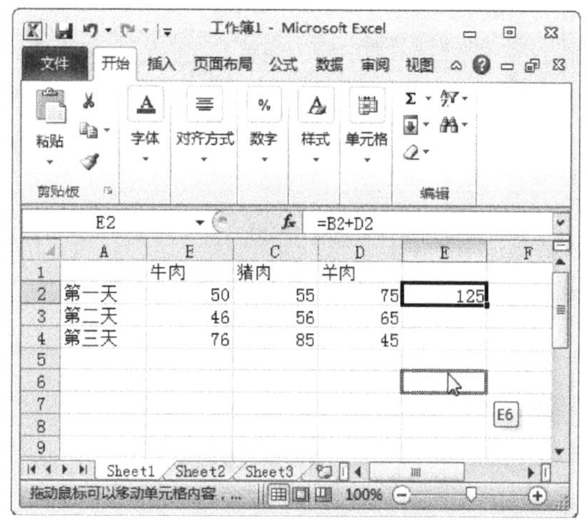

图 10-18

step 3 释放鼠标左键，这样即可完成移动公式的操作，如图 10-19 所示。

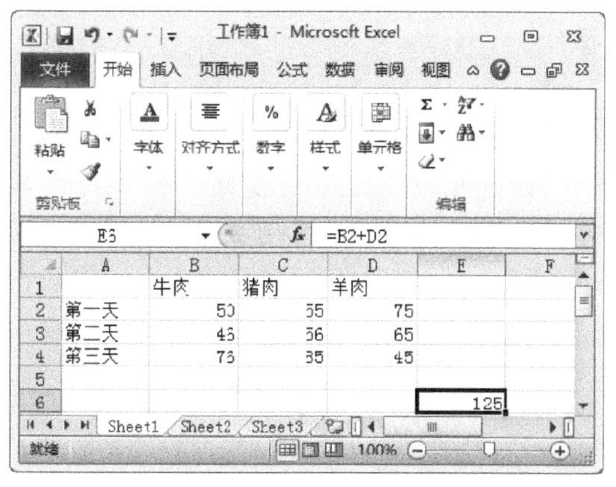

图 10-19

智慧锦囊

在 Excel 2010 工作表中，单击准备移动公式的单元格，按下键盘上的快捷键 Ctrl+X，完成剪切单元格公式的操作，然后单击准备移动单元格公式的目标单元格，按下快捷键 Ctrl+V，完成粘贴单元格公式的操作。

2. 复制公式

复制公式是把公式从一个单元格复制到另一个单元格，原单元格公式仍被保留，下面介绍复制公式的操作方法。

素材文件 无
效果文件 第 10 章\效果文件\销售统计.xlsx

step 1 ① 选择准备复制公式的单元格，② 选择【开始】选项卡，③ 单击【剪贴板】组中【复制】按钮，如图 10-20 所示。

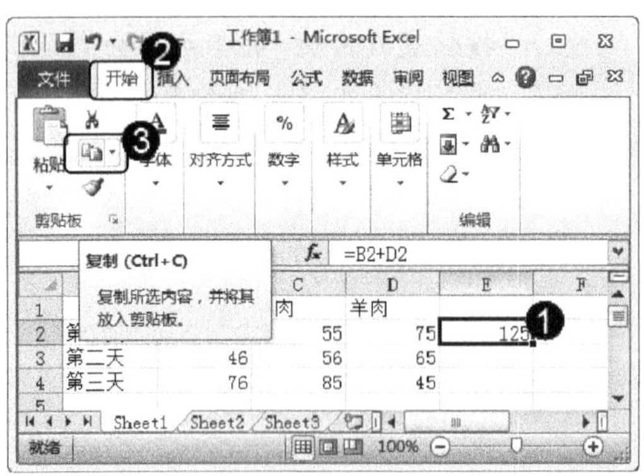

图 10-20

step 2 ① 选择准备粘贴公式的目标单元格，如 E4 单元格，② 单击【剪贴板】组中【粘贴】按钮，如图 10-21 所示。

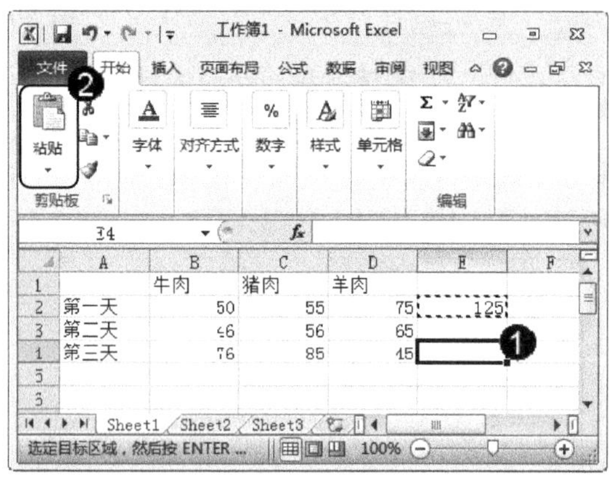

图 10-21

step 3 通过以上方法，即可完成复制公式的操作，如图 10-22 所示。

图 10-22

智慧锦囊

在 Excel 2010 工作表中，单击准备复制公式的单元格，按下键盘上的快捷键 Ctrl+C，完成复制单元格公式的操作，然后单击准备复制单元格公式的目标单元格，按下快捷键 Ctrl+V，完成复制单元格公式的操作。

考考您

请您根据上述方法复制一个公式的单元格，测试一下您的学习效果。

10.2.6 修改公式

在 Excel 2010 工作表中，如果错误的输入了公式，可以在窗口编辑栏中将其修改为正确的公式，下面介绍具体的操作方法。

素材文件 无
效果文件 第 10 章\效果文件\销售统计.xlsx

step 1 ① 选择准备修改公式的单元格，② 单击窗口编辑栏文本框，使公式中包含的单元格显示为选中状态，如图 10-23 所示。

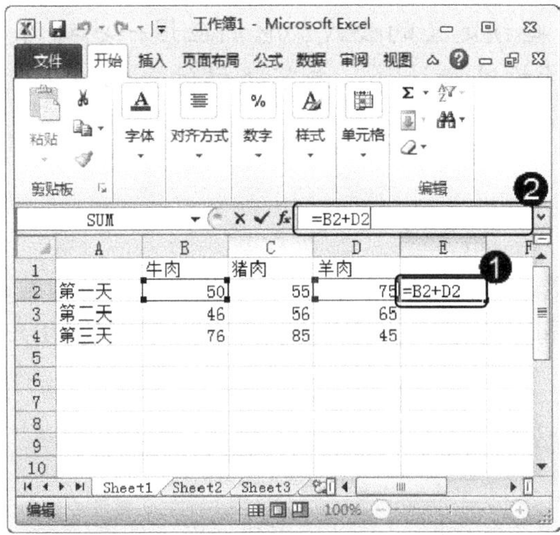

图 10-23

step 2 按下键盘上的退格键删除错误的公式，然后重新输入正确的公式，如图 10-24 所示。

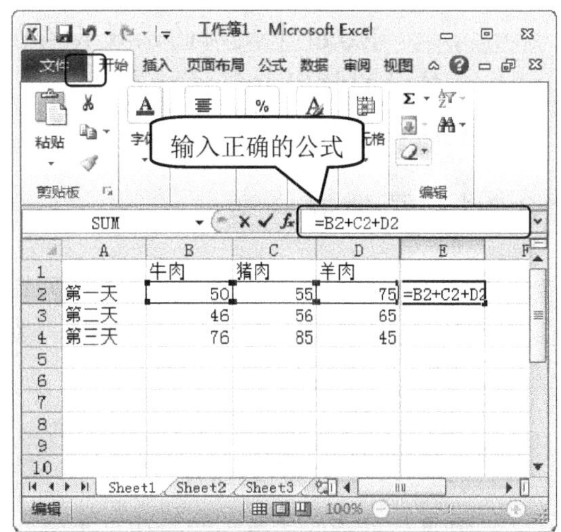

图 10-24

step 3 正确的公式输入完成后，单击窗口编辑栏中的【输入】按钮✓，如图 10-25 所示。

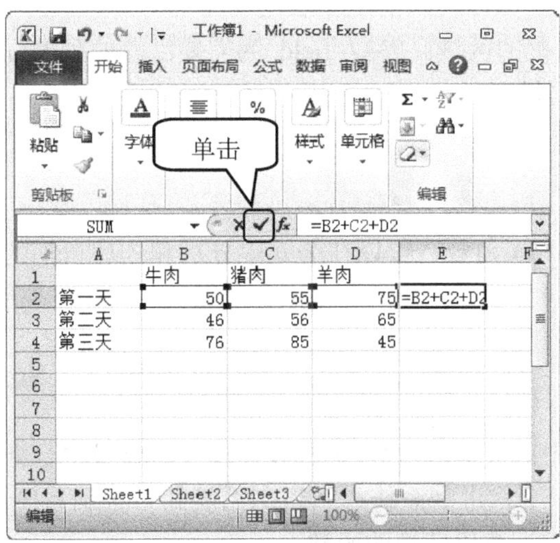

图 10-25

step 4 可以看到正确公式所表达的数值显示在单元格内，这样即可完成修改公式的操作，如图 10-26 所示。

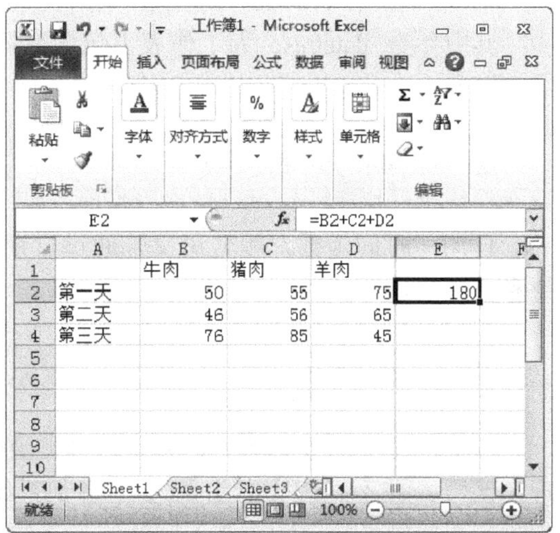

图 10-26

10.3 使用函数计算数据

Excel中使用的函数其实是一些预定义的公式，它们应用一些称为参数的特定数值按特定的顺序或结构进行计算。本节将详细介绍使用函数计算数据的相关知识。

10.3.1 函数的分类

Excel函数一共有11类，分别是数据库函数、日期与时间函数、工程函数、财务函数、信息函数、逻辑函数、查询和引用函数、数学和三角函数、统计函数、文本函数以及用户自定义函数，下面分别予以详细介绍。

1. 数据库函数

当需要分析数据清单中的数值是否符合特定的条件时，可以使用数据库工作表函数。例如，在一个包含销售信息的数据清单中，可以计算出所有销售数值大于1000且小于2500的行或记录的总数。

Microsoft Excel共有12个工作表函数用于对存储在数据清单或数据库中的数据进行分析，这些函数的统一名称为Dfunctions，也称为D函数，每个函数均有三个相同的参数：database、field和criteria。这些参数指向数据库函数所使用的工作表区域。

其中参数database为工作表上包含数据清单的区域。参数field为需要汇总的列的标志。参数criteria为工作表上包含指定条件的区域。

2. 日期与时间函数

日期与时间函数，顾名思义，通过日期与时间函数，可以在公式中分析和处理日期的值和时间的值。

3. 工程函数

工程工作表函数用于工程分析。这类函数中的大多数可分为3种类型：对复数进行处理的函数、在不同的数字系统(如十进制系统、十六进制系统、八进制系统和二进制系统)间进行数值转换的函数、在不同的度量系统中进行数值转换的函数。

4. 财务函数

财务函数可以进行一般的财务计算，如确定贷款的支付额、投资的未来值或净现值，以及债券或息票的价值。财务函数中的常见参数如表10-6所示。

表 10-6

财务函数常见参数	作　用
未来值 (fv)	在所有付款发生后的投资或贷款的价值
期间数 (nper)	投资的总支付期间数
付款 (pmt)	对于一项投资或贷款的定期支付数额
现值 (pv)	在投资期初的投资或贷款的价值
利率 (rate)	投资或贷款的利率或贴现率
类型 (type)	付款期间内进行支付的间隔，如在月初或月末

5. 信息函数

信息函数包含一组称为 IS 的工作表函数，在单元格满足条件时返回 TRUE。例如，如果单元格包含一个偶数值，ISEVEN 工作表函数返回 TRUE。如果需要确定某个单元格区域中是否存在空白单元格，可以使用 COUNTBLANK 工作表函数对单元格区域中的空白单元格进行计数，或者使用 ISBLANK 工作表函数确定区域中的某个单元格是否为空。

6. 逻辑函数

使用逻辑函数可以进行真假值判断，或者进行复合检验。例如，可以使用 IF 函数确定条件为真还是假，并由此返回不同的数值。

7. 查询和引用函数

当需要在数据清单或表格中查找特定数值，或者需要查找某一单元格的引用时，可以使用查询和引用工作表函数。例如，如果需要在表格中查找与第一列中的值相匹配的数值，可以使用 VLOOKUP 工作表函数。如果需要确定数据清单中数值的位置，可以使用 MATCH 工作表函数。

8. 数学和三角函数

通过数学和三角函数，可以处理简单的计算。例如，对数字取整、计算单元格区域中的数值总和或复杂计算。

9. 统计函数

统计工作表函数用于对数据区域进行统计分析。例如，统计工作表函数可以提供由一组给定值绘制出直线的相关信息，如直线的斜率和 y 轴截距，或构成直线的实际点数值。

10. 文本函数

通过文本函数可以在公式中处理文字串。例如，可以改变大小写或确定文字串的长度。

可以将日期插入文字串或连接在文字串上。以下面的公式为一个示例，借以说明如何使用函数 TODAY 和函数 TEXT 来创建一条信息，该信息包含着当前日期并将日期以“dd-mm-yy”的格式表示。

11. 用户自定义函数

如果要在公式或计算中使用特别复杂的计算，而工作表函数又无法满足需要，则需要创建用户自定义函数。这些函数称为用户自定义函数，可以通过使用 Visual Basic for Applications 来创建。

10.3.2 函数的语法结构

函数由函数名和参数两部分组成，如下所示。

函数名(参数 1，参数 2，参数 3，……)

函数名为需要执行运算的函数的名称。参数为函数使用的单元格或数值，参数可以是数字、文本、数组或单元格区域的引用等，参数必须符合相应的函数要求才能产生有效的值。给定的参数必须能够返回数据的值，否则会返回如#N/A 等的错误值。

函数中还可以包括其他的函数，即函数的嵌套使用，不同的函数需要的参数个数也是不同的，没有参数的函数则为无参函数，无参函数的形式为：函数名( )。

10.3.3 输入函数

输入函数与输入公式的方式大致相同，首先要输入“=”，然后再输入函数的主体部分，下面详细介绍输入函数的操作方法。

素材文件 无

效果文件 第10章\效果文件\销售统计.xlsx

step 1 ① 在 Excel 2010 工作表中，选择准备输入函数的单元格，如 E4 单元格，② 在窗口编辑栏的编辑框中输入函数，如“=SUM(B4:D4)”，然后按下键盘上的 Enter 键，如图 10-27 所示。

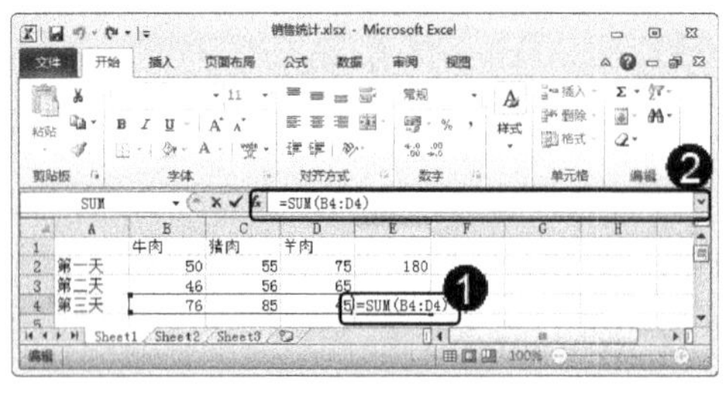

图 10-27

step 2 此时在 E3 单元格中，系统会自动计算出结果，这样即可完成在 Excel 2010 表格中输入函数的操作，如图 10-28 所示。

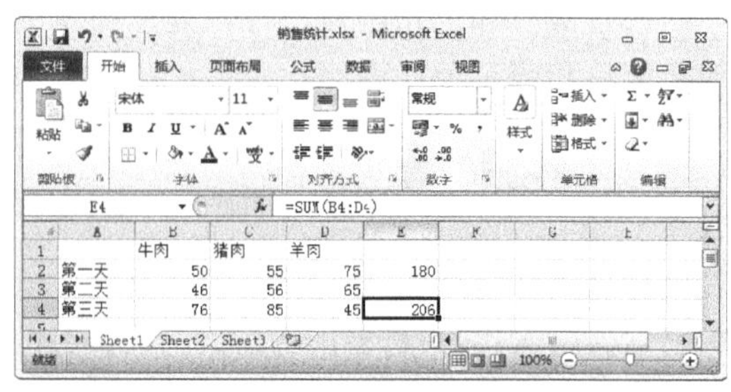

图 10-28

10.3.4 使用嵌套函数

在某些情况下，用户需要将某个公式或函数的返回值作为另一个函数的参数来使用，这种方式即称为函数的嵌套使用，下面介绍使用嵌套函数的操作步骤。

素材文件 无
效果文件 第10章\效果文件\销售统计.xlsx

step 1 ① 选择准备输入嵌套函数的单元格，如B5单元格，② 在编辑栏的编辑框中输入第一层函数，如“=AVERAGE()”，如图10-29所示。

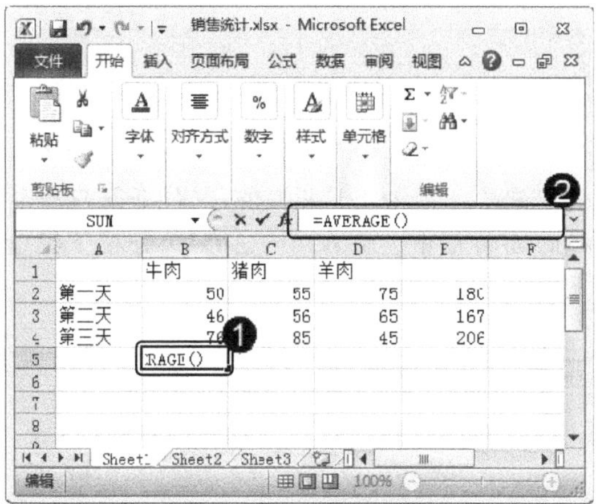

图 10-29

step 2 在第一层函数的括号里输入准备输入的第二层函数，如“SUM()”，如图10-30所示。

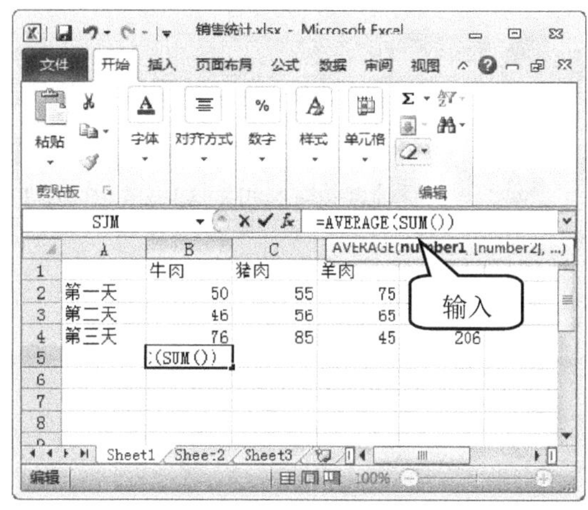

图 10-30

step 3 输入关于SUM()函数的计算参数，例如“SUM(B2:D2,B3:D3,B4:D4)”并按下键盘上Enter键，如图10-31所示。

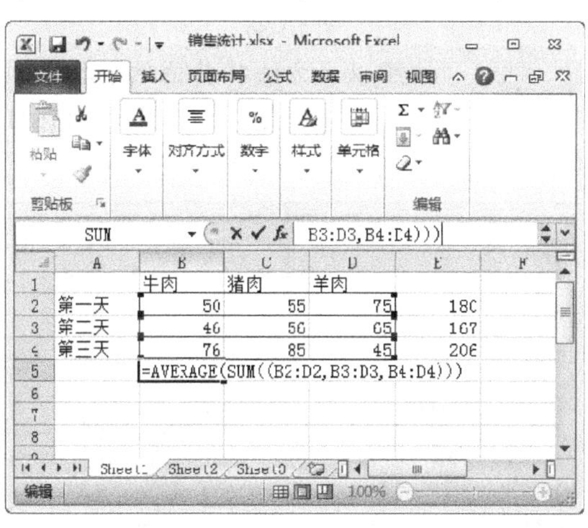

图 10-31

step 4 系统会自动计算出相应的数值，这样即可完成使用嵌套函数计算数值的操作，如图10-32所示。

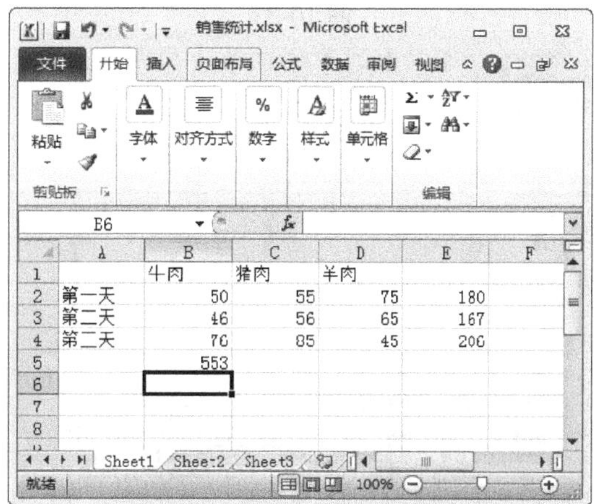

图 10-32

10.4 范例应用与上机操作

通过本章的学习，读者可以掌握如何计算表格中的一些数据。下面通过一些练习，以达到巩固学习、拓展提高的目的。

10.4.1 制作日常费用统计表

日常费用统计表主要用于统计费用的支出、结余、用途，以及其他信息，下面详细介绍制作日常费用统计表的操作方法。

素材文件：无

效果文件：第10章\效果文件\费用统计.xlsx

打开Excel 2010，创建一份日常费用统计表并输入相关信息，如图10-33所示。

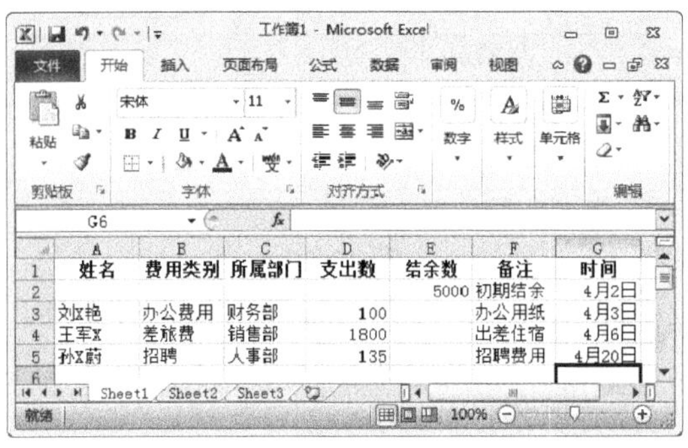

图 10-33

可以看到系统自动计算出结余数，如图10-35所示。

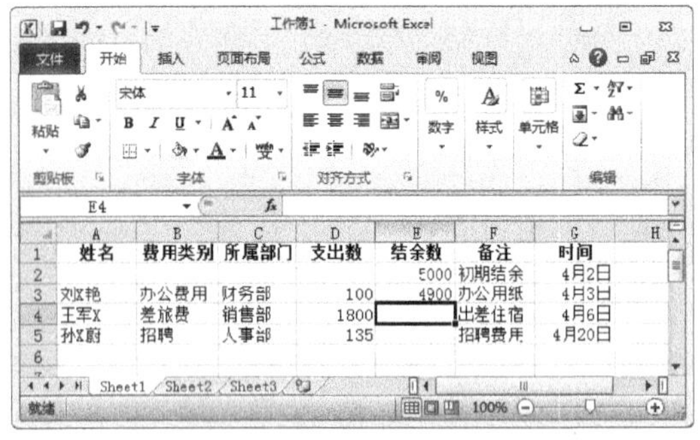

图 10-35

step 2 ① 选中准备计算结余的单元格，例如E3单元格，② 在窗口编辑栏的编辑框中，输入“=E2-D3”并按下键盘上Enter键，如图10-34所示。

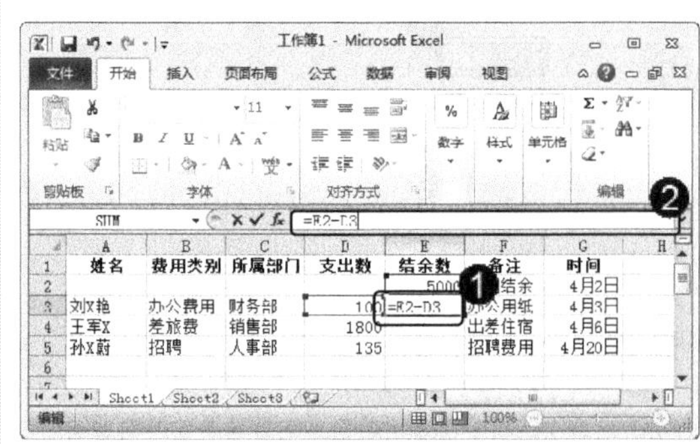

图 10-34

按照以上方法将其他结余数分别计算出来，这样即可完成制作日常费用统计表的操作，如图10-36所示。

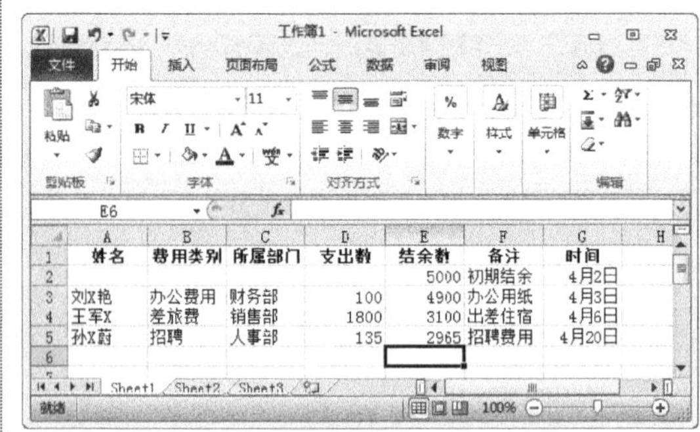

图 10-36

10.4.2 制作人事资料分析表

人事分析表可以对员工的个人资料进行分析，例如，可以通过身份证号码，对员工的出生日期进行提取等，下面以提取出生日期为例，详细介绍制作人事资料分析表的操作方法。

素材文件：无

效果文件：第10章\效果文件\人事资料分析表.xlsx

step 1 打开Excel 2010，创建一份人事资料分析表，并输入相关信息，如图10-37所示。

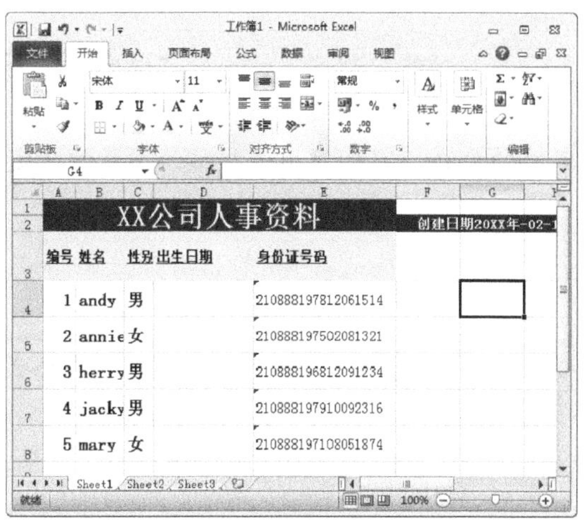

图 10-37

step 3 可以看到系统自动将该员工的出生日期提取出来，显示在D4单元格内，如图10-39所示。

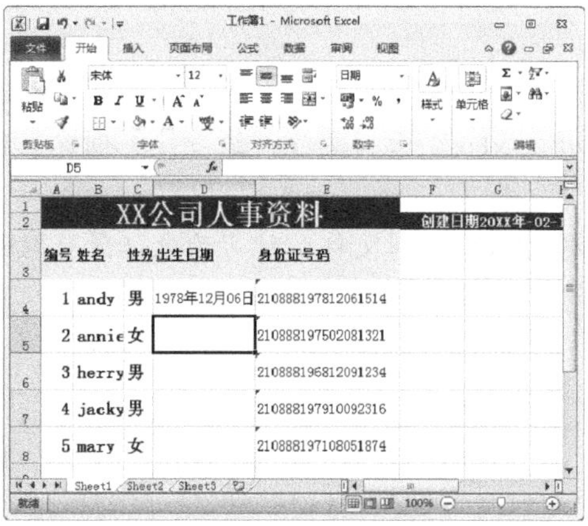

图 10-39

step 2 ① 选中准备提取出生日期的单元格，例如D4单元格，② 在窗口编辑栏的编辑框中，输入“=MID(E4,7,4)&"年"&MID(E4,11,2)&"月"&MID(E4,13,2)&"日"”，并按下键盘上Enter键，如图10-38所示。

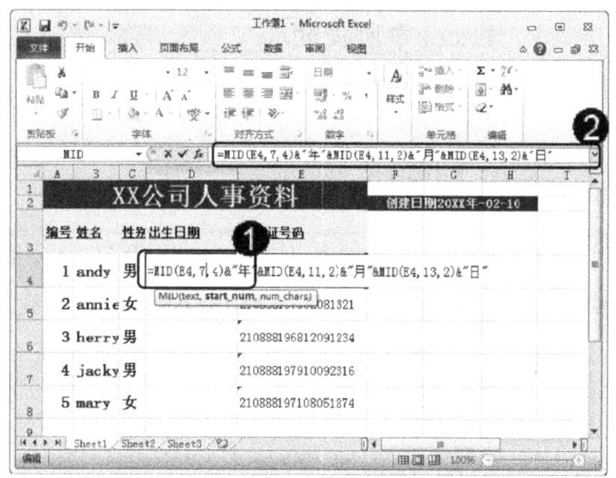

图 10-38

step 4 通过以上方法，即可将其他员工的出生日期提取出来，如图10-40所示。

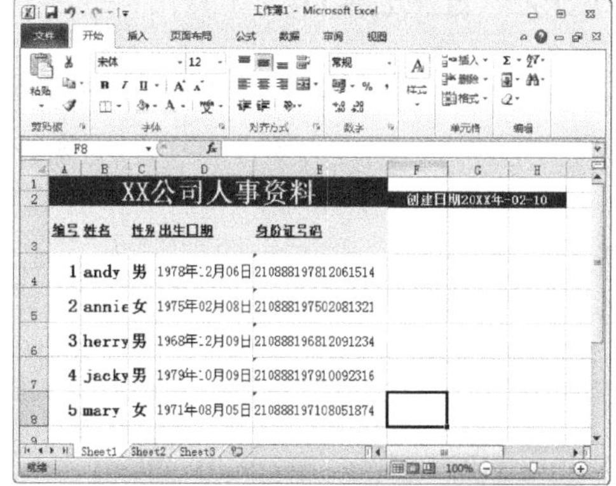

图 10-40

10.5 课后练习

10.5.1 思考与练习

一、填空题

1. ___________是Excel中的术语，指用单元格在表中坐标位置的标识。Excel单元格的引用包括绝对引用、________和混合引用三种。

2. Excel作为数据处理工具，有着强大的________功能，利用________可以完成庞大的计算。

3. Excel中所提的________其实是一些预定义的公式，它们使用一些称为参数的特定数值按特定的顺序或结构进行________。

二、判断题

1. 公式中的相对引用，是基于包含公式和单元格引用的单元格的相对位置，如果公式所在单元格的位置改变，引用不会随之改变。 (　　)

2. 在Excel中输入公式必须遵循特定的语法和次序，公式最前面的必须是等号“=”。 (　　)

三、思考题

1. 在Excel中，公式运算符有哪几类？分别是什么？

2. Excel函数一共有几类？分别是什么？

10.5.2 上机操作

1. 打开“配套素材\第10章\效果文件\家庭开支.xlsx”素材文件，练习计算创建家庭开支工作表。

2. 打开“配套素材\第10章\效果文件\电话簿.xlsx”素材文件，练习为电话簿升级号码位数。

第11章

数据可视化应用与管理

本章主要介绍认识图表、创建图表、设计图表样式与内容方面的知识与技巧，同时还讲解了添加图表元素、格式化图表和迷你图的使用等内容。通过本章的学习，读者可以掌握数据可视化应用与管理方面的知识，为深入学习 Office 2010 知识奠定基础。

范例导航

1. 认识图表
2. 创建图表
3. 设计图表样式与内容
4. 添加图表元素
5. 格式化图表
6. 迷你图的使用

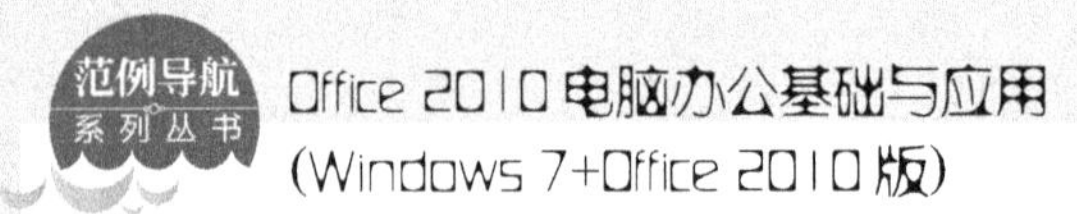

 11.1 认识图表

Excel 2010 图表是根据工作表中的一些数据绘制出来的形象化图示，图表可以更清晰地显示各个数据之间的关系和数据的变化情况，非常方便地对比与分析数据。下面将详细介绍认识图表方面的知识与操作技巧。

11.1.1 图表的类型

图表是以图形的形式将数据的内容、数据与数据间的比较等信息表现出来，可以一目了然地了解表格中的数据。下面以“01-销售表”为例，详细介绍常见的几种图表类型。

1. 柱状图

柱状图用于显示一段时间内，数据变化或各项之间的比较情况，通常绘制柱状图时，水平轴表示组织类型，垂直轴则用来表示数值，如图 11-1 所示。

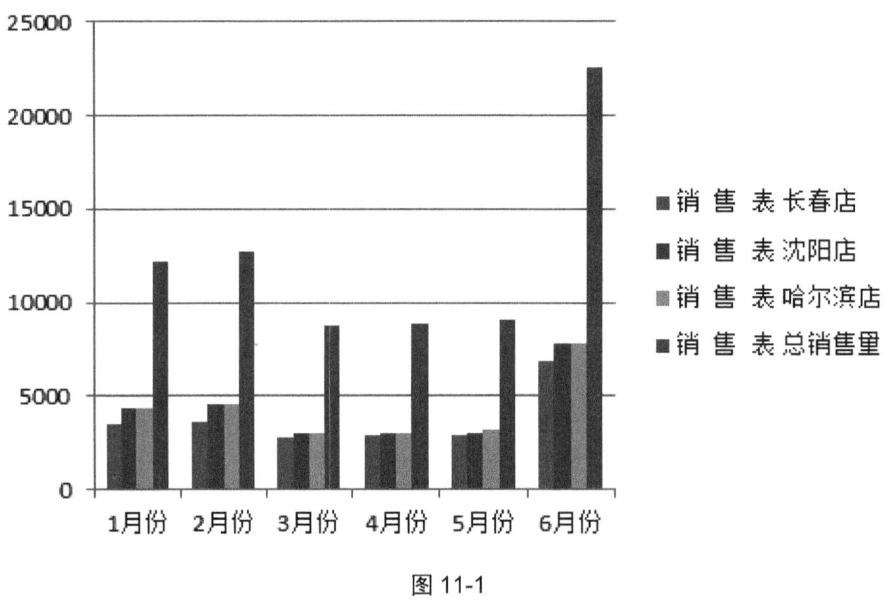

图 11-1

2. 条形图

条形图是用来描绘各个项目间数据差别情况的一种图表，重点强调的是在特定时间点上进行分类轴和数值的比较，如图 11-2 所示。

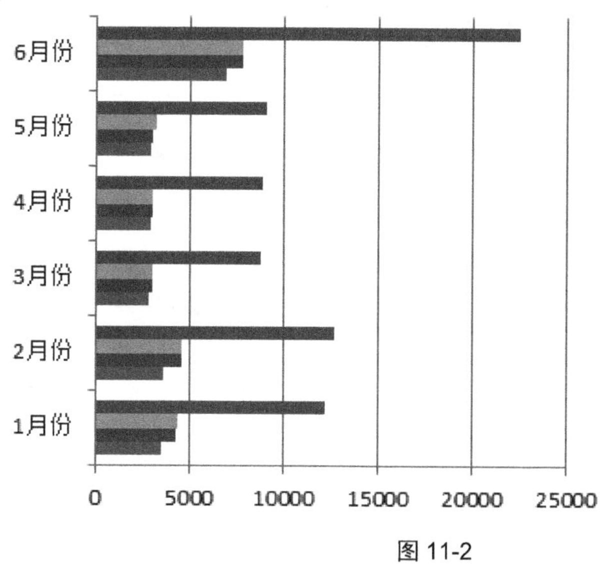

图 11-2

3. 折线图

折线图是将同样数据系列的数据点在图表中用线段连接起来，以等间隔的走向显示数据的变化趋势，折线图可以显示随时间而变化的连续数据，如图 11-3 所示。

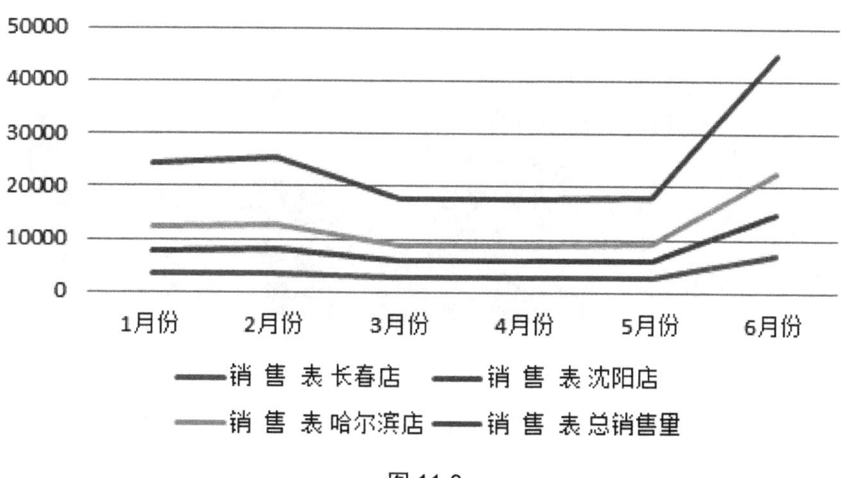

图 11-3

4. 散点图

散点图用于显示若干数据系列中各数值之间的关系，利用散点图可以绘制函数曲线，散点图将这些数值合并到单一数据点并以不均匀间隔或簇显示它们，如图 11-4 所示。

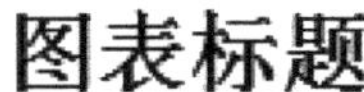

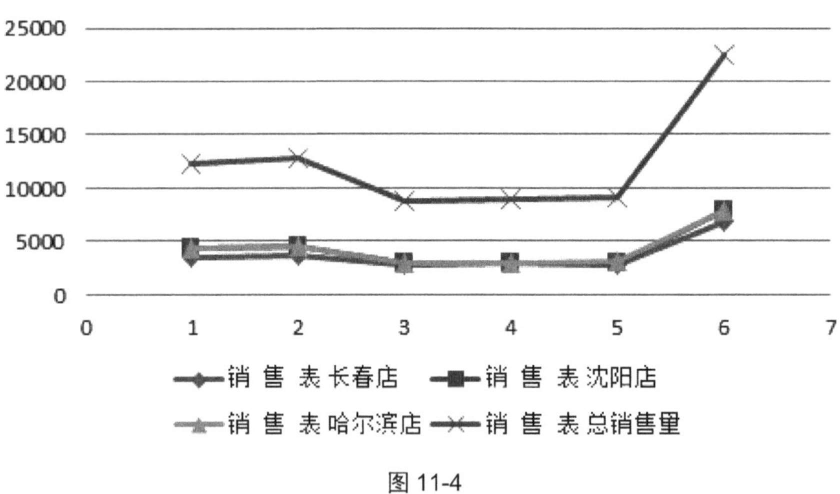

图 11-4

5. 饼图

饼图可以非常清晰直观地反映出统计数据中各项所占的百分比或是某个单项占总体的比例，使用饼图能够非常方便地查看整体与个体之间的关系，如图 11-5 所示。

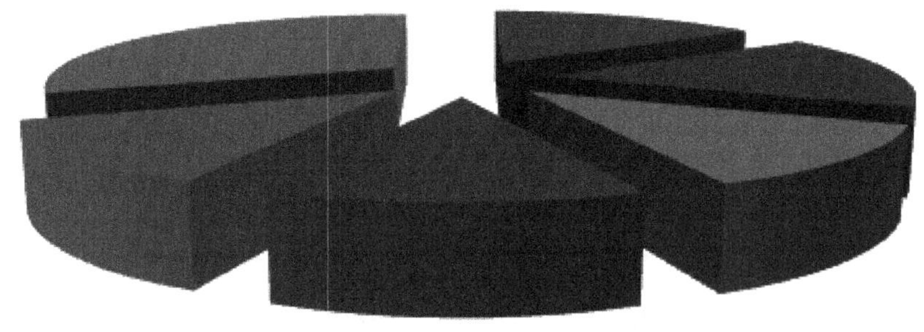

图 11-5

6. 面积图

面积图用于显示某个时间段总数与数据系列的关系，面积图强调数据随时间而变化的程度，还可以使观看图表的人更加注意总值趋势的变化，如图 11-6 所示。

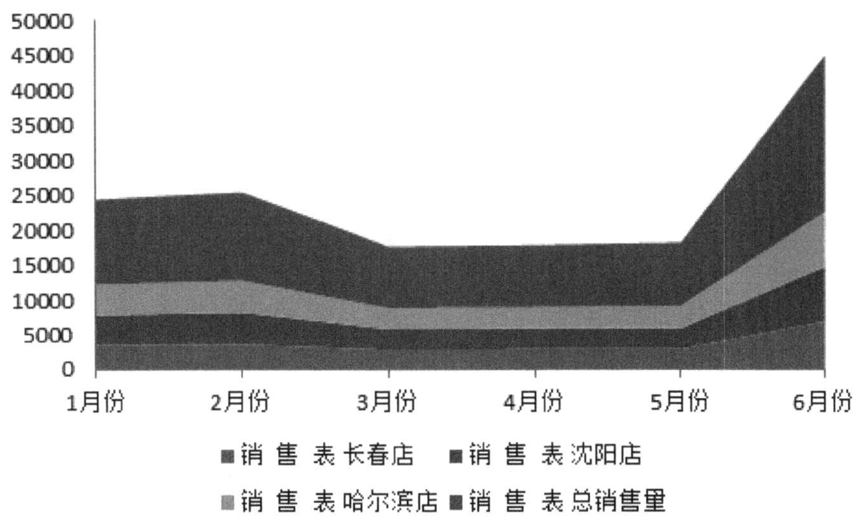

图 11-6

7. 圆环图

圆环图同饼图类似，同样是用来表示各个数据间，整体与部分间的比例关系，但圆环图可以包含多个数据系列，使数据量更加丰富，如图 11-7 所示。

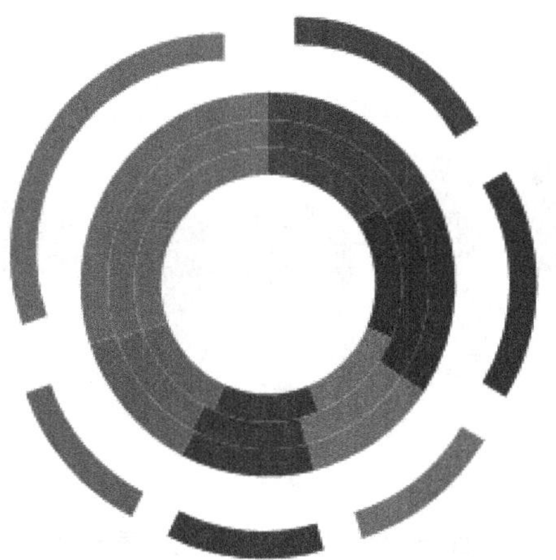

图 11-7

8. 雷达图

雷达图可以比较若干数据系列的聚合值，用于显示数据中心点以及数据类别之间的变化趋势，也可以将覆盖的数据系列用不同的演示显示出来，如图 11-8 所示。

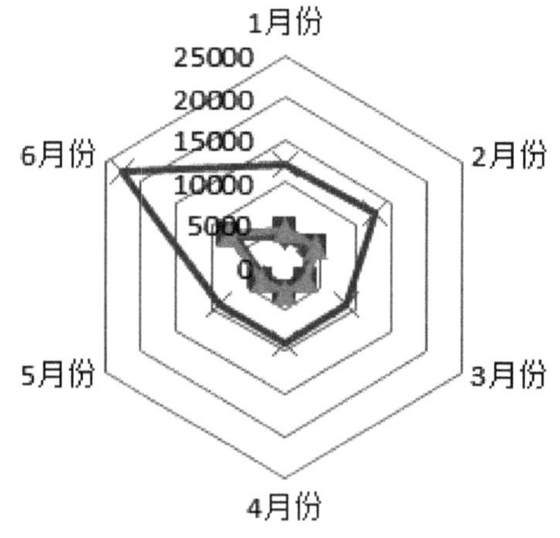

图 11-8

9. 气泡图

气泡图与散点图的作用类似，用于显示变量之间的关系，但是气泡图可以对成组的三个数值进行比较，气泡图包括气泡图和三维气泡图两组子类型，如图 11-9 所示。

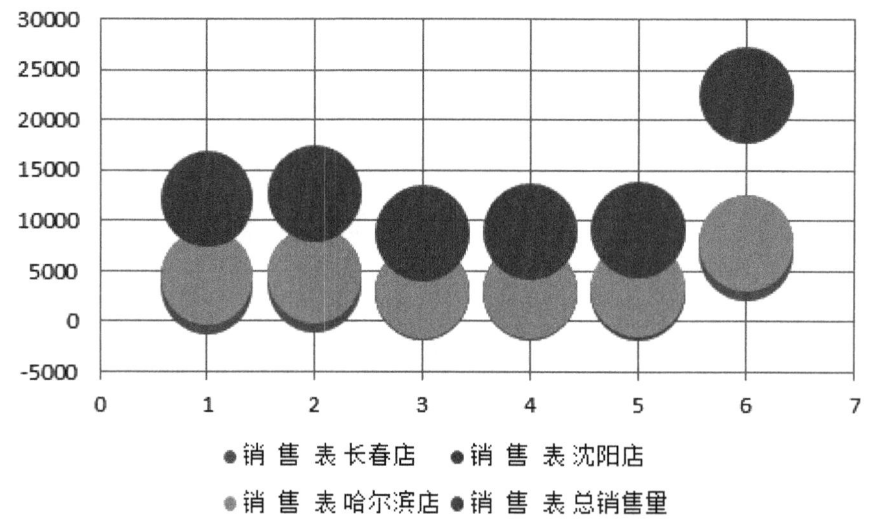

图 11-9

10. 曲面图

曲面图主要用于表达两组数据之间的最佳组合。如果 Excel 工作表中数据较多，又想要找到两组数据之间的最佳组合时，可以使用曲面图，曲面图包含四种子类型，分别为曲面图、俯视框架曲面图、三维曲面图和框架三维曲面图，如图 11-10 所示。

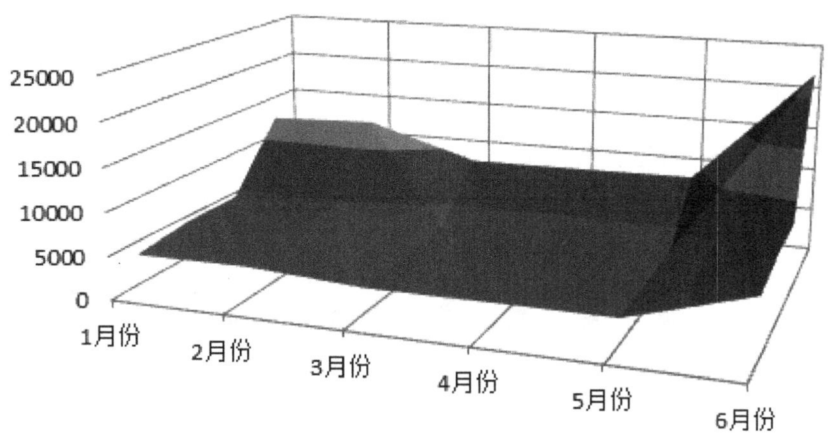

图 11-10

11. 股价图

在 Excel 2010 中提供了一种专门为金融工作者使用的股价图表，股价图是用来显示股价波动和走势的，在实际工作中，股价图也可以用于计算和分析科学数据，如图 11-11 所示。

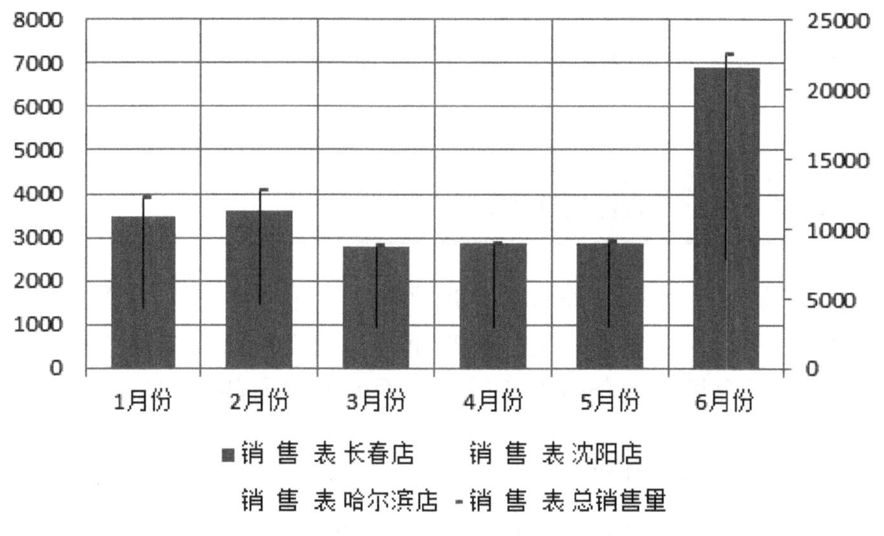

图 11-11

11.1.2 图表的组成

Excel 图表将数据用图形表示出来，即将数据可视化，图表与数据是相互联系的，当数据发生变化时，图表也会相应地产生变化，一个创建好的图表由很多部分组成，主要包括图表标题、图表区、绘图区、数据系列、图例项、坐标轴、网格线等，如图 11-12 所示。

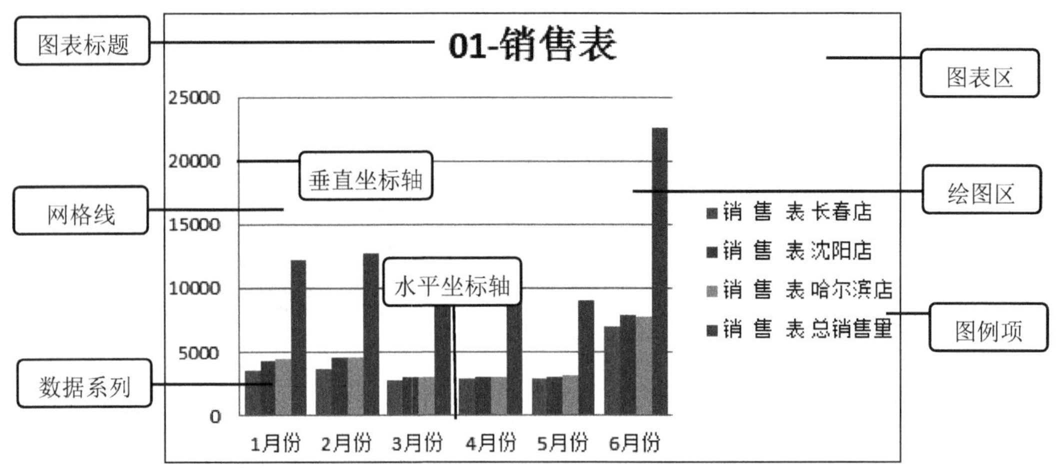

图 11-12

- 图表标题：用于显示图表的名称。
- 图表区：是整个图表的背景区域，在其中显示整个图表及其全部元素。
- 绘图区：是用来绘制数据的区域。
- 图例项：在图表中，图例项是区分各个数据系列的标识和说明。
- 数据系列：是指在图表中绘制数值的表现形式，相同颜色的数据标记组成一个数据系列。
- 网格线：分为主要网格线和次要网格线，用于表示图表的刻度。
- 坐标轴：用于界定图表绘图区的线条。

11.2 创建图表

了解图表的基础知识后，用户即可在 Excel 2010 中创建图表，创建图表的方式多种多样，包括使用推荐的图表和自己选择图表创建等操作方式。下面将详细介绍创建图表方面的知识与操作技巧。

11.2.1 使用推荐的图表

在使用 Excel 2010 创建图表的过程中，程序会根据表格的内容，推荐使用合适的图表样式，下面以“01-销售表”素材为例，详细介绍使用推荐的图表的操作。

step 1 ① 打开素材表格，选中准备创建图表的数据区域，② 选择【插入】选项卡，③ 在【图表】组中，单击【创建图表】启动器按钮，如图 11-13 所示。

step 2 ① 弹出【插入图表】对话框，选择准备插入的图表样式，如“柱形图”，② 在右侧【柱形图】区域，程序自动推荐合适的图表样式，③ 单击【确定】按钮，如图 11-14 所示。

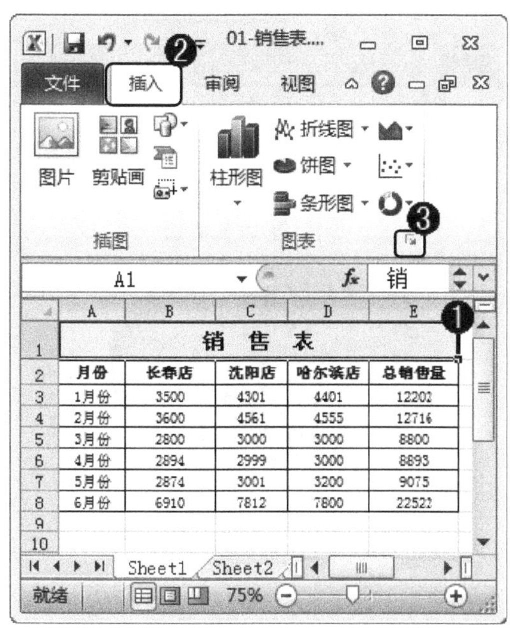

	A	B	C	D	E
1	销 售 表				
2	月份	长春店	沈阳店	哈尔滨店	总销售量
3	1月份	3500	4301	4401	12202
4	2月份	3600	4561	4555	12716
5	3月份	2800	3000	3000	8800
6	4月份	2894	2999	3000	8893
7	5月份	2874	3001	3200	9075
8	6月份	6910	7812	7800	22522

图 11-13

step 3 通过上述方法即可完成使用推荐的图表的操作，如图 11-15 所示。

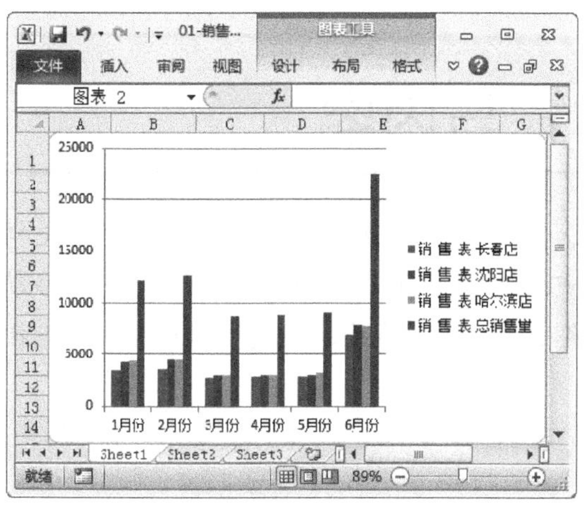

图 11-15

图 11-14

考考您

请您根据上述方法创建一个 Excel 表格，然后创建一个图表。

智慧锦囊

在 Excel 2010 中，打开【插入图表】对话框后，选择准备插入的图表样式，然后在对话框底部，单击【设置为默认图表】按钮，这样用户以后在使用该类型图表时，程序将自动推荐已设为默认图表的图表样式。

11.2.2 自己选择图表创建

在 Excel 2010 中，用户还可以自己选择图表创建，以便创建的图表更符合用户的设计要求，下面以“01-销售表”素材为例，详细介绍自己选择图表创建的操作。

step 1 ① 打开素材表格，选中准备创建图表的数据区域，② 选择【插入】选项卡，③ 在【图表】组中，单击准备创建的图表类型，如选择“饼图”，④ 在弹出的

step 2 在工作表中显示创建的饼图，如图 11-17 所示。通过上述方法即可完成自己选择创建图表的操作。

【饼图样式】库中，选择“三维饼图”，如图 11-16 所示。

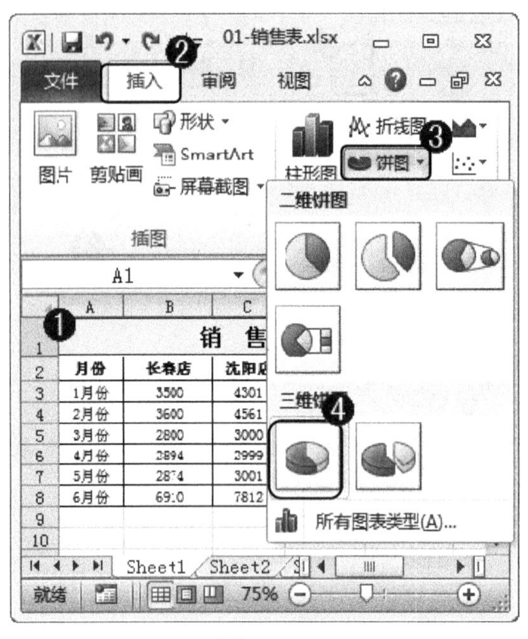

图 11-16

图 11-17

 11.3 设计图表样式与内容

在 Excel 2010 中创建图表后，用户可以根据设计需要，设计图表样式与内容，包括更改图表类型、重新选择数据源、更改图表布局和移动图表位置等操作。下面将详细介绍设计图表样式与内容方面的知识与操作技巧。

11.3.1 更改图表类型

在分析和对比数据的过程中，不同类型的图表对于分析不同的数据有着不同的优势。在研究数据时，优势需要将已经创建好的图表类型进行转换，以适合不同类型的数据查看和分析，下面以“01-销售表”素材为例，详细介绍更改图表类型的操作。

step 1 ① 打开已经创建图表的素材表格，选中准备更改图表类型的图表，② 选择【设计】选项卡，③ 在【类型】组中，单击【更改图表类型】按钮，如图 11-18 所示。

step 2 ① 弹出【更改图表类型】对话框，选择准备更改的图表样式，如“条形图”，② 在右侧【条形图】区域，选择准备应用的图表样式，③ 单击【确定】按钮，如图 11-19 所示。

图 11-18

图 11-19

考考您

请您根据上述方法在 Excel 2010 表格中，创建一个图表并更换其图表类型。

step 3 通过上述方法即可完成更改图表类型的操作，如图 11-20 所示。

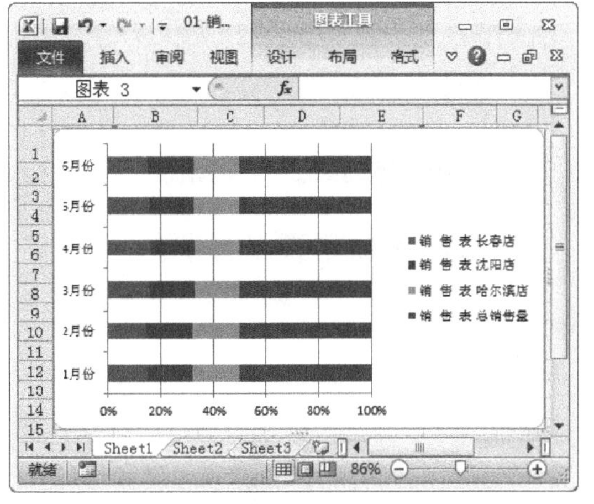

图 11-20

智慧锦囊

在 Excel 2010 中，除了将图表更改为其他类型外，为了图表的美观，用户还可以选择同一类型中不同样式的图表。

在执行更改图表类型的操作时，应注意选择合适数据系列的图表类型，这样才能更加清晰直观地表现表格中的数据，便于工作中对数据进行分析和对比。

11.3.2 重新选择数据源

在实际的表格操作中，用户往往会遇到经常需要修改的数据系列，此时就需要为已经定义的图表重新选择数据源，更新图表中的数据系列，下面以在“01-销售表”素材中删除图表数据并切换行和列为例，详细介绍重新选择数据源的操作。

step 1 ① 打开创建图表的素材表格，选中准备重新选择数据源的图表，② 选择【设计】选项卡，③ 在【数据】组

step 2 ① 弹出【选择数据源】对话框，在【图例项】(系列)列表框中选择准备删除的数据系列，如“销售表 沈阳店”，

中，单击【选择数据】按钮，如图 11-21 所示。

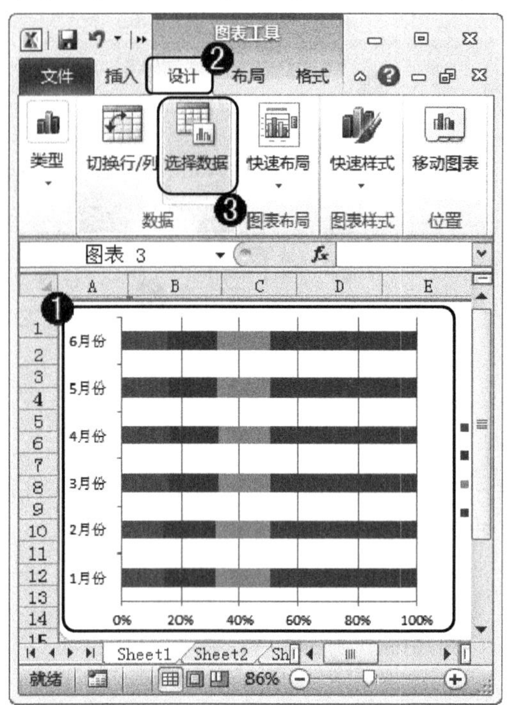

图 11-21

step 3 ① 数据系列被删除后，单击【切换行/列】按钮，② 单击【确定】按钮，如图 11-23 所示。

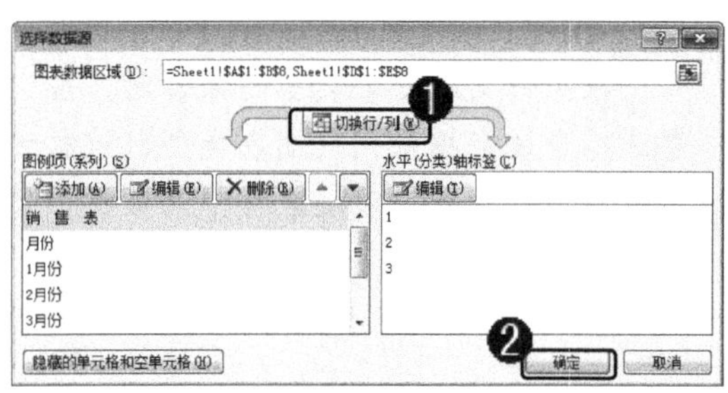

图 11-23

② 单击【删除】按钮，如图 11-22 所示。

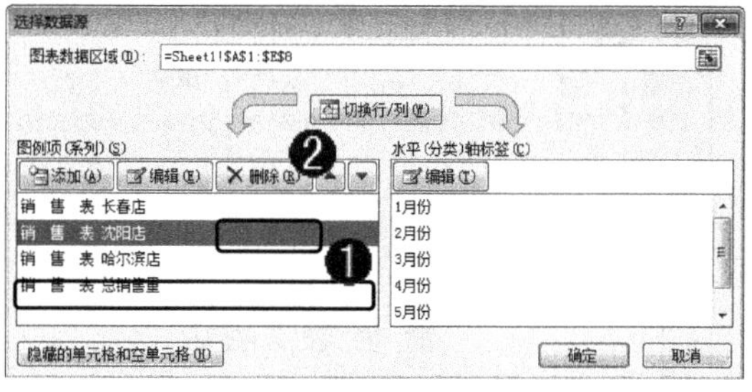

图 11-22

step 4 返回到工作表页面中，用户可以看到电子图表中的数据已经根据刚才的设置发生了改变，如图 11-24 所示。通过上述方法即可完成重新选择数据源的操作。

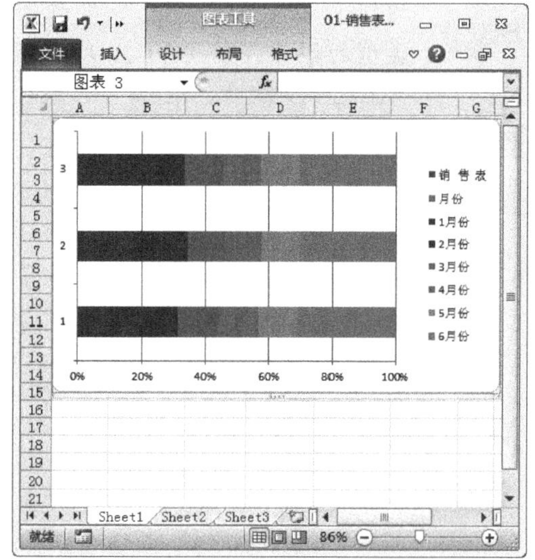

图 11-24

11.3.3 更改图表布局

在 Excel 2010 中，程序默认设计了多种图表布局和样式，用户可以根据具体的工作要求自行选择使用，下面以“01-销售表”素材为例，详细介绍更改图表布局的操作。

step 1 ① 打开已经创建图表的素材表格，选中准备更改图表布局的图表，② 选择【设计】选项卡，③ 在【更改图表布局】组中，单击【快速布局】下拉按

step 2 ① 图表布局更改后，选择【设计】选项卡，② 在【图表样式】组中，单击【快速样式】下拉按钮，③ 在弹出的【图表样式库】中，选择准备应用的图表样

钮，④ 在弹出的【图表布局样式库】中，选择准备应用的布局样式，如图 11-25 所示。

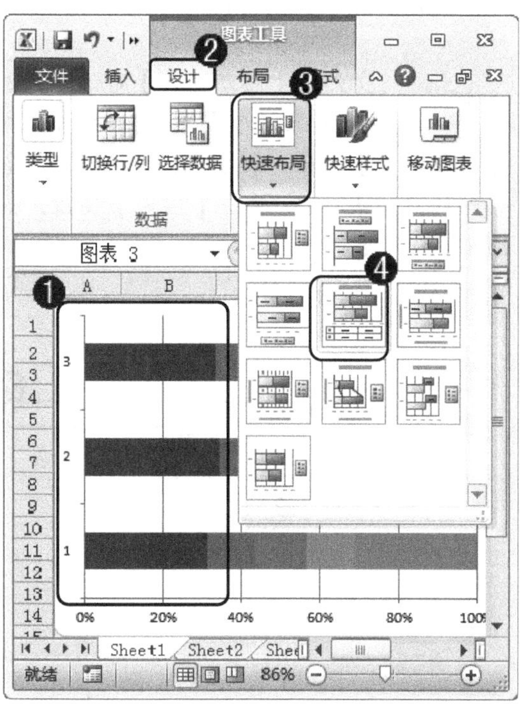

图 11-25

step 3 通过上述方法即可完成更改图表布局的操作，如图 11-27 所示。

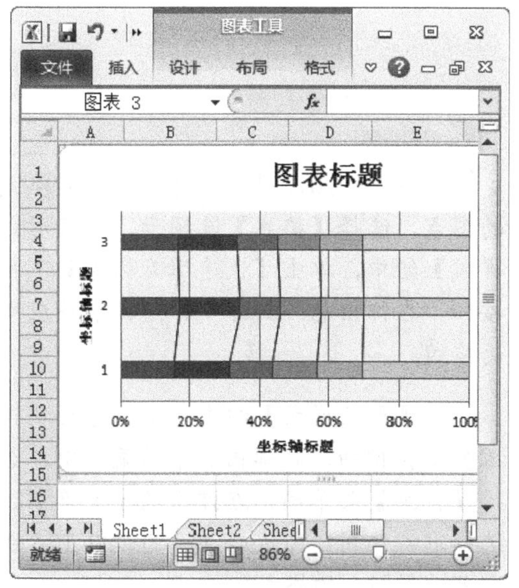

图 11-27

式，如图 11-26 所示。

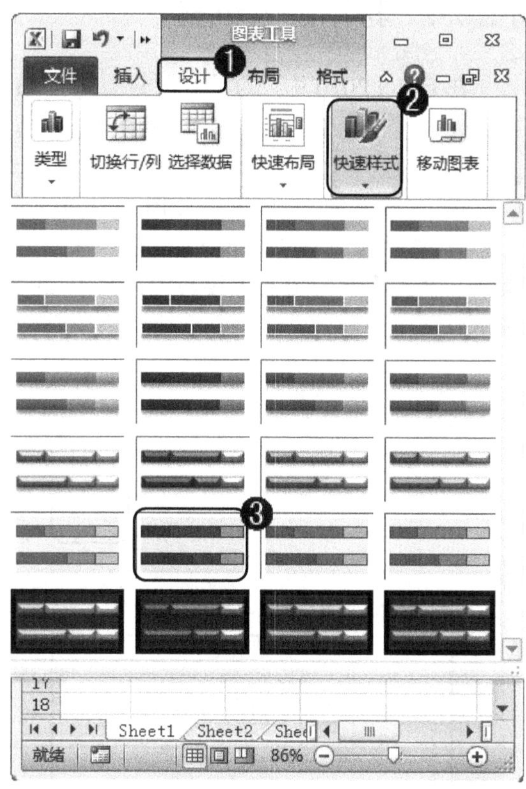

图 11-26

智慧锦囊

在 Excel 2010 中，默认设置了多种自动套用的图表布局和样式，用户在实际工作中，可以自行选择最合适的布局和样式。

在使用自动图表布局和样式时，应注意区分不同数据系列的颜色，太过相近的颜色可能无法准确清晰地分辨数据类型，背景的样式和颜色也不宜因追求美观而过于花哨，让图表看上去很混乱，影响工作效率。

11.3.4 移动图表位置

在 Excel 2010 中，为了方便查看数据系列，用户可以移动图表的位置，下面介绍以“01-销售表”素材为例，介绍移动图表位置的操作。

step 1 ① 打开已经创建图表的素材表格，选中准备移动图表位置的图表，② 选择【设计】选项卡，③ 在【位置】组中，单击【移动图表】按钮，如图 11-28 所示。

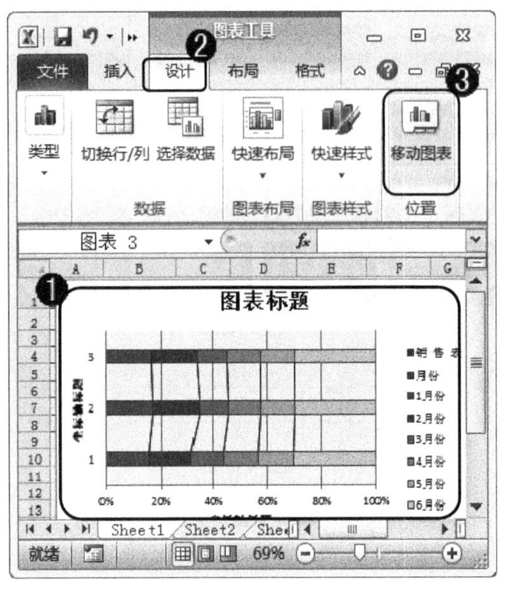

图 11-28

step 2 ① 弹出【移动图表】对话框，选中【对象位于】单选按钮，② 在【对象位于】下拉列表框中，选择图表准备移动的工作表，③ 单击【确定】按钮，如图 11-29 所示。

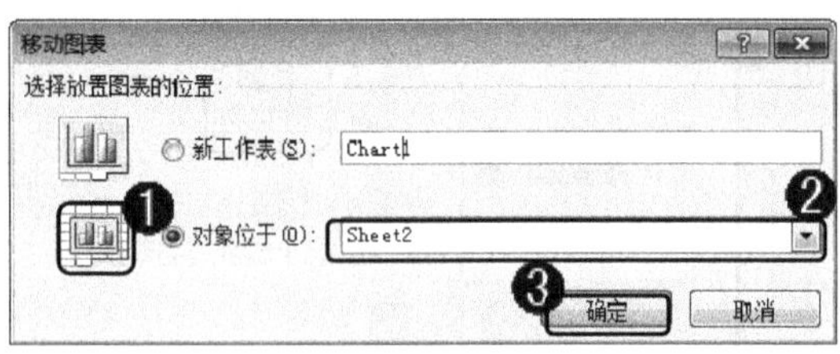

图 11-29

step 3 返回到工作表中，用户可以查看图表移动后的效果，如图 11-30 所示。通过上述方法即可完成移动图表的操作。

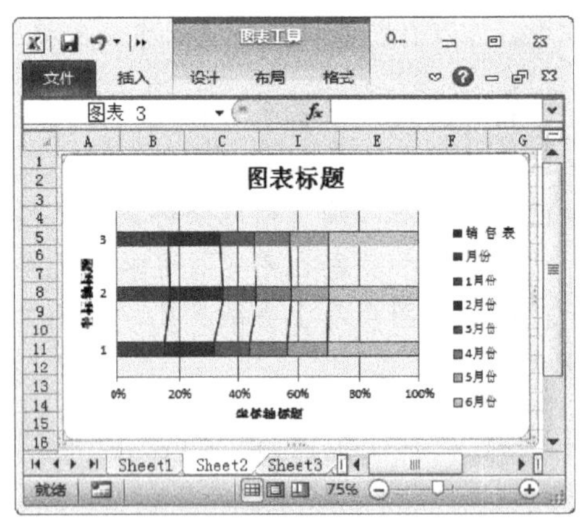

图 11-30

考考您

请您根据上述方法在 Excel 2010 表格中，创建一个图表并移动图表。

智慧锦囊

在 Excel 2010 中，选中准备设置格式的图表，选择【格式】选项卡，在【形式样式】组中，单击【快速填充格式】下拉按钮，在弹出的样式库中，选择准备应用的格式。

在【形状样式】组中，单击【形状轮廓】下拉按钮，在弹出的下拉菜单中，选择【粗细】菜单项，在弹出的子菜单中，选择准备使用的图表轮廓。通过以上方法即可设置图表的格式。

11.4 添加图表元素

在 Excel 2010 中创建图表后，用户还可以根据设计需要添加图表元素，包括为图表添加与设置标题、显示与设置坐标轴标题、显示与设置图例和体验增进的数据标签功能等操作。下面将详细介绍添加图表元素方面的知识与操作技巧。

11.4.1 为图表添加与设置标题

在 Excel 2010 中创建图表后，用户可以为图表添加与设置标题，让图表可以更加明了的展示数据信息，下面以“01-销售表”素材为例，介绍为图表添加与设置标题的操作。

step 1 ① 打开已经创建图表的素材表格，选中准备添加与设置标题的图表，② 选择【布局】选项卡，③ 在【标签】组中，单击【图表标题】下拉按钮，④ 在弹出的下拉列表中，选择【图表上方】菜单项，如图 11-31 所示。

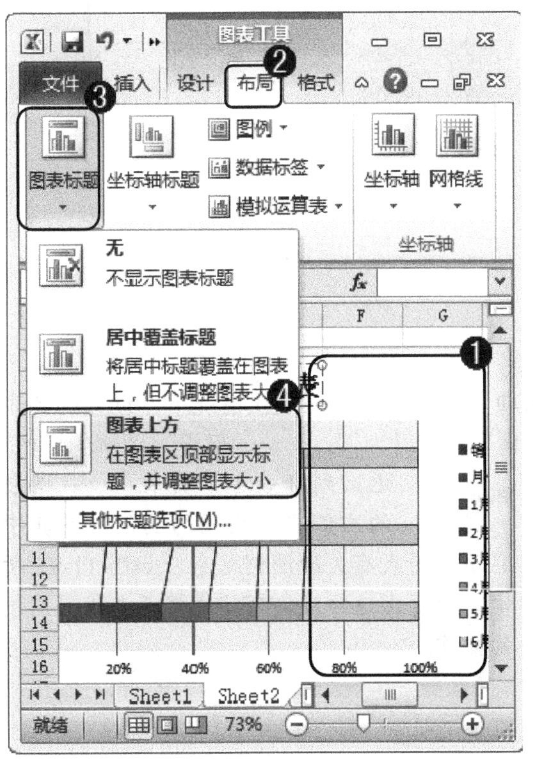

图 11-31

step 2 在图表中插入一个标题文本框，在其中输入想要设置的标题，如图 11-32 所示。通过上述方法即可完成为图表添加与设置标题的操作。

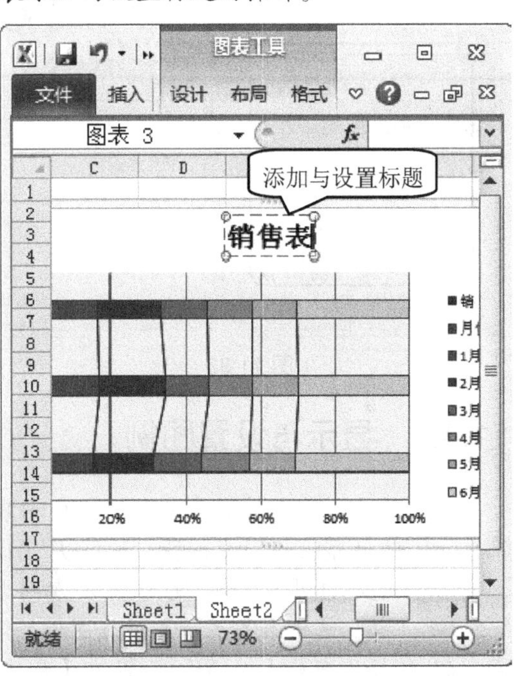

图 11-32

考考您

请您根据上述方法在 Excel 2010 表格中，创建一个图表并添加与设置标题。

11.4.2 显示与设置坐标轴标题

在Excel 2010中创建图表后，用户还可以显示与设置坐标轴的标题，以便更好地说明坐标轴的数据信息，下面以“01-销售表”素材为例，介绍显示与设置坐标轴标题的操作。

step 1 ① 打开已经创建图表的素材表格，选中准备显示与设置坐标轴标题的图表，② 选择【布局】选项卡，③ 在【标签】组中，单击【坐标轴标题】下拉按钮，④ 在弹出的下拉列表中，选择【主要横坐标轴标题】菜单项，⑤ 在弹出的下拉列表中，选择【坐标轴下方标题】菜单项，如图11-33所示。

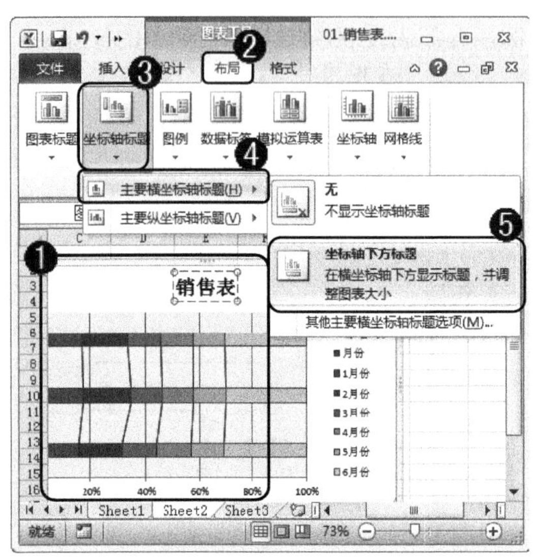

图 11-33

step 2 在图表中插入一个坐标轴标题文本框，在其中输入想要设置的坐标轴标题，如图11-34所示。通过上述方法即可完成显示与设置坐标轴标题的操作。

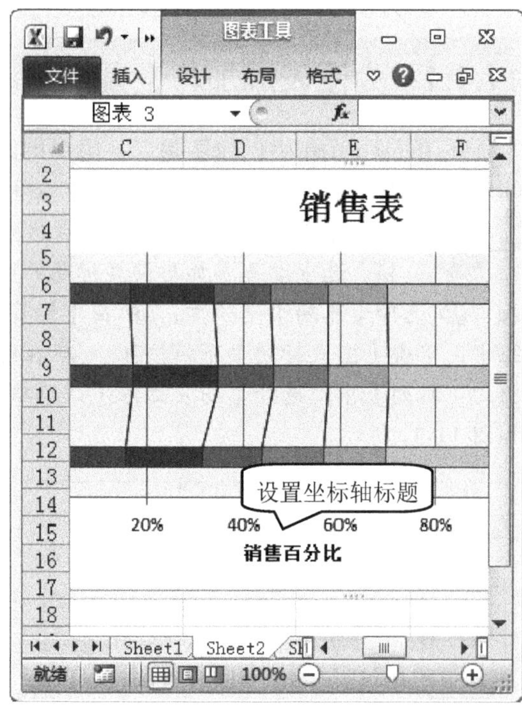

图 11-34

11.4.3 显示与设置图例

图例是用于体现数据系列表中现有的数据项名称的标识。在默认情况下，创建的图表都显示图例且显示在图表右侧。下面以“01-销售表”素材为例，介绍如何设置图例的操作。

step 1 ① 打开已经创建图表的素材表格，选中准备显示与设置图例的图表，② 选择【布局】选项卡，③ 在【标签】组中，单击【图例】下拉按钮，④ 在【图例】下拉列表中，选择需要设置的图例样式，如选择“在右侧显示图例”选项，如图11-35所示。

step 2 返回到Excel工作表中，在图表的右侧显示设置的图例并在其中显示与图表有关的图例信息，如图11-36所示。通过上述方法即可完成显示与设置图例的操作。

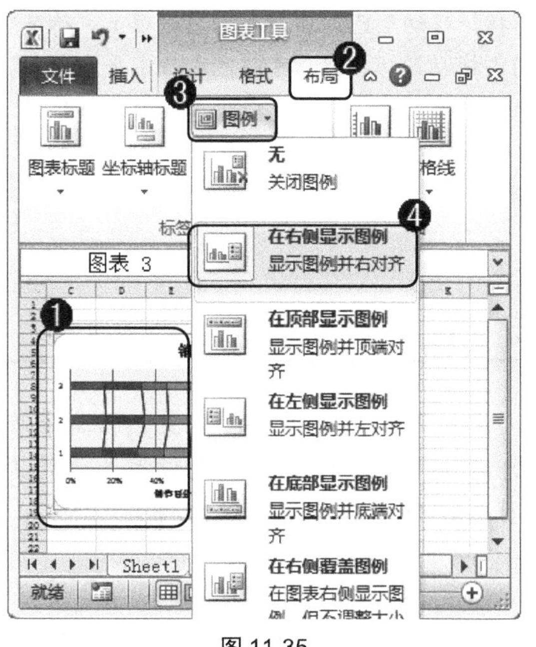

图 11-35

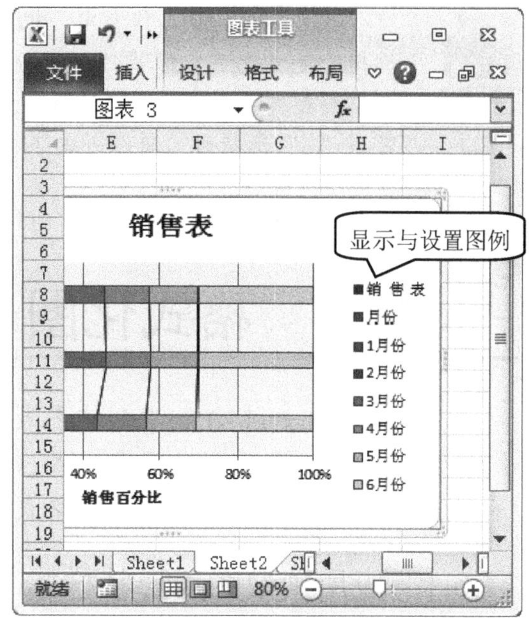

图 11-36

11.4.4 体验增进的数据标签功能

在 Excel 2010 中，使用【数据标签】功能，用户可以在图表中使用图表元素的实际值设置标签，下面以“01-销售表”素材为例，介绍使用【数据标签】功能的操作。

step 1 ① 打开已经创建图表的素材表格，选中准备设置数据标签的图表，② 选择【布局】选项卡，③ 在【标签】组中，单击【数据标签】下拉按钮，④ 在【数据标签】下拉列表中，选择需要设置的图例样式，如选择“数据标签内”选项，如图 11-37 所示。

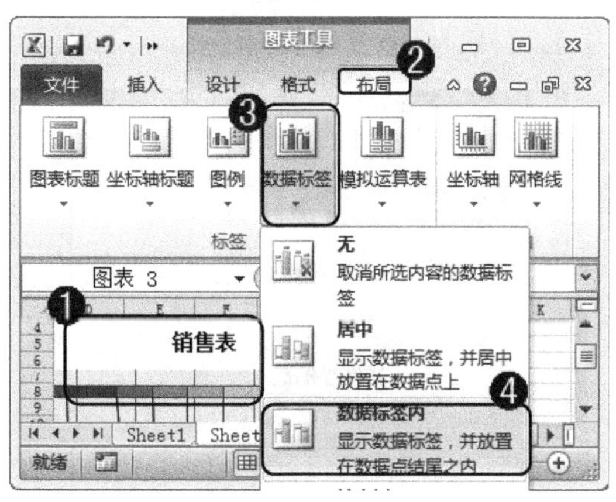

图 11-37

step 2 返回到 Excel 工作表中，在图表中显示表格中的实际数据，如图 11-38 所示。通过上述方法即可完成使用【数据标签】功能的操作。

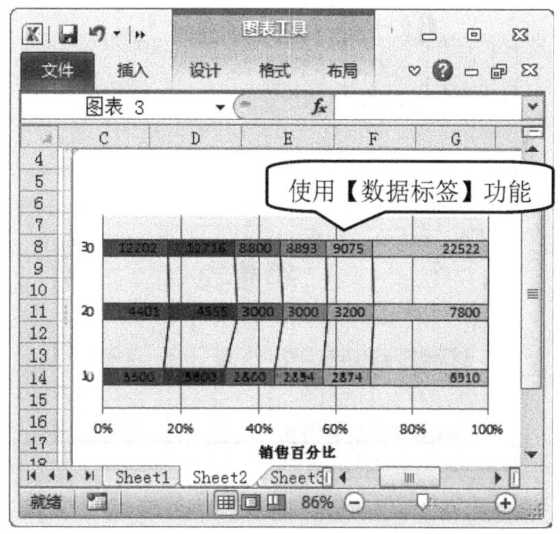

图 11-38

知识精讲

在 Excel 2010 工作表中，把鼠标指针移动至已创建图表的右边框上，待鼠标指针变为“⇔”形状时，单击并向右拖动鼠标指针，可以完成在水平方向上调整图表宽度的操作，把鼠标指针移动至已创建图表的下边框上，当鼠标指针变为“⇕”形状时，单击并向下拖动鼠标指针，可以完成在垂直方向上调整图表高度的操作。

11.5 格式化图表

在 Excel 2010 中创建图表后，用户还可以根据设计需要，格式化图表，包括应用预设图表样式、快速更改图表颜色和自定义设置图表格式等操作。下面将详细介绍格式化图表方面的知识与操作技巧。

11.5.1 应用预设图表形状样式

在 Excel 2010 工作表中，创建图表后用户可以应用预设的图表形状样式，使创建的图表更加美观，下面以“01-销售表”素材为例，介绍应用预设图表形状样式的操作。

step 1 ① 打开已经创建图表的素材表格，选中准备应用预设图表形状样式的图表，② 选择【格式】选项卡，③ 在【形状样式】组中，在【数据标签】下拉列表中，选择需要设置的形状样式，如图 11-39 所示。

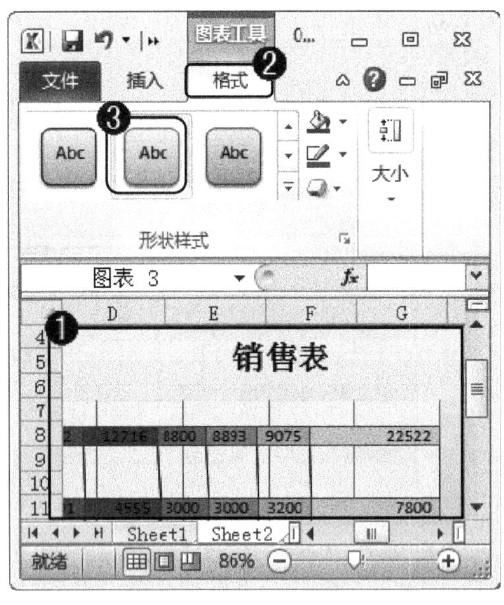

图 11-39

step 2 返回到 Excel 工作表中，图表已经设置成指定的图表形状样式，如图 11-40 所示。通过上述方法即可完成应用预设图表形状样式的操作。

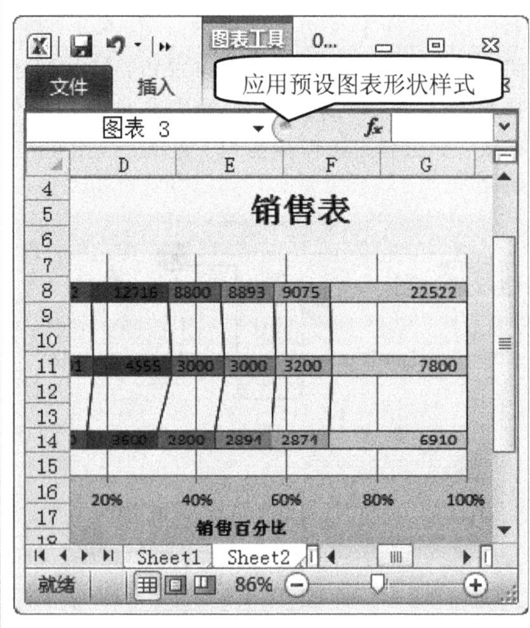

图 11-40

11.5.2 快速更改图表颜色

在 Excel 2010 工作表中，创建图表后用户还可以根据需要快速地更改图表颜色，让设计出的图表更加符合设计要求，下面以“01-销售表”素材为例，介绍快速更改图表颜色的操作。

step 1 ① 打开已经创建图表的素材表格，选中准备更改图表颜色的图表，② 选择【格式】选项卡，③ 在【形状样式】组中，单击【形状填充】下拉按钮，④ 在展开的下拉列表中的【主题颜色】区域中，选择准备填充的图表颜色，如图 11-41 所示。

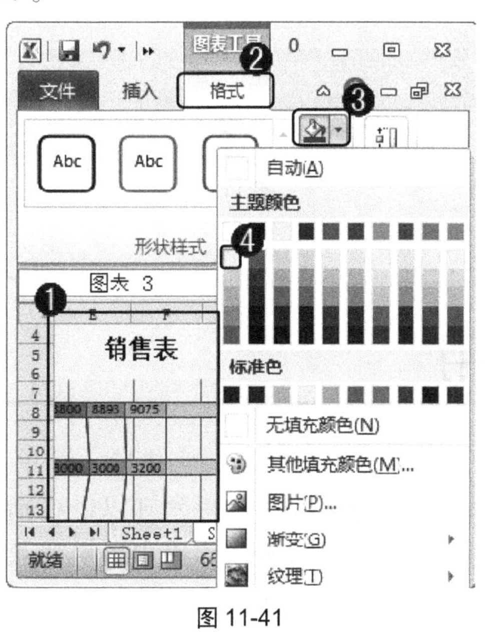

图 11-41

step 2 返回到 Excel 工作表中，图表已经快速更改完颜色，如图 11-42 所示。通过上述方法即可完成快速更改图表颜色的操作。

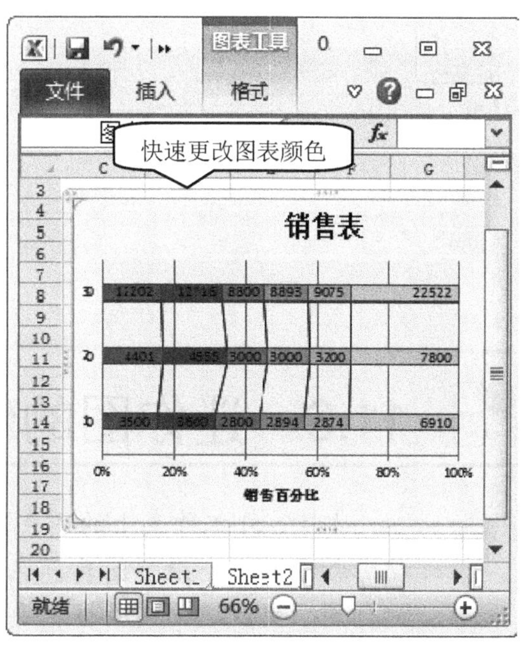

图 11-42

11.5.3 自定义设置图表格式

在 Excel 2010 工作表中，创建图表后用户还可以自定义设置图表格式，如设置图表的预设、阴影、映像、发光、柔化边缘、棱台和三维旋转等效果，下面以“01-销售表”素材为例，介绍自定义设置图表格式的操作。

step 1 选中准备自定义设置图表格式的图表后，① 选择【格式】选项卡，② 在【形状样式】组中，单击【形状效果】下拉按钮，③ 在展开的下拉列表中，选择【预设】选项，④ 在展开的下拉列表中，选择准备应用的图表格式，如图 11-43 所示。

step 2 返回到 Excel 工作表中，已经设置成自定义的图表格式，如图 11-44 所示。通过上述方法即可完成自定义设置图表格式的操作。

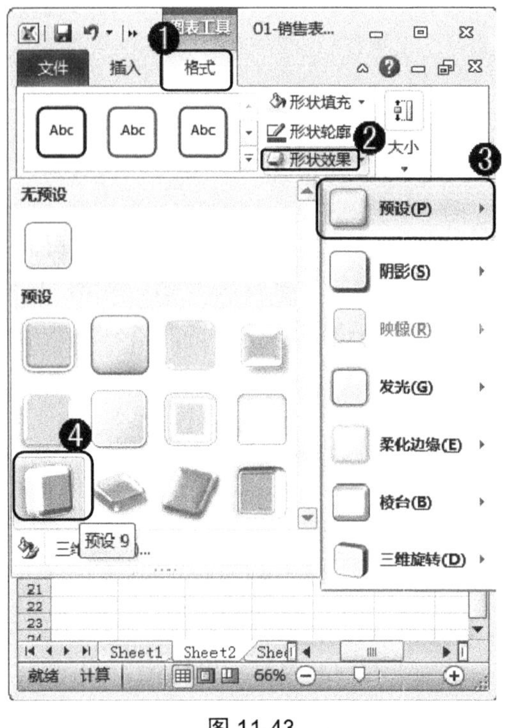

图 11-43

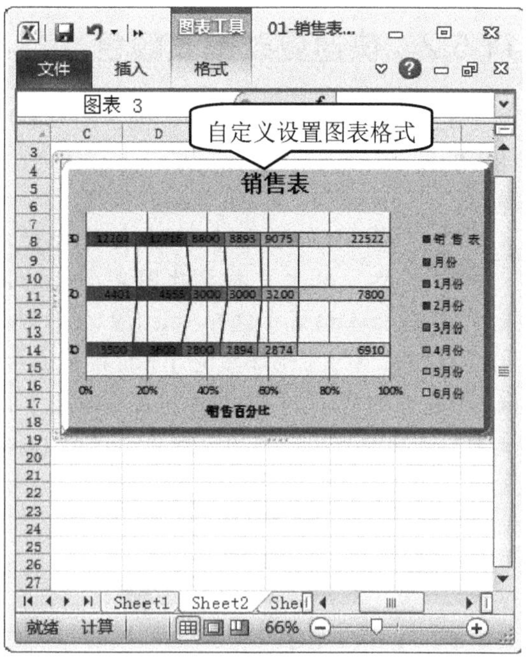

图 11-44

11.6 迷你图的使用

与 Excel 工作表上的图表不同，迷你图不是对象，它实际上是单元格背景中的一个微型图表，在使用迷你图的过程中，用户可以进行插入迷你图、更改迷你图数据、更改迷你图类型、显示迷你图中不同的点和设置迷你图样式等操作。下面将详细介绍使用迷你图的操作技巧。

11.6.1 插入迷你图

虽然行或列中呈现的数据很有用，但很难一眼看出数据的分布形态。那么，可以通过在数据旁边插入迷你图来为这些数字提供上下文。迷你图可以通过清晰简明的图形表示方法显示相邻数据的变化趋势，下面以“01-销售表”素材为例，介绍插入迷你图的操作。

step 1 ① 打开素材表格，选择准备插入迷你图数据系列的单元格区域，如“A3:E3”，② 选择【插入】选项卡，③ 在【迷你图】组中，单击【柱形图】按钮，如图 11-45 所示。

step 2 弹出【创建迷你图】对话框，在【选择放置迷你图的位置】区域，单击【位置范围】区域右侧的折叠按钮，如图 11-46 所示。

图 11-45

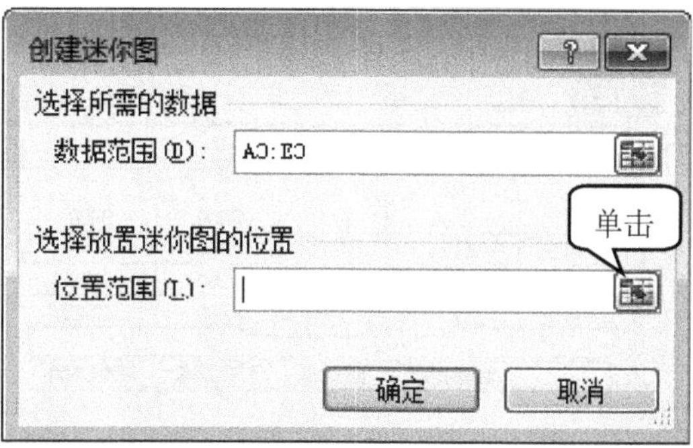

图 11-46

智慧锦囊

用户可以快速地查看迷你图与其基本数据之间的关系，而且当数据发生更改时，用户可以立即在迷你图中看到相应的变化。除了为一行或一列数据创建一个迷你图之外，还可以通过选择与基本数据相对应的多个单元格来同时创建若干个迷你图。

step 3 ① 返回到 Excel 工作表中，选择准备创建迷你图的单元格区域，如“A10:E10”，② 单击【创建迷你图】对话框右侧的折叠按钮，如图 11-47 所示。

图 11-47

step 4 返回到【创建迷你图】对话框中，单击【确定】按钮，如图 11-48 所示。

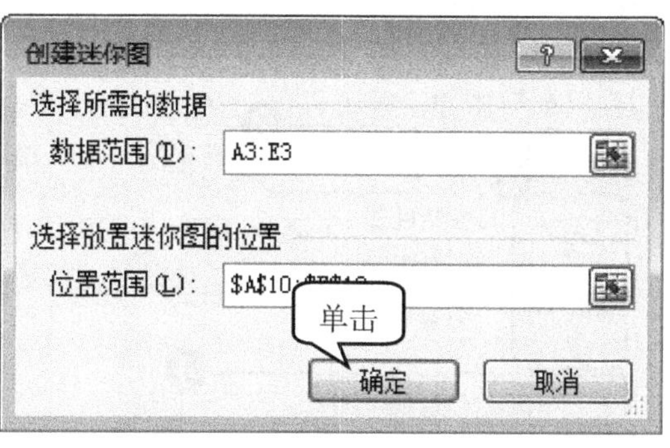

图 11-48

step 5 返回到 Excel 2010 工作表中，迷你图已经创建完成，如图 11-49 所示。通过上述方法即可完成插入迷你图的操作。

考考您

请您根据上述方法创建一个 Excel 2010 文档并创建一个迷你图，测试一下您的学习效果。

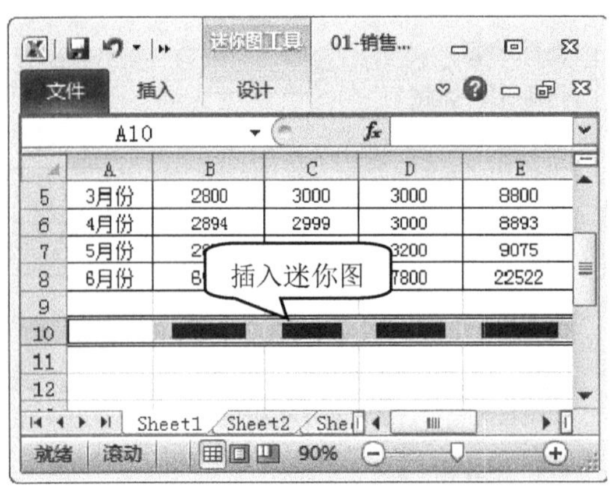

图 11-49

智慧锦囊

如果数据区域包含日期，用户则可以从坐标轴选项(迷你图工具→【计选】卡→【分】组→【坐标轴】按钮)中，选择“日期坐标轴类型”选项，迷你图上的各个数据点将进行排列以反映任何不规则的时间段。

11.6.2 更改迷你图数据

在 Excel 2010 中，如果数据已经更改，用户可以将迷你图数据更新，以便展示的图表数据正确，下面以“01-销售表”素材为例，介绍更改迷你图数据的操作。

step 1 ① 选中创建的迷你图，② 选择【设计】选项卡，③ 在【迷你图】组中，单击【编辑数据】下拉按钮，④ 在弹出的下拉列表中，选择【编辑组位置和数据】选项，如图 11-50 所示。

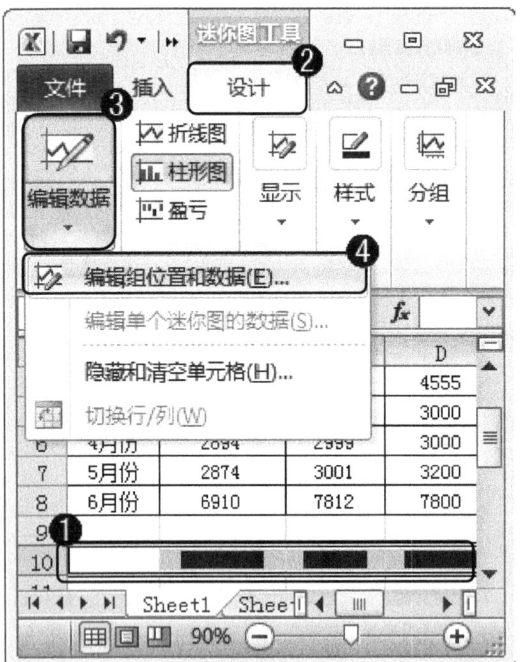

图 11-50

step 2 ① 弹出【编辑迷你图】对话框，在【选择所需的数据】区域的【数据范围】文本框中，输入单元格区域范围，如“A5:E5”，② 单击【确定】按钮，如图 11-51 所示。

图 11-51

智慧锦囊

在 Excel 2010 中，创建迷你图的方法非常简单，目前提供了三种形式的迷你图，即“折线迷你图”、“列迷你图”和“盈亏迷你图”等。

step 3 返回到 Excel 2010 工作表中，迷你图数据已经更改完成，如图 11-51 所示。通过上述方法即可完成更改迷你图数据的操作。

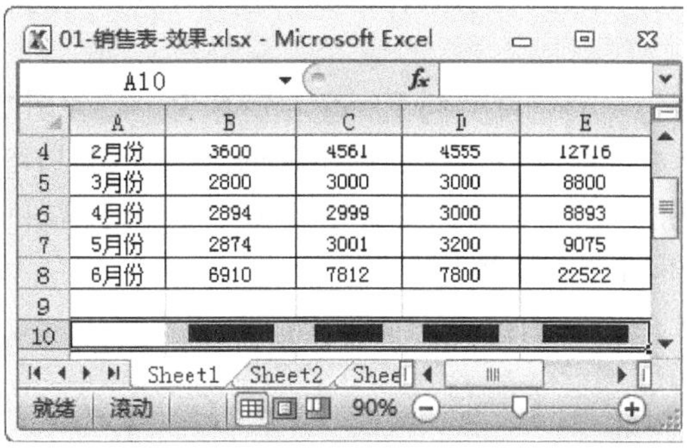

图 11-52

智慧锦囊

在 Excel 2010 中创建迷你图后，选中迷你图并右击，在弹出的快捷菜单中，选择【迷你图】菜单项，在弹出的快捷菜单中，选择【清除所选的迷你图】菜单项，这样可以清除所选的迷你图。

11.6.3 更改迷你图类型

在 Excel 2010 中，用户可以更改迷你图类型，以便更好地展示迷你图数据系列，下面以“01-销售表”素材为例，介绍更改迷你图类型的操作。

step 1 ① 选中创建的迷你图，② 选择【设计】选项卡，③ 在【类型】组中，单击【盈亏】按钮 盈亏，如图 11-53 所示。

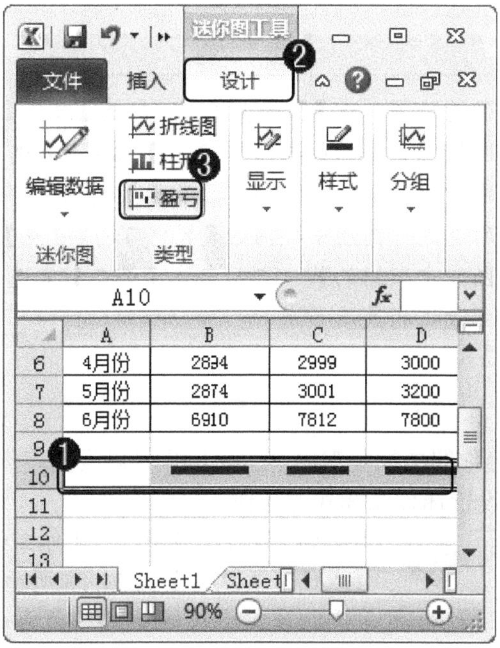

图 11-53

step 2 返回到 Excel 工作表中，迷你图的类型已经更改，如图 11-54 所示。通过上述方法即可完成更改迷你图类型的操作。

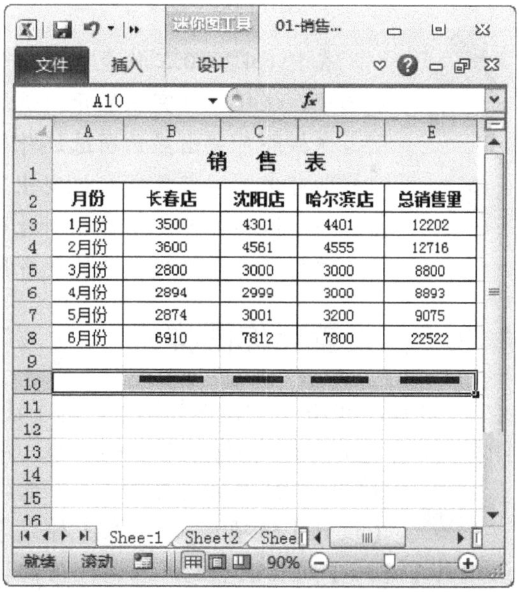

图 11-54

11.6.4 显示迷你图中不同的点

在 Excel 2010 中设置迷你图中不同的点，这样可以使一些或所有标记可见，来突出显示迷你图中的各个数据标记，下面以“01-销售表”素材为例，介绍显示迷你图中不同的点的操作。

step 1 ① 选中创建的迷你图，② 选择【设计】选项卡，③ 在【显示】组中，勾选准备在迷你图中显示标记点的复选框选项，如图 11-55 所示。

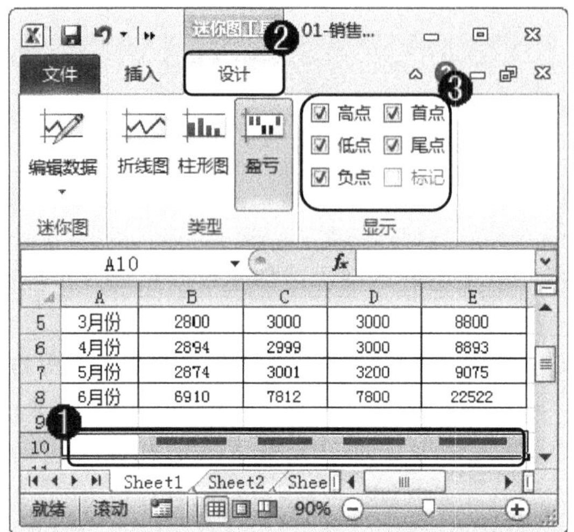

图 11-55

step 2 返回到 Excel 工作表中，迷你图中显示设置的不同的点，如图 11-56 所示。通过上述方法即可完成显示迷你图中不同的点的操作。

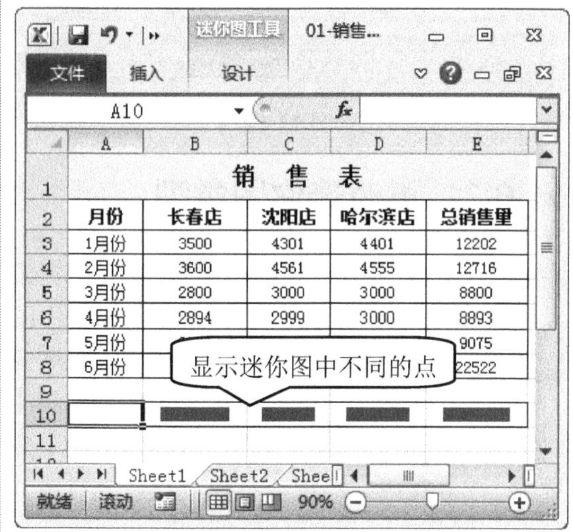

图 11-56

知识精讲

在 Excel 2010 工作表中选中创建的迷你图，在【显示】组中，勾选【高点】复选框，这样即可突出显示所选迷你图组中数据的最高点；勾选【低点】复选框，这样即可突出显示所选迷你图组中数据的最低点；勾选【负点】复选框，这样即可用不同颜色或标记突出显示所选迷你图组中数据的负值；勾选【首点】复选框，这样即可突出显示所选迷你图组中数据的第一点；勾选【尾点】复选框，这样即可突出显示所选迷你图组中数据的最后一点。

11.6.5 设置迷你图样式

在 Excel 2010 中创建迷你图后，为了让使迷你图更加美观的展示，用户可以设置迷你图样式，下面以“01-销售表”素材为例，介绍设置迷你图样式的操作。

step 1 ① 选中创建的迷你图，② 选择【设计】选项卡，③ 在【样式】组中的【样式】列表框中选择准备使用的迷你图样式，如图 11-57 所示。

step 2 返回到 Excel 工作表中，迷你图的样式已经更改，如图 11-58 所示。通过上述方法即可完成设置迷你图样式的操作。

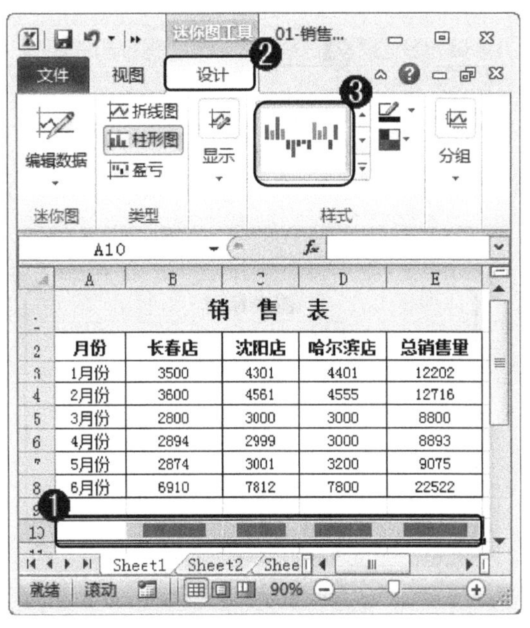

月份	长春店	沈阳店	哈尔滨店	总销售量
1月份	3500	4301	4401	12202
2月份	3600	4561	4555	12716
3月份	2800	3000	3000	8800
4月份	2894	2999	3000	8893
5月份	2874	3001	3200	9075
6月份	6910	7812	7800	22522

图 11-57

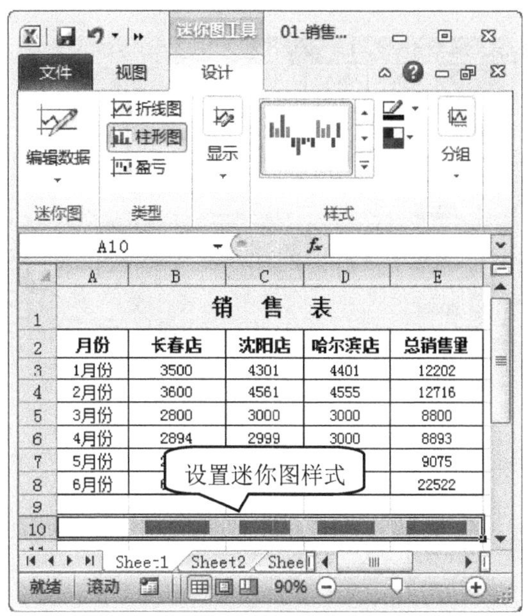

图 11-58

11.7 范例应用与上机操作

通过本章的学习，读者基本可以掌握数据可视化应用与管理方面的基本知识和操作技巧。下面通过几个范例应用与上机操作练习一下，以达到巩固学习、拓展提高的目的。

11.7.1 员工业绩考核图表

用户可以使用 Excel 2010 制作一份员工业绩考核图表，记录员工考核的数据，方便用户日常的管理和查询，下面介绍制作员工业绩考核图表的操作。

素材文件 第11章\素材文件\02-员工考核表.xlsx

效果文件 第11章\效果文件\02-员工考核表-效果.xlsx

step 1 ① 打开素材表格，选中准备创建图表的数据区域，如“A1：F10”，② 选择【插入】选项卡，③ 在【图表】组中，单击【其他图表】按钮，④ 在弹出的下拉列表中的【雷达图】区域中，选择准备应用的图表样式，如图 11-59 所示。

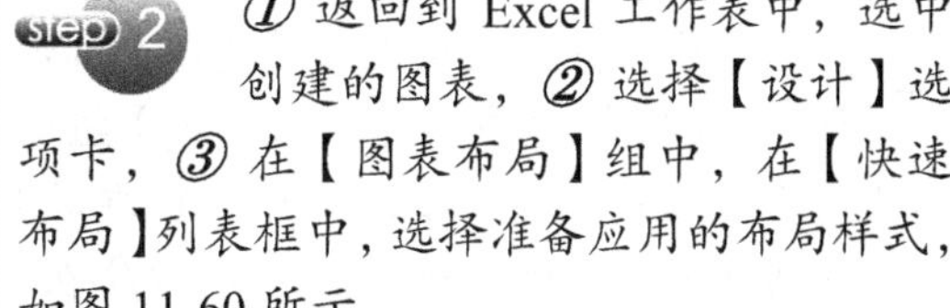

step 2 ① 返回到 Excel 工作表中，选中创建的图表，② 选择【设计】选项卡，③ 在【图表布局】组中，在【快速布局】列表框中，选择准备应用的布局样式，如图 11-60 所示。

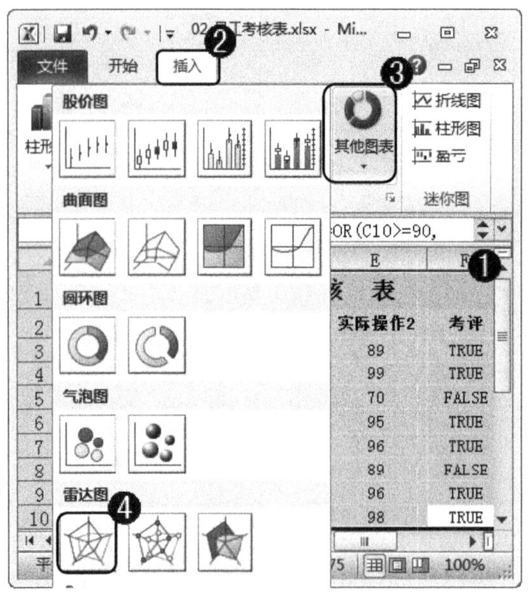

图 11-59

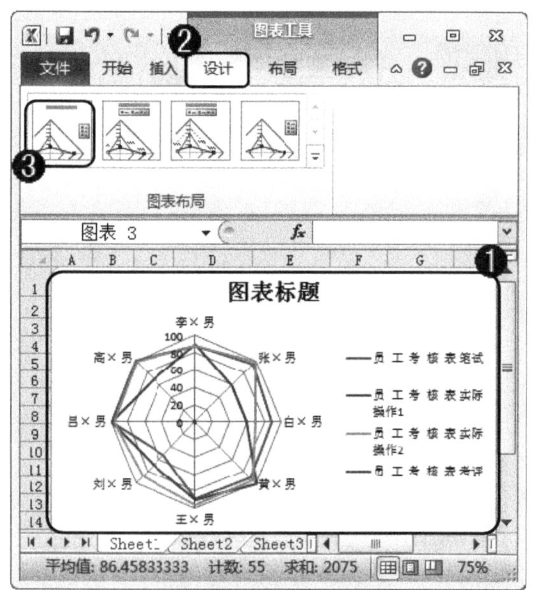

图 11-60

step 3 选中图表标题，设置标题的名称，如图 11-61 所示。

step 4 ① 选中创建的图表，② 选择【格式】选项卡，③ 在【形状样式】组中的【形状样式】下拉列表中，选择需要设置的形状样式，如图 11-62 所示。

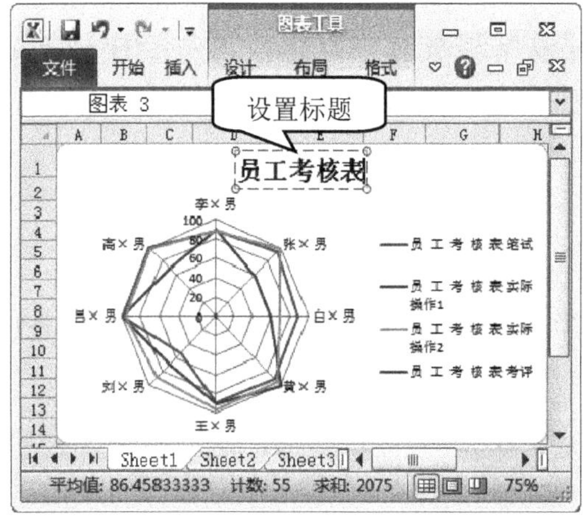

图 11-61

图 11-62

step 5 ① 设置图表格式后，选择【格式】选项卡，② 在【形状样式】组中，单击【形状效果】下拉按钮 ，③ 在展开的下拉列表中，选择【阴影】选项，④ 在展开的下拉列表中，选择准备应用的图表形状格式，如图 11-63 所示。

step 6 返回到 Excel 工作表中，用户可以查看设置后的图表，如图 11-64 所示。通过上述方法即可完成制作员工业绩考核图表的操作。

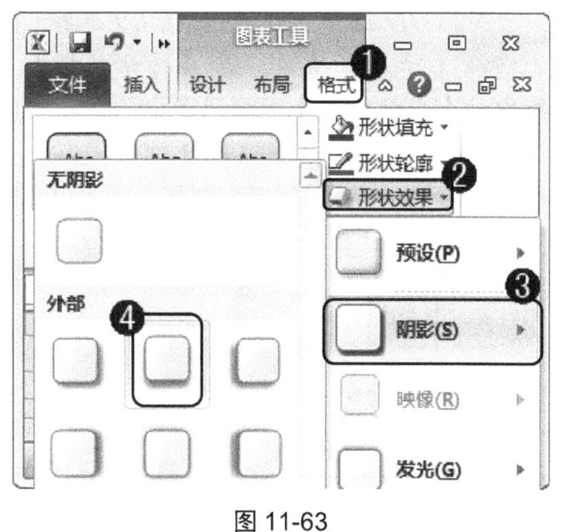

图 11-63

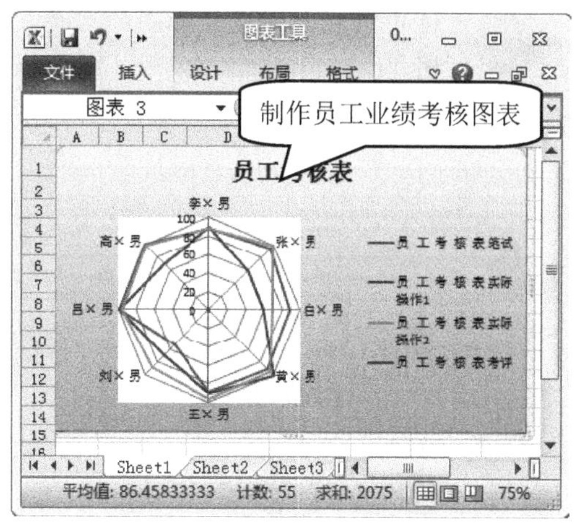

图 11-64

11.7.2　制作产品销量图表

用户可以使用 Excel 2010 制作一份产品销量图表，记录产品销量的增长比例，方便用户日常的管理和查询，下面介绍制作产品销量图表的操作。

素材文件 第 11 章\素材文件\03-产品销量表.xlsx

效果文件 第 11 章\效果文件\03-产品销量表-效果.xlsx

step 1 ① 打开素材表格，选中准备创建图表的数据区域，如“A1:E8”，② 选择【插入】选项卡，③ 在【图表】组中单击【折线图】按钮，④ 在弹出的下拉列表中的【二维折线图】区域中，选择准备应用的图表样式，如图 11-65 所示。

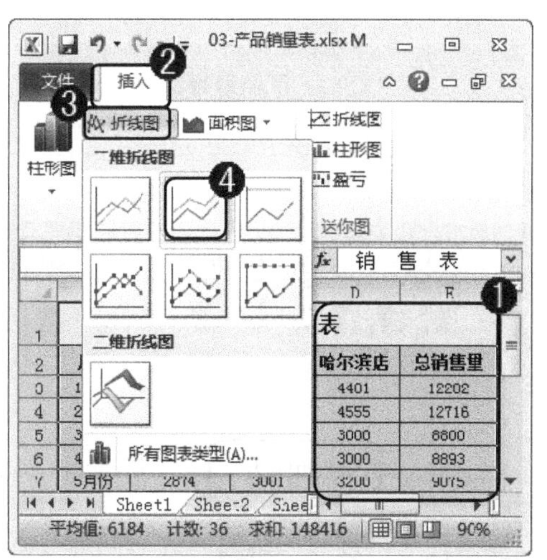

图 11-65

step 2 ① 返回到 Excel 工作表中，选中创建的图表，② 选择【设计】选项卡，③ 在【图表布局】组中的【快速布局】列表框中，选择准备应用的布局样式，如图 11-66 所示。

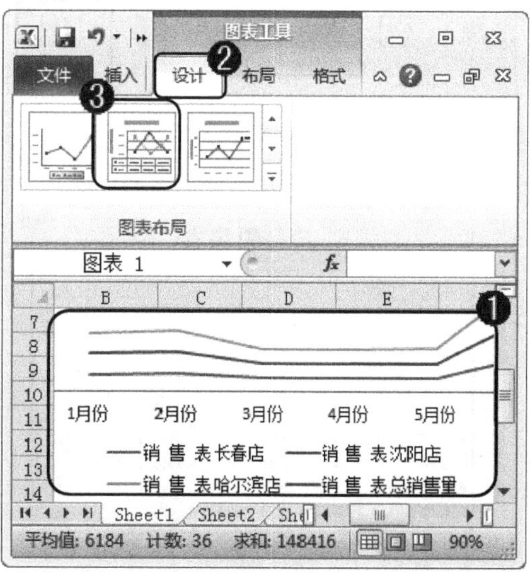

图 11-66

step 3 选中图表标题设置标题的名称，如图 11-67 所示。

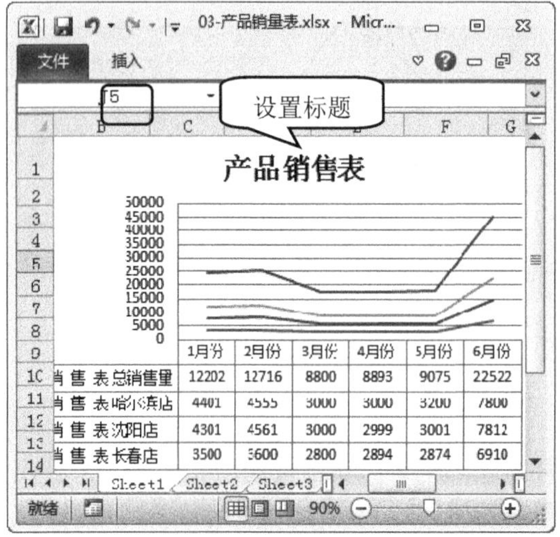

图 11-67

step 4 ① 选中创建的图表，② 选择【格式】选项卡，③ 在【形状样式】组中的【形状样式】下拉列表中，选择需要设置的形状样式，如图 11-68 所示。

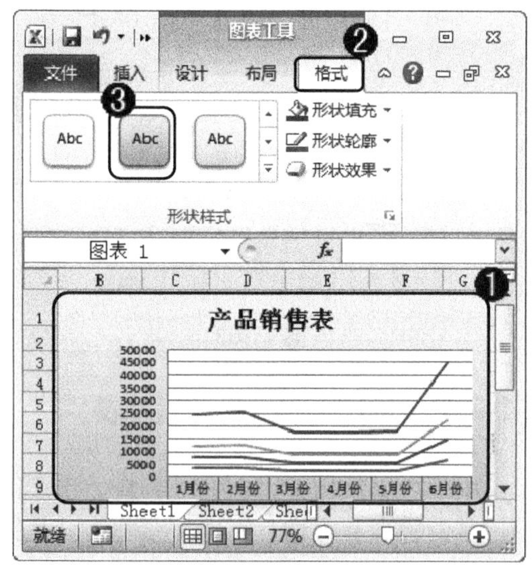

图 11-68

step 5 ① 选中准备移动图表位置的图表，② 选择【设计】选项卡，③ 在【位置】组中单击【移动图表】按钮，如图 11-69 所示。

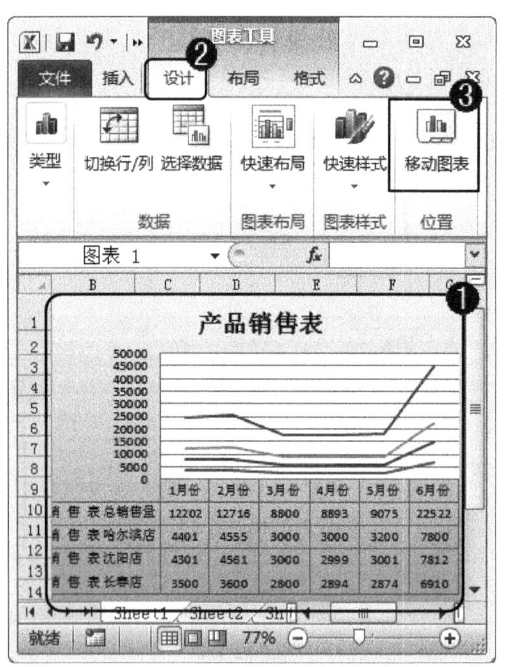

图 11-69

step 6 将创建的图表移动到指定的工作表位置，如“sheet 3”，如图 11-70 所示。

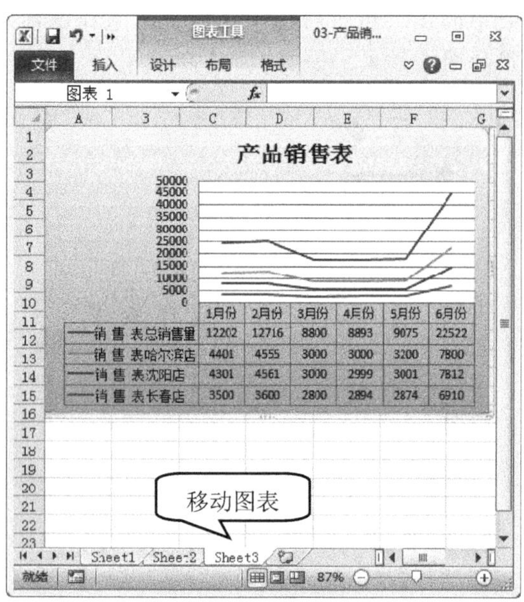

图 11-70

step 7 ① 移动图表后，返回到工作表“sheet 1”中，选择准备创建迷你图的单元格区域，如“A6:E6”，② 选择【插入】选项卡，③ 在【迷你图】组中，单击【柱形图】按钮，如图 11-71 所示。

	A	B	C	D	E
6	4月份	2894	2999	3000	8893
7	5月份	2874	3001	3200	9075
8	6月份	6910	7812	7800	22522

图 11-71

step 9 插入迷你图后，拖动迷你图的行高，方便更好地展示迷你图数据系列，如图 11-73 所示。

	A	B	C	D	E
1	销售表				
2	月份	长春店	沈阳店	哈尔滨店	总销售量
3	1月份	3500	4301	4401	12202
4	2月份	3600	4561	4555	12716
5	3月份	2800	3000	3000	8800
6	4月份	2894	2999	3000	8893
7	5月份	2874			9075
8	6月份	6910			22522

设置迷你图行高

图 11-73

step 8 ① 弹出【创建迷你图】对话框，在工作表中选择准备插入迷你图的单元格区域，如“A10:E10”，② 单击【确定】按钮，如图 11-72 所示。

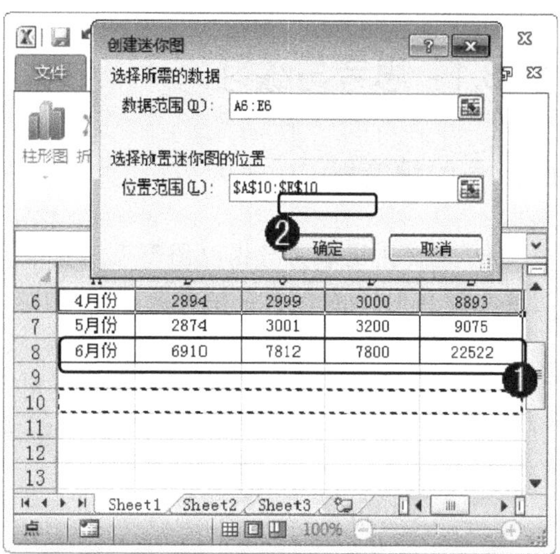

	A	B	C	D	E
6	4月份	2894	2999	3000	8893
7	5月份	2874	3001	3200	9075
8	6月份	6910	7812	7800	22522

图 11-72

step 10 通过上述操作方法即可完成制作产品销量图表的操作，如图 11-74 所示。

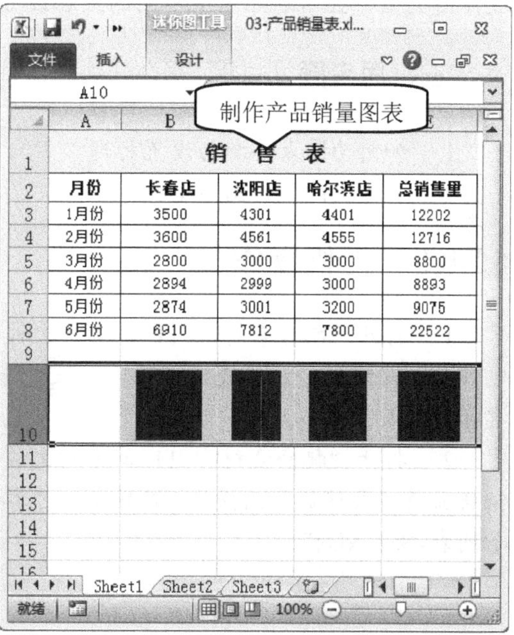

	A	B	C	D	E
1	销售表				
2	月份	长春店	沈阳店	哈尔滨店	总销售量
3	1月份	3500	4301	4401	12202
4	2月份	3600	4561	4555	12716
5	3月份	2800	3000	3000	8800
6	4月份	2894	2999	3000	8893
7	5月份	2874	3001	3200	9075
8	6月份	6910	7812	7800	22522

图 11-74

11.8 课后练习

11.8.1 思考与练习

一、填空题

1. Excel 图表将数据以图形表示出来，即将数据可视化，______是相互联系的，当数据发生变化时，图表也会相应地产生变化，一个创建好的图表有很多部分组成，主要包括______、图表区、绘图区、______、图例项、坐标轴、______等。

2. 在 Excel 2010 中创建图表后，用户可以根据设计需要设计图表样式与内容，包括______、______、______和移动图表位置等操作。

二、判断题

1. 雷达图用于显示一段时间内，数据变化或各项之间的比较情况，通常绘制雷达图时，水平轴表示组织类型，垂直轴则表示数值。 ( )

2. 与 Excel 工作表上的图表不同，迷你图不是对象，它实际上是单元格背景中的一个微型图表，在使用迷你图的过程中，用户可以进行插入迷你图、更改迷你图数据、更改迷你图类型、显示迷你图中不同的点和设置迷你图样式等操作。 ( )

三、思考题

1. 如何为图表添加与设置标题？
2. 如何更改迷你图类型？

11.8.2 上机操作

1. 打开“配套素材\第 11 章\素材文件\ 04-员工业绩奖金核算表.xlsx”素材文件，练习制作员工业绩奖金核算表的操作。效果文件可参考“配套素材\第 11 章\效果文件\员工业绩奖金核算表.xlsx”。

2. 打开“配套素材\第 11 章\素材文件\03-产品销量表.xlsx”素材文件，练习插入全年销售业绩报表迷你图的操作。效果文件可参考“配套素材\第 11 章\效果文件\ 05-制作产品销量图表-效果.xlsx”。

第12章

数据透视表与数据透视图的使用

本章主要介绍数据透视表的使用、美化数据透视表、切片器的使用等方面的知识与技巧，同时还讲解了数据透视图的使用方法。通过本章的学习，读者可以掌握数据透视表与数据透视图的使用，为深入学习电脑办公基础与应用的知识奠定基础。

范例导航

1. 数据透视表的使用
2. 美化数据透视表
3. 切片器的使用
4. 数据透视图的使用

12.1 数据透视表的使用

在 Excel 2010 中，数据透视表是 Excel 提供的一种交互式报表，可以根据不同的分析目的组织和汇总数据，使用起来更加灵活，可以得到想要的分析结果，是一种动态数据分析工具。本节将详细介绍数据透视表使用的相关知识及操作方法。

12.1.1 创建数据透视表

制作好用于创建数据透视表的源数据后，就可以使用数据透视表向导创建数据透视表了，下面将详细介绍创建数据透视表的操作方法。

素材文件 第 12 章\素材文件\年销售总结.xlsx

效果文件 无

step 1 打开素材文件“年销售总结.xlsx”，① 单击任意一个单元格，如“A2 单元格”，② 选择【插入】选项卡，③ 单击【表格】组中的【数据透视表】按钮，如图 12-1 所示。

图 12-1

step 2 弹出【创建数据透视表】对话框，① 在【选择放置数据透视表的位置】区域中，选中【新工作表】单选按钮，② 单击【确定】按钮，如图 12-2 所示。

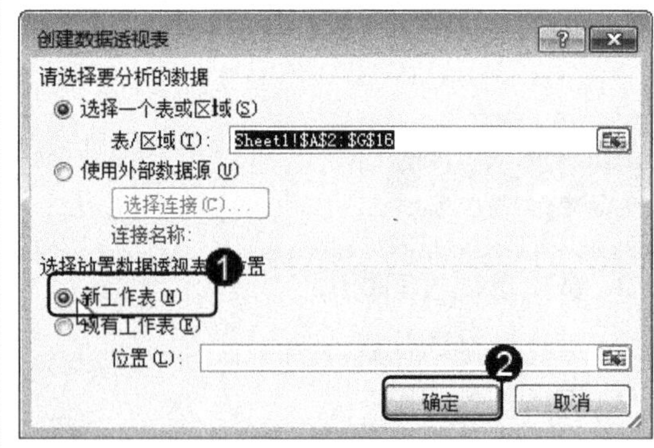

图 12-2

step 3 弹出【数据透视表字段列表】窗格，① 在【选择要添加到报表的字段】区域下方，选择准备添加字段的复选框，② 单击【关闭】按钮，如图 12-3 所示。

step 4 可以看到在工作簿中新建一个工作表，并创建了一个数据透视表，这样即可完成在 Excel 2010 工作表中创建数据透视表的操作，如图 12-4 所示。

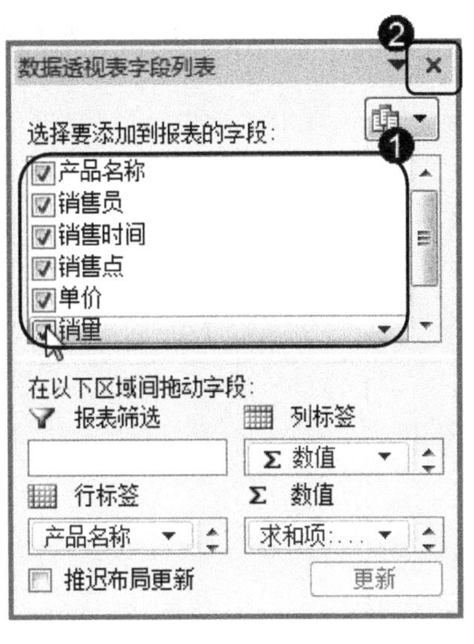

图 12-3

图 12-4

12.1.2 添加字段

在 Excel 2010 中，创建的默认数据透视表是没有数据的。用户可以将“数据透视表字段列表”窗格中的字段添加到数据透视表中。“数据透视表字段列表”窗格分为上下两个区域：上方的字段区域显示了数据透视表中可以添加的字段，下方的 4 个布局用于排列和组合字段。将字段添加到数据透视表中的方法有以下几种。

- 在字段区域选中字段名称旁边的复选框，字段将按默认的位置移动到布局区域的列表框中，但可以在需要时重新排列组合这些字段。
- 右击字段区域中的字段名称，在弹出的菜单中可以选择相应的命令“添加到报表筛选”、“添加到列标签”、“添加到行标签”和“添加到值”。将选择的字段移动到布局区域的某个指定列表框中，如图 12-5 所示。

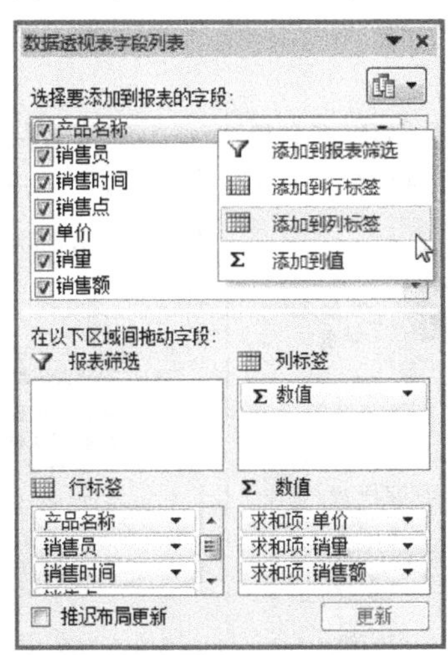

图 12-5

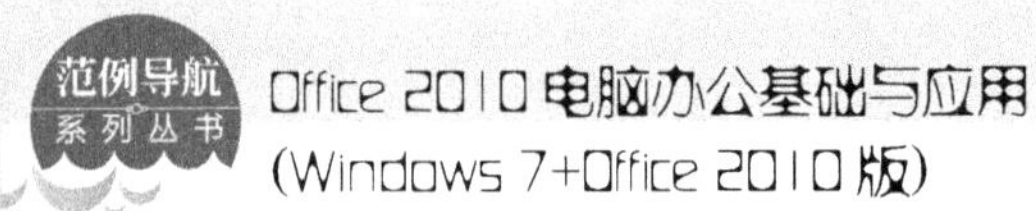

■ 用户还可以在字段名上单击并按住鼠标左键，将其拖动到布局区域的列表框中，如图 12-6 所示。

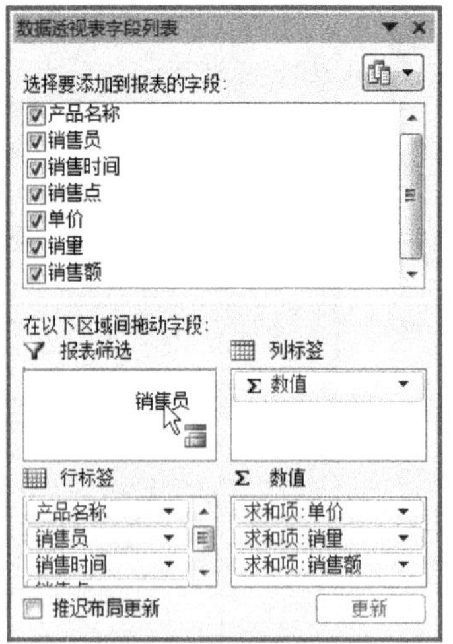

图 12-6

12.2 使用和美化数据透视表

在创建数据透视表后，用户还可以根据需要进行更改计算字段、对透视表中的数据进行排序、添加分组和设计透视表样式与布局等。本节将详细介绍使用和美化数据透视表的相关知识及操作方法。

12.2.1 更改计算字段

创建后的数据透视表可以对它的数据来源进行更改，下面将详细介绍更改计算字段的相关知识及操作方法。

step 1 ① 选择【选项】选项卡，② 在【数据】组中单击【更改数据源】按钮，如图 12-7 所示。

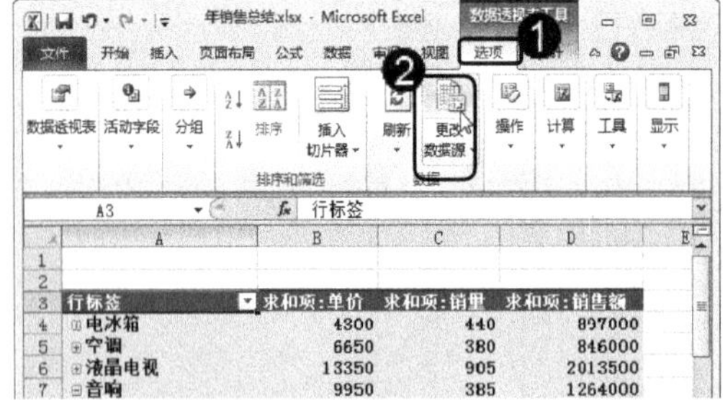

图 12-7

step 2 弹出【更改数据透视表数据源】对话框，单击【表/区域】文本框右侧的【压缩对话框】按钮，如图 12-8 所示。

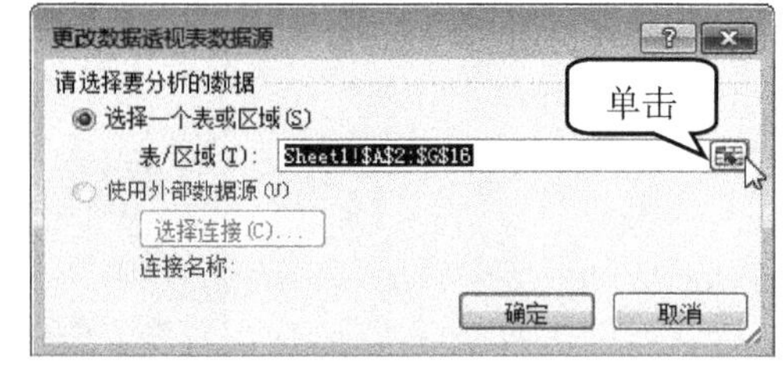

图 12-8

step 3 ① 选择数据所在的工作表，如“sheet1”，② 选择数据所在的单元格区域，如“A2：F10”，③ 单击【移动数据透视表】文本框右侧的【展开对话框】按钮，如图 12-9 所示。

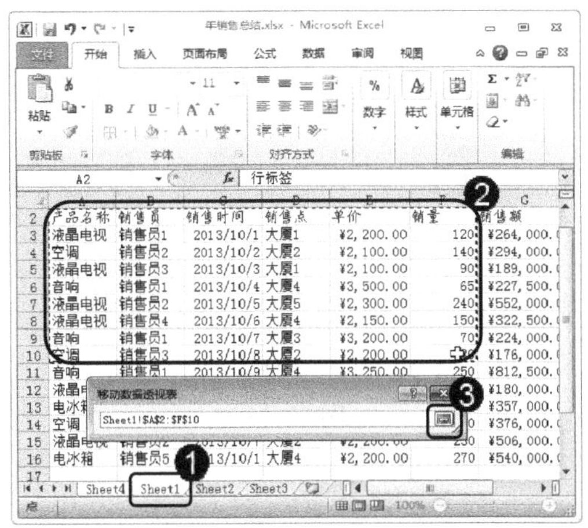

图 12-9

step 5 返回到工作表中可以看到数据透视表已被改变，这样即可完成更改计算字段的操作，如图 12-11 所示。

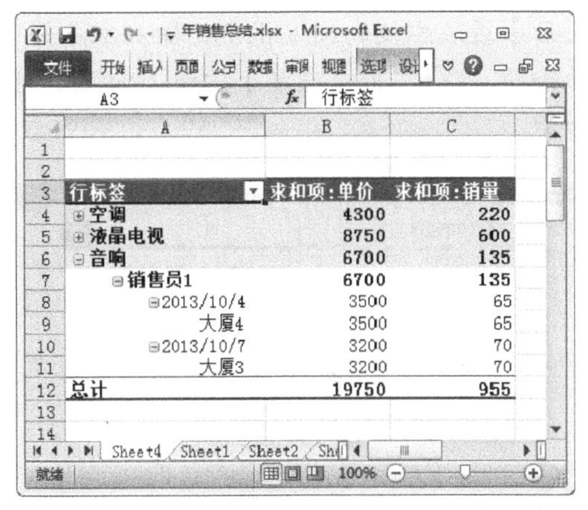

行标签	求和项:单价	求和项:销量
⊞空调	4300	220
⊞液晶电视	8750	600
⊟音响	6700	135
⊟销售员1	6700	135
⊟2013/10/4	3500	65
大厦4	3500	65
⊟2013/10/7	3200	70
大厦3	3200	70
总计	19750	955

图 12-11

step 4 返回【更改数据透视表数据源】对话框，单击【确定】按钮，如图 12-10 所示。

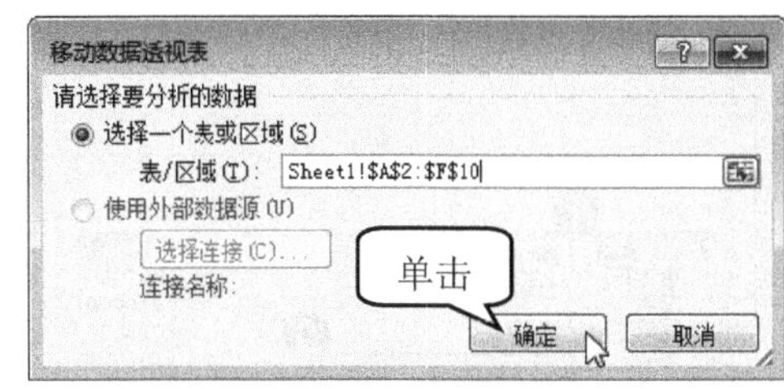

图 12-10

在进行到本小节第 3 步骤时，用户也可以在【移动数据透视表】对话框中的文本框中直接输入要选择数据的单元格区域。

请您根据上述方法重新更改一下数据透视表中的数据，测试一下您学习的效果。

12.2.2 对透视表中的数据进行排序

对数据进行排序是数据分析不可缺少的组成部分，对数据进行排序可以快速直观地显示数据并更好地理解数据，下面详细介绍对透视表中的数据排序的操作方法。

① 单击数据透视表的【行标签】下拉箭头，② 在弹出的快捷菜单

此时，在 Excel 2010 中的数据便按照降序排列出来，如图 12-13

中，选择【降序】菜单项，如图 12-12 所示。

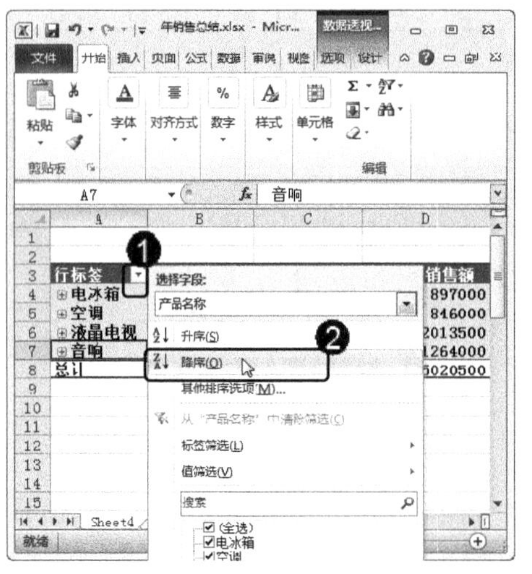

图 12-12

所示。通过以上步骤即可完成数据透视表排序的操作。

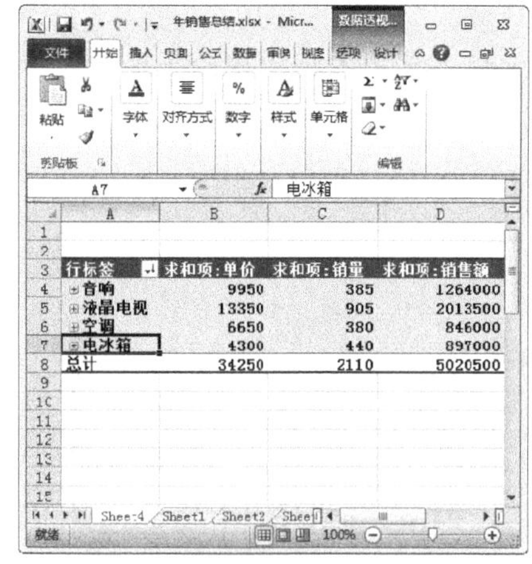

图 12-13

12.2.3 筛选数据透视表中的数据

在 Excel 2010 数据透视表中，用户可以根据自己的需求筛选数据透视表中的数据，下面将详细介绍筛选数据透视表中数据的操作方法。

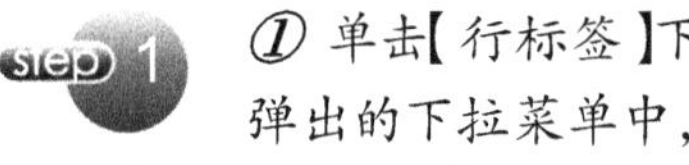

① 单击【行标签】下拉箭头，② 在弹出的下拉菜单中，选择【值筛选】子菜单项，③ 选择【大于】选项，如图 12-14 所示。

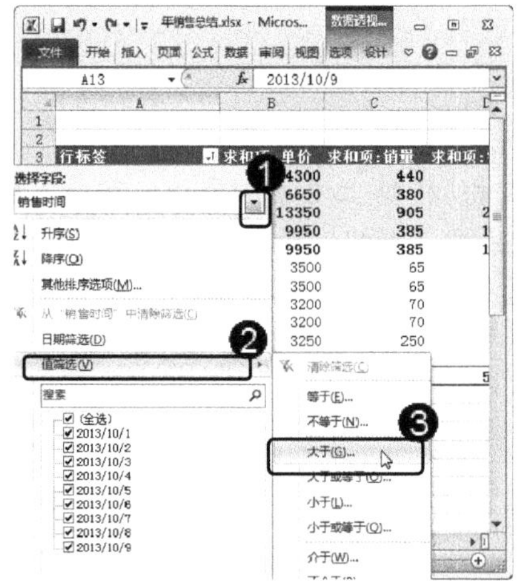

图 12-14

step 3 通过以上步骤即可完成筛选数据透视表数据操作字段的操作，如图 12-16 所示。

弹出【值筛选(销售时间)】对话框，① 在【显示符合以下条件的项目】区域右侧的文本框中，输入准备筛选的条件，② 单击【确定】按钮，如图 12-15 所示。

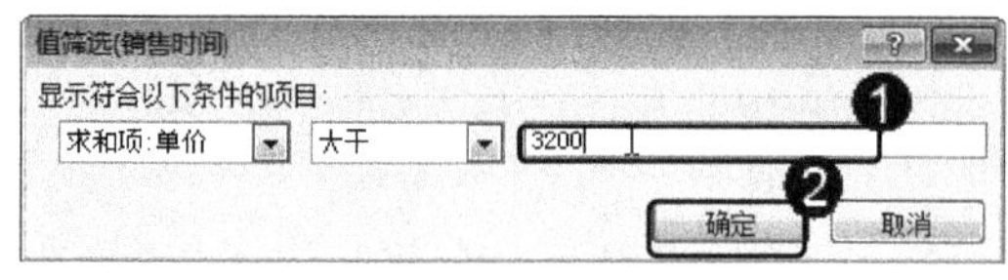

图 12-15

请您根据上述方法筛选数据透视表中的数据，测试一下您学习的效果。

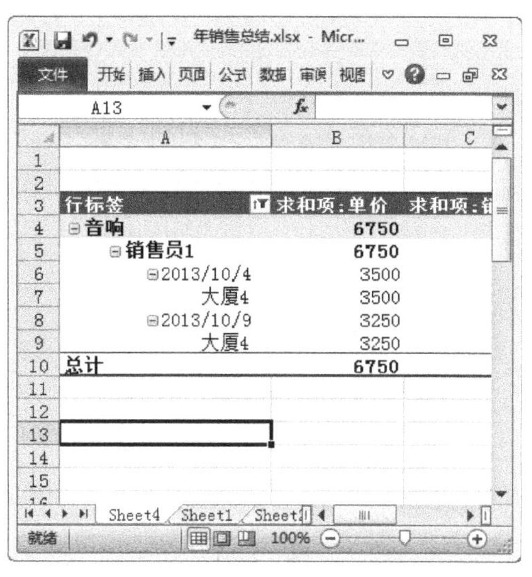

图 12-16

智慧锦囊

在 Excel 2010 中创建数据透视表后，选中准备排序数据透视表中的任意单元格，选择【选项】选项卡，在【排序】组中单击【升序】按钮或【降序】按钮即可快速地对数据透视表中的数据进行排序。

12.2.4 设计透视表样式与布局

在 Excel 2010 工作表中，用户可以对已经创建的数据透视表进行美化处理，如更改数据透视表布局和应用数据透视表样式等，下面将详细介绍设计透视表样式与布局的方法。

step 1 在【数据透视表列表】窗格中，把鼠标指针移动至准备移动的字段名称上，如图 12-17 所示。

step 2 单击并拖动鼠标至准备移动的目标位置，如图 12-18 所示。通过以上步骤即可完成移动法设置数据透视表布局的操作。

图 12-17

图 12-18

step 3 ① 选择【设计】选项卡，② 在【数据透视表样式】组中，单击【其他】下拉按钮，如图 12-19 所示。

step 4 展开数据透视表样式库，在其中选择准备应用到数据透视表的样式，如选择“数据透视表样式深色 20”，如图 12-20 所示。

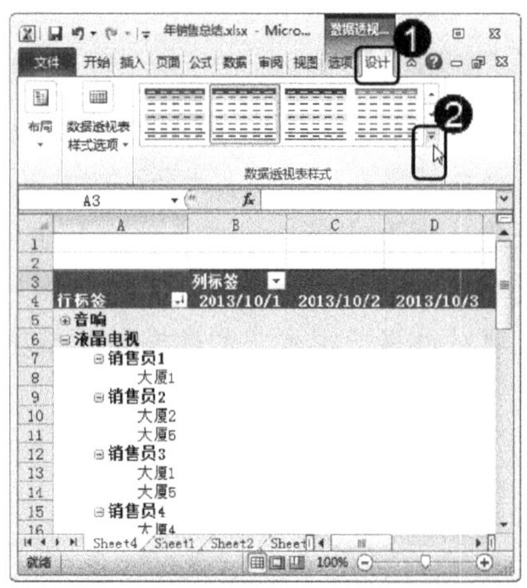

图 12-19

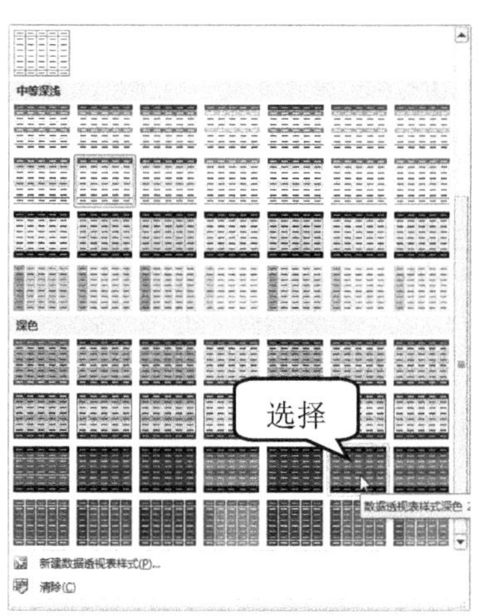

图 12-20

返回到工作表中，可以看到数据透视表已应用选择的样式，如图 12-21 所示。通过以上步骤即可完成应用数据透视表的操作。

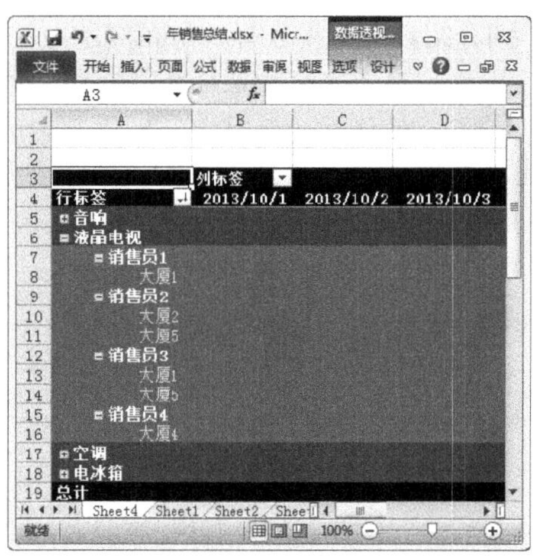

图 12-21

选择【设计】选项卡，在【数据透视表样式】组中，单击【其他】下拉按钮，在展开的列表框中选择【新建数据透视表样式】选项，然后会弹出【新建数据透视表快速样式】对话框，用户可以在其中进行自定义设置数据透视表的样式。

请您根据上述方法设计自己喜欢的透视表样式与布局，测试一下您学习的效果。

12.3 切片器的使用

切片器是 Excel 2010 中的新增功能，它提供了一种可视性极强的筛选方法以筛选数据透视表中的数据。一旦插入切片器，用户即可使用多个按钮对数据进行快速分段和筛选。本节将详细介绍切片器的相关知识。

12.3.1 插入切片器并进行筛选

在 Excel 2010 中，用户可以使用切片器来筛选数据。单击切片器提供的按钮就可以直接筛选数据透视表中的数据，下面将详细介绍插入切片器并进行筛选的操作方法。

step 1 ① 选择【选项】选项卡，② 在【排序和筛选】组中单击【插入切片器】按钮，如图 12-22 所示。

图 12-22

step 2 弹出【插入切片器】对话框，① 依次选择所有字段，表示对数据透视表所有相关联的字段进行分析，② 单击【确定】按钮，如图 12-23 所示。

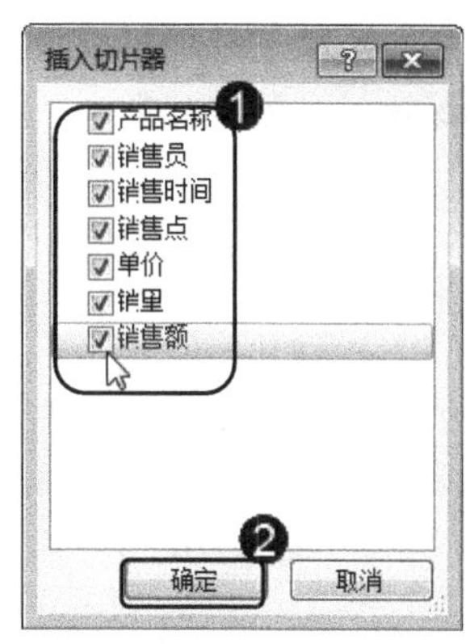

图 12-23

step 3 经过前面的操作后，此时可以看到数据透视表中插入与所选字段相关联的切片器，如图 12-24 所示。

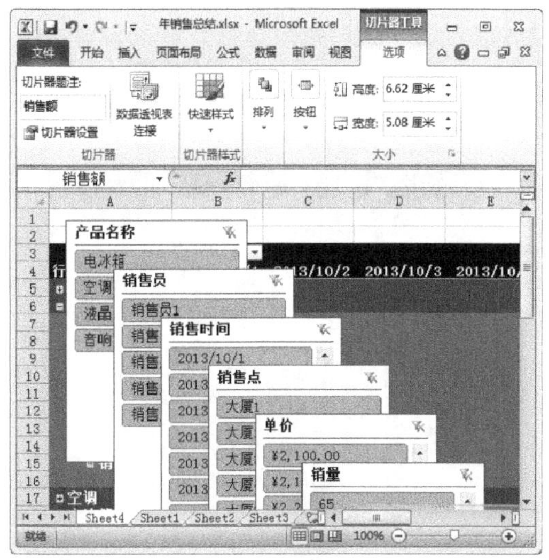

图 12-24

step 4 在切片器中单击需要筛选的字段，如单击“产品名称”切片器中的“电冰箱”，如图 12-25 所示。

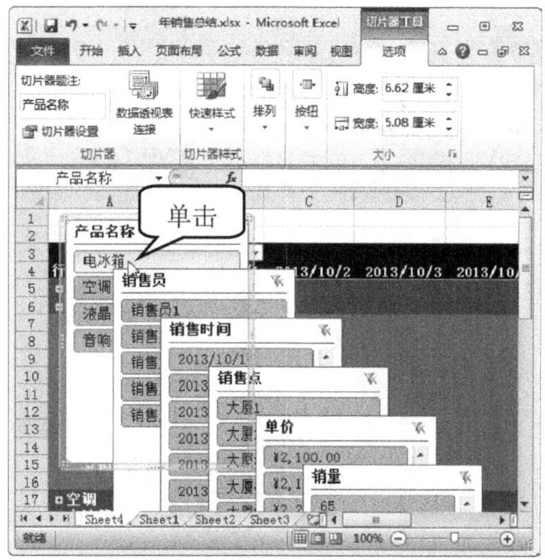

图 12-25

step 5 经过上一步的操作后，此时数据透视表中的数据已经进行了筛选，只显示“产品名称”为“电冰箱”的相关记录，如图 12-26 所示。

图 12-26

step 6 在筛选数据后，切片器右上角的【清除筛选器】按钮呈可用状态，单击该按钮，即可清除对该字段的筛选，如图 12-27 所示。

图 12-27

12.3.2 更改切片器位置

如果切片器在数据透视表上方可能会影响对数据的分析，此时可以更改切片器的位置，下面将详细介绍更改切片器位置的操作方法。

step 1 将鼠标指针移动至切片器边框位置，并按住鼠标左键进行拖动，如图 12-28 所示。

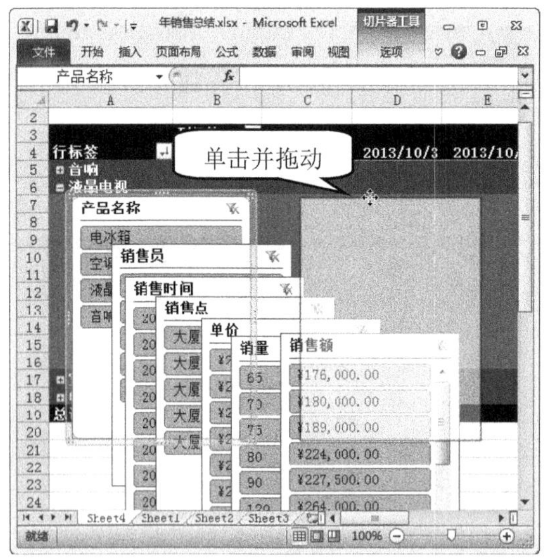

图 12-28

step 2 拖动至合适的位置后释放鼠标即可更改其位置，如图 12-29 所示。

图 12-29

12.3.3 重新排列切片器

切片器以层叠的方式显示在数据透视表中，为了更方便地查看切片器中的按钮以执行筛选操作，用户可以重新排列切片器，下面将详细介绍重新排列切片器的操作方法。

step 1 ① 选择需要放置到底层的“销售额”切片器，② 单击【排列】组中的【下移一层】下拉按钮，③ 选择【置于底层】选项，如图 12-30 所示。

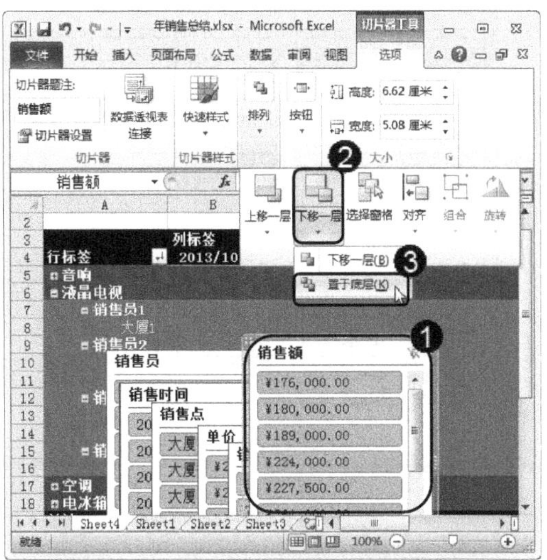

图 12-30

step 2 经过上一步的操作后，此时可以看到所选择的切片器已经置于底层显示，如图 12-31 所示。

图 12-31

step 3 ① 选择需要对齐的切片器，② 单击【排列】组中的【对齐】按钮，③ 在展开的下拉列表框中选择【顶端对齐】选项，如图 12-32 所示。

图 12-32

step 4 经过上一步的操作后，此时可以看到所选择的切片器已经顶端对齐显示，如图 12-33 所示。

图 12-33

12.3.4 应用切片器样式

Excel 2010 还为用户提供了切片器的样式，用户可以利用切片器样式快速地对切片器进行美化，下面将详细介绍应用切片器样式的操作方法。

step 1 ① 选择需要应用样式的切片器，② 选择【选项】选项卡，③ 单击【切片器样式】组中的【快速样式】按钮，如图 12-34 所示。

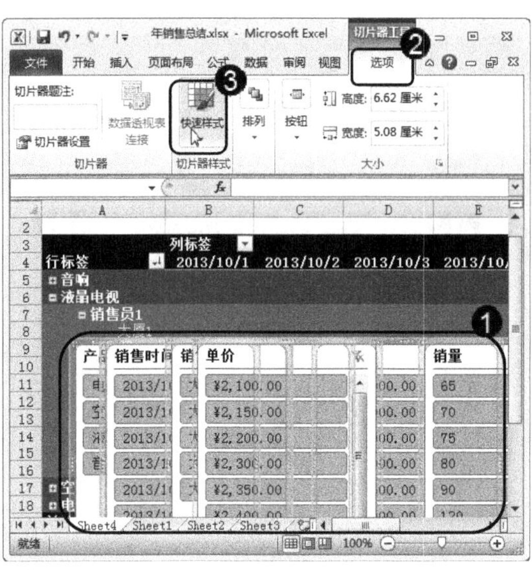

图 12-34

step 2 在展开的【样式】库中选择准备应用的样式，如选择【切片器样式深色 1】样式，如图 12-35 所示。

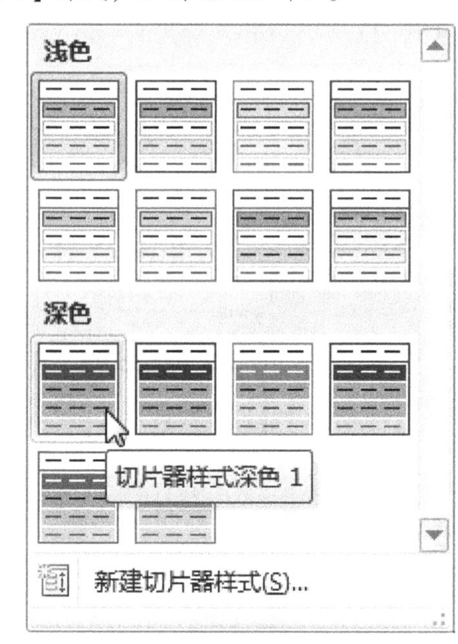

图 12-35

step 3 通过以上步骤即可完成应用切片器样式的操作，如图 12-36 所示。

图 12-36

智慧锦囊

切片器中包含多个按钮，用户还可以对切片按钮进行设置。选择切片器后，然后选择【选项】选项卡，在【按钮】组中分别设置“列”、“高度”和“宽度”即可对切片器按钮进行设置。

考考您

请您根据上述方法插入切片器并设计一款您喜欢的样式，测试一下您的学习效果。

12.4 数据透视图的使用

数据透视图是另一种数据表现形式，与数据透视表不同的是它利用适当的图表和多种色彩来描述数据的特性，能够更加形象地体现数据情况。本节将详细介绍数据透视图的使用方法。

12.4.1 在数据透视表中插入数据透视图

数据透视图以图形的方式表示数据透视表中的数据，用户可以通过已经创建的数据透视表来创建数据透视图，下面将详细介绍在数据透视表中插入数据透视图的方法。

step 1 ① 单击数据透视表中任意单元格，② 选择【选项】选项卡，③ 单击【工具】组中的【数据透视图】按钮，如图 12-37 所示。

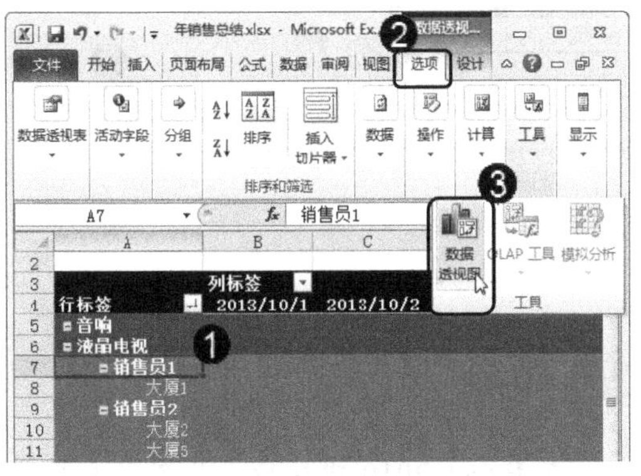

图 12-37

step 2 弹出【插入图表】对话框，① 选择【柱形图】选项，② 选择准备应用的图表类型，③ 单击【确定】按钮，如图 12-38 所示。

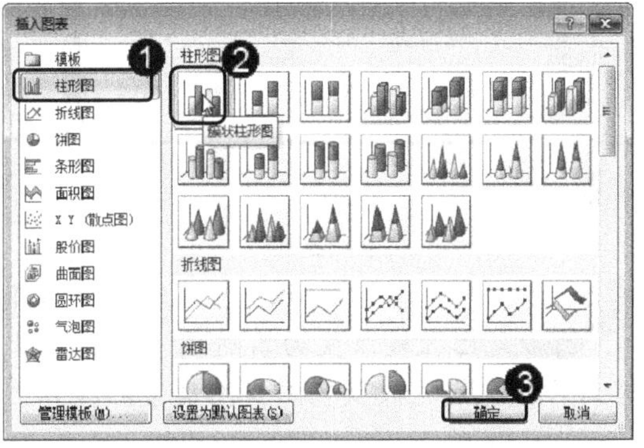

图 12-38

step 3 通过以上步骤即可完成在数据透视表中插入数据透视图的操作，如图 12-39 所示。

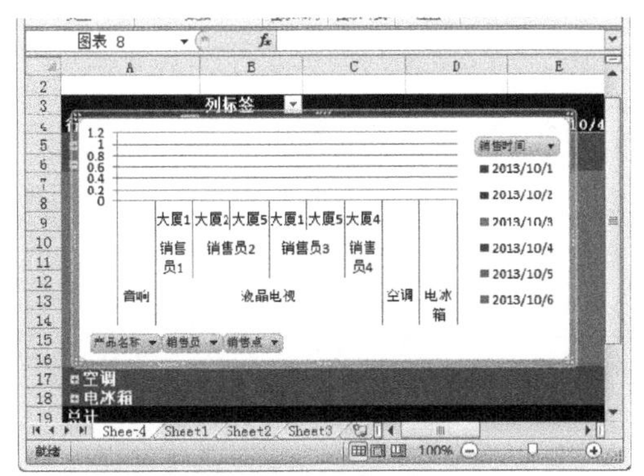

图 12-39

智慧锦囊

在 Excel 2010 中，用户可以使用除了散点图、汽泡图或股价图以外的任意图表类型来创建数据透视图。

12.4.2 更改数据透视图类型

对于创建好的数据透视图，若用户觉得图表的类型不能很好地满足其所表达的含义，此时可以重新更改图表的类型，下面将详细介绍更改数据透视图类型的操作方法。

step 1 ① 选中准备更改类型的数据透视图，② 选择【设计】选项卡，③ 在【类型】组中单击【更改图表类型】按钮，如图 12-40 所示。

图 12-40

step 2 弹出【更改图表类型】对话框，① 在【模板】列表框中选择准备使用的图表类型，② 在右侧的图表样式库中选择准备使用的样式，如选择"雷达图"样式，③ 单击【确定】按钮，如图 12-41 所示。

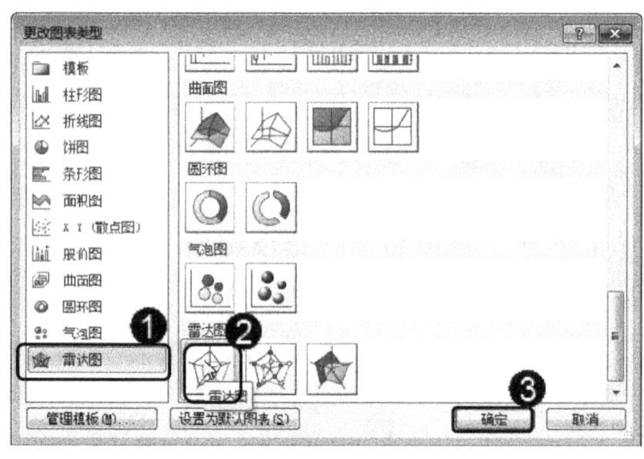

图 12-41

step 3 可以看到 Excel 表格中的柱形图已经被改变为雷达图。通过以上步骤即可完成更改数据透视图类型的操作，如图 12-42 所示。

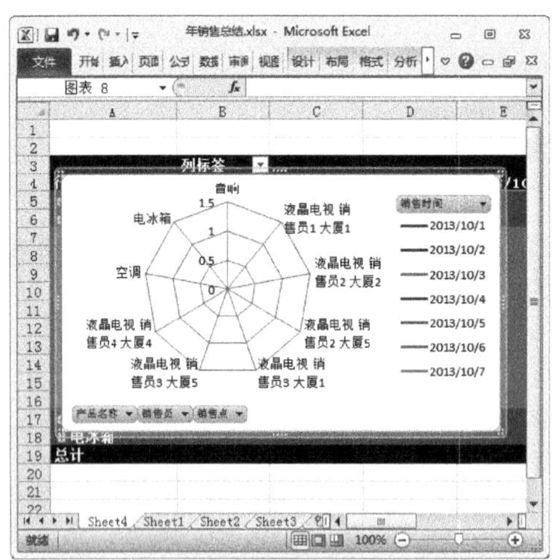

图 12-42

智慧锦囊

在 Excel 2010 中执行更改图表类型的操作时，应注意选择适合数据系列的图表类型，这样才能更加清晰直观地表现表格中的数据，便于在工作中对数据进行分析对比。

12.4.3 对透视图中的数据进行筛选

在创建完毕的数据透视图中包含了很多筛选器，利用这些筛选器可以筛选不同的字段，从而在数据透视图中显示不同的数据效果，下面将介绍对透视图中的数据进行筛选的方法。

step 1 ① 选中准备筛选数据的下拉按钮，如“产品名称”，② 在弹出的【下拉列表】中选择【值筛选】选项，③ 选择【大于】选项，如图 12-43 所示。

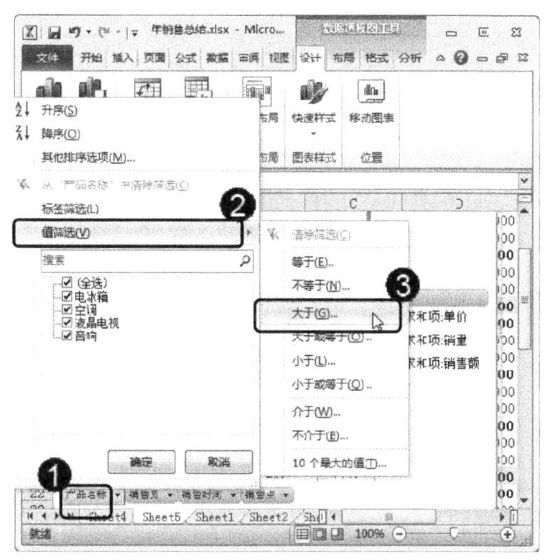

图 12-43

step 2 弹出【值筛选(产品名称)】对话框，① 在文本框中输入准备筛选的数值，如“10 000”，② 单击【确定】按钮，如图 12-44 所示。

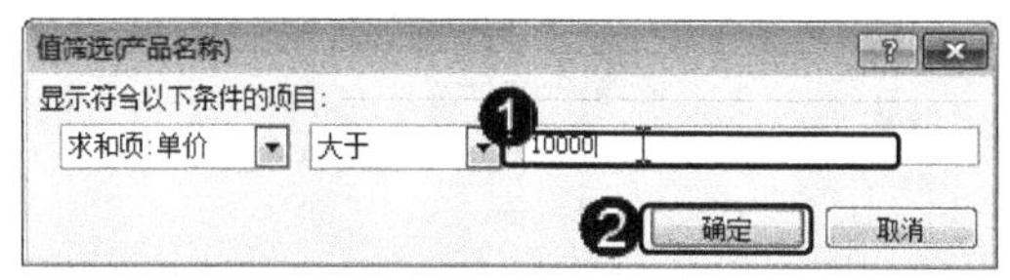

图 12-44

step 3 返回到工作表中可以看到已经筛选数据后的图表。通过以上步骤即可完成对透视图中的数据进行筛选的操作，如图 12-45 所示。

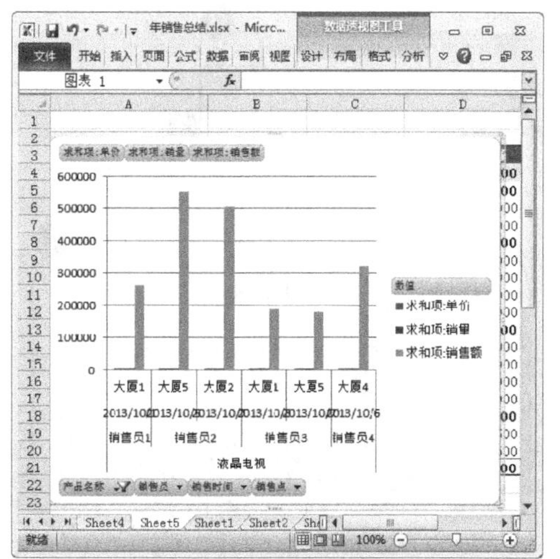

图 12-45

智慧锦囊

在 Excel 2010 中，如果想删除数据透视图中的所有筛选、标签、值和格式，并重新设置数据透视图，可以依次选择【分析】→【清除】→【全部清除】选项，如图 12-46 所示。

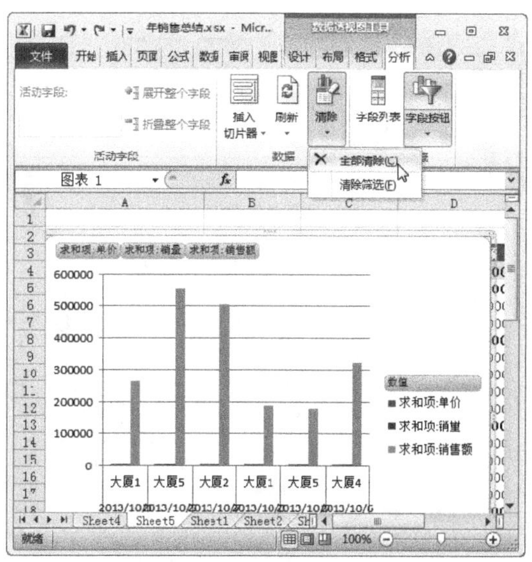

图 12-46

12.4.4 美化数据透视图

在 Excel 2010 工作表中，用户可以对已经创建的数据透视表进行美化处理，如更改数据透视表布局和应用数据透视表样式等，下面将详细介绍美化数据透视图的方法。

step 1 ① 单击已创建的数据透视图，② 选择【设计】选项卡，③ 在【图表布局】组中，单击【快速布局】按钮，如图 12-47 所示。

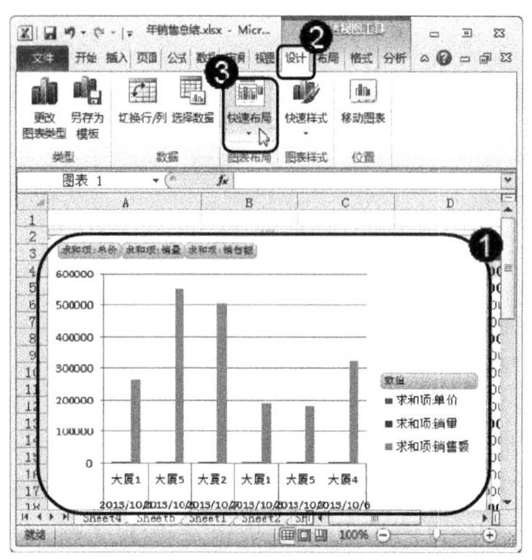

图 12-47

弹出【快速布局】库，在其中选择准备套用的布局样式，如选择“布局 2”样式，如图 12-48 所示。

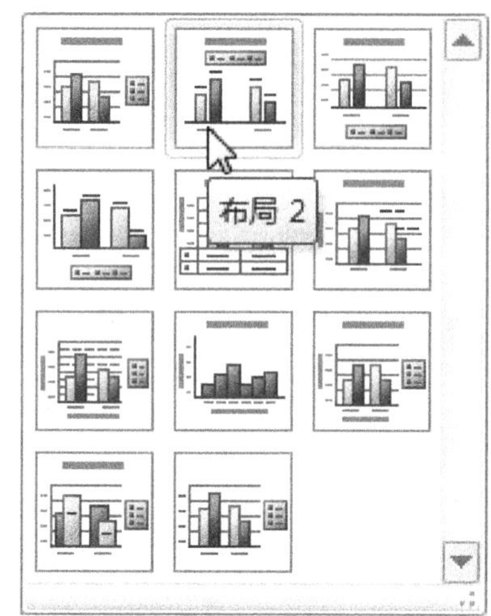

图 12-48

step 3 通过以上步骤即可完成在 Excel 2010 工作表中，设置数据透视图布局的操作，如图 12-49 所示。

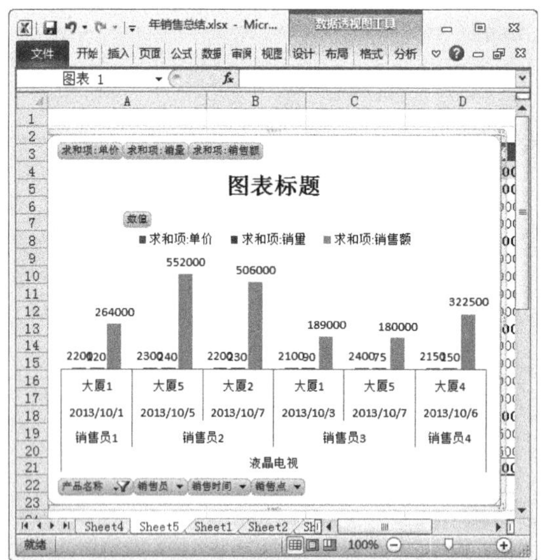

图 12-49

step 4 ① 单击已创建的数据透视图，② 选择【设计】选项卡，③ 在【图表样式】组中，单击【快速样式】按钮，如图 12-50 所示。

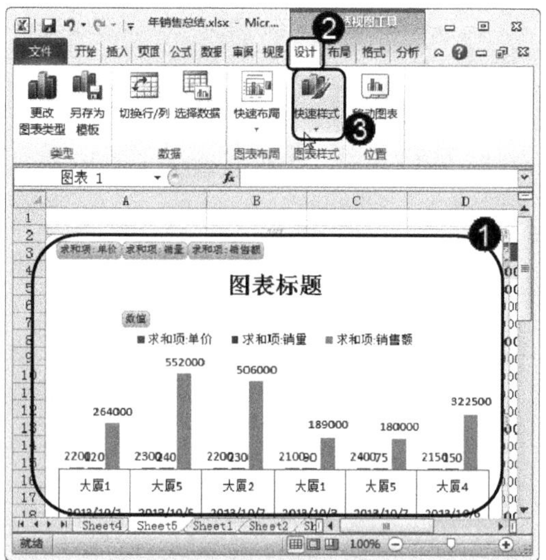

图 12-50

step 5 弹出【快速样式】库，在其中选择准备套用的图表样式，如选择“样式 42”样式，如图 12-51 所示。

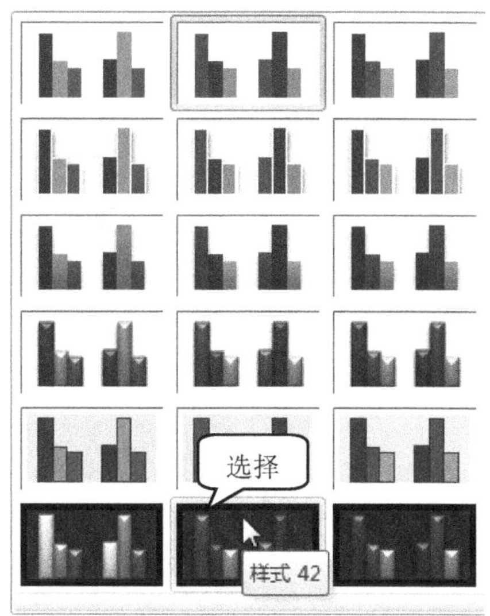

图 12-51

step 6 通过以上步骤即可完成在 Excel 2010 工作表中，美化数据透视图的操作，效果如图 12-52 所示。

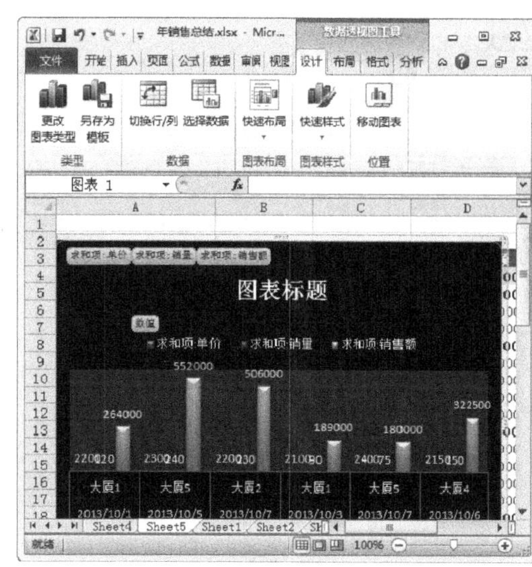

图 12-52

12.5　范例应用与上机操作

通过本章的学习，读者基本可以学会数据透视表与数据透视图的使用的基本知识，以及一些常见的操作方法。下面通过练习操作 2 个实践案例，以达到巩固学习、拓展提高的目的。

12.5.1　分析采购清单

下面将通过一个实例，创建“采购清单”的数据透视图，使用户能够对本章知识点有一个连贯性的认识。

素材文件 第 12 章\素材文件\采购清单.xlsx

效果文件 第 12 章\效果文件\透视分析采购清单.xlsx

step 1 打开素材文件“采购清单.xlsx”，① 选择 A4 单元格，② 选择【插入】选项卡，③ 单击【表格】组中的【数据透视表】下拉按钮，④ 在弹出的下拉列表框中选择【数据透视图】选项，如图 12-53 所示。

step 2 弹出【创建数据透视表及数据透视图】对话框。保持默认设置，直接单击【确定】按钮，如图 12-54 所示。

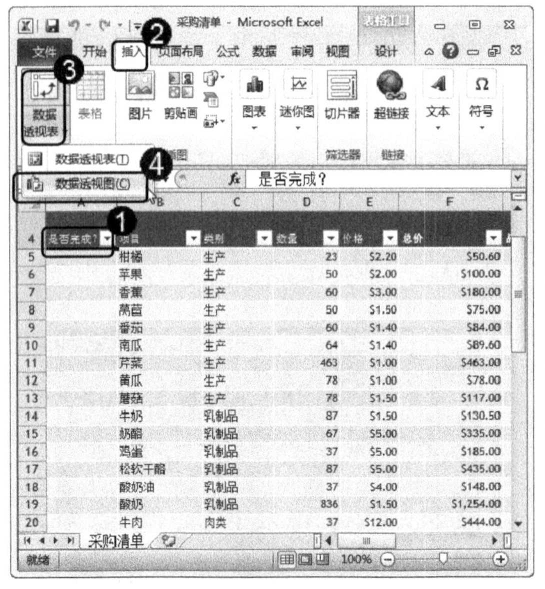

图 12-53

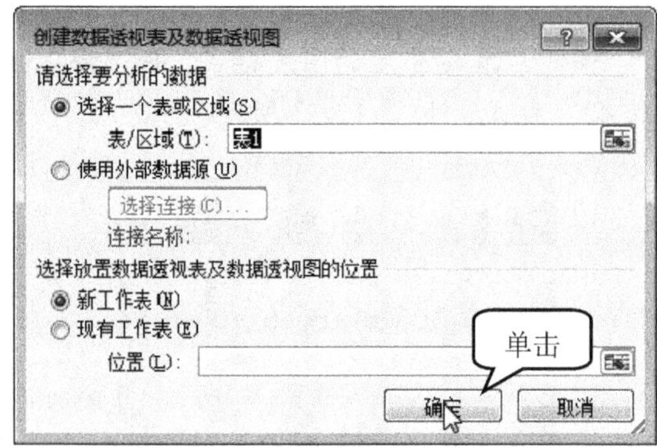

图 12-54

step 3 此时系统会自动创建一个工作表，并弹出【数据透视表字段列表】窗格，在【选择要添加到报表的字段】列表框中勾选【项目】、【类别】、【数量】、【价格】和【总价】复选框，如图 12-55 所示。

图 12-55

step 4 ① 单击轴字段(分类)组中的【类别】选项，② 在展开的下拉菜单中选择【移动到报表筛选】选项，如图 12-56 所示。

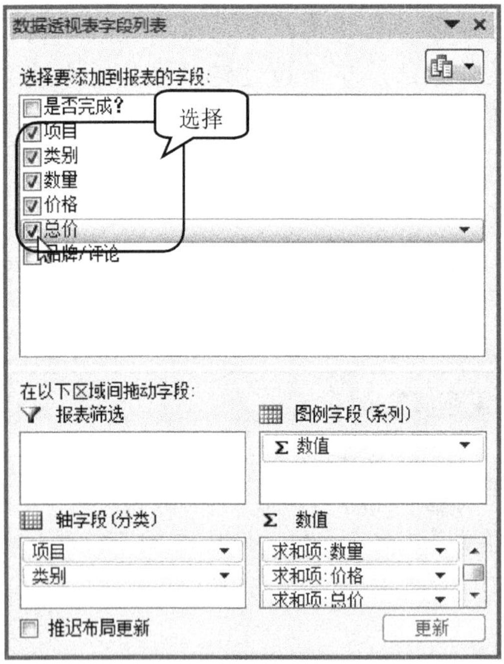

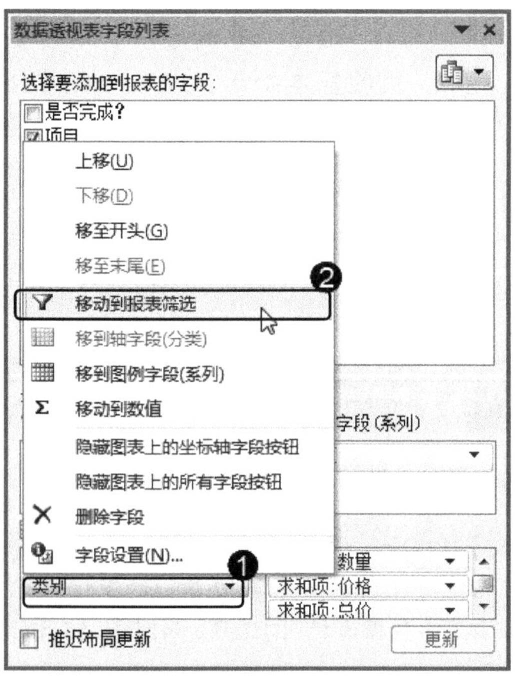

图 12-56

step 5 ① 单击【∑数值】组中的【求和项：价格】选项，② 在展开的下拉菜单中选择【值字段设置】选项，如图 12-57 所示。

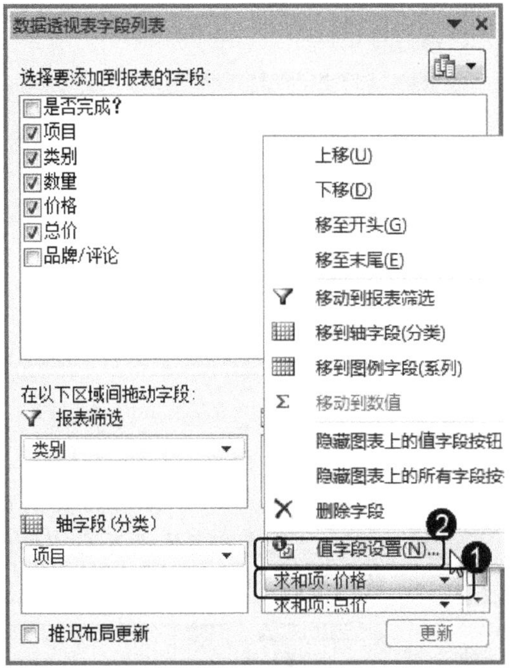

图 12-57

step 6 弹出【值字段设置】对话框，① 选择【值显示方式】选项卡，② 在【值显示方式】下拉列表中选择“全部汇总百分比”方式，③ 单击【确定】按钮，如图 12-58 所示。

图 12-58

step 7 返回到工作表中，创建的数据透视图效果，如图 12-59 所示。

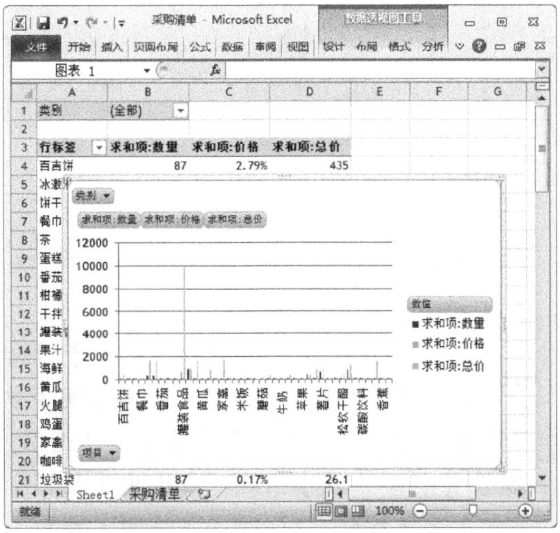

图 12-59

step 8 ① 选择【设计】选项卡，② 在【类型】选项组中单击【更改该图表类型】按钮，如图 12-60 所示。

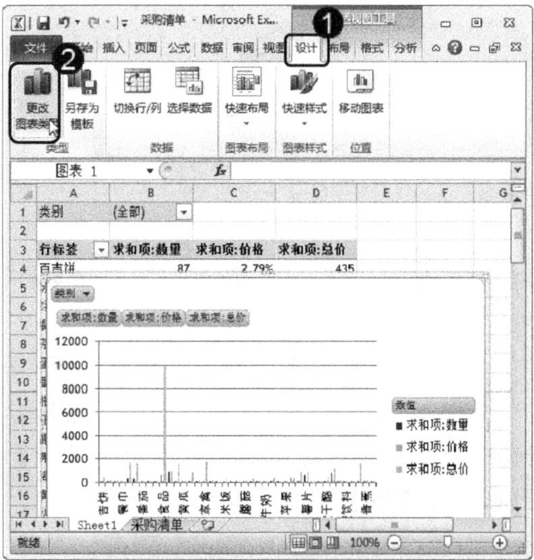

图 12-60

step 9 弹出【更改图表类型】对话框，① 重新选择图表类型，这里选择“饼图”类型，② 单击【确定】按钮，如图 12-61 所示。

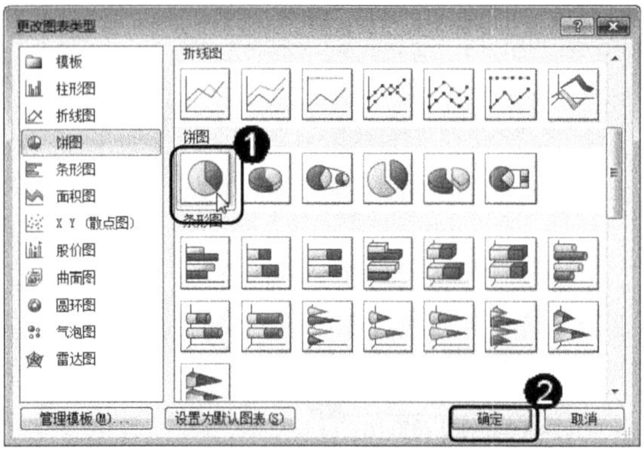

图 12-61

step 11 将图表标题占位符向上移动，移动至右上角，如图 12-63 所示。

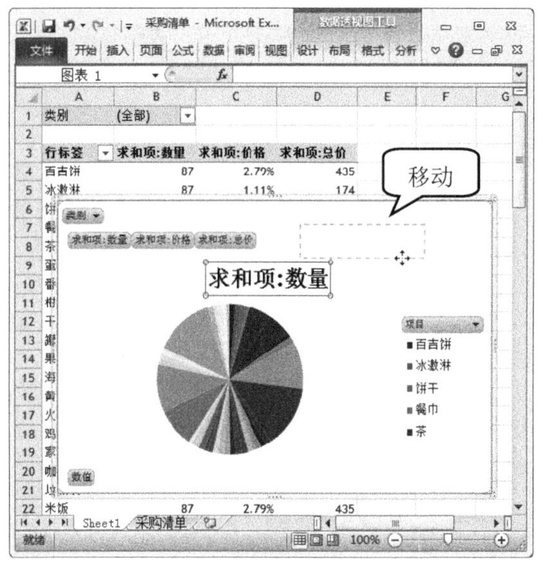

图 12-63

step 13 ① 选择【布局】选项卡，② 单击【标签】选项组中的【数据标签】按钮，③ 在弹出的下拉列表框中选择【其他数据标签选项】选项，如图 12-65 所示。

step 10 返回到工作表中，可以看到图表类型已被更改为饼图后的效果，如图 12-62 所示。

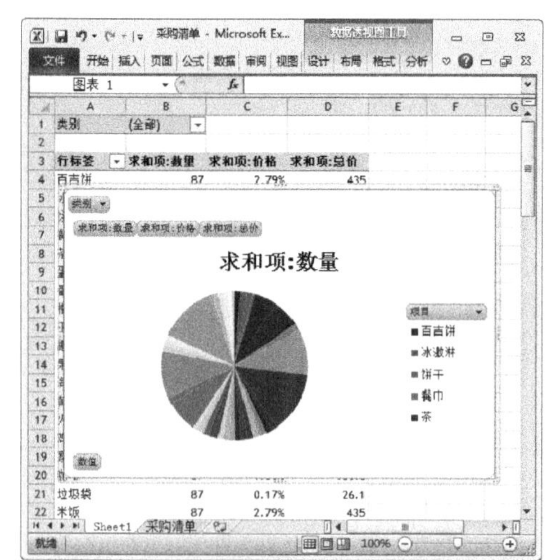

图 12-62

step 12 输入图表标题“各物品采购比例”，并将其字体设置为“华文隶书”，效果如图 12-64 所示。

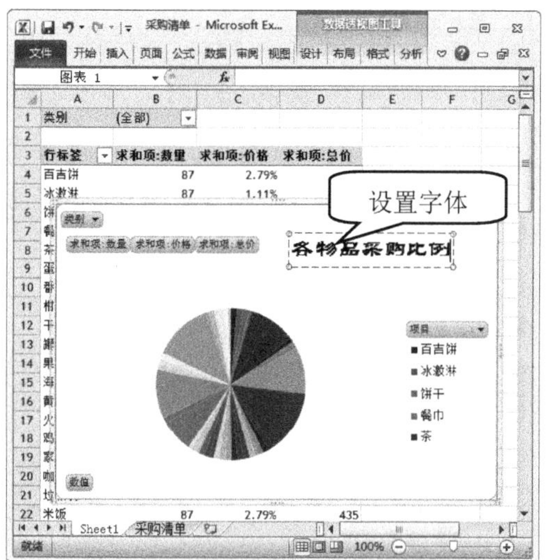

图 12-64

step 14 弹出【设置数据标签格式】对话框，① 在【标签选项】选项卡中勾选【百分比】和【显示引导线】复选框，② 在【标签位置】区域下方选中【数据标签外】单选按钮，③ 单击【关闭】按钮，如图 12-66 所示。

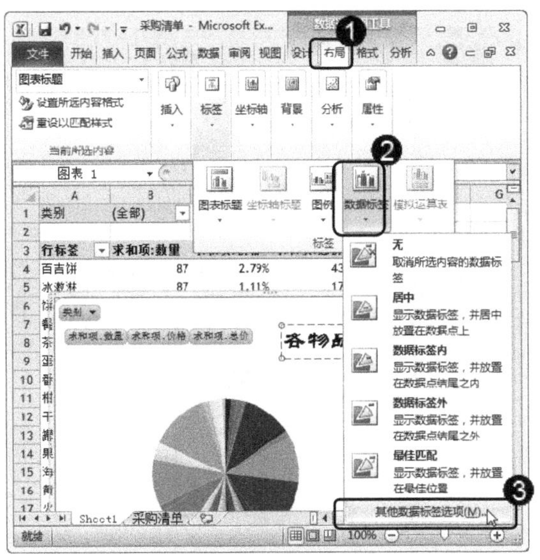

图 12-65

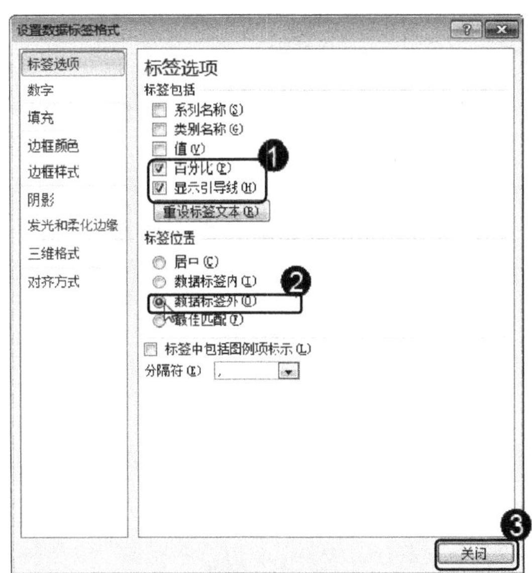

图 12-66

step 15 返回到工作表中，此时数据透视图中显示了各物品采购所占的比例，如图 12-67 所示。

step 16 ① 选择图表区，② 选择【格式】选项卡，③ 单击【形状填充】下拉按钮，如图 12-68 所示。

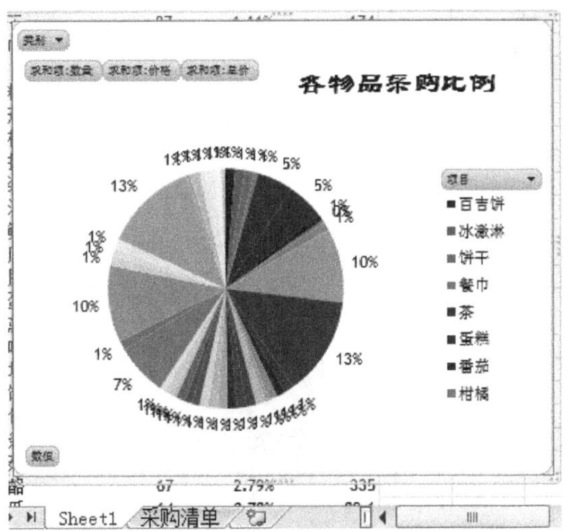

图 12-67

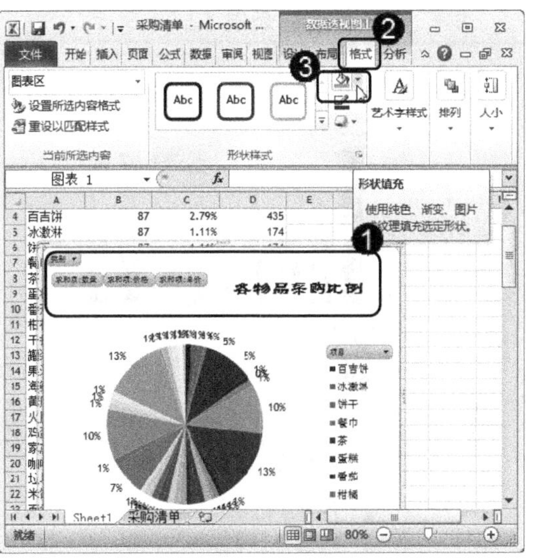

图 12-68

step 17 在展开的下拉列表框中选择【橙色】小色块，如图 12-69 所示。

step 18 ① 选择数据标签区，② 单击【形状填充】下拉按钮，如图 12-70 所示。

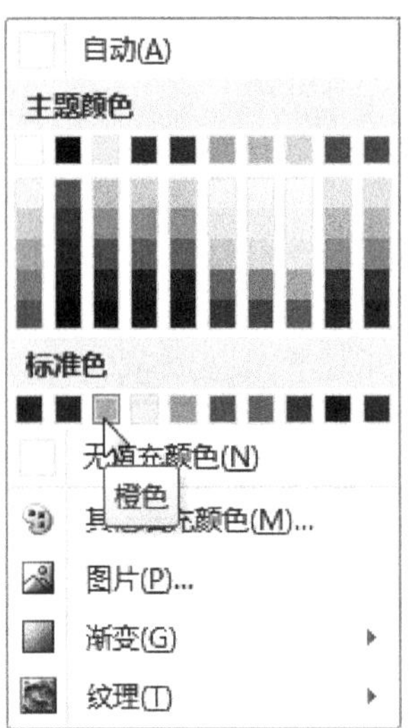

图 12-69

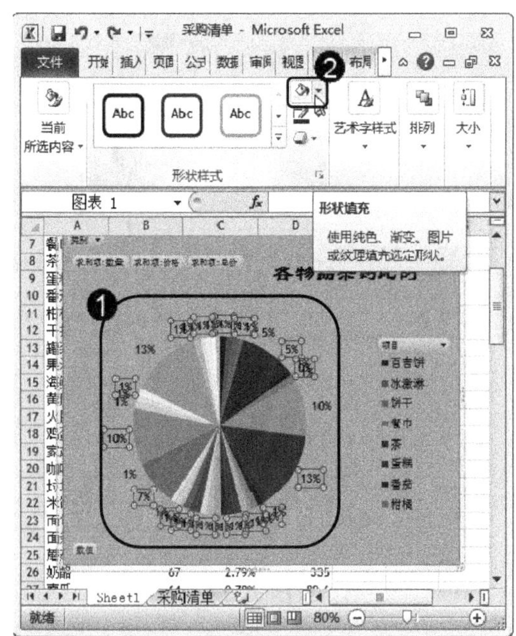

图 12-70

在展开的下拉列表框中选择【黄色】小色块，如图 12-71 所示。

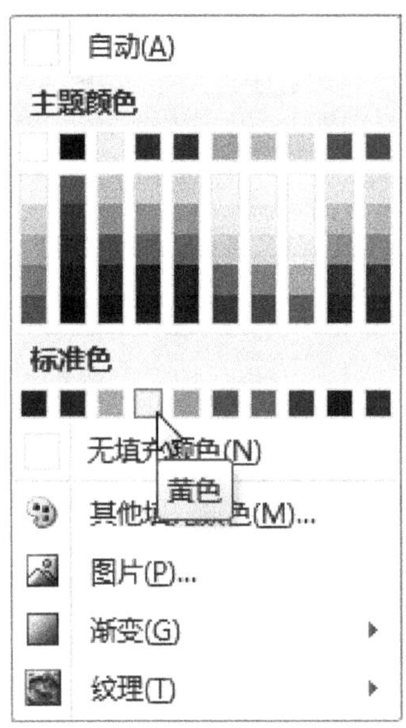

图 12-71

填充完图表区和数据标签区后，得到的数据透视图效果，如图 12-72 所示。

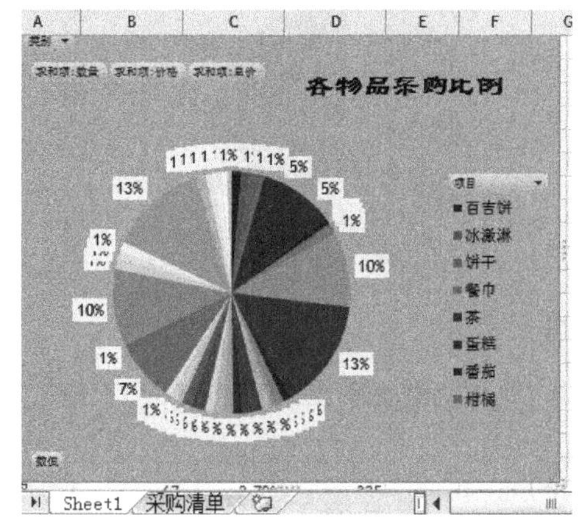

图 12-72

① 单击数据透视图中【类别】字段右侧的下拉按钮，② 在展开的下拉列表框中勾选【小吃】和【饮品】复选框，③ 单击【确定】按钮，如图 12-73 所示。

此时，在数据透视图中只显示出了“小吃”和“饮品”的采购比例，如图 12-74 所示。

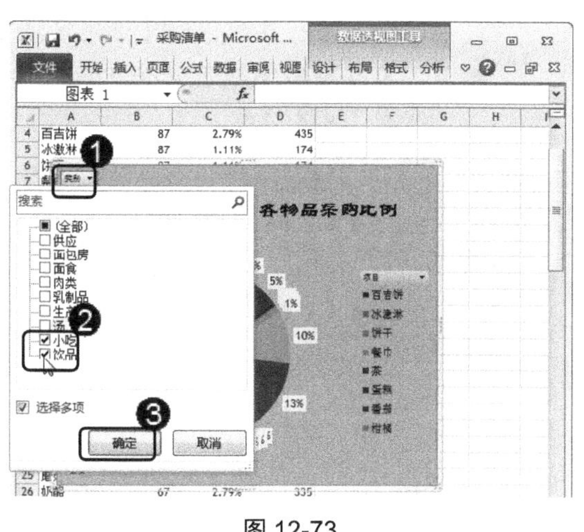

图 12-73

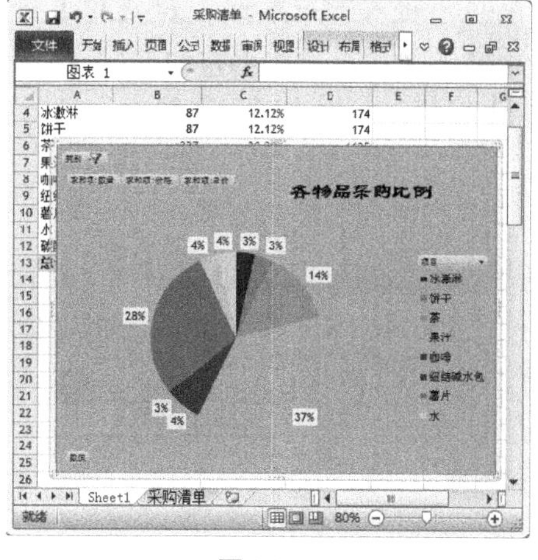

图 12-74

12.5.2　使用多个表创建数据透视表

在使用 Excel 2010 时，有时为了需要用户还可以利用多个表创建数据透视表，从而便于将多个表中的数据集中分析处理，本例将使用“出库表”和“材料总账”这两个表中的数据，创建一个数据透视表，下面将详细介绍其操作方法。

素材文件 第 12 章\素材文件\入库与出库表.xlsx

效果文件 第 12 章\效果文件\多个表创建数据透视表.xlsx

step 1　打开素材文件“入库与出库表.xlsx”，按下键盘上的 Alt+D 快捷键，即可在功能区上方弹出，如图 12-75 所示。

图 12-75

step 2　接着按下键盘上的 P 键即可弹出【数据透视表和数据透视图向导】对话框，① 在【请指定待分析数据的数据源类型】选项区域中选中【多重合并计算数据区域】单选按钮，② 单击【下一步】按钮，如图 12-76 所示。

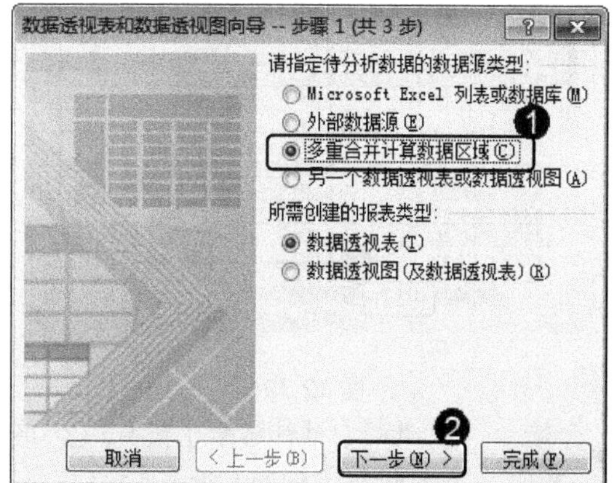

图 12-76

step 3 进入下一界面，① 选中【创建单页字段】单选按钮，② 单击【下一步】按钮，如图 12-77 所示。

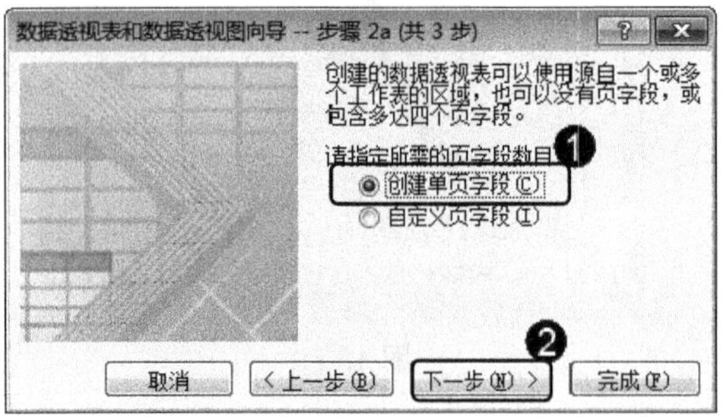

图 12-77

step 4 进入下一界面，单击【选定区域】文本框右侧的折叠按钮，如图 12-78 所示。

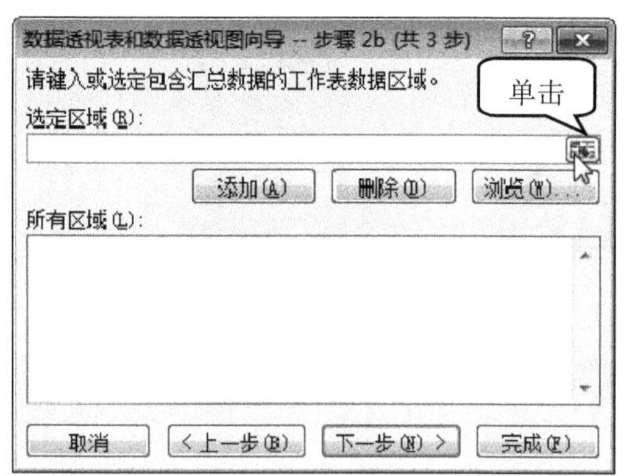

图 12-78

step 5 ① 选择【出库表】表单，② 然后在表中选择数据源，③ 单击对话框右侧的【展开】按钮，如图 12-79 所示。

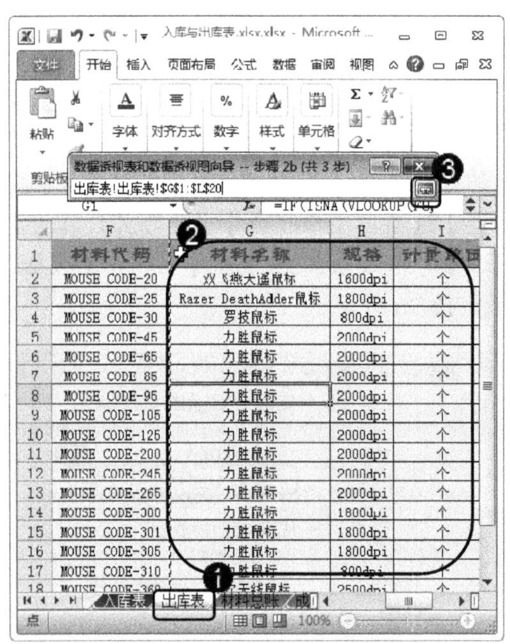

图 12-79

step 6 返回对话框，单击【添加】按钮，将选中的数据区域添加到【所有区域】列表框中，如图 12-80 所示。

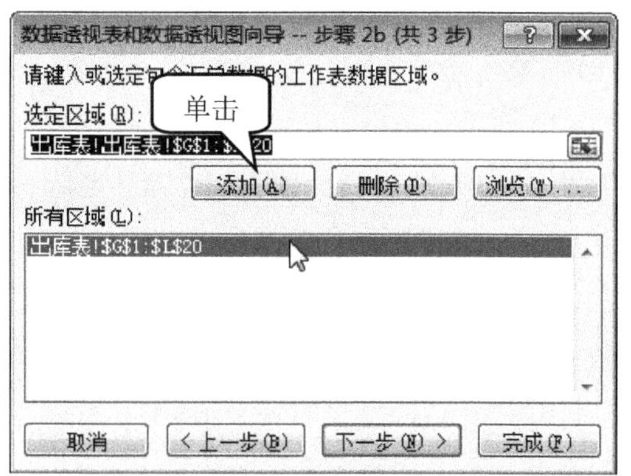

图 12-80

step 7 ① 选择【材料总账】表单，② 单击对话框右侧的【折叠】按钮，如图 12-81 所示。

step 8 进入【材料总账】工作表，① 在其中选择需要的数据源，② 单击【展开】按钮，如图 12-82 所示。

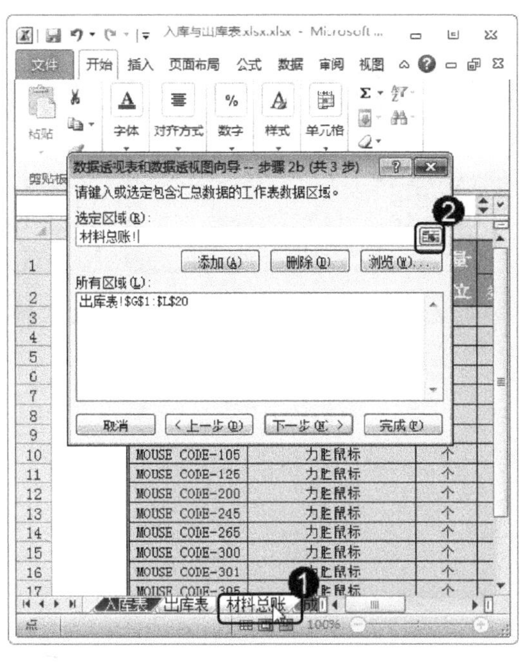

图 12-81

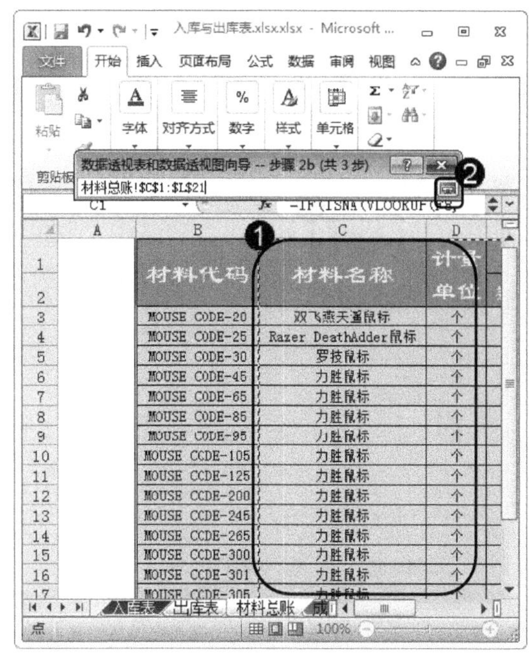

图 12-82

step 9 返回到对话框中，① 单击【添加】按钮，将选中的数据区域添加到【所有区域】列表框中，② 单击【下一步】按钮，如图 12-83 所示。

step 10 进入下一界面，① 选中【新工作表】单选按钮，② 单击【完成】按钮，如图 12-84 所示。

数据透视表和数据透视图向导 -- 步骤 2b (共 3 步)
请键入或选定包含汇总数据的工作表数据区域。
选定区域(R):
材料总账!$C$1:$L$21
添加(A) 删除(D) 浏览(W)...
所有区域(L):
材料总账!$C$1:$L$21
出库表!$G$1:$L$20
取消 < 上一步(B) 下一步(N) > 完成(F)

图 12-83

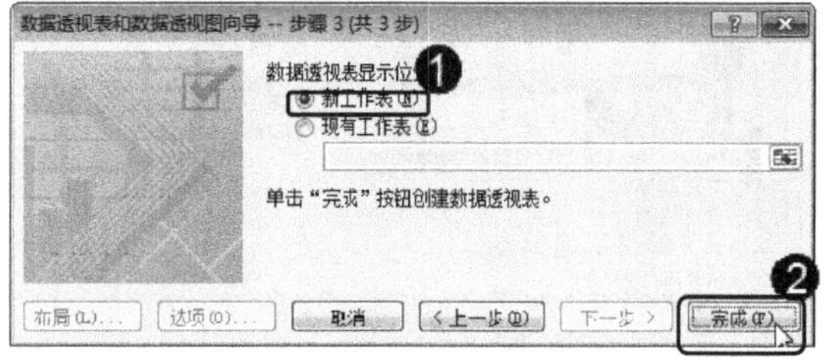

图 12-84

step 11 这样即可在新工作表中创建数据透视表，① 单击【列标签】字段右侧下拉按钮，② 在弹出的列表框中取消选择重复的字段和不需要显示的字段，③ 单击【确定】按钮，如图 12-85 所示。

step 12 得到的数据透视表的效果，如图 12-86 所示。

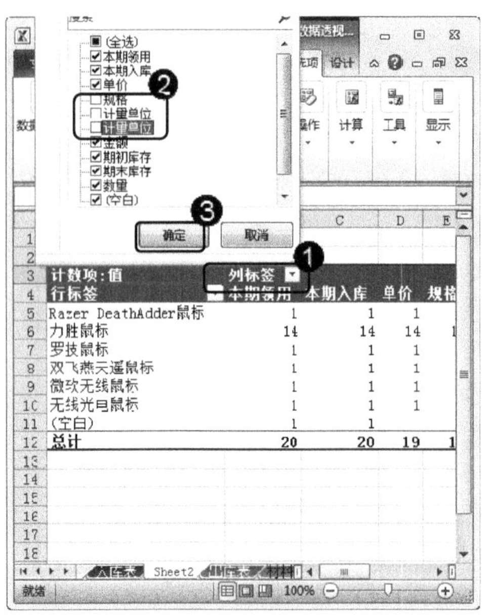

图 12-85

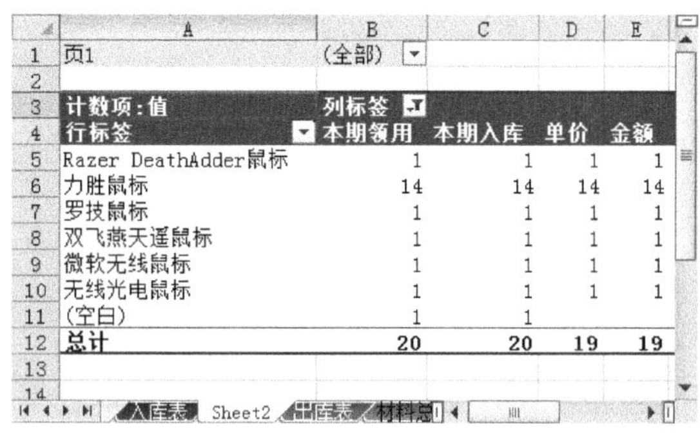

图 12-86

step 13 ① 使用鼠标右击【计数项：值】单元格，② 在弹出的下拉列表框中选择【值字段设置】选项，如图 12-87 所示。

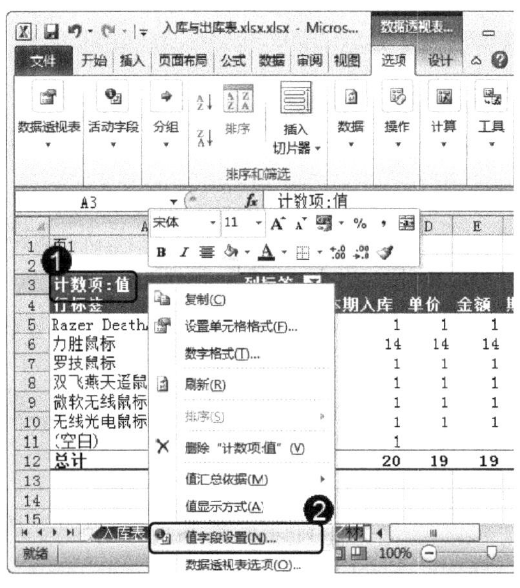

图 12-87

step 14 弹出【值字段设置】对话框，① 选择【值汇总方式】选项卡，② 在【值字段汇总方式】区域下方选择【求和】选项，③ 单击【确定】按钮，如图 12-88 所示。

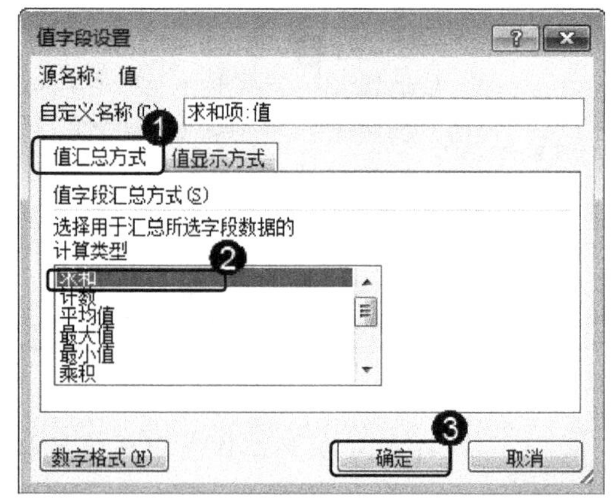

图 12-88

step 15 通过以上操作步骤即可完成使用多个表格创建数据透视表的操作，本例的最终效果如图 12-89 所示。

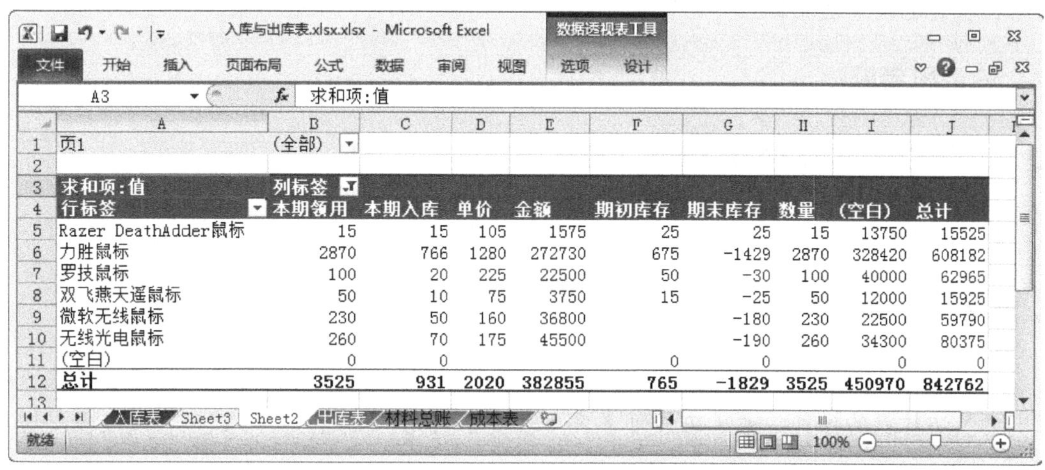

	A	B	C	D	E	F	G	H	I	J
1	页1	(全部)								
2										
3	求和项:值	列标签								
4	行标签	本期领用	本期入库	单价	金额	期初库存	期末库存	数量	(空白)	总计
5	Razer DeathAdder鼠标	15	15	105	1575	25	25	15	13750	15525
6	力胜鼠标	2870	766	1280	272730	675	-1429	2870	328420	608182
7	罗技鼠标	100	20	225	22500	50	-30	100	40000	62965
8	双飞燕天遥鼠标	50	10	75	3750	15	-25	50	12000	15925
9	微软无线鼠标	230	50	160	36800		-180	230	22500	59790
10	无线光电鼠标	260	70	175	45500		-190	260	34300	80375
11	(空白)	0	0			0	0		0	0
12	总计	3525	931	2020	382855	765	-1829	3525	450970	842762

图 12-89

12.6 课后练习

12.6.1 思考与练习

一、填空题

1. “数据透视表字段列表”窗格分为上下两个区域：上方的字段区域显示了数据透视表中可以________的字段，下方的 4 个布局用于_______________的字段。

2. _______是 Excel 2010 中新增功能，它提供了一种可视性极强的筛选方法以筛选数据透视表中的数据。一旦插入切片器，用户即可使用多个_____对数据进行快速分段和筛选。

3. 在创建完毕的数据透视图中包含了很多_______，利用这些筛选器可以筛选不同的字段，从而在数据透视图中显示_____的数据效果。

二、判断题

1. 制作好用于创建数据透视表的源数据后，就可以使用数据透视表向导创建数据透视表了。 (　　)

2. 在 Excel 2010 中，创建的默认数据透视表是没有数据的。用户可以将“数据透视表字段列表”窗格中的字段添加到数据透视表。 (　　)

3. 数据透视图是另一种数据表现形式，与数据透视表相同的是它利用适当的图表和多种色彩来描述数据的特性，能够更加形象地体现数据情况。 (　　)

4. 数据透视图以图形的方式表示数据透视表中的数据，用户可以通过已经创建的数据

透视表来创建数据透视图。 ( )

三、思考题

1. 如何对透视表中的数据进行排序?
2. 如何筛选数据透视表中的数据?
3. 如何更改切片器位置?

12.6.2 上机操作

1. 打开“配套素材\第 12 章\素材文件\数据透视图.xlsx”素材文件，练习在数据透视图中插入切片器的操作。效果文件可参考“配套素材\第 12 章\效果文件\数据透视图切片器.xlsx”。

2. 打开“配套素材\第 12 章\素材文件\数据透视图.xlsx”素材文件，练习利用数据透视表创建标准图表。效果文件可参考“配套素材\第 12 章\效果文件\标准图表.xlsx”。

第13章

数据分析与处理

本章主要介绍数据排序以及数据筛选方面的知识与技巧，同时还讲解了分级显示数据和使用条件格式分析数据的知识与技巧，在本章最后还介绍了如何使用数据工具。通过本章的学习，读者可以掌握数据分析与处理方面的知识，为深入学习 Office 2010 知识奠定基础。

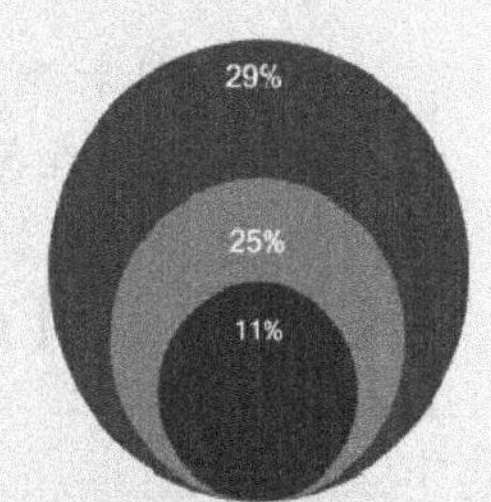

1. 数据排序
2. 数据筛选
3. 分级显示数据
4. 使用条件格式分析数据
5. 使用数据工具

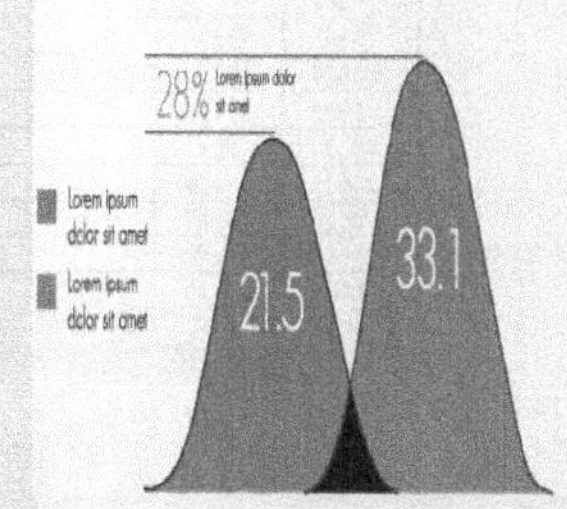

 13.1 数据排序

数据排序是指针对一列或者多列中的数据，例如文本、数字或者日期，按照一定的规则进行排序，如升序或者降序等。本节将详细介绍数据排序方面的知识。

13.1.1 简单的升序与降序

在 Excel 工作表中，升序与降序是最常见的数据排序方式，下面详细介绍升序与降序的具体操作方法。

1. 升序

升序排序可以将凌乱的数据排列，按照由小到大的顺序进行排列以方便用户查看数据，下面介绍设置升序排序的具体操作方法。

素材文件：无

效果文件：第13章\效果文件\学生成绩单.xlsx

step 1 ① 打开“学生成绩单.xls”文件，选择准备升序排序的列，例如 A 列，② 选择【数据】选项卡，③ 单击【排序和筛选】组中【升序】按钮，如图 13-1 所示。

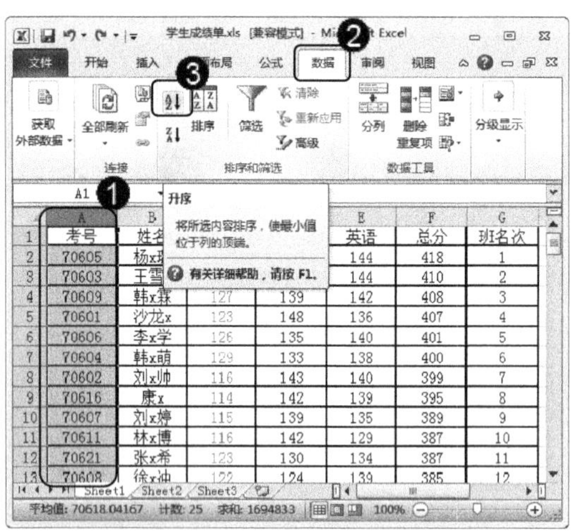

图 13-1

step 2 ① 弹出【排序提醒】对话框，选中【扩展选定区域】单选按钮，② 单击【排序】按钮，如图 13-2 所示。

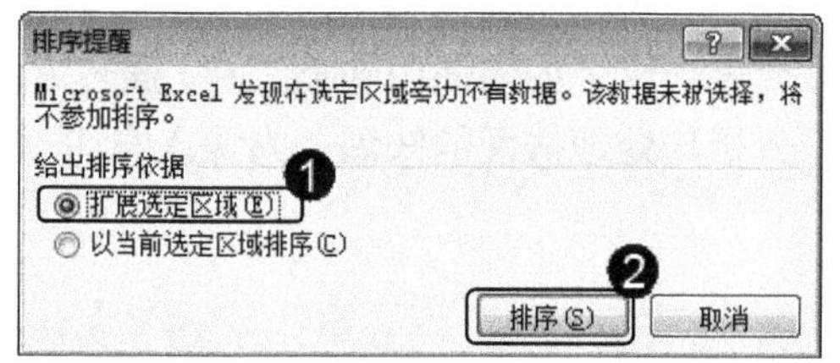

图 13-2

step 3 可以看到 A 列的数据已经按照升序排列，如图 13-3 所示。

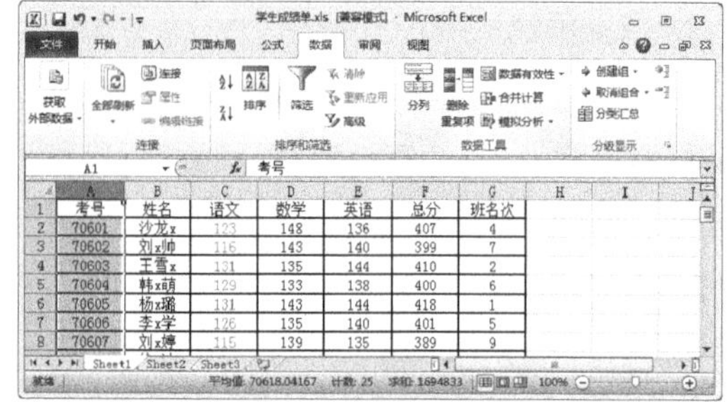

图 13-3

2. 降序

降序排序是与升序排序相反的排序方式，降序排序是按照由大到小的方式排序，下面以查看英语成绩为例，详细介绍降序排序的方法。

素材文件 无

效果文件 第13章\效果文件\学生成绩单.xlsx

step 1 ① 打开“学生成绩单.xls”文件，选择准备降序排序的列，例如E列，② 选择【数据】选项卡，③ 单击【排序和筛选】组中【降序】按钮，如图13-4所示。

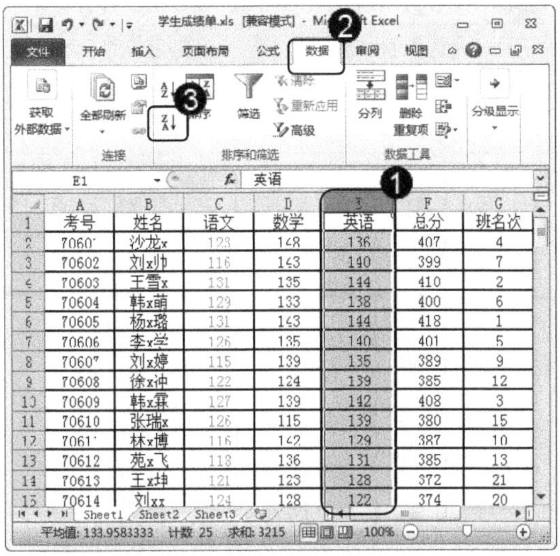

图 13-4

step 2 ① 弹出【排序提醒】对话框，选中【扩展选定区域】单选按钮，② 单击【排序】按钮，如图13-5所示。

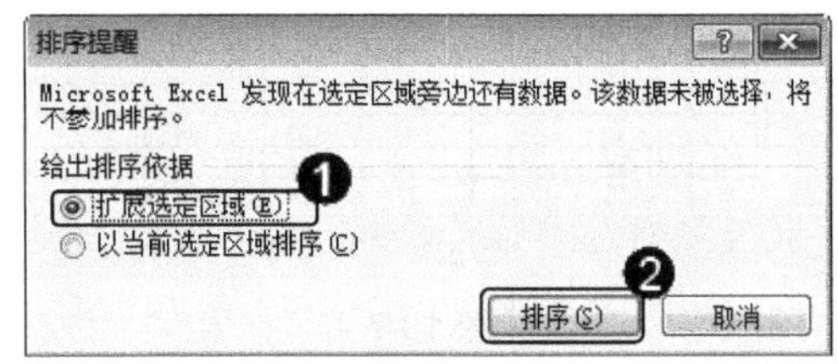

图 13-5

step 3 可以看到E列的数据已经按照降序排列，如图13-6所示。

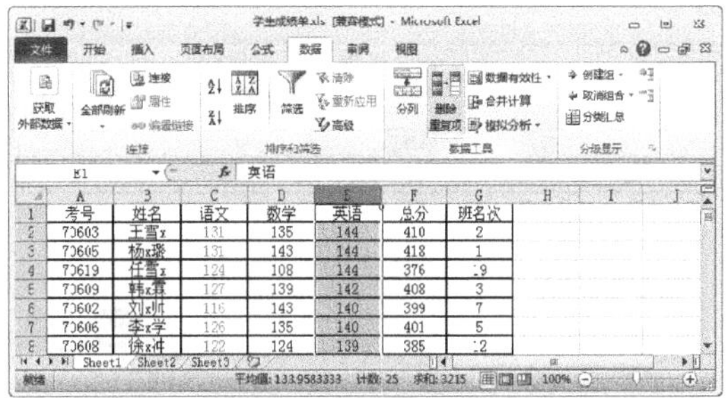

图 13-6

13.1.2 根据优先条件排序

优先条件排序是以指定条件为基础，进行升序或者降序的排序方式，下面详细介绍根据优先条件排序的操作方法。

素材文件 无

效果文件 第13章\效果文件\学生成绩单.xlsx

step 1 ① 选择准备设置优先条件排序的列，② 选择【数据】选项卡，③ 单击【排序和筛选】组中【排序】按钮，如图13-7所示。

step 2 ① 弹出【排序提醒】对话框，选中【扩展选定区域】单选按钮，② 单击【排序】按钮，如图13-8所示。

	考号	姓名	语文	数学	英语	总分	班名次
2	70601	沙龙x	123	148	136	407	4
3	70602	刘x帅	116	143	140	399	7
4	70603	王雪x	131	135	144	410	2
5	70604	韩x萌	129	133	138	400	6
6	70605	杨x璐	131	143	144	418	1
7	70606	李x学	126	135	140	401	5
8	70607	刘x婷	115	139	135	389	9
9	70608	徐x冲	122	124	139	385	12
10	70609	韩x霖	127	139	142	408	3
11	70610	张瑞x	126	115	139	380	15
12	70611	林x博	116	142	129	387	10
13	70612	苑x飞	118	136	131	385	13
14	70613	王x坤	121	123	128	372	21
15	70614	刘xx	124	128	122	374	20
16	70616	康x	114	142	139	395	8
17	70619	任雪x	124	108	144	376	19
18	70620	裴x翔	111	139	128	378	17

平均值：386.5833333 计数：25 求和：9278

图 13-7

step 3 ① 弹出【排序】对话框，分别设置【主要关键字】、【排序依据】和【次序】选项，单击【确定】按钮，如图 13-9 所示。

图 13-9

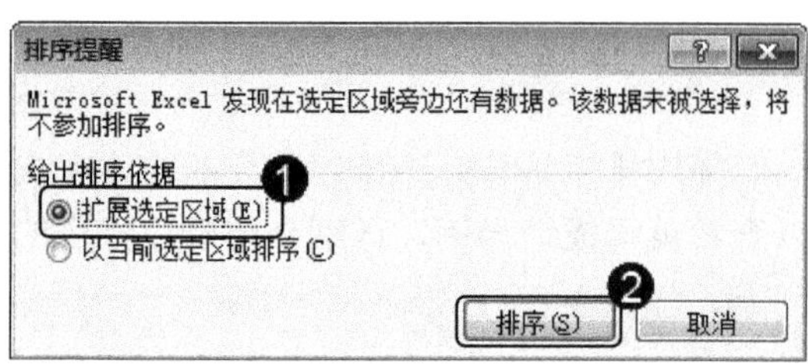

图 13-8

step 4 返回到 Excel 工作表界面，可以看到选择的列，已经按照优先条件排序显示，如图 13-10 所示。

	考号	姓名	语文	数学	英语	总分	班名次
2	70667	张x月	116	123	119	358	24
3	70636	张馨x大	114	124	122	360	23
4	70668	赵x刚	116	131	122	369	22
5	70613	王x坤	121	123	128	372	21
6	70614	刘xx	124	128	122	374	20
7	70619	任雪x	124	108	144	376	19
8	70620	裴x翔	111	139	128	378	17
9	70625	武x禹	119	129	130	378	18
10	70633	范x鑫	121	127	131	379	16
11	70610	张瑞x	126	115	139	380	15
12	70623	卢x凡	121	123	139	383	14
13	70608	徐x冲	122	124	139	385	12
14	70612	苑x飞	118	136	131	385	13
15	70611	林x博	116	142	129	387	10
16	70621	张x希	123	130	134	387	11
17	70607	刘x婷	115	139	135	389	9
18	70616	康x	114	142	139	395	8

平均值：386.5833333 计数：25 求和：9278

图 13-10

13.1.3 按姓氏笔划排序

在 Excel 2010 工作表中，按姓氏笔划排序是指按照姓氏的笔划多少进行排序，姓氏笔划少的在前，姓氏笔划多的则在后，下面详细介绍按姓氏笔划排序的操作方法。

素材文件 无
效果文件 第13章\效果文件\学生成绩单.xlsx

step 1 ① 选择准备按姓氏笔划排序的列，如“姓名”，② 选择【数据】选项卡，③ 单击【排序和筛选】组中【排序】按钮，如图 13-11 所示。

step 2 ① 弹出【排序提醒】对话框，选中【扩展选定区域】单选按钮，② 单击【排序】按钮，如图 13-12 所示。

	A	B	C	D	E	F	G
1	考号	姓名	语文	数学	英语	总分	班名次
2	70667	张x月	116	123	119	358	24
3	70636	张馨x大	114	124	122	360	23
4	70668	赵x刚	116	131	122	369	22
5	70613	王x坤	121	123	128	372	21
6	70614	刘xx	124	128	122	374	20
7	70619	任雪x	124	108	144	376	19
8	70620	裴x翔	111	139	128	378	17
9	70625	武x禹	119	129	130	378	18
10	70633	范x鑫	121	127	131	379	16
11	70610	张瑞x	126	115	139	380	15
12	70623	卢x凡	121	123	139	383	14
13	70608	徐x冲	122	124	139	385	12
14	70612	苑x飞	118	136	131	385	13
15	70611	林x博	116	142	129	387	10
16	70621	张x希	123	130	134	387	11
17	70607	刘x婷	115	139	135	389	9
18	70616	康x	114	142	139	395	8
19	70602	刘x帅	116	143	140	399	7
20	70604	韩x萌	129	133	138	400	6
21	70606	李x学	126	135	140	401	5
22	70601	沙龙x	123	148	136	407	4
23	70609	韩x霖	127	139	142	408	3
24	70603	王雪x	131	135	144	410	2
25	70605	杨x璐	131	143	144	418	1

图 13-11

step 3 弹出【排序】对话框，单击【选项】按钮 选项(O)...，如图 13-13 所示。

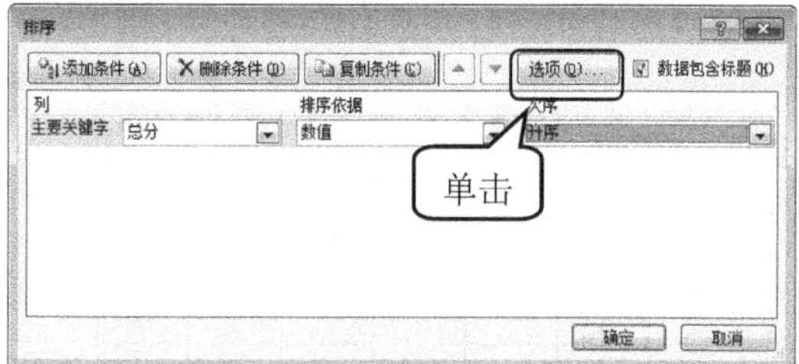

图 13-13

step 5 ① 返回到【排序】对话框界面，设置【主要关键字】为“姓名”，② 单击【确定】按钮，如图 13-15 所示。

图 13-15

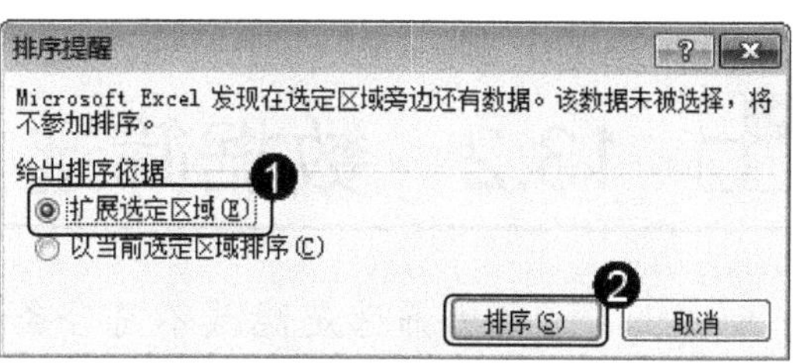

图 13-12

step 4 ① 弹出【排序选项】对话框，在【方法】区域中，选中【笔划排序】单选按钮，② 单击【确定】按钮，如图 13-14 所示。

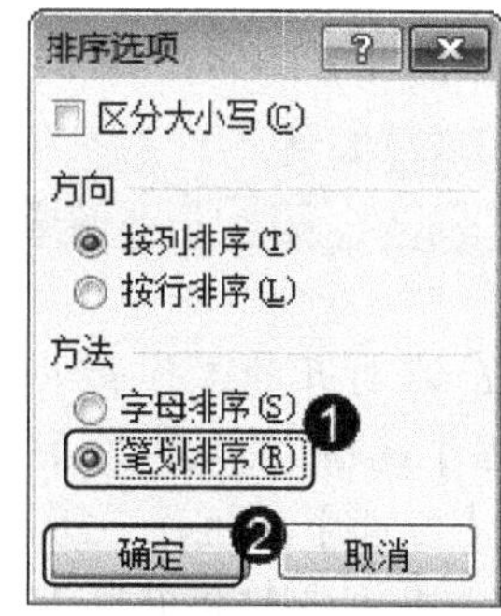

图 13-14

step 6 返回到工作表界面，可以看到在“姓名”列中，已经按照姓氏笔划排序，这样即可完成按姓氏笔画排序的操作，如图 13-16 所示。

	A	B	C	D	E	F	G
1	考号	姓名	语文	数学	英语	总分	班名次
2	70613	王x坤	121	123	128	372	21
3	70603	王雪x	131	135	144	410	2
4	70623	卢x凡	121	123	139	383	14
5	70619	任雪x	124	108	144	376	19
6	70614	刘xx	124	128	122	374	20
7	70602	刘x帅	116	143	140	399	7
8	70607	刘x婷	115	139	135	389	9
9	70606	李x学	126	135	140	401	5
10	70605	杨x璐	131	143	144	418	1
11	70601	沙龙x	123	148	136	407	4
12	70667	张x月	116	123	119	358	24
13	70621	张x希	123	130	134	387	11
14	70610	张瑞x	126	115	139	380	15
15	70636	张馨x大	114	124	122	360	23
16	70625	武x禹	119	129	130	378	18
17	70612	苑x飞	118	136	131	385	13
18	70633	范x鑫	121	127	131	379	16

图 13-16

13.2 数据筛选

数据筛选是隐藏不符合条件的单元格或者单元格区域，显示符合条件的单元格或者单元格区域，对于筛选得到的数据，不需要重新排列或者移动即可执行复制、查找、编辑和打印等相关操作。

13.2.1 手动筛选数据

手动筛选数据是通过手动选择的方式将需要的数据筛选出来，详细介绍手动筛选数据的操作方法。

素材文件 无

效果文件 第13章\效果文件\学生成绩单.xlsx

① 在打开的工作表中，选择【数据】选项卡，② 单击【排序和筛选】组中的【筛选】按钮，③ 这时工作表内第一行每个单元格都会出现【筛选】下拉按钮，单击【筛选】下拉按钮，④ 在弹出的下拉菜单中，勾选需要筛选条件的复选框，⑤ 单击【确定】按钮，如图 13-17 所示。

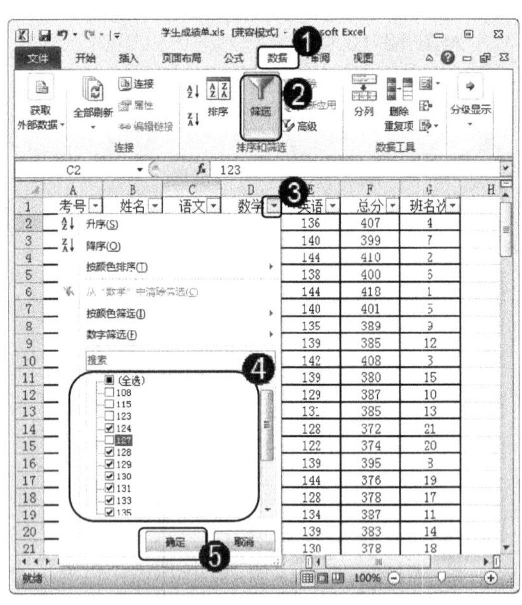

图 13-17

通过以上方法即可完成手动筛选数据的操作，如图 13-18 所示。

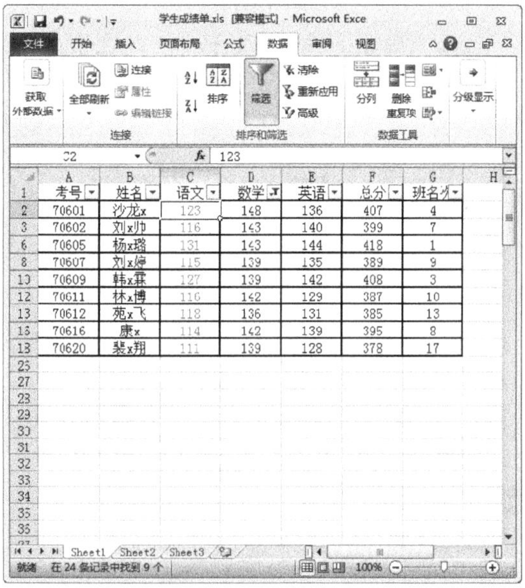

图 13-18

考考您

请您根据上述方法，进行手动筛选“总分”，测试一下您的学习成果。

13.2.2 通过搜索查找筛选选项

通过搜索查找筛选选项，可以更准确地将指定的数据搜索出来，下面以搜索英语分数为“144”为例，详细介绍搜索查找筛选的操作方法。

素材文件 无

效果文件 第13章\效果文件\学生成绩单.xlsx

step 1 ① 在打开的工作表中，选择【数据】选项卡，② 单击【排序和筛选】组中的【筛选】按钮，③ 这时工作表内第一行每个单元格都会出现【筛选】下拉按钮，单击【筛选】下拉按钮，④ 在弹出的下拉菜单中，在【搜索】文本框中，输入“144”，⑤ 单击【确定】按钮，如图 13-19 所示。

图 13-19

step 2 通过以上方法即可完成手动筛选数据的操作，如图 13-20 所示。

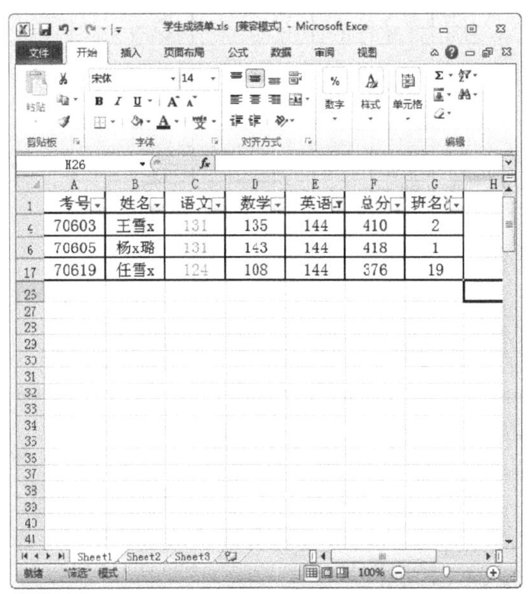

图 13-20

考考您

请您根据上述方法，进行筛选“数学”分数为“124”，测试一下您的学习成果。

13.2.3 高级筛选

高级筛选是 Excel 中比较常用的筛选方式，尤其是面对复杂筛选条件时，高级筛选可以轻而易举地将结果显示出来，下面详细介绍高级筛选的操作方法。

素材文件 无

效果文件 第13章\效果文件\学生成绩单.xlsx

step 1 在工作表的任意空白单元格处，分别输入准备高级筛选的条件，如图 13-21 所示。

图 13-21

step 2 ① 选择条件区域中任意一个单元格，② 选择【数据】选项卡，在【排序和筛选】组中，③ 单击【高级】按钮，如图 13-22 所示。

图 13-22

step 3 ① 弹出【高级筛选】对话框，单击【列表区域】的折叠按钮，② 将准备高级筛选的条件区域全部选中，如图 13-23 所示。

图 13-23

step 4 ① 单击【条件区域】的折叠按钮，② 选中工作表中高级筛选条件区域，如图 13-24 所示。

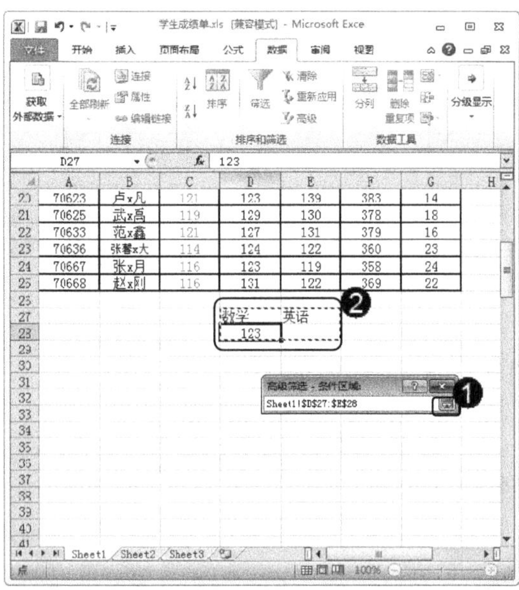

图 13-24

step 5 条件区域选择完成后，单击【高级筛选】对话框中的【确定】按钮，如图 13-25 所示。

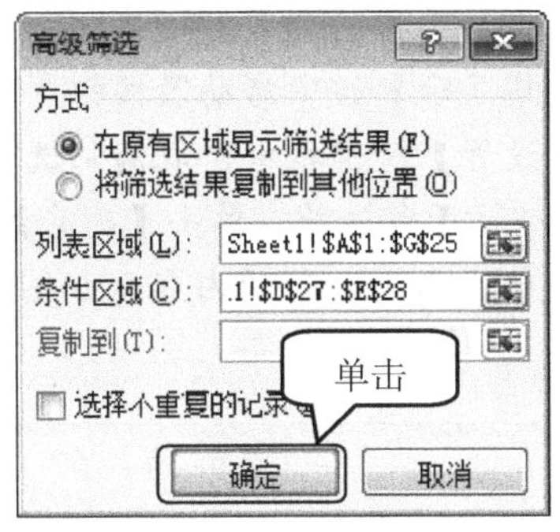

图 13-25

step 6 返回到工作表界面，可以看到已经筛选出的结果，这样即可完成高级筛选的操作，如图 13-26 所示。

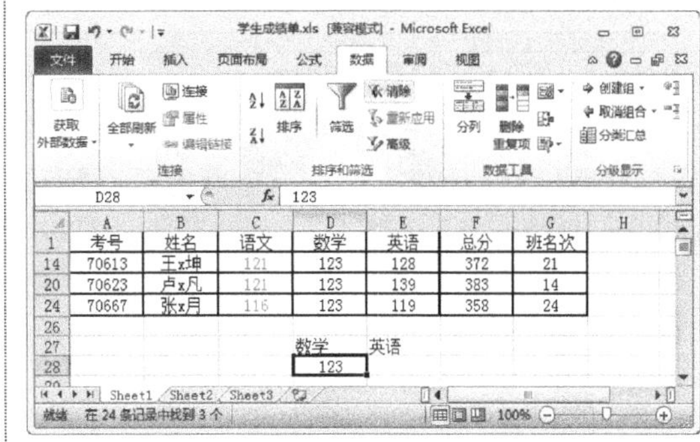

图 13-26

13.3 分级显示数据

如果在工作表内输入了大量的数据，可以将具有相同属性的数据进行归类整理。本节将详细介绍分级显示数据的相关知识。

13.3.1 创建组

创建组是将工作表内的某些单元格关联起来，从而可以将其折叠或者展开，下面详细介绍创建组的操作方法。

素材文件 无

效果文件 第13章\效果文件\学生成绩单.xlsx

step 1 ① 在打开的工作表中，选择准备创建组的单元格，② 选择【数据】选项卡，③ 单击【分级显示】组中【创建组】按钮，如图 13-27 所示。

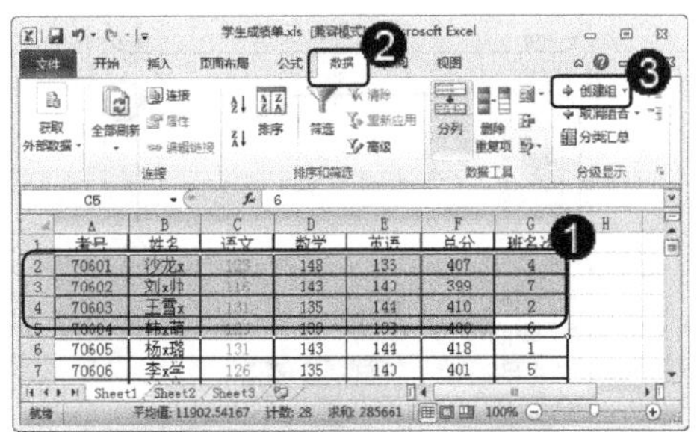

图 13-27

step 2 ① 弹出【创建组】对话框，选中【行】单选按钮，② 单击【确定】按钮，如图 13-28 所示。

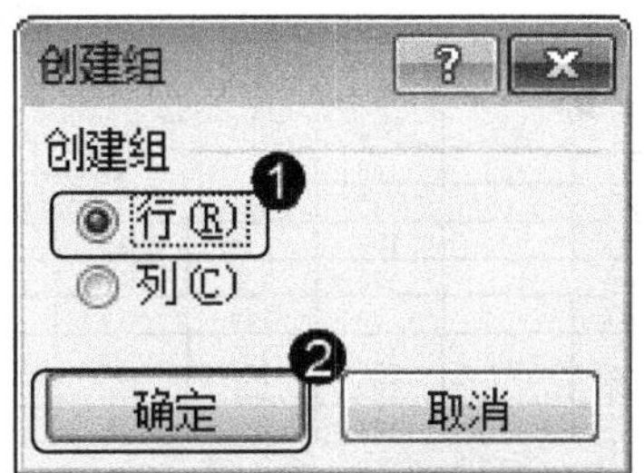

图 13-28

step 3 返回到工作表界面，可以看到已经创建完成的组，如图 13-29 所示。

	A	B	C	D	E	F	G
1	考号	姓名	语文	数学	英语	总分	班名次
2	70601	沙龙x	123	148	136	407	4
3	70602	刘x帅	116	143	140	399	7
4	70603	王雪x	131	135	144	410	2
5	70604	韩x萌	129	133	138	400	6
6	70605	杨x璐	131	143	144	418	1
7	70606	李x学	126	135	140	401	5
8	70607	刘x婷	115	139	135	389	9
9	70608	徐x冲	122	124	139	385	12
10	70609	韩x森	127	139	142	408	3
11	70610	张瑞x	126	115	139	380	15

图 13-29

智慧锦囊

创建组默认显示最后一行的内容，如果想要将第一行的内容显示出来，需要单击【分集显示】组中启动器按钮，在弹出的【设置】对话框中，取消勾选【明细数据的下方】复选框，单击【确定】按钮，这样即可显示第一行的内容，如图 13-30 所示。

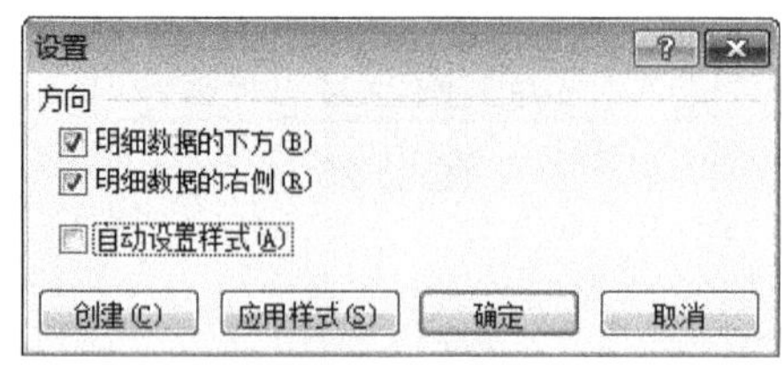

图 13-30

13.3.2 数据的分类汇总

数据分类汇总包括求和、计数、平均值、最大值和最小值等，在创建分类汇总之前需要对单元格数据进行排序，下面详细介绍数据分类汇总的操作方法。

素材文件 无

效果文件 第13章\效果文件\学生成绩单.xlsx

step 1 ① 在打开的工作表中，选择任意一个单元格，② 选择【数据】选项卡，③ 单击【分级显示】组中【分类汇总】按钮，如图 13-31 所示。

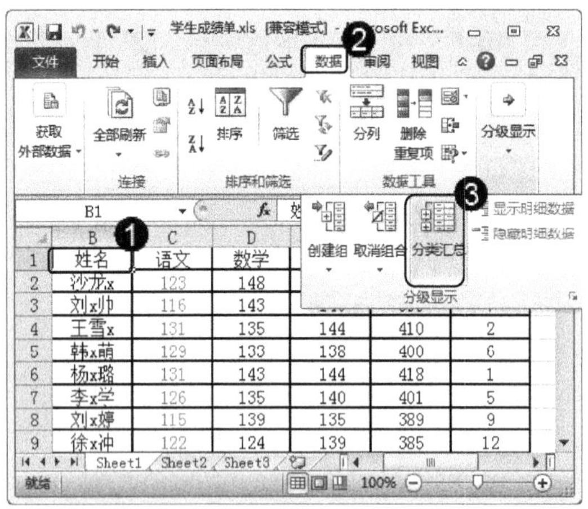

图 13-31

step 2 ① 弹出【分类汇总】对话框，分别设置【分类字段】和【汇总方式】，② 在【选定汇总项】区域中，勾选需要汇总的复选框，③ 单击【确定】按钮，如图 13-32 所示。

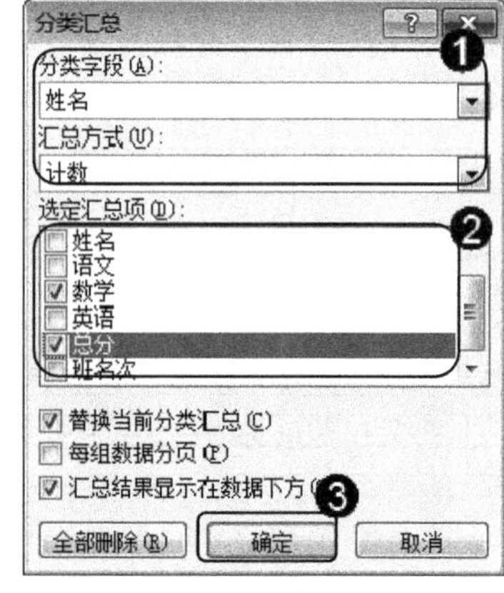

图 13-32

通过以上方法即可完成数据分类汇总的操作，如图 13-33 所示。

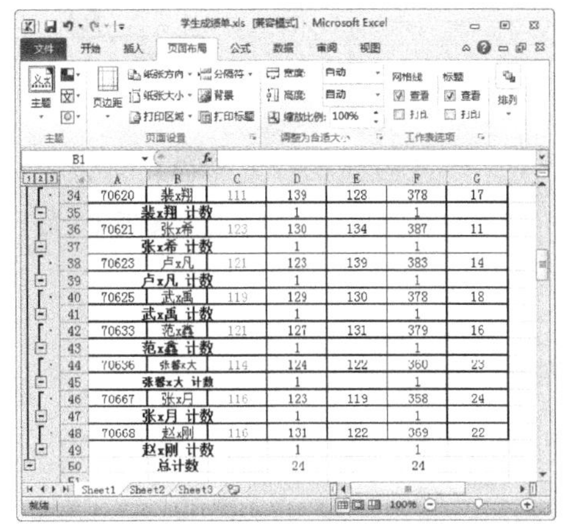

图 13-33

智慧锦囊

在 Excel2010 工作表中，执行分类汇总的操作后，系统会自动对数据的明细进行组合。如果用户准备显示明细数据，那么可以通过单击工作表左侧的【展开】按钮[+]，展开明细数据；如果用户准备隐藏明细数据，那么可以通过单击工作表左侧的【折叠】按钮[-]隐藏明细数据。

13.4 使用条件格式分析数据

使用 Excel 条件格式可以直观地查看和分析数据、发现关键问题以及识别模式和趋势。本节将介绍使用条件格式分析数据的相关知识。

13.4.1 使用突出显示与项目选取规则

在 Excel 2010 中提供了不同类型的通用规则，使之更容易创建条件格式。这些规则包括突出显示单元格规则和项目选取规则，下面分别予以详细介绍。

1. 突出显示单元格规则

突出显示单元格规则可以从规则区域选择高亮显示的指定数据，包括识别大于、小于或等于设置值的数值，或者指明发生在给定区域的日期。下面以突出显示张姓同学为例，详细介绍突出显示单元格规则的操作方法。

素材文件 无

效果文件 第13章\效果文件\学生成绩单.xlsx

① 在打开的工作表中，选择 B 列，② 选择【开始】选项卡，③ 单击【样式】组中【条件格式】下拉按钮，④ 在弹出的下拉菜单中，选择【突出显示单

① 弹出【文本中包含】对话框，在【为包含以下文本的单元格设置格式】文本框中输入“张”，② 单击【确定】按钮，如图 13-35 所示。

元格规则】菜单项，⑤ 在弹出的子菜单中，选择【文本包含】子菜单项，如图 13-34 所示。

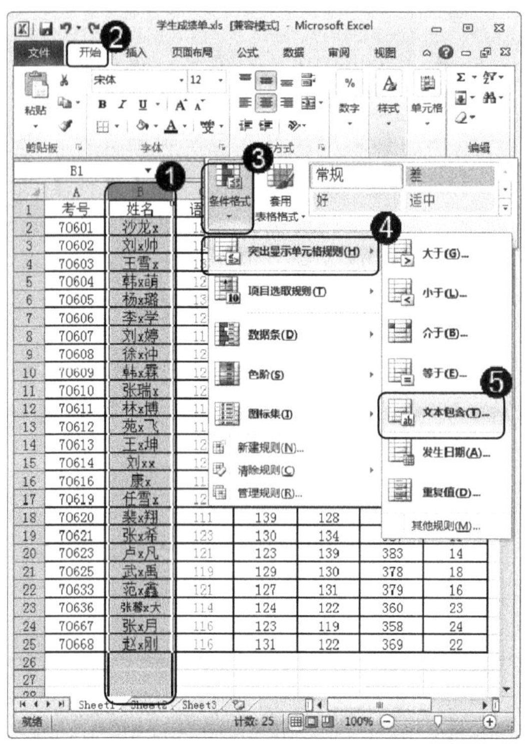

图 13-34

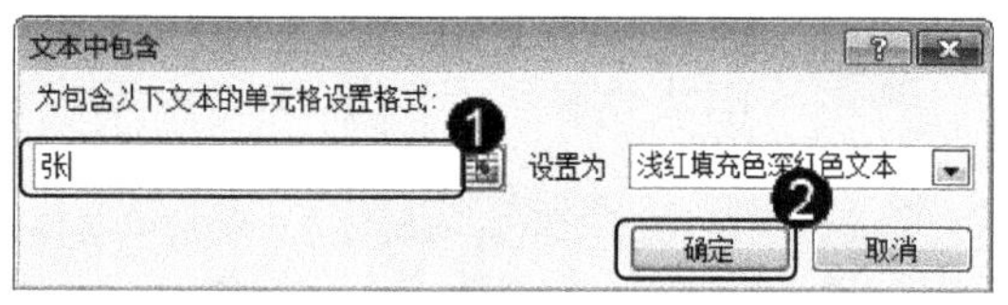

图 13-35

step 3 返回到工作表界面，可以看到所有张姓同学已经被突出显示出来，如图 13-36 所示。

	A	B	C	D	E	F	G
11	70610	张瑞x	126	115	139	380	15
12	70611	林x博	116	142	129	387	10
13	70612	苑x飞	118	136	131	385	13
14	70613	王x坤	121	123	128	372	21
15	70614	刘xx	124	128	122	374	20
16	70616	康x	114	142	139	395	8
17	70619	任雪x	124	108	144	376	19
18	70620	裴x翔	111	139	128	378	17
19	70621	张x希	123	130	134	387	11
20	70623	卢x凡	121	123	139	383	14
21	70625	武x禹	119	129	130	378	18
22	70633	范x鑫	121	127	131	379	16
23	70636	张馨x大	114	124	122	360	23
24	70667	张x月	116	123	119	358	24
25	70668	赵x刚	116	131	122	369	22

图 13-36

2. 项目选取规则

项目选取规则允许用户识别项目中最大或最小的百分数或数字所指定的项，或者指定大于或小于平均值的单元格。下面以总分中选取 10 项最大值为例，详细介绍项目选取规则的操作方法。

素材文件 无

效果文件 第13章\效果文件\学生成绩单.xlsx

step 1 ① 在打开的工作表中，选择 F 列，② 选择【开始】选项卡，③ 单击【样式】组中【条件格式】下拉按钮，④ 在弹出的下拉菜单中，选择【项目选取规则】菜单项，⑤ 在弹出的子菜单中，选择【值最大的 10 项】子菜单项，如图 13-37 所示。

step 2 ① 弹出【10 个最大的项】对话框，在【设置为】下拉列表框中，选择【绿填充色深绿色文本】列表项，② 单击【确定】按钮，如图 13-38 所示。

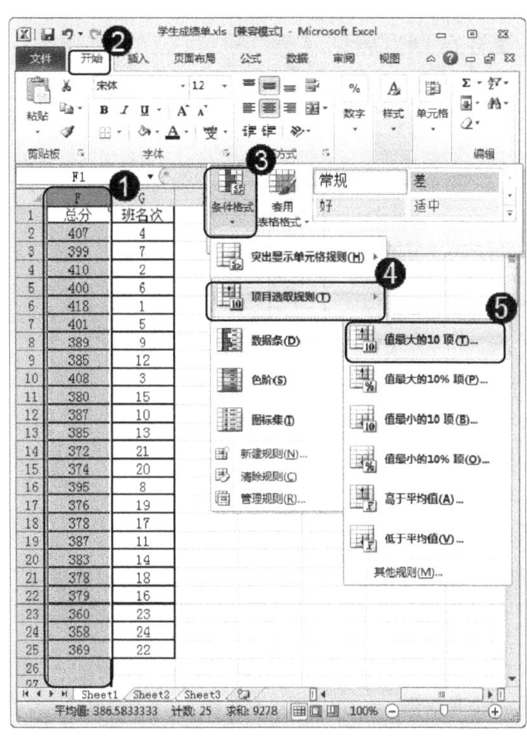

图 13-37

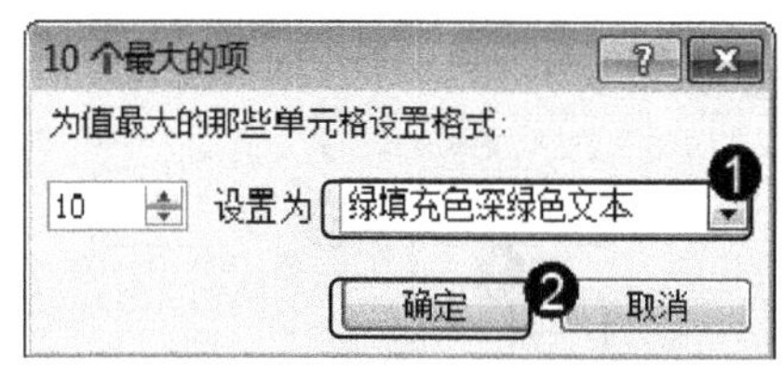

图 13-38

step 3 返回到工作表界面，可以看到 10 项最大值的单元格已经被显示出来，如图 13-39 所示。

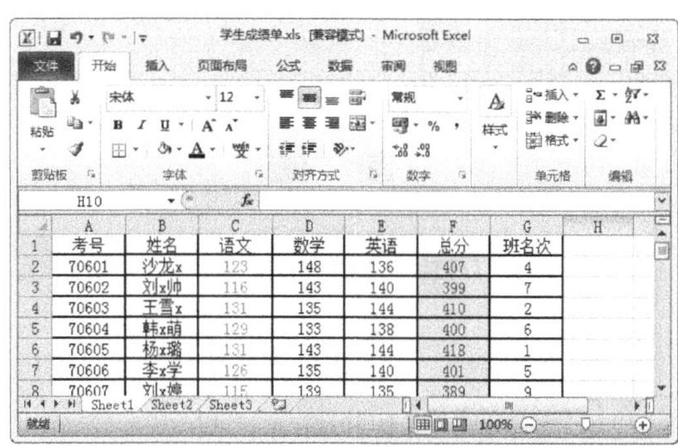

图 13-39

13.4.2 使用数据条、色阶与图标集分析

数据条、色阶和图标集是在数据中创建视觉效果的条件格式，这些条件格式使得同时比较单元格区域的值变得更为容易。下面分别予以详细介绍。

1. 使用数据条分析

数据条的长度表示单元格内数据的大小，数据条越长则所表示单元格内的数值越大，下面详细介绍使用数据条的操作方法。

素材文件：无

效果文件：第13章\效果文件\学生成绩单.xlsx

step 1 ① 在打开的工作表中，选择准备使用数据条的列，如 G 列，② 选择【开始】选项卡，③ 单击【样式】组中【条件格式】下拉按钮，④ 在弹出的下拉菜单中，选择【数据条】菜单项，⑤ 在弹出的子菜单中，选择准备应用的数据条样式子菜单项，如图 13-40 所示。

step 2 返回到工作表界面，可以看到 G 列的单元格以数据条的形式显示，如图 13-41 所示。

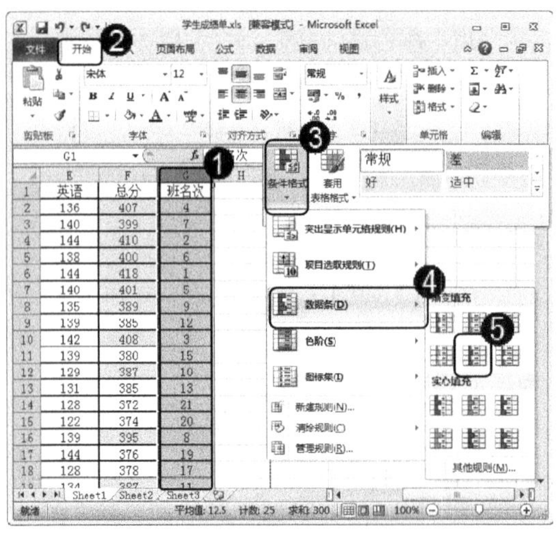

图 13-40

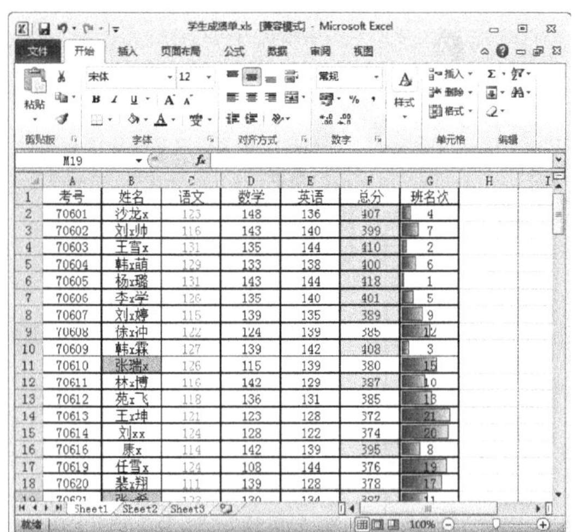

图 13-41

2. 使用色阶分析

色阶是指在一个单元格内，显示双色或者三色渐变，颜色的底纹表示单元格的值，下面介绍使用色阶分析的操作方法。

素材文件 无

效果文件 第13章\效果文件\学生成绩单.xlsx

① 在打开的工作表中，选择 D 列，② 选择【开始】选项卡，③ 单击【样式】组中【条件格式】下拉按钮，④ 在弹出的下拉菜单中，选择【色阶】菜单项，⑤ 在弹出的子菜单中，选择准备应用的色阶样式子菜单项，如图 13-42 所示。

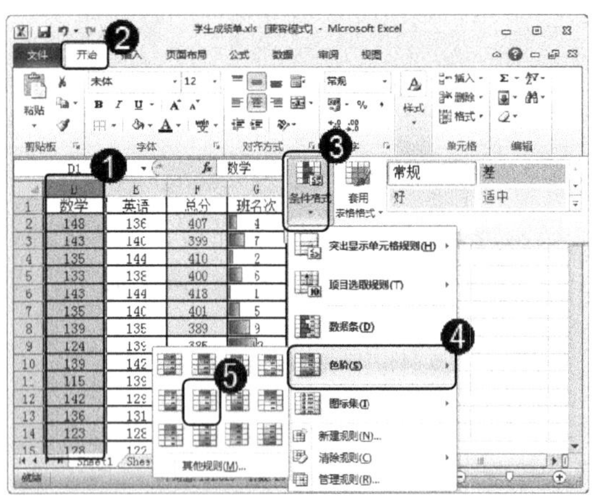

图 13-42

返回到工作表界面，可以看到 D 列的单元格以色阶的形式显示，如图 13-43 所示。

图 13-43

3. 使用图标集分析

图标集是将数据显示为可识别的3～5个类别，每个图标代表一个数值区域，并且每个单元格使用代表该区域的图标进行注释。下面介绍使用图标集分析的操作方法。

素材文件：无

效果文件：第13章\效果文件\学生成绩单.xlsx

step 1 ① 在打开的工作表中，选择E列，② 选择【开始】选项卡，③ 单击【样式】组中【条件格式】下拉按钮，④ 在弹出的下拉菜单中，选择【图标集】菜单项，⑤ 在弹出的子菜单中，选择准备应用的图标集样式子菜单项，如图13-44所示。

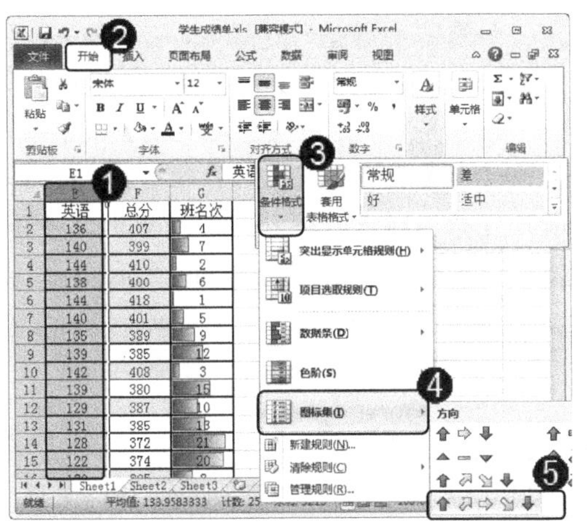

图 13-44

step 2 返回到工作表界面，可以看到E列的单元格以图标的形式显示，如图13-45所示。

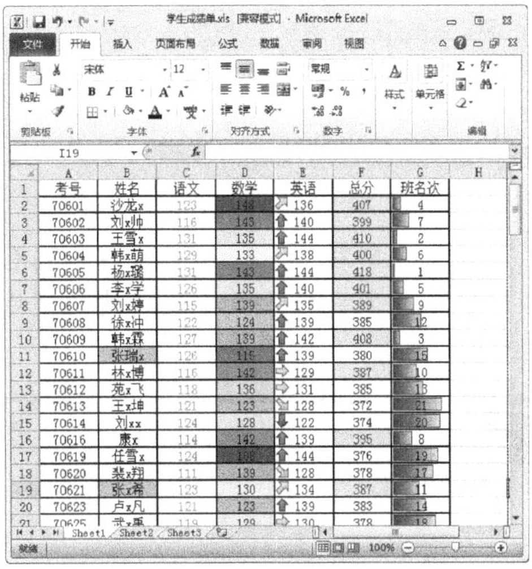

图 13-45

13.4.3 新建条件格式规则

在使用Excel 2010时，如果准备添加新的条件格式，可以选择新建规则功能，下面详细介绍新建条件格式规则的操作方法。

素材文件：无

效果文件：第13章\效果文件\学生成绩单.xlsx

step 1 ① 在打开的工作表中，选择C列，② 选择【开始】选项卡，③ 单击【样式】组中【条件格式】下拉按钮，④ 在弹出的下拉菜单中，选择【新建规则】菜单项，如图13-46所示。

step 2 ① 弹出【新建格式规则】对话框，在【选择规则类型】列表框中，选择【基于各自值设置所有单元格的格式】列表项，② 在【编辑规则说明】区域中，设置【格式样式】、【最小值】以及【最大值】颜色，③ 单击【确定】按钮，如图13-47所示。

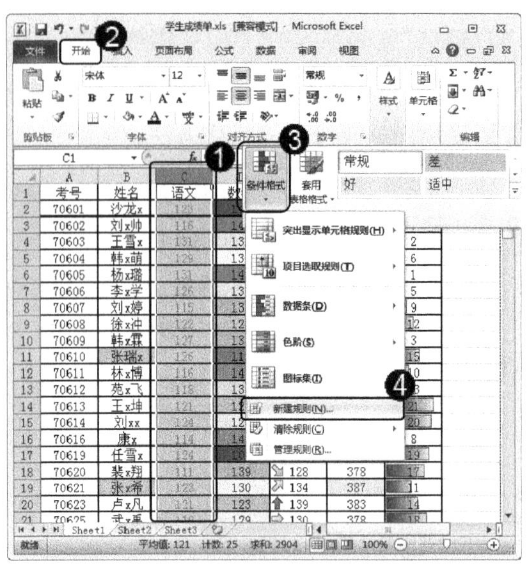

图 13-46

返回到工作表界面，可以看到 C 列的单元格已经按照新建的规则显示出来，如图 13-48 所示。

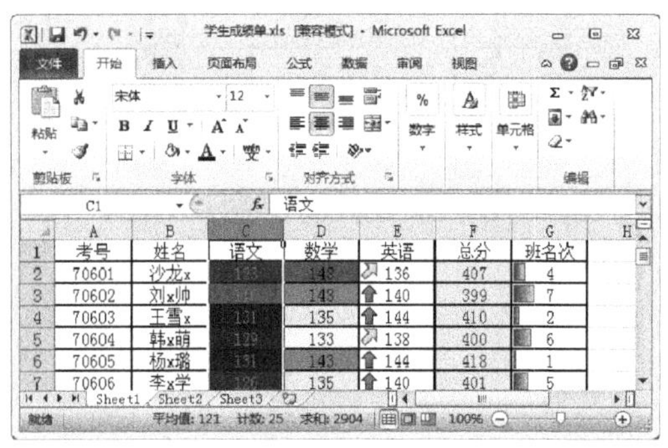

图 13-48

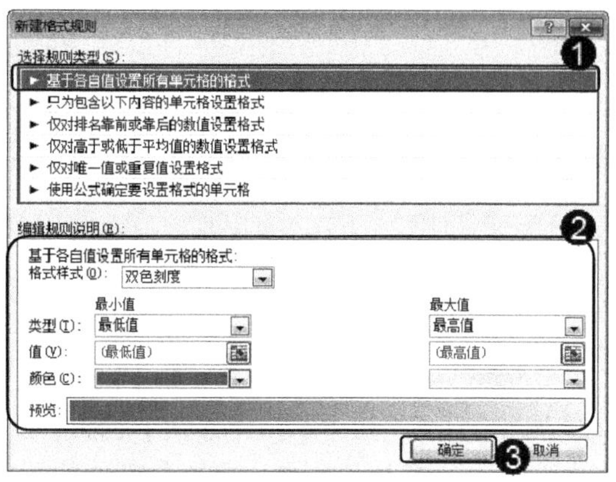

图 13-47

如果需要调整新建规则，可以单击【样式】组中【条件格式】下拉按钮，在弹出的下拉菜单中，选择【管理规则】菜单项，会他弹出【条件格式规则管理器】对话框，即可重新编辑或者调整新建的规则，【条件格式规则管理器】如图 13-49 所示。

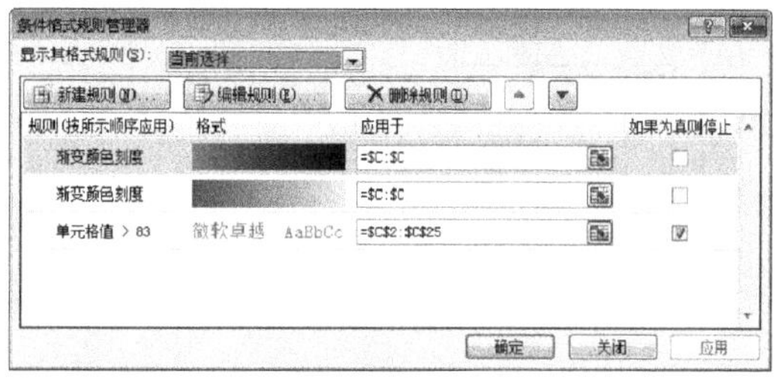

图 13-49

13.5 使用数据工具

在 Excel 2010 中，使用数据工具包括分列、删除重复项、数据有效性和模拟分析等。本节将分别予以详细介绍。

13.5.1 对单元格进行分列处理

分列是将一个 Excel 单元格的内容分隔成多个单独的列，下面详细介绍对单元格进行分列处理的操作方法。

素材文件 无

效果文件 第13章\效果文件\学生成绩单.xlsx

step 1 ① 在工作表中，选择准备分列的列，如A列，② 选择【数据】选项卡，③ 在【数据工具】组中，单击【分列】按钮，如图13-50所示。

图 13-50

step 2 ① 弹出【文本分列向导】对话框，在【原始数据类型】区域中，选中【固定宽度】单选按钮，② 单击【下一步】按钮，如图13-51所示。

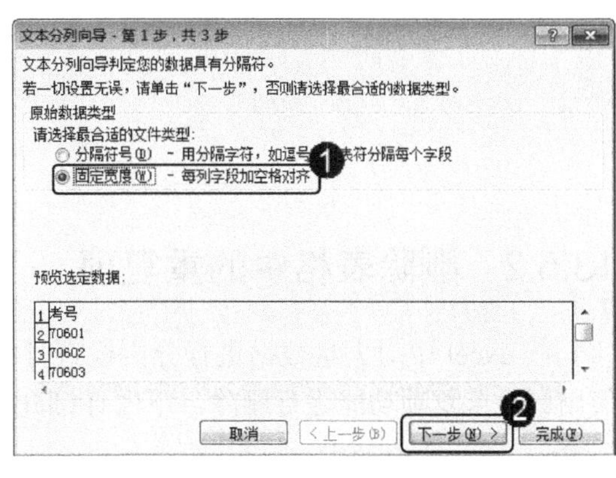

图 13-51

step 3 ① 进入【文本分列向导】下一界面，在【数据预览】区域中，调整分列线的位置，② 单击【下一步】按钮，如图13-52所示。

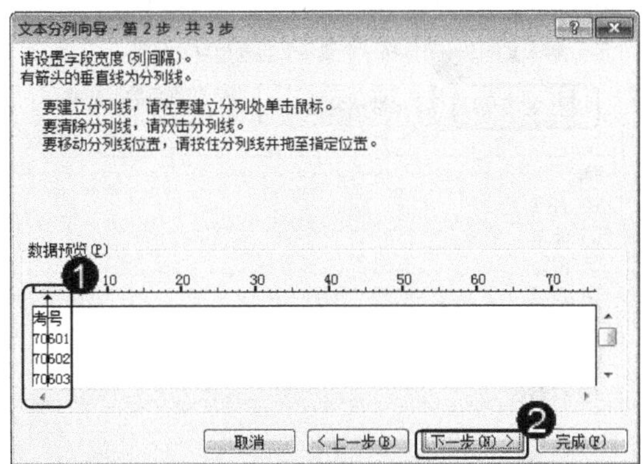

图 13-52

step 4 ① 进入【文本分列向导】下一界面，在【列数据格式】区域中，选中【文本】单选按钮，② 单击【完成】按钮，如图13-53所示。

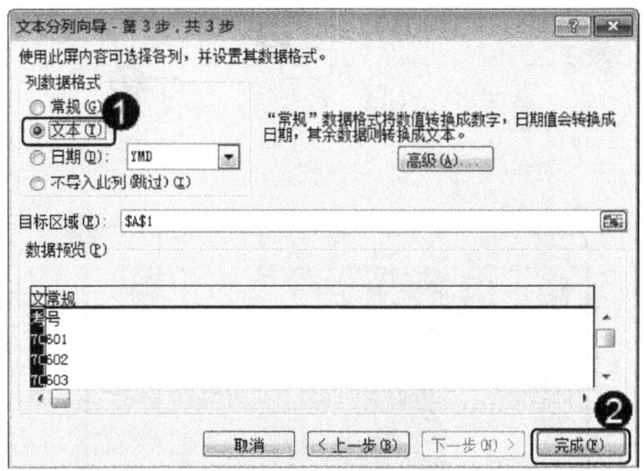

图 13-53

step 5 弹出【Microsoft Excel】对话框，提示“是否替换目标单元格内容？”信息，单击【确定】按钮，如图13-54所示。

step 6 返回到工作表界面，可以看到选中的A列已经分为两个列，B列的数据被覆盖，如图13-55所示。

图 13-54

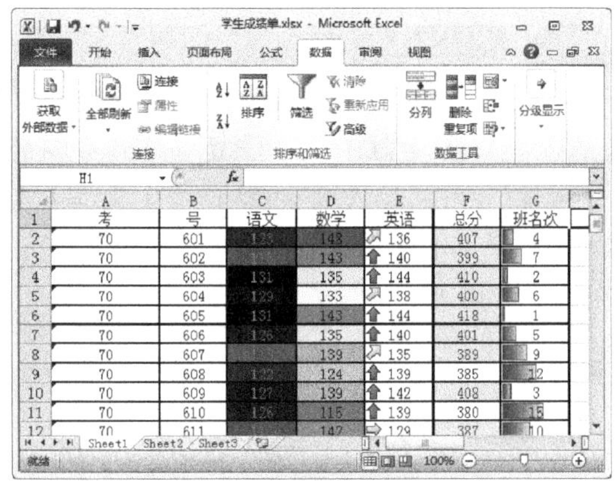

图 13-55

13.5.2 删除表格中的重复项

在 Excel 中对大量数据进行分析检查时，往往会发现有大量重复相同的数据，这时可以使用删除重复项功能进行删除，下面详细介绍删除表格中重复项的操作方法。

素材文件：无

效果文件：第13章\效果文件\学生成绩单.xlsx

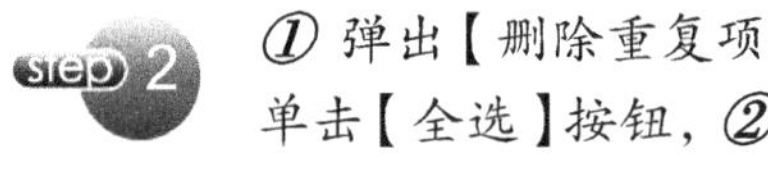

step 1 ① 将准备删除重复项的工作表全部选中，② 选择【数据】选项卡，③ 单击【数据工具】组中【删除重复项】按钮，如图 13-56 所示。

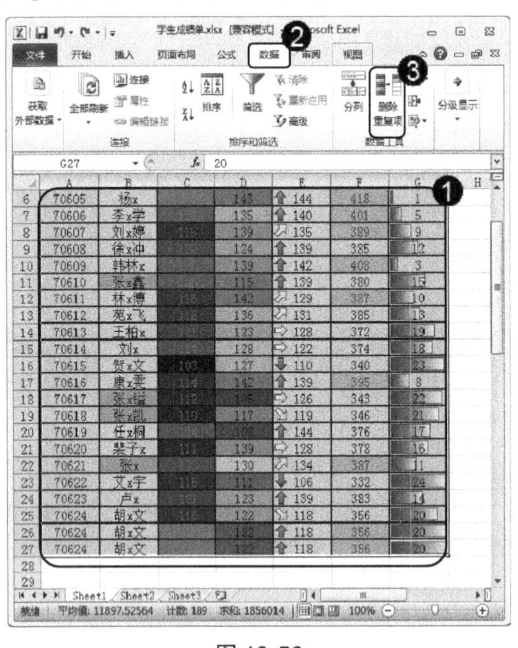

图 13-56

step 2 ① 弹出【删除重复项】对话框，单击【全选】按钮，② 单击【确定】按钮，如图 13-57 所示。

图 13-57

step 3 弹出【Microsoft Excel】对话框，提示已经将重复数据删除信息，单击【确定】按钮，如图 13-58 所示。

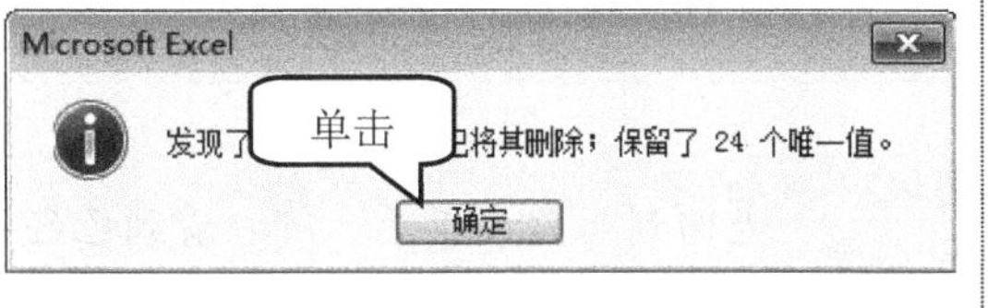

图 13-58

step 4 返回到工作表界面，可以看到已经将重复的数据删除，如图 13-59 所示。

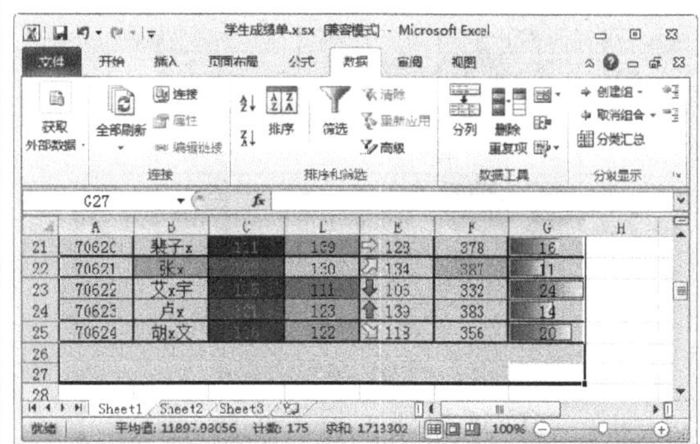

图 13-59

13.5.3 使用数据验证工具

使用 Excel 2010 数据验证工具，可以快速地将工作表中无效数据标注出来，下面详细介绍使用数据验证工具的操作方法。

素材文件 无

效果文件 第 13 章\效果文件\学生成绩单.xlsx

step 1 ① 在工作表中选择任意一个空白单元格，② 选择【数据】选项卡，③ 单击【数据工具】组中【数据有效性】下拉按钮，④ 在弹出的下拉菜单中选择【数据有效性】菜单项，如图 13-60 所示。

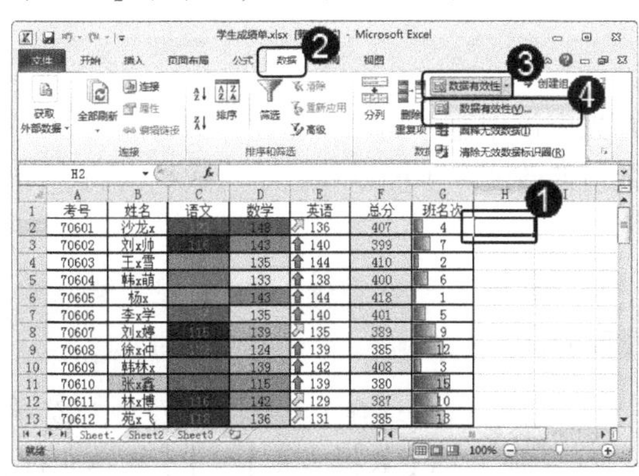

图 13-60

step 2 ① 弹出【数据有效性】对话框，选择【设置】选项卡，② 将【允许】设置为【序列】，③ 单击【来源】区域中的折叠按钮，如图 13-61 所示。

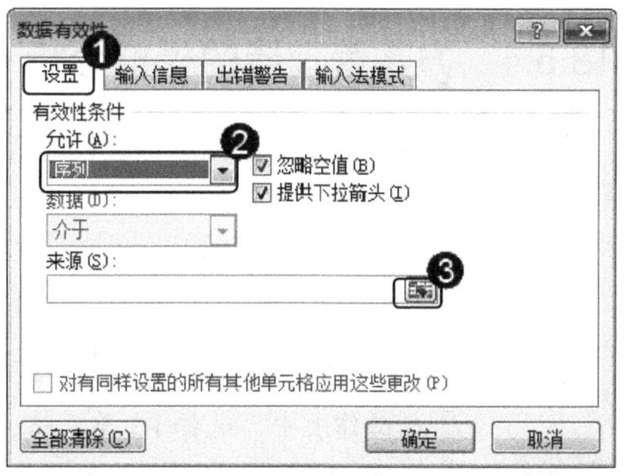

图 13-61

step 3 ① 弹出【数据有效性】对话框，在工作表中选择准备验证数据的单元格，② 单击折叠按钮，如图 13-62 所示。

step 4 返回到【数据有效性】对话框，单击【确定】按钮，如图 13-63 所示。

第13章 数据分析与处理

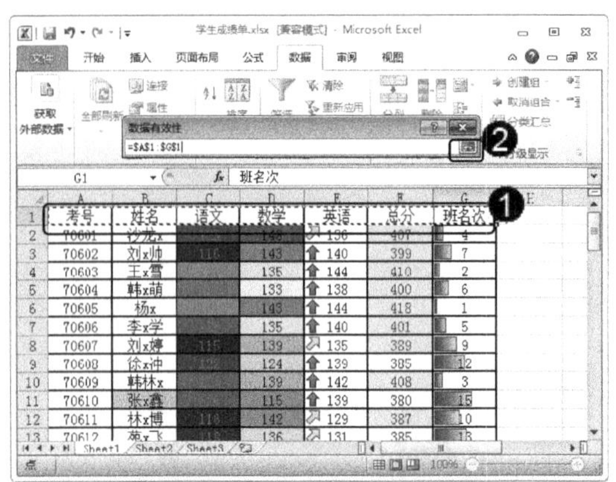

图 13-62

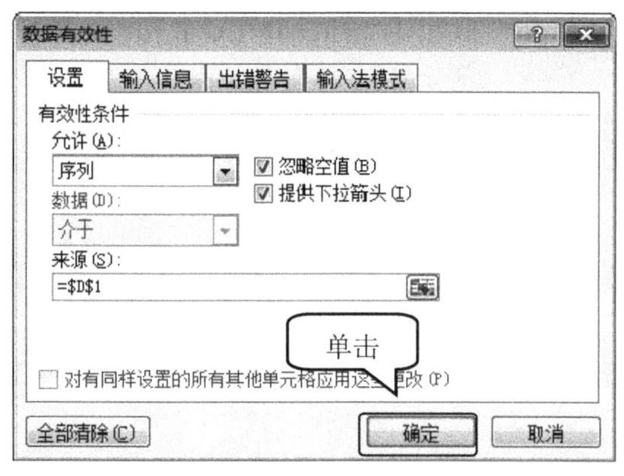

图 13-63

step 5 ① 返回到工作表界面，单击【数据工具】组中【数据有效性】下拉按钮，② 在弹出的菜单中，选择【圈释无效数据】菜单项，如图 13-64 所示。

step 6 返回到工作表界面，可以看到已经被圈释出的无效数据，如图 13-65 所示。通过以上方法即可完成使用数据验证工具的操作。

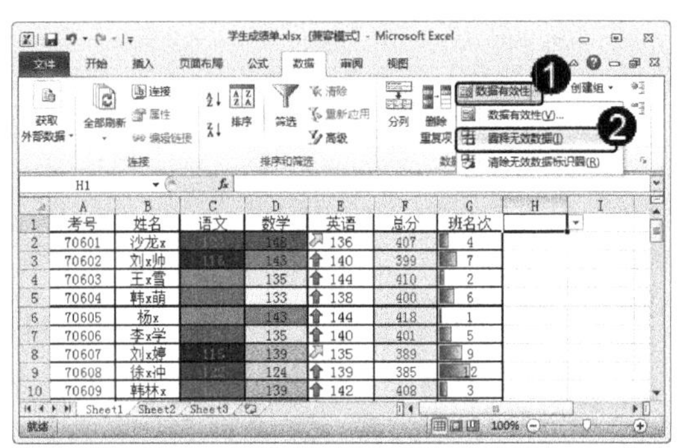

图 13-64

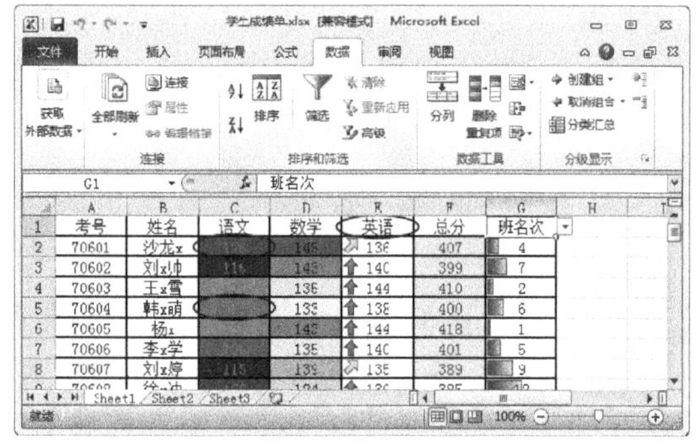

图 13-65

13.5.4 方案管理器的模拟分析

如果准备使用方案对数据进行假设分析，首先应该创建方案，在创建方案之前需要设置方案中的变量，该变量改变则可以引起其他数值的改变。下面以修改学生成绩为例，详细介绍方案管理器的使用方法。

素材文件 无

效果文件 第13章\效果文件\学生成绩单.xlsx

step 1 ① 在工作表中，选择 F3 单元格，② 在窗口编辑栏中输入公式“=C3+D3+E3”，③ 单击【完成】按钮✔，如图 13-66 所示。

step 2 ① 选择【数据】选项卡，② 单击【数据工具】组中【模拟分析】下拉按钮，③ 在弹出的下拉菜单中，选择【方案管理器】菜单项，如图 13-67 所示。

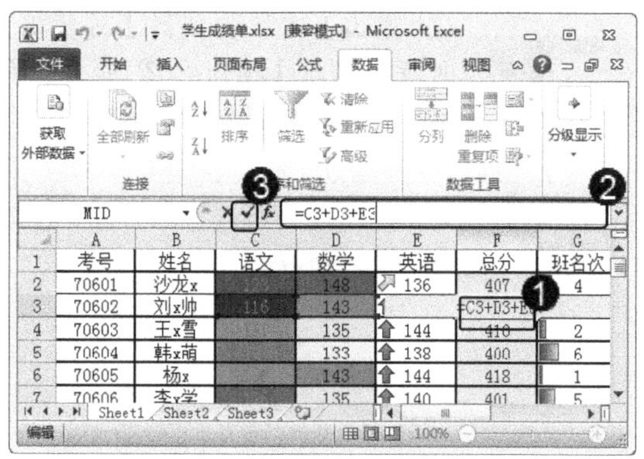

图 13-66

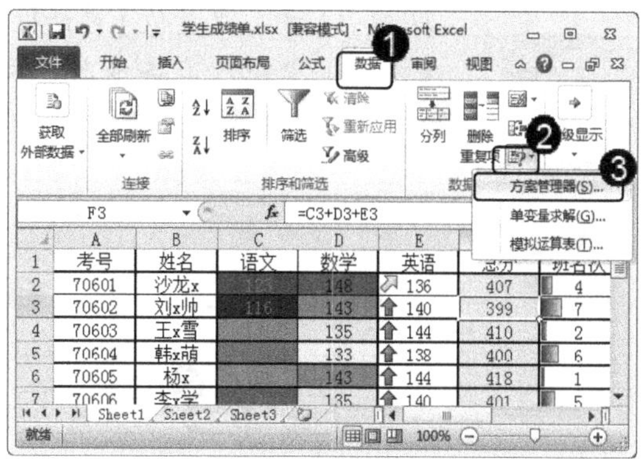

图 13-67

step 3 弹出【方案管理器】对话框，单击【添加】按钮，如图 13-68 所示。

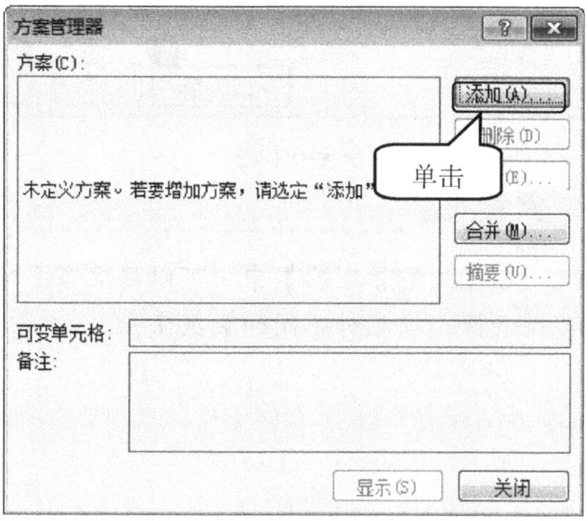

图 13-68

step 4 弹出【添加方案】对话框，① 在【方案名】文本框中输入准备使用的方案名称，② 单击【可变单元格】折叠按钮，如图 13-69 所示。

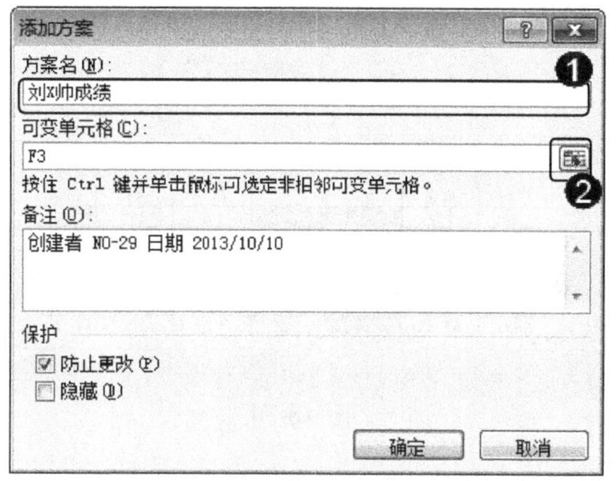

图 13-69

step 5 ①【添加方案】对话框显示为折叠状态，选择 C3 单元格，② 单击【添加方案】对话框中展开按钮，如图 13-70 所示。

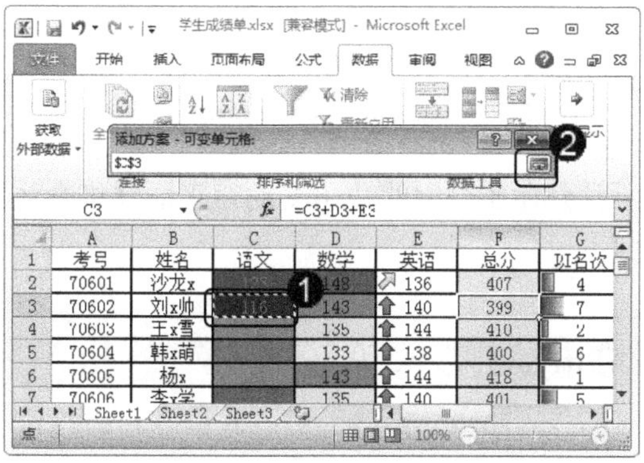

图 13-70

step 6 ① 进入到【编辑方案】界面，勾选【防止更改】复选框，② 单击【确定】按钮，如图 13-71 所示。

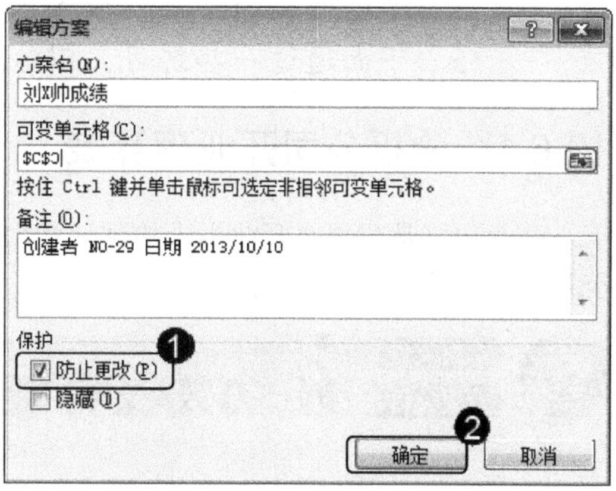

图 13-71

① 弹出【方案变量值】对话框，在文本框中输入准备修改的成绩数值，② 单击【确定】按钮，如图 13-72 所示。

图 13-72

返回到工作表界面，可以看到“刘×帅”的成绩已经改变，如图 13-74 所示。

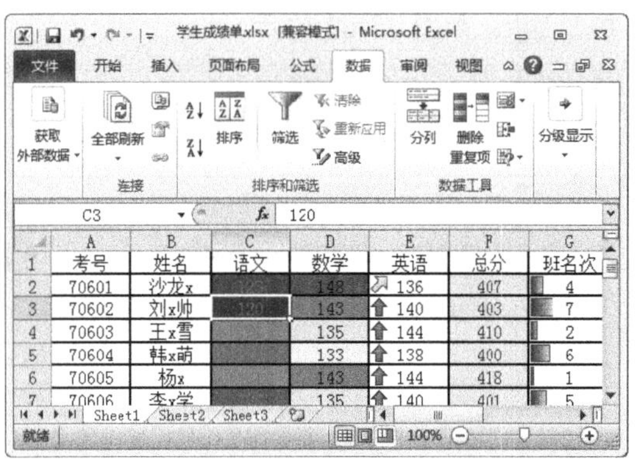

图 13-74

① 弹出【方案管理器】对话框，单击【显示】按钮，② 单击【关闭】按钮，如图 13-73 所示。

图 13-73

智慧锦囊

在【方案管理器】中，可以建立多个方案供选择，以应对不同的数据变化。

13.6 范例应用与上机操作

通过本章的学习，读者可以掌握数据分析与处理方面的知识与技巧。下面通过一些练习，以达到巩固学习、拓展提高的目的。

13.6.1 分析公司开业预算表

开业预算是公司在开业当天的预计费用，一般会存在一定的费用变动，下面详细介绍公司开业预算表的制作方法。

素材文件 无
效果文件 第 13 章\效果文件\开业活动费用预算表.xlsx

step 1 ① 新建一份 Excel 工作簿，在工作表中建立一份公司开业预算表，将 F 列选中，② 选择【开始】选项卡，③ 单击【样式】组中【条件格式】下拉按钮，④ 在弹出的下拉菜单中，选择【数据条】菜单项，⑤ 在弹出的子菜单中，选择准备应用的子菜单项，如图 13-75 所示。

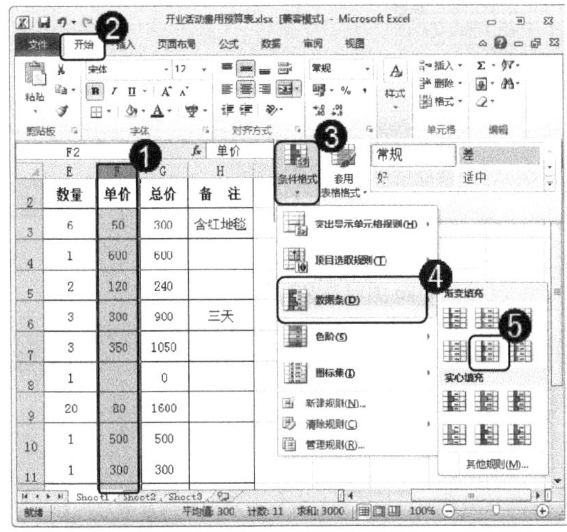

图 13-75

step 3 弹出【方案管理器】对话框，单击【添加】按钮，如图 13-77 所示。

图 13-77

step 5 ①【添加方案】对话框显示为折叠状态，选择 F8 单元格，② 单击【添加方案】对话框中展开按钮，如图 13-79 所示。

step 2 ① 返回到工作表界面，可以看到 F 列以数据条的方式显示，选择【数据】选项卡，② 单击【数据工具】组中【模拟分析】下拉按钮，③ 在弹出的下拉菜单中，选择【方案管理器】菜单项，如图 13-76 所示。

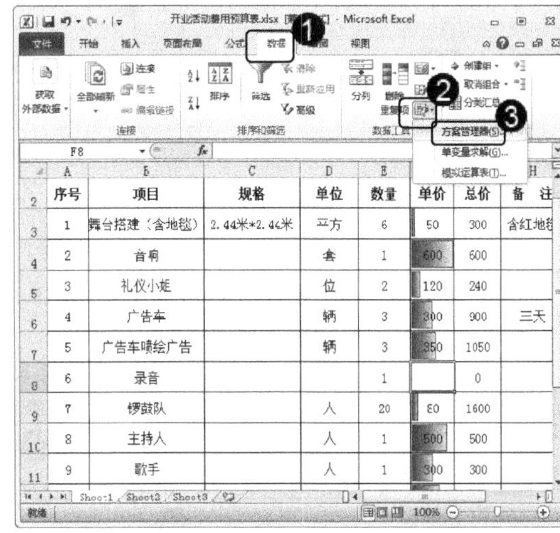

图 13-76

step 4 弹出【添加方案】对话框，在【方案名】文本框中输入准备使用的方案名称，单击【可变单元格】折叠按钮，如图 13-78 所示。

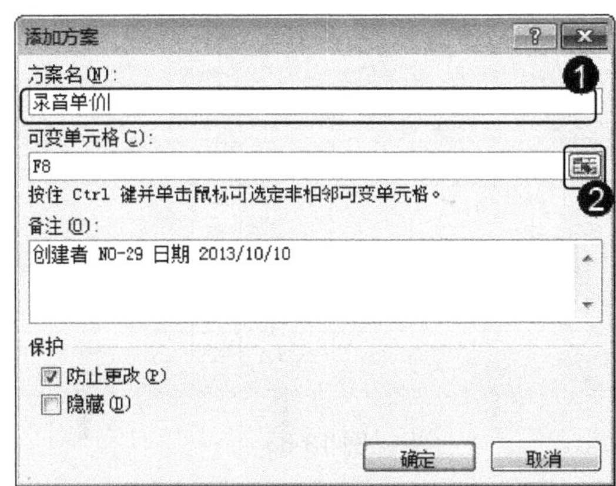

图 13-78

step 6 ① 进入到【编辑方案】界面，勾选【防止更改】复选框，② 单击【确定】按钮，如图 13-80 所示。

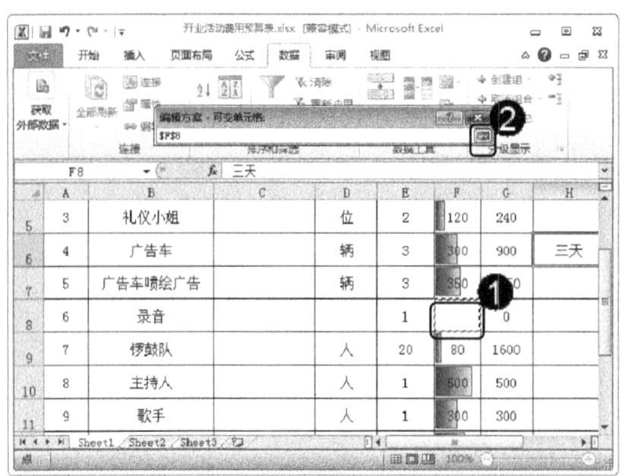

图 13-79

step 7 ① 弹出【方案变量值】对话框，在文本框中输入录音单价的数值，② 单击【确定】按钮，如图 13-81 所示。

图 13-81

step 9 返回到工作表界面，预算数值已经改变，如图 13-83 所示。

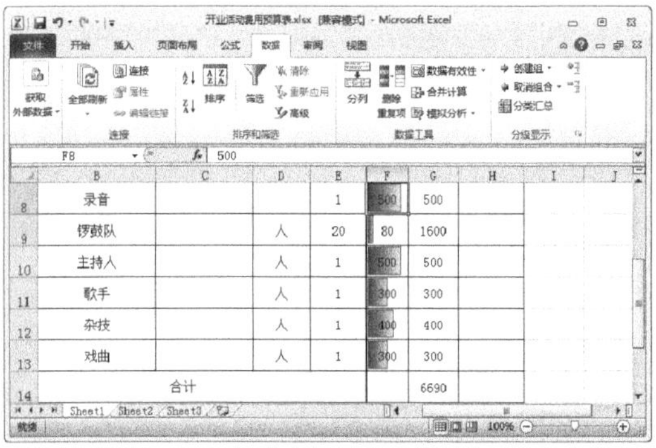

图 13-83

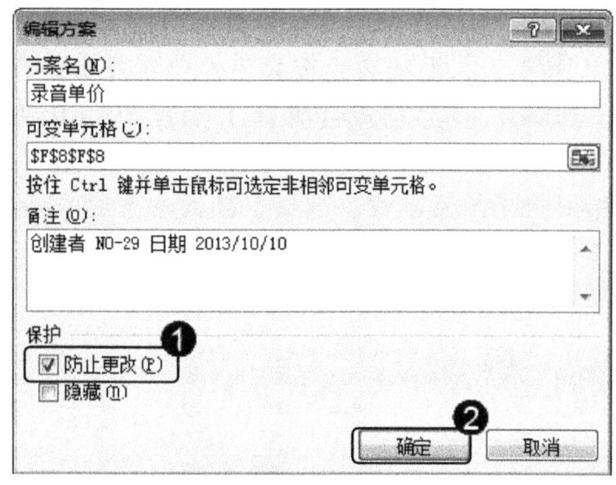

图 13-80

step 8 ① 弹出【方案管理器】对话框，单击【显示】按钮，② 单击【关闭】按钮，如图 13-82 所示。

图 13-82

13.6.2 员工医疗费用统计表

企业创建员工医疗费用统计表主要是针对员工医疗费用的统计，包括员工的相关资料、医疗费用种类、费用金额，以及企业报销金额等，下面详细介绍员工医疗费用统计表的制作方法。

素材文件 无

效果文件

第13章\效果文件\员工医疗费用统计表.xlsx

step 1 ① 新建一份 Excel 工作簿，在工作表中建立一份员工医疗费用统计表，将 H 列选中，② 选择【开始】选项卡，③ 单击【样式】组中【条件格式】下拉按钮，④ 在弹出的下拉菜单中，选择【突出显示单元格规则】菜单项，⑤ 在弹出的子菜单中，选择【大于】菜单项，如图 13-84 所示。

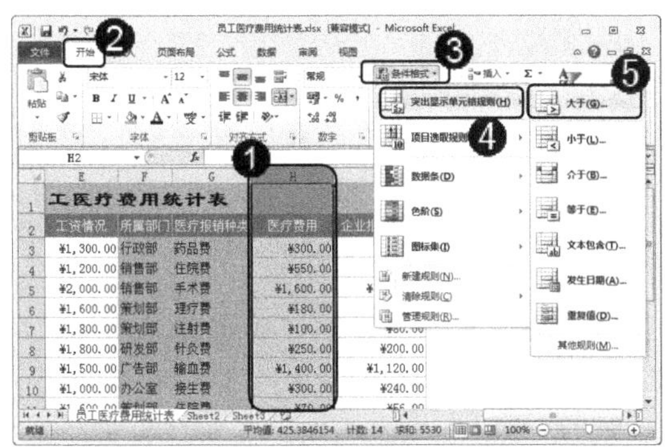

图 13-84

step 2 ① 弹出【大于】对话框，在【为大于以下值的单元格设置格式】文本框中，输入数值“1000”，② 在【设置为】列表中，选择【绿填充色深绿色文本】列表项，③ 单击【确定】按钮，如图 13-85 所示。

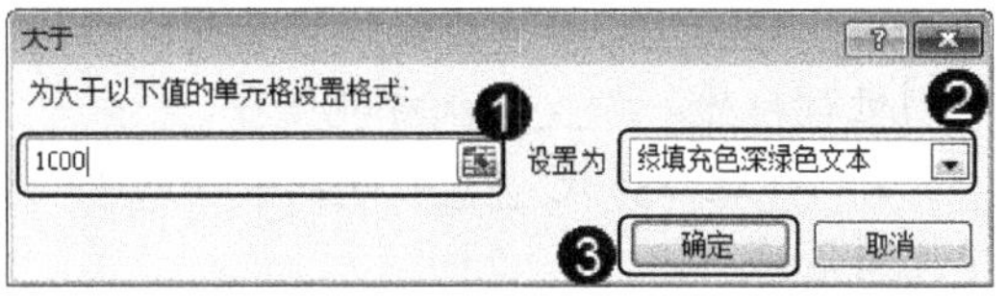

图 13-85

step 3 ① 返回到工作表界面，可以看到已经将大于“1000”的数值显示出来，选中 I 列，② 单击【样式】组中【条件格式】下拉按钮，③ 在弹出下拉菜单中，选择【数据条】菜单项，④ 在弹出的子菜单中，选择准备应用的子菜单项，如图 13-86 所示。

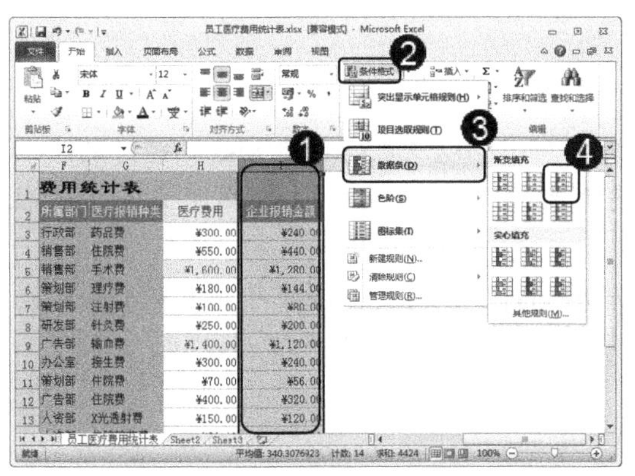

图 13-86

step 4 返回到工作表界面，可以看到 I 列的单元格以数据条的形式显示出来，员工医疗费用统计表制作完成，如图 13-87 所示。

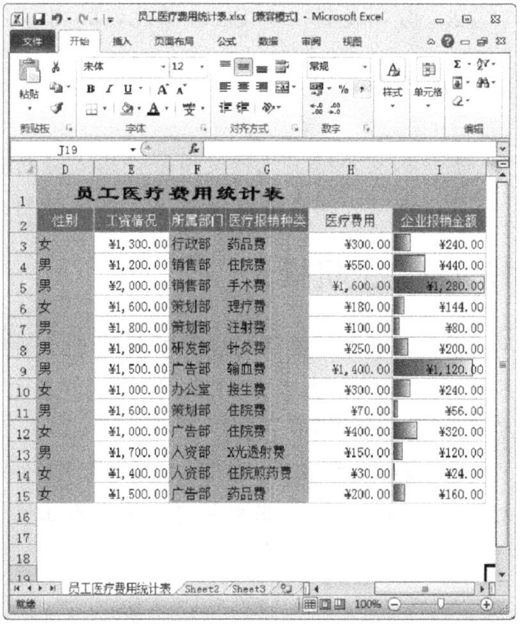

图 13-87

13.7 课后练习

13.7.1 思考与练习

一、填空题

1. ________是指针对一列或者多列中的数据，例如文本、数字或者日期，按照一定的规则进行排序，如____或者降序等。

2. 筛选数据是____不符合条件的单元格或者单元格区域，显示符合条件的______或者单元格区域。

3. 创建组是将工作表内的某些单元格____起来，从而可以将其____或者展开。

二、判断题

1. 使用条件格式可以直观地查看和分析数据、发现关键问题以及识别模式和趋势。（ ）

2. 分列是将一个 Excel 单元格的内容分隔成多个单独的行。（ ）

三、思考题

1. 本章介绍了几种使用条件格式分析数据的方法？

2. 本章介绍了哪几种数据工具的使用方法？

13.7.2 上机操作

1. 打开“配套素材\第 13 章\素材文件\员工住房津贴以及医疗保险.xlsx”素材文件，练习升序排序“住房津贴”的操作。效果文件可参考“配套素材\第 13 章\效果文件\员工住房津贴以及医疗保险.xlsx”。

2. 打开“配套素材\第 13 章\素材文件\出库单.xlsx”素材文件，练习突出显示库存数大于 200 的操作。效果文件可参考“配套素材\第 13 章\效果文件\出库单.xlsx”。

第14章

PowerPoint 2010 快速入门操作

本章主要介绍了 PowerPoint 2010 工作界面、演示文稿的基本操作和幻灯片的基本操作方面的知识与技巧，同时还讲解了输入字符与编排格式的方法。通过本章的学习，读者可以掌握 PowerPoint 2010 快速入门操作方面的知识，为深入学习电脑办公基础与应用知识奠定基础。

范例导航

1. PowerPoint 2010 工作界面
2. 演示文稿的基本操作
3. 幻灯片的基本操作
4. 输入字符与编排格式

14.1 PowerPoint 2010 工作界面

PowerPoint 2010 是微软公司推出的一款办公软件，被广泛应用于学习和工作的各个领域中，运用 PowerPoint 可以将文字、图片、声音、视频等各种信息合理的组织在一起，更加形象地表达演示者需要讲述的信息，可用于传授知识、促进交流等各个方面。本节将详细介绍 PowerPoint 2010 工作界面的相关知识。

在准备使用 PowerPoint 2010 编辑演示文稿前，应先了解 PowerPoint 2010 的工作界面，PowerPoint 2010 的操作界面与以前的版本有较大不同，同时新增加了多项功能，使其在原有版本的基础上有了较大的改进，从而为用户提供了一个崭新的学习界面，如图 14-1 所示。

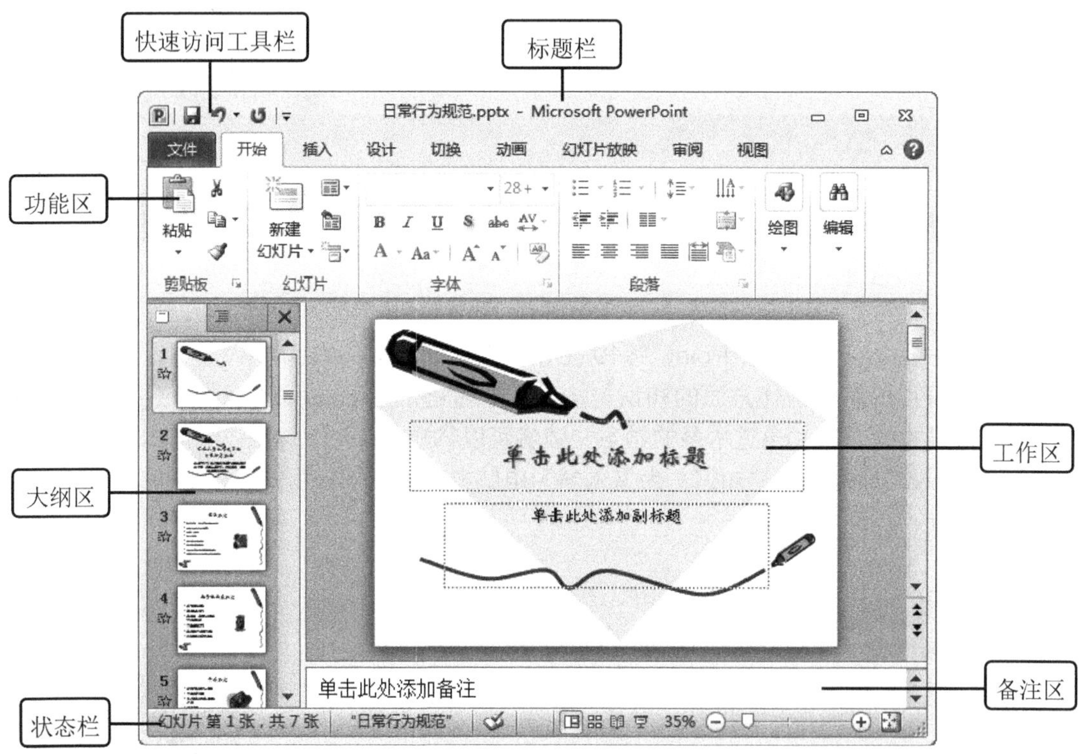

图 14-1

1. 【快速访问】工具栏

【快速访问】工具栏位于 PowerPoint 2010 工作界面的左上方，用于快速地执行一些操作。默认情况下【快速访问】工具栏中包括 3 个按钮，分别是【保存】按钮、【撤消键入】按钮和【重复键入】按钮。在 PowerPoint 2010 的使用过程中，用户可以根据实际工作需要，添加或删除【快速访问】工具栏中的命令选项，如图 14-2 所示。

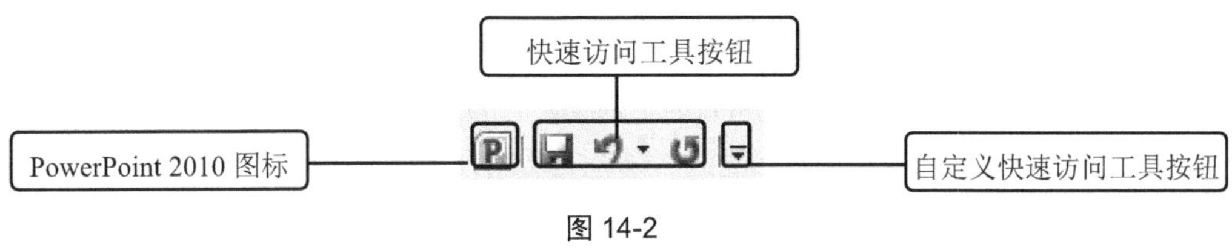

图 14-2

2. 标题栏

标题栏位于 PowerPoint 2010 工作界面的最上方，用于显示当前正在编辑的演示文稿和程序名称。在标题栏的最右侧是控制按钮，包括【最小化】按钮、【最大化】按钮/【还原】按钮和【关闭】按钮，用于执行窗口的最小化、最大化、还原和关闭操作，如图 14-3 所示。

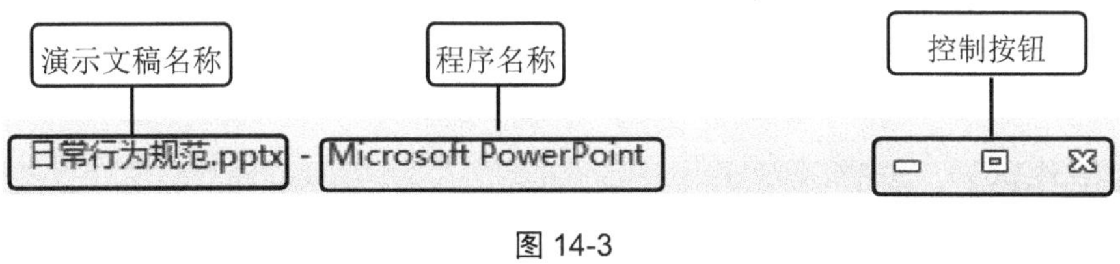

图 14-3

3. 功能区

功能区位于标题栏的下方，默认情况下由 10 个选项卡组成，分别为【文件】、【开始】、【插入】、【设计】、【转换】、【动画】、【幻灯片放映】、【审阅】、【视图】和【加载项】。每个选项卡中包含不同的功能区，功能区由若干组组成，每个组中由若干功能相似的按钮和下拉列表组成，如图 14-4 所示。

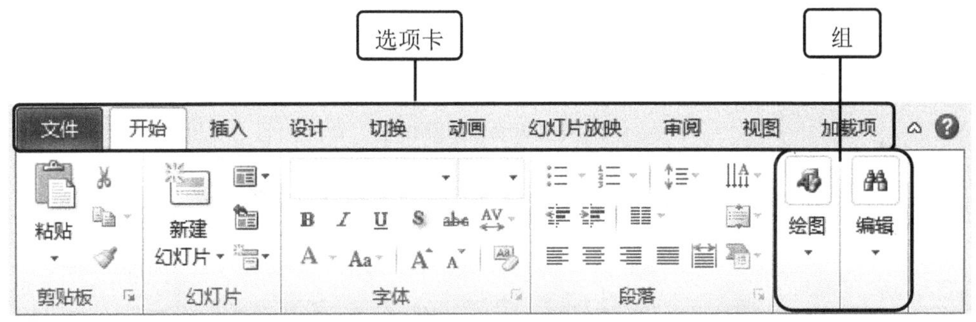

图 14-4

4. Backstage 视图

PowerPoint 2010 为方便用户使用，新增了一个新的 Backstage 视图，在该视图中可以对演示文稿中的相关数据进行方便有效的管理。Backstage 视图取代了早期版本中的 Office 按钮和文件菜单，使用起来更加方便，如图 14-5 所示。

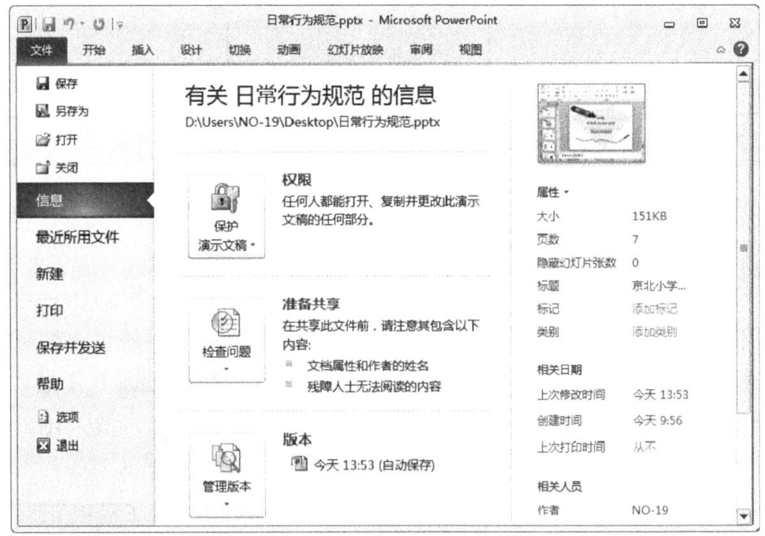

图 14-5

5. 工作区

工作区即 PowerPoint 2010 的演示文稿编辑区，位于窗口中间，在此区域内可以向幻灯片中输入内容并对内容进行编辑，插入图片、设置动画效果等，它是 PowerPoint 2010 的主要操作区域，如图 14-6 所示。

图 14-6

6. 大纲区

PowerPoint 2010 的大纲区位于工作界面的左侧，其中有【幻灯片】选项卡和【大纲】选项卡。在【幻灯片】选项卡中，可以显示演示文稿中所有的幻灯片；在【大纲】选项卡中，可以显示每张幻灯片中的标题和文字内容，分别如图 14-7 和图 14-8 所示。

图 14-7

图 14-8

7. 备注区

备注区位于 PowerPoint 2010 工作区的下方，用于为幻灯片添加备注，从而完善幻灯片的内容，便于用户查找编辑，如图 14-9 所示

单击此处添加备注

图 14-9

8. 状态栏

状态栏位于窗口的最下方，PowerPoint 2010 的状态栏显示的信息更丰富，具有更多的功能，如查看幻灯片张数、显示主题名称、进行语法检查、切换视图模式、幻灯片放映和调节显示比例等，如图 14-10 所示。

图 14-10

14.2 演示文稿的基本操作

PowerPoint 2010 主要用于演示文稿的创建，即幻灯片的制作，可有效地帮助演讲、教学，产品演示等。如果用户准备使用 PowerPoint 2010 制作演示文稿，首先应掌握演示文稿的基本操作，本节将介绍演示文稿的基本操作方法。

14.2.1 PowerPoint 2010 文稿格式简介

由于 PowerPoint 2010 引入了一种基于 XML 的文件格式，这种格式称为 Microsoft Office Open XML Formats，因此 PowerPoint 2010 文件将以 XML 格式保存，其扩展名为.pptx 或.pptm，.pptx 表示不含宏的 XML 文件，.pptm 则表示含有宏的 XML 文件，如表 14-1 所示。

表 14-1

PowerPoint 2010 的文件类型	扩 展 名
PowerPoint 2010 演示文稿	.pptx
PowerPoint 2010 启用宏的演示文稿	.pptm
PowerPoint 2010 模板	.potx
PowerPoint 2010 启用宏的模板	.potm

14.2.2 创建演示文稿

在使用 PowerPoint 2010 制作演示文稿前，首先需要创建一个演示文稿，创建演示文稿的方法有许多种，下面将详细介绍创建空演示文稿的操作方法。

step 1 ① 选择【文件】选项卡，② 在 Backstage 视图中选择【新建】选项卡，③ 在【可用的模板和主题】区域选择【空白演示文稿】选项，④ 单击【创建】按钮，如图 14-11 所示。

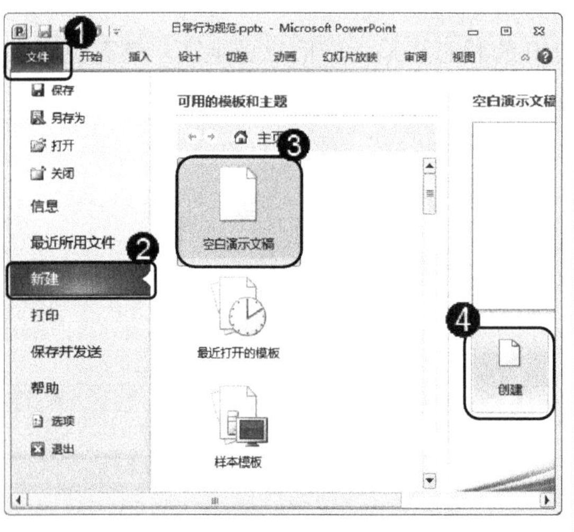

图 14-11

自动创建了一个名为“演示文稿 1”的空白演示文稿，如图 14-12 所示。

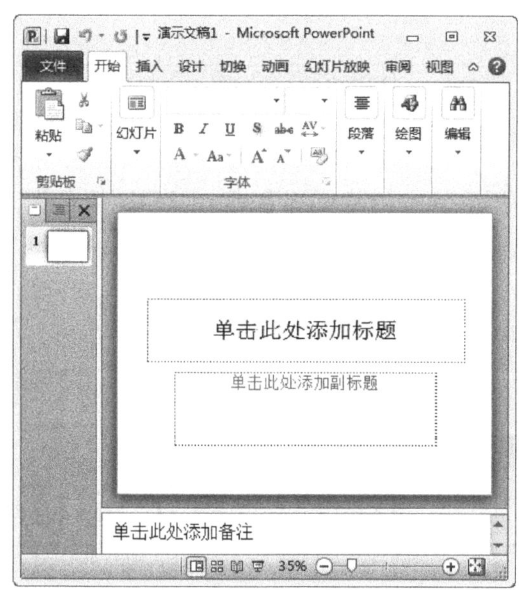

图 14-12

14.2.3 根据模板创建演示文稿

模板实际上就是一个包含初始设置的文件，可能包括一些示例幻灯片、背景图片、自

定义颜色和字体主题等，下面将详细介绍根据模板创建演示文稿的操作方法。

step 1 ① 选择【文件】选项卡，② 在打开的 Backstage 视图中选择【新建】选项，③ 在【可用的模板和主题】区域下方，选择【样本模板】选项，如图 14-13 所示。

图 14-13

step 2 打开【样本模板】窗口，① 选择准备使用的模板，如选择【PowerPoint 2010 简介】选项，② 单击【创建】按钮，如图 14-14 所示。

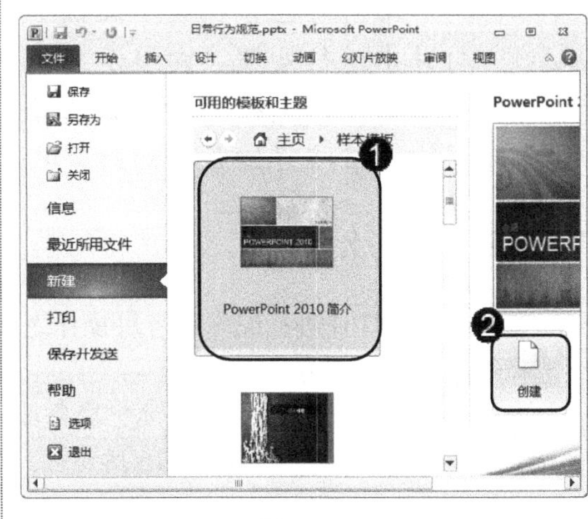

图 14-14

step 3 可以看到创建的演示文稿直接套用了选择的模板样式，如图 14-15 所示。通过以上步骤即可完成根据模板创建演示文稿的操作。

图 14-15

智慧锦囊

在 PowerPoint 2010 中，打开一个演示文稿后，在键盘上按下 Ctrl+N 组合键，可以快速地新建一个空白演示文稿。

考考您

请您根据上述方法创建一个演示文稿，并试着创建一个具有模板的演示文稿，测试一下您的学习效果。

14.3 幻灯片的基本操作

幻灯片包含在演示文稿中，所有的文本、图片和动画等数据都在幻灯片中进行处理。向演示文稿中插入了一些幻灯片后，用户可以根据个人需要对其进行更改，如选择、移动、删除、插入、复制和粘贴幻灯片等。本节将详细介绍幻灯片基本操作方面的相关知识及操作方法。

14.3.1 选择幻灯片

在对某张幻灯片进行编辑和各种操作之前，首先需要选择该张幻灯片，下面将详细介绍选择幻灯片的操作方法。

在【幻灯片】窗格中，选中准备选择的幻灯片，如图 14-16 所示。

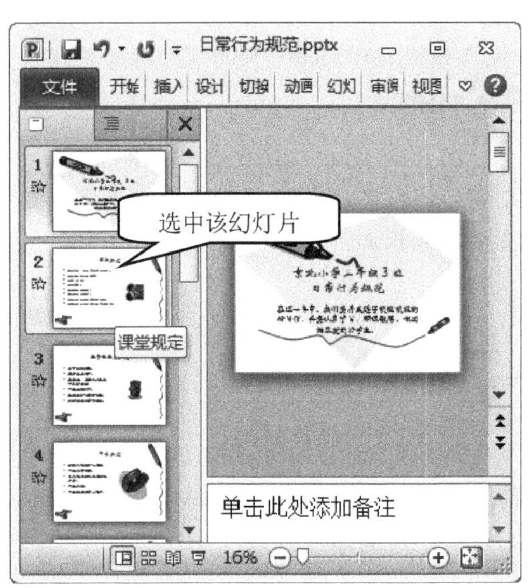

图 14-16

在 PowerPoint 2010 的工作区中，显示刚刚选择的幻灯片，如图 14-17 所示。

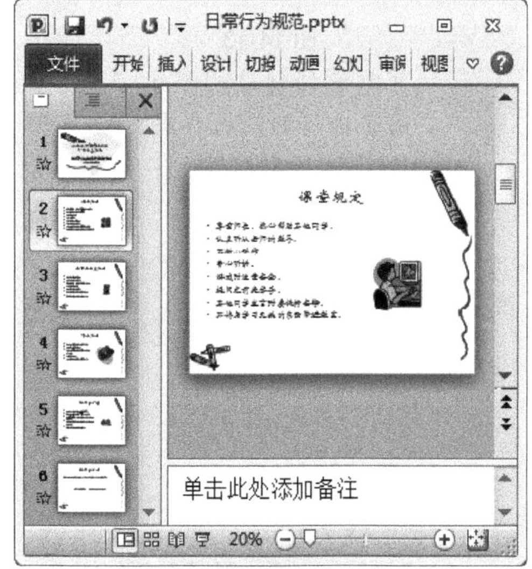

图 14-17

14.3.2 删除幻灯片

对于内容不满意的幻灯片，或是无用的幻灯片，应该及时将其删除，以减小演示文稿的容量，下面将详细介绍删除幻灯片的操作方法。

step 1 在【幻灯片】窗格中，① 使用鼠标右击准备删除的幻灯片，② 在弹出的快捷菜单中，选择【删除幻灯片】选项，如图 14-18 所示。

在幻灯片窗格中可以看到，已经将选择的幻灯片删除，如图 14-19 所示。通过以上步骤即可完成删除幻灯片的操作。

图 14-18

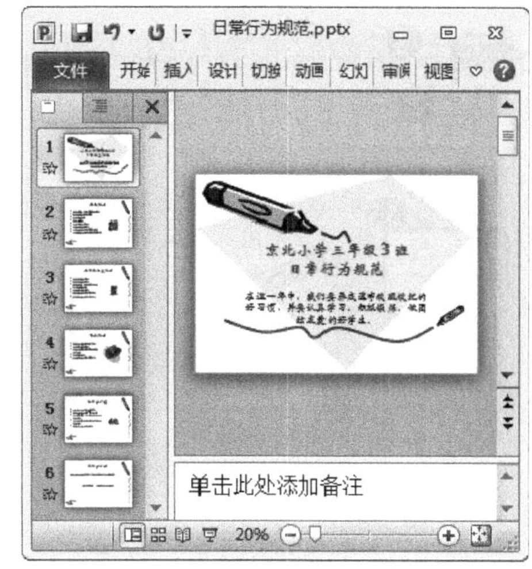

图 14-19

14.3.3 移动和复制幻灯片

在进行编辑演示文稿时，常常会需要将幻灯片的位置进行调整，并且对于一些需要重复使用的幻灯片，用户可以将其复制并粘贴到指定位置处，从而提高工作效率，节省重复编辑的时间，下面将详细介绍移动和复制幻灯片的操作方法。

step 1 在【幻灯片】窗格中，选择准备移动的幻灯片，单击并拖动幻灯片，拖动该幻灯片至目标位置，然后释放鼠标左键，如图 14-20 所示。

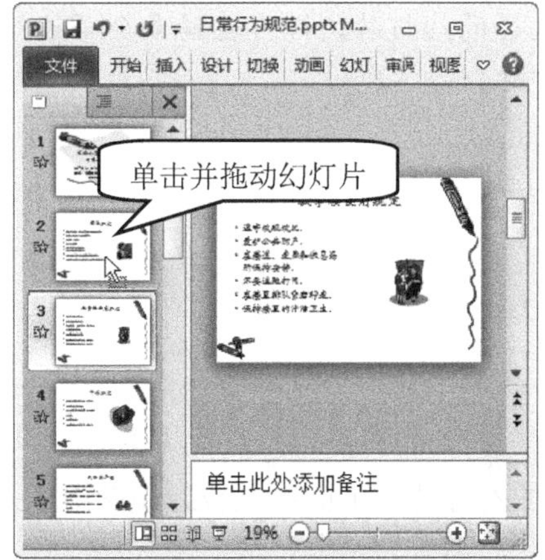

图 14-20

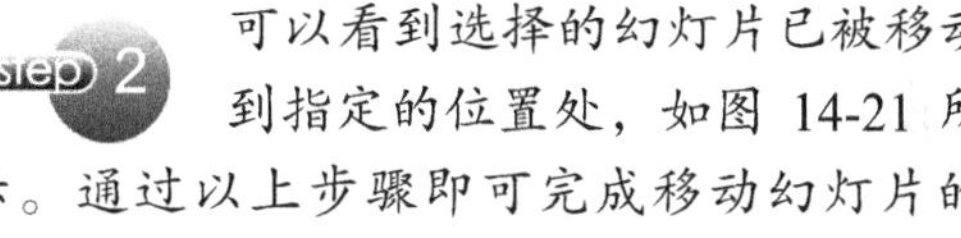

step 2 可以看到选择的幻灯片已被移动到指定的位置处，如图 14-21 所示。通过以上步骤即可完成移动幻灯片的操作。

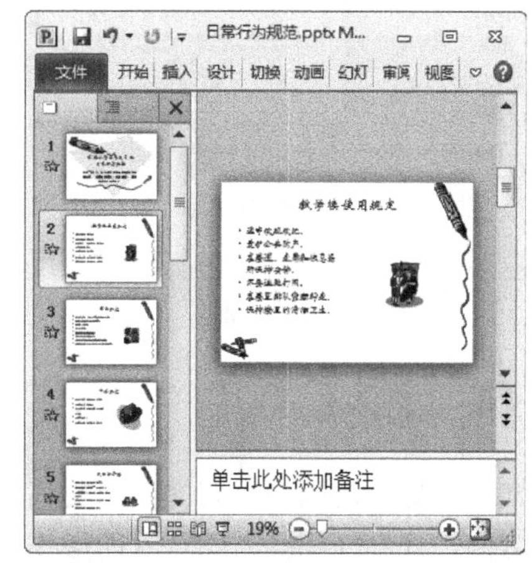

图 14-21

step 3 ① 选择准备复制幻灯片的缩略图，② 选择【开始】选项卡，③ 在【剪贴板】组中，单击【复制】按钮，如图 14-22 所示。

step 4 ① 选择准备粘贴幻灯片的目标位置，② 选择【开始】选项卡，③ 在【剪贴板】组中，单击【粘贴】按钮，如图 14-23 所示。

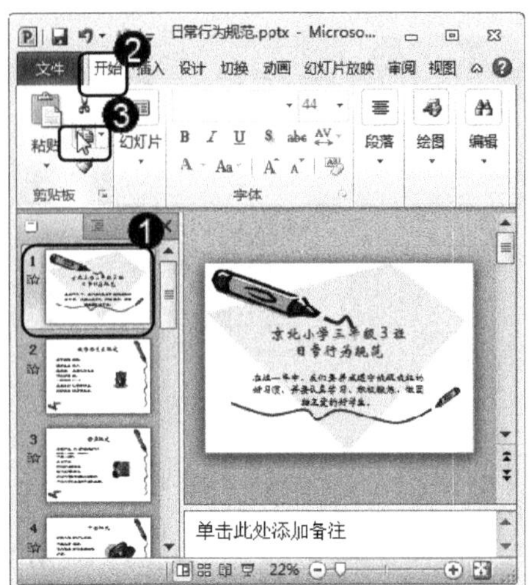

图 14-22

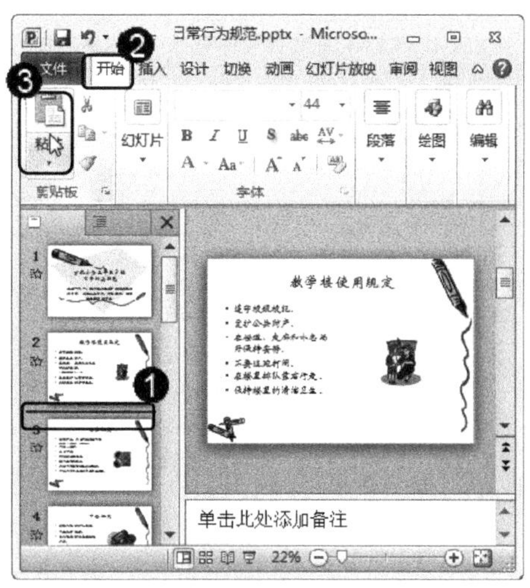

图 14-23

 通过以上步骤即可完成复制粘贴幻灯片的操作，如图 14-24 所示。

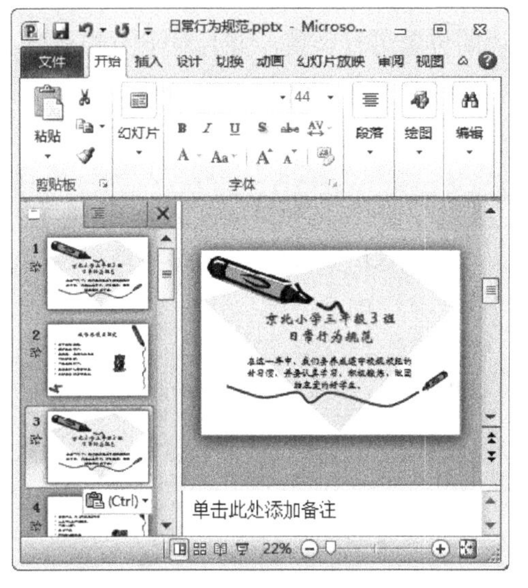

图 14-24

智慧锦囊

在进行选择幻灯片操作时，有时会需要同时选择多个幻灯片，其操作方法为：首先，先选择第一张幻灯片，在键盘上按住 Shift 键的同时，选择最后一个幻灯片，即可将第一张到最后一张幻灯片全部进行选择；还可以选择多个不连续的幻灯片，在键盘上按下 Ctrl 键的同时，分别选择准备选择的幻灯片，即可选择多个不连续的幻灯片。

14.3.4 插入幻灯片

插入幻灯片是指在已有的演示文稿中插入空白的幻灯片，下面以在普通视图中插入幻灯片为例，详细介绍插入幻灯片的操作方法。

step 1 ① 选择准备插入新幻灯片的位置，② 选择【开始】选项卡，③ 在【幻灯片】组中，单击【新建幻灯片】按钮，④ 在弹出的下拉列表中，选择准备插入的新幻灯片样式，如图 14-25 所示。

step 2 可以看到在幻灯片窗格中，插入了一个新的幻灯片，如图 14-26 所示。通过以上步骤即可完成插入幻灯片的操作。

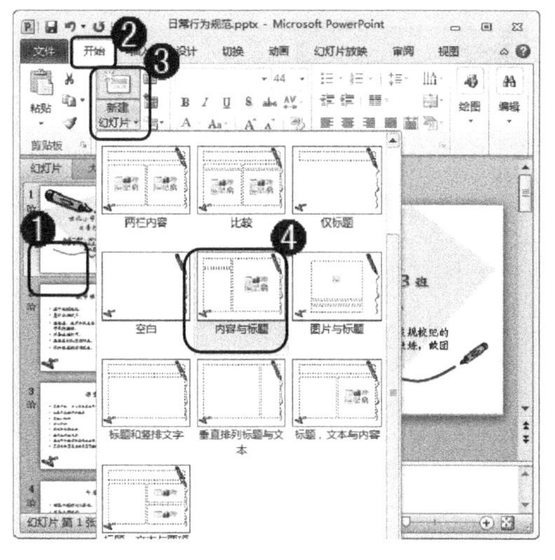

图 14-25

图 14-26

14.4 输入字符与编排格式

文本是演示文稿的基础，演示文稿的内容首先是通过文字表达出来的，如果准备制作编辑演示文稿，首先就需要向演示文稿中输入文本，并且为了使演示文稿的内容按要求的格式进行显示和排列，必须对其进行格式上的设置。本节将详细介绍输入字符与编排格式的相关知识。

14.4.1 认识占位符

占位符，顾名思义就是先占住版面中一个固定的位置，供用户向其中添加内容。在 PowerPoint 2010 中，占位符显示为一个带有虚线边框的方框，所有的幻灯片版式中都包含有占位符，在这些方框内可以放置标题及正文，或者放置 SmartArt 图形、表格和图片之类的对象。

占位符内部往往有“单击此处添加文本”之类的提示语，一旦鼠标单击之后，提示语会自动消失。当用户需要创建模板时，占位符能起到规划幻灯片结构的作用，调节幻灯片版面中各部分的位置和所占面积的大小。

14.4.2 在演示文稿中添加文本

在 PowerPoint 2010 演示文稿中添加文本的方法非常简单，直接向占位符中输入文本即可，下面介绍在演示文稿中添加文本的操作方法。

step 1 ① 在大纲区选择准备输入文本的幻灯片缩略图，② 单击准备输入文本的占位符，将鼠标指针定位在占位符中，如图 14-27 所示。

step 2 在占位符中输入需要的文字内容，即可完成在演示文稿中添加文本的操作，如图 14-28 所示。

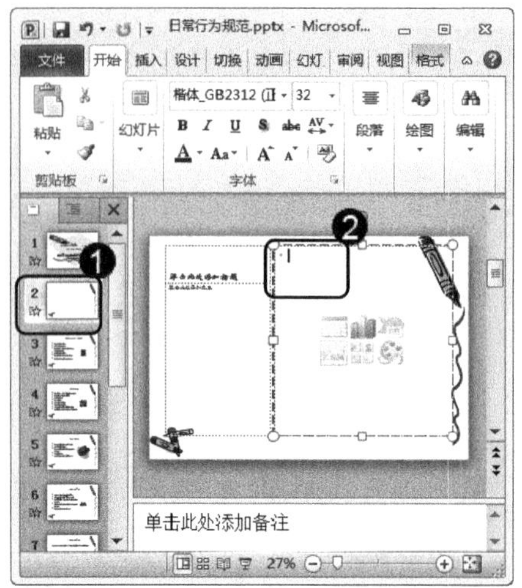

图 14-27

图 14-28

14.4.3 设置段落缩进方式

PowerPoint 2010 中的段落缩进方式分为首行缩进、悬挂缩进和左缩进，下面以设置首行缩进为例，详细介绍设置段落缩进的操作方法。

step 1 ① 选中准备设置段落缩进的文本，② 选择【开始】选项卡，③ 在【段落】组中，单击【段落】启动器按钮，如图 14-29 所示。

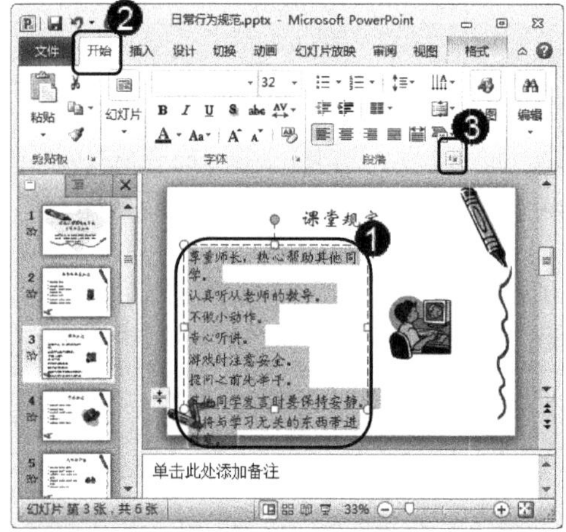

图 14-29

step 3 返回到幻灯片中，可以看见段落文本已经首行缩进，通过以上步骤即可完成设置段落缩进的操作，如图 14-31 所示。

step 2 弹出【段落】对话框，① 在【缩进】区域中，单击【特殊格式】下拉按钮，② 选择【首行缩进】选项，③ 单击【确定】按钮，如图 14-30 所示。

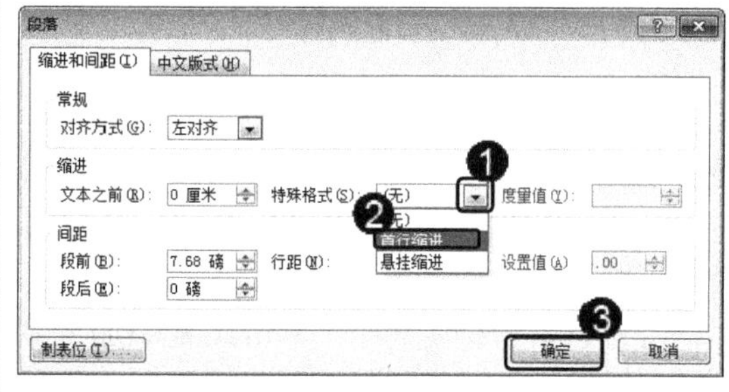

图 14-30

智慧锦囊

直接将光标定位到要设置的段落范围内，设置的效果也是针对整个段落的。

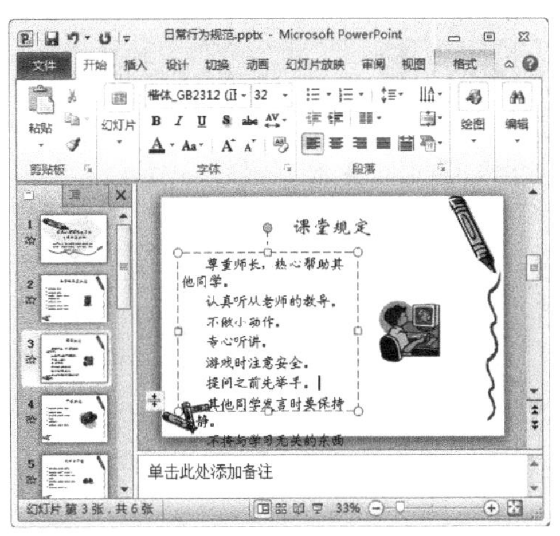

图 14-31

考考您

请您根据上述方法在演示文稿中添加文本，并设置一下段落缩进方式，测试一下您的学习效果。

14.4.4 设置行间距和段间距

为了使段落中行与行，或段落与段落之间保持一定的空间，可以通过设置行间距和段间距实现，解决由于文字过多而造成的文字拥挤的现象，下面将详细介绍其操作方法。

step 1 ① 选中准备设置行距的文本，② 选择【开始】选项卡，③ 在【段落】组中，单击【段落】启动器按钮，如图 14-32 所示。

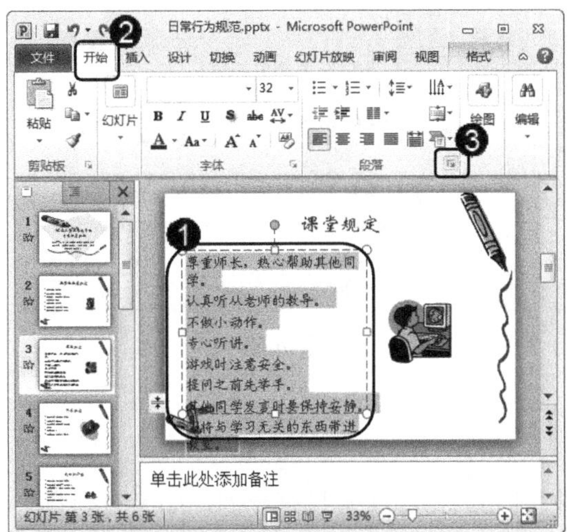

图 14-32

step 3 返回到幻灯片中，可以看见文本中的行距已经发生变化，如图 14-34 所示。通过以上步骤即可完成设置行距的操作。

step 2 弹出【段落】对话框，① 在【行距】区域中，单击【单倍行距】下拉按钮，② 选择【双倍行距】选项，③ 单击【确定】按钮，如图 14-33 所示。

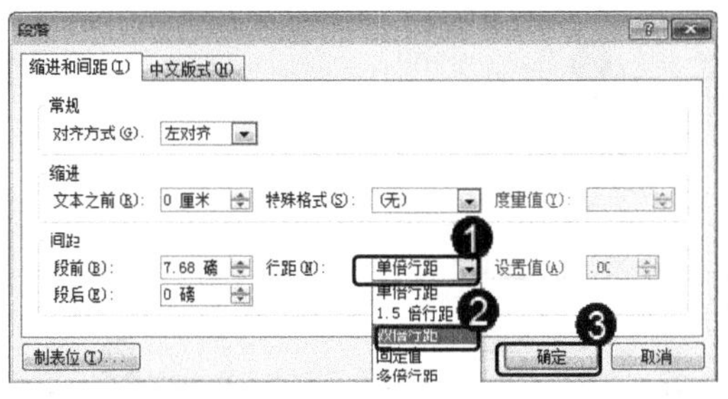

图 14-33

step 4 ① 选中准备设置段落间距的文本，② 选择【开始】选项卡，③ 在【段落】组中，单击【段落】启动器按钮，如图 14-35 所示。

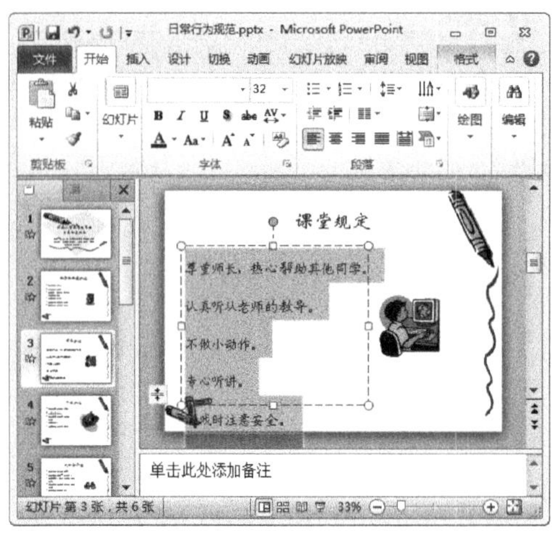

图 14-34

step 5 弹出【段落】对话框，① 选择【段落和间距】选项卡，② 在【间距】区域中，在【段前】和【段后】文本框中，设置数值，③ 单击【确定】按钮，如图 14-36 所示。

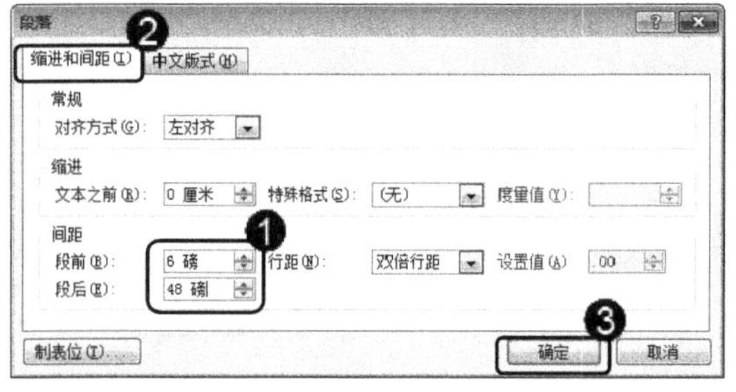

图 14-36

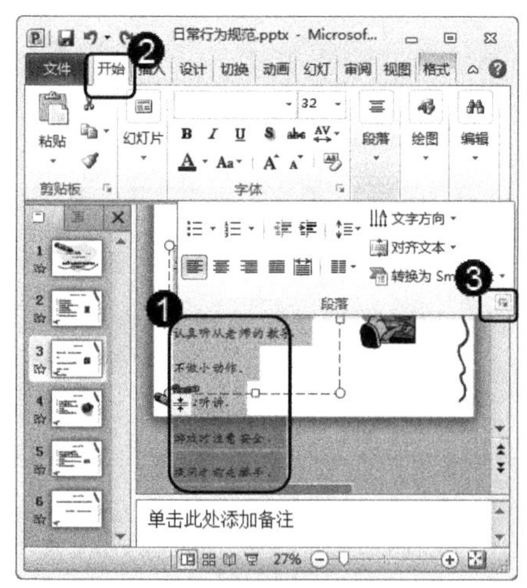

图 14-35

step 6 返回到幻灯片中，可以看见文本中的段间距已经发生变化，如图 14-37 所示。通过以上步骤即可完成设置段间距的操作。

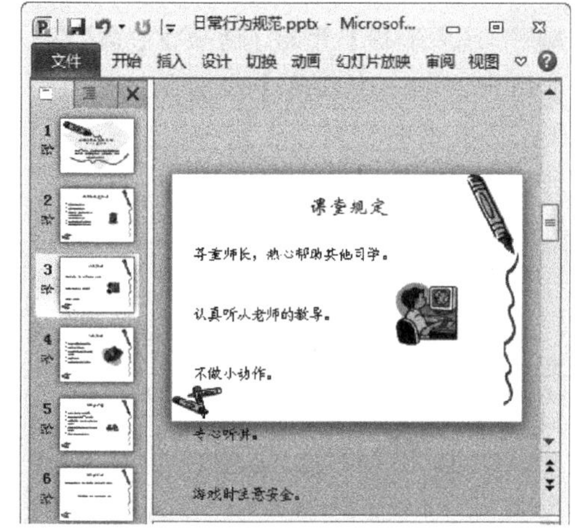

图 14-37

14.4.5 设置段落分栏

PowerPoint 2010 对于输入的文本默认是单栏排列的，即文本只有一列，如果对列数有特殊的要求，那么可以通过设置分栏解决，下面将详细介绍设置段落分栏的操作方法。

step 1 ① 选择准备设置分栏的文本，② 选择【开始】选项卡，③ 在【段落】组中，单击【分栏】下拉按钮 ，④ 选择准备设置的段落分栏数，如选择【两列】选项，如图 14-38 所示。

step 2 返回到幻灯片中，可以看到选择的文本已被分为两栏，如图 14-39 所示。通过以上步骤即可完成设置段落分栏的操作。

图 14-38

图 14-39

14.4.6　添加项目符号和编号

在编辑 PowerPoint 2010 中的幻灯片时，用户可以为文本内容统一添加项目符号和编号，从而使文档更为整洁，起到便于阅读和理解的作用。下面将详细介绍其操作方法。

step 1　① 选择准备添加项目符号的文本，② 选择【开始】选项卡，③ 在【段落】组中，单击【项目符号】下拉按钮，如图 14-40 所示。

step 2　展开【项目符号】列表框，在其中提供了多种项目符号样式，选择准备应用的项目符号样式，如图 14-41 所示。

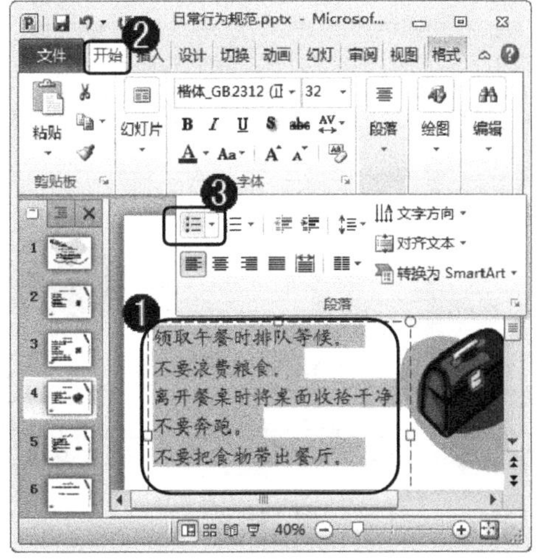

图 14-40

图 14-41

step 3　返回到幻灯片中，可以看到选择的文本内容在每个段落之前添加了项目符号，如图 14-42 所示。通过以上步骤即可完成添加项目符号的操作。

step 4　① 选择准备添加编号的文本，② 在【段落】组中，单击【编号】下拉按钮，如图 14-43 所示。

图 14-42

图 14-43

step 5 展开【编号】列表框，在其中提供了多种编号样式，选择准备应用的编号样式，如图 14-44 所示。

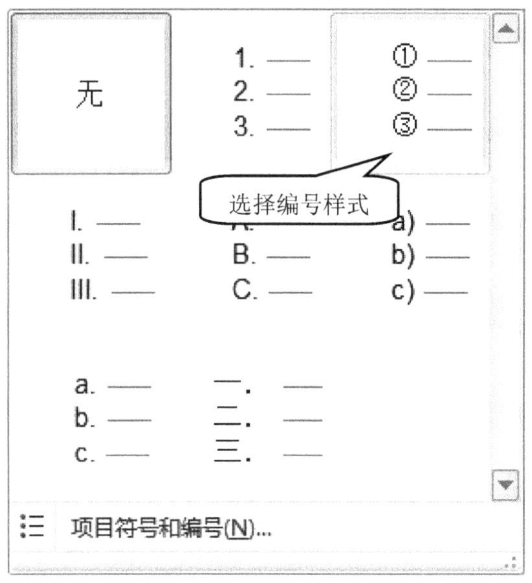

图 14-44

step 6 返回到幻灯片中，可以看到选择的文本内容在每个段落之前添加了编号，如图 14-45 所示。通过以上步骤即可完成添加编号的操作。

图 14-45

14.4.7 设置文字方向

在使用 PowerPoint 2010 进行编辑演示文稿时，用户可以将段落中的文字设置为不同的方向，以达到编辑目标，下面将具体介绍设置段落文字方向的操作方法。

① 选择准备设置文字方向的文本，② 选择【开始】选项卡，③ 在【段落】组中，单击【文字方向】下拉按钮，④ 在弹出的下拉列表中，选择准备设置的文字方向，如选择【竖排】选项，如图 14-46 所示。

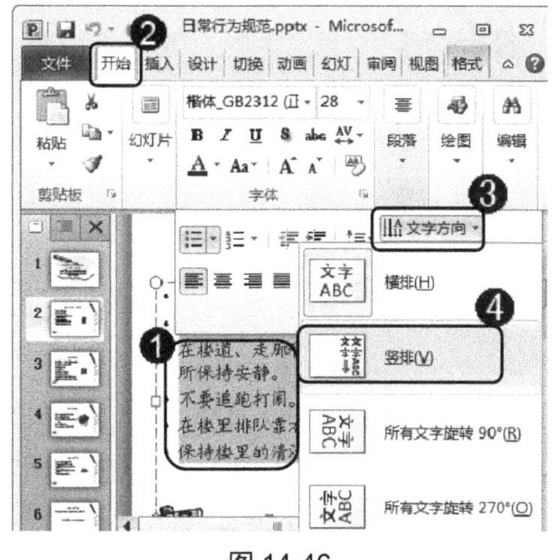

图 14-46

返回到幻灯片中，可以看到选择的文本文字方向已被更改为竖排，如图 14-47 所示。通过以上步骤即可完成设置文字方向的操作。

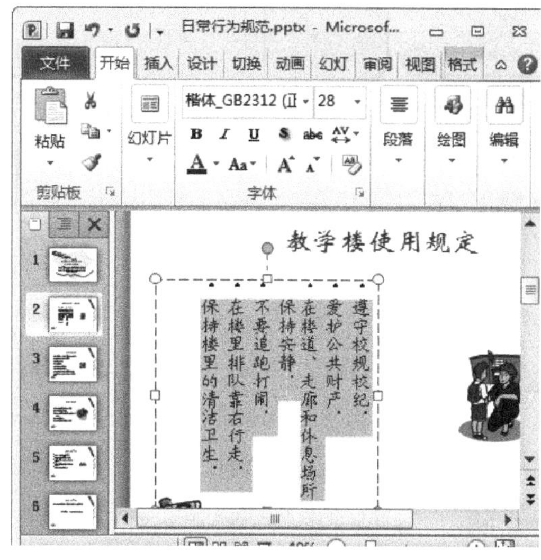

图 14-47

14.5 范例应用与上机操作

通过本章的学习，读者基本可以掌握 PowerPoint 2010 入门的基本知识以及一些常见的操作方法。下面通过练习操作 2 个实践案例，以达到巩固学习、拓展提高的目的。

14.5.1 制作诗词类幻灯片

本例将运用插入竖排文本框的方法，来制作一个关于诗歌内容的幻灯片，并将制作完成的幻灯片进行保存，下面将具体介绍其操作方法。

素材文件：无

效果文件：第 14 章\效果文件\诗词类幻灯片.pptx

① 选择【文件】选项卡，② 在 Backstage 视图中选择【新建】选项卡，③ 在【可用的模板和主题】区域选择【空白演示文稿】选项，④ 单击【创建】按钮，如图 14-48 所示。

自动创建了一个名为“演示文稿 1”的空白演示文稿，如图 14-49 所示。

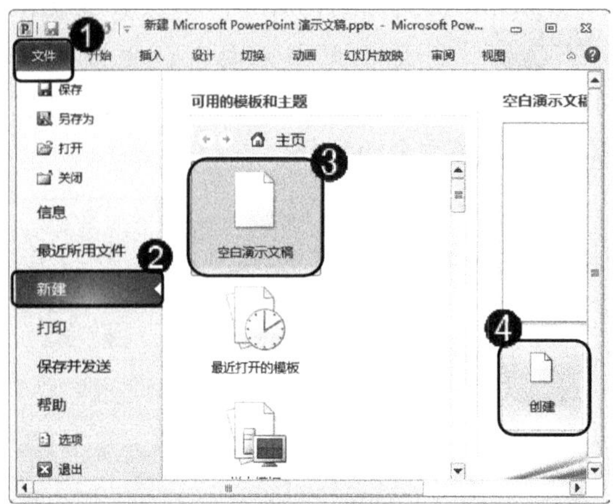

图 14-48

单击标题占位符，在其中输入诗词的标题文本内容，如图 14-50 所示。

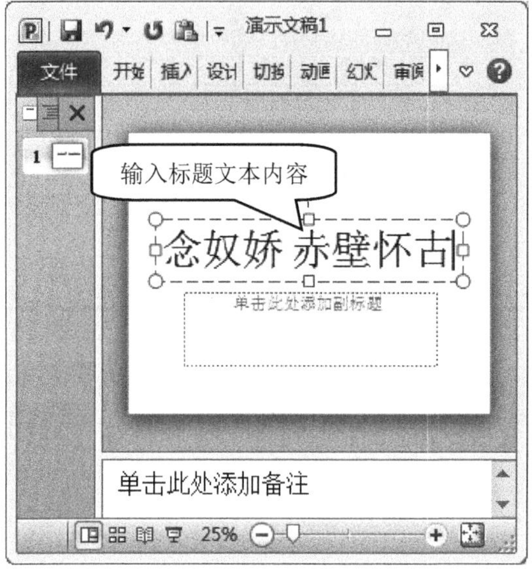

图 14-50

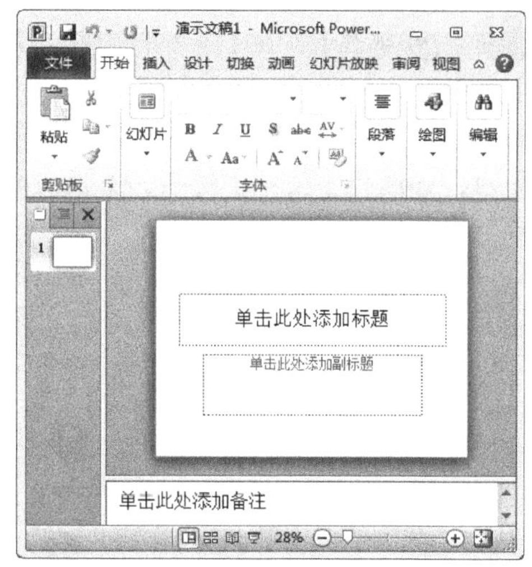

图 14-49

step 4 ① 选择【插入】选项卡，② 单击【文本】组中的【文本框】按钮，③ 在弹出的下拉列表框中选择【垂直文本框】选项，如图 14-51 所示。

图 14-51

step 5 此时，鼠标指针呈“十”字状，单击并拖动鼠标在幻灯片中进行绘制文本框，绘制完成后释放鼠标，如图 14-52 所示。

step 6 在绘制的竖排文本框中输入诗词内容，输入完成后，用户还可以拖动调整文本框的位置和大小，使其达到更好的效果，如图 14-53 所示。

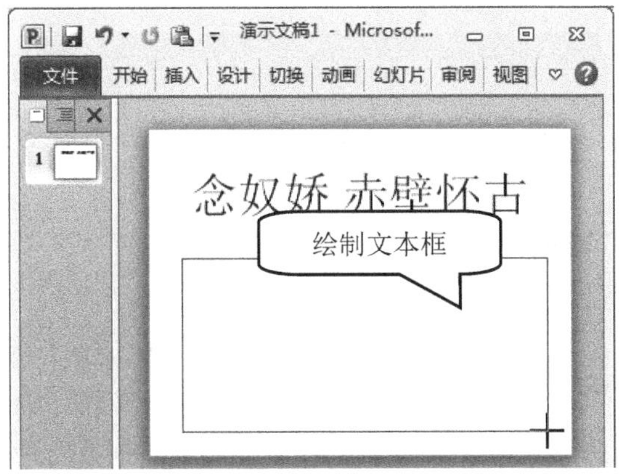

图 14-52

step 7 输入完成相关内容后，便可以将其进行保存，单击快速访问工具栏中的【保存】按钮，如图 14-54 所示。

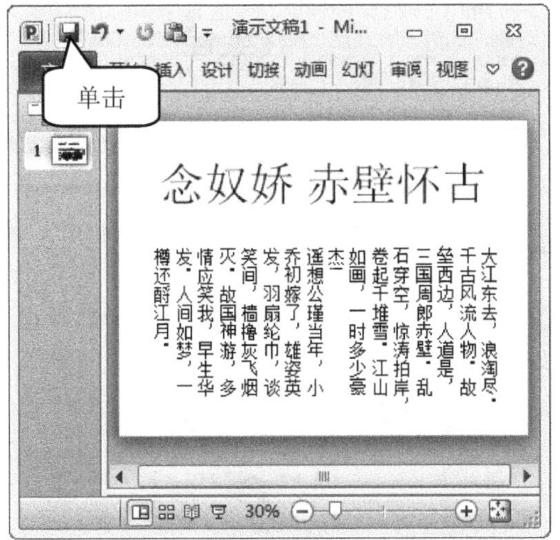

图 14-54

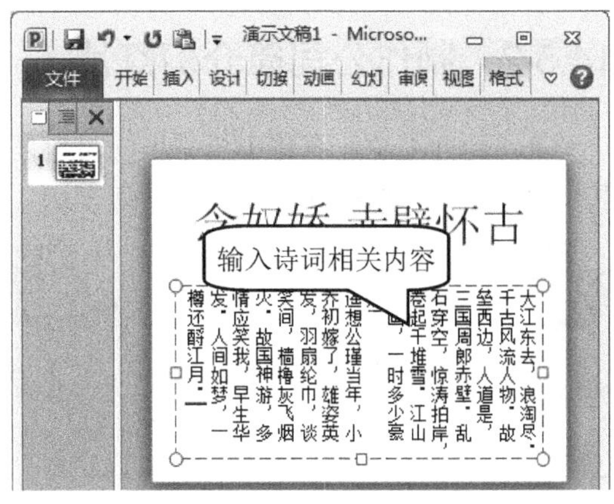

图 14-53

step 8 弹出【另存为】对话框，① 在【保存位置】下拉列表框中设置准备保存的路径位置，② 在【文件名】文本框中输入准备保存的文件名称，如“诗词类幻灯片”，③ 单击【保存】按钮，如图 14-55 所示。

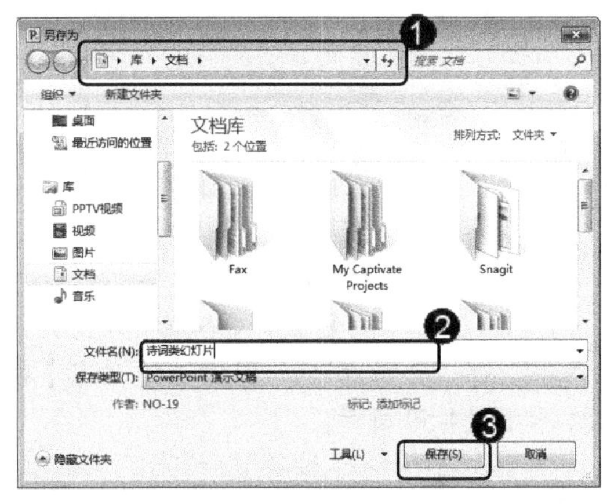

图 14-55

step 9 返回到演示文稿中，可以看到标题栏的名称已变为“诗词类幻灯片”，如图 14-56 所示。

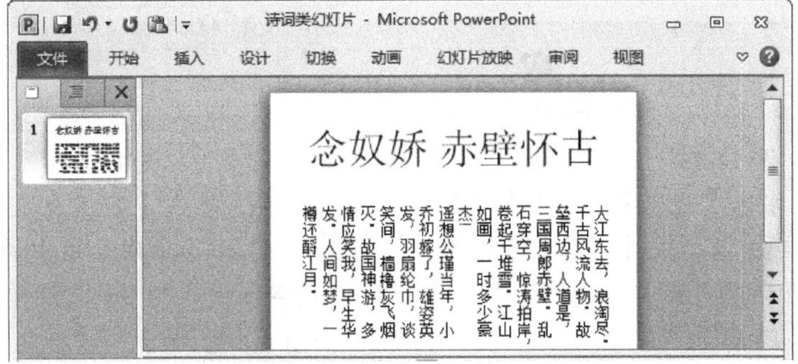

图 14-56

14.5.2 制作公司简介幻灯片

公司简介是企业宣传中最常用的材料之一，以便让观众在了解产品的同时了解公司及其企业文化，下面将详细介绍其操作方法。

素材文件 第 14 章\素材文件\公司简介模板.pptx
效果文件 第 14 章\效果文件\公司简介.pptx

step 1 打开素材文件“公司简介模板.pptx”，① 选择第一张幻灯片，② 选择内容文本，③ 选择【开始】选项卡，④ 单击【段落】组的对话框启动器按钮，如图 14-57 所示。

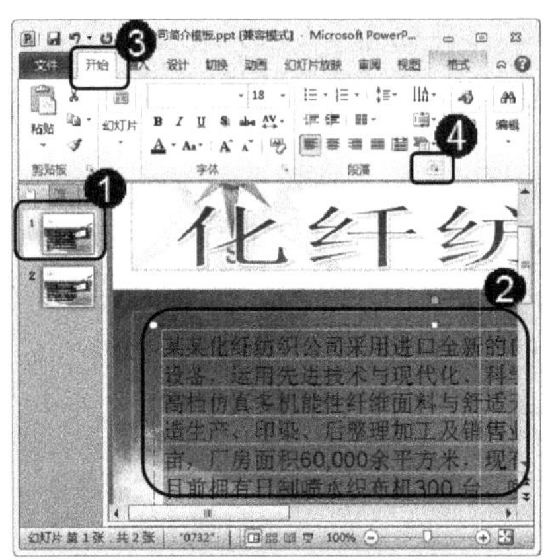

图 14-57

step 3 ① 在【度量值】文本框中设置其值为“2 厘米”，② 单击【确定】按钮，如图 14-59 所示。

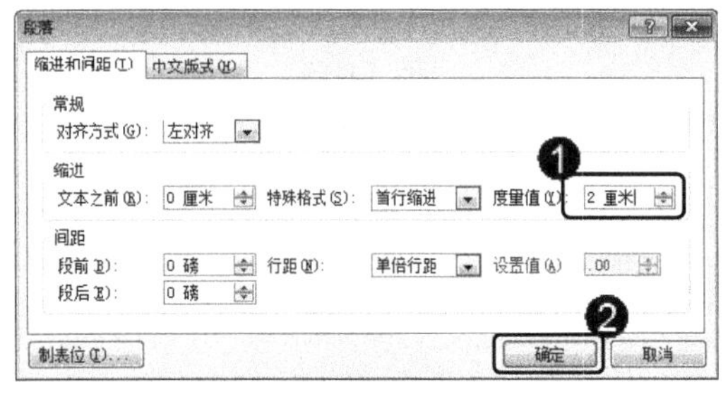

图 14-59

step 5 弹出【字体】对话框，① 在【字体】选项卡下单击【字体颜色】按钮，② 在展开的颜色面板中选择【黄色】选项，如图 14-61 所示。

step 2 弹出【段落】对话框，① 选择【缩进和间距】选项卡，② 单击【特殊格式】下拉按钮，在展开的下拉列表框中选择【首行缩进】选项，如图 14-58 所示。

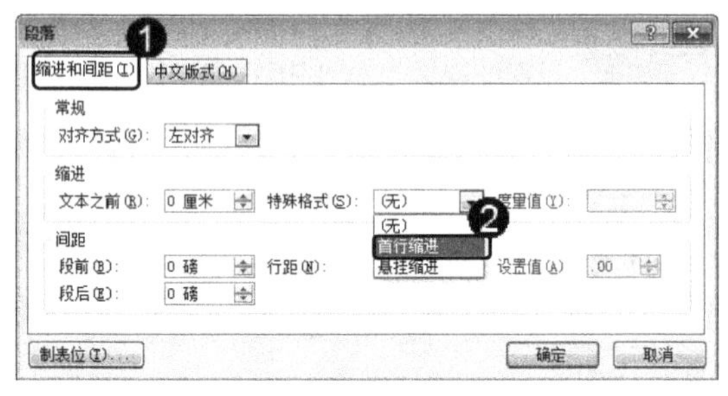

图 14-58

step 4 此时所选文本已经应用了相应的段落设置，① 选择【开始】选项卡，② 单击【字体】组中的对话框启动器按钮，如图 14-60 所示。

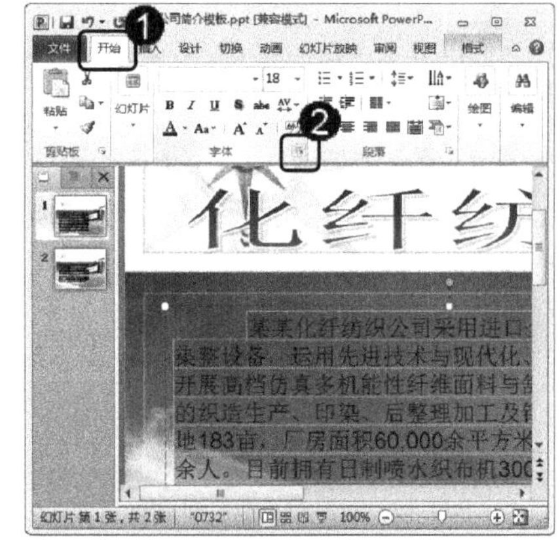

图 14-60

step 6 ① 单击【字体样式】下拉按钮并选择下拉列表框中的【加粗】选项，② 设置字体大小为 24，③ 单击【确定】按钮，如图 14-62 所示。

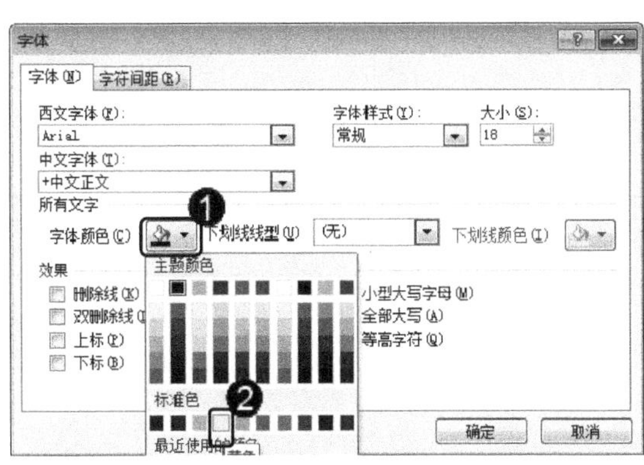

图 14-61

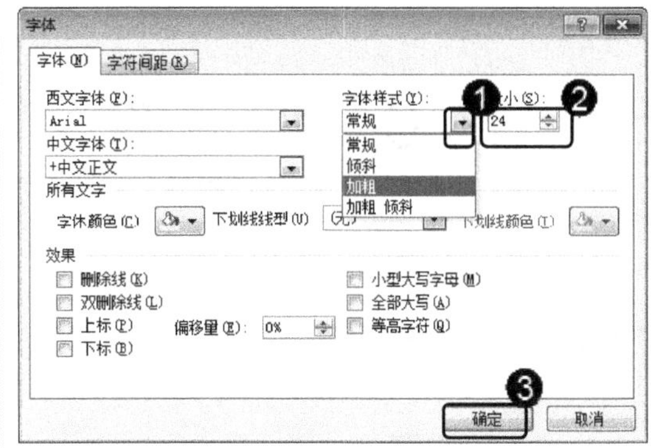

图 14-62

step 7 经过前面的操作之后返回到幻灯片中，可以看到幻灯片中所选的文本已经应用了相应的字体格式设置，效果如图 14-63 所示。

step 8 ① 选择第二张幻灯片，② 选择【开始】选项卡，③ 在【段落】组中，单击【项目符号】下拉按钮☰▾，如图 14-64 所示。

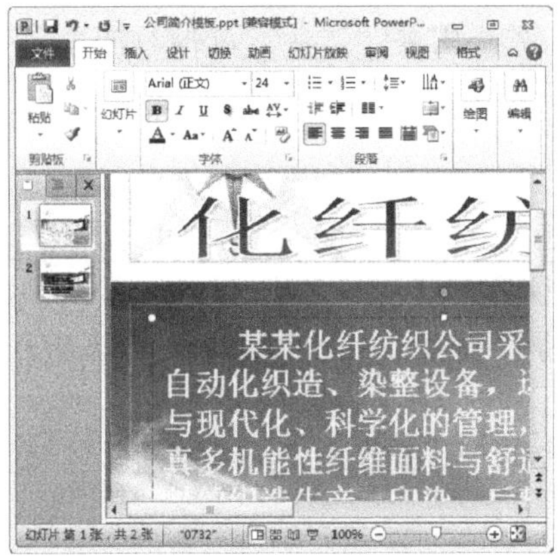

图 14-63

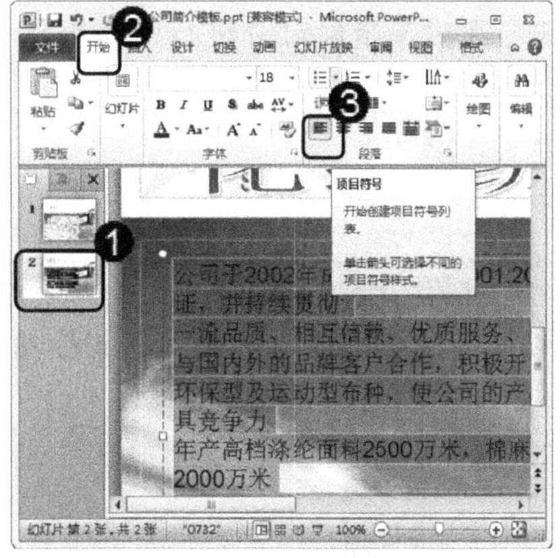

图 14-64

step 9 展开【项目符号】列表框，在其中提供了多种项目符号样式，选择准备应用的项目符号样式，如图 14-65 所示。

step 10 经过上一步的操作之后，此时可以看到所选段落已经应用了设置的项目符号样式，最终效果如图 14-66 所示。

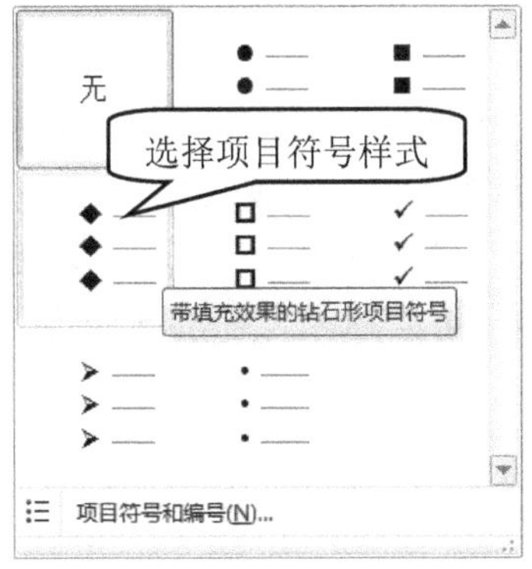

图 14-65

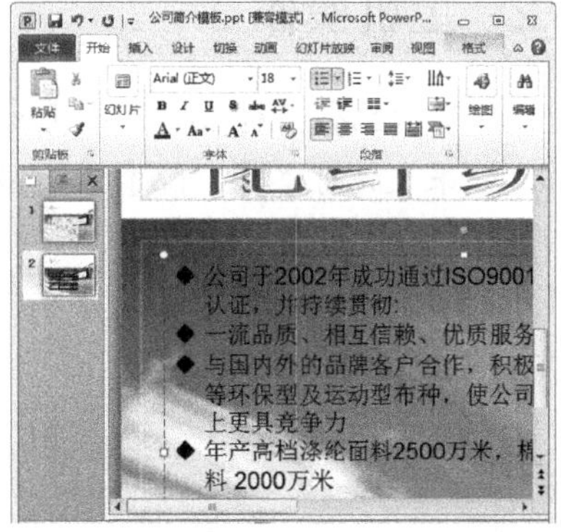

图 14-66

14.6 课后练习

14.6.1 思考与练习

一、填空题

1. PowerPoint 2010 的大纲区位于工作界面的左侧，其中有________选项卡和________选项卡。

2. __________实际上就是一个包含初始设置的文件，可能包括一些示例幻灯片、背景图片、自定义颜色和字体主题等。

3. 在对某张幻灯片进行编辑和各种操作之前，首先需要________该张幻灯片。

二、判断题

1. 占位符，顾名思义就是先占住版面中一个固定的位置，供用户向其中添加内容。在 PowerPoint 2010 中，占位符显示为一个带有实线边框的方框，所有的幻灯片版式中都包含有占位符，在这些方框内可以放置标题及正文，或者放置 SmartArt 图形、表格和图片之类的对象。 (　　)

2. PowerPoint 2010 中的段落缩进方式分为首行缩进、悬挂缩进和左缩进。 (　　)

三、思考题

1. 如何创建演示文稿？

2. 如何设置段落分栏？

14.6.2 上机操作

1. 打开“配套素材\第 14 章\素材文件\文本框.pptx”素材文件，练习设置文本框样式的操作。效果文件可参考“配套素材\第 14 章\效果文件\文本框样式.pptx”。

2. 打开“配套素材\第 14 章\素材文件\计时器.pptx”素材文件，练习根据现有演示文稿创建演示文稿的操作。效果文件可参考“配套素材\第 14 章\效果文件\根据现有演示文稿创建.pptx”。

第 15 章

设计与制作精美幻灯片

本章主要介绍制作风格统一的演示文稿、通过主题美化演示文稿和设置幻灯片背景方面的知识与技巧，同时还讲解了插入图形与图片、使用艺术字与文本框、插入影片与声音文件和插入动画素材方面的知识。通过本章的学习，读者可以掌握设计与制作精美幻灯片方面的知识，为深入学习 Office 2010 知识奠定基础。

计算时间
2013/10/12
$A = \pi r^2\ \Omega$

范 例 导 航

1. 制作风格统一的演示文稿
2. 通过主题美化演示文稿
3. 设置幻灯片背景
4. 插入图形与图片
5. 使用艺术字与文本框
6. 插入影片与声音文件
7. 插入动画素材

15.1　制作风格统一的演示文稿

母版是定义演示文稿中所有幻灯片或页面格式的幻灯片视图或页面。在每个演示文稿的每个关键组件都有一个母版，使用母版可以方便地统一幻灯片的风格。下面将详细介绍使用母版制作风格统一的演示文稿的知识与操作技巧。

15.1.1　使用幻灯片母版

使用母版视图首先应熟悉它的基础操作，包括打开和关闭母版视图，下面介绍使用幻灯片母版的操作。

1. 打开母版视图

打开母版视图后，用户可以在其中自定义布局和内容，从而制作出符合需要的幻灯片演示文稿。

step 1　① 打开演示文稿，单击【视图】选项卡，② 在【母版视图】组中，单击【幻灯片母版】按钮，如图 15-1 所示。

图 15-1

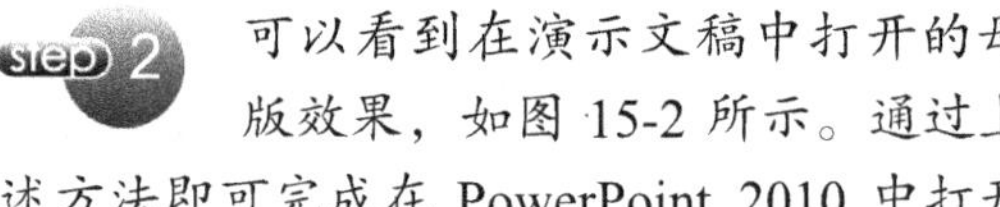

step 2　可以看到在演示文稿中打开的母版效果，如图 15-2 所示。通过上述方法即可完成在 PowerPoint 2010 中打开母版视图的操作。

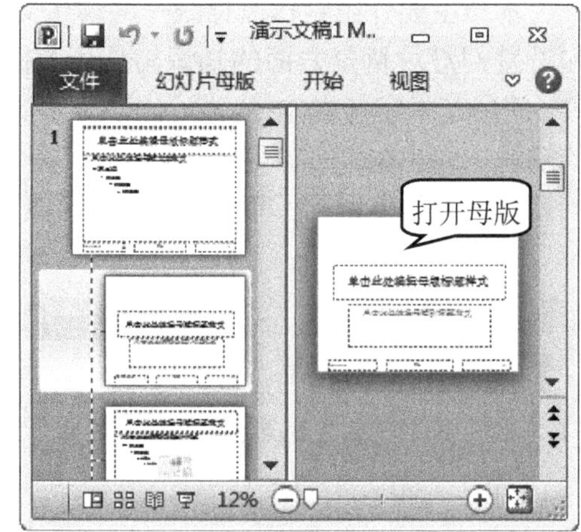

图 15-2

2. 关闭母版视图

在 PowerPoint 2010 中，对于不再需要的母版或版式，用户可以将其关闭，以便于母版的管理与维护。

step 1 ① 创建母版视图后，选择【幻灯片母版】选项卡，② 在【关闭】组中，单击【关闭母版视图】按钮，如图 15-3 所示。

图 15-3

step 2 通过上述方法即可完成在 PowerPoint 2010 中关闭母版视图的操作，如图 15-4 所示。

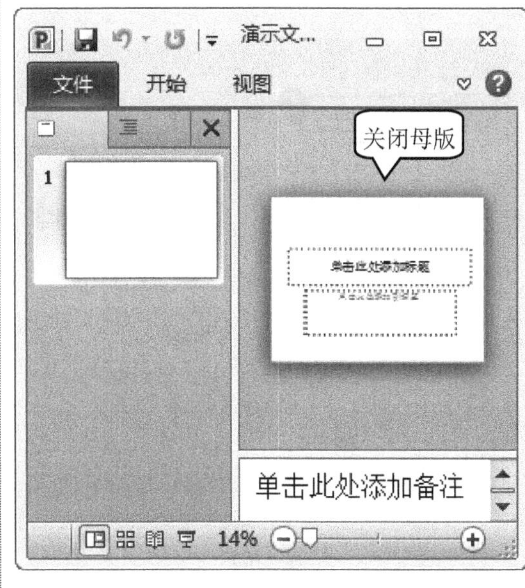

图 15-4

15.1.2 添加幻灯片母版和版式

打开母版视图后，用户可以在其中添加幻灯片母版和版式，从而制作出符合需要的幻灯片演示文稿，下面以“01-文章”素材为例，介绍添加幻灯片母版和版式的操作。

step 1 ① 打开素材文件后，选择【幻灯片母版】选项卡，② 在【编辑母版】组中，单击【插入幻灯片母版】按钮，如图 15-5 所示。

图 15-5

step 2 通过上述方法即可完成在 PowerPoint 2010 中添加幻灯片母版的操作，如图 15-6 所示。

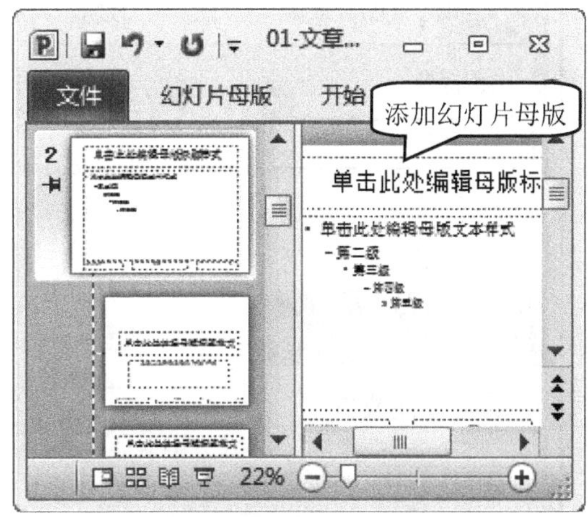

图 15-6

step 3 ① 打开素材文件后，选择【幻灯片母版】选项卡，② 在【编辑母版】组中，单击【插入版式】按钮，如图 15-7 所示。

图 15-7

step 4 通过上述方法即可完成在 PowerPoint 2010 中插入版式的操作，如图 15-8 所示。

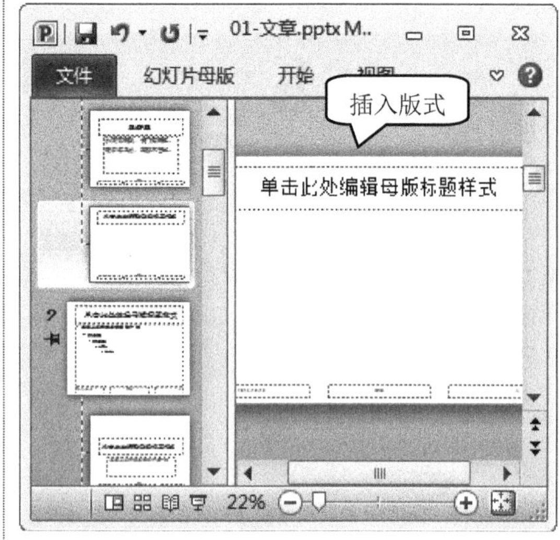

图 15-8

15.1.3 保存母版

在 PowerPoint 2010 中，创建母版演示文稿后，用户即可保存母版，方便用户管理和使用，下面以保存“01-文章”素材为例，介绍保存母版的操作。

step 1 ① 创建母版视图后，选择【文件】选项卡，② 单击【另存为】选项，如图 15-9 所示。

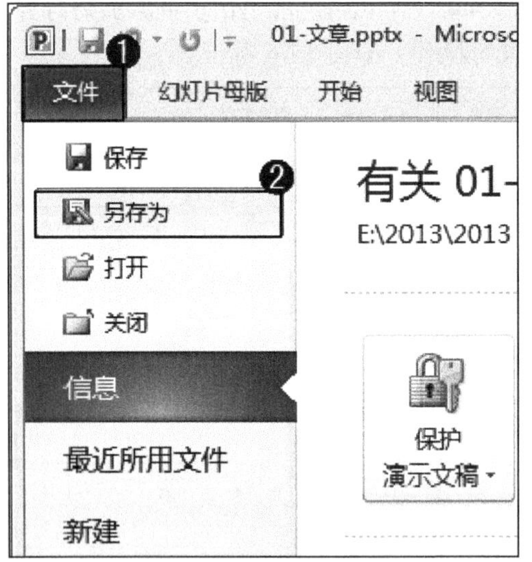

图 15-9

step 2 ① 弹出【另存为】对话框，选择演示文稿保存的位置，② 在【文件名】文本框中，输入文件名，③ 在【保存类型】下拉列表框中，选择母版文件保存的类型，如“PowerPoint 演示文稿.pptx”，④ 单击【保存】按钮，这样既可保存母版，如图 15-10 所示。

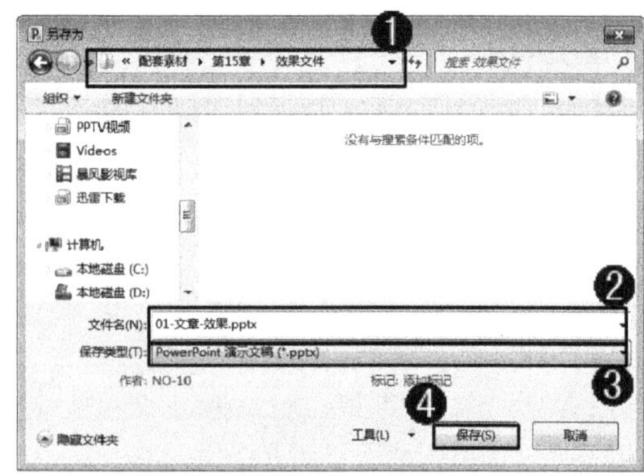

图 15-10

15.2 通过主题美化演示文稿

在 PowerPoint 2010 中，用户可以通过主题美化演示文稿，包括应用默认的主题和自定义主题等操作。下面将详细介绍通过主题美化演示文稿方面的知识与操作方法。

15.2.1 应用默认的主题

在 PowerPoint 2010 中，用户可以应用默认的主题来美化演示文稿，下面以“02-古诗”素材为例，介绍应用默认的主题的操作方法。

step 1 ① 打开素材文件后，选择【设计】选项卡，② 在【主题】组中，在【主题】列表框中，选择准备应用的默认主题，如图 15-11 所示。

图 15-11

step 2 通过上述方法即可完成应用默认的主题的操作，如图 15-12 所示。

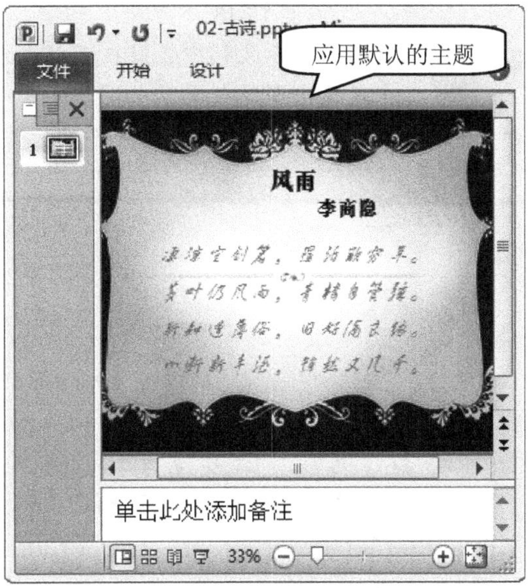

图 15-12

15.2.2 自定义主题

在 PowerPoint 2010 中，用户不仅可以应用默认的主题来美化演示文稿，还可以自定义主题，以便个性化设置演示文稿，下面以“02-古诗”素材为例，介绍自定义主题的操作。

step 1 ① 打开素材文件后，选择【设计】选项卡，② 在【主题】组中，单击【颜色】下拉按钮 颜色，③ 在弹出的下

step 2 ① 在【主题】组中，单击【字体】下拉按钮 字体，② 在弹出的下拉列表中，选择准备应用的主题字体，如

拉列表中，选择准备应用的主题颜色，如“穿越”，如图 15-13 所示。

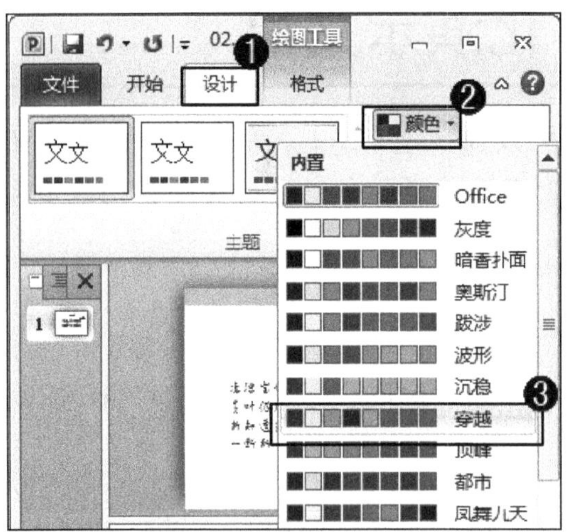

图 15-13

返回到演示文稿中，用户可以查看自定义主题的效果，如图 15-15 所示。通过上述方法即可完成自定义主题的操作。

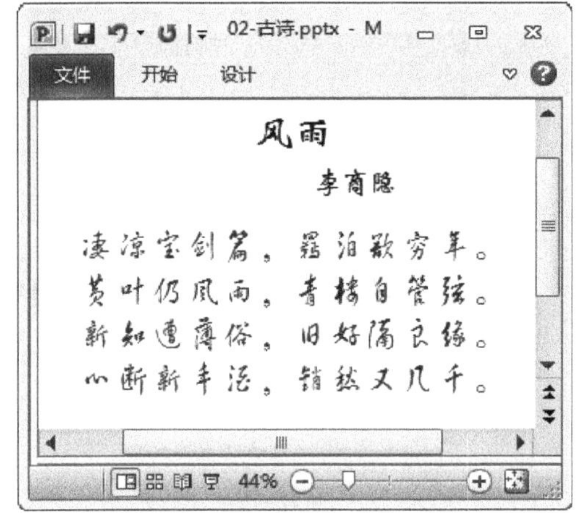

图 15-15

“波形-华文新魏”，如图 15-14 所示。

图 15-14

智慧锦囊

在设置主题的演示文稿中，选择【设计】选项卡，在【主题】组中，单击【效果】下拉按钮，在弹出的下拉列表中，选择准备应用的主题效果，这样可以更改主题的不同艺术效果。

考考您

请您根据上述方法创建一个 PowerPoint 演示文稿并自定义主题，测试一下您的学习效果。

15.3 设置幻灯片背景

在 PowerPoint 2010 中，用户还可以通过设置幻灯片背景来美化演示文稿，包括向演示文稿中添加背景样式和自定义演示文稿的背景样式等操作。下面将介绍设置幻灯片背景方面的知识与操作方法。

15.3.1 向演示文稿中添加背景样式

在 PowerPoint 2010 中，程序为用户提供了设置幻灯片背景的功能，在其提供的内置背景样式中，用户可以直接套用合适的背景样式对幻灯片进行设置，下面以“02-古诗”素材为例，介绍向演示文稿中添加背景样式的操作。

step 1 ① 打开素材文件后，选择【设计】选项卡，② 在【背景】组中，单击【背景样式】下拉按钮，③ 在弹出的下拉列表中，选择准备应用的背景样式，如图 15-16 所示。

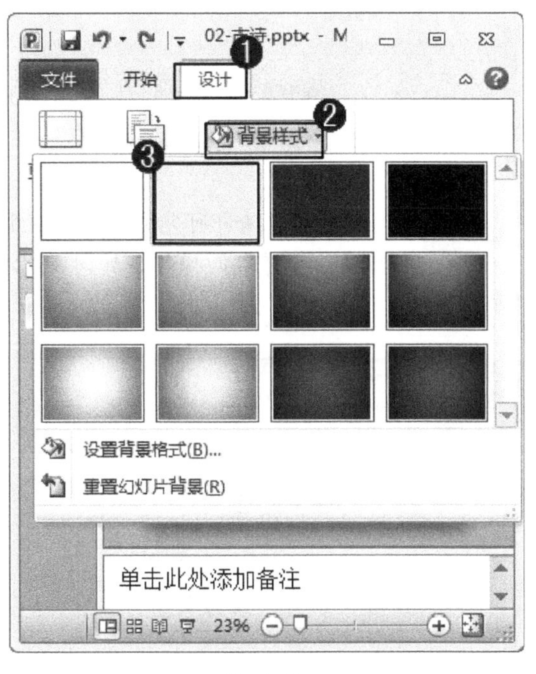

图 15-16

step 2 返回到演示文稿中，用户可以查看幻灯片的背景效果，如图 15-17 所示。通过上述方法即可完成向演示文稿中添加背景样式的操作。

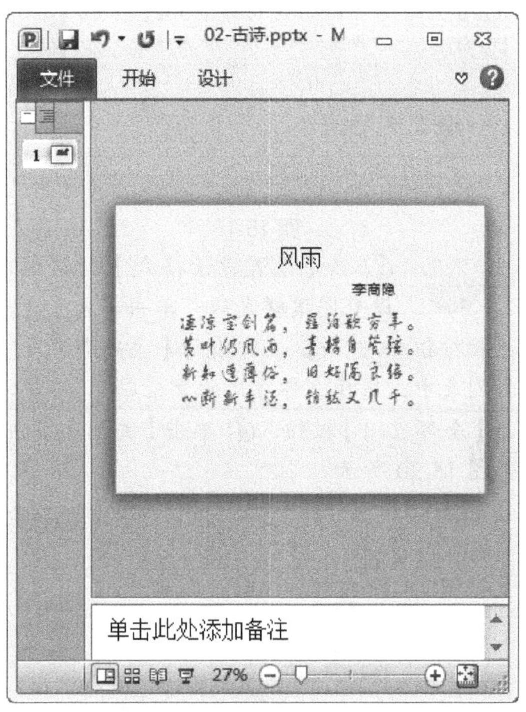

图 15-17

15.3.2 自定义演示文稿的背景样式

在 PowerPoint 2010 中，用户除使用程序内置的背景样式外，还可以自定义演示文稿的背景样式，包括纯色填充、渐变填充、纹理填充和图片填充等，下面以在“02-古诗”素材中添加图案填充为例，介绍自定义演示文稿的背景样式的操作。

step 1 ① 在 PowerPoint 2010 中，打开素材文件后，选择【设计】选项卡，② 在【背景】组中，单击【背景】启动器按钮，如图 15-18 所示。

step 2 ① 弹出【设置背景格式】对话框，选择【填充】选项，② 在右侧【填充】区域中，选中【图案填充】单选按钮，③ 在【图案填充】区域中，选择准备应用的图案背景样式，如图 15-19 所示。

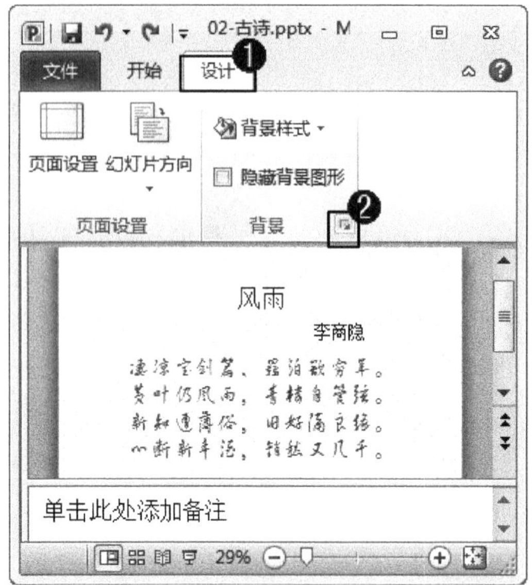

图 15-18

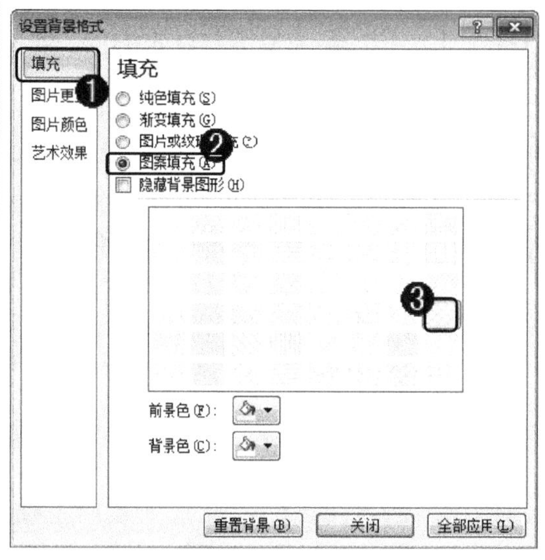

图 15-19

step 3 ① 在【设置背景格式】对话框中设置图案样式后，单击【前景色】下拉按钮，② 在弹出的【主题颜色】下拉列表中，选择准备应用的背景颜色，③ 单击【全部应用】按钮，④ 单击【关闭】按钮，如图 15-20 所示。

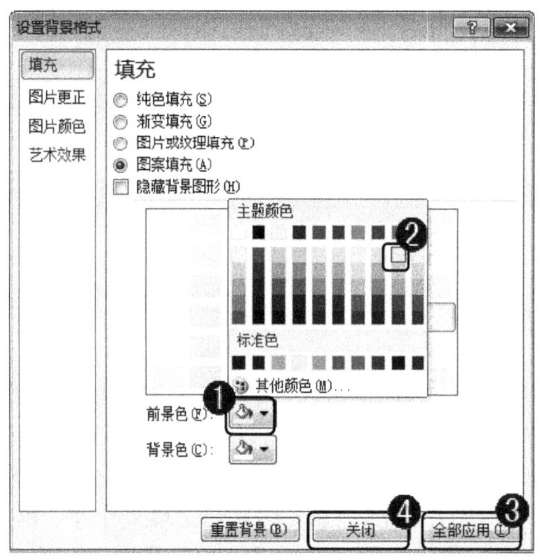

图 15-20

step 4 通过上述方法即可完成自定义演示文稿背景样式的操作，如图 15-21 所示。

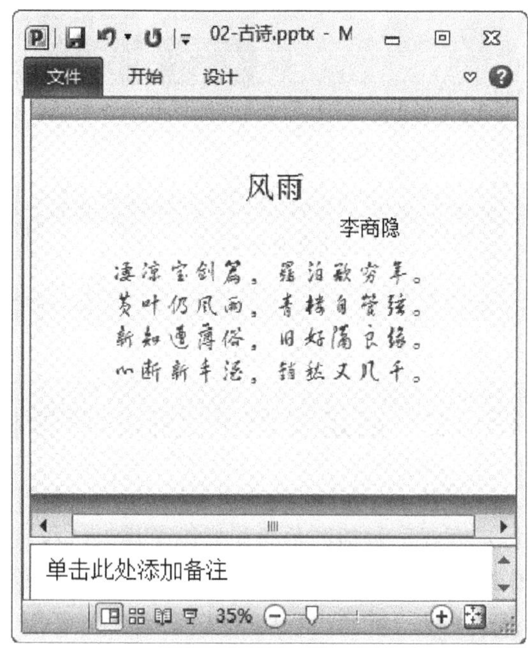

图 15-21

知识精讲

在 PowerPoint 2010 中，单击【设计】选项卡，在【背景】组中，单击【背景样式】下拉按钮，在弹出的下拉列表中选择【设置背景格式】菜单项，同样可以自定义演示文稿的背景样式。

15.4 插入图形与图片

在 PowerPoint 2010 中，用户可以在演示文稿中插入图形与图片，包括绘制图形、插入剪贴画和插入图片等操作。下面将详细介绍插入图形与图片方面的知识与操作技巧。

15.4.1 绘制图形

在 PowerPoint 2010 演示文稿的幻灯片中可以非常方便地绘制各种形状的图形。下面以“02-古诗”素材为例，介绍在演示文稿中绘制图形的操作。

step 1 ① 启动 PowerPoint 2010，打开素材文件，选择【插入】选项卡，② 在【插图】组中单击【形状】按钮，③ 在弹出的下拉列表中，选择准备绘制的图形，如图 15-22 所示。

图 15-22

step 2 鼠标指针变为“十”字星状，在准备绘制图形的区域拖动鼠标，调整准备绘制的图形的大小和样式，确认无误后释放鼠标左键完成操作，如图 15-23 所示。

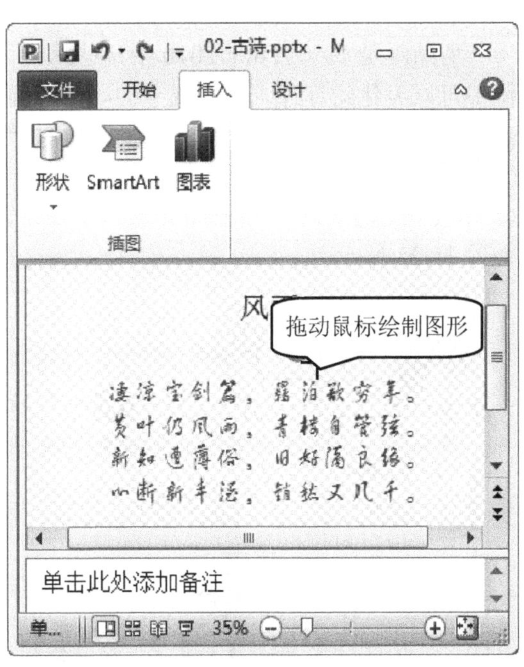

图 15-23

step 3 在创建的幻灯片中，出现绘制完成的图形，如图 15-24 所示。通过上述方法即可完成绘制图形的操作。

考考您

请您根据上述方法创建一个 PowerPoint 演示文稿并绘制图形，测试一下您的学习效果。

图 15-24

智慧锦囊

在绘制图形的过程中，单击图形按钮后，在弹出的图形列表中并没有正方形和圆形，如果用户想要绘制这两种图形，需要选择矩形或椭圆形，按住键盘上的 Shift 键同时拖动鼠标进行操作，此时绘制出的图形即可呈现正方形或圆形。

15.4.2 插入剪贴画

剪贴画是 PowerPoint 2010 中一些默认设计好的图片，用户将这些剪贴画插入到演示文稿中可以美化幻灯片。下面以“02-古诗”素材为例，介绍插入剪贴画的操作。

step 1 ① 启动 PowerPoint 2010，打开素材文件，选择【插入】选项卡，② 在【图像】组中，单击【剪贴画】按钮，如图 15-25 所示。

图 15-25

step 2 ① 打开【剪贴画】窗格，在【搜索文字】文本框中，输入准备搜索的内容，如输入“花朵”，② 单击【搜索】按钮，如图 15-26 所示。

图 15-26

step 3 在【剪贴画】任务窗格中，在【剪贴画】列表框中，单击准备插入的剪贴画，如图 15-27 所示。

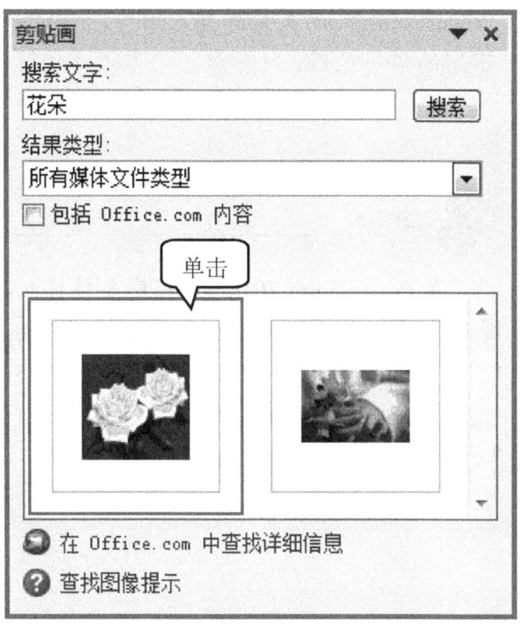

图 15-27

step 4 幻灯片中显示插入的剪贴画，如图 15-28 所示。通过上述方法即可完成插入剪贴画的操作。

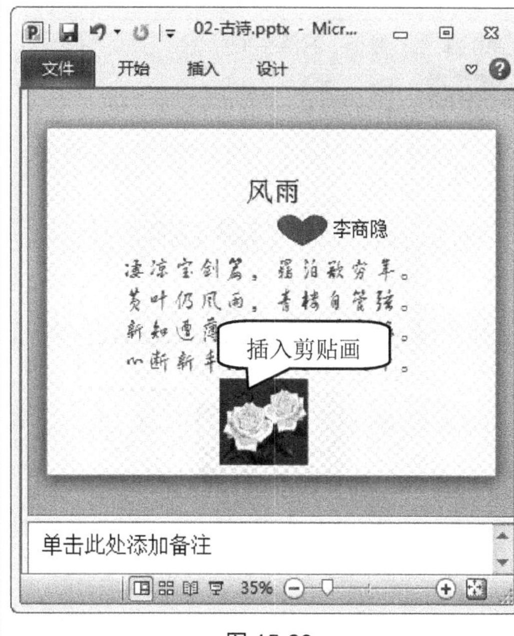

图 15-28

15.4.3 插入图片

用户可以将自己喜欢的图片保存在电脑中，然后在编辑排版时将这些图片插入到 PowerPoint 2010 演示文稿中。下面以“02-古诗”素材为例，介绍插入图片的操作。

step 1 ① 启动 PowerPoint 2010，打开素材文件，选择【插入】选项卡，② 在【图像】组中，单击【图片】按钮，如图 15-29 所示。

图 15-29

step 2 ① 弹出【插入图片】对话框，选择准备插入图片的所在路径，② 单击准备插入的图片，③ 确认无误后，单击【插入】按钮，如图 15-30 所示。

图 15-30

第15章 设计与制作精美幻灯片

step 3 在创建的幻灯片中，出现绘制完成的图片，如图 15-31 所示。通过上述方法即可完成插入图片的操作。

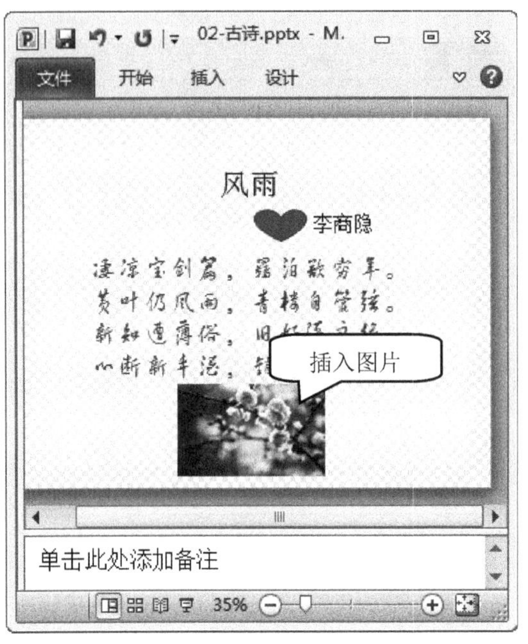

图 15-31

考考您

请您根据上述方法创建一个 PowerPoint 演示文稿并插入图片，测试一下您的学习效果。

智慧锦囊

在 PowerPoint 2010 中，程序支持插入的图片格式包括: *.emf、*.jpg、*.wmf、*.jpeg、*.jfif、*.jpe、*.png、*.bmp、*.dib、*.rle、*.gif、*.emz、*.wmz、*.pcz、*.tif、*.tiff、*.cgm、*.eps、*.pct、*.pict 和*.wpg 等。

15.5 使用艺术字与文本框

使用 PowerPoint 2010 制作演示文稿时，为了使某些标题或内容更加醒目，经常会在幻灯片中插入艺术字和文本框，包括插入艺术字和插入文本框等操作。下面将详细介绍使用艺术字与文本框方面的知识与操作方法。

15.5.1 插入艺术字

在 PowerPoint 2010 中插入艺术字可以美化幻灯片的页面，令幻灯片看起来更加吸引人。下面以“02-古诗”素材为例，介绍插入艺术字的操作。

step 1 ① 启动 PowerPoint 2010，选择【插入】选项卡，② 在【文本】组中，单击【艺术字】按钮，③ 在弹出的艺术字库中，选择准备使用的艺术字样式，如图 15-32 所示。

step 2 插入默认文字内容为“请在此放置您的文字”的艺术字，用户选择常用的输入法，向其中输入内容，如图 15-33 所示。通过上述方法即可完成插入艺术字的操作。

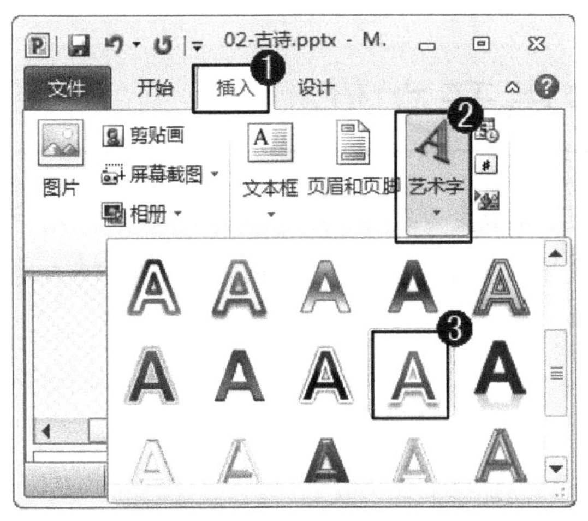

图 15-32

图 15-33

15.5.2 插入文本框

在编排演示文稿的实际工作中，有时候需要将文字放置到幻灯片页面的特定位置上，此时可以通过向幻灯片中插入文本框来实现这一排版要求，在幻灯片中插入文本框的操作非常简单灵活。下面以“02-古诗”素材为例，介绍插入文本框的操作。

step 1 ① 启动 PowerPoint 2010，在程序主界面中，选择【插入】选项卡，② 在【文本】组中，单击【文本框】下拉按钮，③ 在弹出的下拉菜单中，选择准备应用的文本框的文字方向，如选择“垂直文本框”选项，如图 15-34 所示。

step 2 当鼠标指针变为“+—”时，在幻灯片中拖动鼠标指针即可创建一个空白的文本框，选择合适的输入法，直接向文本框中输入文字，如图 15-35 所示。通过上述方法即可完成在 PowerPoint 2010 插入文本框的操作。

图 15-34

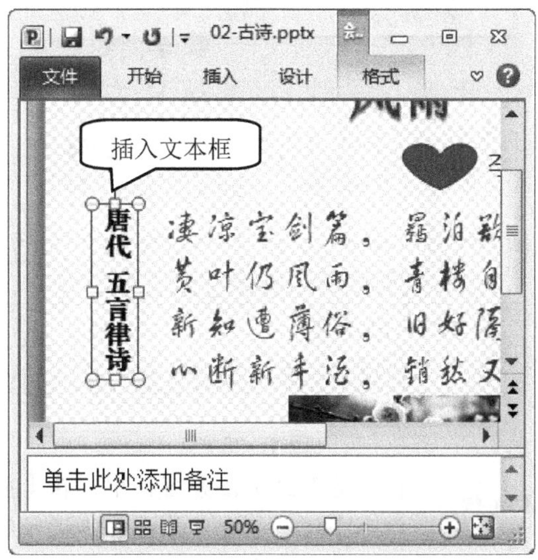

图 15-35

15.6 插入影片与声音文件

为了丰富演示文稿的内容，让演示文稿看起来更加美观漂亮，用户可以在 PowerPoint 2010 中插入影片与声音文件。下面将详细介绍插入影片与声音文件方面的知识与操作方法。

15.6.1 插入剪贴画影片

在 PowerPoint 2010 程序中，用户在编写演示文稿时，可以将剪贴画影片插入到幻灯片中，使版面更加美观漂亮。下面以“02-古诗”素材为例，介绍插入剪贴画影片的操作。

step 1 ① 启动 PowerPoint 2010，在程序主界面中，选择【插入】选项卡，② 在【媒体】组中，单击【视频】下拉按钮，③ 在弹出的下拉菜单中，选择【剪贴画视频】菜单项，如图 15-36 所示。

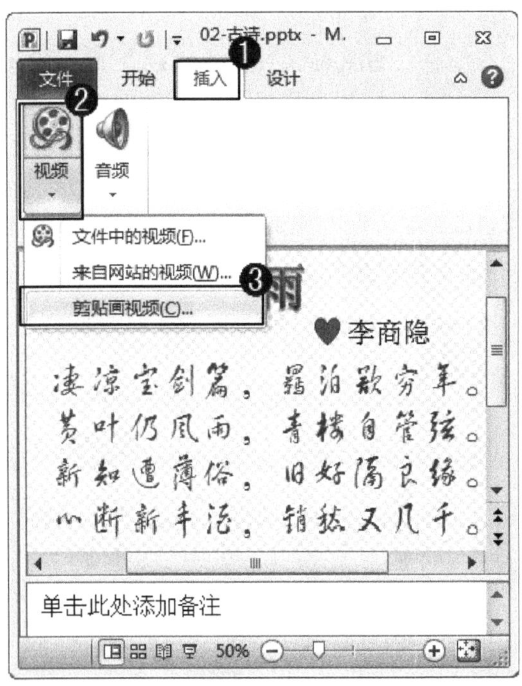

图 15-36

step 2 ① 打开【剪贴画】窗格，在【搜索文字】文本框中，输入准备插入剪贴画影片的名称，如“计算机”，② 单击【搜索】按钮，如图 15-37 所示。

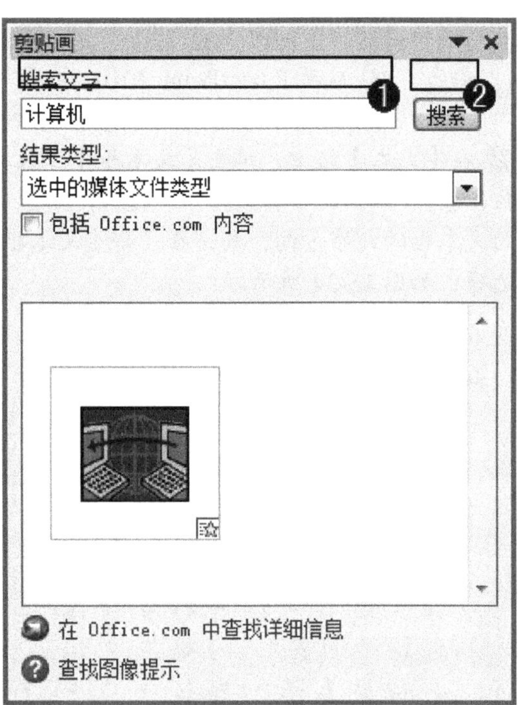

图 15-37

step 3 在【剪贴画】任务窗格中，在【剪贴画】列表框中，单击准备插入的剪贴画影片，如图 15-38 所示。

step 4 幻灯片中显示插入的剪贴画影片，如图 15-39 所示。通过上述方法即可完成插入剪贴画影片的操作。

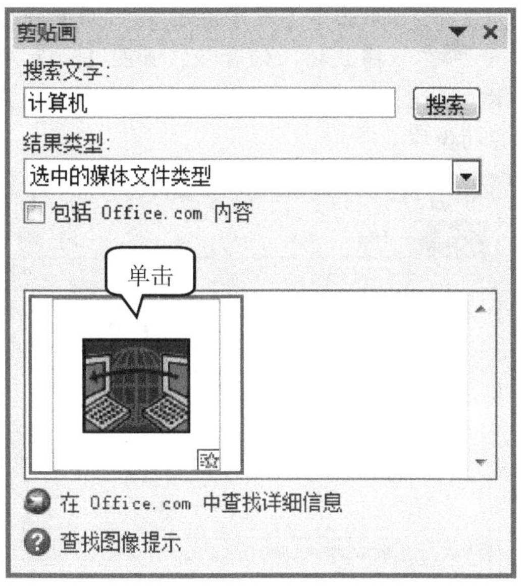

图 15-38

图 15-39

在 PowerPoint 2010 中，在插入影片的过程中，如果操作失误或对插入的影片效果不满意，选中剪贴画影片，然后按下键盘上的 Delete 键，即可将影片删除。

15.6.2 在文件中插入声音

在演示文稿中，根据不同的内容或动画，可以为其搭配不同的背景音乐，用户可以根据不同的具体需要，将电脑中的音频文件插入到演示文稿中，下面以“02-古诗”素材为例，介绍插入文件中的声音的操作。

step 1 ① 启动 PowerPoint 2010，在程序主界面中，选择【插入】选项卡，② 在【媒体】组中，单击【音频】下拉按钮，③ 在弹出的下拉菜单中，选择【文件中的音频】菜单项，如图 15-40 所示。

图 15-40

step 2 ① 弹出【插入音频】对话框，选择准备插入音频的所在路径，② 单击准备插入的音频，③ 确认无误后，单击【插入】按钮，如图 15-41 所示。

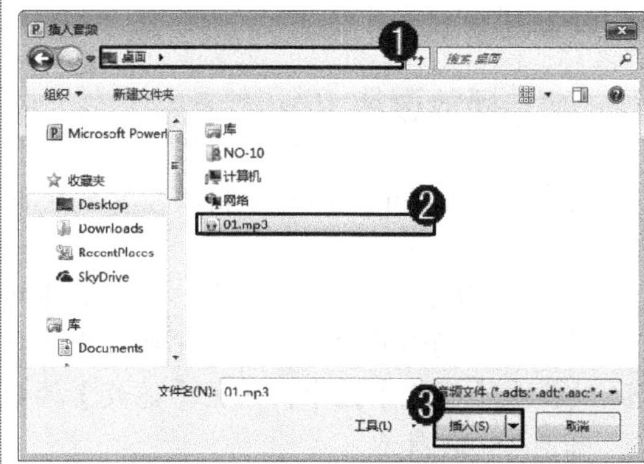

图 15-41

step 3 在创建的幻灯片中，出现插入完成的音频图标，如图 15-42 所示。

图 15-42

step 4 单击【播放】按钮 ▷，用户即可播放插入的音频，如图 15-43 所示。通过上述方法即可完成在文件中插入声音的操作。

图 15-43

知识精讲

在 PowerPoint 2010 中一个演示文稿有多张幻灯片，如果排版需要，用户可以在每一张幻灯片中都插入一个音频文件作为背景音乐。

15.6.3 播放影片与裁剪声音文件

将演示文稿中的影片或声音文件设置完成后，就可以进行播放了，在播放时还可以对影片和声音文件进行相应的设置。下面以“02-古诗”素材为例，介绍播放影片与裁剪声音文件的操作。

1. 播放影片

在 PowerPoint 2010 中，将演示文稿中的影片设置完成后，用户即可在幻灯片中播放影片。

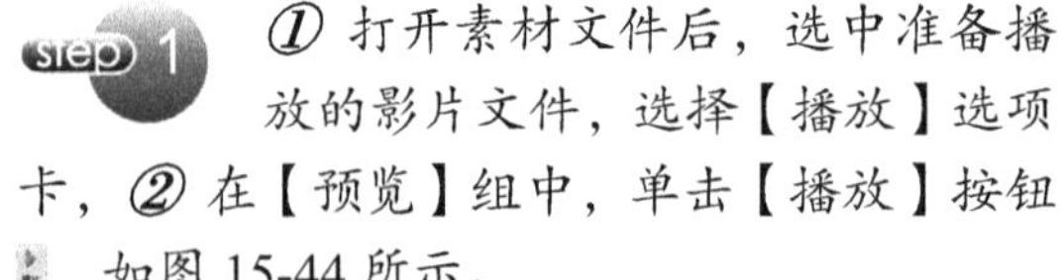

step 1 ① 打开素材文件后，选中准备播放的影片文件，选择【播放】选项卡，② 在【预览】组中，单击【播放】按钮 ，如图 15-44 所示。

step 2 通过上述方法即可完成在演示文稿中播放影片的操作，如图 15-45 所示。

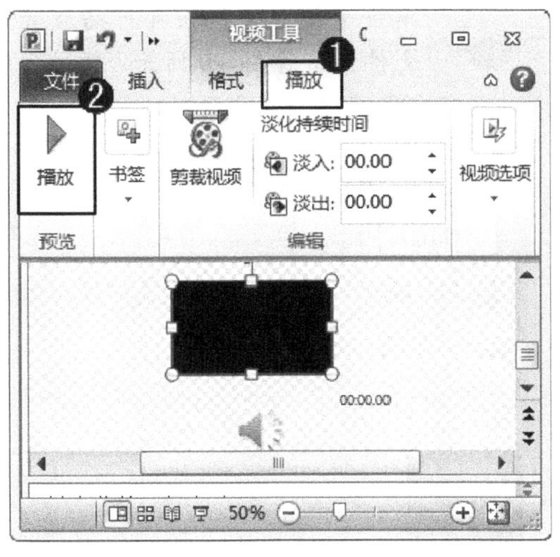

图 15-44

图 15-45

2. 裁剪声音

将声音文件或录制好的声音插入到演示文稿中后，用户可以进行裁剪声音的操作，使插入的声音更加符合编辑的需求，下面介绍裁剪声音的操作。

step 1 ① 在演示文稿中，插入音频文件后，选中准备裁剪声音的音频，② 在【播放】组中单击【剪裁音频】按钮，如图 15-46 所示。

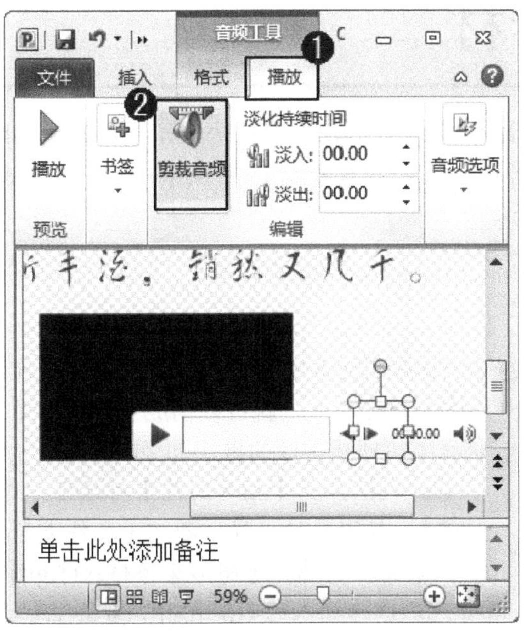

图 15-46

step 2 ① 弹出【剪裁音频】对话框，拖动绿色进度滑块设置音频开始的时间，② 拖动红色进度滑块设置音频结束的时间，③ 确认准备剪裁的音频文件进度和时间长度后，单击【确定】按钮，完成对音频文件的剪裁，如图 15-47 所示。

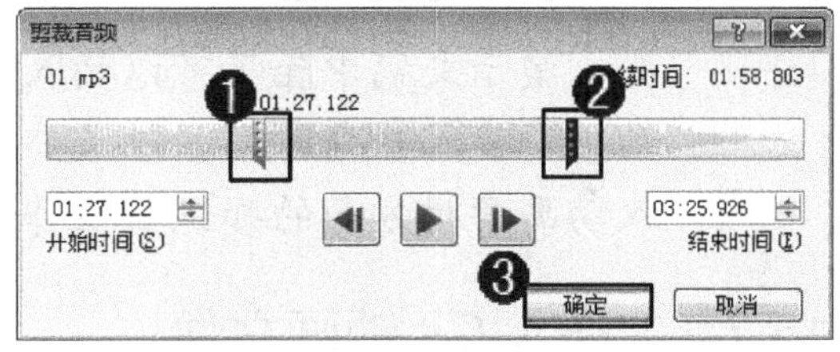

图 15-47

请您根据上述方法创建一个 PowerPoint 演示文稿并裁剪声音，测试一下您的学习效果。

step 3 ① 音频文件已经剪裁完毕，选择【播放】选项卡，② 在【音频选项】组中，勾选【放映时隐藏】复选框，如图 15-48 所示。

图 15-48

step 4 单击【播放】按钮即可播放音频文件，如图 15-49 所示。通过上述方法即可完成裁剪音频文件的操作。

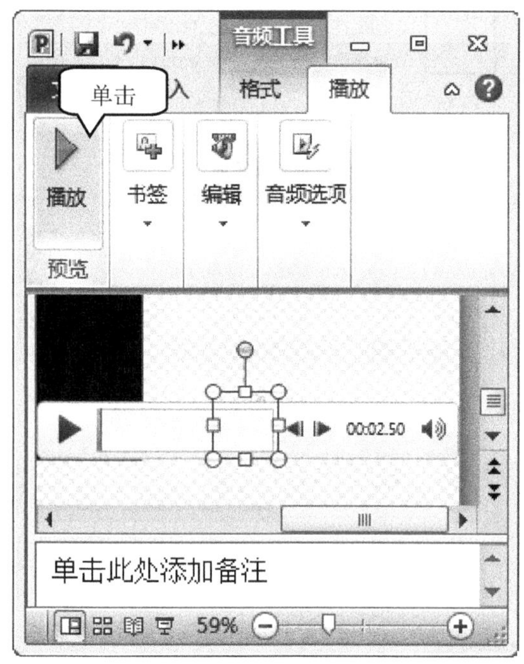

图 15-49

15.7 插入动画素材

演示文稿中除了可以插入声音和视频外，还可以插入 Gif 动画、Flash 动画、插入日期时间，以及公式和符号等动画素材。下面将详细介绍插入动画素材方面的知识与操作方法。

15.7.1 插入 Gif 动画文件

GIF 是一种图片文件的格式，最大的特点是在一个 GIF 文件中可以保存多幅彩色图像，如果把存于一个文件中的多幅图像数据逐幅读出并显示到屏幕上，就可以构成一种最简单的动画效果。下面以“02-古诗”素材为例，介绍插入 Gif 动画文件的操作。

step 1 ① 在演示文稿中，选择【插入】选项卡，② 在【图像】组中，单击【图片】按钮，如图 15-50 所示。

step 2 ① 弹出【插入图片】对话框，选择图片的位置，② 在【文件类型】下拉列表框中，选择【图形交换格式(*.gif)】选项，③ 选择插入的 GIF 图片，④ 单击【插入】按钮，如图 15-51 所示。

图 15-50

step 3 返回到演示文稿，用户可以看到GIF图片文件已经被插入到幻灯片中，如图 15-52 所示。

图 15-52

图 15-51

step 4 播放幻灯片时，演示文稿将自动播放插入的 GIF 文件，如图 15-53 所示。通过上述方法即可完成插入 Gif 动画文件的操作。

风雨

李商隐

播放 gif 动画

图 15-53

15.7.2 插入 Flash 动画

Flash 是由 Macromedia 公司推出的交互式矢量图和 Web 动画的标准，具有小巧灵活、美观漂亮的特点。下面以“02-古诗”素材为例，介绍插入 Flash 动画文件的操作。

step 1 ① 启动 PowerPoint 2010 程序，选择【文件】选项卡，② 在左侧区域中，选择【选项】按钮，如图 15-54 所示。

step 2 ① 弹出【PowerPoint 选项】对话框，选择【自定义功能区】选项，② 在【从下列位置选择命令】下拉列表框中，选择【所有选项卡】列表项，③ 选择

图 15-54

step 3 ①返回到幻灯片页面，单击新添加的【开发工具】选项卡，②在【控件】组中，单击【其他控件】按钮，如图 15-56 所示。

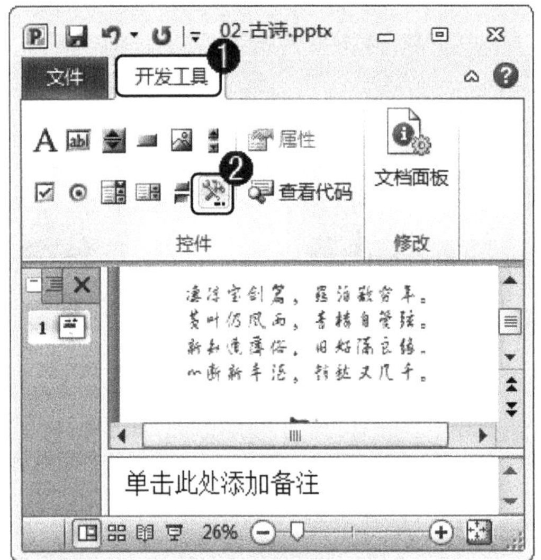

图 15-56

step 5 返回到幻灯片页面，鼠标指针变为“十”字星状，此时拖动鼠标指针，绘制Flash控件，调整播放界面的位置和大小，如图 15-58 所示。

【开发工具】菜单项，④单击【添加】按钮，⑤单击【确定】按钮，如图 15-55 所示。

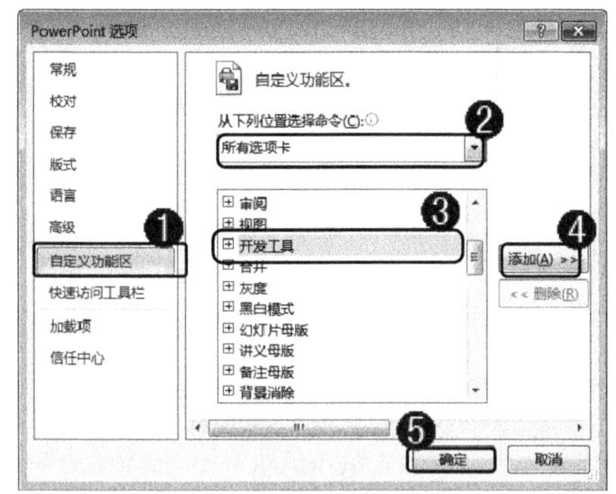

图 15-55

step 4 ①弹出【其他控件】对话框，在控件列表中选择【Shockwave Flash Object】列表项，②单击【确定】按钮，如图 15-57 所示。

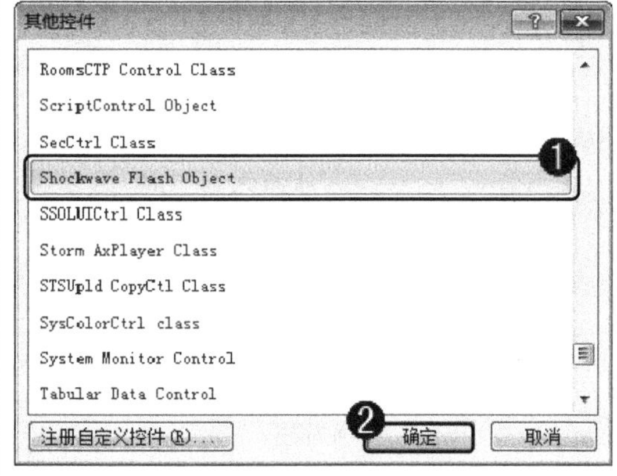

图 15-57

step 6 ①确定了 Flash 播放界面的大小和位置后，使用鼠标右击 Shockwave Flash Object 控件，②在弹出的快捷菜单中，选择【属性】菜单项，如图 15-59 所示。

图 15-58

图 15-59

step 7 ① 弹出【属性】对话框，选择【按字母序】选项卡，② 选择 Movie 属性，③ 在右侧的文本框中，输入要播放的 Flash 动画文件的完整路径，如图 15-60 所示。

属性

Shockwa**ve**Flash1 ShockwaveFlash

按字母序 | 按分类序

Loop	True
Menu	True
Movie	E:\生日贺卡.swf
MovieData	
Playing	True
Profile	False
ProfileAddress	
ProfilePort	0
Quality	1
Quality2	High
SAlign	
Scale	ShowAll
ScaleMode	0
SeamlessTabbing	True
SWRemote	
top	411.75

图 15-60

step 8 播放幻灯片时，程序将自动播放 Flash 动画，如图 15-61 所示。通过上述方法即可完成在演示文稿中插入 Flash 动画的操作。

图 15-61

15.7.3 插入日期时间以及公式和符号

在 PowerPoint 2010 中，除了向演示文稿中插入各种音频、视频和动画素材，还可以非常方便地插入当前编辑文档时的时间和日期。下面以“03-公式符号”素材为例，介绍在幻灯片中插入日期时间以及公式和符号的操作。

step 1 ① 启动 PowerPoint 2010，单击需要插入内容的文本框，② 在功能区中，选择【插入】选项卡，③ 在【文本】组中，单击【时间和日期】按钮，如图 15-62 所示。

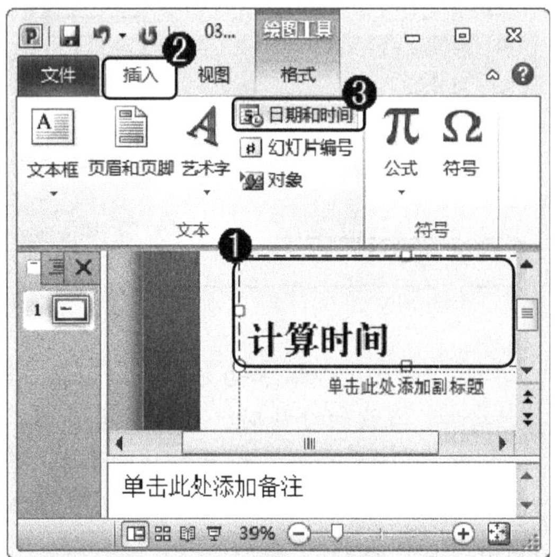

图 15-62

step 3 ① 插入时间和日期后，在【符号】组中，单击【公式】按钮，② 在弹出的公式列表中，选择准备插入的公式，如图 15-64 所示。

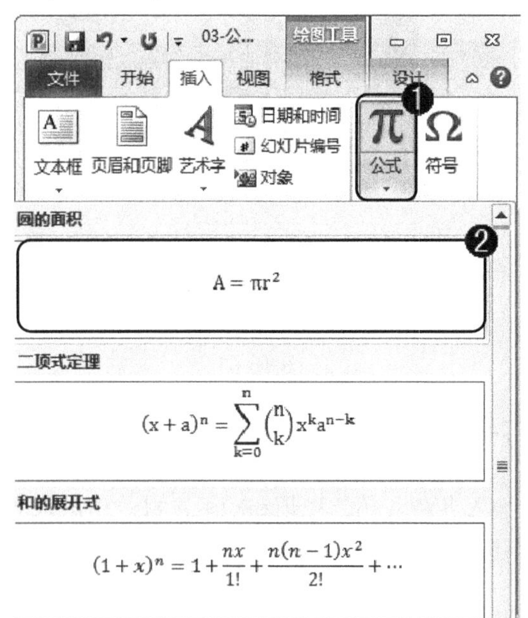

图 15-64

step 2 ① 弹出【日期和时间】对话框，在【可用格式】列表框中，选择准备使用的日期和时间格式，② 单击【确定】按钮，如图 15-63 所示。

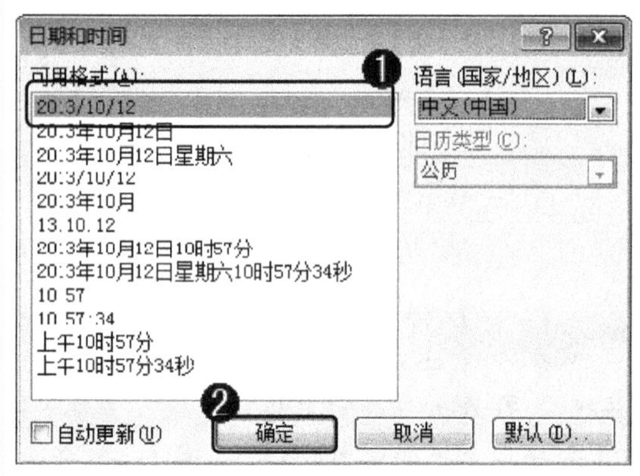

图 15-63

step 4 公式插入完成，在【符号】组中，单击【符号】按钮，如图 15-65 所示。

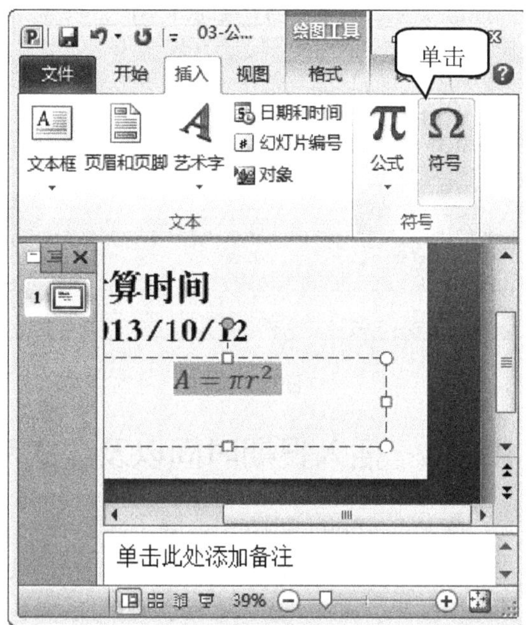

图 15-65

step 5 ① 弹出【符号】对话框，在【字体】下拉列表框中，选择【(拉丁文本)】选项，② 在【子集】下拉列表框中选择【类似字母的符号】选项，③ 在符号列表中，选择准备使用的符号，④ 单击【插入】按钮，⑤ 单击【关闭】按钮完成操作，如图 15-66 所示。

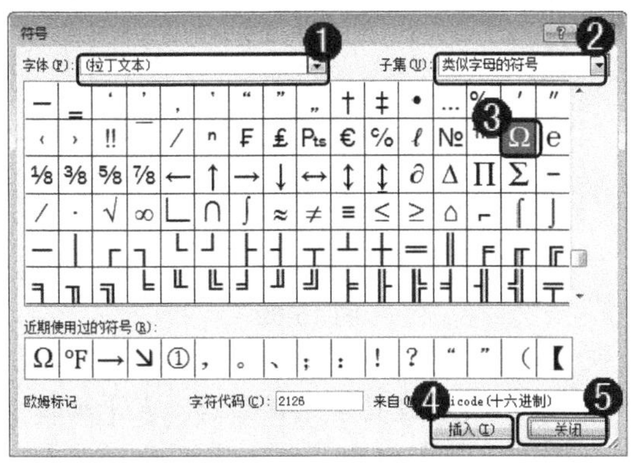

图 15-66

step 6 用户可以看到幻灯片中已经插入了新的内容，如图 15-67 所示。通过上述方法即可完成在演示文稿中插入日期时间以及公式和符号的操作。

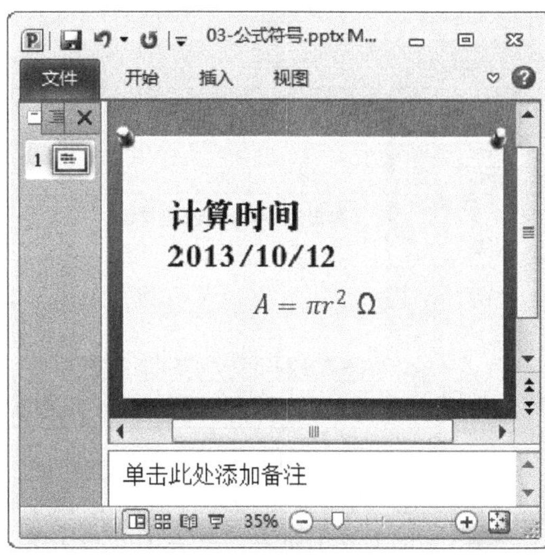

图 15-67

15.8 范例应用与上机操作

通过本章的学习，读者基本可以掌握设计与制作精美幻灯片方面的基本知识和操作方法。下面通过几个范例应用与上机操作练习一下，以达到巩固学习、拓展提高的目的。

15.8.1 制作食品营养报告

使用 PowerPoint 2010，用户可以制作一份食品营养报告，用演示文稿更详细展示报告内容，下面介绍制作食品营养报告的操作。

素材文件 第 15 章\素材文件\无

效果文件 第 15 章\效果文件\04-食品营养报告-效果.pptx

step 1 ① 新建演示文稿，选择【视图】选项卡，② 在【母版视图】组中，单击【幻灯片母版】按钮，新建一组幻灯片母版，如图 15-68 所示。

step 2 ① 新建幻灯片母版后，在【幻灯片】区域中，选择准备删除的幻灯片，② 选择【幻灯片母版】选项卡，③ 在【编辑母版】组中，单击【删除】按钮，删除多余的幻灯片，如图 15-69 所示。

图 15-68

step 3 ① 删除多余的幻灯片后，在【编辑主题】组中，单击【主题】下拉按钮，② 在弹出的下拉列表框中，选择准备应用的主题样式，如图 15-70 所示。

图 15-70

step 5 ① 选择准备设置标题及文本内容的幻灯片，② 在其中输入文本并设置文本样式，如图 15-72 所示。

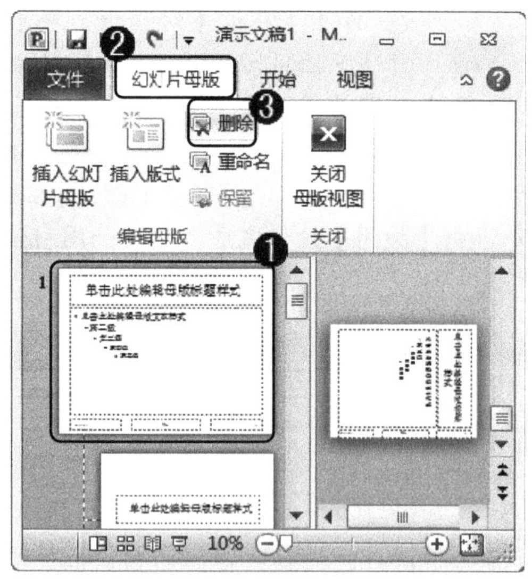

图 15-69

step 4 ① 设置主题样式后，在【编辑主题】组中，单击【背景样式】下拉按钮，② 在弹出的下拉列表框中，选择准备应用的背景样式，如图 15-71 所示。

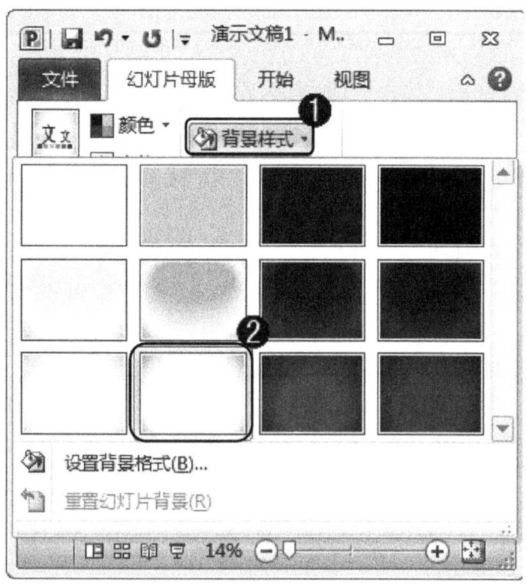

图 15-71

step 6 ① 选中准备插入图片的幻灯片，选择【插入】选项卡，② 在【图像】组中，单击【图片】按钮，如图 15-73

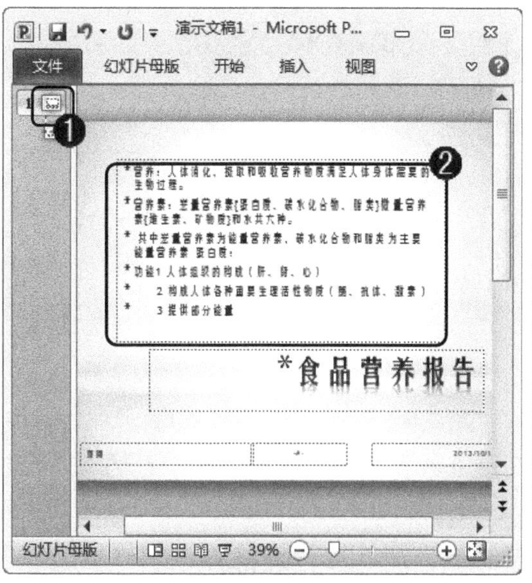

图 15-72

step 7 ① 弹出【插入图片】对话框，选择准备插入图片的所在路径，② 单击准备插入的图片，③ 确认无误后，单击【插入】按钮，如图 15-74 所示。

图 15-74

step 9 ① 在幻灯片中，插入图片文件后，选择【插入】选项卡，② 在【媒体】组中，单击【音频】下拉按钮，③ 在弹出的下拉菜单中，选择【文件中的音频】菜单项，④ 插入准备使用的音频文件，如图 15-76 所示。

所示。

图 15-73

step 8 插入图片后，在幻灯片中调整插入图片的大小和位置，如图 15-75 所示。

图 15-75

step 10 保存演示文稿。通过上述方法即可完成制作食品营养报告的操作，如图 15-77 所示。

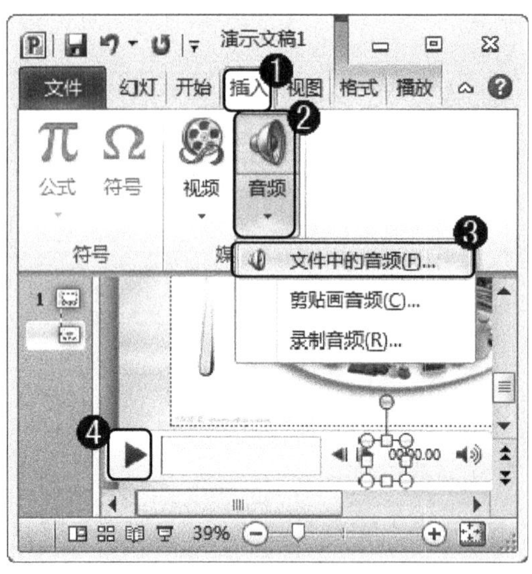

图 15-76

图 15-77

15.8.2　员工培训计划

使用 PowerPoint 2010，用户可以制作一份精美的员工培训计划，方便用户完成培训新员工的业务，下面介绍制作员工培训计划的操作。

素材文件 第 15 章\素材文件\无

效果文件 第 15 章\效果文件\04-食品营养报告-效果.pptx

step 1　① 新建演示文稿，选择【设计】选项卡，② 在【主题】组中，单击【主题】下拉按钮，③ 在弹出的下拉列表框中，选择准备应用的样式，如图 15-78 所示。

图 15-78

step 2　① 应用主题样式后，选择【设计】选项卡，② 在【背景】组中，单击【背景样式】下拉按钮，③ 在弹出的下拉列表中，选择准备应用的背景样式，如图 15-79 所示。

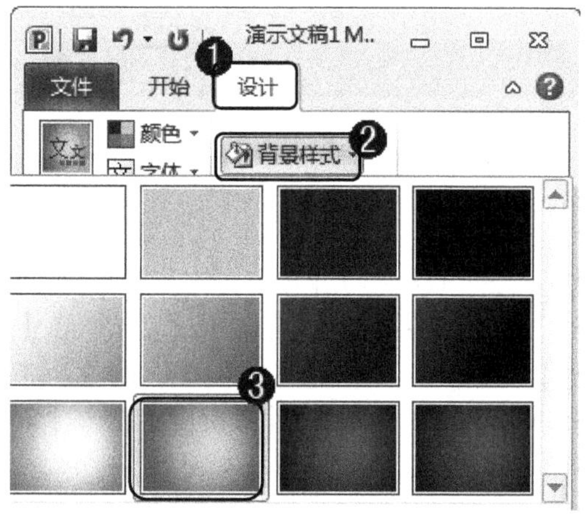

图 15-79

step 3 设置幻灯片主题样式和背景样式后，在幻灯片中输入标题和文本，然后设置其文本样式，如图 15-80 所示。

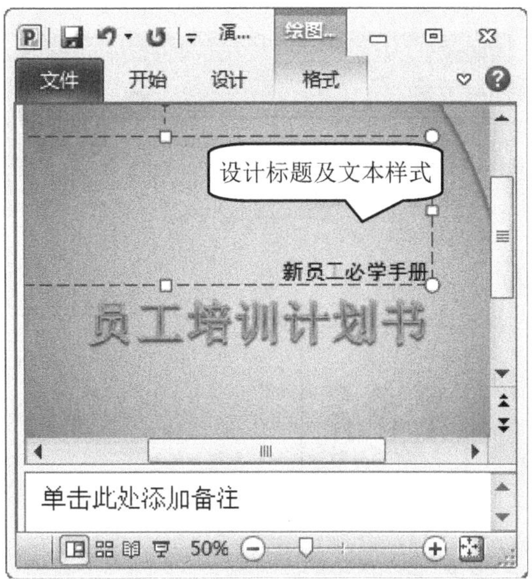

图 15-80

step 4 ① 选择【开始】选项卡，② 在【幻灯片】组中，单击【新建幻灯片】下拉按钮，③ 在弹出的下拉列表中，选择准备新建的幻灯片样式，如图 15-81 所示。

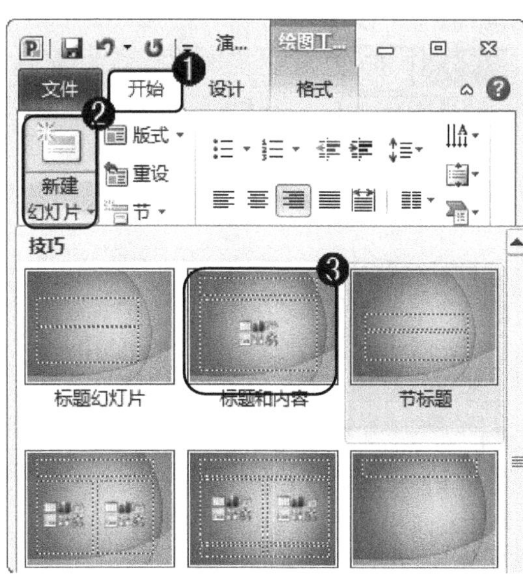

图 15-81

step 5 在新幻灯片中，输入标题及文本内容，然后设置标题的样式，如图 15-82 所示。

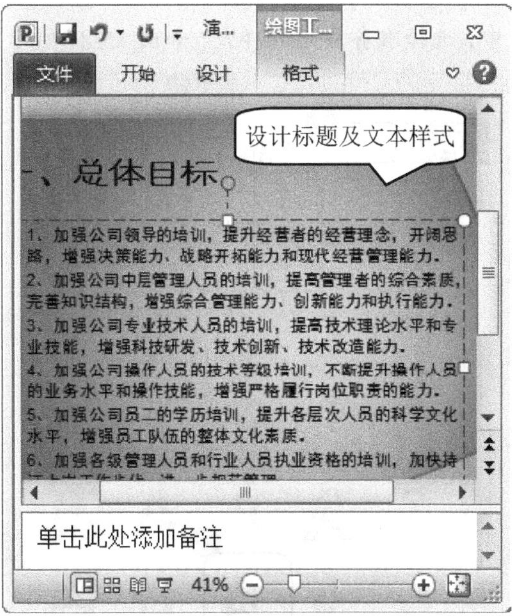

图 15-82

step 6 运用上述方法创建其他新幻灯片并添加标题及文本内容，如图 15-83 所示。

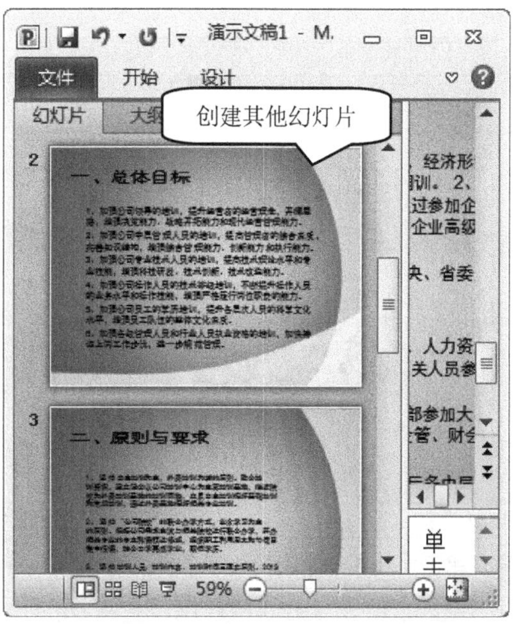

图 15-83

step 7 ① 在键盘上按下 Enter 键，新建一张幻灯片，选择【插入】选项卡，② 在【图像】组中，单击【剪贴画】按钮，如图 15-84 所示。

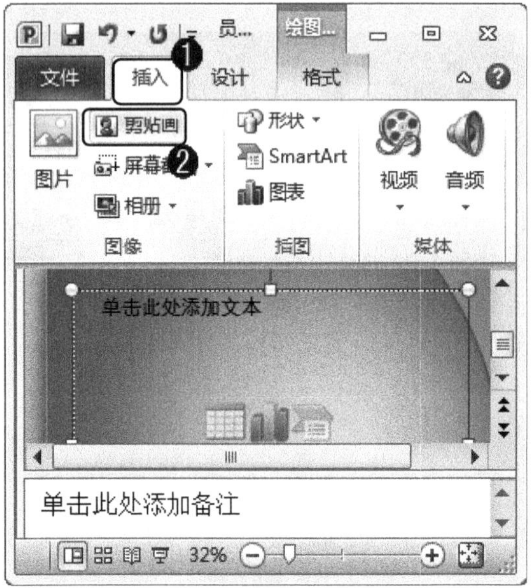

图 15-84

step 9 插入剪贴画，调整剪贴画的大小和位置，如图 15-86 所示。

图 15-86

step 8 ① 打开【剪贴画】窗格，在【搜索文字】文本框中，输入准备搜索的内容，如输入“合作”，② 单击【搜索】按钮，③ 在【剪贴画】列表框中，单击准备插入的剪贴画，如图 15-85 所示。

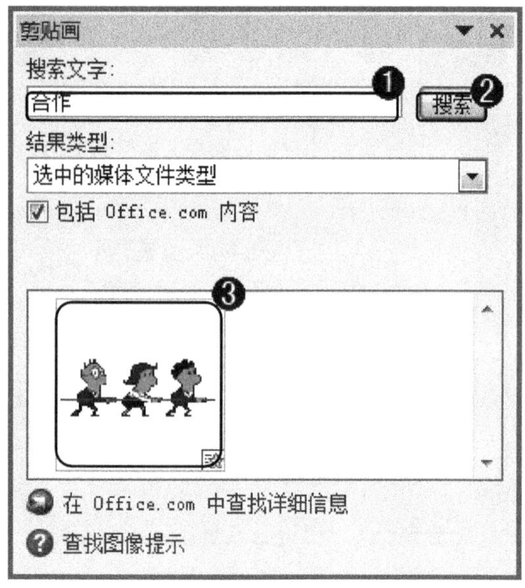

图 15-85

step 10 ① 插入剪贴画后，选择【插入】选项卡，② 在【文本】组中，单击【艺术字】按钮，③ 在弹出的艺术字库中，选择准备应用的样式，如图 15-87 所示。

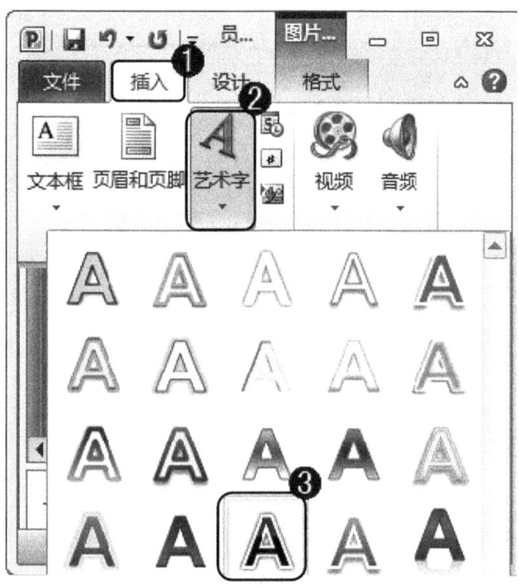

图 15-87

step 11 插入默认文字内容为“请在此放置您的文字”的艺术字，用户向其中输入内容，如图 15-88 所示。通过上述方法即可完成插入艺术字的操作。

图 15-88

step 12 ① 插入艺术字后，在程序主界面中，选择【插入】选项卡，② 在【媒体】组中，单击【音频】下拉按钮，③ 在弹出的下拉菜单中，选择【文件中的音频】菜单项，如图 15-89 所示。

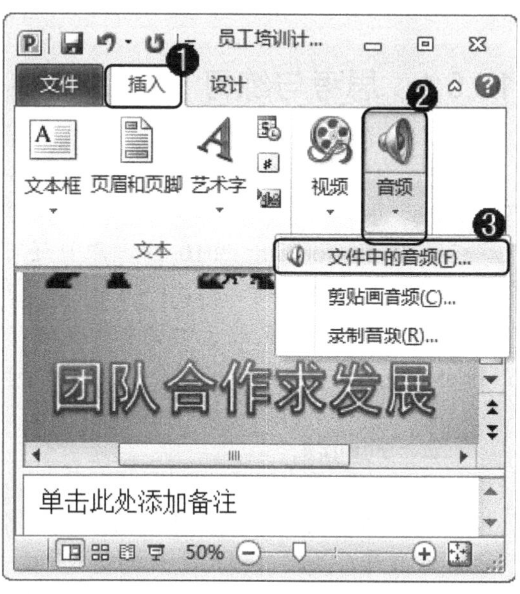

图 15-89

step 13 插入一段音频，调整音频放置的位置，单击【播放】按钮 ，用户可以查看音频效果，如图 15-90 所示。

图 15-90

step 14 保存演示文稿。通过上述方法即可完成制作员工培训计划演示文稿的操作，如图 15-91 所示。

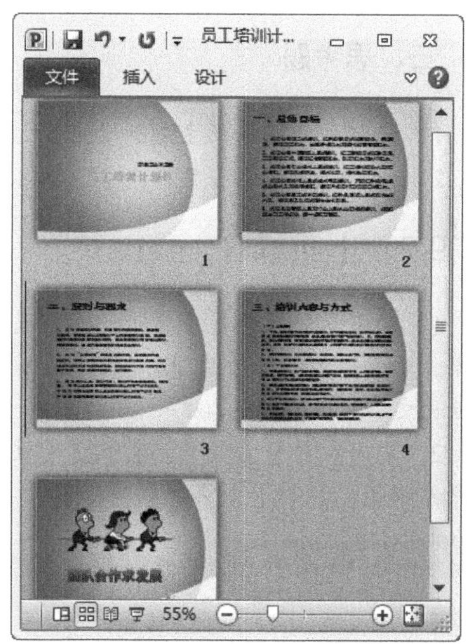

图 15-91

15.9 课后练习

15.9.1 思考与练习

一、填空题

1. 在 PowerPoint 2010 中，用户还可以通过设置幻灯片背景来美化演示文稿，包括______和______等操作。

2. ______是定义演示文稿中所有幻灯片或页面格式的______或页面。在每个演示文稿的每个关键组件都有一个母版，使用母版可以方便地统一______的风格。

二、判断题

1. 在 PowerPoint 2010 中，对于不再需要的母版或版式，用户可以将其删除。（ ）

2. 剪贴画是一种图片文件的格式，最大的特点是在一个剪贴画文件中可以保存多幅彩色图像，如果把存于一个文件中的多幅图像数据逐幅读出并显示到屏幕上，就可构成一种最简单的动画效果。（ ）

3. Flash 是由 Macromedia 公司推出的交互式矢量图和 Web 动画的标准，具有小巧灵活，美观漂亮的特点。（ ）

三、思考题

1. 如何应用默认的主题？

2. 如何插入艺术字？

15.9.2 上机操作

1. 打开“配套素材\第 15 章\素材文件\ 05-毕业论文答辩 PPT 模板.pptx”素材文件，练习制作毕业论文答辩 PPT 模板的操作。效果文件可参考“配套素材\第 15 章\效果文件\05-毕业论文答辩 PPT 模板-效果.pptx”。

2. 打开“配套素材\第 15 章\素材文件\04-个人总结模板.pptx”素材文件，练习制作个人总结模板的操作。效果文件可参考“配套素材\第 15 章\效果文件\04-个人总结模板-效果.pptx”。

第16章 设计动画与互动效果幻灯片

本章主要介绍幻灯片切换效果和应用动画方案方面的知识与技巧，同时还讲解了如何设置自定义动画和设置演示文稿超链接。通过本章的学习，读者可以掌握设计动画与互动效果幻灯片方面的知识，为深入学习 Office 2010 电脑办公基础与应用知识奠定基础。

范例导航

1. 幻灯片切换效果
2. 应用动画方案
3. 设置自定义动画
4. 设置演示文稿超链接

16.1 幻灯片切换效果

在演示文稿放映过程中，由一张幻灯片进入到另一张幻灯片即是幻灯片之间的切换，幻灯片的切换效果可以更好地增强演示文稿的播放效果。本节将详细介绍幻灯片切换的相关知识。

16.1.1 添加幻灯片切换效果

幻灯片切换效果是指在一张幻灯片切换至下一张幻灯片时，所呈现的动画状态，可以起到美化的作用。下面详细介绍添加幻灯片切换效果的操作。

素材文件：无
效果文件：第16章\效果文件\小学语文.pptx

step 1 ① 打开准备添加幻灯片切换效果的演示文稿文件，选择准备设置切换效果的幻灯片，② 选择【切换】选项卡，③ 在【切换到此幻灯片】组中，选择准备应用的切换效果，如图 16-1 所示。

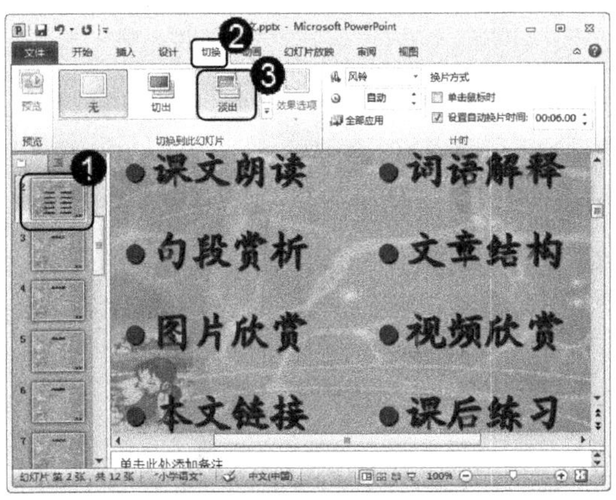

图 16-1

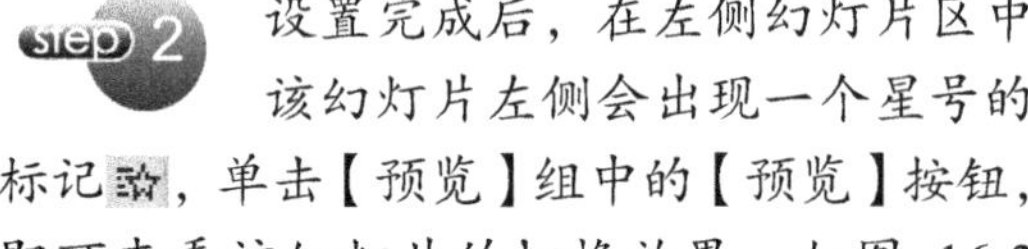

step 2 设置完成后，在左侧幻灯片区中该幻灯片左侧会出现一个星号的标记，单击【预览】组中的【预览】按钮，即可查看该幻灯片的切换效果，如图 16-2 所示。

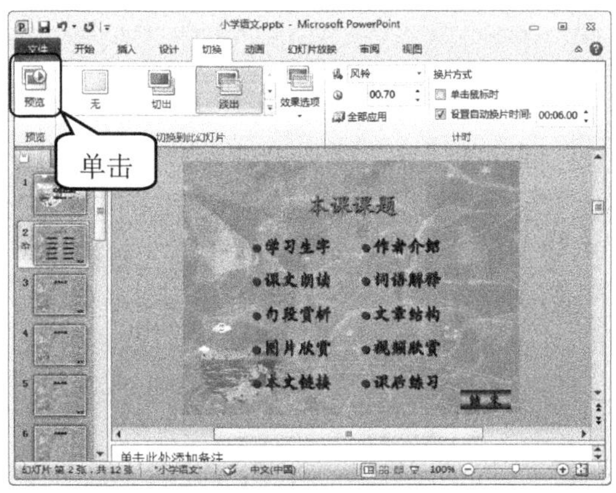

图 16-2

16.1.2 设置幻灯片切换声音效果

幻灯片切换声音效果是指，在一张幻灯片切换至下一张幻灯片时所播放的声音。下面详细介绍设置幻灯片切换声音效果的操作。

素材文件：无
效果文件：第16章\效果文件\小学语文.pptx

step 1 ① 打开准备添加幻灯片切换效果的演示文稿文件，选择准备设置切换声音效果的幻灯片，② 选择【切换】选项卡，③ 在【计时】组中，单击【声音】下拉按钮▾，④ 在弹出的下拉菜单中，选择准备应用的音效效果，如图 16-3 所示。

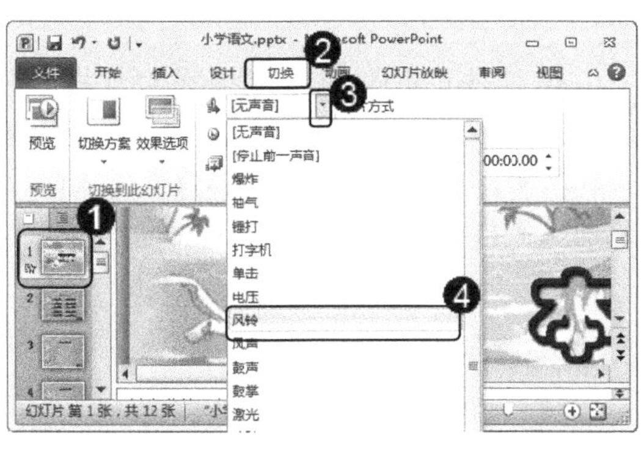

图 16-3

step 2 设置完成后，单击【预览】组中的【预览】按钮，即可查看该幻灯片的切换声音效果，如图 16-4 所示。

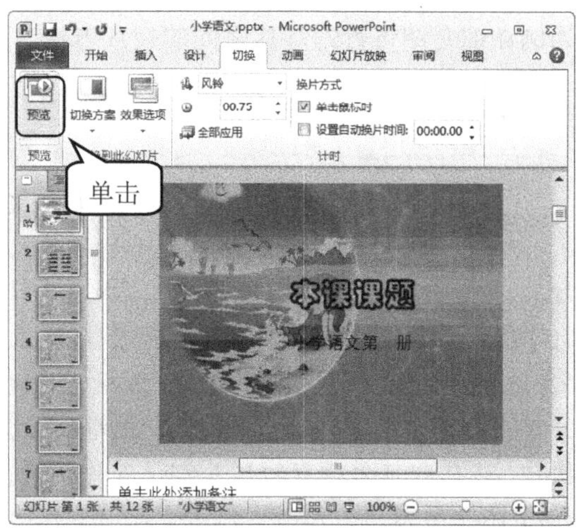

图 16-4

16.1.3 设置幻灯片切换速度

在编排演示文稿时可以根据实际需求调整幻灯片的切换速度。下面详细介绍设置幻灯片切换速度的操作方法。

素材文件 无

效果文件 第 16 章\效果文件\小学语文.pptx

step 1 ① 打开准备设置幻灯片切换速度的演示文稿文件，选择准备设置切换速度的幻灯片，② 选择【切换】选项卡，③ 在【计时】组中，调整【时间】微调框中的数值，如图 16-5 所示。

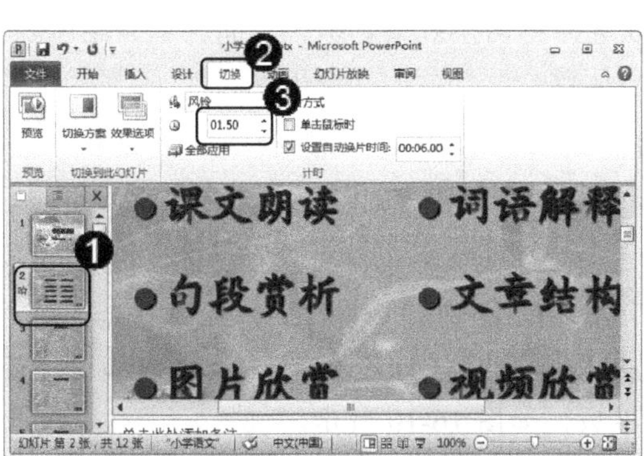

图 16-5

step 2 设置完成后，单击【预览】组中的【预览】按钮，即可查看该幻灯片的切换速度，如图 16-6 所示。

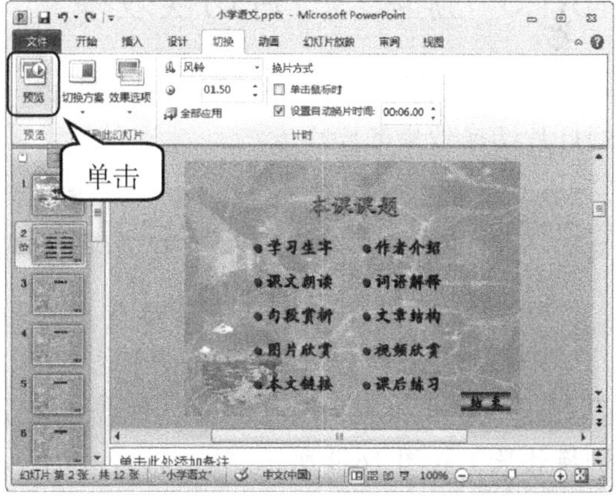

图 16-6

16.1.4 设置幻灯片之间的换片方法

幻灯片之间的换片方法包括单击鼠标时切换和定时切换两种。下面以定时切换幻灯片为例详细介绍设置幻灯片之间的换片方法。

素材文件 无

效果文件 第16章\效果文件\小学语文.pptx

step 1 ① 打开准备设置的演示文稿文件，选择准备设置定时切换的幻灯片，② 选择【切换】选项卡，③ 在【计时】组中，取消勾选【单击鼠标时】复选框，④ 选择【设置自动换片时间】复选框，并调整其微调框中的数值，⑤ 单击【全部应用】按钮，这样即可为所有幻灯片都设置为定时，如图 16-7 所示。

图 16-7

step 2 设置完成后，选择其他幻灯片，可以看到其他幻灯片的换片方式都已经改变，在放映视图中将以设置完成的换片方式播放演示文稿，如图 16-8 所示。

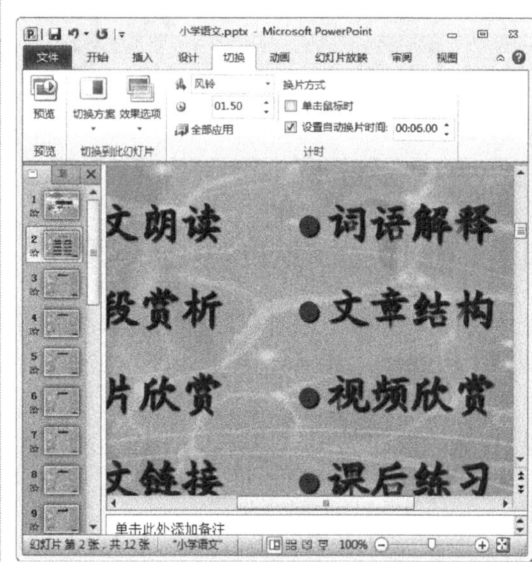

图 16-8

16.1.5 删除幻灯片切换效果

如果对当前设置的幻灯片效果不满意，可以选择将切换效果删除。下面详细介绍删除幻灯片切换效果的操作方法。

素材文件 无

效果文件 第16章\效果文件\小学语文.pptx

step 1 ① 选择准备删除切换效果的幻灯片，② 选择【切换】选项卡，③ 在【切换到此幻灯片】组中，选择【无】切换效果，如图 16-9 所示。

step 2 ① 返回到幻灯片界面，单击【计时】组中的【声音】下拉按钮▾，② 在弹出的下拉菜单中，选择【无声音】菜单项，如图 16-10 所示。

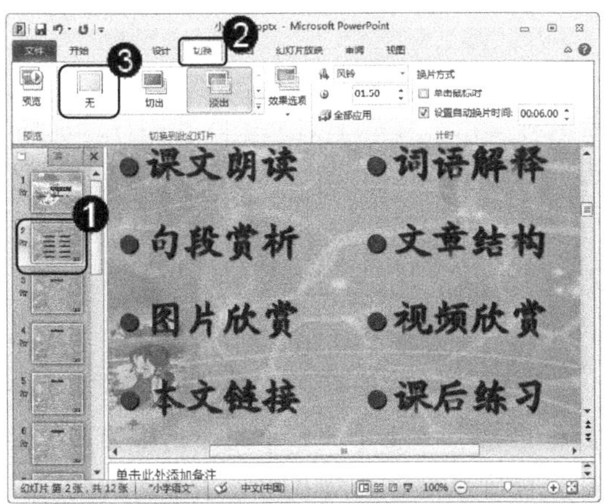

图 16-9

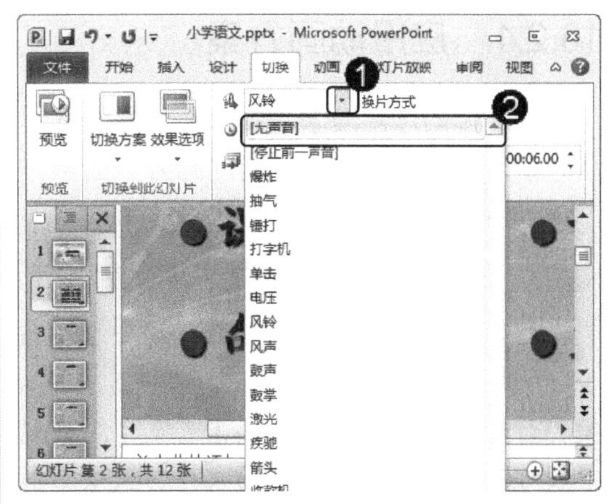

图 16-10

单击【计时】组中的【全部应用】按钮，如图 16-11 所示。

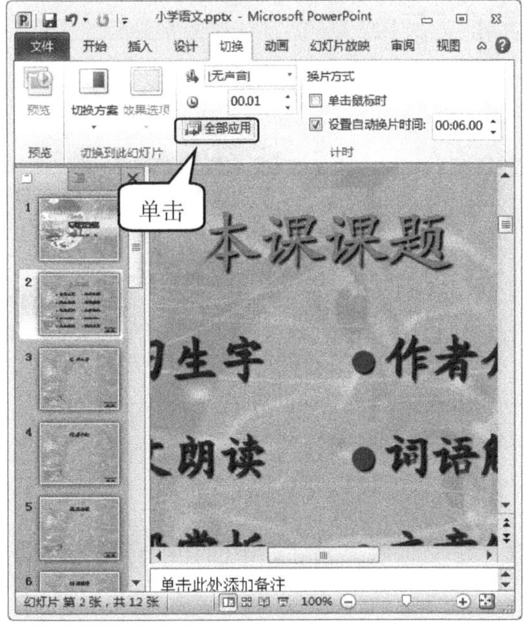

图 16-11

返回到幻灯片界面，可以看到所有幻灯片的切换效果全都被删除，这样即可完成删除幻灯片切换效果的操作，如图 16-12 所示。

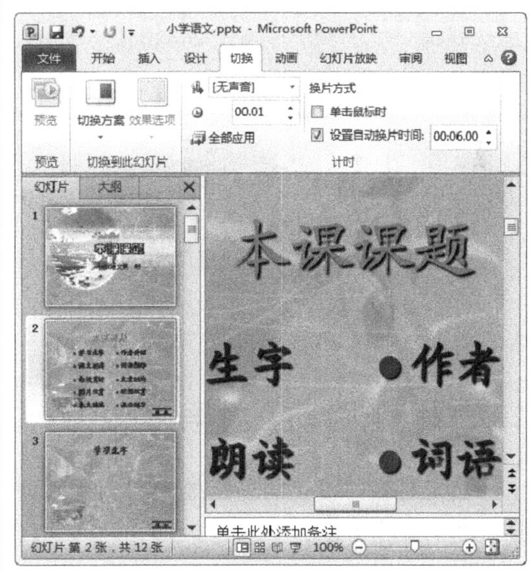

图 16-12

16.2 应用动画

在 PowerPoint 2010 中可以为幻灯片中的图片或者文字设置动画方案，可以在放映幻灯片时，增强幻灯片的演示效果。本节将详细介绍在幻灯片中应用动画方案的相关知识。

16.2.1 应用动画方案

在编排幻灯片演示文稿时，可以根据实际需求对每张幻灯片中的文字或者图片添加动画方案，下面详细介绍应用动画方案的操作方法。

素材文件 无

效果文件 第16章\效果文件\小学语文.pptx

step 1 ① 打开准备添加动画方案的演示文稿文件，选择准备设置动画方案的幻灯片，② 选择【动画】选项卡，③ 选中幻灯片中准备设置动画的文字，使其转换为可编辑状态，④ 选择【动画】组中准备应用的动画方案，如图16-13所示。

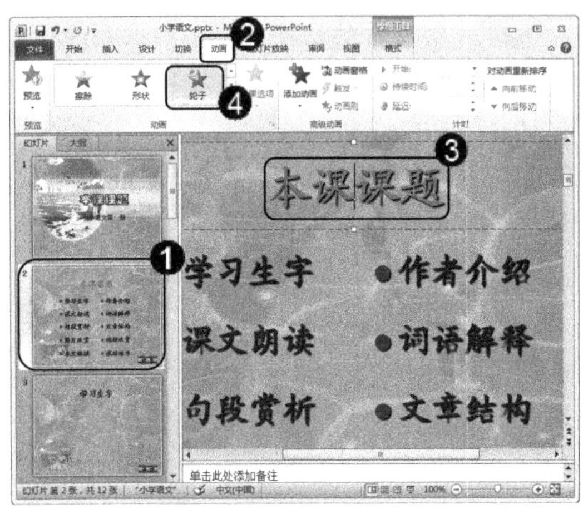

图 16-13

step 2 设置完成后，在左侧幻灯片区中该幻灯片的左侧会出现一个星号的标记，单击【预览】组中的【预览】按钮，即可查看该幻灯片中文字的动画效果，如图16-14所示。

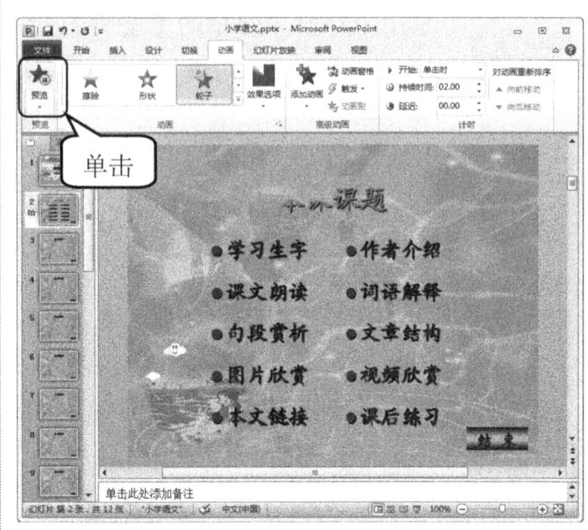

图 16-14

16.2.2 删除动画方案

如果对当前设置的动画效果不满意，可以选择将动画效果删除。下面详细介绍删除动画方案的操作方法。

素材文件 无

效果文件 第16章\效果文件\小学语文.pptx

step 1 ① 选中准备删除动画效果的幻灯片，② 选择【动画】选项卡，③ 在【动画】组中，将动画方案设置为【无】，如图16-15所示。

step 2 设置完成后，在左侧幻灯片区中该幻灯片左侧的星号标记会消失，这样即可完成删除动画方案的操作，如图16-16所示。

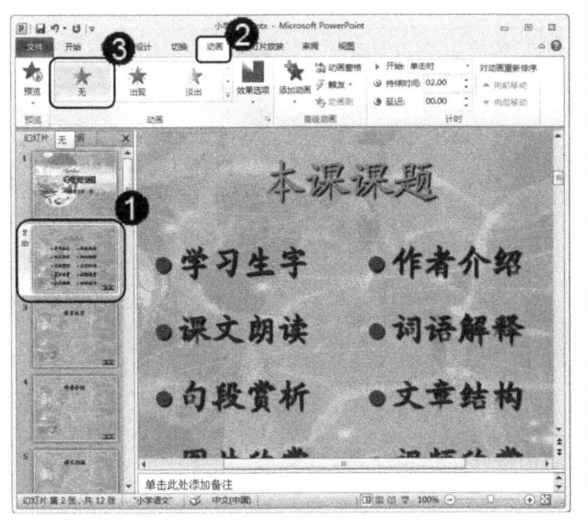

图 16-15

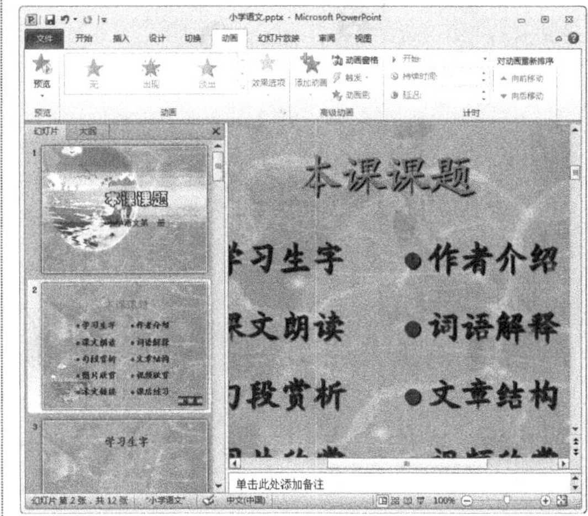

图 16-16

知识精讲

PowerPoint 2010 程序所提供的动画方案样式使用起来非常方便，除了用于删除动画样式的区域“无”之外，在样式库中，根据动画所应用的目的不同，还划分出了 3 个区域包括进入、强调和退出，用户可以根据编排演示文稿的实际需求，选择不同区域的动画效果。

16.3 设置自定义动画

在 PowerPoint 2010 中提供的动画方案在使用时非常方便，但数量和样式上较为有限，效果也相对简单，用户可以通过自定义动画方案，来达到更好地演示效果。本节将详细介绍如何设置自定义动画。

16.3.1 添加动画效果

在使用自定义动画效果之前，首先要将动画效果添加到幻灯片中，下面详细介绍添加动画效果操作方法。

素材文件 无

效果文件 第 16 章\效果文件\小学语文.pptx

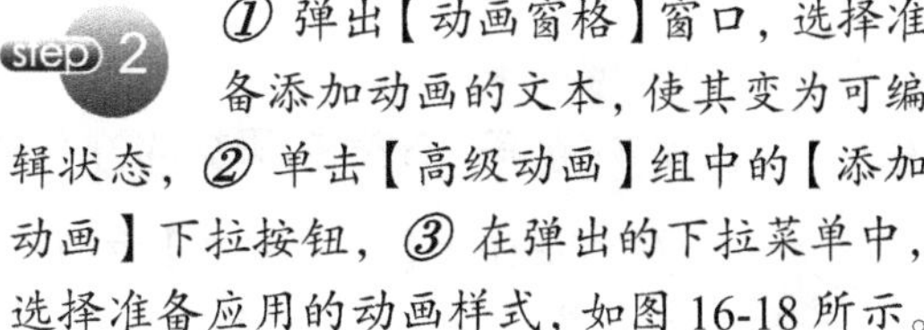

step 1 ① 选择准备添加动画效果的幻灯片，② 选择【动画】选项卡，③ 在【高级动画】组中，单击【动画窗格】按钮，如图 16-17 所示。

step 2 ① 弹出【动画窗格】窗口，选择准备添加动画的文本，使其变为可编辑状态，② 单击【高级动画】组中的【添加动画】下拉按钮，③ 在弹出的下拉菜单中，选择准备应用的动画样式，如图 16-18 所示。

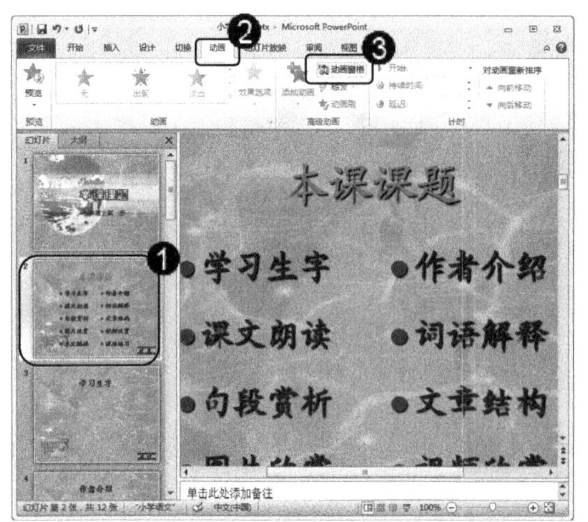

图 16-17

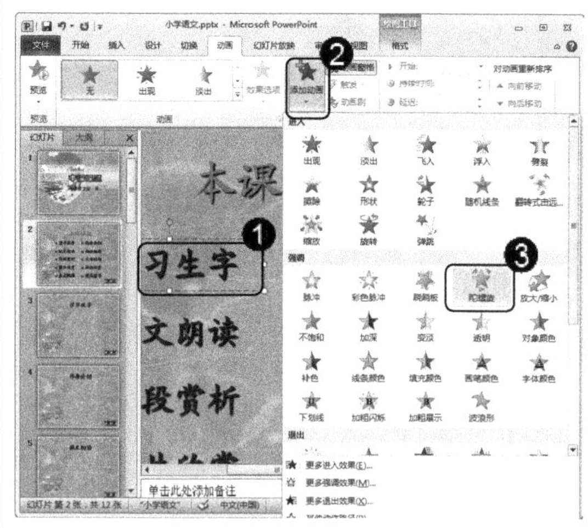

图 16-18

将所有准备添加动画效果的文本全部添加完成后，单击【播放】按钮，如图 16-19 所示。

通过以上方法，即可完成添加动画效果的操作，如图 16-20 所示。

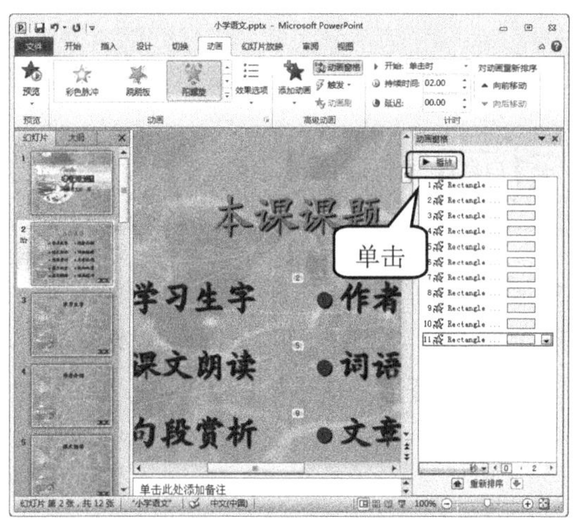

图 16-19

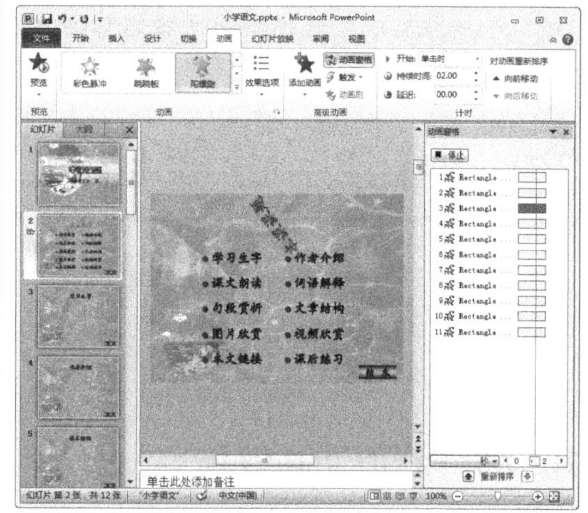

图 16-20

16.3.2 设置动画效果

在幻灯片中添加完动画效果以后，可以根据不同的需要对动画效果进行设置，下面介绍设置动画效果的操作方法。

素材文件 无
效果文件 第 16 章\效果文件\小学语文.pptx

step 1 ① 右击任意【动画窗格】中的动画效果，② 在弹出的快捷菜单中，选择【效果选项】菜单项，如图 16-21

step 2 ① 弹出【陀螺旋】对话框，选择【效果】选项卡，② 在设置区域中，单击【数量】下拉按钮，③ 在弹出

所示。

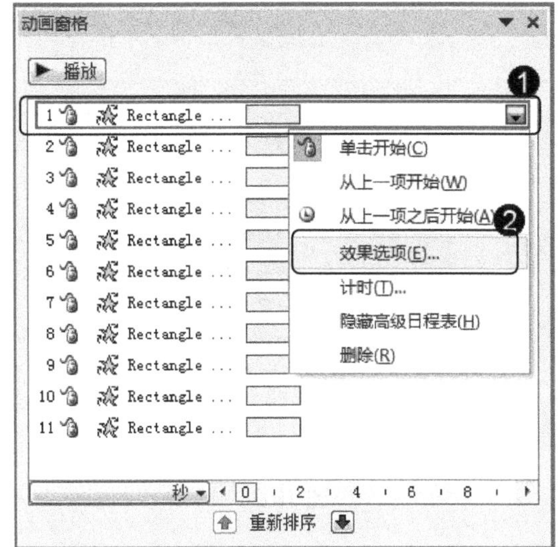

图 16-21

step 3 ① 在【增强】区域中，单击【声音】下拉按钮，② 在弹出的下拉菜单中，选择准备应用的声音，例如【风铃】，如图 16-23 所示。

图 16-23

step 5 ① 选择【正文文本动画】选项卡，② 将【组合文本】设置为【按第一级段落】，③ 勾选【每隔】复选框，并将其值设置为“2.5”秒，④ 单击【确定】按钮，如图 16-25 所示。

的下拉菜单中，选择【旋转两周】菜单项，如图 16-22 所示。

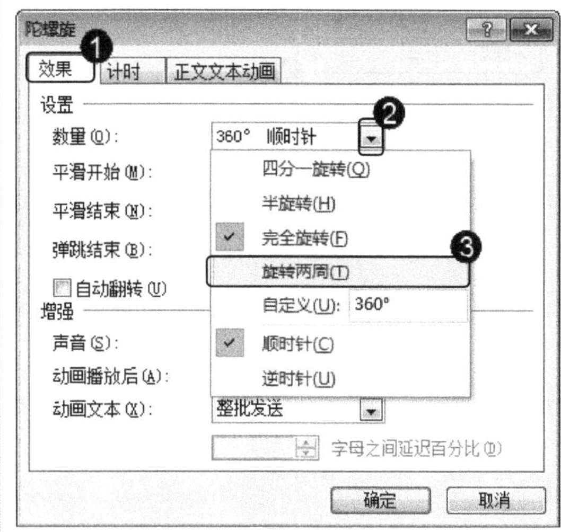

图 16-22

step 4 ① 选择【计时】选项卡，② 将【延迟】调整至“2.5”秒，③ 单击【期间】下拉按钮，④ 在弹出的下拉列表中，选择【慢速(3 秒)】列表项，如图 16-24 所示。

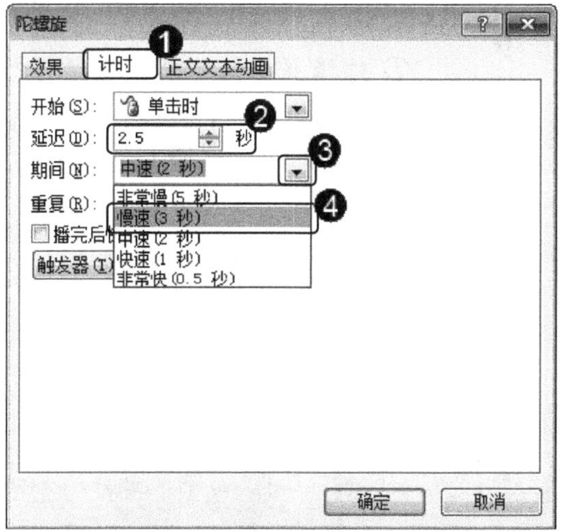

图 16-24

step 6 返回到幻灯片界面，单击【播放】按钮 ▶ 播放，即可预览设置完成的动画效果，如图 16-26 所示。

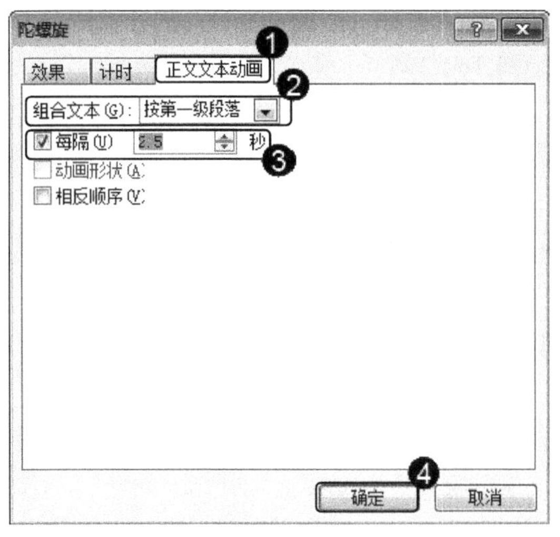

图 16-25

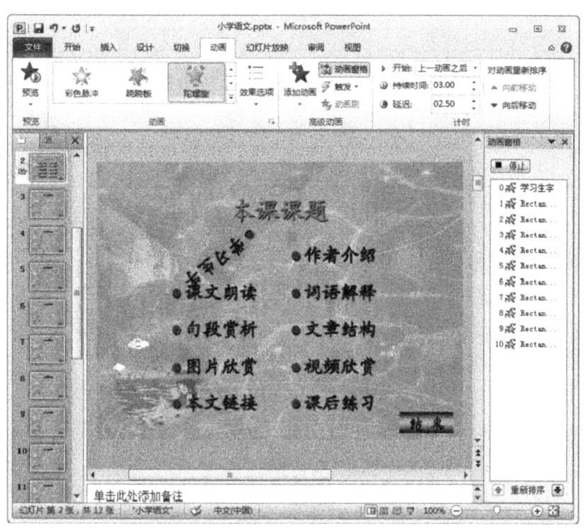

图 16-26

16.3.3 调整动画顺序

在一幅幻灯片中，通常会有多个添加对象，在编排过程中可以根据实际工作的要求，调整各个对象的放映顺序，下面介绍调整动画顺序的操作方法。

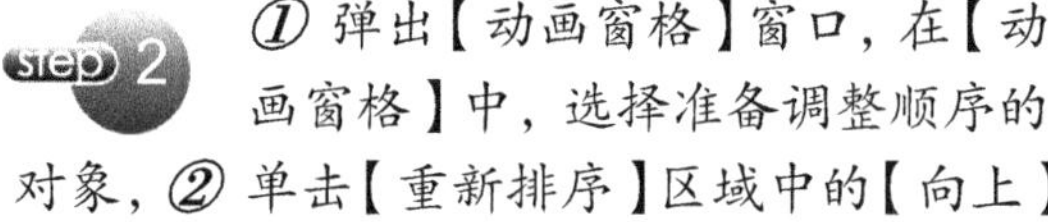

① 选择准备调整动画顺序的幻灯片，② 选择【动画】选项卡，③ 在【高级动画】组中，选择【动画窗格】按钮，如图 16-27 所示。

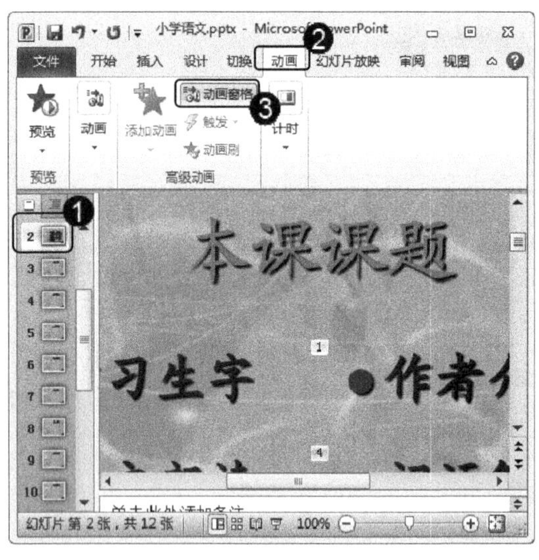

图 16-27

step 2 ① 弹出【动画窗格】窗口，在【动画窗格】中，选择准备调整顺序的对象，② 单击【重新排序】区域中的【向上】按钮，如图 16-28 所示。

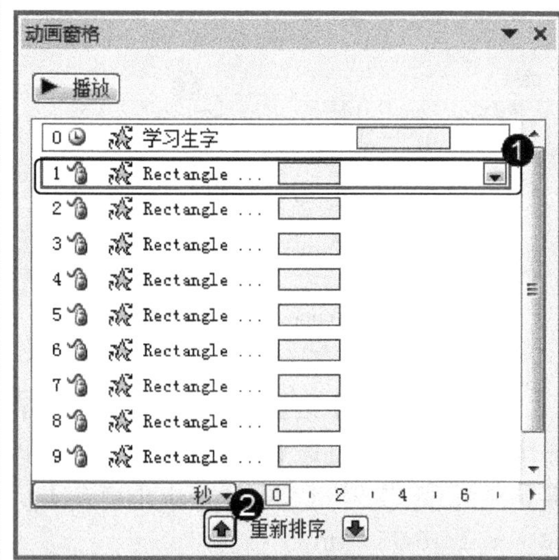

图 16-28

将动画方案调整至合适位置后，单击【播放】按钮，如图 16-29 所示。

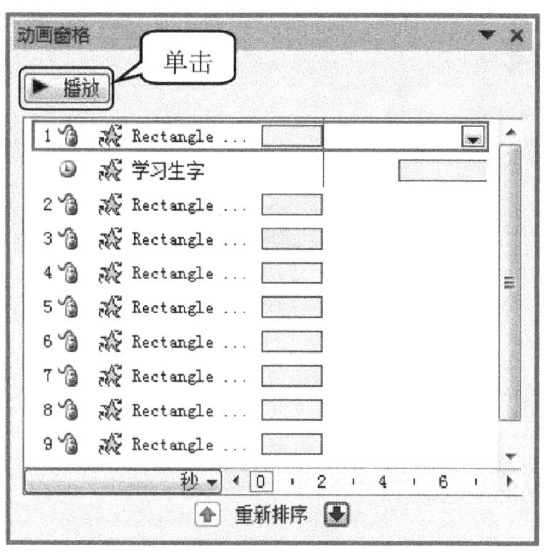

图 16-29

step 4

通过以上方法，即可完成调整动画顺序的操作，如图 16-30 所示。

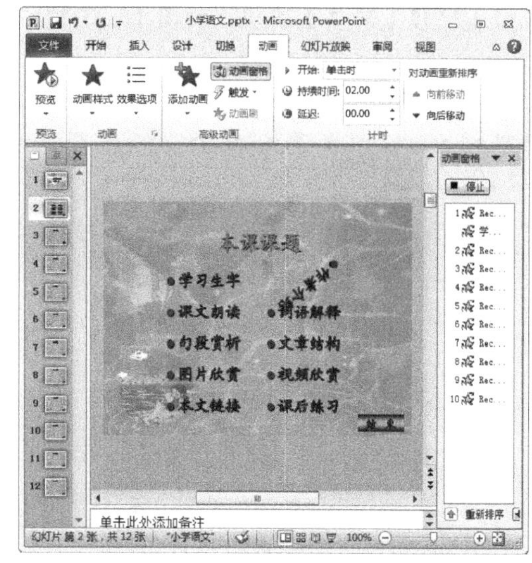

图 16-30

16.3.4 使用动作路径

设置完成的动画效果都是按照 PowerPoint 2010 程序默认的动作轨迹播放的，如果需要按照特定的轨迹播放动画，可以使用动作路径，下面详细介绍如何使用动作路径。

素材文件 无

效果文件 第16章\效果文件\小学语文.pptx

① 在幻灯片页面中，选中一段文本，选择【动画】选项卡，② 单击【添加动画】下拉按钮，在弹出的下拉菜单中，③ 选择【其他动作路径】菜单项，如图 16-31 所示。

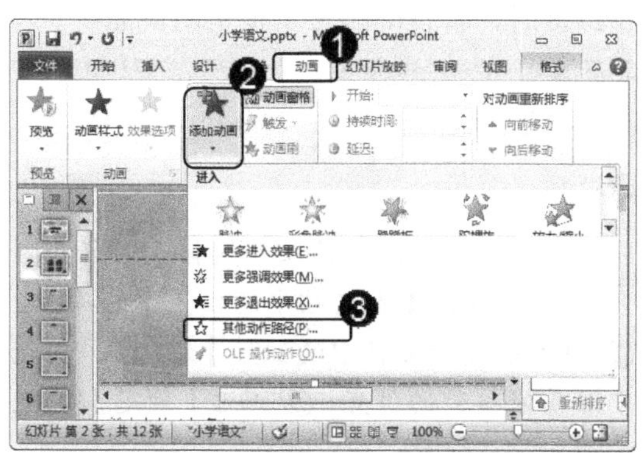

图 16-31

step 2

① 弹出【添加动作路径】窗口，在【基本】区域中，选择【橄榄球形】动作路径，② 单击【确定】按钮，如图 16-32 所示。

图 16-32

step 3 返回到幻灯片界面，可以看到页面中新添加的路径轨迹，单击【动画窗格】中的【播放】按钮，如图 16-33 所示。

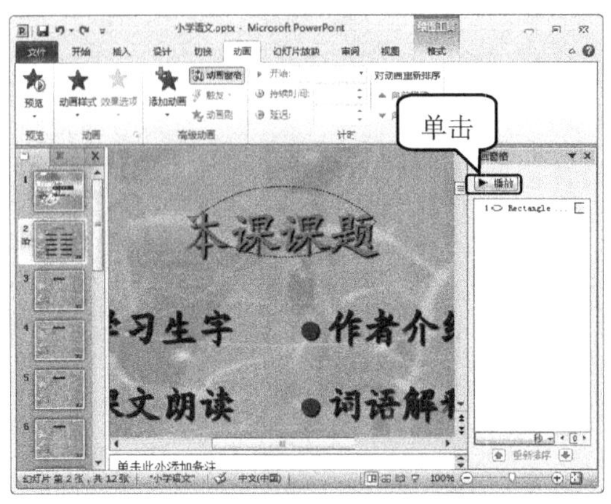

图 16-33

step 4 可以看到，幻灯片中的文本正按照新添加的路径播放，这样即可完成使用动作路径的操作，如图 16-34 所示。

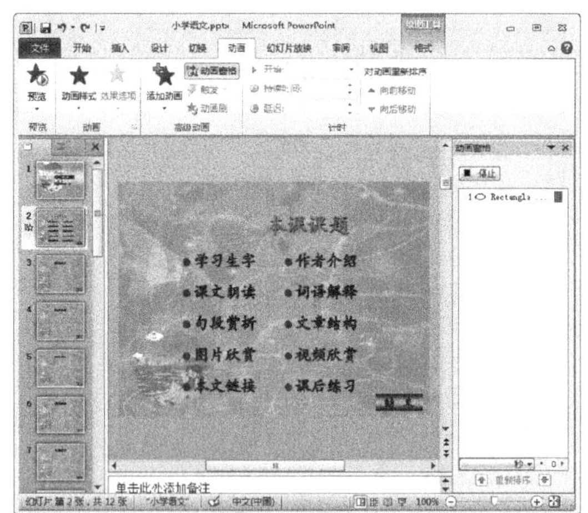

图 16-34

16.4 设置演示文稿超链接

如果在播放演示文稿时，需要打开计算机中的文件，或者在联网的状态下打开某个网页，可以将幻灯片中的文本或者图形设置为超链接，单击此项超链接即可打开指定的文件或者页面。本节将详细介绍设置演示文稿中超链接的相关知识。

16.4.1 链接到同一演示文稿的其他幻灯片

如果当前幻灯片的内容需要引用之前或者之后的内容，又或者是幻灯片之间存在关联关系，可以在当前幻灯片中设置超链接，单击超链接时，将自动跳转至指定的页面中。下面介绍链接到同一演示文稿的其他幻灯片的操作方法。

素材文件：无
效果文件：第 16 章\效果文件\小学语文.pptx

step 1 ① 选中准备设置超链接的幻灯片，② 选中幻灯片中准备设置超链接的文本，③ 选择【插入】选项卡，④ 在【链接】组中，单击【超链接】按钮，如图 16-35 所示。

step 2 ① 弹出【插入超链接】对话框，选择【本文档中的位置】选项卡，② 在【请选择文档中的位置】列表框中，选中准备链接到的位置，③ 单击【确定】按钮，如图 16-36 所示。

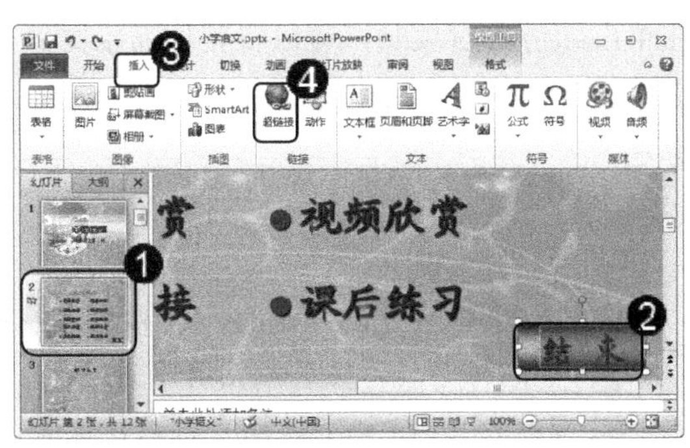

图 16-35

step 3 返回到幻灯片界面，可以看到页面中新添加的超链接项，单击【幻灯片放映】按钮，如图 16-37 所示。

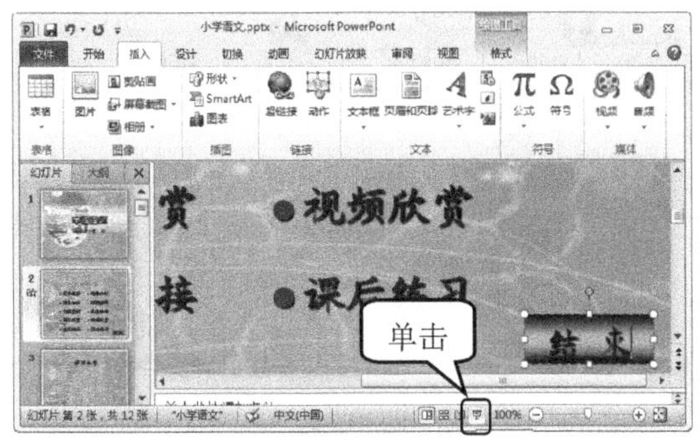

图 16-37

step 5 通过单击超链接，由播放的幻灯片页面切换至刚刚设置的幻灯片页面，这样即可完成链接到同一演示文稿其他幻灯片的操作，如图 16-39 所示。

图 16-39

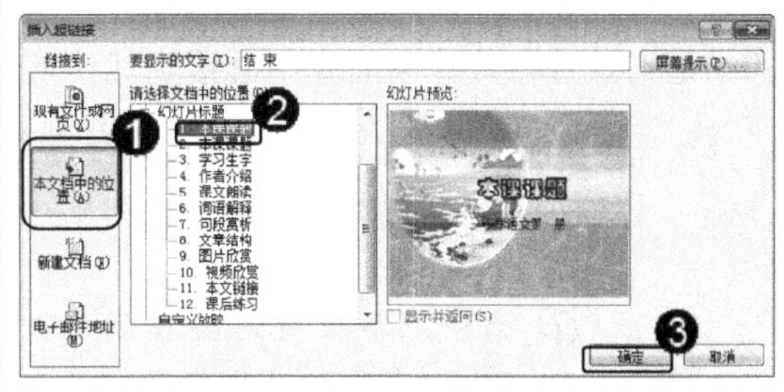

图 16-36

step 4 进入到【幻灯片放映】界面，单击刚刚设置的超链接项，如图 16-38 所示。

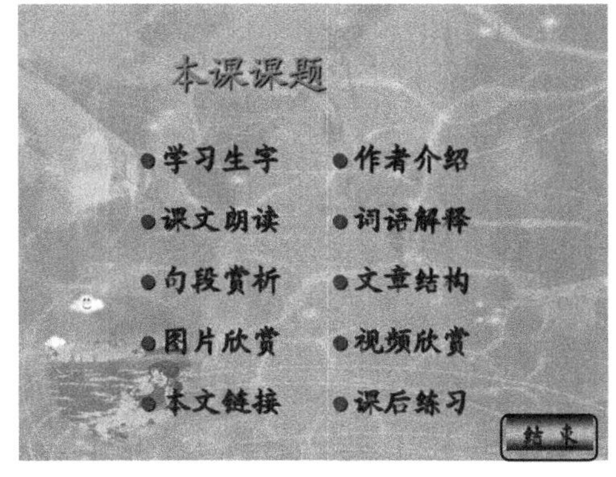

图 16-38

智慧锦囊

在设置超链接对象时，可以在【插入超链接】对话框上方的【要显示的文字】文本框中，输入该链接项准备应用的文本，如图 16-40 所示。

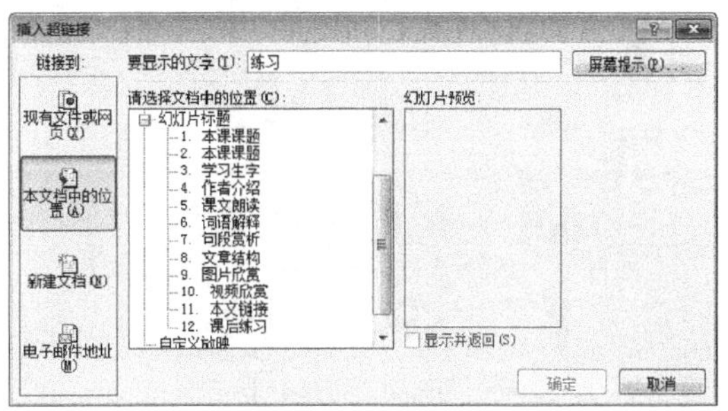

图 16-40

16.4.2 链接到其他演示文稿幻灯片

如果当前演示文稿需要引用其他演示文稿中的幻灯片，可以将当前演示文稿中的对象

设置超链接到其他演示文稿中的幻灯片，这样在单击超链接对象时，可以将其他演示文稿的指定幻灯片打开。下面介绍链接到其他演示文稿幻灯片的操作方法。

素材文件：第 16 章\素材文件\小学数学.pptx

效果文件：第 16 章\效果文件\小学语文.pptx

step 1 ① 选中准备设置超链接的幻灯片，② 选中幻灯片中准备设置超链接的文本，③ 选择【插入】选项卡，④ 在【链接】组中，单击【超链接】按钮，如图 16-41 所示。

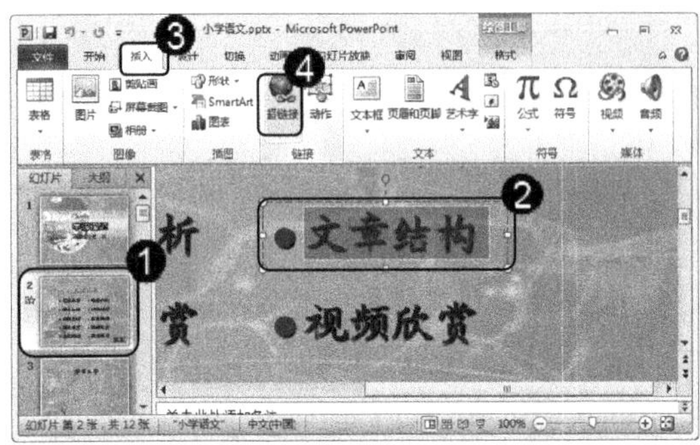

图 16-41

step 2 ① 弹出【插入超链接】对话框，选择【现有文件或网页】选项卡，② 在【查找范围】区域中选择素材文件位置，③ 在【当前文件夹】列表框中，选择准备添加到演示文稿文件，④ 单击【确定】按钮，如图 16-42 所示。

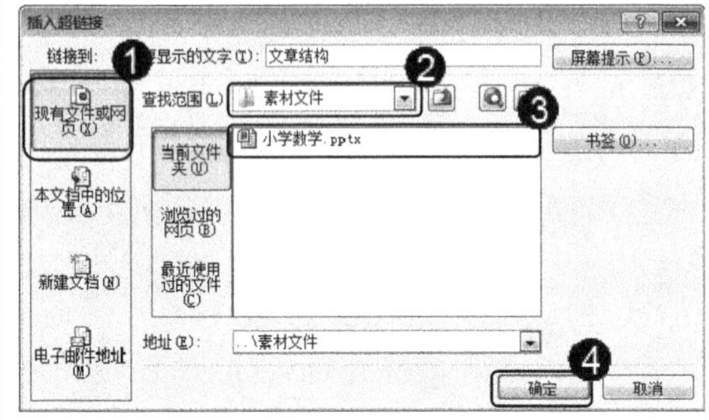

图 16-42

step 3 返回到幻灯片界面，可以看到页面中新添加的超链接项，单击【幻灯片放映】按钮 ，如图 16-43 所示。

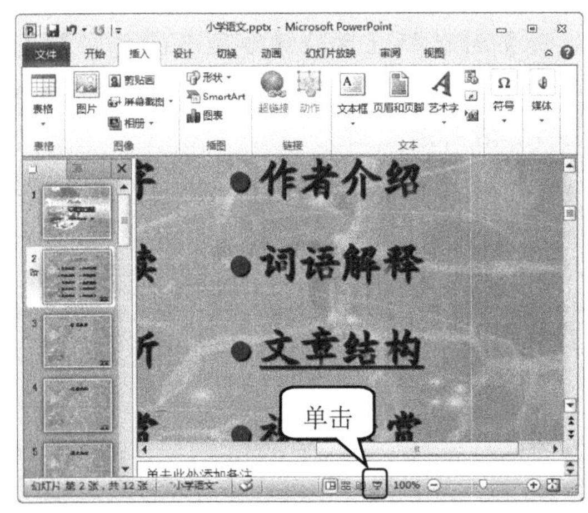

图 16-43

step 4 进入到【幻灯片放映】界面，单击刚刚设置的超链接项，如图 16-44 所示。

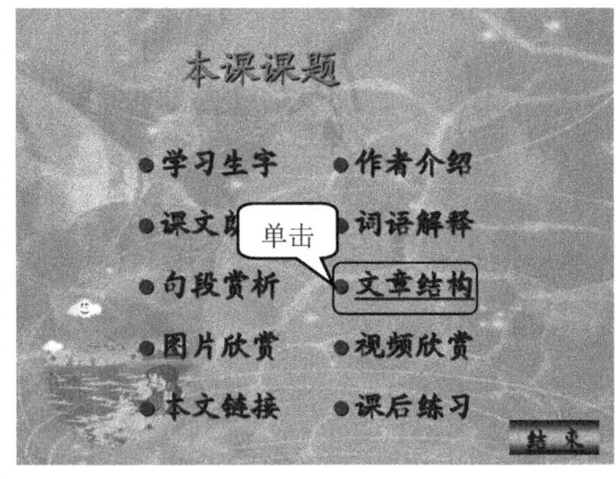

图 16-44

step 5 通过单击超链接，由播放的幻灯片页面切换至刚刚设置的其他演示文稿幻灯片页面，这样即可完成链接到其他演

示文稿幻灯片的操作，如图 16-45 所示。

图 16-45

智慧锦囊

在添加链接的时候，除了可以将其他演示文稿中的幻灯片作为超链接项，还可以将其他格式的文件，如 Word 文档、Excel 表格等添加为链接，如果有需要，还可以将一个程序作为超链接项，这样在播放演示文稿的时候，可以将该程序打开，用户在编排演示文稿时，可以根据具体的工作需求设置超链接对象。

16.4.3 链接到新建文档

除了将已经编辑完成的文件作为超链接项添加到演示文稿的幻灯片中，还可以在设置超链接项的同时新建一个文档作为超链接对象。

素材文件 第 16 章\素材文件\鲁迅.TXT

效果文件 第 16 章\效果文件\小学语文.pptx

step 1 ① 选中准备设置超链接的幻灯片，② 选中幻灯片中准备设置超链接的文本，③ 选择【插入】选项卡，④ 在【链接】组中，单击【超链接】按钮，如图 16-46 所示。

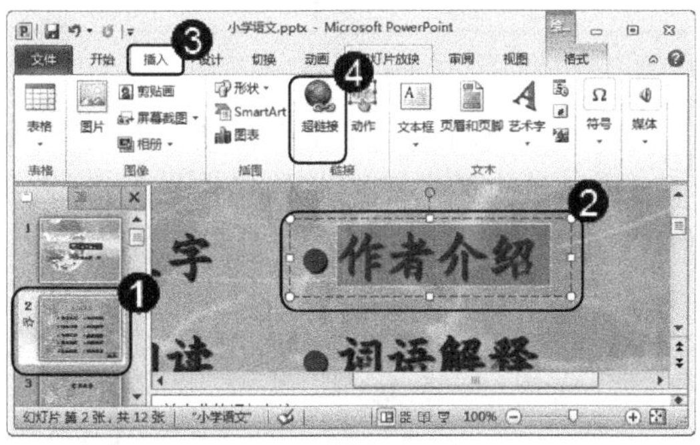

图 16-46

step 2 ① 弹出【插入超链接】对话框，选择【新建文档】选项卡，② 在【新建文档名称】文本框中输入新建文档准备使用的名称，③ 在【何时编辑】区域中，选中【开始编辑新文档】单选按钮，④ 单击【更改】按钮，如图 16-47 所示。

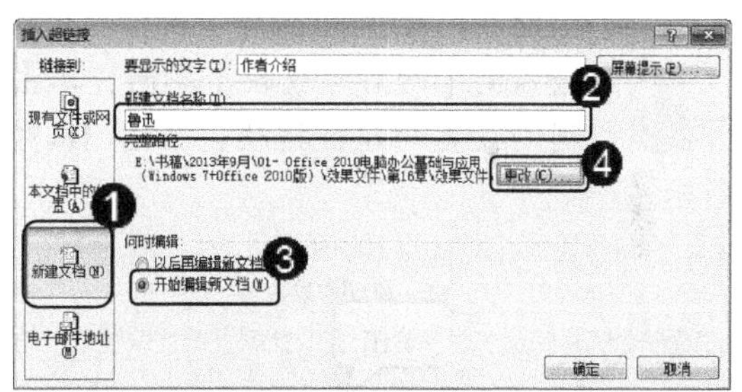

图 16-47

step 3 ① 弹出【新建文档】对话框，选择文档文件的保存位置，② 在【文件名】文本框中，输入准备应用的文本文件名称，③ 在【保存类型】下拉列表框中，选择【文本文件】列表项，④ 单击【确定】按钮，如图 16-48 所示。

step 4 返回到【插入超链接】对话框界面，可以看到新建文档文件的路径已经发生改变，单击【确定】按钮，如图 16-49 所示。

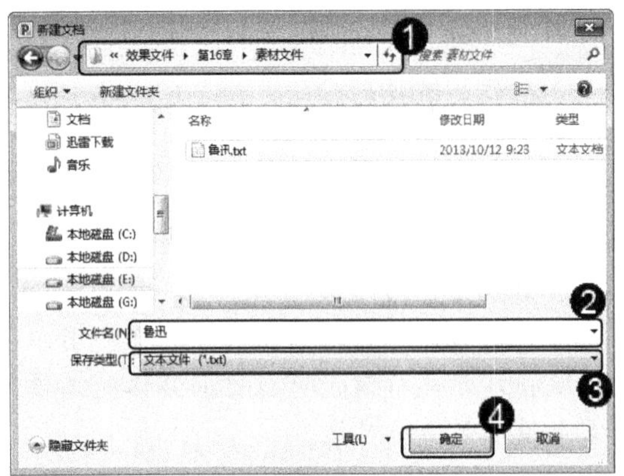

图 16-48

① 打开新建的文本文档，在其中输入演示文稿中需要放映的内容，② 编辑完成后，单击标题栏中的【关闭】按钮，如图 16-50 所示。

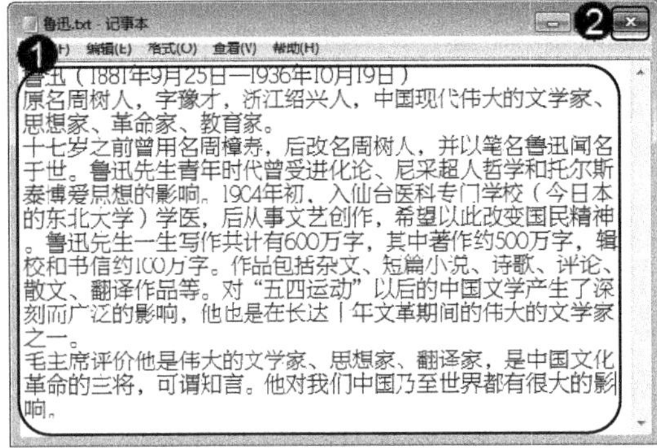

图 16-50

进入到【幻灯片放映】界面，单击刚刚设置的超链接项，如图 16-52 所示。

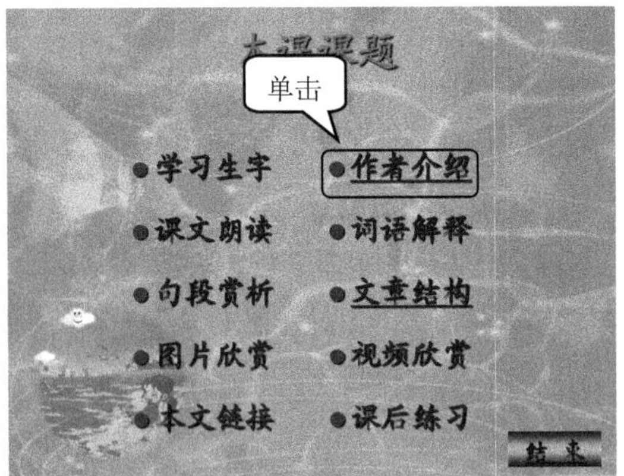

图 16-52

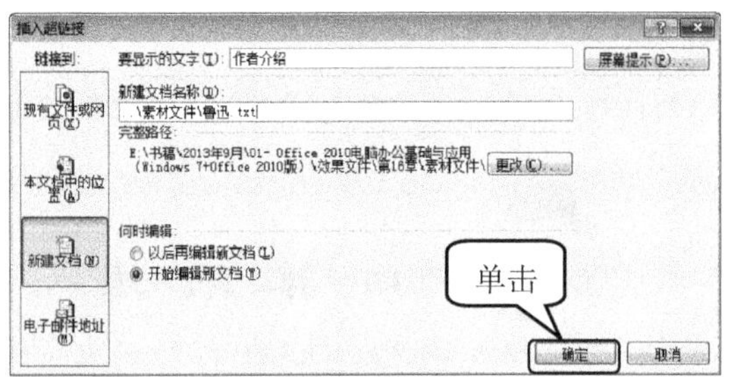

图 16-49

返回到幻灯片界面，可以看到刚刚选中的文字以超链接的样式显示，单击【幻灯片放映】按钮，如图 16-51 所示。

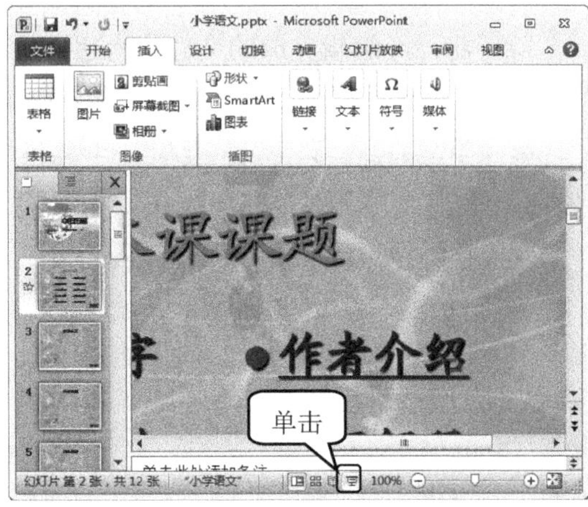

图 16-51

step 8

返回到幻灯片界面，可以看到刚刚选中的文字以超链接的样式显示，如图 16-53 所示。

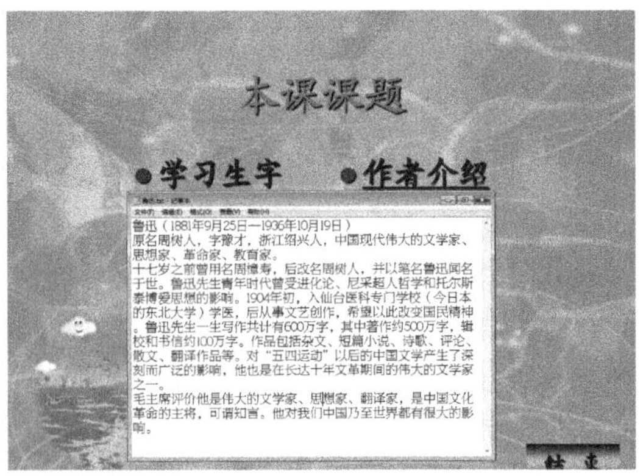

图 16-53

16.4.4 删除超链接

如果对当前设置的超链接不满意，或者不再需要超链接，可以将其删除，下面介绍删除超链接的操作方法。

素材文件 无

效果文件 第16章\效果文件\小学语文.pptx

step 1 ① 选择准备删除超链接的幻灯片页面，② 选中该页面中准备删除超链接的超链接项，③ 在弹出的快捷菜单中，选择【取消超链接】菜单项，如图 16-54 所示。

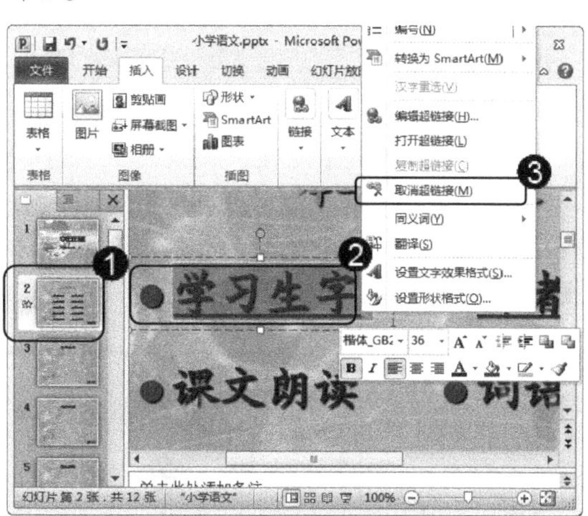

图 16-54

step 2 返回到幻灯片页面，可以看到，页面中原来的超链接项，现在以普通文本的形式显示，这样即可完成删除超链接的操作，如图 16-55 所示。

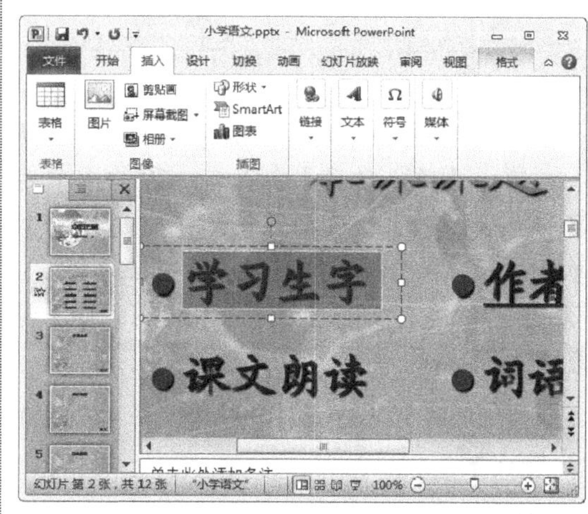

图 16-55

16.4.5 插入动作按钮

在播放演示文稿时，为了更方便地控制幻灯片的播放，可以在幻灯片中添加动作按钮，通过单击动作按钮，可以实现在播放幻灯片的时候切换到其他幻灯片、返回目录或者直接退出等操作。下面以添加背景音乐动作按钮为例，详细介绍在演示文稿中插入动作按钮的操作方法。

素材文件 第16章\素材文件\流水浮灯.MP3

效果文件 第16章\效果文件\小学语文.pptx

step 1 ① 选中准备添加动作按钮的幻灯片，② 选择【插入】选项卡，③ 单击【插图】组中的【形状】下拉按钮，④ 在弹出的快捷菜单中，选择【动作按钮】组中的【声音】菜单项，如图 16-56 所示。

step 2 这时鼠标指针变为“+”形状，将鼠标指针移动到幻灯片中准备添加动作按钮的位置，并拖动鼠标指针调整动作按钮大小，调整大小完成后释放鼠标左键，如图 16-57 所示。

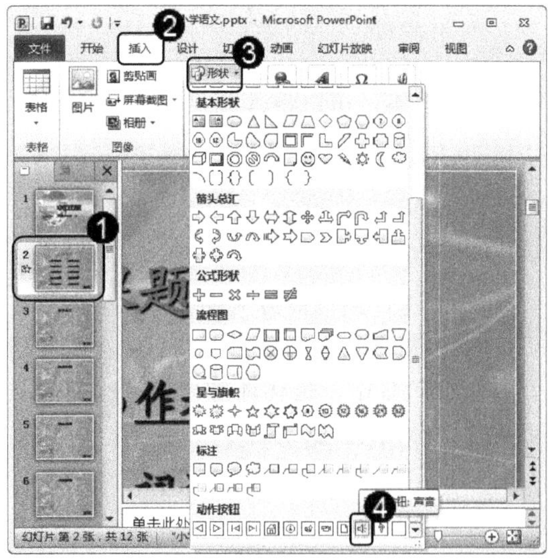

图 16-56

图 16-57

step 3 ① 弹出【动作设置】对话框，选择【单击鼠标】选项卡，② 在【单击鼠标时的动作】区域中，选中【超链接到】单选按钮，③ 单击【超链接到】下拉按钮，④ 在展开的下拉列表中选择【其他文件】列表项，如图 16-58 所示。

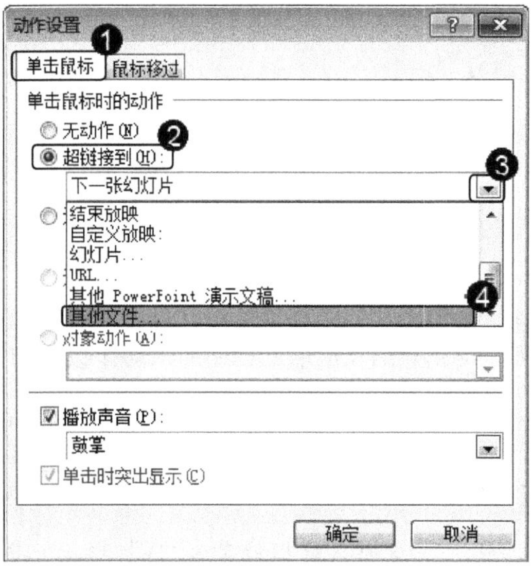

动作设置
单击鼠标 鼠标移过
单击鼠标时的动作
无动作(N)
超链接到(H):
下一张幻灯片
结束放映
自定义放映:
幻灯片...
URL...
其他 PowerPoint 演示文稿...
其他文件...
对象动作(A):
播放声音(P):
鼓掌
单击时突出显示(C)
确定 取消

图 16-58

step 4 ① 弹出【超链接到其他文件】对话框，选择准备使用音频文件的保存位置，② 选择准备使用的音频文件，③ 单击【确定】按钮，如图 16-59 所示。

图 16-59

step 5 返回到【动作设置】对话框，可以看到【超链接到】列表框中，显示已经添加的音频文件路径，确认无误后，单击【确定】按钮，如图 16-60 所示。

step 6 返回到幻灯片界面，可以看到声音动作按钮已经添加完成，单击【幻灯片放映】按钮，如图 16-61 所示。

图 16-60

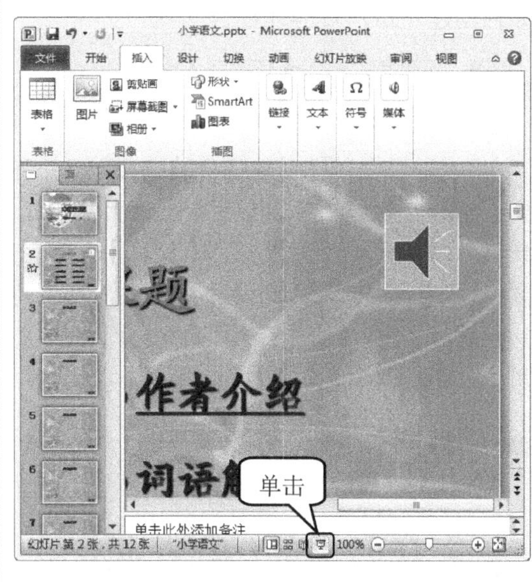

图 16-61

进入到【幻灯片放映】界面，单击刚刚添加的声音动作按钮，如图 16-62 所示。

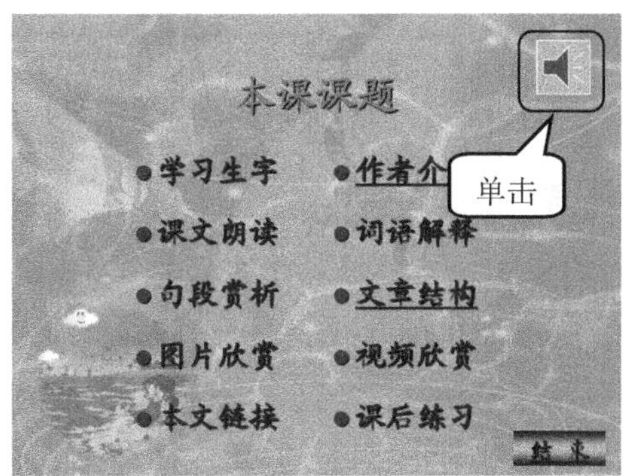

图 16-62

step 8 弹出音乐播放器，播放刚刚设置的音频文件，这样即可完成插入动作按钮的操作，如图 16-63 所示。

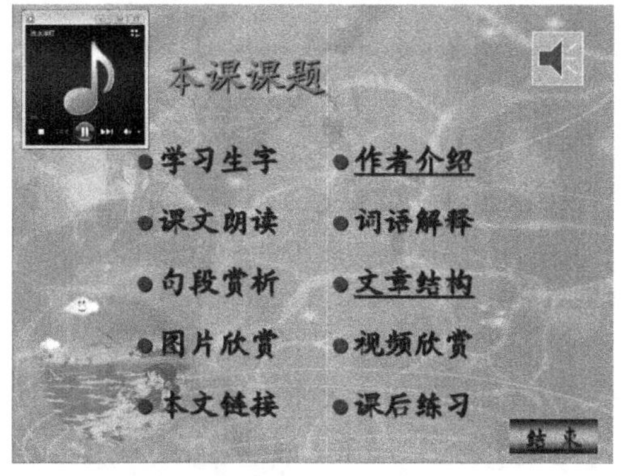

图 16-63

16.5 范例应用与上机操作

通过本章的学习，读者可以掌握设计动画与互动效果方面的知识与技巧，下面通过一些练习，以达到巩固学习、拓展提高的目的。

16.5.1 创建一份消费群体报告

创建一份消费群体报告，可以很直观地将消费群体的构成等情况展示出来，下面介绍

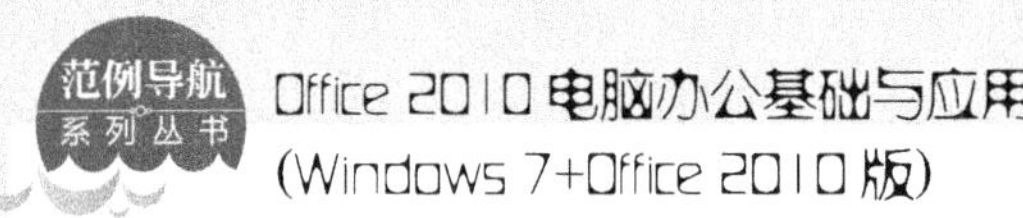

如何创建一份消费群体报告。

素材文件 无

效果文件 第 16 章\效果文件\消费群体报告.pptx

step 1 ① 创建一份演示文稿，并将资料编排在相关的幻灯片中，选择其中一张幻灯片，② 选择【切换】选项卡，③ 选择【切换到此幻灯片】组中准备应用的切换效果，④ 单击【计时】组中的【全部应用】按钮，如图 16-64 所示。

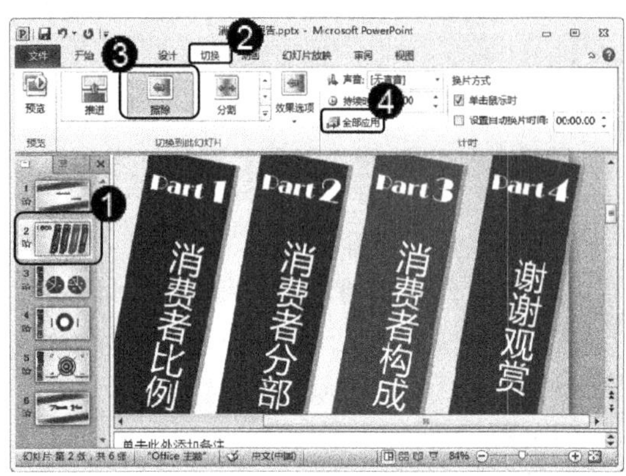

图 16-64

step 2 ① 选择一张准备应用动画方案的幻灯片，② 选择幻灯片中准备应用动画方案的对象，③ 选择【动画】选项卡，④ 单击【高级动画】组中【动画方案】下拉按钮，⑤ 在弹出的下拉菜单中，选择【随机线条】菜单项，如图 16-65 所示。

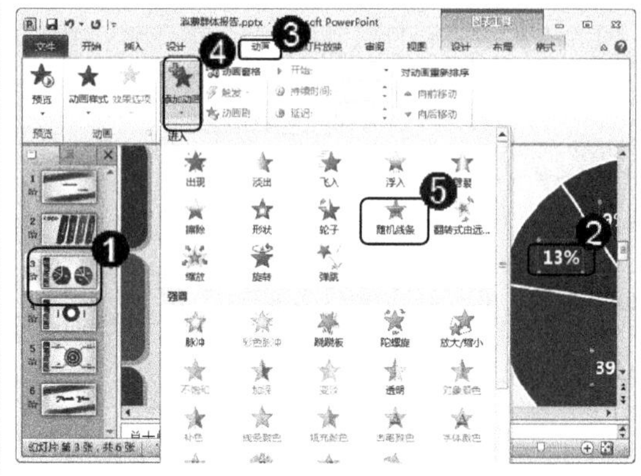

图 16-65

step 3 返回到幻灯片界面，单击【幻灯片放映】按钮，如图 16-66 所示。

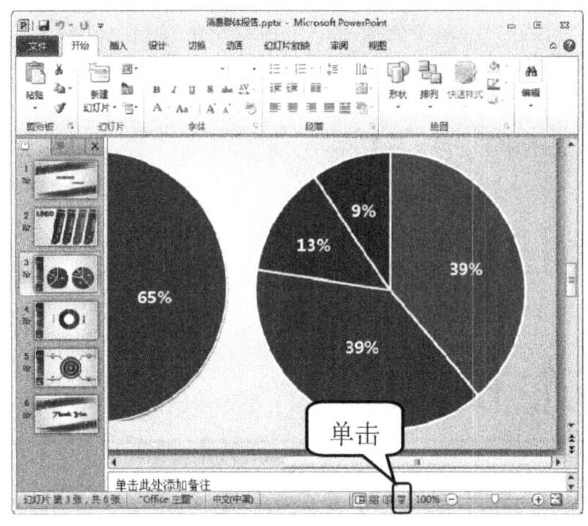

图 16-66

step 4 进入到幻灯片放映界面，可以看到刚刚设置好的相关操作，将演示文稿保存至电脑中，这样即创建了一份消费群体报告，如图 16-67 所示。

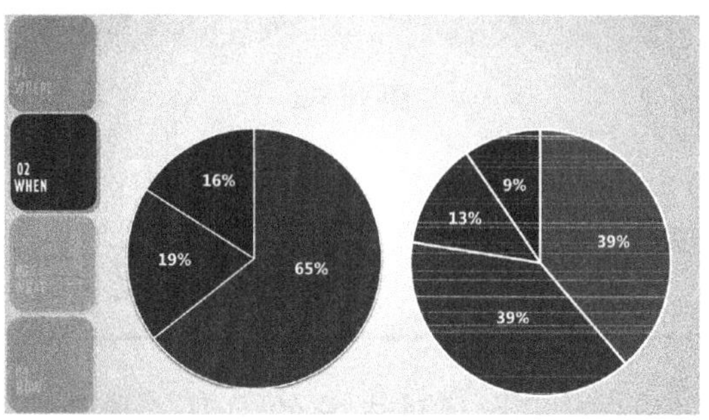

图 16-67

16.5.2 创建一份教育演示文稿

在日常工作中，往往会接触到教育形式的演示文稿。下面以创建一份爱国教育演示文稿为例，介绍如何创建教育演示文稿。

素材文件 第16章\素材文件\爱我中华.MP3

效果文件 第16章\效果文件\爱国教育.pptx

step 1 ① 创建一份演示文稿，并将资料编排在相关的幻灯片中，选择第二张幻灯片，② 选中幻灯片中准备设置超链接的文本，③ 选择【插入】选项卡，④ 在【链接】组中，单击【超链接】按钮，如图 16-68 所示。

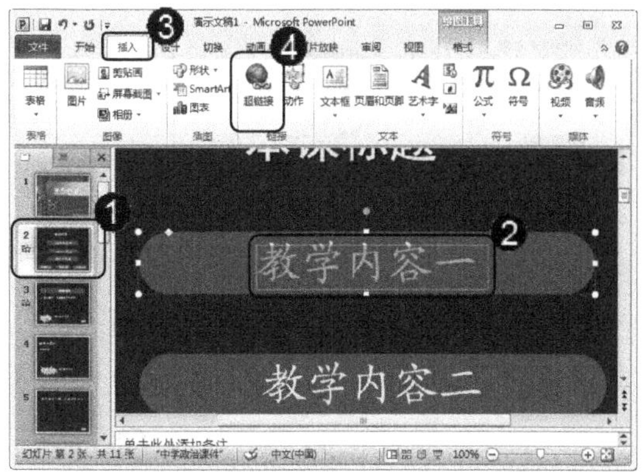

图 16-68

step 2 ① 弹出【插入超链接】对话框，选择【本文档中的位置】选项卡，② 在【请选择文档中的位置】列表框中选择相应的幻灯片，在【幻灯片预览】区域中，显示该被选中的幻灯片的预览效果，③ 单击【确定】按钮，如图 16-69 所示。

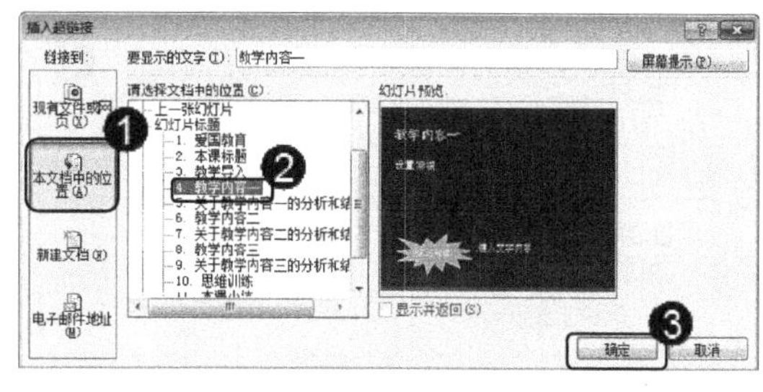

图 16-69

step 3 ① 返回到幻灯片页面，可以看到已经将刚刚选中的文本设置为链接项，将其他文本分别设置相应的链接项，② 单击【插图】组中的【形状】下拉按钮，③ 在弹出的下拉菜单中，选择【动作按钮】组中的【声音】菜单项，如图 16-70 所示。

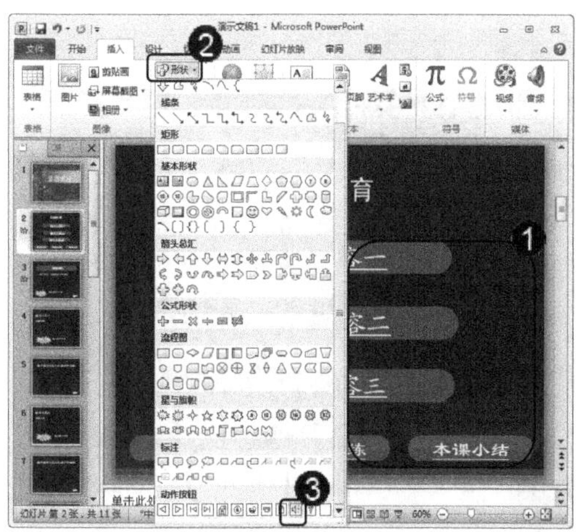

图 16-70

step 4 这时鼠标指针变为“+”形状，将鼠标指针移动到幻灯片中准备添加动作按钮的位置，并拖动鼠标指针调整动作按钮大小，调整大小完成后，释放鼠标左键，如图 16-71 所示。

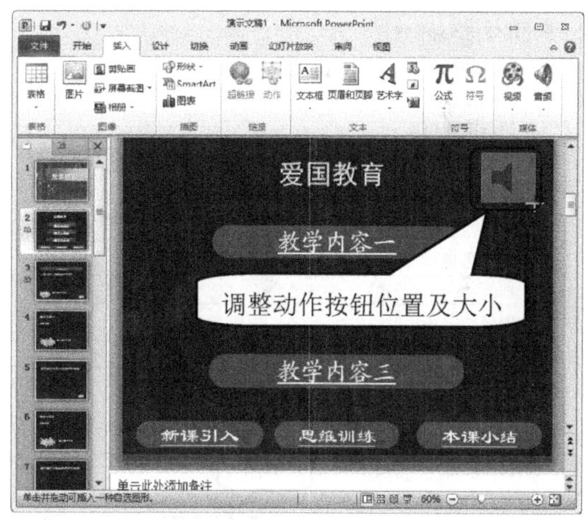

图 16-71

step 5 ① 弹出【动作设置】对话框，选择【单击鼠标】选项卡，② 在【单击鼠标时的动作】区域中，选中【超链接到】单选按钮，③ 单击【超链接到】下拉按钮▼，④ 在展开的下拉列表中选择【其他文件】列表项，如图 16-72 所示。

图 16-72

step 6 ① 弹出【超链接到其他文件】对话框，选择准备使用音频文件的保存位置，② 选择准备使用的音频文件，③ 单击【确定】按钮，如图 16-73 所示。

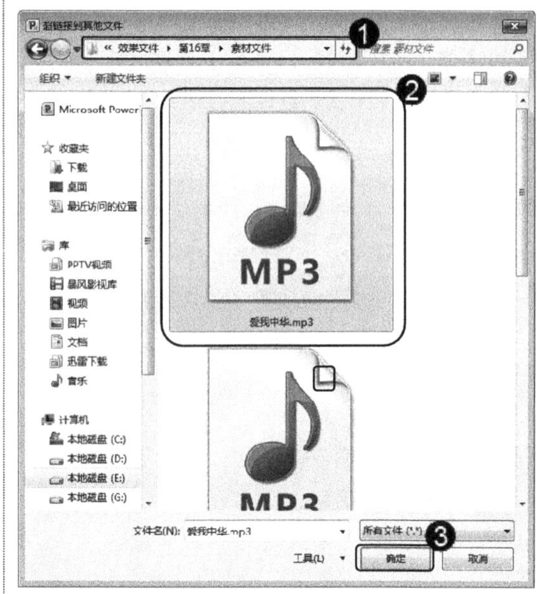

图 16-73

step 7 进入返回到【动作设置】对话框，单击【确定】按钮，如图 16-74 所示。

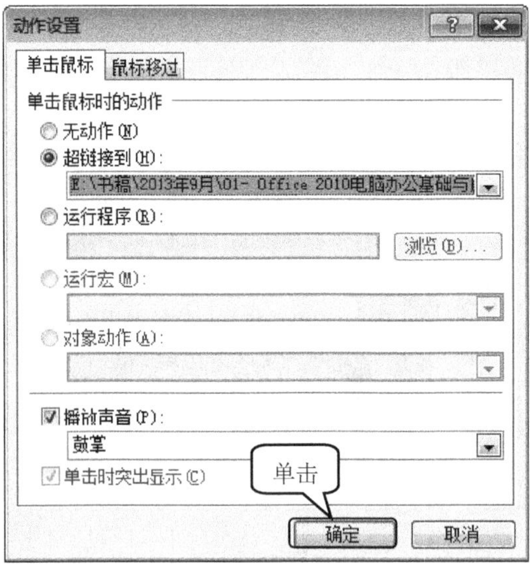

图 16-74

step 8 返回到幻灯片界面，可以看到声音动作按钮已经添加完成，单击【幻灯片放映】按钮，如图 16-75 所示。

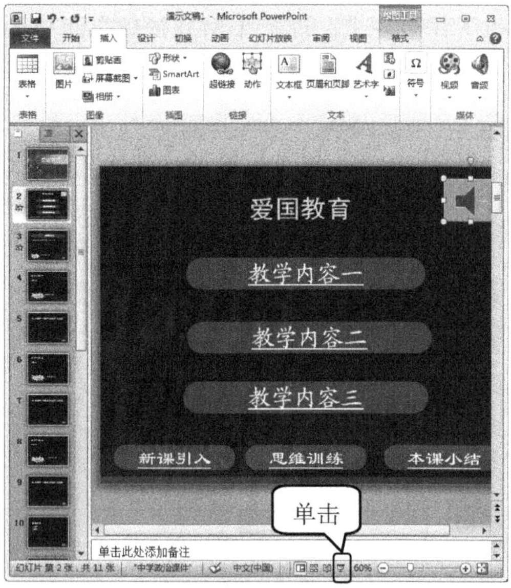

图 16-75

step 9 ① 进入到幻灯片放映界面，可以单击超链接项查看相应的链接页面，② 也可以单击刚刚添加的动作按钮，启动播放音频文件，如图 16-76 所示。

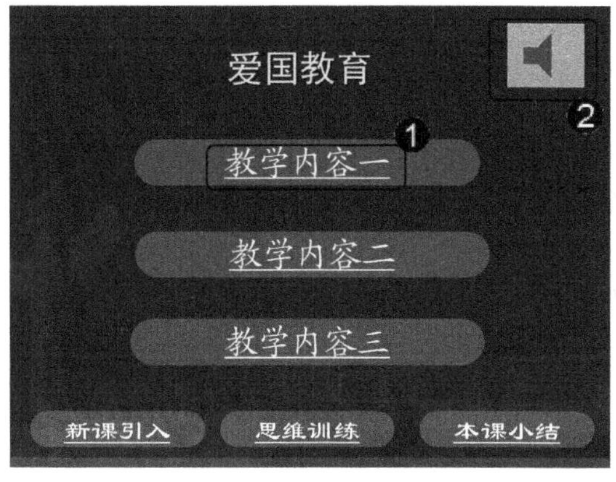

图 16-76

step 10 将创建好的演示文稿保存至电脑中。通过以上方法，即可完成创建一份教育演示文稿的操作，如图 16-77 所示。

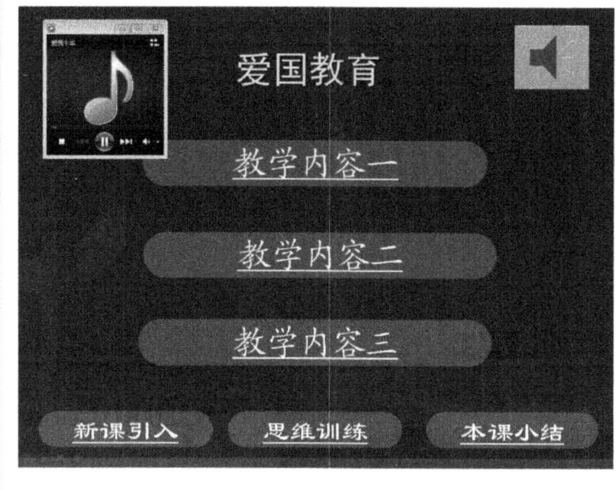

图 16-77

16.6 课后练习

16.6.1 思考与练习

一、填空题

1. 在演示文稿放映过程中，由一张幻灯片进入到另一张幻灯片即是幻灯片之间的______，幻灯片的切换效果可以更好地增强________的播放效果。

2. 在 PowerPoint 2010 中可以为幻灯片中的图片或者文字设置________，这样可以在演示幻灯片时，增强幻灯片的演示效果。

3. 在 PowerPoint 2010 中提供的动画方案在使用的时候非常方便，但数量和______上较为有限，效果也相对简单，用户可以通过______动画方案，来达到更好的演示效果。

二、判断题

1. 如果当前幻灯片的内容需要引用之前或者之后的内容，又或者是幻灯片之间存在关联关系，可以在当前幻灯片中设置超链接，单击超链接时，将自动跳转至指定的页面中。

2. 当前演示文稿不能引用其他演示文稿中的幻灯片。 ( )

3. 如果对当前设置的超链接不满意，或者不再需要超链接，可以将其删除。 ( )

三、思考题

1. 如何添加幻灯片切换效果?
2. 如何删除动画方案?

16.6.2 上机操作

1. 打开“配套素材\第16章\素材文件\座位表.pptx”素材文件，练习设置切换幻灯片声音的操作。效果文件可参考“配套素材\第16章\效果文件\座位表.pptx”。

2. 打开“配套素材\第16章\素材文件\绿茶简介.pptx”素材文件，练习建立添加动画效果的操作。效果文件可参考“配套素材\第16章\效果文件\绿茶简介.pptx”。

第 17 章

演示文稿的放映与打包

本章主要介绍设置演示文稿的放映、放映幻灯片和打包演示文稿方面的知识与技巧，同时还讲解了打印演示文稿的操作方法。通过本章的学习，读者可以掌握演示文稿的放映与打包方面的知识和技能。

山/不在高，有仙/则名。

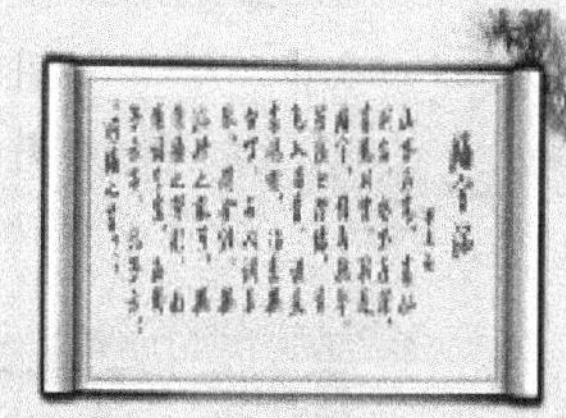

1. 设置演示文稿的放映
2. 放映幻灯片
3. 打包演示文稿
4. 打印演示文稿

17.1 设置演示文稿的放映

为了得到良好的放映效果，需要在放映演示文稿前进行一些设置。这些设置包括设置放映方式、应用排练计时，用户还可以根据需要自定义演示文稿的放映方式。本节将详细介绍设置演示文稿放映的相关知识及操作方法。

17.1.1 设置放映方式

在放映幻灯片时，如果对放映的效果有较高的要求，用户可以对演示文稿的放映方式进行其他的设置，下面具体介绍相关操作方法。

step 1 打开素材文件“陋室铭国风动画.pptx”① 选择【幻灯片放映】选项卡，② 在【设置】组中单击【设置幻灯片放映】按钮，如图17-1所示。

图 17-1

step 3 放映幻灯片时，会按照设置好的方式显示放映效果，如图17-3所示。

图 17-3

step 2 弹出【设置放映方式】对话框，① 在【放映类型】区域选中放映类型【观众自行浏览(窗口)】单选按钮，② 在【放映幻灯片】区域中选中【全部】单选按钮，③ 在【放映选项】区域勾选【循环放映，按Esc键终止】复选框，④ 单击【确定】按钮，如图17-2所示。

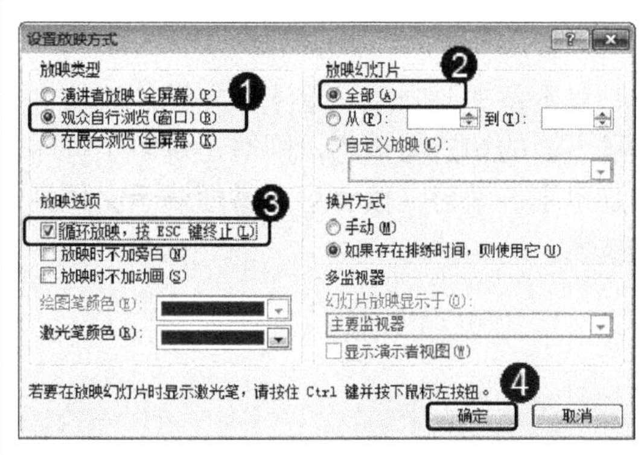

图 17-2

智慧锦囊

打开【设置放映方式】对话框后，在【放映类型】选项组中有“演讲者放映(全屏幕)”、“观众自行浏览(窗口)”和“在展台浏览(全屏幕)”3个选项，用户可以根据个人需要设置放映方式。

17.1.2 排练计时

在放映幻灯片时，如果需要对放映的幻灯片有排练计时的要求，那么用户可以对演示文稿的放映进行排练计时设置，下面具体介绍相关操作方法。

step 1 ① 选择【幻灯片放映】选项卡，② 在【设置】组中，单击【排练计时】按钮，如图 17-4 所示。

图 17-4

step 2 此时演示文稿切换到全屏模式下开始播放，并显示【预览】工具栏，① 单击【下一项】按钮，即可进入下一张幻灯片的计时，② 完成设置所有幻灯片计时后，单击【关闭】按钮，如图 17-5 所示。

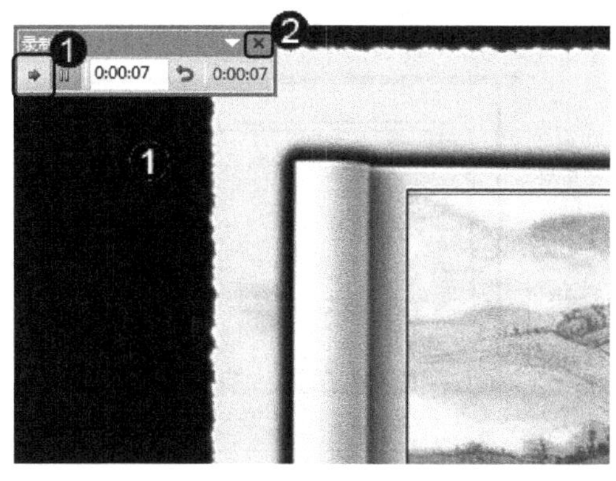

图 17-5

step 3 弹出提示对话框，单击【是】按钮，如图 17-6 所示。

图 17-6

step 4 进入幻灯片的浏览视图，在每一张幻灯片下方将显示已设置的持续时间，这样即可完成设置排练计时的操作，如图 17-7 所示。

图 17-7

17.1.3 设置自定义放映

为使一个演示文稿适合不同观众的要求，在PowerPoint 2010程序中，用户可以根据实际编排、放映演示文稿的具体需求，创建一个自定义放映模式，下面介绍其操作方法。

step 1 ① 选择【幻灯片放映】选项卡，② 在【开始放映幻灯片】组中单击【自定义幻灯片放映】按钮，③ 在弹出的菜单中选择【自定义放映】菜单项，如图17-8所示。

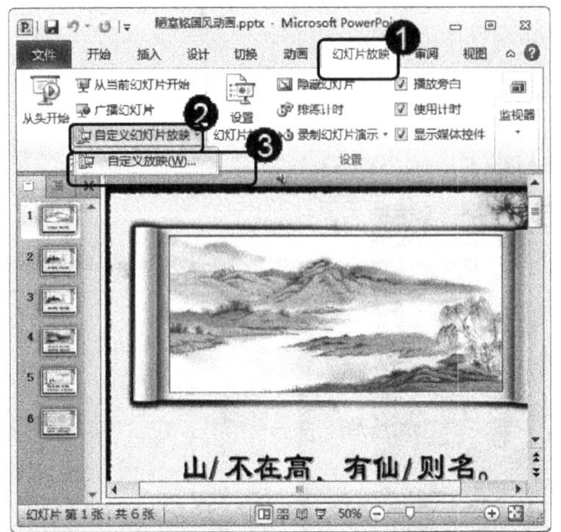

图 17-8

step 2 弹出【自定义放映】对话框，单击【新建】按钮，如图17-9所示。

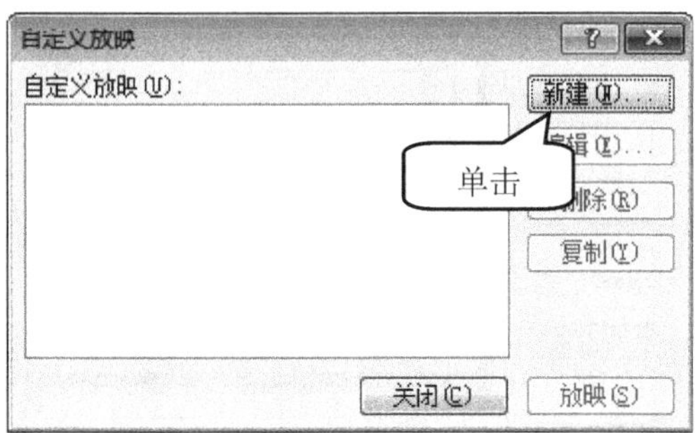

图 17-9

step 3 弹出【定义自定义放映】对话框，① 在【幻灯片放映名称】文本框中输入准备放映的幻灯片名称，如输入“观赏”，② 选择准备添加到自定义放映的幻灯片，③ 单击【添加】按钮，如图17-10所示。

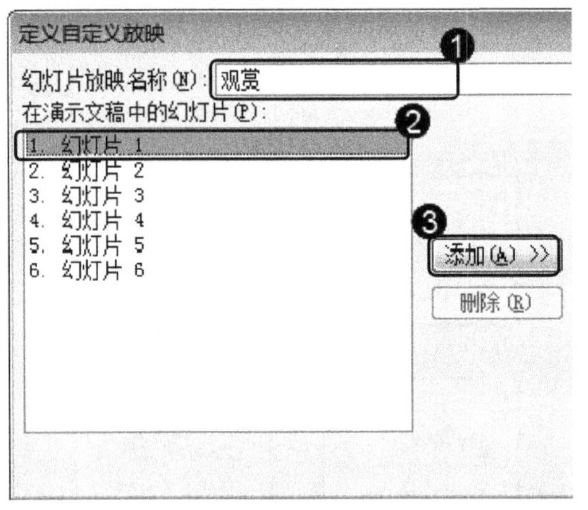

图 17-10

step 4 ① 通过单击【在自定义放映中的幻灯片】列表框右侧的上、下按钮调整列表框中的幻灯片顺序，② 单击【确定】按钮，如图17-11所示。

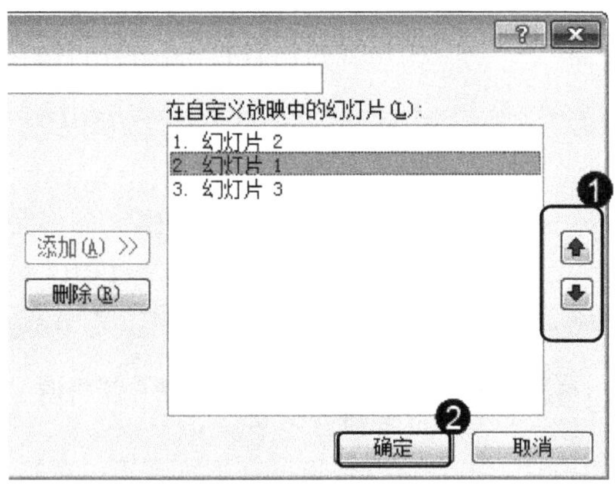

图 17-11

step 5 返回到【自定义放映】对话框，可以看到【自定义放映】列表中新添加了刚刚设置好的自定义放映幻灯片，单击【关闭】按钮，如图 17-12 所示。

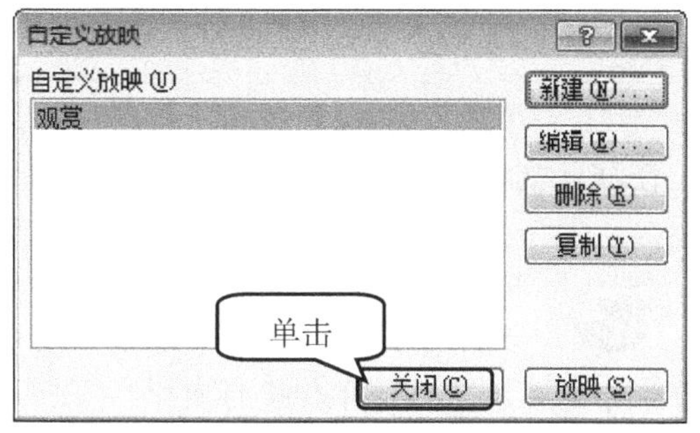

图 17-12

step 7 开始播放自定义放映幻灯片，如图 17-14 所示。通过以上步骤即可完成设置自定义放映的操作。

图 17-14

step 6 返回到幻灯片页面，再次单击【自定义幻灯片放映】按钮，可以看到弹出的菜单中新增加了一个名为【观赏】的菜单项，选择该菜单项即可开始放映刚刚设置好的【自定义放映】的幻灯片，如图 17-13 所示。

图 17-13

智慧锦囊

用户还可以在【定义自定义放映】对话框的右侧列表框中选择要删除的幻灯片，单击【删除】按钮将其删除。这样就可以准确地进行选择自定义放映的幻灯片。

17.2 放映幻灯片

设置好演示文稿的放映方式后，就可以对其进行放映了，在放映演示文稿时可以自由控制，主要包括启动与退出幻灯片放映、控制幻灯片放映、添加墨迹注释、设置黑屏或白屏和隐藏或显示鼠标指针等。本节将详细介绍放映幻灯片的相关知识及操作方法。

17.2.1 启动与退出幻灯片放映

在设置好幻灯片的放映方式后，就可以放映幻灯片了，首先应该掌握启动与退出幻灯片放映的方法。下面将分别予以详细介绍启动与退出幻灯片放映的操作方法。

1. 启动幻灯片放映

在 PowerPoint 2010 中如果准备放映幻灯片，在演示文稿页面的功能区中单击按钮即可实现，下面具体介绍其操作方法。

step 1 ① 选择【幻灯片放映】选项卡，② 在【开始放映幻灯片】组中单击【从头开始】按钮，如图 17-15 所示。

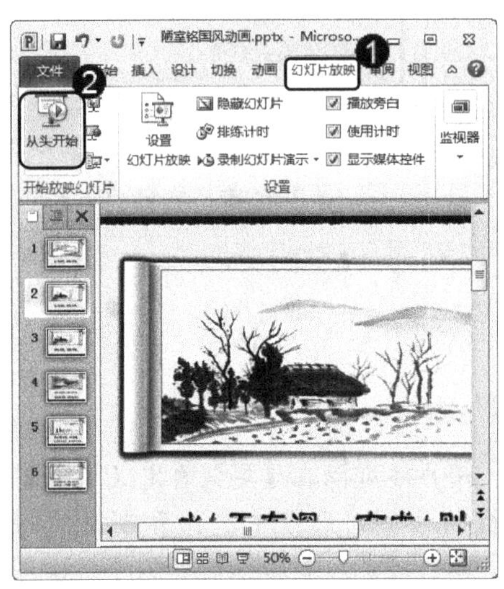

图 17-15

step 2 演示文稿将会从头开始播放幻灯片，如图 17-16 所示。通过以上步骤即可完成启动幻灯片放映的操作。

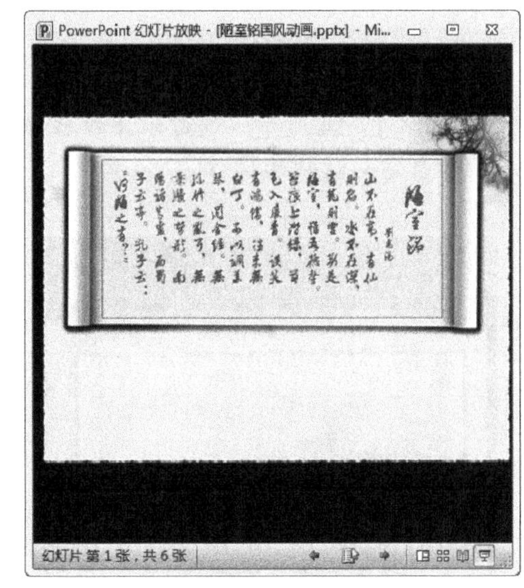

图 17-16

知识精讲

使用 PowerPoint 2010 启动幻灯片放映。用户可以使用下面所述的任意一种方法：①选择【幻灯片放映】选项卡后，单击【从头开始】按钮、【从当前幻灯片开始】按钮和【自定义幻灯片放映】按钮。②单击演示文稿窗口右下角的【幻灯片放映】按钮。③按下键盘上的 F5 键。④按下键盘上的 Shift+F5 快捷键。

2. 退出幻灯片放映

如果幻灯片放映结束可以将其退出，下面将具体介绍退出幻灯片放映的操作方法。

step 1 ① 使用鼠标右击任意位置，② 在弹出的快捷菜单中选择【结束放映】菜单项，如图 17-17 所示。

step 2 返回幻灯片编辑界面，幻灯片放映结束，如图 17-18 所示。通过以上步骤即可完成退出幻灯片放映的操作。

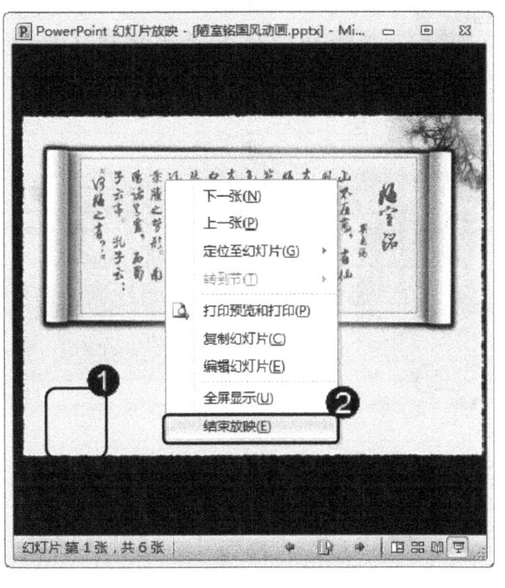

图 17-17

图 17-18

17.2.2 控制放映幻灯片

在播放演示文稿时，可以根据具体情境的不同，对幻灯片的放映进行控制，如播放上一张或下一张幻灯片、直接定位准备播放的幻灯片、暂停或继续播放幻灯片等操作，下面具体介绍控制幻灯片放映的操作方法。

step 1 ① 在幻灯片放映页面，使用鼠标右击任意位置，② 在弹出的快捷菜单中选择【下一张】菜单项，即可控制幻灯片的播放进度，如图 17-19 所示。

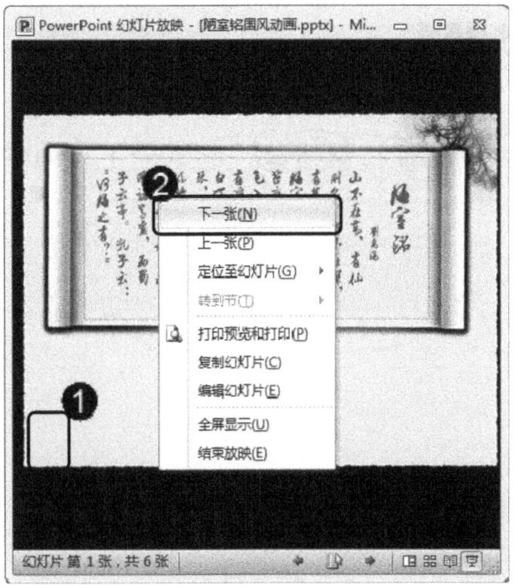

图 17-19

step 2 ① 使用鼠标右击任意位置，② 在弹出的快捷菜单中选择【定位至幻灯片】菜单项，③ 在弹出的子菜单中选择准备放映的幻灯片，如选择“幻灯片 4”，如图 17-20 所示。

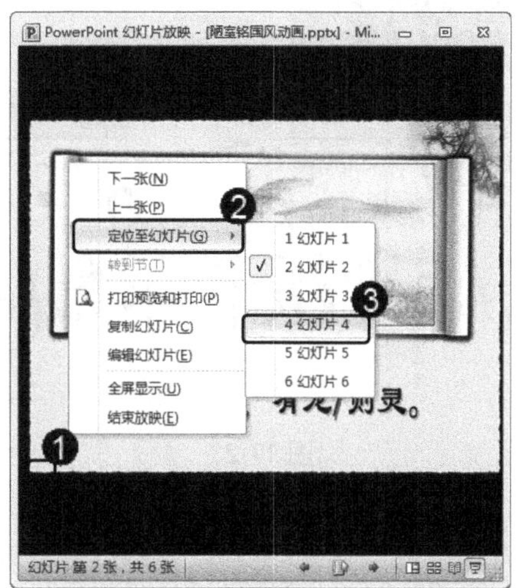

图 17-20

step 3 演示文稿会直接播放定位的幻灯片，这样即可直接放映该张幻灯片，如图17-21所示。

图 17-21

step 4 ① 使用鼠标右击任意位置，② 在弹出的快捷菜单中选择【暂停】菜单项，即可暂停放映播放中的幻灯片，如图17-22所示。

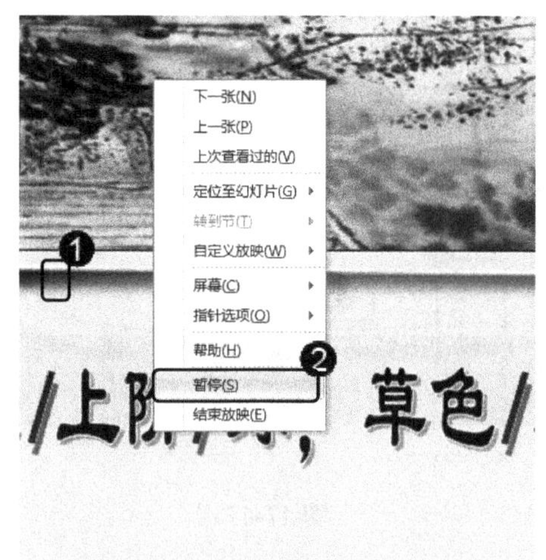

图 17-22

step 5 ① 使用鼠标右击任意位置，② 在弹出的快捷菜单中选择【继续执行】菜单项，这样即可继续播放该幻灯片，如图17-23所示。通过上述操作方法即可控制放映幻灯片。

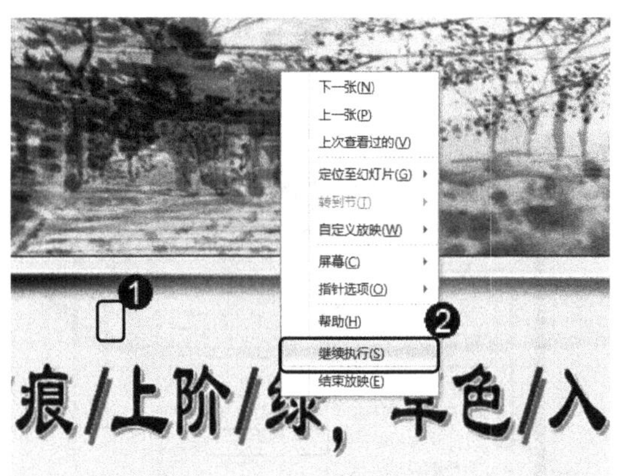

图 17-23

智慧锦囊

单击状态栏中的【幻灯片放映】按钮 。也可以直接进入播放状态。

考考您

请您根据上述方法启动幻灯片放映，并对其进行控制播放，测试一下您的学习效果。

17.2.3 添加墨迹注释

在放映幻灯片时，如果需要对幻灯片进行讲解或标注，可以直接在幻灯片中添加墨迹

注释，如圆圈、下划线、箭头或说明的文字等，用以强调要点或阐明关系。下面将详细介绍添加墨迹注释的相关操作方法。

step 1 ① 在幻灯片放映页面，使用鼠标右击任意位置，② 在弹出的快捷菜单中选择【指针选项】菜单项，③ 在弹出的子菜单中选择准备使用注释的笔形，如选择“笔”菜单项，如图 17-24 所示。

图 17-24

step 2 在幻灯片页面拖动鼠标指针绘制准备使用的标注或文字说明等内容，可以看到幻灯片页面上已经被添加了墨迹注释，如图 17-25 所示。

图 17-25

step 3 演示文稿标记完成后，可继续放映幻灯片，结束放映时，会弹出 Microsoft PowerPoint 对话框，询问用户是否保留墨迹注释，如果准备保留墨迹注释可以单击【保留】按钮，如图 17-26 所示。

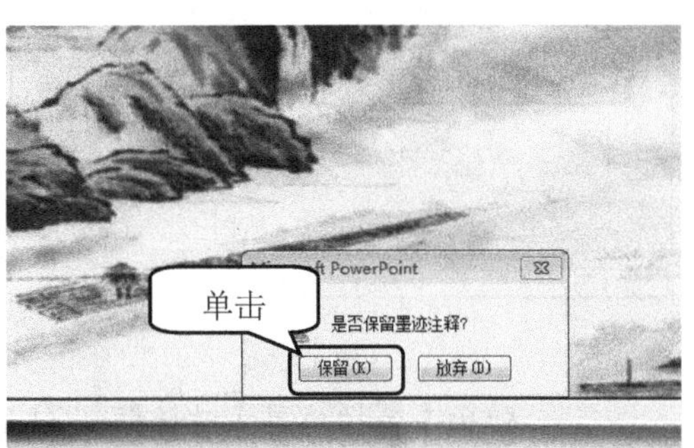

图 17-26

step 4 返回到普通视图中，可以看到添加的墨迹注释后标记的效果，如图 17-27 所示。通过以上步骤即可完成在幻灯片中添加注释的操作。

图 17-27

17.3 打包演示文稿

在实际工作中，经常需要将制作的演示文稿放到他人的计算机中放映，如果准备使用的电脑中没有安装PowerPoint 2010，则需要在制作演示文稿的电脑中将幻灯片打包，准备播放时，将压缩包解压后即可正常播放。本节将详细介绍打包演示文稿的相关知识及操作方法。

17.3.1 将演示文稿打包到文件夹

使用PowerPoint 2010可以将演示文稿压缩到可刻录CD光盘、软盘等移动存储设备上，同时，在压缩包中包含了PowerPoint 2010播放器。这样，即使在没有安装PowerPoint 2010的计算机中也能观看幻灯片，并可将该文件复制到磁盘或者网络位置上，然后再将该文件解压到目标计算机或网络上，即可运行该演示文稿，下面将详细介绍其操作方法。

step 1 ①选择【文件】选项卡，②选择【保存并发送】选项，③选择【将演示文稿打包成CD】选项，④单击【打包成CD】按钮，如图17-28所示。

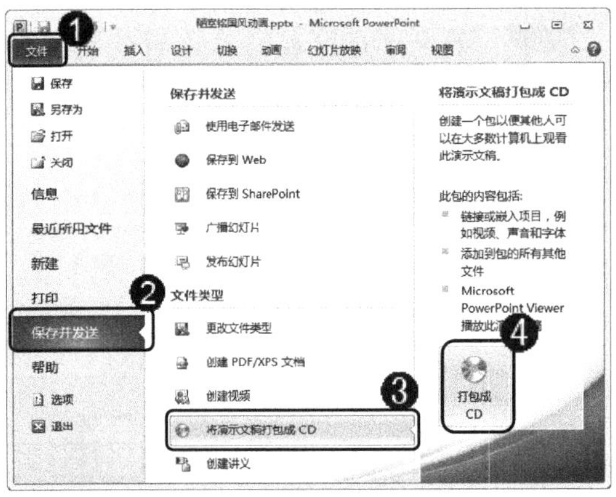

图 17-28

step 2 弹出【打包到CD】对话框，①在【将CD命名为】文本框中输入打包的名称，②在【要复制的文件】列表框中选择准备打包演示文稿，③单击【复制到文件夹】按钮，如图17-29所示。

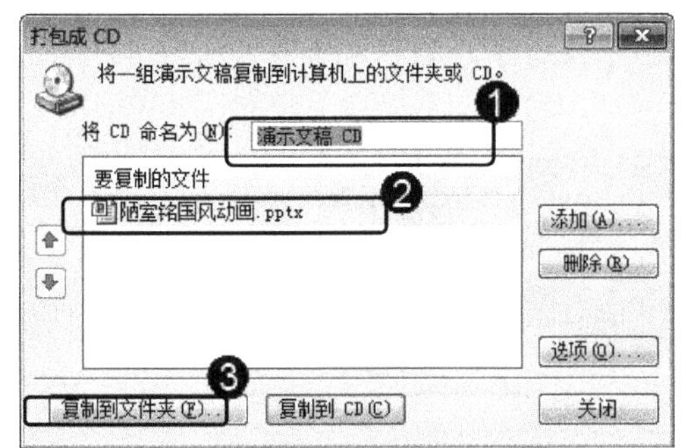

图 17-29

step 3 弹出【复制到文件夹】对话框，①在【文件夹名称】文本框中输入使用的文件夹名，②单击【浏览】按钮，如图17-30所示。

step 4 弹出【选择位置】对话框，①选择打包文件准备保存的位置，如“文档”，②选择准备保存打包文件的文件夹，③单击【选择】按钮，如图17-31所示。

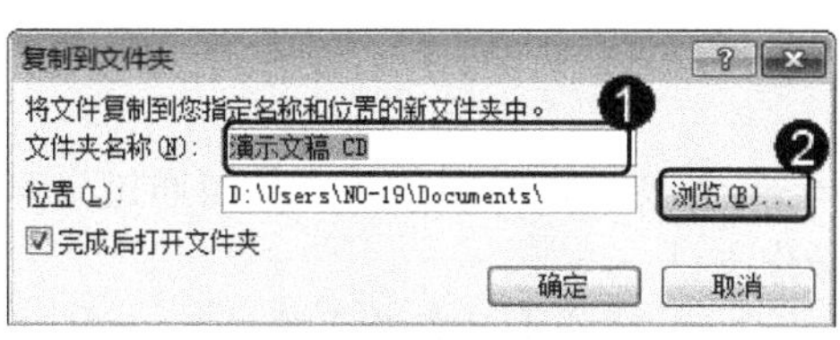

图 17-30

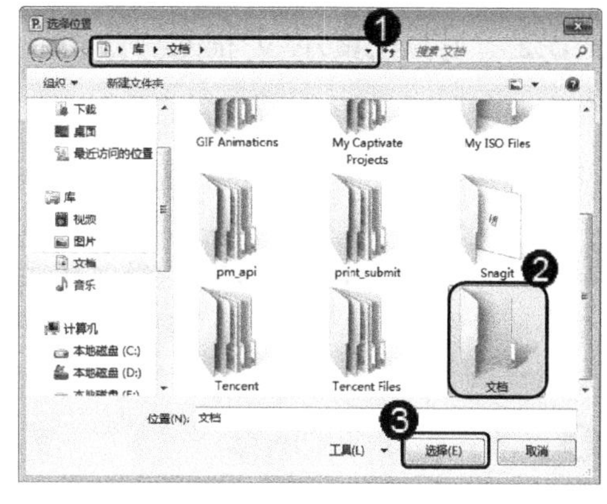

图 17-31

step 5 返回到【复制到文件夹】对话框，① 勾选【完成后打开文件夹】复选框，② 单击【确定】按钮，如图 17-32 所示。

图 17-32

step 7 弹出【正在将文件复制到文件夹】对话框，显示复制文件的详细信息，如图 17-34 所示。

图 17-34

step 6 弹出 Microsoft PowerPoint 对话框，提示“一个或多个演示文稿包含批注、修订或墨迹注释这些信息不能包含在数据包中。是否要继续？”，单击【继续】按钮，如图 17-33 所示。

图 17-33

step 8 系统会自动打开打包的演示文稿所在的文件夹，显示打包的文件，如图 17-35 所示。

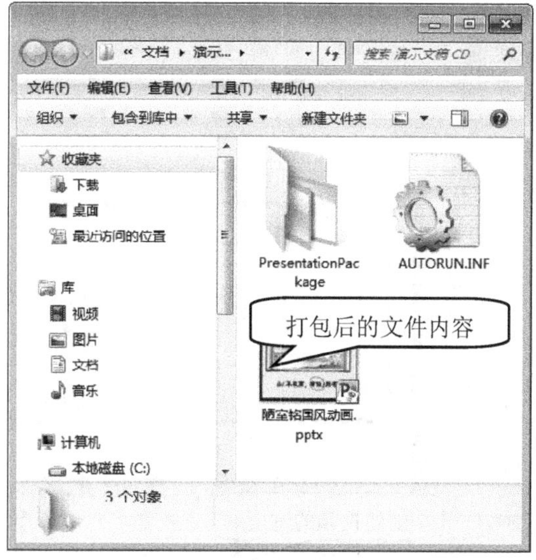

图 17-35

17.3.2 创建演示文稿视频

使用 PowerPoint 2010 可以将演示文稿创建为一个全保真的视频文件，从而通过光盘、网络和电子邮件分发，下面介绍创建视频的相关操作方法。

step 1 ① 选择【文件】选项卡，② 选择【保存并发送】选项，③ 在【文件类型】区域选择【创建视频】选项，④ 单击【创建视频】按钮，如图 17-36 所示。

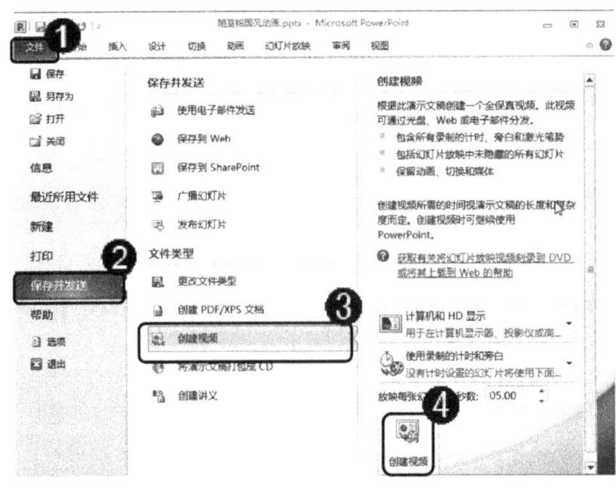

图 17-36

step 2 弹出【另存为】对话框，① 选择视频准备保存的位置，如“文档”，② 在【文件名】文本框中输入准备保存的视频名字，如输入“演示文稿视频”，③ 单击【保存】按钮即可开始创建视频，如图 17-37 所示。

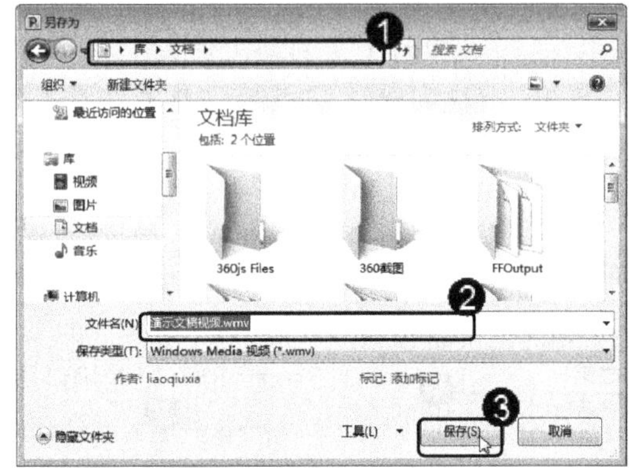

图 17-37

step 3 完成操作后，返回到幻灯片页面，此时在状态栏中出现提示“正在制作视频演示文稿视频.wmv”，并同时显示创建视频的进度，如图 17-38 所示。

图 17-38

step 4 打开新创建的演示文稿视频所保存的文件夹，可以显示已创建的视频文件，如图 17-39 所示。通过以上步骤即可完成创建演示文稿视频的操作。

图 17-39

17.4 打印演示文稿

使用 PowerPoint 2010 可以将制作好的演示文稿打印到纸张上。在打印演示文稿之前，用户首先可以对准备打印的演示文稿进行页面设置，并进行打印效果预览，根据打印效果进行调整设置，以使演示文稿达到更好的打印效果。本节将介绍打印演示文稿的相关知识及操作方法。

17.4.1 设置幻灯片的页面属性

在准备打印之前，用户可以根据具体工作要求对幻灯片的页面进行设置，包括设置幻灯片的大小及方向等，下面介绍设置幻灯片页面的操作方法。

step 1 ① 选择【设计】选项卡，② 在【页面设置】组中单击【页面设置】按钮，如图 17-40 所示。

图 17-40

step 3 在幻灯片方向区域中，① 选中【纵向】单选按钮，② 单击【确定】按钮，如图 17-42 所示。

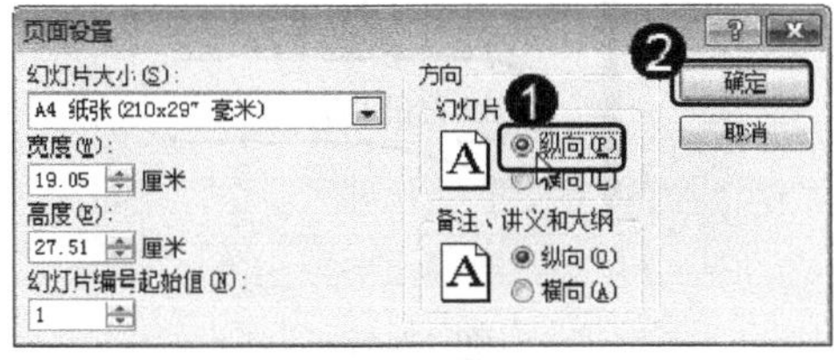

图 17-42

step 2 弹出【页面设置】对话框，① 单击【幻灯片大小】下拉列表框右侧的下拉按钮，② 在弹出的下拉列表中选择准备打印幻灯片的纸张大小，如图 17-41 所示。

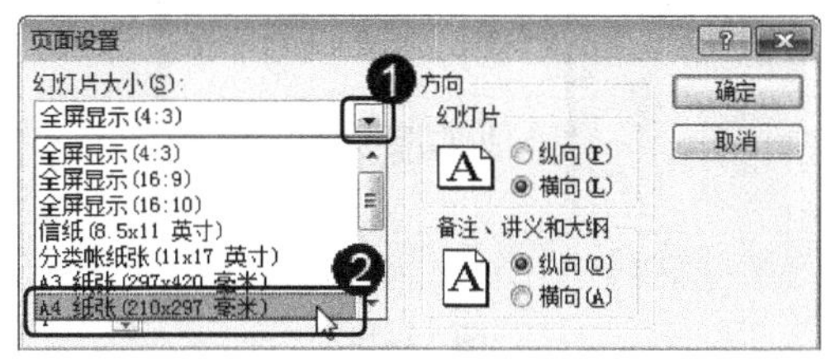

图 17-41

step 4 返回幻灯片编辑页面可以看到幻灯片页面属性已被重新设置，如图 17-43 所示。

图 17-43

17.4.2 设置页眉和页脚

如果在打印幻灯片时，需要将编号、时间、日期、演示文稿标题、演示文稿编写者的姓名等信息添加到文稿中每张幻灯片的顶部和底部，可以通过设置幻灯片的页眉和页脚来实现。下面具体介绍设置幻灯片的页眉和页脚的操作方法。

step 1 ① 选择【插入】选项卡，② 在【文本】组中，单击【页眉和页脚】按钮，如图 17-44 所示。

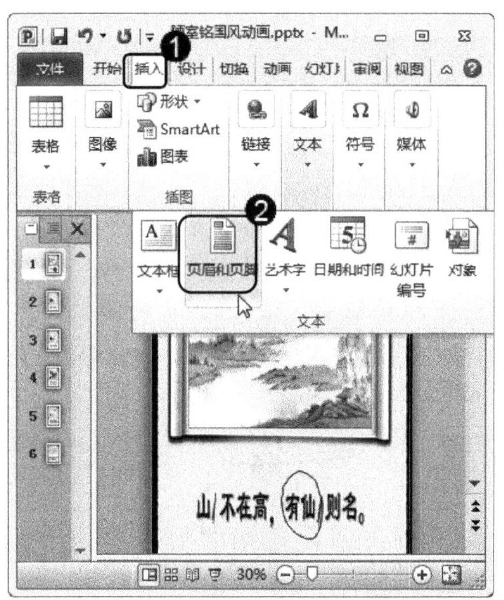

图 17-44

step 2 弹出【页眉和页脚】对话框，① 选择【幻灯片】选项卡，② 在【幻灯片包含内容】区域中勾选【时间和日期】复选框，③ 在【自动更新】下拉列表框中选择时间和日期的显示格式，如图 17-45 所示。

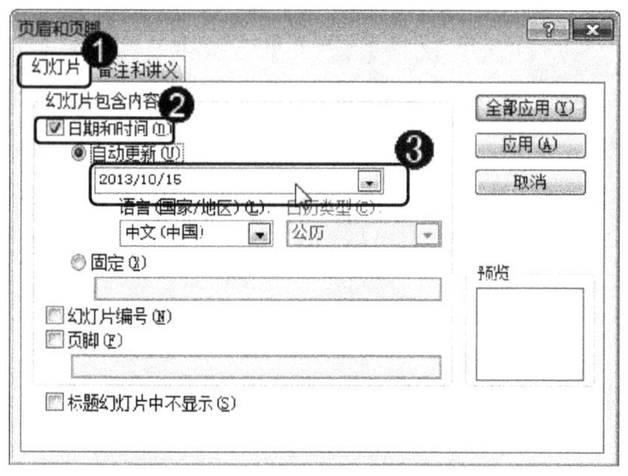

图 17-45

step 3 设置下一选项卡，① 选择【备注和讲义】选项卡，② 在【页面包含内容】区域中勾选【时间和日期】复选框，③ 单击【全部应用】按钮，如图 17-46 所示。

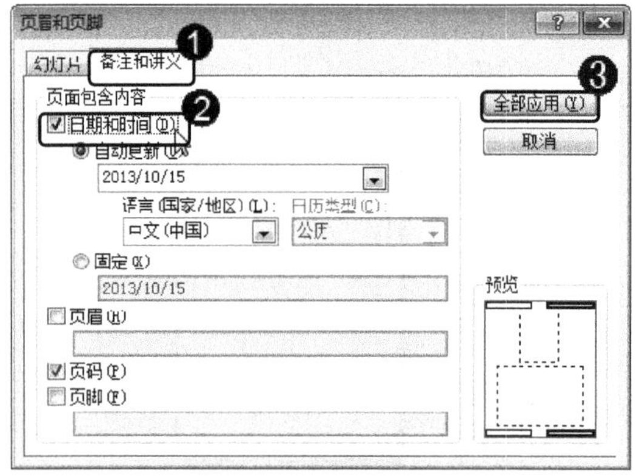

图 17-46

step 4 返回到演示文稿页面，在幻灯片页面的左下角添加了一个显示当前时间和日期的占位符，这样即可设置页眉和页脚，如图 17-47 所示。

图 17-47

17.4.3　打印演示文稿

在对幻灯片进行预览，确认内容和布局都准确无误后，即可将幻灯片打印到纸张上以方便传阅，下面将详细介绍打印幻灯片的操作方法。

step 1 ① 选择【文件】选项卡，② 选择【打印】选项，③ 在【打印机】下拉列表框中选择准备使用的打印机，④ 在【设置】区域中，选择【打印全部幻灯片】选项，⑤ 单击【打印】按钮，如图 17-48 所示。

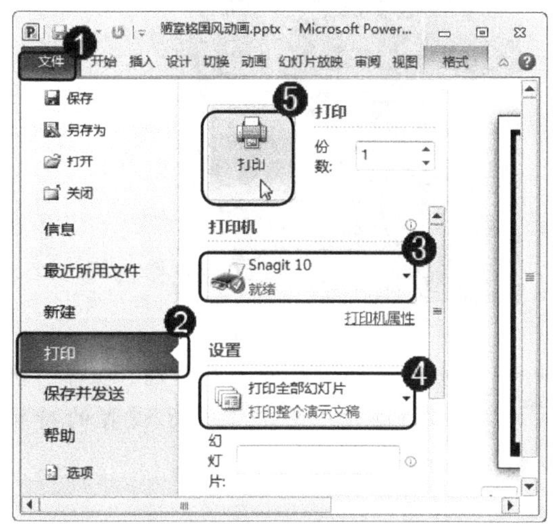

图 17-48

step 2 在桌面上可以看到任务栏中的通知区域显示【打印】图标，演示文稿正在被打印，这样即可完成打印演示文稿的操作，如图 17-49 所示。

图 17-49

17.5　范例应用与上机操作

通过本章的学习，读者基本可以掌握演示文稿的放映与打包的基本知识以及一些常见的操作方法。下面通过练习操作 2 个实践案例，以达到巩固学习、拓展提高的目的。

17.5.1　排练计时——让 PPT 自动演示

如果演讲者是一位新手，本来就很紧张，再让他进行启动 PowerPoint、打开演示文稿、进行放映等一连串的操作，可能有点为难他。这时，就可以制作一个自动播放的 PPSX 演示文稿，下面将详细介绍让 PPT 自动演示的操作方法。

素材文件 第 17 章\素材文件\书香人家.pptx

效果文件 第 17 章\效果文件\书香人家.ppsx

step 1 打开素材文件"书香人家.pptx"，① 选择【幻灯片放映】选项卡，② 在【设置】组中，单击【排练计时】按钮，如图 17-50 所示。

图 17-50

step 2 此时演示文稿切换到全屏模式下开始播放，并显示【预览】工具栏，① 单击【下一项】按钮，即可进入下一张幻灯片的计时，② 完成设置所有幻灯片计时后，单击【关闭】按钮，如图 17-51 所示。

图 17-51

step 3 弹出提示对话框，单击【是】按钮 是(Y)，如图 17-52 所示。

图 17-52

step 4 进入幻灯片的浏览视图，在每一张幻灯片下方将显示已设置的持续时间，如图 17-53 所示。

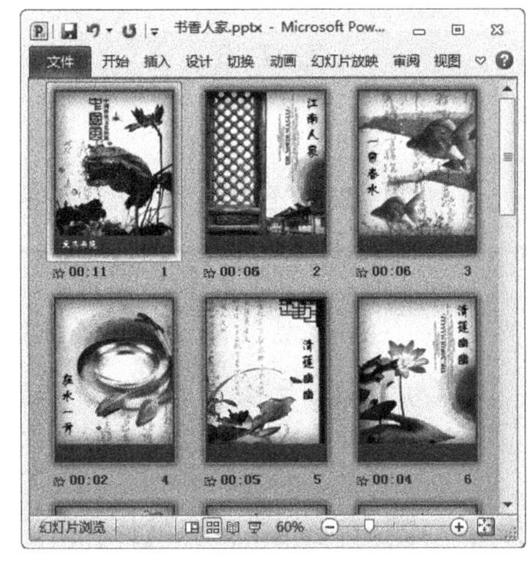

图 17-53

step 5 ① 选择【幻灯片放映】选项卡，② 在【设置】组中单击【设置幻灯片放映】按钮，如图 17-54 所示。

step 6 弹出【设置放映方式】对话框，① 在【换片方式】区域下方，选中【如果存在排练时间，则使用它】单选按钮，② 单击【确定】按钮，如图 17-55 所示。

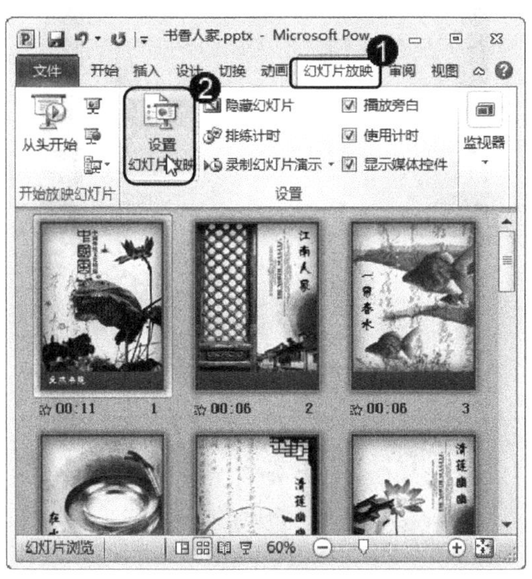

图 17-54

step 7 ① 选择【文件】选项卡，② 在打开的 Backstage 视图中选择【另存为】选项，如图 17-56 所示。

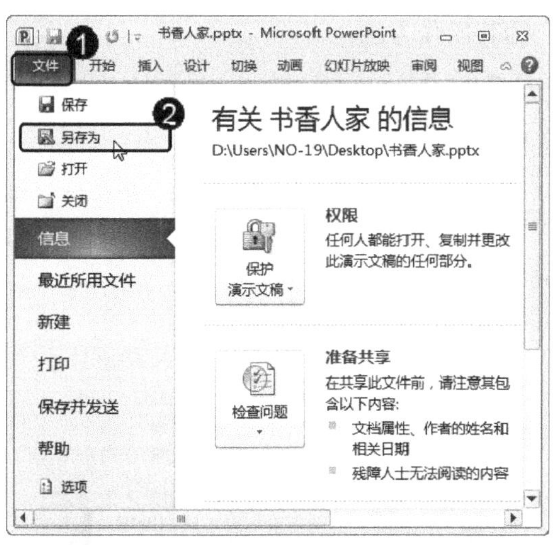

图 17-56

step 9 返回到用户刚刚设置文件保存的位置，可以看到已经保存了一个文件名为“书香人家.ppsx”的文件，双击该文件，如图 17-58 所示。

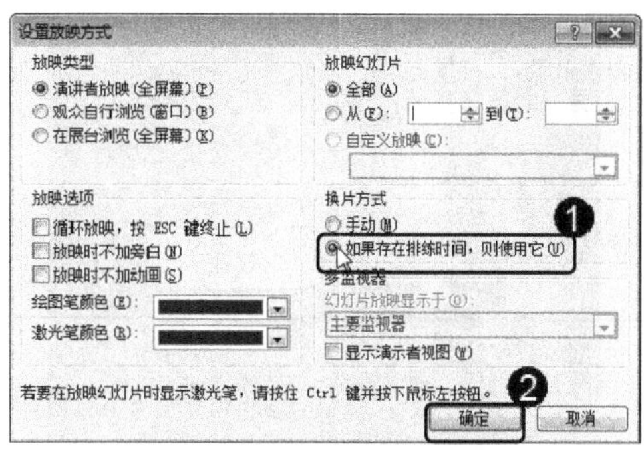

图 17-55

step 8 弹出【另存为】对话框，① 选择准备保存文件的目标位置，② 将保存类型设置为“PowerPoint 放映(*.ppsx)”，③ 单击【保存】按钮，如图 17-57 所示。

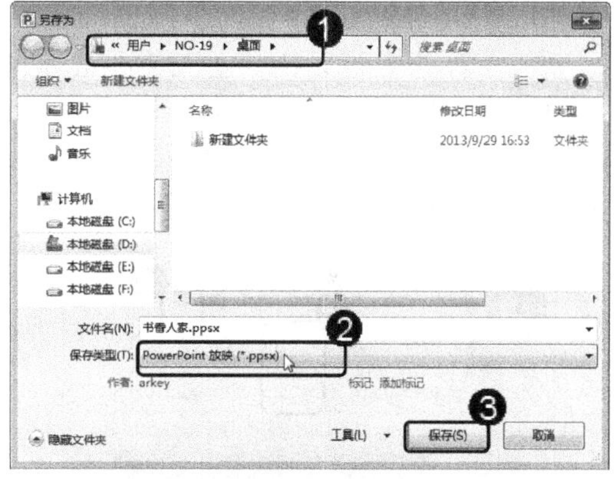

图 17-57

step 10 可以看到，系统会根据用户设定的时间自动播放 PPT，如图 17-59 所示。通过以上步骤即可完成排练计时——让 PPT 自动演示的操作。

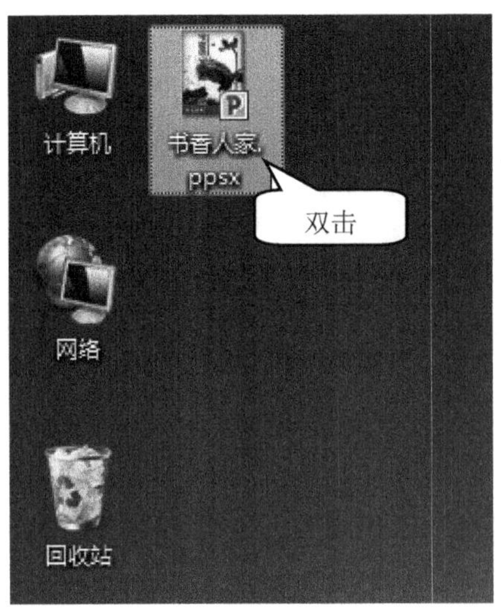

图 17-58

图 17-59

17.5.2 打印并标记演示文稿为最终状态

在编辑演示文稿的过程中，用户可以根据需要为演示文稿中的内容添加批注。在预览演示文稿效果满意后，可以将其进行打印，为避免对编辑完成的演示文稿修改，用户可以将其标记为最终状态并进行保存，下面将详细介绍其操作方法。

素材文件 第17章\素材文件\企业文化故事演讲.pptx

效果文件 第17章\效果文件\标记演示文稿为最终状态.pptx

step 1 打开素材文件“企业文化故事演讲.pptx”。① 选择【审阅】选项卡，② 在【批注】组中单击【新建批注】按钮，如图 17-60 所示。

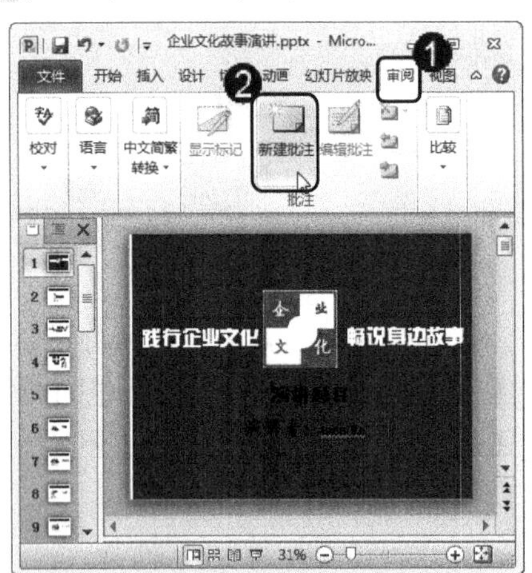

图 17-60

step 2 在幻灯片中插入批注，并在批注编辑框中输入相关内容，如图 17-61 所示。

图 17-61

step 3 完成批注的编辑后，可以看到在幻灯片中显示批注标记，将鼠标指针放置在该标记位置上方，会自动显示批注内容，如图 17-62 所示。

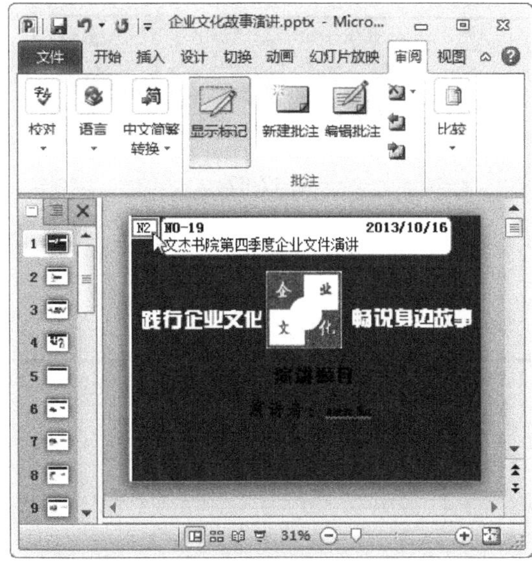

图 17-62

step 5 如果需要将制作完成的演示文稿保存为最终状态，以免再进行修改或编辑，则可以进行如下设置：① 选择【文件】选项卡，② 选择【信息】选项，③ 单击【保护演示文稿】按钮，④ 在弹出的下拉列表框中选择【标记为最终状态】选项，如图 17-64 所示。

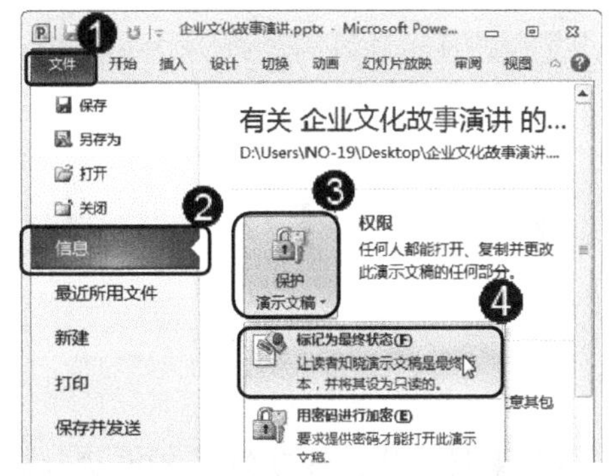

图 17-64

step 7 再次弹出提示对话框，提示用户此文档已被标记为最终状态，不能对

step 4 完成演示文稿的编辑后，用户可以将其进行打印，① 选择【文件】选项卡，② 选择【打印】选项，在此页面右侧可以看到打印预览情况，③ 在【打印机】下拉列表框中选择准备使用的打印机，④ 在【设置】区域中，选择【打印全部幻灯片】选项，⑤ 可以设置打印颜色，如图 17-63 所示。

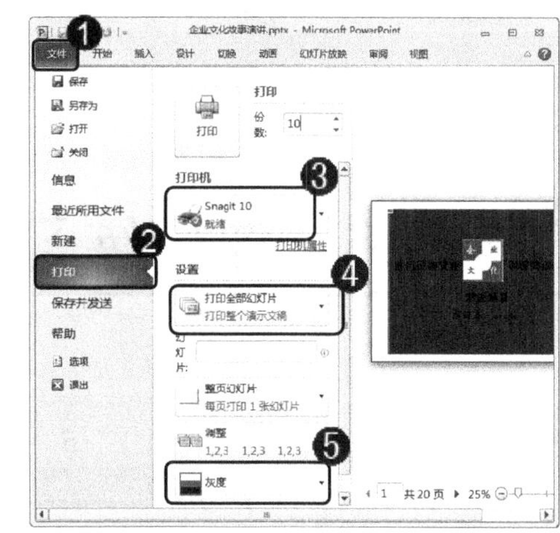

图 17-63

step 6 弹出提示对话框，询问用户是否确定将演示文稿标记为最终版本，单击【确定】按钮，如图 17-65 所示。

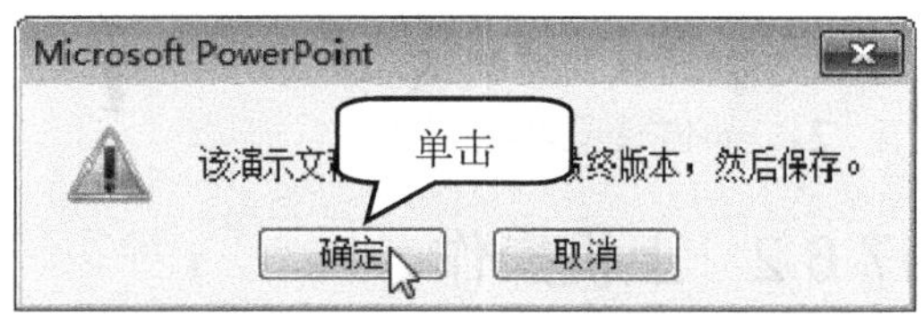

图 17-65

step 8 返回到 PowerPoint 2010 窗口中，此时不能执行编辑或修改等相关操作，用户可以在窗口的上方看到提示信息

文档进行编辑与修改，单击【确定】按钮，如图 17-66 所示。

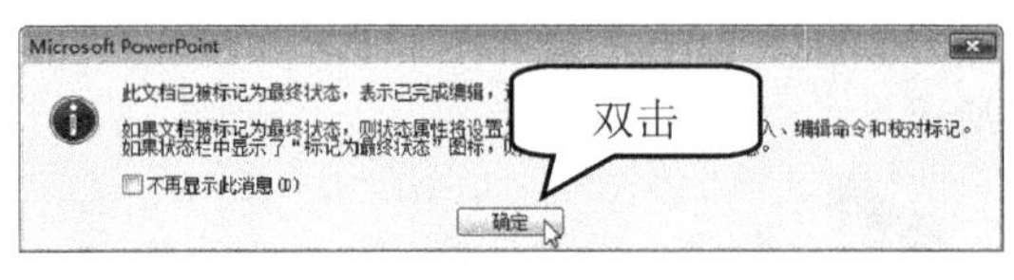

图 17-66

"标记为最终状态"，表示该文稿已被锁定，如图 17-67 所示。

图 17-67

17.6 课后练习

17.6.1 思考与练习

一、填空题

在放映幻灯片时，如果需要对幻灯片进行讲解或标注，可以直接在幻灯片中添加_____，如圆圈、下划线、箭头或说明的文字等，用以强调要点或阐明关系。

二、判断题

使用 PowerPoint 2010 可以将演示文稿压缩到可刻录 CD 光盘、软盘等移动存储设备上，同时，在压缩包中包含了 PowerPoint 2010 播放器。这样，即使在没有安装 PowerPoint 2010 的计算机中也能观看幻灯片。（ ）

三、思考题

1. 如何设置放映方式？
2. 如何设置排练计时？

17.6.2 上机操作

1. 打开"配套素材\第 17 章\素材文件\信纸.pptx"素材文件，练习创建 XPS 文档的操作。效果文件可参考"配套素材\第 17 章\效果文件\信纸"。

2. 打开"配套素材\第 17 章\素材文件\蝴蝶.pptx"素材文件，练习更改文件类型的操作。效果文件可参考"配套素材\第 17 章\效果文件\幻灯片 1.png 和幻灯片 2.png"。

课后练习答案

第 1 章

思考与练习

一、填空题

1. 文字
2. 标题栏、功能区
3. 文本文档、剪切与粘贴文本

二、判断题

1. √
2. ×

三、思考题

1. 页面视图、阅读版式视图、Web 视图、大纲视图和草稿视图。

2. 在准备关闭的文档界面中，依次选择【文件】选项卡→【关闭】选项，即可关闭文档。

上机操作

1. 创建一个空白文档，在文本框中输入请假条的相关内容，将鼠标光标停留在准备插入时间的文本处。选择【插入】选项卡中的【日期和时间】按钮。在弹出的【日期和时间】对话框中，选择准备插入的时间样式，单击【确定】按钮。返回到 Word 文档界面，将已经插入的“日期和时间”调整至合适位置。

2. 打开 Word 2010 软件，选择【文件】选项卡，选择【新建】选项，在【主页】区域中，选择【样板模板选项】，进入【样板模板】界面，选择【基本简历】选项，选中【文档】单选按钮，单击【创建】按钮，创建完成后，在文档文本框处，输入个人简历内容，即可完成创建基本简历的操作。

第 2 章

思考与练习

一、填空题

1. 标题字体字形、正文加粗、倾斜下标

2. 段落对齐方式、设置行距

3. 首字下沉、为段落添加项目符号或编号

二、判断题

1. √
2. √
3. √
4. ×

三、思考题

1. 选中准备设置正文倾斜效果的文本，选择【开始】选项卡，在【字体】组中，单击【倾斜】按钮。通过上述操作即可完成设置正文倾斜效果的操作。

2. 选中准备设置首字下沉的段落文本，选择【插入】选项卡，在【文本】组中，选择【首字下沉】下拉按钮，在弹出的下拉菜单中，选择准备应用的样式，如“下沉”。通过上述操作即可完成设置首字下沉的操作。

上机操作

1. 打开素材文件，选中文档的主标题，选择【开始】选项卡，在【字体】组中，单击【字体颜色】按钮，设置标题的字体颜色。

选择【页面布局】选项卡，在【页面背景】组中，单击【页面颜色】按钮，设置文档页面颜色。

选择【页面布局】选项卡，在【页面背景】组中，单击【页面边框】按钮，设置文档页面边框样式。

选中准备添加项目符号的段落文本，选择【开始】选项卡，在【段落】组中，单击【项目符号】按钮，设置段落文本的项目符号样式，通过上述方法既可完成设计入党申请书的操作。

2. 打开素材文件，选中准备设置分栏效果的段落文本，选择【页面布局】选项卡，在【页面设置】组中，单击【分栏】下拉按钮，将文档设置成两栏排版效果。

选中准备设置首字下沉的段落文本，选择【插入】选项卡，在【文本】中，单击【首字下沉】下拉按钮，设置段落文本首字下沉的效果。

将文档中全部的文本选中，打开【段落】对话框，选择【缩进和间距】选项卡，在【间距】区域中，在【行距】下拉列表框中，选择【1.5 倍行距】选项，将文档的行距设置为1.5倍。

打开【水印】对话框，添加“自我鉴定”文字水印。通过上述方法即可完成设计大学生自我鉴定报告的操作。

第3章

思考与练习

一、填空题

1. 剪贴画、图片信息
2. 艺术字
3. 对齐显示

二、判断题

1. ×
2. √

三、思考题

1. 打开素材文件产品说明书模板.docx，选择【插入】选项卡，在【插图】组中单击【剪贴画】按钮。在窗口右侧弹出【剪贴画】窗格，在【搜索文字】文本框中输入准备搜索的内容，如“灯”，单击【搜索】按钮。

在窗格下方显示所搜索的剪贴画，双击准备使用的剪贴画。

选中的剪贴画已被插入到文档中，这样即可插入剪贴画。

2. 打开素材文件产品说明书模板.docx，选择【插入】选项卡，在【文本】组中单击【艺术字】按钮。

弹出【艺术字样式】下拉列表框，用户可以在其中选择准备插入艺术字的样式，如选择“艺术字样式23”。

弹出【编辑艺术字文字】对话框，在【文本】区域中输入准备插入的艺术字文字，如输入“吊灯”。所输入的艺术字已被插入，这样即可完成插入艺术字的操作。

上机操作

1. 首先利用第3章中的3.1.2小节学到的知识插入一张边框图片。然后创建2个横版文本框，分别输入礼券和礼券相关内容。最后设置其中的文字字体和颜色即可。

2. 选择【插入】选项卡，在【插图】组中单击【剪贴画】按钮。

在窗口右侧弹出【剪贴画】窗格，在【搜索文字】文本框中输入“端午节”，

然后单击【搜索】按钮。

在窗格下方显示所搜索的“端午节剪贴画”，双击准备使用的剪贴画，即可插入剪贴画。然后将剪贴画的大小调整至合适的大小。最后创建一个文本框，在其中输入端午节海报内容即可。

第 4 章

思考与练习

一、填空题

1. 【表格】、【插入表格】
2. 拆分表格
3. 标尺

二、判断题

1. √
2. ×
3. √

三、思考题

1. 打开素材文件“个人简历.docx”，选择【插入】选项卡，在【表格】组中单击【表格】下拉按钮，在弹出的下拉菜单中选择【插入表格】选项。

弹出【插入表格】对话框，在【表格尺寸】区域中调节【列数】和【行数】的微调框，设置需要插入表格的列数和行数，单击【确定】按钮。

通过以上操作步骤即可完成创建表格。

2. 选择需要合并的连续单元格，选择【布局】选项卡，在【合并】组中单击【合并单元格】按钮。

通过以上操作步骤即可合并选中的单元格。

上机操作

1. 打开素材文件“考勤素材.docx”。首先创建一个 3 行 2 列的表格。分别输入“雇员姓名”、“职务”、“雇员号码”、“状态”、“部门”和“主管”。然后再创建一个 7 行 6 列的表格，在表格上方分别输入“日期”、“开始时间”、“结束时间”、“正常工作时数”、“加班时数”和“总时数”。最后创建一个 2 行 2 列的表格，分别输入“雇员签名”“日期”、“主管签名”“日期”即可完成创建考勤记录。

2. 打开素材文件“顾客资料素材.docx”，创建一个 7 行 5 列的表格，将第一行表格选中对其进行合并操作，然后编辑输入“基本数据”文字。然后在 2～6 行首个单元格中分别输入“公司名称”、“地址”、“区域”、“电话”、“联络人”和“其他”。将第二行的第 2、3 个单元格合并；在第 4 个单元格中输入“负责人”。将第 3 行的 2～5 个单元格合并。将第 4 行的第 2、3 个单元格合并，在第 4 个单元格中输入“邮政编码”。在第 5 行第三个单元格中输入“传真”。在第 6 行第 3 个单元格中输入“职称”。将最后一行 2～5 个单元格合并。

最后选择整张表格，选择【设计】选项卡，在【表格样式】组中选择【浅色底纹-强调文字颜色 3】样式，即可完成顾客资料表格的操作。

第 5 章

思考与练习

一、填空题

1. 论文题目、作者
2. 页眉、页脚
3. 目录
4. 打印、输出

二、判断题

1. √
2. √
3. ×

三、思考题

1. 分页符是分页的一种符号。用来隔开上一页结束及下一页开始的位置。

2. 大纲级别是用于为文档中的段落指定等级结构的段落格式。

上机操作

1. 打开“三十六计.docx”文件，选择【页面布局】选项卡，单击【页面设置】组中【分栏】下拉按钮，在弹出的下拉菜单中，选择【三栏】菜单项。这样即可完成将三十六计.docx 设置为“三栏”的操作。

2. 打开“念奴娇.docx”文档，将“标题”选中，单击【段落】组中【启动器】按钮。弹出【段落】对话框，选择【缩进和间距】选项卡，将【大纲级别】调整为“1 级”，单击【确定】按钮，这样即可完成设置标题大纲级别为“1 级”的操作。

第 6 章

思考与练习

一、填空题

1. 自动更正、设置批量查找与替换
2. 加批注和修订、查看及显示批注和修订的状态
3. 各种视图、查看论文统计字数

二、判断题

1. ×
2. √
3. √
4. √

三、思考题

1. 打开已经添加批注的素材文档，单击该批注词条。

进入编辑状态，在【批注】文本框中，输入准备编辑的文本。通过上述方法即可完成编辑批注的操作。

2. 在 Word 2010 中，打开素材文档，选择【审阅】选项卡，在【校对】组中，单击【字数统计】按钮。

弹出【字数统计】对话框，显示页数、字数、字符数、段落数、行数、非中文单词和中文字符和朝鲜语单词等信息。通过上述方法即可完成统计字数的操作。

上机操作

1. 打开素材文档后，选择【视图】选项卡，在【文档视图】组中，单击【页面视图】按钮。通过上述方法即可完成使用页面视图查看感悟心得的操作。

选择【视图】选项卡，在【文档视图】组中，单击【阅读版式视图】按钮。此时，Word 文档将以全屏阅读版式视图显示两个页面的文档。通过上述方法即可完成使用阅读版式视图查看感悟心得的操作。

选择【视图】选项卡，在【文档视图】组中，选择【大纲视图】按钮。此时，Word 文档将以大纲视图显示文档。通过上述方法即可完成使用大纲视图查看感悟心得的操作。

2. 打开已经添加修订信息的素材文档，单击【审阅】选项卡，在【修订】组中，单击【显示标记】按钮，在弹出的下拉列表中，取消勾选【设置格式】复选框。

在文档中，添加的带有格式修订的信息已经被隐藏。通过上述方法即可完成隐藏修订状态的操作。

选择【审阅】选项卡，在【更改】组中，单击【接受】下拉按钮，在弹出的下拉列表中，选择【接受对文档的所有修订】

菜单项。

在文档中，添加的所有修订已经被接受，通过上述方法即可完成接受修订的操作。

通过上述方法即可完成审阅《毕业感想》文档的操作。

第 7 章

思考与练习

一、填空题

1. Excel 2010
2. 快速访问工具栏、编辑区
3. 设置工作表标签颜色
4. 隐藏、显示

二、判断题

1. √
2. ×
3. ×
4. √

三、思考题

1. 有 3 种，分别是单击【关闭】按钮退出、通过文件选项卡退出和单击程序图标退出。

2. 工作簿是在 Excel 中用来保存并处理工作数据的文件，它的扩展名是.xls。在 Microsoft Excel 中，工作簿是处理和存储数据的文件。

3. 工作簿中的每一张表称为工作表。工作表用于显示和分析数据。可以同时在多张工作表上输入并编辑数据，并且可以对不同工作表的数据进行汇总计算。

上机操作

1. 打开 Excel 2010，选择【文件】选项卡，选择【新建】菜单项，在【可用模板】区域中，选择【空白工作簿】选项，单击【创建】按钮，可以看到已经新建完成的空白工作簿，在编辑区单元格内，分别输入准备应用的内容，例如学号、姓名、数学、语文、英语等，在编辑区内，对应编号、姓名、文化程度、职位、联系电话和户口所在地等进行在职员工信息录入，这样即可完成新建学生学习成绩工作簿的操作。

2. 在 Excel 2010 工作表界面，右击准备设置颜色的工作表标签“一年级”，在弹出的快捷菜单中，选择【工作表标签颜色】菜单项，在弹出的子菜单中，选择准备应用的颜色“蓝色”，返回工作簿界面，可以看到工作表标签“一年级”的颜色变成蓝色，这样即可完成设置“一年级”标签为蓝色的操作。

第 8 章

思考与练习

一、填空题

1. 正号(+)、10、右对齐
2. 修改数据、移动表格数据、撤消与恢复数据

二、判断题

1. ×
2. √

三、思考题

1. 在单元格中输入文本和在编辑栏中输入文本两种。

2. 打开素材表格，右击工作表中准备删除数据内容的单元格，在弹出的快捷菜单，选择【删除】菜单项。单元格中的数据已经被删除。

通过上述方法即可完成删除数据的操作。

上机操作

1. 打开素材表格，右击准备输入日期的单元格，如“B3”，在弹出的快捷菜单中，选择【设置单元格格式】菜单项。

弹出【设置单元格格式】对话框，选择【数字】选项卡，在【分类】区域中，选择【日期】菜单项，在右侧【类型】下拉列表框中，选择准备应用的日期样式，单击【确定】按钮。

返回到工作簿中，在选中的单元格中输入数值，如“2013/03/01”，然后在键盘上按下 Enter 键，确认输入的数值。

输入日期数据后，选择该单元格，将鼠标指针移向右下角直至鼠标指针自动变为“十”形状。

拖动鼠标指针至准备填充的单元格行，可以看到准备填充的内容浮动显示在准备填充区域的右下角。

释放鼠标，用户可以看到准备填充的内容已经被填充至所需的单元格行中。通过上述方法即可完成使用填充柄填充数据的操作。

运用上述方法在 C 列指定的单元格区域中，输入日期数据，如“2013/03/31”，然后使用填充柄填充该数据。

通过上述方法即可完成制作计划表的操作。

2. 打开素材文件，选择准备进行设置数据有效性的单元格，如“E5”。

在 Excel 2010 菜单栏中，选择【数据】选项卡，在【数据工具】组中，单击【数据有效性】按钮。

弹出【数据有效性】对话框，在【有效性条件】区域中，在【允许】下拉列表中，选择【整数】选项。

显示【整数】设置，在【数据】下拉列表框中，选择【介于】菜单项，在【最小值】文本框中，输入准备允许用户输入的最小值，如“85”，在【最大值】文本框中，输入准备允许用户输入的最大值，如“100”。

设置下一项目，选择【输入信息】选项卡，在【选定单元格时显示下列信息】区域中，单击【标题】文本框，输入准备输入的标题，如“合格数”，在【输入信息】文本框中，输入准备输入的信息，如“85～100”。

设置下一项目，选择【出错警告】选项卡，在【样式】下拉列表框中，选择【警告】菜单项，在【标题】文本框中，输入准备输入的标题，如“超出范围”，在【错误信息】文本框中，输入准备输入的提示信息，如“超出抽检数或未达到合格数”，单击【确定】按钮。

在 Excel 2010 工作表中，单击任意已设置数据有效性的单元格，会显示刚才设置输入信息的提示信息。

如果在已设置数据有效性的单元格中输入无效数据，如“84”，则 Excel 2010 会自动弹出警告提示信息。

通过以上方法即可完成在素材“产品检测”中设置数据有效性的操作。

第 9 章

思考与练习

一、填空题

1. 行高
2. 边框

二、判断题

1. √
2. ×

三、思考题

1. 选择准备插入图片的单元格，选择【插入】选项卡，在【插图】组中，单

击【图片】按钮。

弹出【插入图片】对话框，在导航窗格中，选择准备插入图片的目标位置，选择准备插入的图片，单击【插入】按钮。

通过以上步骤即可完成插入图片的操作。

2. 选择准备插入艺术字的单元格，选择【插入】选项卡，在【文本】组中，单击【艺术字】按钮。

弹出【艺术字】库，在其中选择准备应用的艺术字样式。

在文本框中输入准备插入的艺术字，即可完成插入艺术字的操作。

上机操作

1. 打开素材文件“信纸.xlsx”，选择任意单元格，选择【插入】选项卡，在【插图】组中，单击【图片】按钮。弹出【插入图片】对话框，在导航窗格中，选择准备插入图片的目标位置，选择准备插入的图片，单击【插入】按钮。这样即可给信纸信头插入一个图片。

选择 C3 单元格，在其中输入“学校名称”，并设置其字体为幼圆 24 号，选择 C4、C5 和 C6 单元格，在其中分别输入姓名、班级和日期，分别设置其字体为楷体_GB2312 字号为 10。

通过以上步骤即可完成设计一份信纸信头。

2. 打开素材文件“电话列表.xlsx”选中 B4:I4 单元格区域，单击【字体】组中的【填充颜色】按钮，在弹出的颜色列表框中选择【蓝色】选项。

然后选择 B5:I31 单元格区域。在【单元格】组中，单击【格式】按钮，在弹出的【格式】下拉菜单中，单击【设置单元格格式】菜单项，弹出【设置单元格格式】对话框，选择【边框】选项卡，在【预置】区域中，单击【外边框】和【内部】按钮，单击【确定】按钮。

最后选择 B2:D2 单元格区域，将其合并即可完成设计一份组织的电话列表。

第 10 章

思考与练习

一、填空题

1. 单元格引用、相对引用
2. 计算、公式
3. 函数、计算

二、判断题

1. ×
2. √

三、思考题

1. 有 4 类，分别是算术运算符、比较运算符、文本运算符和引用运算符。

2. Excel 函数一共有 11 类，分别是数据库函数、日期与时间函数、工程函数、财务函数、信息函数、逻辑函数、查询和引用函数、数学和三角函数、统计函数、文本函数以及用户自定义函数。

上机操作

1. 打开效果文件“家庭开支.xlsx”，选择 C10 单元格，在窗口编辑栏的编辑框中输入公式“=B4+B5+B6+B7+B8+B9”，单击【输入】按钮，此时在选中的单元格中，系统会自动计算出结果，这样即可创建完成家庭开支工作表。

2. 打开效果文件“电话簿.xlsx”，选择 D4 单元格，在窗口编辑栏的编辑框中输入公式“=REPLACE(C4,1,5,"0417-8")”，并按下键盘上 Enter 键，即可将原来的电话号码升级为“0417-845xxxxx”，选中 D4 单元格，向下拖动复制公式，即可快速地将余下的电话号码升级。

第 11 章

思考与练习

一、填空题

1. 图表与数据、图表标题、数据系列、网格线

2. 更改图表类型、重新选择数据源、更改图表布局

二、判断题

1. ×

2. √

三、思考题

1. 打开已经创建图表的素材表格，选中准备添加与设置标题的图表，选择【布局】选项卡，在【标签】组中，单击【图表标题】下拉按钮，在弹出的下拉列表中，选择【图表上方】菜单项。

在图表中插入一个标题文本框，在其中输入想要设置的标题，通过上述方法即可完成为图表添加与设置标题的操作。

2. 选中创建的迷你图，选择【设计】选项卡，在【类型】组中，单击【盈亏】按钮。

返回到 Excel 工作表中，迷你图的类型已经更改。通过上述方法即可完成更改迷你图类型的操作。

上机操作

1. 打开素材表格，选中准备创建图表的数据区域，选择【插入】选项卡，在【图表】组中，单击【创建图表】启动器按钮。

弹出【插入图表】对话框，选择准备插入的图表样式，如“条形图”，在右侧【条形图】区域，程序自动推荐合适的图表样式，单击【确定】按钮。

选中准备更改图表布局的图表，选择【设计】选项卡，在【更改图表布局】组中，单击【快速布局】下拉按钮，在弹出的【图表布局样式库】中，选择准备应用的布局样式，将图表设置成指定的布局样式。

通过上述操作即可完成创建员工业绩奖金核算表图表的操作。

2. 打开素材表格，选择准备插入迷你图数据系列的单元格区域，如“A14:J14”，选择【插入】选项卡，在【迷你图】组中，单击【柱形图】按钮。

弹出【创建迷你图】对话框，在【选择放置迷你图的位置】区域，单击【位置范围】区域右侧的折叠按钮。

返回到 Excel 工作表中，选择准备创建迷你图的单元格区域，如“A17:J17”，单击【创建迷你图】对话框右侧的折叠按钮。

返回到【创建迷你图】对话框中，单击【确定】按钮。

返回到 Excel 2010 工作表中，迷你图已经创建完成。通过上述方法即可完成插入全年销售业绩报表迷你图的操作。

第 12 章

思考与练习

一、填空题

1. 添加、排列和组合

2. 切片器、按钮

3. 筛选器、不同

二、判断题

1. √

2. √

3. ×

4. √

三、思考题

1. 单击数据透视表的【行标签】下拉箭头，在弹出的快捷菜单中，选择【降序】菜单项。此时，在 Excel 2010 中的数据便按照降序排列出来。通过以上步骤即可完成数据透视表排序的操作。

2. 单击【行标签】下拉箭头，在弹出的下拉菜单中，选择【值筛选】子菜单项，选择【大于】选项。

弹出【值筛选(产品名称)】对话框，在【显示符合以下条件的项目】区域右侧的文本框中，输入准备筛选的条件，单击【确定】按钮。

通过以上步骤即可完成筛选数据透视表数据的操作字段的操作。

3. 将鼠标指针移动至切片器边框位置，并按住鼠标左键进行拖动。拖动至合适的位置后释放鼠标即可更改其位置。

上机操作

1. 打开素材文件“数据透视图.xlsx”，选中数据透视图，在【数据透视图工具】中的【分析】选项卡下，单击【插入切片器】按钮，然后在展开的下拉列表框中选择【插入切片器】选项。

弹出【插入切片器】对话框，勾选【产品名称】和【销售点】复选框，然后单击【确定】按钮。此时可以看到在工作表中自动插入了【产品名称】和【销售点】切片器。这样即可完成在数据透视图中插入切片器的操作。

2. 打开素材文件“数据透视图.xlsx”，选择组成数据透视表的所有单元格。然后按下键盘上的 Ctrl+C 快捷键复制这些数据。

选择一个空白工作表，如“Sheet2”，单击其中的单元格。然后单击【开始】→【剪贴板】→【粘贴】选项，在弹出的菜单中选择【选择性粘贴】命令。

弹出【选择性粘贴】对话框，选中【数值】单选按钮，单击【确定】按钮，将数据复制到当前工作表中，即可完成使用这些数据创建标准图表。

第 13 章

思考与练习

一、填空题

1. 数据排序、升序
2. 隐藏、单元格
3. 关联、折叠

二、判断题

1. √
2. ×

三、思考题

1. 使用突出显示与项目选取规则、使用数据条、色阶与图标集分析以及新建条件格式规则。

2. 分列、删除重复项、数据有效性和方案管理器。

上机操作

1. 打开效果文件“员工住房津贴以及医疗保险.xlsx”，选择 D 列，选择【数据】选项卡，单击【排序和筛选】组中【升序】按钮，弹出【排序提醒】对话框，选中【扩展选定区域】单选按钮，单击【排序】按钮，可以看到 D 列的数据已经按照升序排列，保存效果文件这样即可完成升序排序“住房津贴”的操作。

2. 打开效果文件“出库单.xlsx”，选择 C 列，选择【开始】选项卡，单击【样式】组中【条件格式】下拉按钮，在弹出的下拉菜单中，选择【突出显示单元格规则】菜单项，在弹出的子菜单中，选择【大于】子菜单项，弹出【大于】对话框，在【为大于以下值的单元格设置格式】文本框中，输入“200”，单击【确定】按钮，返回到工作表界面，可以看到所有大于200的数值已经被突出显示出来，保存效果文件，这样即可完成突出显示库存数大于200的操作。

第14章

思考与练习

一、填空题

1. 【幻灯片】、【大纲】
2. 模板
3. 选择

二、判断题

1. ×
2. √

三、思考题

1. 选择【文件】选项卡，在Backstage视图中选择【新建】选项卡，在【可用的模板和主题】区域选择【空白演示文稿】选项，单击【创建】按钮，即可创建空演示文稿。

2. 选择准备设置分栏的文本，选择【开始】选项卡，在【段落】组中，单击【分栏】下拉按钮，选择准备设置的段落分栏数，如选择【两列】选项。返回到幻灯片中，可以看到选择的文本已被分为两栏。通过以上步骤即可完成设置段落分栏的操作。

上机操作

1. 打开素材文件“文本框.pptx”，选择准备设置样式的文本框，选择【格式】选项卡，单击【形状样式】组中的【其他】下拉按钮。弹出【其他主题填充】下拉列表框，在其中选择准备应用的文本框样式，即可完成设置文本框样式的操作。

2. 打开素材文件“计时器.pptx”，选择【文件】选项卡。在打开的Backstage视图中，选择【新建】选项。在【可用的模板和主题】区域，单击【根据现有内容新建】选项。弹出【根据现有演示文稿新建】对话框，选择现有演示文稿保存的位置，选择准备使用的演示文稿，如“计时器”，单击【新建】按钮。可以看到已根据所选择的演示文稿创建了一个新的演示文稿。通过以上步骤即可完成根据现有演示文稿新建演示文稿操作。

第15章

思考与练习

一、填空题

1. 向演示文稿中添加背景样式、自定义演示文稿的背景样式
2. 母版、幻灯片视图、幻灯片

二、判断题

1. √
2. ×
3. √

三、思考题

1. 打开素材文件后，选择【设计】选项卡在【主题】组中，在【主题】列表框中，选择准备应用的默认主题。

通过上述方法即可完成应用默认的主题的操作。

2. 启动PowerPoint 2010，选择【插入】选项卡，在【文本】组中，单击【艺术字】按钮，在弹出的艺术字库中，选择准备适用的艺术字样式。

插入默认文字内容为“请在此放置您的文字”的艺术字，用户选择适用的输入法，向其中输入内容，通过上述方法即可完成插入艺术字的操作。

上机操作

1. 打开素材后，选择第一张幻灯片，选择【插入】选项卡，在【文本】组中，单击【艺术字】按钮，在弹出的艺术字库中，选择准备适用的艺术字样式。

插入默认文字内容为“请在此放置您的文字”的艺术字，用户选择适用的输入法，向其中输入内容，如“毕业论文答辩PPT 模板”，这样可以设置演示文稿的主标题。

选择第二张幻灯片，运用上述方法插入“目录”、“引言”、“总体概述”、“总体方案设计”“主要的设计实施过程”和“结论”等艺术字。

选择【插入】选项卡，在【插图】组中单击【形状】按钮，在弹出的下拉列表中，选择准备绘制的图形，如“菱形”。

鼠标指针变为“+”字星状后，在准备绘制图形的区域拖动鼠标，调整准备绘制的图形的大小和样式，确认无误后释放鼠标左键，绘制多个菱形图形。

调整菱形位置和大小后，选择【格式】选项卡，在【形状样式】组中单击【形状填充】按钮，在弹出的下拉列表中，选择准备应用的形状颜色。

运用相同的操作方法，填充其他菱形的形状颜色。

选择【插入】选项卡，在【文本】组中，单击【文本框】下拉按钮，在弹出的下拉菜单中，选择准备应用的文本框的文字方向，如选择“横排文本框”选项。

当鼠标指针变为“⊥”时，在幻灯片中菱形位置处拖动鼠标指针即可创建一个空白的文本框，选择合适的输入法，直接向文本框中输入文字，如“1”。

运用相同的操作方法，在其他菱形位置处插入文本框并输入文本，如“2”、“3”、“4”和“5”。

选择第三张幻灯片，然后运用插入艺术字的方法插入“结束”艺术字。

通过上述方法即可完成制作毕业论文答辩 PPT 模板的操作。

2. 打开素材后，选择第一张幻灯片，在【选择第三张幻灯片】文本框中，输入标题名称，如“个人总结模板”。

选择第二张幻灯片，在【添加标题】文本框中，输入标题名称，如“个人总结要点”。

在【添加标题】文本框中，输入文本内容，如“工作心得”和“个人汇报”。

选择第三张幻灯片，在【添加标题】文本框中，输入正文内容，然后调整文本内容的字号、字体及字体颜色等。

输入文本后，选择【插入】选项卡，在【图像】组中，单击【图片】按钮。弹出【插入图片】对话框，选择准备插入图片的所在路径，单击准备插入的图片，确认无误后，单击【插入】按钮，插入准备使用的图片。

选择第四张幻灯片，选择【插入】选项卡，在【媒体】组中，单击【音频】下拉按钮，在弹出的下拉菜单中，选择【文件中的音频】菜单项。

弹出【插入音频】对话框，选择准备插入音频的所在路径，单击准备插入的音频，确认无误后，单击【插入】按钮，插入准备应用的音频文件。

保存演示文稿，通过上述方法即可完成制作个人总结模板的操作。

第 16 章

思考与练习

一、填空题

1. 切换、演示文稿
2. 动画方案
3. 样式、自定义

二、判断题

1. √

2. ×

3. √

三、思考题

1. 打开准备添加幻灯片切换效果的演示文稿文件，选择准备设置切换效果的幻灯片，选择【切换】选项卡，在【切换到此幻灯片】组中，选择准备应用的切换效果，设置完成后，在左侧幻灯片区中该幻灯片左侧会出现一个星号的标记，单击【预览】组中的【预览】按钮，即可查看该幻灯片的切换效果。

2. 选中准备删除动画效果的幻灯片，选择【动画】选项卡，在【动画】组中，将动画方案设置为【无】，设置完成后，在左侧幻灯片区中该幻灯片左侧的星号标记会消失，这样即可完成删除动画方案的操作。

上机操作

1. 打开效果文件“座位表.pptx”，选择准备设置切换声音效果的幻灯片，选择【切换】选项卡，在【计时】组中，单击【声音】下拉按钮，在弹出的下拉菜单中，选择准备应用的音效下拉列表项，设置完成后，单击【预览】组中的【预览】按钮，即可查看该幻灯片的切换声音效果，保存该演示文稿即可完成设置切换幻灯片声音的操作。

2. 打开效果文件“绿茶简介.pptx”，选择准备添加动画效果的幻灯片，选择【动画】选项卡，在【高级动画】组中，选择【动画窗格】按钮，弹出【动画窗格】窗口，选择准备添加动画的文本，使其变为可编辑状态，单击【高级动画】组中【添加动画】下拉按钮，在弹出的下拉菜单中，选择准备应用的动画样式，将所有准备添加动画效果的文本全部添加完成后，单击【播放】按钮，保存该演示文稿即可完成添加动画效果的操作。

第17章

思考与练习

一、填空题

墨迹注释

二、判断题

√

三、思考题

1. 弹出【设置放映方式】对话框，在放映类型区域选中放映类型【观众自行浏览(窗口)】单选按钮，在【放映幻灯片】区域中选中【全部】单选按钮，在【放映选项】区域勾选【循环放映，按Esc键终止】复选框，单击【确定】按钮。

放映幻灯片时，会按照设置好的方式显示放映效果，这样即可完成设置放映方式的操作。

2. 选择【幻灯片放映】选项卡，在【设置】组中，单击【排练计时】按钮。

此时演示文稿切换到全屏模式下开始播放，并显示【预览】工具栏，单击【下一项】按钮，即可进入下一张幻灯片的计时，完成设置所有幻灯片计时后，单击【关闭】按钮。

弹出提示对话框，单击【是】按钮。进入幻灯片的浏览视图，在每一张幻灯片下方将显示已设置的持续时间，这样即可完成设置排练计时的操作。

上机操作

1. 打开素材文件“信纸.pptx”，选择【文件】选项卡，选择【保存并发送】选项，选择【创建PDF/XPS文档】选项，单击【创建PDF/XPS】按钮。

弹出【另存为】对话框，在【保存类型】下拉列表框中选择XPS类型，勾选【发布后打开文件】复选框，单击【发布】按钮。

弹出【正在发布】对话框，显示发布进度。系统自动打开保存的 XPS 文档，通过以上步骤即可完成创建 XPS 文档的操作。

2. 打开素材文件“蝴蝶.pptx”，选择【文件】选项卡，在 Backstage 视图中，选择【保存并发送】选项，在文件类型区域下方，选择【更改文件类型】选项，在【图片文件类型】区域下方，选择【JPEG 文件交换格式】选项，单击【另存为】按钮。

弹出【另存为】对话框，选择文件准备保存的位置，在【文件名】文本框中输入准备保存文件的名称，单击【保存】按钮。

弹出【Microsoft PowerPoint】对话框，提示导出演示文稿中的所有幻灯片还是只导出当前幻灯片信息，单击【每张幻灯片】按钮。

弹出对话框，提示保存完成信息，单击【确定】按钮，即可完成更改文件类型的操作。